B. und G. Siebert • F. Pietryas • R. Lückmann

Fenster und Fassaden

Normen – Planung – Sanierung

Dr.-Ing. Barbara Siebert

Univ.-Prof. Dr.-Ing. Geralt Siebert

Franziska Pietryas

Prof. Dr.-Ing. Rudolf Lückmann

Fenster und Fassaden

Normen – Planung – Sanierung

IMPRESSUM

Bibliografische Information der Deutschen Nationalbibliothek
Die Deutsche Nationalbibliothek verzeichnet diese Publikation in der Deutschen Nationalbibliografie; detaillierte bibliografische Daten sind im Internet über http://dnb.d-nb.de abrufbar.

Wichtiger Hinweis
Die WEKA MEDIA GmbH & Co. KG ist bemüht, ihre Produkte jeweils nach neuesten Erkenntnissen zu erstellen. Deren Richtigkeit sowie inhaltliche und technische Fehlerfreiheit werden ausdrücklich nicht zugesichert. Die WEKA MEDIA GmbH & Co. KG gibt auch keine Zusicherung für die Anwendbarkeit bzw. Verwendbarkeit ihrer Produkte zu einem bestimmten Zweck. Die Auswahl der Ware, deren Einsatz und Nutzung fallen ausschließlich in den Verantwortungsbereich des Kunden.

WEKA MEDIA GmbH & Co. KG
Sitz in Kissing
Registergericht Augsburg
HRA 13940

Persönlich haftende Gesellschafterin:
WEKA MEDIA Beteiligungs-GmbH
Sitz in Kissing
Registergericht Augsburg
HRB 23695
Vertretungsberechtigte Geschäftsführer:
Stephan Behrens, Michael Bruns, Jochen Hortschansky, Kurt Skupin

WEKA MEDIA GmbH & Co. KG
Römerstraße 4, D-86438 Kissing
Fon 0 82 33.23-40 00
Fax 0 82 33.23-74 00
service@weka.de
www.weka.de

Umschlag geschützt als Geschmacksmuster der
WEKA MEDIA GmbH & Co. KG
Umschlagfotos: © Richter Musikowski Architekten PartGmbB; © Z-Studio GmbH
Satz: Fotosatz Buck, Zweikirchener Straße 7, D-84036 Kumhausen/Hachelstuhl
Druck: Elanders GmbH, Anton-Schmidt-Str. 15, D-71332 Waiblingen
Printed in Germany

ISBN 978-3-8111-5597-8

Vorwort

Fenster und Fassaden: In keinem Bereich der Architektur überschlagen sich die neuen Entwicklungen so intensiv. Bauherren wie Architekten wissen um die Bedeutung der Hülle ihres Gebäudes. Wem es wert ist, im öffentlichen Raum beachtet zu werden, oder wer sich angenehm einfügen möchte, wird sich mit dem Thema intensiv befassen.

Die Entwicklung des Fensters verschmolz im letzten Jahrhundert immer mehr mit der Fassade. Frank Lloyd Wright wollte schon bei den eher konventionell gebauten Präriehäusern Glas um die Ecken führen. In Giengen an der Brenz findet sich um 1903 an den Steiff-Werken für die schönen traurigen Teddybären die erste gläserne Ecke.

Seither stellten Bauherren mannigfache neue Anforderungen an Fassaden und Fenster. Gestalterisch ergeben sich sehr viele kreative Varianten. Mehr denn je können mit den Fassaden Aussagen in das Gebäude hinein, aber im Besonderen in den öffentlichen Raum hinausgegeben werden. Mit dem „Institut du monde arabe" setzte Jean Nouvel 1987 einen Meilenstein in der Architektur für zeitgenössische, modernistische Fassaden.

Technisch gesehen werden die Fassaden häufig mit der Haut verglichen. Sie soll u.a. den Energiehaushalt des Baukörpers regulieren. Was sich so einfach anhört, ist insbesondere in unseren Breiten eine Herausforderung. So häufige Taupunktunter- und -überschreitungen gibt es nur in wenigen Ländern. Schon aufgrund dieser naturgegebenen Anforderung entwickelte sich die Fenster- und Fassadentechnik in Deutschland mit auf dem höchsten Niveau weltweit.

Wie bereits ausgeführt sind Fassaden und Fenster Bereiche in der Architektur, in denen von allen am Bau Beteiligten mehr an Know-how investiert wird als in anderen. Wegen der schnellen und radikalen Veränderungen an den Fassaden vermögen wir es, Gebäude relativ sicher zu datieren. Wir lesen auch die Wertschätzung des Bauherrn und des Architekten für seine Architektur an ihnen ab. Genau das zeigt uns, wie aussagefähig diese Bauteile sind. Sie sagen Wesentliches über unseren Entwurf aus.

Baurecht und Normung geben uns einen Rahmen, um trotz gestalterischer Vielfalt ein einheitliches Sicherheitsniveau zu erreichen. Dabei ist das Zusammenspiel der Vorgaben aus Europa und nationalen Interessen nicht immer einfach zu durchblicken. Ein Blick auf die Fassade lässt – hoffentlich – den gestalterischen Entwurf ablesen, häufig jedoch nicht die Komplexität von architektonischer und konstruktiver Durchbildung, bauphysikalischen und statischen Nachweisen – und deren Zusammenspiel.

Dieser Band möchte Sie mit einigen der innovativen neuen Fassaden- und Fenstergestaltungen vertraut machen. Hier finden Sie eine Mischung aus Theorie und vor allem Detaillösungen, die aufzeigen, wie in den gezeigten Beispielen die bauphysikalischen, mechanischen und gestalterischen Anforderungen gelöst wurden.

So wie die Fenster die Augen der Architektur sein sollen, möchten wir Ihnen mit diesem Buch Einblicke in die jüngsten Entwicklungen geben. Wir wünschen Ihnen beim Lesen genau so viel Freude, wie es uns gemacht hat, mit den Fachkollegen dieses Buch für Sie zu fertigen!

Dessau, im Mai 2022

Dr.-Ing. Barbara Siebert

Univ.-Prof. Dr.-Ing. Geralt Siebert

Prof. Dr.-Ing. Rudolf Lückmann

Inhalt

Aus Gründen der besseren Lesbarkeit wird im Folgenden auf die gleichzeitige Verwendung weiblicher und männlicher Sprachformen verzichtet und das generische Maskulinum verwendet. Sämtliche Personenbezeichnungen gelten gleichermaßen für alle Geschlechter.

Autorenverzeichnis

Herausgeber

Dr.-Ing. Barbara Siebert

Beruf:
Bauingenieurin

Themenschwerpunkte:
Glas, Fassaden, Statik, Tragwerksplanung, Gutachterliche Stellungnahmen

Vita:
1991 Dipl.-Ing. Bauingenieurwesen an der TU München
1992–1999 Angestellte im Ingenieurbüro Cordes + Partner GmbH
1999–2003 Angestellte im Ingenieurbüro Dr. Siebert, Tätigkeitsbereiche konstruktiver Ingenieurbau, Schwerpunkt Stahl-Glas-Konstruktionen, Bauen im Bestand
2000–2003 Wissenschaftliche Tätigkeit als externe Doktorandin am Lehrstuhl für Stahlbau der TU München
2003 Promotion, Titel der Dissertation: „Beitrag zur Berechnung punktgehaltener Gläser"
seit 2003 selbstständig tätig im eigenen Ingenieurbüro (Ingenieurbüro Dr. Siebert) mit den Schwerpunkten Fassaden-, Stahl- und konstruktiver Glasbau in Neubau und Bestand sowie Produktentwicklung
seit 2003 „Beratende Ingenieurin"
seit 2013 öffentlich bestellte und vereidigte Sachverständige für „Glasbau"

Univ.-Prof. Dr.-Ing. Geralt Siebert

Beruf:
Bauingenieur und Universitätsprofessor

Themenschwerpunkte:
Forschung und Lehre, Normung und Prüfungen in Glasbau und Fassaden (Werkstoff und Anwendung), Bauen im Bestand sowie Bauen in anderen Kulturräumen und Klimazonen

Vita:
1991 Dipl.-Ing. Bauingenieurwesen an der TU München, „Heinz-Peter-Scholz-Preis"
1991–1998 wissenschaftlicher Assistent Stahlbau-Lehrstuhl, TU München
seit 1998 selbstständig als „Beratender Ingenieur" im eigenen Büro
1999 Promotion „Beitrag zum Einsatz von Glas als tragendes Bauteil im konstruktiven Ingenieurbau"
2000–2003 Lehrauftrag „Konstruktiver Glasbau" an der TU München
seit 2003 Universitätsprofessor „Baukonstruktion und Bauphysik" an der Universität der Bundeswehr München, damit Beteiligung am Labor für Konstruktiven Ingenieurbau, vom DIBt anerkannte Prüfstelle für Glasbau
seit 2003 Mitglied, seit 2010 Obmann DIN-Normenausschuss DIN 18008
seit 2012 Mitglied CEN/TC250 SC11 „Eurocode for Glass"

Herausgeber

Prof. Dr.-Ing. Rudolf Lückmann

Beruf:
Architekt

Themenschwerpunkt:
Baukonstruktion

Vita:
1985 Dipl.-Ing. für Architektur
RWTH Aachen
1985–1990 Dombauverwaltung Köln
1988 Promotion
1990–1993 Diözesanbaumeister
1993 Professur Baukonstruktion/Denkmalpflege
seit 1994 freiberufliche Tätigkeit, Schwerpunkt Bauen im Bestand
2013 Honorarprofessor der Zhengzhou Universität in China

Autoren

Dipl.-Ing. Arch. (FH) Franziska Pietryas

Beruf:
Architektin

Themenschwerpunkte:
Entwurf, Baukonstruktion, Bauen im Bestand, Sanierung, Denkmalpflege

Vita:
2001 Dipl.-Ing. für Architektur an der FH Anhalt in Dessau
2001–2002 angestellte Architektin, Schwerpunkt Entwurf
2003–2008 angestellte Architektin, Schwerpunkt Baukonstruktion
seit 2008 angestellte Architektin, Schwerpunkte: Baukonstruktion, Bauen im Bestand, Sanierung und Denkmalpflege
seit 2014 freiberufliche Tätigkeit STACKED ROOM Architekten

Autorenverzeichnis

Gütegemeinschaft Fenster, Fassaden und Haustüren e.V. „RAL“

Quellenbezug: Leitfaden zur Planung und Ausführung der Montage von Fenstern und Haustüren für Neubau und Renovierung (Stand: März 2020)

Autorennachweis

Dr.-Ing. Barbara Siebert:
Kapitel 4
Univ.-Prof. Dr.-Ing. Geralt Siebert:
Kapitel 1 bis Kapitel 2/1
Dipl.-Ing. Arch. (FH) Franziska Pietryas:
Kapitel 2/2 bis Kapitel 3/9 und Kapitel 5

Quellnachweise Abbildungen

Abbildungen und Fotos zu Kapitel 1, 2/1 und 4:
B. und G. Siebert
Abbildungen und Fotos zu Kapitel 2/2 bis 3/8.2 und Konstruktionsdetails Kapitel 3 und 5: Pietryas
Fotos Kapitel 5/1 Bild Titel, Bild 6, Bild 9 und Bild 11 Richter Musikowski; Bild 10: Schnepp Renou
Fotos Kapitel 5/2 Bild vorher, Bild 3, 4, 5 und 6 DBW Architekten, Bild nachher, Bild 2, 7 und 8 Z-Studio GmbH

So nutzen Sie Ihr Software-Programm

Installation

Öffnen Sie im Browser die Webseite https://www.weka-bausoftware.de/cd-inhalt, unter der Rubrik „Fachbücher mit CD" finden Sie Ihr Fachbuch. Laden Sie nun mit Klick auf das Fachbuch die zip-Datei mit der exe-Datei herunter.

Bevor Sie mit der Installation beginnen, führen Sie zunächst folgende Schritte aus:

1. Schließen Sie alle eventuell laufenden Programme.
2. Klicken Sie dann die exe-Datei doppelt an. Die Installationsauswahl startet.

Systemanforderungen

Computer: Windows-PC
Betriebssystem: Windows 8.1 (bis zum Ende des offiziellen Microsoft-Supports) oder 10
Freier Festplattenspeicher: 1 GB
Freier Arbeitsspeicher: 1 GB empfohlen

Internetanbindung

- Für die Lizenzierung der Software wird eine Internetverbindung benötigt.
- Ihre PC-Software prüft regelmäßig, ob Software-Updates zur Verfügung stehen. Bitte stimmen Sie entsprechenden Abfragen zu.

Dateisicherung

Die Details liegen auf Ihrem Rechner im Verzeichnis Programmdaten: C:\ProgramData\WEKA\CAD-Details. Bitte beachten Sie, dass wir Ihnen den Datenstand nicht vorhalten können. Es unterliegt Ihrer Verantwortung, diese Daten regelmäßig und z.B. bei einem Computerwechsel zu sichern.

Lizenzierung

Die Lizenzierung der Software können Sie direkt nach der Installation vornehmen. Gehen Sie dazu auf *„Einstellung"*. Wählen Sie Ihr Produkt aus. Klicken Sie auf den Button *„Gewählte Produkte freischalten"*. Geben Sie im Lizenzierungsfenster die Kundennummer und Rechnungsnummer aus Ihrer beiliegenden Code-Karte ein. Es erfolgt eine Überprüfung Ihrer Lizenzberechtigung. Weitere Informationen finden Sie in den jeweils aktuellen Lizenzbedingungen.

Bitte beachten: Der Abruf einer Lizenz verpflichtet zum Kauf!

Lizenzübertragung/Rechnerwechsel

Möchten Sie eine Lizenz von einem Rechner auf einen anderen „umziehen", so installieren Sie die Software auf dem neuen Rechner. Wählen Sie im angezeigten Fenster für den Lizenzabruf die Lizenz aus, die Sie nutzen wollen.

Nach der Übertragung der Lizenz sind die CAD-Details auf dem ursprünglich lizenzierten Rechner nicht mehr nutzbar.

Programmbedienung

Aufruf des Programms

Starten Sie das Programm am PC unter Windows 10 über „Start > CAD-Details".

Außerdem können Sie das Programm auch über das Desktop-Icon starten, das bei der Installation angelegt wird.

Ihr passendes Detail gezielt finden

Beim Programmstart werden alle in Ihrem Paket enthaltenen Details angezeigt. Ihnen stehen eine freie Suche und eine Filterfunktion zur Verfügung, damit Sie schnellstmöglich Ihr passendes Detail finden.

Freie Suche

Sie können am oberen Rand einen Suchtext in das Suchfeld eingeben, dann werden nur noch Details angezeigt, die zum Suchtext passen.

Filterfunktion

Mit der Funktion „Filtern nach" auf der linken Seite Ihres Bildschirms grenzen Sie die Auswahl ein. Hier stehen Ihnen drei Kategorien zur Verfügung: Kostengruppe, Anforderung und Material.

Hier finden Sie zahlreiche Stichwörter, nach denen Sie die angezeigten Details eingrenzen können. Um alle Filter zurückzusetzen, klicken Sie bitte auf den Link „Alle Filter zurücksetzen".

Detail öffnen oder speichern

Zum Öffnen der Kachel einfach auf das gewünschte Detail klicken. Wählen Sie das passende Format: DWG, DXF oder PDF. Bei Cursor auf dem betreffenden Icon öffnen Sie mit linkem Mausklick das Detail. Rechter Mausklick ermöglicht Ihnen ein Abspeichern des Details.

Wählen zwischen Öffnen und Speichern des Details

Linker Mausklick: öffnet das Detail in Ihrer Anwendung. Rechter Mausklick: bietet an, das Detail auf Ihrem Rechner zu speichern.

Das Besondere am WEKA-Detailstandard

Klare und einheitliche Struktur

- Layer einfach ein- bzw. ausblenden
- Layernamen sind logisch aufgebaut
- schneller Überblick – einfaches Arbeiten
- einfaches Einbinden in die eigenen Pläne

Farbige, normengerechte Darstellung analog DIN 1356-1: Farben, Linien, Muster, Schraffuren

- auf den ersten Blick Erfassen der Detailinhalte
- sicher normgerechte Darstellung
- Detaillayout durchdacht und optimiert

Die vollständige Arbeitspalette finden Sie unter dem Servicebereich Ihrer Anwendung.

MultiCAD-fähige Daten in aktuellen Dateiformaten DWG, DXF und PDF

- optimierter Import für die gängigen Hersteller
- mit praktischer Arbeitsanweisung zu optimierter Softwareeinstellung für Import der Dateien

Optimale Import-Einstellungen für Ihr CAD-Programm

Die Datenformate können von allen gängigen CAD-Programmen problemlos importiert und verarbeitet werden. Spezielle Formate wie Musterlinien oder Sonderschraffuren wurden von unserem Autorenteam möglichst vermieden. Einen komplett fehlerfreien Import der Daten können wir dennoch nicht garantieren.

Kapitel 1
Normen, Vorgaben und Anforderungen

1/1 Normen und Baurecht – Auswirkungen auf Planen und Bauen

Allgemeines

Fassaden und Fenster stellen die Gebäudehülle dar, sie ermöglichen Kontakt von drinnen nach draußen oder senden eine Botschaft an das Draußen.

Fassaden schützen vor Feuchtigkeit, Fassaden schützen vor Schall, Fassaden schützen vor Brand und Feuer, Fassaden schützen vor zu hohem Wärmedurchgang, Fassaden tragen Lasten wie Wind oder Holmlasten an die Primärtragkonstruktion. Diese Vielfalt an Aufgaben ist besonders herausfordernd für alle mit dem Planen und Umsetzen von Fassaden beteiligten Personen. Angefangen von Bauherrnschaft in Zusammenarbeit mit Architektinnen und Architekten, den Spezialisten aus der Fassadenplanung in Zusammenarbeit mit Tragwerksplanern. Statik, Konstruktion und Bauphysik müssen hier Hand in Hand Lösungen entwickeln und anwenden. Dabei helfen Vorschriften und Normen.

Die (Muster-)Bauordnung (MBO) gilt für bauliche Anlagen und Bauprodukte und verweist auf weitere Dokumente wie (Muster-)Verwaltungsvorschrift Technische Baubestimmungen (MVV TB) oder Bauproduktenverordnung (BauPVO, eigentlich Verordnung (EU) Nr. 305/2011). Zentral ist die Anforderung nach sicherem Bauen in § 3, als Hilfestellung dafür wird verwiesen auf konkretisierende Technische Baubestimmungen, die zu beachten sind. Europäische Vorgaben werden (inzwischen) berücksichtigt.

Anforderungen an Bauen und Hilfestellung/Konkretisierung nach MBO

§ 3 Allgemeine Anforderungen

$_1$Anlagen[1)] sind so anzuordnen, zu errichten, zu ändern und instand zu halten, dass die öffentliche Sicherheit und Ordnung, insbesondere Leben, Gesundheit und die natürlichen Lebensgrundlagen, nicht gefährdet werden; dabei sind die Grundanforderungen an Bauwerke gemäß Anhang I der Verordnung (EU) Nr. 305/2011 zu berücksichtigen. $_2$Dies gilt auch für die Beseitigung von Anlagen und bei der Änderung ihrer Nutzung.

[1)]Anlagen sind bauliche Anlagen und sonstige Anlagen und Einrichtungen im Sinne des § 1 Abs. 1 Satz 2. [§ 2 (1) S. 3]

§ 85a Technische Baubestimmungen

(1) $_1$Die Anforderungen nach § 3 können durch Technische Baubestimmungen konkretisiert werden. $_2$Die Technischen Baubestimmungen sind zu beachten. $_3$Von den in den Technischen Baubestimmungen enthaltenen Planungs-, Bemessungs- und Ausführungsregelungen kann abgewichen werden, wenn mit einer anderen Lösung in gleichem Maße die Anforderungen erfüllt werden und in der Technischen Baubestimmung eine Abweichung nicht ausgeschlossen ist; [...]

(3) Die Technischen Baubestimmungen sollen nach den Grundanforderungen gemäß Anhang I der Verordnung (EU) Nr. 305/2011 gegliedert sein. [...]

(5) $_1$Das Deutsche Institut für Bautechnik macht nach Anhörung der beteiligten Kreise im Einvernehmen mit der obersten Bauaufsichtsbehörde zur Durchführung dieses Gesetzes und der auf Grund dieses Gesetzes erlassenen Rechtsverordnungen die Technischen Baubestimmungen nach Abs. 1 als Verwaltungsvorschrift bekannt.

$_2$Die nach Satz 1 bekannt gemachte Verwaltungsvorschrift gilt als Verwaltungsvorschrift des Landes, soweit die oberste Bauaufsichtsbehörde keine abweichende Verwaltungsvorschrift erlässt.

Die Vielfalt der verwendeten Materialien und die große Zahl unterschiedlichster Aufgaben bedingen, dass es für Fassaden nicht eine Vorschrift oder einen Eurocode, sondern eine Vielzahl unterschiedlichster Regelungen gibt, die hier gemeinsam anzuwenden sind. Anders als bei der Primärkonstruktion kann nicht mit nur einem Eurocode für Bemessung und Konstruktion für Stahlbetontragwerke (Eurocode 2), für Stahlbauten (Eurocode 3) oder Holzbauten (Eurocode 5) alles abgehandelt werden. Es spielen neben dem immer anzuwendenden Eurocode 0 (DIN EN 1990) für die Grundlagen der Tragwerksplanung auch der Eurocode 1 (DIN EN 1991) für die Einwirkungen, insbesondere die verschiedenen Eurocodes für alle beteiligten Materialien eine Rolle, und darüber hinaus eine Vielzahl weiterer Vorschriften auf europäischer, aber auch nationaler Ebene. Traditionell ist die Normung im Bereich der Tragwerksplanung auf größere Konstruktionen oder Konstruktionselemente ausgerichtet vor dem Hintergrund von Primärtragkonstruktionen. Beispielsweise im Fassadenbau übliche Schrauben und Verbindungsarten würden im Brückenbau nie verwendet: kleine Durchmesser, selbstbohrende oder gewindefurchende Schrauben, Schweißbolzen, Schraubkanäle u.a.

Die Frage der Gebrauchstauglichkeit stellt sich gerade im Fassadenbau häufig als wichtiger heraus, und sie ist nicht nur für den optischen Eindruck. Ein Riss kann eine Undichtigkeit bedeuten – mit der Folge, dass Wasser eindringt und Dämmung im feuchten Zustand nicht mehr ihre Aufgabe erfüllt und Wärmebrücken entstehen, dass bei Frost durch Feuchte Materialien abplatzen, dass wandernde Feuchtigkeit Salze durch das Bauteil mittransportiert und diese an anderer Stelle ausblühen, Feuchtigkeit an unerwünschten Stellen kann zu Problemen der Hygiene führen als Nährboden von Schimmel.

Durch die Vielfalt der unterschiedlichsten Anforderungen können Normen und Vorschriften entweder nur relativ abstrakt einen Rahmen setzen (so wie Eurocode 0 in den Grundlagen der Bemessung) oder ganz spezifisch einzelne Aspekte genauer betrachten und Lösungen dafür aufzeigen. So gibt es eine Vielzahl von Normen und Vorschriften auf europäischer Ebene zu Fenstern, dem Bauteil Fenster an sich – aber auch den einzelnen Elementen des Fensters wie beispielsweise den Gläsern. Angefangen vom Basisglas über die vorgespannten Gläser, die Verbundgläser oder Verbundsicherheitsgläser, die zu Mehrscheibenisolierglas gefügt werden, um dann in den Rahmen integriert zu werden. Aber selbst, wenn alle diese europäischen, zum Großteil harmonisierten Vorschriften berücksichtigt werden, kann es weitere Anforderungen geben, die noch nicht abgedeckt sind. Das betrifft beispielswese die Sicherung gegen Absturz von bodentiefen Fenstern oder die Öffnungsbegrenzer. Am Beispiel Fenster ist auch sehr schön das Zusammenspiel zwischen europäisch harmonisierten Normen und nationalen Anforderungen festzustellen: So ist in der Musterverwaltungsvorschrift für Technische Baubestimmungen (MVV TB) in einer Anlage der Hinweis zu finden, dass bei der Planung, Bemessung und Ausführung von Glaskonstruktionen in Fenstern und Außentüren (erfasst in europäischer Produktnorm EN 14351-1) die Bestimmungen der (nationalen) Bemessungsnorm DIN 18008 zu beachten sind.

Wozu sich auch in der neuen Fassung allerdings keine Hinweise finden, ist die Frage der thermisch induzierten Spannung und damit eventuell ausgelösten thermischen Glasbrüche, hierfür gibt es einige tradierte Regeln als Anhalt. Die Normung wie auch die Forschung arbeiten aktuell an einer Regelung, um auch hier Hilfestellung zu bieten.

Das bedeutet, selbst wenn alle Normen und Vorschriften bekannt wären und beachtet würden, so ist dies noch keine Gewähr, dass das Bauteil Fassade allen Anforderungen entspricht. Das Zusammenspiel der verschiedenen Beteiligten ist dementsprechend sehr wichtig.

Objektplaner, Tragwerksplanerinnen, Konstrukteure, Fassadenplanerinnen, Bauphysiker, ausführende Firma können nur gemeinsam eine Lösung erreichen, die allen Anforderungen gerecht wird: den öffentlich rechtlichen (was die öffentliche Sicherheit und Ordnung betrifft), aber auch Anforderungen der späteren Gebäudenutzer oder Eigentümer für eine langlebige, die Aufgaben erfüllende sichere und nachhaltige Konstruktion.

Bauprodukt, Bausatz und Bauart

Bauwerke werden aus *Bauprodukten* (Baustoffe, Produkte, Bausätze, Bauteile) erstellt. Das Zusammenfügen wird als *Bauart* bezeichnet.

In den Eurocodes gibt „Bauart" die hauptsächlich verwendeten tragenden Baustoffe an (z.B. Stahlbetonbau, Stahlbau, Holzbau, Mauerwerksbau, Verbundbau) – sonst auch als Bauweise bezeichnet. Der Begriff „Bauweise" kann jedoch auch die Anordnung baulicher Anlagen im Verhältnis zu Nachbargrundstücken bezeichnen, vgl. BauNVO. Zur Klarstellung der im Folgenden genutzten Begrifflichkeiten sind die Definitionen der wichtigsten Begrifflichkeiten aus einschlägigen Regelungen nachfolgend wiedergegeben.

Begriffsbestimmungen aus BauPVO und MBO

Begriffsbestimmungen BauPVO:

Für die Zwecke dieser Verordnung bezeichnet der Ausdruck

1. „Bauprodukt" jedes Produkt oder jeden Bausatz, das beziehungsweise der hergestellt und in Verkehr gebracht wird, um dauerhaft in Bauwerke oder Teile davon eingebaut zu werden, und dessen Leistung sich auf die Leistung des Bauwerks im Hinblick auf die Grundanforderungen an Bauwerke auswirkt;
2. „Bausatz" ein Bauprodukt, das von einem einzigen Hersteller als Satz von mindestens zwei getrennten Komponenten, die zusammengefügt werden müssen, um ins Bauwerk eingefügt zu werden, in Verkehr gebracht wird;
3. „Bauwerke" Bauten sowohl des Hochbaus als auch des Tiefbaus;
4. „Wesentliche Merkmale" diejenigen Merkmale des Bauprodukts, die sich auf die Grundanforderungen an Bauwerke beziehen;
5. „Leistung eines Bauprodukts" die Leistung in Bezug auf die relevanten Wesentlichen Merkmale eines Bauprodukts, die in Stufen oder Klassen oder in einer Beschreibung ausgedrückt wird;

17. „Inverkehrbringen"die erstmalige Bereitstellung eines Bauprodukts auf dem Markt der Union;

19. „Hersteller" jede natürliche oder juristische Person, die ein Bauprodukt herstellt beziehungsweise entwickeln oder herstellen lässt und dieses Produkt unter ihrem eigenen Namen oder ihrer eigenen Marke vermarktet;
20. „Händler" jede natürliche oder juristische Person in der Lieferkette außer dem Hersteller oder Importeur, die ein Bauprodukt auf dem Markt bereitstellt;

BayBO (als Beispiel für eine landesrechtliche Umsetzung der MBO):

Art. 2 Begriffe
(11) Bauprodukte sind

1. Produkte, Baustoffe, Bauteile, Anlagen und Bausätze gemäß Art. 2 Nr. 2 der Verordnung (EU) Nr. 305/2011, die hergestellt werden, um dauerhaft in bauliche Anlagen eingebaut zu werden,
2. aus ihnen vorgefertigte Anlagen, die hergestellt werden, um mit dem Erdboden verbunden zu werden,

wenn sich deren Verwendung auf die Anforderungen nach Art. 3 Satz 1 auswirken kann.

(12) Bauart ist das Zusammenfügen von Bauprodukten zu baulichen Anlagen oder Teilen von baulichen Anlagen.

Die Unterscheidung Bausatz (als Bauprodukt) und Bauart ist insbesondere wichtig wegen eventuell anzuwendender Regelungen, der Nachweisführung und der Kennzeichnung bzw. Leistungserklärung.

Bausatz bezeichnet nicht die Tätigkeit des Zusammenfügens, sondern ein *Bauprodukt,* das ein Hersteller als Satz mindestens zweier getrennter Komponenten in Verkehr bringt, die dann zusammengefügt werden müssen, um in ein Bauwerk eingefügt zu werden. Das Zusammenfügen der Elemente des Bausatzes gestaltet lediglich das Bauprodukt um und fügt keine Bauprodukte zu (Teilen von) baulichen Anlagen zusammen und ist somit keine Bauart. Eine strikte Trennung fällt jedoch häufig schwer oder erscheint etwas künstlich. Sie folgt den hiermit verbundenen Fragen über die Kompetenzaufteilung zwischen einerseits der EU (für den europäischen Binnenmarkt und das Produktrecht) und andererseits den einzelnen Mitgliedstaaten (für die Bauwerkssicherheit). Technische Baubestimmungen für Bauarten werden sich meist nur auf die Anbindung des Bausatzes an ein anderes Bauprodukt, Bauteil oder das Bauwerk (d.h. „nach außen" gerichtet) beziehen können, Regelungen betreffend das Zusammenfügen des Bausatzes selbst (d.h. „nach innen" gerichtet) sind dagegen nur in Ausnahmefällen denkbar.

EU-BauPVO und EuGH-Urteil, Bauordnungsrecht MBO und MVV TB, Landesrecht

Die Europäische Bauproduktenverordnung (EU-BauPVO) legt Bedingungen für den Handel (Inverkehrbringen und Bereitstellung auf dem Markt) von Bauprodukten fest; dazu schafft sie harmonisierte Regeln für die Angabe der Leistung sog. wesentlicher Merkmale von Bauprodukten sowie für die CE-Kennzeichnung. Die „wesentlichen Merkmale" sind diejenigen Merkmale, die sich auf die Grundanforderungen an Bauwerke beziehen, und werden in harmonisierten technischen Spezifikationen festgelegt.

EU-BauPVo – ANHANG I [Auszug]
GRUNDANFORDERUNGEN AN BAUWERKE

Bauwerke müssen als Ganzes und in ihren Teilen für deren Verwendungszweck tauglich sein, wobei insbesondere der Gesundheit und der Sicherheit der während des gesamten Lebenszyklus der Bauwerke involvierten Personen Rechnung zu tragen ist. Bauwerke müssen diese Grundanforderungen an Bauwerke bei normaler Instandhaltung über einen wirtschaftlich angemessenen Zeitraum erfüllen.

1. Mechanische Festigkeit und Standsicherheit

   Das Bauwerk muss derart entworfen und ausgeführt sein, dass die während der Errichtung und Nutzung möglichen Einwirkungen keines der nachstehenden Ereignisse zur Folge haben:

   a) Einsturz des gesamten Bauwerks oder eines Teils,
   b) größere Verformungen in unzulässigem Umfang,
   c) Beschädigungen anderer Teile des Bauwerks oder Einrichtungen und Ausstattungen infolge zu großer Verformungen der tragenden Baukonstruktion,
   d) Beschädigungen durch ein Ereignis in einem zur ursprünglichen Ursache unverhältnismäßig großen Ausmaß.

2. Brandschutz

   Das Bauwerk muss derart entworfen und ausgeführt sein, dass bei einem Brand

   a) die Tragfähigkeit des Bauwerks während eines bestimmten Zeitraums vorausgesetzt werden kann;
   b) die Entstehung und Ausbreitung von Feuer und Rauch innerhalb des Bauwerks begrenzt wird;
   c) die Ausbreitung von Feuer auf benachbarte Bauwerke begrenzt wird;
   d) die Bewohner das Bauwerk verlassen oder durch andere Maßnahmen gerettet werden können;
   e) die Sicherheit der Rettungsmannschaften berücksichtigt ist.

3. Hygiene, Gesundheit und Umweltschutz

   Das Bauwerk muss derart entworfen und ausgeführt sein, dass es während seines gesamten Lebenszyklus weder die Hygiene noch die Gesundheit und Sicherheit von Arbeitnehmern, Bewohnern oder Anwohnern gefährdet und sich über seine gesamte Lebensdauer hinweg weder bei Errichtung noch bei Nutzung oder Abriss insbesondere durch folgende Einflüsse übermäßig stark auf die Umweltqualität oder das Klima auswirkt:

   a) Freisetzung giftiger Gase;
   b) Emission von gefährlichen Stoffen, flüchtigen organischen Verbindungen, Treibhausgasen oder gefährlichen Partikeln in die Innen- oder Außenluft;
   c) Emission gefährlicher Strahlen;
   d) Freisetzung gefährlicher Stoffe in Grundwasser, Meeresgewässer, Oberflächengewässer oder Boden;
   e) Freisetzung gefährlicher Stoffe in das Trinkwasser oder von Stoffen, die sich auf andere Weise negativ auf das Trinkwasser auswirken;
   f) unsachgemäße Ableitung von Abwasser, Emission von Abgasen oder unsachgemäße Beseitigung von festem oder flüssigem Abfall;
   g) Feuchtigkeit in Teilen des Bauwerks und auf Oberflächen im Bauwerk.

4. Sicherheit und Barrierefreiheit bei der Nutzung

   Das Bauwerk muss derart entworfen und ausgeführt sein, dass sich bei seiner Nutzung oder seinem Betrieb keine unannehmbaren Unfallgefahren oder Gefahren einer Beschädigung ergeben, wie Gefahren durch Rutsch-, Sturz- und Aufprallunfälle, Verbrennungen, Stromschläge, Explosionsverletzungen und Einbrüche. Bei dem Entwurf und der Ausführung des Bauwerks müssen insbesondere die Barrierefreiheit und die Nutzung durch Menschen mit Behinderungen berücksichtigt werden.

5. Schallschutz

   Das Bauwerk muss derart entworfen und ausgeführt sein, dass der von den Bewohnern oder von in der Nähe befindlichen Personen wahrgenommene Schall auf einem Pegel gehalten wird, der nicht gesundheitsgefährdend ist und bei dem zufrieden stellende Nachtruhe-, Freizeit- und Arbeitsbedingungen sichergestellt sind.

6. Energieeinsparung und Wärmeschutz

   Das Bauwerk und seine Anlagen und Einrichtungen für Heizung, Kühlung, Beleuchtung und Lüftung müssen derart entworfen und ausgeführt sein, dass unter Berücksichtigung der Nutzer und der klimatischen Gegebenheiten des Standortes der Energieverbrauch bei seiner Nutzung gering gehalten wird. Das Bauwerk muss außerdem energieeffizient sein und während seines Auf- und Rückbaus möglichst wenig Energie verbrauchen.

7. Nachhaltige Nutzung der natürlichen Ressourcen

   Das Bauwerk muss derart entworfen, errichtet und abgerissen werden, dass die natürlichen Ressourcen nachhaltig genutzt werden und insbesondere Folgendes gewährleistet ist:

   a) Das Bauwerk, seine Baustoffe und Teile müssen nach dem Abriss wiederverwendet oder recycelt werden können;
   b) das Bauwerk muss dauerhaft sein;
   c) für das Bauwerk müssen umweltverträgliche Rohstoffe und Sekundärbaustoffe verwendet werden.

Bild 1: Grundanforderungen an Bauwerke nach Anhang I der EU-BauPVO

Harmonisierte technische Spezifikationen sind harmonisierte europäische Normen (hEN auf Basis eines Mandats) und Europäische Technische Bewertungen (ETA, erstellt auf Basis einer ETAG oder eines EAD). Seit 2019 werden im Amtsblatt der EU (leider) keine konsolidierten Listen von harmonisierten Normen (hEN) mehr veröffentlicht. Zur Unterstützung der Planenden stellt das DIBt (Deutsches Institut für Bautechnik) zur Information eine entsprechende Liste zur Verfügung unter: www.dibt.de/de/service/listen-und-verzeichnisse/hen-liste/.

In einer Leistungserklärung kann die „Leistung eines Bauprodukts" in Bezug auf relevante „wesentliche Merkmale" in Stufen, Klassen oder einer Beschreibung angegeben werden; wird für ein wesentliches Merkmal keine Leistung erklärt, ist „NPD" (No Performance Determined = keine Leistung festgestellt) anzugeben. Es ist mindestens für ein (beliebiges) wesentliches Merkmal eine Leistung zu erklären. Eine CE-Kennzeichnung darf nur auf Bauprodukten aufgebracht werden, für die eine Leistungserklärung existiert. Ein Mitgliedstaat darf die Bereitstellung auf dem Markt oder die Verwendung von Bauprodukten, die eine CE-Kennzeichnung tragen, weder untersagen noch behindern, *wenn* die erklärten Leistungen den Anforderungen für diese Verwendung in dem betreffenden Mitgliedstaat entsprechen.

Da nicht für alle „wesentlichen Merkmale" auch Leistungen erklärt werden müssen, ist eine Kennzeichnung mit CE noch keine Gewähr für eine Verwendbarkeit im Sinne des Bauordnungsrechts bzw. für den jeweiligen Anwendungsfall. Und da harmonisierte technische Spezifikationen im europäischen Konsens eher den kleinsten gemeinsamen Nenner abbilden, kann es durchaus vorkommen, dass national im Hinblick auf eine Verwendung im Bauwerk weitere Merkmale als wesentlich eingeschätzt werden – die dann aber nicht mit CE bestätigt werden können.

Der Europäische Gerichtshof erklärte in seinem Urteil vom 16.10.2014 (Rechtssache C-100/13) als unzulässig, dass Deutschland nationale Zusatzanforderungen an harmonisierte Bauprodukte mit CE-Kennzeichnung stellt.

Daraufhin wurde das Bauordnungsrecht novelliert: Eine neue Musterbauordnung (MBO) mit Berücksichtigung europarechtlicher Anforderungen wurde erarbeitet, und ergänzend sind in der neuen Musterverwaltungsvorschrift Technische Baubestimmungen (MVV TB) sowohl Bauregelliste (BRL) als auch Musterliste Technische Baubestimmungen (MLTB) zusammengefasst. Dabei sollte das gewohnte Schutzniveau in Bezug auf die Bauwerkssicherheit weiterhin erhalten bleiben. Wie schon in den Vorgängerdokumenten enthält die MVV TB somit sowohl Technische Baubestimmungen zur Erfüllung der Grundanforderungen an Bauwerke, z.B. in Form von Bemessungsnormen, Einbau- und Anwendungsregeln/Verwendungsregeln, als auch Regelungen für nicht harmonisierte Bauprodukte sowie Ergänzungen oder Klarstellungen zu darin aufgeführten Regelungen.

Baurecht ist nach wie vor in Kompetenz der einzelnen Bundesländer, d.h. für Verbindlichkeit sind MBO und MVV TB jeweils in Landesrecht zu überführen, beispielsweise BayBO und BayTB. Im Folgenden wird – soweit nicht anders angemerkt – jeweils auf Musterdokumente Bezug genommen; die jeweiligen Landesdokumente können abweichen – redaktionell (z.B. hinsichtlich Nummerierung) oder auch inhaltlich.

Um zum einen eine Vereinheitlichung der Technischen Baubestimmungen in den einzelnen Ländern zu erreichen und zum anderen den Ländern eine schlanke Umsetzung zu ermöglichen, ist in § 85a MBO vorgesehen, dass die jeweilige MVV TB als Verwaltungsvorschrift des Landes gilt, sofern keine abweichende Verwaltungsvorschrift erlassen wird. Einzig die drei Länder Bremen, Mecklenburg-Vorpommern und Saarland verzichten derzeit auf eigene Länderverwaltungsvorschriften Technische Baubestimmungen, sondern übernehmen die MVV TB in Form eines dynamischen Verweises auf die jeweils aktuelle vom DIBt veröffentlichte Fassung; d.h., es erfolgt hier eine verzugslose Umsetzung ohne eigenes Gesetzgebungsverfahren. Der Stand der Umsetzung der MVV TB in den anderen Ländern ist unterschiedlich, sofern keine Abweichungen von der Mustervorschrift gegeben sind, muss kein weiteres Anhörungs- und Notifizierungsverfahren durchlaufen werden. Ein Überblick über den Stand der Umsetzung ist in Bild 2 gegeben.

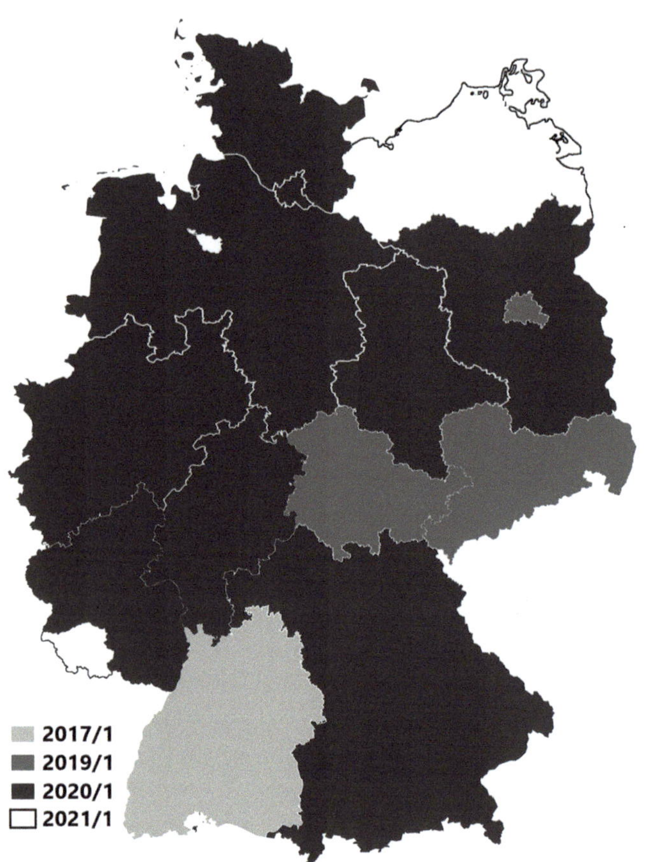

Bild 2: Stand der Umsetzung der MVV TB in den einzelnen Ländern zum 24.01.2022

Interessante Fragestellung können bei „grenzüberschreitenden" Beziehungen auftreten, beispielsweise wenn die Planung, die Herstellung und Weiterverarbeitung der Bauprodukte, deren Verwendung (d.h. Bauart) sowie schließlich die Überprüfung der Nachweise durch Bauleitung oder Bauaufsicht unterschiedliche Grundlagen nutzen (müssen).

Verwendbarkeit von Bauprodukten und Anwendbarkeit von Bauarten

Die neue MBO setzt auf eine klare Abgrenzung der Anforderungen für Bauprodukte (einschließlich Bausätzen) und Bauarten (= bauwerksspezifisch).

Hinsichtlich Bauprodukten wird konsequent zwischen (europäisch) harmonisierten (d.h. CE-gekennzeichneten) und nicht harmonisierten (nationalen) Bauprodukten unterschieden. Nur geringfügige Änderungen ergeben sich für nicht harmonisierte Bauprodukte, für einen erforderlichen Verwendbarkeitsnachweis gibt es folgende Alternativen:

- allgemeine bauaufsichtliche Zulassung (abZ), erteilt vom DIBt
- allgemeines bauaufsichtliches Prüfzeugnis (abP, erteilt von anerkannter Prüfstelle)
- Zustimmung im Einzelfall (ZiE), erteilt von oberster Bauaufsichtsbehörde

Bauprodukte mit CE-Kennzeichnung dürfen verwendet werden, wenn die erklärten Leistungen den Anforderungen für die jeweilige Verwendung entsprechen. Zusätzliche Produkteigenschaften, die in einer harmonisierten EN und/oder einer ETA nicht berücksichtigt sind, können „freiwillig" erklärt werden. Die von der Bauaufsicht in Deutschland eingeführte Bezeichnung „freiwillig" ist dabei etwas verwirrend: Die Freiwilligkeit betrifft nur den Handel und das Inverkehrbringen des Bauprodukts (der ja nicht behindert werden darf) und nicht die Anwendung, d.h. den Einsatz in einer Bauart.

Hinsichtlich der Bauarten (Zusammenfügen von Bauprodukten zu baulichen Anlagen oder Teilen baulicher Anlagen) ist eine Anwendung nur gestattet, wenn die Anforderungen der MBO, insbesondere § 3 MBO, erfüllt werden. Die Anforderungen von § 3 MBO können durch Technische Baubestimmungen (z.B. DIN 18008) konkretisiert werden. Bauarten, die von Technischen Baubestimmungen wesentlich abweichen oder für die es anerkannte Regeln der Technik nicht gibt, dürfen nur angewendet werden, wenn einer der folgenden Nachweise vorliegt:

- allgemeine Bauartgenehmigung (aBaG), erteilt vom DIBt
- vorhabenbezogene Bauartgenehmigung (vBaG), erteilt von oberster Bauaufsichtsbehörde
- allgemeines bauaufsichtliches Prüfzeugnis (abP), erteilt von anerkannter Prüfstelle

Während in der Vergangenheit in abZ Regelungen sowohl für Bauprodukte wie auch die Verwendung (Bauart) enthalten sein konnten, bezeichnet das DIBt diese Regelungen nunmehr konsequent als Kombibescheid abZ/aBaG – sofern eine Trennung in zwei einzelne (Teil-)Dokumente nicht sinnvoll ist.

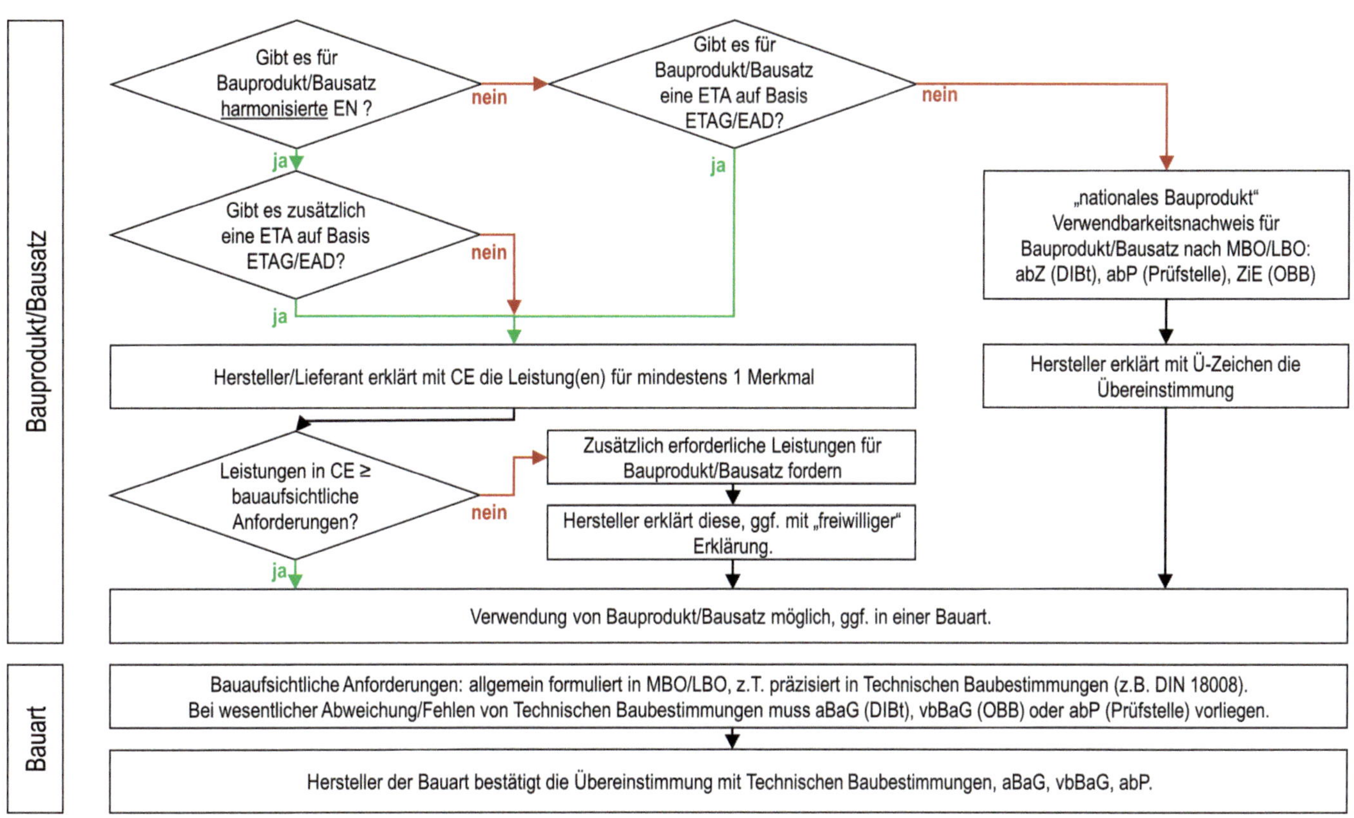

Bild 3: Flussdiagramm: Prüfung der Verwendbarkeit von Bauprodukten

Bild 3 stellt in einem Flussdiagramm die möglichen Schritte bei Prüfung der Verwendbarkeit zusammenfassend dar.

Zur Verdeutlichung der Problematik wird als Beispiel ein Fassadenelement betrachtet. EN 13830 (Produktnorm Vorhangfassaden 2003) ist in der Liste der harmonisierten Normen enthalten, die Absturzsicherheit beispielsweise ist nicht zufriedenstellend geregelt: Es wird in EN 13830 für das Merkmal Stoßsicherheit eine Klassifizierung nach EN 12600 gefordert; dabei wird der Glasaufbau getestet in genormten Abmessungen (847 mm × 1.910 mm) und definiertem Testrahmen – die i.d.R. von realen Abmessungen und Lagerungen abweichen. Das heißt, trotz CE-Zeichen – und selbst wenn für alle in hEN vorgesehenen Merkmale eine Leistung erklärt würde – ist eine Verwendbarkeit im Sinne der MBO nicht nachgewiesen. Hierzu ist DIN 18008-4 heranzuziehen; die Absturzsicherheit darf aber *nicht* mit der CE-Leistungserklärung erklärt werden, sondern mit sog. „freiwilliger" Erklärung.

Nach BauPVO dürfen CE-Kennzeichnungen in jeder Sprache (der EU) gemacht werden. Die Leistungserklärung jedoch muss nach BauPG in Deutschland in deutscher Sprache erfolgen. Leistungserklärung und CE-Kennzeichnung werden im folgenden Abschnitt unter „Konformitätsbewertung" nochmals ausführlicher dargestellt.

Ist eine Norm als Endfassung (sog. Weißdruck) veröffentlicht, so kann der dort festgeschriebene Stand als allgemein anerkannte Regel der Technik aufgefasst werden – bis dies ggf. durch Zeitablauf (und dabei erfolgtem Fortschritt) nicht mehr begründet ist. Oder bis aus formalen Gründen Hindernisse für eine Anwendung existieren. Baurechtlich verbindlich werden DIN-Normen durch eine Veröffentlichung in den MVV TB bzw. deren Umsetzung in jeweiliges Landesrecht. Das gilt allerdings nicht für Bauprodukte, für die es auf Basis eines Mandats eine harmonisierte europäischen Spezifikation (wie z.B. Norm) gibt.

Regelungen für Fenster, Fassaden, Glas

In diesem Kapitel werden (lediglich) Normen bzw. Regelungen genannt, die in hEN oder MVV TB enthalten sind und damit für Grundanforderungen an Bauwerke relevant und verpflichtend; für die Ausführung sind ggf. weitere Regelungen wichtig.

Wenn das Gefährdungspotenzial für die öffentliche Sicherheit gering ist, kann die Verantwortung des Bauherrn an die Stelle von öffentlich-rechtlichen Vorschriften treten und die Entscheidung für Maßnahmen, die über die üblichen Standsicherheitsanforderungen hinausgehen, dem Bauherrn überlassen werden. Das heißt, auch wenn seitens der Bauaufsicht Freistellungen bestehen und beispielsweise Nachweise der Bauaufsicht nicht vorgelegt werden müssen, so wird im Schadensfall – insbesondere bei Personenschäden – bei der straf- und zivilrechtlichen Aufarbeitung sicherlich nach solchen Nachweisen gefragt.

Abschnitt D (Bauprodukte, die keines Verwendbarkeitsnachweises bedürfen) enthält zur Klarstellung für die am Bau Beteiligten eine nicht abschließende Liste von Bauprodukten, die keines Verwendbarkeitsnachweises bedürfen. Es sind u.a. aufgeführt:

- nichttragende und nichtaussteifende Einfassungen von Fenster- und Türöffnungen, Fensterbänke und ihre Befestigungen
- Abdichtungen von Fassaden zum Schutz gegen Wind und Schlagregen
- Fassadenelemente (einschließlich ihrer Befestigungen) für Außenwandbekleidungen, die nach allgemein anerkannten Regeln der Technik befestigt werden
  - mit kleinformatigen Fassadenelementen mit $\leq 0{,}4\ m^2$ Fläche und ≤ 5 kg Eigengewicht
  - mit brettformatigen Fassadenelementen mit $\leq 0{,}3$ m Breite und Unterstützungsabständen durch die Unterkonstruktion von $\leq 0{,}85$ m
- Aussteifungen von Fassadenelementen für Außenwandbekleidungen, wenn diese Aussteifungen nicht für deren Standsicherheit erforderlich sind

Regelungen für Fenster und Außentüren

Für die Bauprodukte *Fenster und Türen* sind in der Liste der harmonisierten europäischen Normen aufgeführt:

- EN 14351-1:2006+A2:2016: Fenster und Türen – Produktnorm, Leistungseigenschaften – Teil 1: Fenster und Außentüren
- EN 16034:2014: Türen, Tore und Fenster – Produktnorm, Leistungseigenschaften – Feuer- und/oder Rauchschutzeigenschaften
  HINWEIS: Die Norm EN 16034:2014 ist nur in Verbindung entweder mit EN 13241:2003+A2:2016 oder mit EN 14351-1:2006 +A2:2016 anzuwenden.
- EN 179:2008: Schlösser und Baubeschläge – Notausgangsverschlüsse mit Drücker oder Stoßplatte für Türen in Rettungswegen – Anforderungen und Prüfverfahren
- EN 1125:2008: Schlösser und Baubeschläge – Paniktürverschlüsse mit horizontaler Betätigungsstange für Türen in Rettungswegen – Anforderungen und Prüfverfahren
- EN 1155:1997/A1:2002/AC:2006: Schlösser und Baubeschläge – Elektrisch betriebene Feststellvorrichtungen für Drehflügeltüren – Anforderungen und Prüfverfahren

In den MVV TB (Ausgabe 2021/1 vom 17.01.2022) finden sich für Fenster und Außentüren Konkretisierungen bzw. Verweise auf Normen und Vorschriften in unterschiedlichen Abschnitten.

In Abschnitt A1 (Technische Baubestimmungen, die bei der Erfüllung der Grundanforderung *Mechanische Festigkeit und Standsicherheit* zu beachten sind) findet sich in Anlage A 1.2.7/1 der Hinweis:

Bei der Planung, Bemessung und Ausführung von Glaskonstruktionen in Fenstern und Außentüren sind die Bestimmungen von DIN 18008-1:2020-05, DIN 18008-2:2020-05 und/oder DIN 18008-4:2013-07 zu beachten.

In Abschnitt A2 (Technische Baubestimmungen, die bei der Erfüllung der Grundanforderung *Brandschutz* zu beachten sind) wird klargestellt, dass die brandschutzbedingten Anforderungen an Außenwände nicht für Fenster und Außentüren in Lochfassaden gelten.

In Abschnitt A4 (Technische Baubestimmungen, die bei der Erfüllung der Grundanforderung *Sicherheit und Barrierefreiheit bei der Nutzung* zu beachten sind) finden sich Klarstellungen zur minimalen Anzahl von Fenstern, die auch in sitzender Position einen Durchblick in die Umgebung ermöglichen.

In Abschnitt C3 (Technische Baubestimmungen für Bauprodukte, die nicht die CE-Kennzeichnung tragen und nur eines allgemeinen bauaufsichtlichen Prüfzeugnisses bedürfen) findet sich für das Bauprodukt *Metall-Kunststoff-Verbundprofile für lastabtragende Rahmentragwerke von Türen, Fenstern, Fensterwänden und Vorhangfassaden, sofern diese nicht Komponenten der Türen, Fenster, Fensterwände und Vorhangfassaden sind* der Verweis auf das Prüfverfahren in der entsprechenden/einschlägigen DIBt-Richtlinie [Richtlinie für den Nachweis der Standsicherheit von Metall-Kunststoff-Verbundprofilen (1986-08)] sowie die Festlegung ÜH für die Übereinstimmungsbestätigung.

Regelungen für Fassaden

Die Liste der harmonisierten europäischen Normen (hEN) enthält für Fassaden die folgenden Einträge:

- EN 13830:2003: Vorhangfassaden Produktnorm
- EN 15651-1:2012: Fugendichtstoffe für nicht tragende Anwendungen in Gebäuden und Fußgängerwegen – Teil 1: Fugendichtstoffe für Fassadenelemente
- EN 490:2011: Dach- und Formsteine aus Beton für Dächer und Wandbekleidungen – Produktanforderungen
- EN 15102:2007+A1:2011: Dekorative Wandbekleidungen – Rollen- und Plattenform
- EN 14782:2006: Selbsttragende Dachdeckungs- und Wandbekleidungselemente für die Innen- und Außenanwendung aus Metallblech – Produktspezifikation und Anforderungen
- EN 14783:2013: Vollflächig unterstützte Dachdeckungs- und Wandbekleidungselemente für die Innen- und Außenanwendung aus Metallblech – Produktspezifikation und Anforderungen

In den MVV TB finden sich für Fassaden Konkretisierungen bzw. Verweise auf Normen und Vorschriften in unterschiedlichen Abschnitten.

Abschnitt A2 (Technische Baubestimmungen, die bei der Erfüllung der Grundanforderung *Brandschutz* zu beachten sind) regelt die brandschutzbedingten Anforderungen, auch für Außenwände (einschließlich Außenwandbekleidungen und Fassaden) und verweist für Wärmedämmverbundsysteme auf Anhang 5 (WDVS mit EPS, Sockelbrandverfahren) sowie für hinterlüftete Außenwandbekleidungen auf Anhang 6 (Hinterlüftete Außenwandbekleidungen).

Abschnitt B (Technische Baubestimmungen für Bauteile und Sonderkonstruktionen, die *zusätzlich* zu den in Teil A aufgeführten Technischen Baubestimmungen zu beachten sind) führt gebündelt (d.h. ohne Trennung nach den Grundanforderungen) die Regelungen für Bauteile Fassadenkonstruktionen auf:

- Außenwandbekleidungen, hinterlüftet:
  - DIN 18516-1:2010-06
  - DIN 18516-3:2013-09 ab MVV TB 2022/1: DIN 18516-3 (2021)
  - DIN 18516-5:2013-09 ab MVV TB 2022/1: DIN 18516-5 (2021)
- Vorhangfassaden
- außenseitige Wärmedämmverbundsysteme, WDVS mit ETA nach ETAG 004:2019-05

Zu Außenwandbekleidungen und Vorhangfassaden findet sich der ergänzende Hinweis, dass alle relevanten Bestimmungen aus Abschnitt A 1.2 zu beachten sind, d.h. alle Bemessungsnormen, einschließlich der gesamten Eurocode-Reihe. Ausgenommen hiervon sind nach allgemeinen Regeln der Technik befestigte Fassadenelemente bei Einhaltung der Bedingungen:

- kleinformatige Fassadenelemente mit ≤ 0,4 m² Fläche und ≤ 5 kg Eigengewicht oder
- brettformatige Fassadenelemente mit ≤ 0,3 m Breite und Unterstützungsabständen durch die Unterkonstruktion von ≤ 0,85 m

Zusätzlich gelten für hinterlüftete Außenwandbekleidungen, die geschossübergreifende Hohlräume haben oder über Brandwände hinweggeführt werden, die in Anhang 6 niedergelegten Regelungen.

Für WDVS mit ETA nach ETAG 004 gilt zusätzlich der Anhang 11 mit Regelungen zu Standsicherheit und Gebrauchstauglichkeit, Brandschutz, Schallschutz, Wärmeschutz und Einbaubescheinigung.

In Abschnitt C3 (Technische Baubestimmungen für Bauprodukte, die nicht die CE-Kennzeichnung tragen und nur eines allgemeinen bauaufsichtlichen Prüfzeugnisses bedürfen) findet sich für das Bauprodukt *Metall-Kunststoff-Verbundprofile für lastabtragende Rahmentragwerke von Türen, Fenstern, Fensterwänden und Vorhangfassaden, sofern diese nicht Komponenten der Türen, Fenster, Fensterwände und Vorhangfassaden sind* der Verweis auf das Prüfverfahren in der entsprechenden/einschlägigen DIBt-Richtlinie [Richtlinie für den Nachweis der Standsicherheit von Metall-Kunststoff-Verbundprofilen (1986-08)] sowie die Festlegung ÜH für die Übereinstimmungsbestätigung.

Regelungen für Gläser und Glasbau

Normen für Glasprodukte beinhalten u.a. Anforderungen an Maße und Mindestqualität verschiedener Merkmale. Angaben zu Konformitätsbewertung und Produktionskontrolle finden sich in dem als „Produktnorm" bezeichneten Teil einer Normenreihe.

Aktuell sind die nach neuestem Stand überarbeiteten und kurz vor Weißdruck stehenden Fassungen der Produktnormen DIN EN 572-9, 12150-2, 14179-2, 14449 aus formalen Gründen „on hold". Damit gelten die alten Fassungen von 2005, die sich zum Teil in wichtigen „wesentlichen Merkmalen" unterscheiden. Deshalb wird im Folgenden ggf. auf beide Fassungen Bezug genommen. Sofern keine Angabe erfolgt, ist auf die jeweils letzte Ausgabe Bezug genommen. Die Angaben der Konformitätsteile – insbesondere bezüglich der CE-Kennzeichnung – unterscheiden sich für die einzelnen Bauprodukte kaum, Erläuterungen hierzu sind deshalb für alle Glasprodukte in einem Unterabschnitt zusammengefasst.

Die in diesem Abschnitt betrachteten Normen für Basiserzeugnisse sowie vorgespannte Glasprodukte betreffen jeweils Flachglas aus Kalk-Natronsilicatglas. Für Produkte aus Borosilicatglas, Erdalkali-Silicatglas oder Alumo-Silicatglas wird auf die entsprechenden Normen oder allgemeinen bauaufsichtlichen Zulassungen verwiesen. Lediglich bei Zusammensetzung und allgemeinen Eigenschaften sind zum Vergleich die Zahlen für Borosilicatglas aufgeführt.

Die Bezeichnungen für Bauprodukte werden hier ohne – zum Teil in den Normen angegebene – Erläuterungen verwendet.

Für den Glasbau ist in den MVV TB 2017 unter A 1.2.7 Glaskonstruktionen die Anwendung der Technischen Regeln DIN 18008 angegeben. In den Anlagen ist geregelt, dass bei Ausführung von Glasbauteilen und Glaskonstruktionen nach ETA oder harmonisierten Normen zusätzlich Folgendes zu beachten ist:

- geklebte Glaskonstruktionen in Fassaden und Dächern:
  - Bis zu einer Einbauhöhe von 8 m über Gelände sind entweder Typ I oder Typ II nach ETAG 002 Teil 1, ab einer Einbauhöhe von 8 m ist Typ I zu verwenden.
  - Geklebte Glaskonstruktionen nach ETAG 002 Teil 2 (beschichtetes Aluminium) sind nur bis zu einer Einbauhöhe von 8 m über Gelände und nur unter Verwendung von Typ I zu verwenden.
  - Die Bemessung der Klebefuge nach ETAG 002 Teil 1 ist mit einem globalen Sicherheitsfaktor von $\gamma = 6$ durchzuführen.
  - Für die Planung, Bemessung und Ausführung von Glaskonstruktionen mit Acrylat-Klebeband gibt es keine abschließende technische Regel. Die Verwendung auf U-PVC-Oberflächen ist nicht zulässig.
- Für die Planung, Bemessung und Ausführung von spezialgezogenem Flachglas gibt es keine abschließende technische Regel.
- Bei der Planung, Bemessung und Ausführung von Glaskonstruktionen von nichttragenden inneren Trennwänden nach ETAG 003 sind die Bestimmungen von B 2.2.1.7 zu beachten (in B 2.2.1.7 wird auf A 1.2.7 = DIN 18008 verwiesen).
- Bei der Planung, Bemessung und Ausführung von Glaskonstruktionen in Vorhangfassaden nach DIN EN 13830 und in Fenstern und Außentüren nach DIN EN 14351-1 sind die Bestimmungen von A 1.2.7 zu beachten.
- Werden Scheiben nach DIN EN 14179-2 derart eingebaut, dass deren Oberkante mehr als 4 m

über Verkehrsflächen liegt, dürfen sie nur in Mehrscheibenisolierverglasungen Verwendung finden. Alternativ sind konstruktiv Maßnahmen zur Gefahrenabwehr im Versagensfall wie eine Splittersicherung, Vordächer o.Ä. vorzusehen
- Die technische Regel DIN 18008-2 braucht nicht angewendet zu werden für:
  - Dachflächenfenster in Wohnungen und Räumen ähnlicher Nutzung (z.B. Hotelzimmer, Büroräume) mit einer Lichtfläche (Rahmeninnenmaß) bis zu 1,6 m^2,
  - Verglasungen von Kulturgewächshäusern/ Produktionsgewächshäusern.

Auch wenn für geklebte Glaskonstruktionen auf ETAG 002 verwiesen wird, handelt es sich dabei nicht um eine eingeführte Baubestimmung. In DIN 18008 sind geklebte Glaskonstruktionen nicht geregelt. Demnach ist in jedem Anwendungsfall eine vorhabenbezogene Bauartgenehmigung zu erwirken, wenn die Verwendbarkeit nicht anderweitig (z.B. durch allgemeine Bauartgenehmigung) nachgewiesen ist.

Konformitätsbewertung

Die Hersteller von Bauprodukten (Basisglas, thermisch vorgespanntes Glas, Verbund(sicherheits)glas, Mehrscheibenisolierglas) erstellen und pflegen zum Nachweis der Konformität jeweils entsprechende Produktbeschreibungen. Die Konformitätsbewertung (ältere Bezeichnung von 2005) oder Bewertung und Überprüfung der Leistungsbeständigkeit (AVCP) (neuere Bezeichnung ab etwa 2015) ist in der jeweiligen Produktnorm geregelt. Dabei sind Art und Umfang, Durchführung und Überwachung von Prüfungen und Dokumentation festgelegt. Insbesondere die Leistungserklärung (Declaration of Performance) und CE-Kennzeichnung sind dabei für Planende und Ausschreibende von Interesse. Auf diese wird im Folgenden eingegangen, die weiteren Regelungspunkte im Verantwortungsbereich des Herstellers werden nicht betrachtet.

Für die unterschiedlichen Bauprodukte sind dieselben wesentlichen Eigenschaften als Basis zur Erklärung von Leistungen aufgeführt. Gegenüber den letzten, aktuell noch gültigen Endfassungen von 2004 und 2005 wurden in den aktuellen Entwurfsfassungen 2017 bzw. für MIG in der Endfassung 2018 kleinere Ergänzungen bei Leistungswerten fotometrischer und strahlungsphysikalischer Eigenschaften vorgenommen. In der folgenden Tabelle sind die wesentlichen Eigenschaften mit zugehörigen Prüfnormen, mandatierten Stufen/Klassen sowie Einheiten/Klassen aus den verschiedenen Produktnormen zusammengefasst. Die Reihenfolge ist gewählt wie in der BauPVO Anhang I (Grundanforderungen an Bauwerke) – und es wurde nicht die davon abweichende Reihung aus den Produktnormen übernommen.

Tab. 1: Maßgebende Abschnitte für Basiserzeugnisse aus Kalk-Natronsilicatglas für den vorgesehenen Verwendungszweck in Gebäuden und Bauten

Wesentliche Eigenschaften entsprechend BauPVO Anhang I Grundanforderungen an Bauwerke	Anforderungen gemäß (Prüf)Norm(en)		Mandatierte Stufen und/oder Klassen	Einheit/Klassen	
				2004 oder 2005	Entwurf 2017 bzw. für MIG Endfassung 2018
Mechanische Festigkeit					
Pendelschlagwiderstand	EN 572-1 bis -7	EN 12600	–	geeignete Klassen	geeignete Klassen
mechanischer Widerstand: Beständigkeit gegen plötzliche Temperaturwechsel und -unterschiede		EN 572-1		K und/ oder °C	K
mechanischer Widerstand: Widerstand der Glaseinheit gegen Wind, Schnee, Dauer- und/oder weitere Lasten		prEN 13474 EN 16612		mm	MPa
Brandschutz					
Feuerwiderstand	EN 572-1 bis -7	EN 13501-2	alle	Minuten	Klassen
Brandverhalten		EN 13501-1	alle	Euroklassen	Euroklassen
Verhalten bei Beanspruchung durch Feuer von außen (nur für Bedachungen)		EN 13501-5	alle		Klassen
Freisetzung gefährlicher Stoffe (in den Fassungen 2004/2005 noch keine Anforderungen)	nationale Vorschrift am Ort der Verwendung		–	–	–
Nutzungssicherheit					
Durchschusshemmung	EN 572-1 bis -7	EN 1063	–	geeignete Klassen	– oder geeignete Klassen
Sprengwirkungshemmung		EN 13541			
Einbruchhemmung		EN 356			
Schallschutz					
direkte Luftschalldämmung	EN 572-1 bis -7	EN 12758	–	dB	
Energieerhaltung und Wärmeschutz					
thermische Eigenschaften: erklärter Emissionsgrad U-Wert	EN 572-1 bis -7	EN 673	–	W/(m²K)	Dezimalwert oder % W/(m²K)
strahlungsphysikalische Eigenschaften: Lichttransmissionsgrad und -reflexionsgrad		EN 410		Dezimalwert oder %	
sonnenenergetische Eigenschaften: direkter Strahlungstransmissions- und -reflexionsgrad g-Wert					
Dauerhaftigkeit/Konformität (in den Fassungen 2004, 2005 noch keine Anforderungen)	EN 572-9 (Abschnitt: Bestimmung der Eigenschaften von Basiserzeugnissen aus Kalk-Natronsilicatglas)				

In der ersten Spalte der (Prüf-)Normen sind abhängig vom Bauprodukt zu den Normen des Basisglases jeweils zu ergänzen EN 12150 (bei ESG), EN 14179 (heißgelagertes ESG), EN 1863 (TVG), EN 14449 (VG und VSG), EN 1279 (MIG).

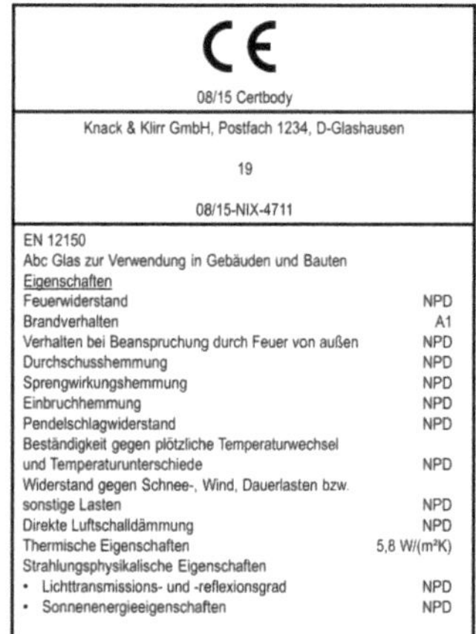

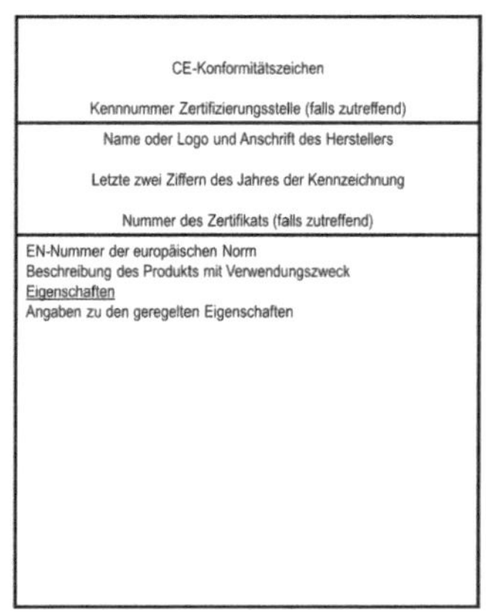

Bild 4: Beispiel für die Angaben einer CE-Kennzeichnung

Für Glas im Bauwesen ist bei statisch tragender Funktion, d.h. im Fall einer Verwendung in Fenster, Fassade, Geländer, Boden, Dach, (Trenn-)Wand etc., jeweils insbesondere das Merkmal „Widerstand gegen Schnee, Wind, Dauerlasten bzw. sonstige Lasten" von Bedeutung. Ein Bauprodukt mit „NPD" bei dieser Eigenschaft ist *nicht verwendbar* im Sinne der Bauordnungen! Bei Leistungserklärungen nach den aktuell gültigen Fassungen 2004/2005 ist dabei lediglich die Glasdicke anzugeben, d.h., die Materialfestigkeit wird nicht bestätigt. Dies ist für Einfachgläser (einzelne Scheiben und VSG) erst für die Zukunft vorgesehen, wie die Entwurfsfassungen 2017 zeigen. Für MIG gilt die Endfassung der EN 1279 von 2018. In Anhang A ist ausgeführt, dass das Merkmal nicht für das ganze MIG angegeben werden kann, es sind die charakteristischen Biegefestigkeiten jeder einzelnen Scheibe anzugeben. Dabei sind einzelne Scheiben durch Bindestrich, einzelne Gläser von VSG durch Schrägstrich zu trennen. Es ist üblich, mit der äußeren Scheibe zu beginnen. Beispielsweise ist für MIG mit Aufbau 4 mm Floatglas, 16 mm SZR und VSG aus 2 × 5 mm ESG anzugeben: 45-120/120. In der aktuellen Entwurfsfassung für VSG ist vorgesehen, ebenfalls die Festigkeiten der einzelnen Gläser anzugeben – allerdings nur bei Aufbauten aus genau zwei Gläsern, für alle VSG mit mehr Gläsern – wie beispielsweise für Treppenstufen benötigt – soll „NPD" erklärt werden. Hier sind von Planenden zusätzliche „freiwillige" Erklärungen zu fordern, um den Anforderungen der LBO gerecht werden zu können.

In den Endfassungen von 2004/2005 wird hinsichtlich Mechanischer Widerstand: Widerstand gegen Schnee, Wind, Dauerlast bzw. weitere Belastungen der Verglasung" jeweils auch auf eine mögliche Bemessung nach prEN 13474 verwiesen. Diese Norm ist inzwischen unter der Bezeichnung EN 16612 als Endfassung erschienen, in den Entwurfsfassungen von 2017 wie auch in der Endfassung von 2018 (für MIG) wird auf diese verwiesen. Für die Angabe von Produkteigenschaften ist diese Bemessungsnorm jedoch auch nicht geeignet: Der Widerstand hängt unmittelbar ab von den Abmessungen, der Lagerung und den Einwirkungen – und ist damit abhängig von Einbauort und von der Einbausituation im Gebäude, also kein Produktkennwert (eine 1,2 m × 1,5 m große VSG-Scheibe kann als vierseitig gelagertes Fassadenelement oder unten eingespannte Glasbrüstung eingesetzt werden ...).

1/2
Anforderungen an Fenster/Außentüren

Einführung

Fenster und Türen sind Bauteile, die innerhalb des Lebenszyklus eines Gebäudes dem größten Verschleiß unterliegen. Sie tragen maßgeblich zum Erscheinungsbild des Gebäudes bei, wobei Proportionen, Teilungen und die Ausbildung der Detailpunkte den Gebäudecharakter prägen. Fenster und Türen sind Träger von Stilmerkmalen. Beim Austausch der Elemente ist dem Rechnung zu tragen (Denkmalschutzanliegen).

in historischen Gebäuden

in modernen Gebäuden

Bild 1: Fenster und Türen als Gestaltungselemente

Fenster und Außentüren werden als Bauteile konstruktiv gleichbehandelt. In einem Gebäude müssen sie eine Vielzahl von Aufgaben gleichzeitig erfüllen:

- Sicherung von Leib und Leben (Absturzhemmung, Nutzungssicherheit)
- Brandschutz
- Schutz vor Witterungseinwirkungen (Wind, Niederschläge)
- sommerlicher und winterlicher Wärmeschutz
- Energiezugewinn durch solare Einstrahlung (solare Wärmegewinne)
- Belichtung und Belüftung der Räume
- Herstellung einer Verbindung zur Umgebung
- Barrierefreiheit, z.B. geringe Bedienkräfte und -höhen
- Sicherheit vor unbefugtem Zugang
- Schallschutz

Bei Außentüren und bodentiefen Fenstertüren außerdem:

- Möglichkeit des Zu- und Durchgangs
- Barrierefreiheit (lichte Durchgangsbreiten, Schwellenhöhe)
- Stoßsicherheit der frei zugänglichen Verglasungen (Raum- und Außenseite)

Hauptaufgabe der Fenster ist es, natürliches Licht in das Gebäude zu lassen. Die Größe des Fensters sowie dessen Lage im Raum bestimmen den Lichteinfall. Die meiste Beleuchtungsstärke erbringt Zenitlicht. Deshalb ist es sinnvoll, die Sturzelementhöhen zu reduzieren. Das Licht kann tiefer in den Raum einfallen.

Bild 2: Fensterausbildung und Lichteinfall – Abhängigkeiten

Form und Lage der Fensterebene bestimmen maßgeblich die Leistung des Bauteils hinsichtlich der bauphysikalischen und physiologischen Anforderungen (Lichteinfall, Lüftungsfunktion, solare Energiegewinne, Wärmedämmung) sowie der Anforderungen der Nutzer (Ausblick, Einblick, Schallschutz).

Harmonisierte Produktnorm DIN EN 14351-1

Die europäisch harmonisierte Produktnorm DIN EN 14351-1 gilt für Fenster (auch Dachflächenfenster, Dachflächenfenster mit Schutz gegen Brand von außen und Fenstertüren), Außentüren (einschließlich rahmenlose Glastür-, Flucht- und Paniktürelemente) und zusammengesetzte Elemente und gibt materialunabhängig Leistungseigenschaften an, mit Ausnahme von Feuer- und/oder Rauchschutzeigenschaften. Hersteller und Planende haben damit eine Grundlage für die Bewertung von Fenstern und Türen im Allgemeinen wie auch für den konkreten Anwendungsfall. Objektbezogene Leistungsanforderungen sind unter Berücksichtigung nationaler Regelwerke zu formulieren. Die DIN 18055 ergänzt und konkretisiert als Hilfestellung für Planung und Ausschreibung die Leistungsanforderungen der DIN EN 14351-1, damit werden konkrete bauliche Situationen sowie Randbedingungen in Deutschland und CE-Kennzeichnung verbunden.

Tab. 1: Leistungseigenschaften und besondere Anforderungen, Mandate mit Zuordnung zu Grundanforderungen nach BauPVO, Abschnitte in DIN EN 14351-1 und DIN 18055, Klassifizierung

Leistungseigenschaften und besondere Anforderungen		Mandate für F/T/DF[1]	GA in BauPVO	DIN EN 14351	DIN 18055	Klassifizierung
Merkmal als Text	**Nr. F/T[1]**					
Widerstandsfähigkeit gegen Windlast	1,2/1,2	F/T/DF	4	4.2	4.2	npd/Klassen
Schlagregendichtheit[2]	5,6/3,4	F/T/DF	3	4.5	4.5	npd/Klassen
Luftdurchlässigkeit[2]	14/14	F[7]/T[7]/DF	6	4.14	4.12	npd/Klassen
Schallschutz	10/10	F[7]/T[7]/DF	5	4.11	4.9	npd/festgestellte Werte
Wärmedurchgangskoeffizient[2]	11/11	F[7]/T[7]/DF	6	4.12	4.10	npd/festgestellter Wert
Strahlungseigenschaften	12, 13/12, 13	F[7]/T[7]/DF	6	4.13	4.11	npd/festgestellter Wert

Tab. 1: Leistungseigenschaften und besondere Anforderungen, Mandate mit Zuordnung zu Grundanforderungen nach BauPVO, Abschnitte in DIN EN 14351-1 und DIN 10855, Klassifizierung *(Fortsetzung)*

Leistungseigenschaften und besondere Anforderungen		Mandate für F/T/DF[1]	GA in BauPVO	DIN EN 14351	DIN 18055	Klassifizierung
Merkmal als Text	**Nr. F/T[1]**					
gefährliche Substanzen	7/5	F/T[3]	3	4.6	4.6	wie vorgeschrieben
Stoßfestigkeit	8/6	T[4]/DF	4	4.7	4.7	npd/Klassen
Tragfähigkeit von Sicherheitsvorrichtungen	9/7	F/T/DF[5]	4	4.8	4.8	npd/Schwellenwert
Höhe und Breite	–/8	T	4	4.9	4.18	npd/festgestellter Wert
Fähigkeit zur Freigabe	–/9	T[6]	4	4.10	4.21	siehe hENs
Dauerhaftigkeit			7	4.15		
Bedienungskräfte	15/15		4	4.16	4.13	np/Klassen
mechanische Festigkeit	16/16		4	4.17	4.14	npd/Klassen
Dauerfunktion	21/21		4,7	4.21	4.15	npd/Klassen
Lüftung	17/17		3?	4.18	–	npd/festgestellter Wert
Differenzklimaverhalten	22/22		4,7	4.22	4.16	npd/Klassen
Durchschusshemmung	18/18		4	4.19	–	npd/Klassen
Sprengwirkungshemmung	19, 20/19, 20		4	4.20	–	npd/Klassen
Einbruchhemmung	23/23		4	4.23	4.17	npd/Klassen
Widerstandsfähigkeit gegen Schnee- und Dauerlast	3/–	DF	4	4.3	4.3	npd/festgestellte Angaben
Brandverhalten	4/–	DF	2	4.4.1	4.4	npd/Klassen
Schutz gegen Brand von außen	4/–	DF	2	4.4.2	4.4	siehe EN 13501-1
besondere Anforderungen				4.24	4.19, 4.20	

[1] Legende: F: Fenster, T: Türen, DF: Dachflächenfenster, npd = no performance determined, GA: Grundanforderungen an Bauwerke nach EU-BauPVO, Anhang I
[2] einschließlich Dauerhaftigkeit
[3] nur Einfluss auf Innenräume bzw. Innenraum-Luftqualität
[4] nur Glastüren mit Verletzungsgefahr
[5] „Schwellenwerte wurden von den technischen Normen benannt"
[6] nur abgeschlossene Türen in Fluchtwegen, in geschlossener Stellung mechanisch gesichert
[7] wenn erforderlich

Neben den genannten Leistungseigenschaften müssen Fenster und Außentüren weitere Anforderungen erfüllen (vgl. oben), eine spätere Position in diesem Kapitel bedeutet dabei keineswegs eine geringere Priorität.

Innerhalb DIN EN 14351-1 sind nur die Grundanforderungen 2 bis 6 angesprochen, zum Teil auch nicht mandatierte Eigenschaften, d.h., der Widerstand gegen Windlast wird hier nur als *Sicherheit und Barrierefreiheit bei der Nutzung* (Safety in Use) betrachtet, Grundanforderung 1 (Mechanische Sicherheit und Standfestigkeit) ist in nationaler Verantwortung. Und die nicht mandatierte Eigenschaft *„Mechanische Festigkeit"* betrifft tatsächlich lediglich die Verformung und evtl. Einflüsse auf Bedienkräfte bei Lasten in senkrecht geöffnete Fenster- bzw. Türflügel. Insofern lohnt es sich, den Inhalt der Norm genauer zu betrachten.

Im Folgenden werden zunächst Leistungsanforderungen aus der europäisch harmonisierten Produktnorm DIN EN 14351-1 und damit verbundene Prüf- und Klassifizierungsnormen näher betrachtet. Dabei sind Reihenfolge wie auch thematische Gruppierung nicht entsprechend der Reihenfolge in der Norm, sondern wie in obiger Tabelle. Abschließend folgen weitere Aspekte wie Tragwerksplanung (Statik, ggf. Absturzsicherung) und Öffnungsbegrenzer.

Anforderungen in Zusammenhang mit Windeinwirkungen: Widerstandsfähigkeit gegen Windlast, Schlagregendichtheit, Luftdurchlässigkeit

Windlasten (Eurocode 1, Teil 4)

Windlasten sind die Grundlage für die Festlegung der Anforderungen von Fenstern und Außentüren an Windwiderstandsfähigkeit, Schlagregendichtigkeit und Luftdurchlässigkeit. Selbstverständlich sind sie auch Basis für die Nachweise der Tragwerksplanung (Statik) zur Tragfähigkeit und Gebrauchstauglichkeit.

Windlasten sind in Eurocode 1 (DIN EN 1991, Einwirkungen auf Tragwerke) in Teil 1-4 geregelt, national festgelegte Parameter in DIN EN 1991-1-4/NA ergänzen die Regeln für Deutschland.

Deutschland ist in vier Windzonen eingeteilt (DIN EN 1991-1-4/NA); eine tabellarische Zuordnung von Gemeinden zu Windzonen stellt das DIBt unter *www.dibt.de/de/wir-bieten/technische-baubestimmungen* bereit.

Weiterhin ist das Gelände in vier Geländekategorien eingeteilt.

Tab. 2: Geländekategorien [nach DIN EN 1991-1-4/NA]

Geländekategorie	Merkmale
Geländekategorie I	▸ offene See ▸ Seen mit mindestens 5 km freier Fläche in Windrichtung ▸ glattes, flaches Land ohne Hindernisse
Geländekategorie II	▸ Gelände mit Hecken, einzelnen Gehöften, Häusern und Bäumen, z.B. landwirtschaftliches Gebiet
Geländekategorie III	▸ Vorstädte ▸ Industrie- oder Gewerbegebiete ▸ Wälder
Geländekategorie IV	▸ Stadtgebiete, bei denen mind. 15 % der Fläche mit Gebäuden bebaut sind, deren mittlere Höhe 15 m überschreitet

In Deutschland kommen große Gebiete mit gleichförmiger Bodenrauigkeit selten vor, für baupraktische Fälle sind als Regelfälle drei Mischprofile definiert:

- Inseln der Nordsee (entspricht Geländekategorie I)
- Küste, d.h. ein Streifen entlang der Küste mit 5 km Breite landeinwärts, und Inseln der Ostsee (Mischprofil der Geländekategorien I und II)
- Binnenland (Mischprofil der Geländekategorien II und III)

Für Geländehöhen H_S über 800 m ü. NN ist der Geschwindigkeitsdruck q mit dem Faktor $(0{,}2 + H_S/1.000)$ zu vergrößern, Geländehöhen oberhalb 1.100 m sowie Kamm- und Gipfellagen der Mittelgebirge erfordern besondere Überlegungen.

Der charakteristische Wert des Winddrucks (auf die Außenflächen) w_e ergibt sich aus dem Produkt von Geschwindigkeitsdruck q_p [kN/m²] und aerodynamischem Beiwert (für den Außendruck) c_{pe} [–].

$$w_e = q_p \times c_{pe}$$

Der charakteristische Wert des Winddrucks ist nicht nur Eingangsgröße für eine statische Berechnung, sondern auch für die Festlegung der Klasse, Windwiderstandsfähigkeit sowie Schlagregendichtheit.

Der Geschwindigkeitsdruck q_p hängt von der Windzone, Geländekategorie (bzw. Mischprofil), Bodenrauigkeit und der Höhe über Gelände ab, die Gleichungen mit Berücksichtigung der einzelnen Parameter sind in Eurocode 1 zu finden.

Tab. 3: Vereinfachte Geschwindigkeitsdrücke für Bauwerke bis 25 m Höhe

Mischprofil und Windzone		Geschwindigkeitsdruck q_p [kN/m²] bei einer Gebäudehöhe h in Grenzen von		
		h ≤ 10 m	10 m < h ≤ 18 m	18 m < h ≤ 25 m
Binnenland	1	0,50	0,65	0,75
	2	0,65	0,80	0,90
	3	0,80	0,95	1,10
	4	0,95	1,15	1,30
Küste und Inseln der Ostsee	2	0,85	1,00	1,10
	3	1,05	1,20	1,30
	4	1,25	1,40	1,55
Küste der Nordsee	4	1,25	1,40	1,55
Inseln der Nordsee	4	1,40	–	–

Für Gebäude bis zu einer Höhe von 25 m darf der Geschwindigkeitsdruck vereinfacht konstant über die gesamte Gebäudehöhe angenommen werden (vgl. Tabelle 3).

Außendruckbeiwerte c_{pe} hängen von der Bauwerksform ab und werden als globale und lokale Beiwerte angegeben. Lokale Beiwerte $c_{pe,1}$ beschreiben die Windwirkung für eine Lasteinflussfläche von 1 m², die globalen Beiwerte $c_{pe,10}$ für 10 m² Lasteinzugsfläche. Für Flächen kleiner als 1 m² oder größer als 10 m² dürfen die lokalen oder globalen Beiwerte genutzt werden, Zwischenwerte sind logarithmisch zu interpolieren – wenn nicht auf der sicheren Seite $c_{pe,1}$ angesetzt wird.

Für die Ermittlung der Außendruckbeiwerte von vertikalen Wänden rechteckiger Gebäude werden Bereiche A bis E definiert: D = luvseitige Wand, E = leeseitige Wand. Die Unterteilung der windparallelen Wand (Abmessung d) hängt von der Geometrie ab. Dazu wird die Hilfsgröße e als Minimum von Abmessung quer zum Wind (b) und doppelter Gebäudehöhe (2h) definiert. Es werden drei Fälle unterschieden:

- windparallele Wand d > e:
  Breite Bereich A ist e/5, Breite Bereich B ist 4/5 e, Restfläche ist Bereich C
- windparallele Wand d ≤ e:
  Breite Bereich A ist e/5, Restfläche ist Bereich B
- windparallele Wand d ≤ e/5:
  es gibt nur Bereich A

Dabei ist zu berücksichtigen, dass alle Windrichtungen zu untersuchen sind, d.h., Bereiche B werden erst bei d > 2/5 e wirksam, Bereiche C erst bei d > 2 e. Werden Anforderungen der einzelnen Fenster nicht nach Bereichen abgestuft, sind nur die (ungünstigsten) Bereiche A und D von Interesse.

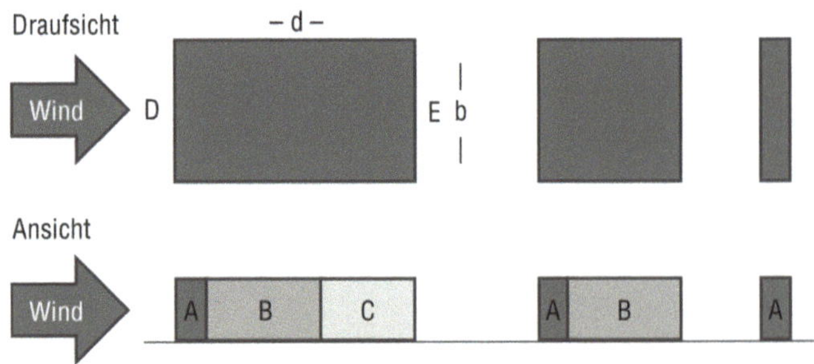

Tab. 4: Außendruckbeiwerte c_{pe}

Bereich	A		B		C		D		E	
h/d	$c_{pe,10}$	$c_{pe,1}$	$c_{pe,10}$	$c_{pe,1}$	$c_{pe,10}$	$c_{pe,1}$	$c_{pe,10}$	$c_{pe,1}$	$c_{pe,10}$	$c_{pe,1}$
≥ 5	–1,4	–1,7	–0,8	–1,1	–0,5	–0,7	+0,8	+1,0	–0,5	–0,7
1	–1,2	–1,4	–0,8	–1,1	–0,5	–0,5	+0,8	+1,0	–0,5	–0,5
≤ 0,25	–1,2	–1,4	–0,8	–1,1	–0,5	–0,5	+0,7	+1,0	–0,3	–0,5

Die Außendruckbeiwerte c_{pe} sind in Tabelle 4 zusammengestellt.

Windwiderstandsfähigkeit bei Windlast (DIN EN 12210)

Widerstandsfähigkeit bei Windlast ist ein Merkmal der Gebrauchstauglichkeit (Sicherheit und Barrierefreiheit bei der Nutzung) von Fenstern und Außentüren.

Zusätzlich zur Windwiderstandsfähigkeit (versuchstechnischer Nachweis) ist immer ein statischer, rechnerischer Nachweis nach DIN 18008-2 (mit den Windlasten der DIN EN 1991-1-4/NA als Basis) zu führen.

Die Klassifizierung der Fenster und Türen hinsichtlich *Widerstandsfähigkeit bei Windlast* nach DIN EN 12210 erfolgt auf Basis von Prüfungen nach DIN EN 12211. Dabei werden drei Prüfdruckreihen durchgeführt. Vor Beginn der Prüfungen wird die beanspruchte/gewünschte Luftdurchlässigkeitsklasse durch eine Vergleichsmessung bestimmt. Zur Messung der Durchbiegung unter Last wird ein Prüfdruck P1 jeweils positiv (Druck) und negativ (Sog) aufgebracht. Zur Einschätzung des Leistungsvermögens unter wiederholten Windlasten werden 50 Zyklen stoßweise aufgebrachter Sog-Druck-Wechsel mit dem Prüfdruck P2 (= 0,5 P1) durchlaufen. Der Prüfkörper muss voll funktionsfähig bleiben, die anschließende Prüfung auf Luftdurchlässigkeit nach DIN EN 1026 darf die in DIN EN 12207 festgelegten Obergrenzen der beanspruchten/gewünschten Luftdurchlässigkeitsklasse um maximal 20 % übersteigen. Abschließend wird zur Abschätzung der „Sicherheit unter extremen Bedingungen" ein Sog-Druck-Wechsel mit dem Prüfdruck P3 (= 1,5 P1) aufgebracht. Sofern der Prüfkörper geschlossen bleibt und sich keine Teile lösen, sind Mängel wie Verbiegungen, Spalt- oder Rissbildung an Rahmen zulässig. Glasbruch ist einmalig erlaubt, d.h., es darf eine Wiederholung der Prüfung mit ersetztem Glas erfolgen.

Klassen und Grenzwerte für die Klassifizierung sind in Tabelle 5 angegeben, eine Gesamtklassifizierung setzt sich aus dem Buchstaben für die relative frontale Rahmendurchbiegung und der Ziffer für Prüfdruck P1 zusammen. Die Klasse Exxxx steht für einen Prüfdruck P1 über 2 kPa, xxxx ist Platzhalter für P1 in Pa.

Tab. 5: Klassifizierung Widerstandsfähigkeit gegen Windlast

Klasse		A		B		C	
Rahmendurchbiegung	npd	≤ 1/150		≤ 1/200		≤ 1/300	
Klasse		**1**	**2**	**3**	**4**	**5**	**Exxxx**
Prüfdruck P1 [Pa]	npd	400	800	1.200	1.600	2.000	> 2.000
Prüfdruck P1 [kN/m²]		0,4	0,8	1,2	1,6	2,0	> 2,0

Zur Auswahl der Klassen für die konkrete bauliche Situation verweist DIN 18055 hinsichtlich der Durchbiegung auf DIN 18008-2: Ein Rand gilt als linienförmig gelagert, wenn die Durchbiegung kleiner als 1/200 der Auflagerlänge beträgt. Dementsprechend sind mindestens Klasse B oder C vorzusehen.

P1 sollte nicht kleiner als der charakteristische Wert der Windlast sein.

Als Hilfestellung bietet DIN 18055 für Fenster im informativen Anhang eine Tabelle mit Beanspruchungsklassen für Windlast, Schlagregen- und Luftdurchlässigkeitsklassen an. Eingangsgrößen sind Windzone, Geländekategorie (Mischprofil), Gebäudehöhe und Einbaubereich (Mitte, Rand) und eine vereinfachte Betrachtungsweise. Darin reicht die Spanne der erforderlichen Klassen von B2 über die höchste Klasse B5 hinaus bis zu E2635 (d.h. Prüfungen erfolgen mit P1 = 2,635 kN/m²).

Für Außentüren mit Anforderungen an den Wärmeschutz empfiehlt DIN 18055 in Tabelle A.2 die Klasse B2.

Schlagregendichtigkeit (DIN EN 12208)

Die Klassifizierung der Fenster und Außentüren hinsichtlich *Schlagregendichtheit* nach DIN EN 12208 erfolgt auf Grundlage von Prüfungen nach DIN EN 1027. Schlagregendichtheit ist demnach die Fähigkeit der Fenster oder Außentüren, unter Prüfbedingungen bis zu einem Druck (P_{max} = Grenze der Schlagregendichtheit) einem Wassereintritt zu widerstehen. In der Prüfung wird die Außenseite kontinuierlich mit Wasser besprüht, wobei gleichzeitig positiver Prüfdruck in ansteigenden Druckstufen aufgebracht wird. Einzelheiten zum Prüfdruck und zum Ort des Wassereintritts werden dabei aufgezeichnet. Von der Lage im Bauwerk (ungeschützt oder geschützt, z.B. durch Vordach, Balkon, Dachüberstand) hängt die Auswahl des Sprühverfahrens (Methode A oder Methode B) ab. Bei Prüfung nach Methode A ist die Achse der Wassersprühdüsen relativ flach geneigt (24° gegen die Horizontale), bei Prüfung nach Methode 1 sprüht das Wasser fast lotrecht (6° gegen die Vertikale).

Fenster und Türen werden im geschlossenen Zustand geprüft, eventuell vorhandene Lüftungsvorrichtungen sind mit Klebeband zu verschließen!

Nach 15 Minuten druckloser Besprühung steigt der Prüfdruck alle fünf Minuten um definierte Schritte von 50 oder 150 Pa an, bis die Schlagregendichtheit des Prüfkörpers überschritten ist, d.h. bis Wasser eintritt.

Klassen und Grenzwerte für die Klassifizierung sind in Tabelle 6 angegeben, getrennt für die Einbausituation ungeschützt (A) und geschützt (B). Die Klasse Exxx steht für einen Prüfdruck über 600 Pa, xxx ist der Platzhalter für den maximalen Druck in Pa. Produkte nach Klasse A (ungeschützt) erfüllen auch Klasse B (geschützt).

Tab. 6: Klassen und Grenzwerte der Schlagregendichtheit für eine ungeschützte (A) und geschützte (B) Einbausituation

Klasse A ungeschützt		**1A**	**2A**	**3A**	**4A**	**5A**	**6A**	**7A**	**8A**	**9A**	**Exxx**
Prüfdruck [Pa]	npd	0	50	100	150	200	250	300	450	600	> 600
Prüfdruck [kN/m²]		0	0,05	0,1	0,15	0,2	0,25	0,3	0,45	0,6	> 0,6
Klasse B geschützt		**1B**	**2B**	**3B**	**4B**	**5B**	**6B**	**7B**			
Prüfdruck [Pa]	npd	0	50	100	150	200	250	300			
Prüfdruck [kN/m²]		0	0,05	0,1	0,15	0,2	0,25	0,3			

Die Auswahl der Klassen für die konkrete bauliche Situation erfolgt nach DIN 18055 auf Grundlage des charakteristischen Werts der Winddrucklast. Windsog ist hinsichtlich Schlagregen unkritisch. Der Prüfdruck der ausgewiesenen Klasse Schlagregendichtheit soll mindestens 25 % der Winddrucklast entsprechen. Erhöhte Anforderungen an die Schlagregendichtheit können durch höhere Prozentsätze als 25 % definiert werden.

Für Außentüren mit Anforderungen an den Wärmeschutz empfiehlt DIN 18055 in Tabelle A.2 für geschützten Einbau npd bis 4B, für nicht geschützten Einbau die Klasse 4A.

Tab. 7: Klassen und Grenzwerte der Luftdurchlässigkeit

Klasse		1	2	3	4
max. Prüfdruck P_{max} [Pa]	npd	150	300	600	600
zugeordnete Luftdurchlässigkeit [m³/hm²] bzw. [m³/hm]		65,52 16,38	56,16 14,04	29,72 7,43	9,91 2,48
Referenz-Luftdurchlässigkeit Q_{100} bei 100 Pa [m³/hm²] bzw. [m³/hm]		50 12,50	27 6,75	9 2,25	3 0,75

Luftdurchlässigkeit (DIN EN 12207)

Die Klassifizierung der Fenster und Außentüren hinsichtlich *Luftdurchlässigkeit* nach DIN EN 12207 erfolgt auf Grundlage von Prüfungen nach DIN EN 1026. Luftdurchlässigkeit ist demnach die Luftmenge, die durch alle Fugen zwischen Fenster- bzw. Türflügel und Rahmenprofilen unter Prüfbedingungen hindurchdringt. Fenster und Türen werden im geschlossenen Zustand geprüft, eventuell vorhandene Lüftungsvorrichtungen sind mit Klebeband zu verschließen, sofern nicht der Luftstrom durch diese Öffnungen bestimmt werden soll. Nach drei initialen Druckstößen wird der Prüfdruck stufenweise aufgebracht und bei jeder Stufe die Luftdurchlässigkeit gemessen. Sie wird in Kubikmeter je Stunde angegeben und auf die Gesamtfläche bzw. die Gesamtfugenlänge des Elements bezogen. Ein Prüfkörper wird einer Klasse zugeordnet, wenn die gemessene Luftdurchlässigkeit den oberen Grenzwert bei einem Prüfdruck in dieser Klasse nicht übersteigt. Die Prüfungen erfolgen mit positivem und negativem Druck. Die Gesamtklassifizierung ergibt sich aus einer Mittelung der Druck- und Sogprüfungen sowie flächen- und fugenbezogenen Klassifizierungen. Dabei müssen alle Prüfungen mindestens Klasse 1 erreichen.

Klassen und Grenzwerte für die Klassifizierung sind in Tabelle 7 angegeben.

Zusammengesetzte Elemente müssen als Gesamtelement geprüft werden. Alternativ können dessen Einzelteile einschließlich der Fugen zwischen den Einzelteilen geprüft werden, und die Luftdurchlässigkeit berechnet sich als Summe der Einzelteile und der Fugen.

Zur Auswahl der Klassen für die konkrete bauliche Situation verweist DIN 18055 auf die Anforderungen nach DIN 4108-2. Sind höhere Anforderungen gewünscht, so können diese auf Grundlage des charakteristischen Werts der Windsoglast abgeleitet werden, der Prüfdruck der ausgewiesenen Klasse Luftdurchlässigkeit soll mindestens 25 % der Windsoglast entsprechen.

Tab. 8: Anforderungen an die Luftdurchlässigkeit aus DIN 4108-2

Bauteil	Klasse
Fenster und Fenstertüren in Gebäuden bis zu zwei Vollgeschossen	2
Fenster/Fenstertüren in Gebäuden mit mehr als zwei Vollgeschossen	3
Außentüren	2

Für Gebäudeteile außerhalb des Anwendungsbereichs GEG sind für Fenster oder Außentüren (z.B. Türen und Fenster für Kellerräume, Lagerhallen, Garagen) auch Anforderungsprofile unterhalb der genannten Werte denkbar, wenn ein geringeres Leistungsprofil ausreichend ist. In diesem Fall sind die Werte individuell vorzugeben.

Anforderungen der Bauphysik: Schallschutz und Energiedurchgang

Schallschutz, Wärmedurchgangskoeffizient, Strahlungseigenschaften

Mittels der einschlägigen bauphysikalischen Nachweisverfahren werden für die konkrete bauliche Situation erforderliche Werte ermittelt, die Leistungen von Fenstern und Türen werden als Zahlenwerte für bewertetes Schalldämmmaß (R_w), Wärmedurchgangskoeffizienten (U_W bzw. U_D), Gesamtenergiedurchlassgrad (g-Wert) oder Lichttransmissionsgrad (τ_v-Wert) durch Hersteller oder Lieferanten erklärt. Erfahrungsgemäß sind die nach Prüfverfahren ermittelten Werte besser als die in Nachweisnormen angegebenen Werte für erste Abschätzungen.

Die Leistungen entsprechen jeweils den in Prüfungen festgestellten Werten.

Tab. 9: Schallschutz, Wärmedurchgangskoeffizient und Strahlungseigenschaften mit Einheit

Eigenschaft und Einheit	Klassifizierung	
Schallschutz		
bewertetes Schalldämmmaß R_w [dB]	npd	festgestellter Wert
Wärmedurchgangskoeffizient		
U_W [W/(m²K)]	npd	festgestellter Wert
Strahlungseigenschaften		
Gesamtenergiedurchlassgrad g	npd	festgestellter Wert
Lichttransmissionsgrad τ_v		festgestellter Wert

Weitere mandatierte Eigenschaften/ Leistungen

Gefährliche Substanzen

Der Hersteller muss für Fenster und Türen die Werkstoffe angeben, die bei bestimmungsgemäßer Anwendung der Emission oder Migration unterliegen und bei denen eine Emission oder Migration in die Umgebung eine Gefahr für Hygiene, Gesundheit oder Umwelt darstellen kann.

Stoßfestigkeit DIN EN 13049

Stoßfestigkeit ist ein Merkmal der Gebrauchstauglichkeit (Sicherheit und Barrierefreiheit bei der Nutzung) von verglasten Fenstern und Außentüren. Nach DIN EN 14351-1 muss die Prüfung und Klassifizierung der Stoßfestigkeit von Fenstern und Außentüren mit Glas oder anderen zerbrechlichen Werkstoffen nach DIN EN 13049 erfolgen. Dabei ist ggf. von beiden Seiten zu prüfen. Die Prüfung erfolgt auf das geschlossene Element, ein Stoßkörper nach EN 12600 (Doppelreifen mit 50 kg, auch genutzt für Prüfungen nach DIN 18008) pendelt mit definierter Fallhöhe auf den „gefährlichsten Aufschlagpunkt". Dieser ist z.B. durch Vorprüfungen oder Berechnungen zu wählen, erfahrungsgemäß sind dies Mittelpunkt oder Ecke oder Mittelpunkt der längsten Kante der Füllung. Für eine Klassifizierung müssen folgende Anforderungen erfüllt sein:

- Ein Ellipsoid von 400 mm × 300 mm darf durch keine Öffnung passen.
- Kein Flügel des Prüfkörpers darf sich lösen.
- Beschläge oder Glashalteleisten dürfen nicht abgetrennt werden.
- Kein Teil darf auf gefährliche Art und Weise losgelöst oder zertrümmert werden.
- Die Masse eines losgelösten Teils darf 50 g nicht überschreiten.

Die Klassifizierung erfolgt anhand der maximal erreichten Fallhöhe (vgl. Tabelle 10).

Tab. 10: Klassen und Fallhöhen Stoßfestigkeit

Klasse		1	2	3	4	5
Fallhöhe [mm]	npd	200	300	450	700	950

Zur Auswahl der Klassen für die konkrete bauliche Situation gibt DIN 18055 keine konkrete Hilfestellung, es wird allgemein auf Anforderungen an die Nutzungssicherheit verwiesen. Und ergänzend angemerkt, dass der Einsatz von Sicherheitsglas (z.B. ESG, VSG) beispielsweise in der Arbeitsstättenverordnung, UVV, usw. gefordert wird. Drahtglas ist kein Sicherheitsglas.

Tragfähigkeit von Sicherheitsvorrichtungen

Sicherheitsvorrichtungen sollen Heraus- und/oder Herunterfallen von Flügeln bzw. Elementteilen verhindern. Sicherheitsvorrichtungen sind z.B. Befestigungsvorrichtungen und Fangscheren, Feststeller und Befestigungsvorrichtungen für Reinigungszwecke. Baubeschläge – wie z.B. Drehkippbeschläge, Türschließer mit Öffnungsbegrenzern, Feststellanlagen für Außentüren, Sperrbügel, Sicherheitsketten – sind keine Sicherheitsvorrichtungen in diesem Sinne.

Sofern Sicherheitsvorrichtungen vorhanden sind, muss nach DIN EN 14351-1 eine Prüfung der statischen Verwindung nach DIN EN 14609 (Fenster) oder DIN EN 948 (Drehflügeltüren) erfolgen; alternativ ist ein rechnerischer Nachweis möglich. Als Schwellenwert ist dabei 350 N für eine Einwirkungsdauer von 60 Sekunden anzusetzen. Die Klassifizierung enthält den Schwellenwert.

Tab. 11: Klassifizierung der Tragfähigkeit von Sicherheitsvorrichtungen

Tragfähigkeit von Sicherheitsvorrichtungen	npd[1]	Schwellenwert (350 N)
[1] nur falls keine Sicherheitsvorrichtung vorhanden ist		

Höhe und Breite, Fähigkeit zur Freigabe

Als Höhe und Breite können im CE-Zeichen als Merkmal der Gebrauchstauglichkeit (Sicherheit und Barrierefreiheit bei der Nutzung) die lichte Öffnungshöhe und Öffnungsbreite in Millimetern angeben werden. Die lichte Höhe wird über dem Schwellenprofil gemessen, sofern dies Teil des Türelements ist.

Nach DIN EN 14351-1 müssen Notausgangsverschlüsse, Scharniere und Panikverschlüsse, die an Außentüren auf Fluchtwegen angebracht sind, EN 179, EN 1125, EN 1935 oder EN 13637 entsprechen. Türen auf Fluchtwegen sind als solche zu deklarieren und mit der entsprechenden Klasse zu kennzeichnen.

Tab. 12: Klassifizierung von Höhe und Breite sowie Fähigkeit zur Freigabe

Höhe und Breite	npd	festgestellte (lichte) Werte
Fähigkeit zur Freigabe		Klassen nach DIN EN 179, DIN EN 1125 oder DIN EN 13637

Für die konkrete bauliche Einbausituation ist zu berücksichtigen, dass die effektiven Durchgangsmaße durch hervorstehende Beschläge oder begrenzten Öffnungswinkel verringert sein können. Insofern sind die im CE-Zeichen deklarierten lichten Zargenmaße begrenzt brauchbar. Landesbauordnungen und ggf. weitere Regelungen wie Versammlungsstättenverordnung sind zu berücksichtigen, für barrierefreies Bauen gelten weitere Regelungen wie DIN 18040.

Vorgesehene Notausgangs- und Paniktürverschlüsse, die an Außentüren in Fluchtwegen anzubringen sind, müssen DIN EN 179, DIN EN 1125 oder DIN EN 13637 entsprechen. Nach den Landesbauordnungen wird eine Deklaration der „Fähigkeit zur Freigabe“ nicht gefordert.

Weitere, nicht mandatierte Eigenschaften/ Leistungen

Die DIN EN 14351-1 behandelt auch einige Leistungen, die nicht in den unter EG-Bauproduktenrichtlinie erteilten Mandaten M/101, M/126, M/130, M/122 enthalten sind. Diese betreffen Dauerhaftigkeit und Bedienung, aber auch Widerstand gegen ungewöhnliche Einwirkungen wie Sprengung oder Einbruch. Im Folgenden ein kurzer Überblick über die dafür möglichen Leistungserklärungen.

Dauerhaftigkeit, Bedienungskräfte, mechanische Festigkeit, Dauerfunktion

Der Hersteller muss die *Dauerhaftigkeit* des Produkts für eine wirtschaftlich sinnvolle Lebensdauer sicherstellen. Dazu liefert er Angaben zu Wartung und Austausch von Teilen mit. Für dauerhafte Schlagregendichtheit und Luftdurchlässigkeit müssen Dichtungen auswechselbar sein, für Mehrscheibenisoliergläser nach harmonisierten europäischen Normen sind Wärmedurchgangskoeffizienten ohne spezielle Wartung dauerhaft erfüllt.

Bedienungskräfte (bzw. seit 2020 für Fenster: Bedienkräfte) für handbetätigte Fenster bzw. Außentüren werden auf Grundlage von Prüfungen nach DIN EN 12046-1 bzw. -2 nach DIN EN 13115 bzw. DIN EN 12217 klassifiziert. Bedienungskräfte werden unterschieden in Schließkraft sowie Finger- und Handbetätigung.

Tab. 13: Klassen für Bedienungskräfte Fenster und Außentüren

<table>
<tr><td>Klassen Fenster</td><td rowspan="2">npd</td><td colspan="2">1</td><td colspan="2">2</td></tr>
<tr><td>Klassen Außentüren</td><td>1</td><td>2</td><td>3</td><td>4</td></tr>
</table>

Für die Auswahl geeigneter Klassen in der konkreten baulichen Situation helfen die folgenden Tabellen 14 bis 16 nach DIN EN 13115 bzw. DIN EN 122217 mit der Zuordnung der Klassen zu den dazu maximal erforderlichen Bedienungskräften bzw. -momenten. Die CE-Kennzeichnung sieht Klasse 0 (d.h. Klasse 1 wurde nicht erreicht) nicht vor; mit „npd" erklärt der Hersteller, dass keine Leistung festgestellt wurde bzw. er keine Klasse deklariert.

Für das barrierefreie Bauen entsprechend DIN 18040 sind für Fenster Klasse 2, für Türen Klasse 3 angegeben. Gegebenenfalls sind automatische Türsysteme eine Lösung.

Kraftbetätigte Fenster und Außentüren mit Antrieb und Steuereinheit sind per Definition (auch) Maschinen, es sind zusätzlich die Maschinenrichtlinie, EMV-Richtlinie, LVD-Richtlinie mit entsprechenden Kennzeichnungspflichten zu beachten.

Tab. 14: Klassifizierung von Bedienungskräften für Fenster nach DIN EN 13115

Klasse	0	1	2
Schließkraft bzw. Kraft zur Einleitung einer Bewegung [N]	–	100	30
Handbetätigung/Hebelgriffe			
max. Moment [Nm]	–	10	5
max. Kraft [N]	–	100	30
Fingerbetätigung			
max. Moment [Nm]	–	5	2
max. Kraft [N]	–	50	20

Tab. 15: Klassifizierung von Bedienungskräften für Türen nach DIN EN 12217

Klasse	0	1	2	3	4	5[1)]
Schließkraft bzw. Kraft zur Einleitung einer Bewegung [N]	–	75	50	25	10	50
Handbetätigung						
max. Moment [Nm]	–	10	5	2,5	1	5
max. Kraft [N]	–	100	50	25	10	50
Fingerbetätigung						
max. Moment [Nm]	–	5	2,5	1,5	1	1,5
max. Kraft [N]	–	20	10	6	4	6

[1)] Klasse 5 ist eine Mischung aus den Klassen 2 und 3, sie erfüllt keine höheren Anforderungen als Klasse 3 oder 4 und findet Anwendung in Österreich.

Die Eigenschaft *„Mechanische Festigkeit"* betrifft tatsächlich lediglich die Verformung und eventuelle Einflüsse auf Bedienungskräfte bei Lasten in und senkrecht geöffneter Fensterflügel bzw. bei Türen zusätzlich gegenüber Aufprall von Stoßkörpern. Dazu werden bei Fenstern die Bedienungskräfte nach DIN EN 12046-1 gemessen, Prüfungen nach DIN EN 14608 (Lasten in Flügelebene – Racking) und DIN EN 14609 (Lasten senkrecht zur Flügelebene – Verwindung) durchgeführt und die Bedienungskräfte erneut gemessen. Für Außentüren werden die Bedienungskräfte nach DIN EN 12046-2 gemessen, Prüfungen nach DIN EN 947 (Lasten in Flügelebene – Racking) und DIN EN 948 (Lasten senkrecht zur Flügelebene – Verwindung) sowie DIN EN 949 (weicher Stoß mit 30 kg Ledersack) und DIN EN 950 (harter Stoß mit 50 mm Stahlkugel) durchgeführt und die Bedienungskräfte erneut gemessen. Die Klassifizierung erfolgt nach DIN EN 13115 (Fenster) bzw. DIN EN 1192 (Türen).

Tab. 16: Klassen für mechanische Festigkeit für Fenster und Außentüren

Klassen	npd	1	2	3	4

Für die Auswahl geeigneter Klassen in der konkreten baulichen Situation helfen die folgenden Tabellen 17 bis 19 nach DIN EN 13115 bzw. DIN EN 1192 mit der Zuordnung der Klassen zu den dazu maximal aufgebrachten Kräften. Die CE-Kennzeichnung sieht Klasse 0 (d.h. Klasse 1 wurde nicht erreicht) nicht vor; mit „npd" erklärt der Hersteller, dass keine Leistung festgestellt wurde bzw. er keine Klasse deklariert.

Tab. 17: Klassifizierung von Belastungswerten für Fenster nach DIN EN 13115

Klasse	0	1	2	3	4
Vertikallasten [N] – Racking	–	200	400	600	800
statische Verwindung [N]	–	200	250	300	350

Tab. 18: Klassifizierung von Belastungs- und Energiewerten für Türen nach DIN EN 1192

Klasse	1	2	3	4
Vertikallasten [N] – Racking	400	600	800	1000
statische Verwindung [N]	200	250	300	350
weicher Stoß [J] 30 kg aus Fallhöhe [mm]	30 100	60 200	120 400	180 600
harter Stoß [J] 0,5 kg aus Fallhöhe [mm]	1,5 300	3 600	5 1000	8 1600

Tab. 19: Nutzungskategorie für Türen und empfohlene Klasse nach DIN EN 1192

Nutzungskategorie	Beschreibung	Klasse
niedrig bis mittel	gelegentlicher Gebrauch mit achtsamer Benutzung der Türen, z.B. durch Eigentümer von Privathäusern; die Möglichkeit eines Unfalls oder einer falschen Behandlung ist gering	1–2
mittel bis groß	mittlerer Gebrauch mit achtsamer Benutzung der Türen; es besteht die Möglichkeit eines Unfalls oder einer falschen Behandlung	2–3
groß bis extrem	hoher Gebrauch durch die Öffentlichkeit mit unachtsamer Benutzung; die Möglichkeit eines Unfalls oder einer falschen Behandlung ist groß	3–4
extrem	Die Türen sind häufig einem gewaltsamen Gebrauch ausgesetzt.	4

Die *Dauerfunktion* ist auf Grundlage von Prüfungen nach DIN EN 1191 und nach DIN EN 12400 zu klassifizieren. Die DIN EN 14351-1 fordert für die CE-Kennzeichnung die Angabe der Zyklenzahl. Zur Auswahl der geeigneten Klasse für die konkrete bauliche Situation ist in der Tabelle 20 jeweils die zugeordnete Beanspruchung ergänzt. Für die Dauerfunktionsprüfung von Feuer- und/oder Rauchschutztüren sind in Deutschland mindestens 200.000 Zyklen gefordert.

Lüftung

Für den Luftdurchlass vorgesehene Vorrichtungen in Fenstern oder Außentüren sind nach DIN EN 13141-1 zu prüfen. Dazu werden mehrere statische Druckdifferenzen aufgebracht und hervorgerufene Luftvolumenströme gemessen. Mittels der bestimmten Kennwerte C_0 (Luftvolumenstromkoeffizient bei Normalbedingungen in [l/(s Pa^n)]) und n (Luftstromexponent) kann $q_{v,pr}$ (Luftvolumenstrom bei Referenzdruckdifferenz in [l/s]) für Referenzdruckdifferenzen Δp_r von 1, 2, 4, 8, 10 und 20 Pa ermittelt werden nach $q_{v,pr} = C_0 \times (\Delta p_r)^n$.

Tab. 21: Klassifizierung Eigenschaft Lüftung

Strömungskoeffizient n Luftvolumenstromkoeffizient C_0 für Referenzdruckdifferenzen	npd	festgestellte Werte

Tab. 20: Klassifizierung der Dauerfunktion

Klasse		1	2	3	4	5	6	7	8
Fenster									
Zyklenzahl	npd	5.000	10.000	20.000	–	–	–	–	–
Beanspruchung		leicht	mittel	stark	–	–	–	–	–
Türen									
Zyklenzahl	npd	5.000	10.000	20.000	50.000	100.000	200.000	500.000	1.000.000
Beanspruchung		gelegentlich	leicht	selten	mittel	normal	häufig	stark	sehr oft

Differenzklimaverhalten

Fenster mit Rahmen aus verschiedenen Werkstoffen (z.B. Holzfenster mit Aluminium- oder PVC-Profilen, Aluminiumfenster mit Holzprofilen, Kunststofffenster mit Aluminiumprofilen) können bei Vorliegen unterschiedlicher Klimabedingungen im Raum und auf der Raumaußenseite durch erhöhte Feuchtigkeitsanreicherung oder Verformungen (wärmebedingt oder hygrometrisch bedingt) in der Lebensdauer oder Funktion beeinträchtigt werden. Die DIN EN 12420 definiert Prüfverfahren mit zugeordneten Klimabedingungen zur Beurteilung dieser Gefahr. Bei Prüfverfahren 1 wird für diffusionsoffene Konstruktionen die Holzfeuchte während 100 Zyklen kontinuierlich aufgezeichnet. Diffusionsbehinderte Konstruktionen werden in einer Dauerprüfung für mindestens 30 und bis zu 60 Tagen zwei Prüfklimata ausgesetzt, es wird wiederum die Holzfeuchte gemessen. Verformungsgefährdete Konstruktionen werden nach Prüfverfahren 3 in Zyklen von 24 Stunden mit einseitiger Temperaturbeanspruchung ausgesetzt und eventuelle Einflüsse auf Bedienkräfte oder Luftdurchlässigkeit geprüft.

Fenster mit Berücksichtigung allgemeiner Konstruktionskriterien (vgl. z.B. DIN EN 13420, Anhang B) erfordern keine Prüfungen. Fenster mit hygroskopischen Rahmenmaterialien in Räumen mit starker Feuchtebelastung (z.B. Schwimmbäder, Nasszellen) sollten für Differenzklima nachgewiesen werden.

Für *Außentüren* ist das Verhalten zwischen zwei Klimaten auf Innen- und Außenseite auf der Grundlage von Prüfungen nach DIN EN 1121 mit DIN EN 12219 zu klassifizieren. Die CE-Kennzeichnung sieht Klasse 0 (d.h. Klasse 1 wurde nicht erreicht) nicht vor; mit „npd" erklärt der Hersteller, dass keine Leistung festgestellt wurde bzw. er keine Klasse deklariert.

Tab. 23: Klassen für Differenzklimaverhalten von Außentüren

Klassen	npd	1 (x)	2 (x)	3 (x)
(x): x steht dabei für das Prüfklima (a, b, c, d, e) nach DIN EN 1121				

Tab. 22: Prüfungen Differenzklima für Fenster

Prüfverfahren	Prüfklima	Raumseite		Außenseite		Zyklen
		Lufttemperatur	Rel. Luftfeuchte	Lufttemperatur	Rel. Luftfeuchte	
1	a	23 °C	50 %	–10 °C		100 Zyklen a 12 h
	b	23 °C	50 %	60 °C		
2.1	c	23 °C	70 %	3 °C	80 %	> 30 Tage
2.2	a	23 °C	50 %	–10 °C		> 30 Tage
3	a	23 °C	50 %	10 °C		24 h
	d	23 °C	50 %	70 °C		24 h

Tab. 24: Prüfklimata [nach DIN EN 1121]

Prüf-klima	Prüfdauer	Tür innen		Tür außen	
		Tempe-ratur	Relative Luft-feuchte	Tempe-ratur	Relative Luft-feuchte
a	7 bis max. 28 Tage	23 °C	30 %	18 °C	50 %
b	7 bis max. 28 Tage	23 °C	30 %	13 °C	65 %
c	7 bis max. 28 Tage	23 °C	30 %	3 °C	85 %
d	max. 7 Tage	23 °C	30 %	–15 °C	–
e	24 Stun-den	20–30 °C	–	80 °C	–

Für die Auswahl geeigneter Klassen in der konkreten baulichen Situation hilft die folgende Tabelle 25 nach DIN EN 12219 mit der Zuordnung der Klassen zu maximalen Verformungswerten. Die CE-Kennzeichnung sieht Klasse 0 (d.h. Klasse 1 wurde nicht erreicht) nicht vor; mit „npd" erklärt der Hersteller, dass keine Leistung festgestellt wurde bzw. er keine Klasse deklariert.

Tab. 25: Klassifizierung von Verformungen DIN EN 12219

Klasse	0 (x)	1 (x)	2 (x)	3 (x)
Verwindung [mm]	–	8	4	2
Längskrümmung [mm]	–	8	4	2
Querkrümmung [mm]	–	4	2	1
Lokale Ebenheit [mm]	–	0,4	0,3	0,2

Eine Tür der Klasse 2(c) nach DIN EN 12219 wird für folgende Türen empfohlen:

- Wohnungsabschlusstüren zu nicht beheizten Hausfluren bzw. Treppenhäusern
- Türen in öffentlichen Gebäuden
- Türen zu nicht ausgebauten Dachgeschossen
- Kellertüren

Eine Tür der Klasse 2(d) nach DIN EN 12219 wird für folgende Türen empfohlen:

- Außentüren
- Türen in Laubengängen

Durchschusshemmung, Sprengwirkungshemmung, Einbruchhemmung

Durchschusshemmung und *Sprengwirkungshemmung* von Fenstern und Außentüren werden nach DIN EN 1523 und DIN EN 13124 (Teil 1 für Stoßrohr, Teil 2 für Freilandversuch) geprüft und nach DIN EN 1522 und DIN EN 13123 klassifiziert.

Tab. 26: Klassen für Durchschuss- und Sprengwirkungshemmung von Fenstern und Außentüren

Durchschusshemmung	npd	FB 1	FB 2	FB 3	FB 4	FB 5	FB 6	FB 7	FSG
Sprengwirkungshemmung Stoßrohr		EPR 1		EPR 2		EPR 3		EPR 4	
Sprengwirkungshemmung Freilandversuch		EXR 1	EXR 2		EXR 3	EXR 4		EXR 5	

Die Anforderungen für die konkrete bauliche Situation werden i.d.R. von der Bauherrschaft mit solchen (speziellen) Anforderungen oder Fachplanung definiert.

Fenster und Außentüren mit Eigenschaften der *Einbruchhemmung* dienen der Verzögerung eines Einbruchs. Die Tür- und Fensterelemente bilden eine Konstruktionseinheit, die mit bestimmten Sicherheitseinrichtungen versehen ist. Eine Klassifizierung nach DIN EN 1627 erfolgt auf Grundlage von Prüfungen nach DIN EN 1628, DIN EN 1629 und DIN EN 1630 sowie ggf. weiteren Prüfnormen für Sicherheitsverglasungen, Schlösser und Baubeschläge. Die Einteilung in Widerstandsklassen RC (Resistance Class) ist auf Angriffsmethode (Täter, Werkzeug, Dauer) abgestuft. Widerstandsklassen RC 1 bis RC 3 gehen von Gelegenheitstätern ohne übermäßige Gewaltanwendung aus, Lärm und unnötiges Risiko werden vermieden. Widerstandsklassen RC 4 bis RC 6 berücksichtigen erfahrene und professionell vorgehende Einbrecher.

Tab. 27: Einbruchhemmung Klassen

Einbruch-hemmung	npd	RC 1	RC 2	RC 3	RC 4	RC 5	RC 6

Die Festlegung der Widerstandsklasse für konkrete bauliche Situationen erfolgt nach individueller Gefährdungssituation (Lage, Einsehbarkeit) in Abstimmung mit fachkundiger Beratung (kriminalpolizeiliche Beratungsstellen, Sachversicherer). Elemente der Widerstandsklassen RC 4 bis RC 6 in Flucht- und Rettungswegen können den Werkzeugeinsatz der Feuerwehr erschweren; ggf. sind weitere Maßnahmen nötig, sodass Notausgangs- oder Panikverschlüsse nicht von außen geöffnet werden können. Eine Hilfestellung bietet Tabelle 28.

Einbruchhemmende Bauteile sind in geeignete Wände nach Montageanleitung des Herstellers fachgerecht einzubauen. Beispielhaft sind in Tabelle 29 Anforderungen an Massivwände wiedergegeben. In DIN EN 1627 NA finden sich zusätzlich Angaben über bewährte Konstruktionen aus Mauerwerk mit geringerer SKF (bei denen Montage im mittleren Drittel der Wand erfolgen muss), Porenbeton (bis RC 3) oder Holztafelwänden (bis RC 4). Alternativ kann eine Eignung durch Prüfungen nachgewiesen werden.

Tab. 28: Widerstandsklassen [nach DIN EN 1627 NA]

RC [nach DIN EN 1627 (2021)]	Informativ: Widerstandsklasse WK [nach DIN V EN V 1627 (1999) bzw. DIN 18106 (2003)]	Widerstandszeit, erwarteter Tätertyp, mutmaßliche Vorgehensweise und Täterverhalten	Empfohlene Einsatzart des einbruchhemmenden Bauteils		
			Wohngebäude	Gewerbeobjekte, öffentliche Objekte	Gewerbeobjekte, öffentliche Objekte (hohe Gefährdung)
RC 1 N/RC 1	–	Grundschutz gegen Aufbruchversuche mit körperlicher Gewalt (Vandalismus), geringer Schutz bei Einsatz von Hebelwerkzeugen	Bei Forderung einer Einbruchhemmung nur empfohlen für Bauteile ohne direkten (ebenerdigen) Zugang, d.h. Einsatz in Obergeschossen, wenn mangels Standfläche eine Aufstiegshilfe erforderlich ist.		
RC 2 N	–	Widerstandszeit 3 min Der Gelegenheitstäter nutzt zusätzlich einfache Werkzeuge (Schraubendreher, Zange und Keil), um ein Bauteil aufzubrechen.	kein direkter Angriff auf die Verglasung zu erwarten		
RC 2	WK2	Widerstandszeit 3 min Der Gelegenheitstäter nutzt zusätzlich einfache Werkzeuge (Schraubendreher, Zange und Keil), um ein Bauteil aufzubrechen.	durchschnittliches Risiko	durchschnittliches Risiko	–
RC 3	WK3	Widerstandszeit 5 min Der Täter versucht, zusätzlich mit zweitem Schraubendreher und einem Kuhfuß Bauteile aufzubrechen.	hohes Risiko	hohes Risiko	–
RC 4	WK4	Widerstandszeit 10 min Erfahrener Täter setzt zusätzlich Säge- und Schlagwerkzeuge (Schlagaxt, Stemmeisen, Hammer, Meißel, Akkubohrer) ein.	–	–	geringes Risiko
RC 5	WK5	Widerstandszeit 15 min Erfahrener Täter setzt zusätzlich Elektrowerkzeuge (Bohrmaschine, Stich- oder Säbelsäge, Winkelschleifer) ein.	–	–	durchschnittliches Risiko
RC 6	WK6	Widerstandszeit 20 min Erfahrener Täter setzt zusätzlich leistungsfähige Elektrowerkzeuge (Bohrmaschine, Stich- oder Säbelsäge, Winkelschleifer) ein.	–	–	hohes Risiko

Tab. 29: Anforderungen an Massivwände für den Einbau einbruchhemmender Bauteile

Widerstands-klassen [nach DIN EN 1627]	Umgebende Wände				
	Aus Mauerwerk			Aus Stahlbeton	
	Nenndicke [mm]	Druckfestigkeit der Steine	Mörtelgruppen mindestens	Nenndicke [mm]	Festigkeitsklasse mindestens
RC 1 N RC 1 RC 2 N RC 2	≥ 115	≥ 12	MG II/DM	≥ 100	C12/15
RC 3	≥ 115	≥ 12	MG II/ DM	≥ 120	C12/15
RC 4	≥ 240	≥ 12	MG II/DM	≥ 140	C12/15
RC 5	≥ 240	≥ 20	DM	≥ 140	C12/15
RC 6	≥ 240 (Formate der Höhe: 238 mm, 496 mm, 623 mm, 648 mm)	≥ 20	DM	≥ 140	C12/15

Tab. 30: Zuordnung der Widerstandsklassen zu Schlössern, Schließzylindern, Schutzbeschlägen

Widerstandsklasse [nach DIN EN 1627]	Schließzylinder DIN-18252-Klasse (2006)	Schließzylinder DIN-18252-Klasse (2018)		Schutzbeschläge DIN-18257-Klasse
		Verschlusssicherheit 3. Stelle	Angriffswiderstand 4. Stelle	
RC 1 N	21-31-71-BZ	4	C	ES 1
RC 2 N	21-31-71-BZ	4	C	ES 1
RC 2	21-31-71-BZ	4	C	ES 1
RC 3	21-31-71-BZ	4	C	ES 2
RC 4	42- 82-BZ	6	D	ES 3

Tab. 31: Zuordnung der Widerstandsklassen von einbruchhemmenden Bauteilen zu Verglasungen mit Anforderungen an Wärmeschutz

Bauteilwiderstandsklasse	Widerstandsklasse der Verglasung [nach DIN EN 356]	Exemplarischer Glasaufbau a/SZR/i[2], Gesamtdicke [mm]
RC 1 N	keine Anforderungen[1]	4/16/4 (24) 6/14/4 (24)
RC 1	P2A	9/10/4 (23) 9/10/6 (25)
RC 2 N	keine Anforderungen[1]	4/16/4 (24) 6/14/4 (24)
RC 2	P4A	10/10/4 (24) 10/10/6 (26)
RC 3	P5A	10/10/4 (24) 10/10/6 (26)
RC 4	P6B	15/10/6 (31)
RC 5	P7B	21/10/6 (37)
RC 66	P8B	23/10/6 (39)

1) Normalglas ist ausreichend, empfohlen wird jedoch VSG.
2) a/SZR/i: Dicke Außenscheibe, Scheibenzwischenraum, Innenscheibe, Aufbau der Außenscheibe als Verbund(sicherheits)glas

Nicht alle Bauteile eines Gebäudes müssen den gleichen einbruchhemmenden Eigenschaften entsprechen. Bauelemente, die über einen Nachweis der Einbruchhemmung nach DIN EN 1627 verfügen, sind mit einer Montageanleitung versehen. Darin sind Mindestanforderungen an Befestigungspunkte und -mittel vorgeschrieben. Zargen sind prinzipiell mechanisch an der Öffnungslaibung zu befestigen, eine zusätzliche Verschraubung von Schließblech und Bändern ist empfehlenswert.

Bei Türelementen mit Stahlzargen kann der Einbruchschutz durch Austausch des Türblatts nachträglich verbessert werden. Bei Türelementen mit Holzzargen ist dies nicht möglich.

Die Verglasung eines einbruchhemmenden Fenster- oder Türelements kann ein erhebliches Gewicht erreichen, was zusätzliche Anforderungen hinsichtlich der Befestigung der Rahmenkonstruktion stellt. Einbruchhemmende Verglasungen können mit einer Alarmanlage durch flächig verlegte Alarmdrähte oder durch eine im Eckbereich untergebrachte Alarmspinne versehen werden.

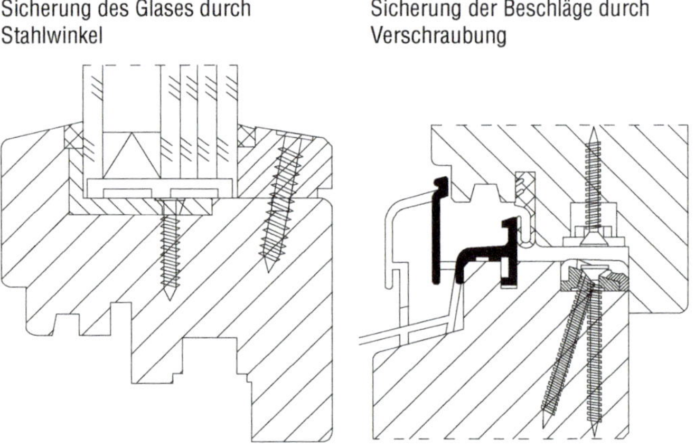

Bild 3: Ausführungsdetails einbruchhemmender Fenster

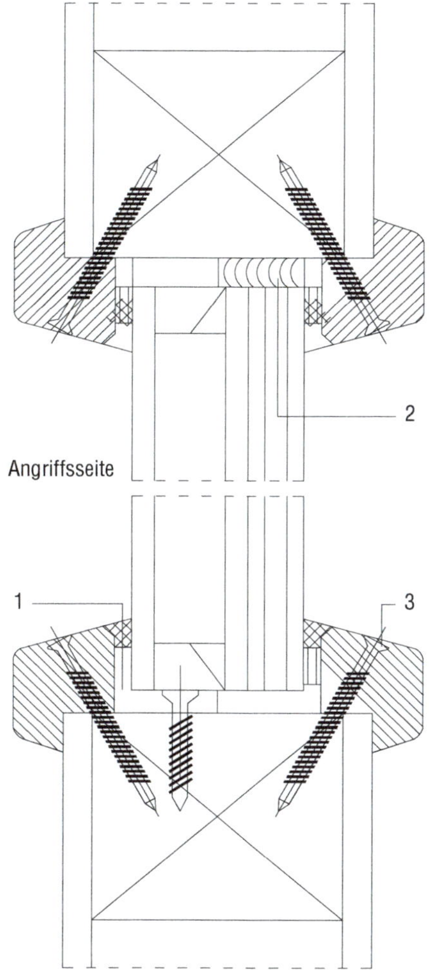

1 Metallwinkel
2 Verklebung der Isolierglaseinheit
3 Verschraubung der Glashalteleisten

Bild 4: Sicherung der Glasanbindung

Ist ein besonderer Schutz der Räumlichkeiten gegen ankommende elektromagnetische Strahlen erforderlich (Intensivstationen von Krankenhäusern, Konferenz- oder EDV-Räume), kommen Verglasungen mit abschirmenden Eigenschaften zum Einsatz. Die eingesetzten Isoliergläser sind dann mit elektrisch leitfähigen Materialien beschichtet, die gleichzeitig den Wärme- und/oder Sonnenschutz verbessern können.

Anforderungen aus MVV TB und weitere Anforderungen

Statische Anforderungen

Fenster und Türen dienen i.d.R. nicht der Abtragung von Lasten aus der Konstruktion des Bauwerks. Sie müssen aber selbst in der Lage sein, Lasten, die sich aus Wind und Nutzung ergeben, abzutragen. Dies betrifft u.a. die Mehrscheibenisolierverglasung (MIG), den Rahmen und die Anschlüsse an das Gebäude. Es ist nicht möglich, nur in Abhängigkeit von den auftretenden Windlasten pauschal Angaben über die erforderlichen Glasdicken zu machen. Aus statischer Sicht sind kleinformatige Fenster (z.B. schmal und hoch) i.d.R. kritischer zu sehen als größere Fenster. Im Vorfeld sollte immer eine statische Vordimensionierung durchgeführt werden. Bei Türen mit Glasfüllung sind die Ausführungen über „Glas bis Brüstungshöhe“ zu beachten. Zusatzanforderungen (wie z.B. eine absturzsichernde Funktion) sind oft bemessungsrelevant. Hier ist – neben der Stoßsicherheit des Glases – u.a. zu beachten, dass der Glasfalzanschlag die Stoßlasten aufnehmen kann. Die Nachweise erfolgen i.d.R. über allgemeine bauaufsichtliche Prüfzeugnisse, der Stoßnachweis des MIG kann auch nach DIN 18008-4 rechnerisch geführt werden. Eine weitere Besonderheit bei thermisch getrennten Fensterprofilen ist der sog. Bimetall-Effekt. Bei Sonneneinstrahlung erwärmt sich die äußere Schale, die innere Schale bleibt kühl. Durch die ungleichmäßige Längenausdehnung biegt sich der Rahmen nach außen. Ein entsprechender statischer Nachweis ist auch hier zu führen. Anschlüsse sind so auszubilden, dass diese die Kräfte und die auftretenden Bewegungen dauerhaft in die Konstruktion übertragen. Als Befestigungselemente kommen u.a. Befestigungslaschen und Dübel zum Einsatz.

Anforderungen an Öffnungsbegrenzer

Absturzsichernde Verglasungen bzw. Fensterelemente müssen in der Lage sein, sowohl stoßartige Einwirkungen als auch statische Einwirkungen (z.B. infolge Windlast oder Holmlast) sicher abzutragen. Absturzsichernde Verglasungen sind geregelt in DIN 18008-4.

Für bodentiefe, absturzsichernde Fenster sind weitere Anforderungen zu beachten, wenn diese geöffnet werden können. Bodentiefe Fensterflügel werden beispielsweise zu Lüftungszwecken teilweise bzw. zu Wartungszwecken ganz geöffnet. Die Öffnungsweite ist auf 120 mm zu begrenzen, die hierfür eingesetzten Öffnungsbegrenzer erfüllen eine Schutzfunktion.

Ein teilweise geöffneter, mit Stoßlast beanspruchter Fensterflügel weicht von den Randbedingungen der DIN 18008-4 ab, es handelt sich um eine ungeregelte Bauart. Damit ist eine vorhabenbezogene Bauartgenehmigung zu erwirken.

Die ift-Richtlinie FE-18/1 *Fenster mit Öffnungsbegrenzung – Anforderungsstufen und deren Nachweis* unterscheidet Anforderungsstufen und erläutert die (meist versuchstechnischen) Nachweise. Die Richtlinie umfasst öffenbare Fenster nach DIN EN 14351-1, d.h. Fenstertüren und Dachflächenfenster mit Öffnungsbegrenzer; dabei umfasst die Richtlinie auch Beschlag, Verglasung und sonstige für die Erfüllung des Schutzziels erforderliche Baugruppen für die konkrete bauliche Umsetzung bzw. Anwendung. Selbst Nachrüstprodukte sind erfasst, sofern diese für das Fenstersystem geeignet sind. Nur Drehflügel sind erfasst, d.h. keine Schiebefenster.

In der Richtlinie ist beispielsweise der Prüfablauf zur Prüfung als absturzsichernde Verglasung erläutert: Nach einer Sicht- und Funktionsprüfung und Prüfung der eingestellten Öffnungsweite unter Vorlast wird an einem ersten Probekörper ein Pendelschlagversuch an dem geschlossenen Fenster durchgeführt. An einem zweiten Prüfkörper erfolgt ein Pendelschlagversuch mit dem geöffneten Öffnungsbegrenzer im Anschlag.

Weitere Schritte sind:

- Prüfung mit statischer Ersatzlast am Fenstergriff (Öffnungsbegrenzer im Anschlag)
- Dauerfunktionsprüfung
- Manipulationstest

Nach allen Einzelversuchen erfolgt eine Prüfung der Öffnungsweite unter Vorlast.

Liste weiterer Regelungen

- ASR
- UVV
- Ift-Richtlinien
  (ift – Institut für Fenstertechnik, Rosenheim)
- Vff-Merkblätter
  (Vff – Verband Fenster und Fassade)

1/3 Anforderungen an Fassaden

Allgemeines

Fassaden sind Teil der Gebäudehülle und maßgeblich für die Gestaltung von Gebäuden. Vergleichbar zu Fenstern haben sie eine Vielzahl wichtiger, zum Teil konkurrierender, Aufgaben gleichzeitig zu erfüllen: neben Charakter und Tragsicherheit vor allem Schutz zu bieten vor Wind, Niederschlag, thermischen Schwankungen und Schall.

Fassaden werden im Rahmen dieses Kapitels unterschieden in:

- Vorhangfassaden (EN 13830)
- Fassaden aus Fertigbetonelementen als Teil der Wand (EN 14992)
- Bekleidung von tragenden Wänden („Lochfassade")
  - hinterlüftet (DIN 18516) oder
  - nicht hinterlüftet oder
  - unmittelbar befestigt (z.B. angemörtelte Platten DIN 18515 oder WDVS)

Im Folgenden werden die drei unterschiedlichen Bauweisen kurz betrachtet.

Ausführlicher wird in den nächsten Kapiteln die harmonisierte Norm für Bauprodukt bzw. Bausatz „Vorhangfassade" DIN EN 13830 betrachtet, die europäisch harmonisierten „reinen" Produktnormen über Formsteine aus Beton, Wandbekleidungselemente aus Metallblech oder Fertigbetonelementen als Teil von Wänden hingegen nicht. Anschließend folgt ein genauerer Blick auf die Regelungen in der MVV TB, speziell der national geregelten hinterlüfteten Außenwandbekleidungen nach DIN 18516.

Vorhangfassaden

Regelungen für Vorhangfassaden als Bauprodukt bzw. Bausatz sind als europäisch harmonisierte Norm in EN 13830 festgeschrieben. Dabei ist Vorhangfassade als außen liegender vertikaler Gebäudeabschluss definiert, der aus Elementen hergestellt wird, die hauptsächlich aus Metall, Holz oder Kunststoff bestehen. Der transparente Werkstoff Glas wurde in der Norm in der Aufzählung übersehen, kommt aber im weiteren Normtext vor. Der Begriff Vorhangfassade umfasst eine Vielzahl an unterschiedlichen Konstruktionsformen; im Allgemeinen handelt es sich jedoch um eine der folgenden Konstruktionsformen:

- Pfosten-Riegel-Konstruktion
- Elementbauweise oder
- Brüstungsbauweise.

Der Bausatz einer Vorhangfassade muss nicht in einer Produktionsstätte vollständig sein, vorgefertigte Einheiten können beispielsweise erst auf der Baustelle zu einem fertigen Produkt zusammengesetzt werden. Vorhangfassaden könnten in Fabriken als Fertigbauteile (Elementfassade) vormontiert werden.

Eine Vorhangfassade nach der Produktnorm DIN EN 13830 ist für sich selbst tragfähig und standsicher, leistet keinen Beitrag zur Lastabtragung oder Aussteifung des Primärtragwerks (Hauptbaukörpers) und kann dementsprechend unabhängig von diesem ausgetauscht werden.

Der Umfang der geregelten Konstruktionen kann neben dem Anwendungsbereich auch aus DIN EN 13119 (2016) „Vorhangfassaden – Terminologie" abgeleitet werden. Die Begrifflichkeiten in DIN EN 13119 betreffen eine Unterscheidung bezüglich Montage (Pfosten-Riegel-Konstruktion auf der Baustelle vs. vormontierte Elementbauweise oder Brüstungsbauweise), Hinterlüftung (Kaltfassade, Warmfassade, Doppelfassade) sowie konstruktiver Details (geklebte Glaskonstruktion [„früher SSGS"], Rahmenfassade). Eine Einschränkung auf Materialien findet nicht statt. Aus dem Anwendungsbereich von DIN EN 13830 und schlussfolgernd aus den in DIN EN 13119 doch umfangreichen bzw. umfassenden Begriffen ergibt sich der Anspruch, dass außer klassischer Lochfassade und Fassaden aus Fertigbetonelementen wohl alle (Vorhang-)Fassaden erfasst sein sollen.

Neben der europäisch harmonisierten Ausgabe 2003 gibt es neuere, grundlegend überarbeitete Fassungen, zuletzt von 2020. Dementsprechend ist als Grundlage für eine CE-Kennzeichnung die Ausgabe 2003 anzuwenden, abweichende Regelungen in der Fassung 2020 können als allgemein anerkannte Regel der Technik zu Diskussionen führen. Hier sind Transparenz, klare Ausschreibungen und Vereinbarungen wichtig und sinnvoll.

Fertigbetonelemente als Teil einer Wand

DIN EN 14992 (2012) „Betonfertigteile – Wandelemente" regelt vorgefertigte Wände aus Normal- oder Leichtbeton mit dichtem Gefüge. Diese Wandelemente können Fassadenfunktion (Wärmedämmung, Feuchtregelung, Schalldämmung), Verblendfunktion oder eine Kombination dieser Funktionen haben. Vorgefertigte Wände können unbewehrt, bewehrt (Betonstahl oder Fasern unterschiedlicher Materialien) oder vorgespannt sein. Sie können tragend oder nicht tragend ausgebildet und eingesetzt werden. Es können unterschieden werden:

- Vollwände
- Elementwände
- Sandwichwände
- gewichtsreduzierte Wände
- Verkleidungen

Für die Fertigbetonelemente als Teil einer Wand gelten die Allgemeinen Regeln für Betonfertigteile nach DIN EN 13369 (2004) mit darin angegebenen üblicherweise anzuwendenden Regelungen für Betonbauteile. Für die Anwendung als Fassade sind hinsichtlich der Toleranzen verschärfte Bedingungen einzuhalten. Die allgemeinen Regelungen nach DIN EN 13369 (2018) sehen maximale Abweichungen der Maße von +10/–5 mm bis zu ± 40 mm vor, bezüglich der Lage von Öffnungen oder Einbauteilen ± 25 mm. Die Toleranzen für Fassadenelemente nach DIN EN 14992 sind in Tabelle 1 wiedergegeben. Sofern nichts anderes festgelegt wurde, gilt Klasse B.

Für Bemessung und Konstruktion gelten die Regelungen des Eurocodes 2 (DIN EN 1992 Berechnung und Bemessung von Stahlbetonbauteilen), sie werden in diesem Kapitel nicht näher betrachtet.

Bekleidungen von tragenden Wänden

Hinterlüftete Außenwandbekleidungen sind in der nationalen Normenreihe DIN 18516 geregelt; die Bemessung von Außenwandbekleidungen aus ESG (früher Teil 4) ist in DIN 18008 behandelt.

Tab. 1: Toleranzen für Fertigbetonelemente [nach EN 14992 (2012)]

Klasse	Lage von Öffnungen, Einbauteilen	Grundmaße Länge, Höhe, Dicke, Diagonale				
		0–50 cm	0,5–3 m	3–6 m	6–10 m	> 10 m
A	± 10 mm	± 3 mm[1]	± 5 mm[1]	± 6 mm	± 8 mm	± 10 mm
B	± 15 mm	± 8 mm	± 14 mm	± 16 mm	± 18 mm	± 20 mm

[1] bei kleinteiligen Bekleidungen ± 2 mm

Darüber hinaus gibt es Fassadensysteme, die nicht oder nicht vollumfänglich von der Normung erfasst sind, wie beispielsweise:

- *Fassadensysteme mit geklebt befestigten Fassadenbekleidungen*
  vorgehängte hinterlüftete Fassadensysteme mit Bekleidungsplatten, die kraftschlüssig durch Klebeverbindungen an den Unterkonstruktionsprofilen aus Metall (i.d.R. Aluminium) befestigt werden.
- *Fassadensysteme mit mechanisch befestigten Fassadenbekleidungen*
  mechanisch (z.B. mithilfe von Schrauben, Nieten oder Klammerbefestigungen) an der Unterkonstruktion befestigte Außenwandbekleidung. Mit Bekleidungsplatten aus organischen oder anorganischen Baustoffen oder aus Verbundbaustoffen können die Fassadensysteme als hinterlüftete oder nicht hinterlüftete Außenwandbekleidungen ausgeführt sein. Die Unterkonstruktion besteht i.d.R. aus Metall (Aluminium) oder Holz; Kombinationen mit Kunststoffteilen sind ebenfalls möglich.
- *rückseitige Befestigung von Fassadenplatten*
  Befestigungselemente aus nichtrostendem Stahl zur rückseitigen Befestigung von Fassadenplatten an der Unterkonstruktion von Außenwandverkleidungen. In ein Bohrloch oder ein hinterschnittenes Loch in der Fassadenplatte wird das Befestigungselement kraftkontrolliert oder wegkontrolliert gesetzt. Die Kraftübertragung erfolgt durch Formschluss und/oder Reibung. Die Fassadenplatten selbst sind nur der Verankerungsgrund für den Anker, sie können aus mineralisch gebundenem Material (z.B. Naturstein, Betonwerkstein, Keramik, Faserzement) oder aus kunststoffgebundenem Material (z.B. HP L, Polymethylmethacrylat, glasfaserverstärkter Kunststoff) bestehen.
- *WDVS/ETICS*
  mehrschichtige Konstruktionen, die als Wärmedämmung von mineralischen oder hölzernen Gebäudeaußenwänden eingesetzt werden. Grundsätzlich besteht ein WDVS/ETICS aus Dämmstoffplatten, die mit Klebemörtel am Untergrund angeklebt und ggf. zusätzlich mit mechanischen Befestigungsmitteln (Dübel, Profile etc.) befestigt werden, einem bewehrtem Unterputz und einem Oberputz als dekorative Schlussschicht. Wärmedämmverbundsysteme (WDVS) werden auf europäischer Ebene als ETICS (External Thermal Insulation Composite Systems) bezeichnet. Bei der Verwendung CE gekennzeichneter WDVS ist insbesondere darauf zu achten, ob mit den Systemen die nationalen Bauwerksanforderungen, z.B. an den Brandschutz und die Standsicherheit, erfüllt werden.

Für diese Systeme werden durch das DIBt allgemeine bauaufsichtliche Zulassungen, allgemeine Bauartgenehmigungen oder Europäische Technische Bewertungen erteilt. Diese sind jeweils für Entwurf, Konstruktion, Bemessung und Ausführung zu beachten.

Regelungen für Fassaden

Ein allgemeiner Überblick über europäisch harmonisierte Normen sowie Regelungen aus MVV TB ist im ersten Kapitel enthalten und wird hier nicht wiederholt.

Harmonisierte Produktnorm DIN EN 13830 (2003) Vorhangfassaden

Die europäisch harmonisierte Produktnorm DIN EN 13830 (2003) legt Merkmale und Anforderungen von Vorhangfassaden fest und gibt materialunabhängig einen Rahmen für Leistungsanforderungen und Prüfkriterien vor. Hersteller und Planende haben damit eine Grundlage für die Bewertung von Vorhangfassaden im Allgemeinen wie auch für den konkreten Anwendungsfall. Objektbezogene Leistungsanforderungen sind unter Berücksichtigung nationaler Regelwerke zu formulieren.

Die Europäische Norm für Vorhangfassaden (Vorhangsfassadenbausätze) zur Verwendung als Gebäudehülle regelt Anforderungen, um Witterungsbeständigkeit, Nutzungssicherheit, Energieeinsparung und Wärmeschutz zu ermöglichen. Sie beinhaltet Prüf-/Bewertungs-/Berechnungsverfahren und Konformitätskriterien für die entsprechenden Leistungen. Die Grundanforderung 1 „mechanische Festigkeit und Standsicherheit" nach BauPVO liegt in nationaler Kompetenz und ist entsprechend den nationalen Festlegungen – für Deutschland in MVV TB – in jedem Fall zusätzlich einzuhalten. Das heißt, die Vorgaben beispielsweise in der DIN EN 13830 und den Prüf- und Klassifizierungsnormen, auf welche im Folgenden eingegangen wird, reichen zum Nachweis einer Vorhangfassade nicht aus. Es ist immer auch ein statischer Nachweis zu führen. Dies betrifft u.a. die Verglasung (DIN 18008), die Pfosten und Riegel aus Stahl, Holz oder Aluminium (DIN EN 1993, DIN EN 1995 und DIN EN 1999), Pfosten-Riegel-Verbinder, Schraubkanäle und Anschlüsse an das Gebäude. Die Thematik wird häufig unterschätzt. Es sollte bereits in den frühen Planungsphasen eine statische Vordimensionierung einer Vorhangfassade erfolgen, um Planungssicherheit zu erlangen. Ein späteres Ändern eines Fassaden- oder Gebäuderasters – nur weil die Fassadenstatik nicht wirtschaftlich funktioniert – ist der Bauherrschaft nur sehr schwer zu vermitteln.

DIN EN 13830 ist in der Fassung 2003 in der Liste der europäisch harmonisierten Normen für Bauprodukte enthalten. Die neuere, laut Änderungsvermerk grundlegend überarbeitete Fassung EN 13830 (2015) lag bei den letzten Aktualisierungen der Liste zwar im Weißdruck vor, wurde jedoch (wie viele andere Produktnormen auch) nicht in die Liste übernommen. Dies ist (wie bei anderen Produktnormen auch) wohl in formalen, insbesondere BauPVO (und damit CE-Kennzeichnung) betreffenden Aspekten begründet. Die technischen Änderungen beseitigten eine Vielzahl von Unklarheiten, der Umfang ist von 24 auf 92 Seiten gewachsen. So wurden auch Hinweise zur Nachweisführung nach Eurocode einschließlich Empfehlungen für Teilsicherheitswerte aufgenommen, die nunmehr eine bessere Interpretation der in DIN EN 13830 formulierten Anforderungen, das Selbstverständnis und Sicherheitsniveau erlauben.

Insofern werden in Tabelle 2 jeweils zunächst die laut EU-Amtsblatt verpflichtend anzuwendenden Regelungen und ergänzend die aus der aktuellsten Fassung von 2020 (gegenüber 2015 wurden einige kleinere Änderungen aus 2018 eingearbeitet) dargestellt.

Tab. 2: Merkmale und Leistungen von Vorhangfassadenbausätzen, Erfordernis/Verpflichtung nach DIN EN 13830, Abschnitte in DIN EN 13830 (2003) und (2020), Klassifizierung

Merkmale und Leistungen			M/W/F[1)]	DIN EN 13830 (2003)	DIN EN 13830 (2020)	Klassifizierung (2020)
Merkmal als Text	Nr. (2003)	Nr. (2020)				
Widerstand gegen Windlast	1	10	M	4.1	4.6	npd/Nennwert
Schlagregendichtheit[1)]	6	8	M	4.5	4.4	npd/Klassen
Luftdurchlässigkeit[1)]	5	22	M	4.4	4.15	npd/Klassen
Widerstand gegen Eigenlast	2	9	M	4.2	4.5	npd/Nennwert
Widerstand gegen seitliche Nutzlasten/(dynamische) Horizontallasten	12	14	M	4.17	4.9	npd/Nennwert
Widerstand gegen Schneelast		11			4.7	npd/festgestellte Angaben
Erdbebensicherheit, Gebrauchstauglichkeit, Nutzungssicherheit		16, 17	W	4.14	4.10	npd/festgestellte Angaben
Stoßfestigkeit innen	3	12	F	4.3	4.8.2	npd/Klassen
Stoßfestigkeit außen	4	13	F	4.3	4.8.3	npd/Klassen
Gebäude- und thermische Bewegungen			M	4.16	X	

Tab. 2: Merkmale und Leistungen von Vorhangfassadenbausätzen, Erfordernis/Verpflichtung [nach DIN EN 13830, Abschnitte in DIN EN 13830 (2003) und (2020)], Klassifizierung *(Fortsetzung)*

Merkmale und Leistungen			M/W/F[1]	DIN EN 13830 (2003)	DIN EN 13830 (2020)	Klassifizierung (2020)
Merkmal als Text	Nr. (2003)	Nr. (2020)				
Brandverhalten	–	1	F	4.9	4.1	Klassen
Feuerwiderstand Integrität (E)	9	2	F	4.8	4.2	npd/Klassen
Feuerwiderstand Integrität und Dämmung (EI)	10	3	F	4.8	4.2	npd/Klassen
Feuerwiderstand Integrität und Strahlung (EW)		4		X	4.2	npd/Klassen
Brandausbreitung		5	F	4.10	4.3	–
Luftschalldämmung	7	19	F	4.6	4.12	npd/ Nennwert
Flankenübertragung von Luftschall		20			4.13	
Wärmedurchgangskoeffizient[1]	8	21		4.7	4.14	npd/ Nennwert
Strahlungseigenschaften Gesamtenergiedurchlassgrad, Transmissionsgrad		24, 25			4.17	npd/festgestellter Wert
Wasserdampfdurchlässigkeit[2]		23	M	4.12	4.16	Dampfsperrentyp
Temperaturwechselbeständigkeit		18	F	4.15	4.11	Glastyp
Potenzialausgleich	11	X	W	4.13	X	npd/Nennwert
Dauerhaftigkeit[2]		27, 28, 29		4.11	4.18	

M/W/F: Muss .../Wenn konkret erforderlich .../Falls ausdrücklich gefordert ...
[1] einschließlich Dauerhaftigkeit
[2] es gibt keine speziellen Leistungsdarstellungen

Neben den genannten Leistungseigenschaften müssen Vorhangfassaden weitere Anforderungen erfüllen.

Innerhalb DIN EN 13830 sind nur die Grundanforderungen 2 bis 6 angesprochen, zum Teil auch nicht mandatierte Eigenschaften, d.h., der Widerstand gegen Windlast wird nur als *Sicherheit und Barrierefreiheit bei der Nutzung* (Safety in Use) betrachtet, Grundanforderung 1 (Mechanische Sicherheit und Standfestigkeit) ist in nationaler Verantwortung – entsprechende Nachweise werden in MVV TB gefordert.

Im Folgenden werden zunächst Leistungsanforderungen aus der europäisch harmonisierten Produktnorm DIN EN 13830 (2003) und damit verbundenen Prüf- und Klassifizierungsnormen näher betrachtet. Gegebenenfalls erfolgte Änderungen der Fassung 2020 werden jeweils unmittelbar angesprochen.

Reihenfolge wie auch thematische Gruppierung folgen nicht der Gliederung in der Norm (2003 und 2020 unterscheiden sich auch diesbezüglich), sondern wie in obiger Tabelle.

Anforderungen in Zusammenhang mit Windeinwirkungen: Luftdurchlässigkeit, Schlagregendichtheit, Widerstandsfähigkeit gegen Windlast

Windlasten und Bewitterungsprüfung

Luftdurchlässigkeit, Schlagregendichtheit und Beanspruchung durch Windlast (bzw. Widerstand gegen Windlast) sind voneinander abhängig. Deshalb definiert DIN EN 13830 eine Bewitterungsprüfung als Prüfgruppenfolge mit festgelegter Reihenfolge der Prüfungen:

a) Luftdurchlässigkeit, zur Klassifizierung
b) Schlagregendichtheit bei statischem Druck, zur Klassifizierung
c) Widerstand gegen Windlast für Gebrauchstauglichkeit
d) Luftdurchlässigkeit, wiederholte Prüfung zur Bestätigung der Klassifizierung des Windwiderstands
e) Schlagregendichtheit, wiederholte Prüfung zur Bestätigung der Klassifizierung des Windwiderstands
   wenn konkret erforderlich: zusätzliche Prüfung der Schlagregendichtheit unter dynamischen Windverhältnissen nach DIN EN 13050
f) Widerstand gegen Windlast, verstärkte Prüfung des Windwiderstands für Sicherheit

Wenn konkret erforderlich: zusätzliche Prüfung der Schlagregendichtheit unter dynamischen Windverhältnissen nach DIN EN 13050. Keine Prüfung aus der Prüfreihenfolge darf ausgeführt werden ohne Durchführung der vorhergehenden Prüfungen mit akzeptierbarem Ergebnis.

In der Fassung 2020[1] wird der obige Ablauf a) bis f) als „Verfahren A" bezeichnet, folgender alternativer bzw. erweiterter Prüfablauf als „Verfahren B":

a) *Luftdurchlässigkeit, zur Klassifizierung*
b) *Schlagregendichtheit bei statischem Druck, zur Klassifizierung*
c) *Widerstand gegen Windlast für Gebrauchstauglichkeit*
d) *Luftdurchlässigkeit, wiederholte Prüfung zur Bestätigung der Klassifizierung des Windwiderstands*
e) *Schlagregendichtheit, wiederholte Prüfung zur Bestätigung der Klassifizierung des Windwiderstands*

Von den folgenden Prüfungen dürfen einzelne Prüfungen bzw. eine Prüfgruppe durchgeführt oder weggelassen werden – mit Ausnahme von Prüfung j). Bei Anforderungen aus Erdbeben sind g), h), i) und l) als eine Prüfgruppe zu verstehen.

f) *Schlagregendichtheit unter dynamischem Druck – zur Klassifizierung nach EN 13050*
g) *seismischer Bewegungsverlauf, wie in DIN EN 13830 (2020) Anhang B beschrieben – Gebrauchstauglichkeit*
h) *Luftdurchlässigkeit, wiederholte Prüfung zur Bestätigung der Klassifizierung des Windwiderstands nach Erdbebenprüfung*
i) *Schlagregendichtheit, wiederholte Prüfung zur Bestätigung der Klassifizierung des Windwiderstands nach Erdbebenprüfung*
j) *Widerstand gegen Windlast, verstärkte Prüfung des Windwiderstands für Sicherheit*
k) *Stoßfestigkeit/Bruchsicherheit – zur Klassifizierung nach DIN EN 14019*
l) *seismische Bewegungen, verstärkte Prüfung für Sicherheit*

Windlasten sind (wie für Fenster und Außentüren auch) für Vorhangfassaden die Grundlage für die Festlegung der Anforderung bezüglich Luftdurchlässigkeit, Schlagregendichtheit und Widerstand gegen Windlast. Selbstverständlich sind sie auch Basis für die Nachweise der Tragwerksplanung (Statik) in den Grenzzuständen der Tragfähigkeit und der Gebrauchstauglichkeit.

Windlasten sind in Eurocode 1 (DIN EN 1991, Einwirkungen auf Tragwerke) in Teil 1-4 geregelt, national festgelegte Parameter in DIN EN 1991-1-4/NA ergänzen die Regeln für Deutschland. Zur vereinfachten Bestimmung des charakteristischen Werts der Windlast vgl. entsprechenden Absatz oben in (Unter-)Kapitel Fenster und Außentüren. Bei einem ordentlichen Planungsablauf sollten diese *charakteristischen Werte der Windlast* von der Tragwerksplanung zur Verfügung gestellt werden.

[1] noch nicht europäisch harmonisiert

Basisgröße/Bezugsgröße für die Feststellung von Leistungen in DIN EN 13830 (2003) ist definiert als „der Planung für die Gebrauchstauglichkeit zu Grunde liegende Windlasten". Nach DIN EN 1990 (Eurocode 0) ist dies (korrekt bezeichnet) der *charakteristische Wert der Windeinwirkung* (oder Windlast), zu ermitteln nach DIN EN 1991-1-4 i.V.m. DIN EN 1991-1-4/NA.

Etwas verwirrend bezeichnet DIN EN 12179 (Widerstand gegen Windlast – Prüfverfahren (2000)) diese Last als „Windlastbemessung" und DIN EN 13116 (Widerstand gegen Windlast – Leistungsanforderungen (2001)) diese Last als „zulässige Windlast". Übereinstimmend wird die um den Faktor 1,5 vergrößerte Prüflast für „Nachweis der Sicherheit" bezeichnet als „erhöhte Last (Sicherheitslast)". Die korrekte Bezeichnung nach DIN EN 1990 würde hier lauten „Bemessungswert der Windeinwirkung (oder Windlast)", der sich durch Multiplikation des charakteristischen Werts der Windeinwirkung mit dem Teilsicherheitsbeiwert γ_F ergibt.

Widerstand gegen Windlast (DIN EN 13116)

Widerstandsfähigkeit bei Windlast ist ein Merkmal der Gebrauchstauglichkeit (Sicherheit und Barrierefreiheit bei der Nutzung) von Vorhangfassaden. Zusätzlich zur Windwiderstandsfähigkeit (versuchstechnischer Nachweis) ist als Nachweis der Tragfähigkeit immer ein rechnerischer Nachweis (Statik) nach bauart-/baustoffspezifischen Regelungen (mit den Windlasten der DIN EN 1991-1-4/NA als Basis) erforderlich.

Die Leistungsanforderungen der Vorhangfassade hinsichtlich *Widerstandsfähigkeit bei Windlast* nach DIN EN 13830 und DIN EN 13116 werden durch Prüfungen nach DIN EN 12179 nachgewiesen. Vor Beginn der Prüfungen wird die gewünschte Klasse der Luftdurchlässigkeit und Schlagregendichtheit bestimmt.

Zur Messung der Durchbiegung unter Last wird nach drei initialen Luftdruckstößen ein Prüfdruck P1 in vier Teilschritten aufgebracht. P1 ist dabei der charakteristische Wert der Windlast, es wird jeweils positiv (Druck) und negativ (Sog) geprüft. Die Vorhangfassade muss nach DIN EN 13116 (2001) folgende Bedingungen einhalten/Leistungen erbringen:

- Die maximale Durchbiegung d darf 1/200 der Spannweite des Rahmenelements oder 15 mm nicht überschreiten.
- Die Durchbiegung darf nur vorübergehend sein, eine Stunde nach Entlastung darf die Verformung nur mehr 5 % betragen.
- Die „Frontverschiebung" (Verschiebung senkrecht zur Elementebene) der Befestigungs- und Rahmenelemente an deren Verankerung darf bleibend sein und muss weniger als 1 mm betragen.

DIN EN 13830 (2020)[2] *kennt die absolute Grenze von 15 mm nicht mehr und definiert folgende weniger strenge Anforderungen für die Durchbiegung d:*

- $d \leq L/200$ *für Spannweite* $L \leq 3000$ *mm*
- $d \leq 5$ *mm* + $L/300$ *für* 3.000 *mm* $< L \leq 7.500$ *mm*
- $d \leq L/250$ *für* $L \geq 7.500$ *mm*

Die auch von Fassung 2020 in Bezug genommene EN 13116 (2001) fordert (unverändert) als maximale Durchbiegung L/200 ≤ 15 mm…

Vor der Prüfung unter erhöhter Belastung wird die gewünschte Klasse der Luftdurchlässigkeit und Schlagregendichtheit bestätigt. Dabei sollte die bei höchstem Druck in der ersten und zweiten Prüfung gemessene Luftdurchlässigkeit um nicht mehr als 0,3 m^3/hm^2 abweichen (0,1 m^3/hm Fugenlänge).

Abschließend wird zur Abschätzung der Sicherheit der 1,5-fache Prüfdruck in einer Stufe – jeweils wieder positiv und negativ – aufgebracht. Es gelten folgende Bedingungen:

- keine bleibenden Beschädigungen von Rahmenelementen, Ausfachungen, beweglichen Bauteilen, Halterungen oder Verankerungen
- Ausfachungen, Glasauflageränder (Glashalteleisten?) und dekorative Holme müssen fest verankert bleiben, Dichtungen dürfen sich nicht verschieben.
- Glasbruch ist erlaubt, d.h., es darf eine Wiederholung der Prüfung mit ersetztem Glas erfolgen,

[2] noch nicht europäisch harmonisiert

sofern der Bruch nicht in Ausführungsfehler von Konstruktion oder Verglasung begründet ist.

Für die Klassifizierung sind keine Klassen vorgesehen, es wird der Prüfdruck P1 [Pa] angegeben, bei dem die geforderten Leistungen erbracht werden.

Tab. 3: Klassifizierung Widerstandsfähigkeit gegen Windlast

Merkmal/Leistung	Klasse	
Widerstand gegen Windlast	npd	Prüfdruck P1 [Pa]

P1 sollte für die konkrete bauliche Situation nicht kleiner als der charakteristische Wert der Windlast sein.

Luftdurchlässigkeit (DIN EN 12152)

Die Klassifizierung von Vorhangfassaden hinsichtlich der Luftdurchlässigkeit nach DIN EN 12152 erfolgt auf Grundlage von Prüfungen nach DIN EN 12153.

Luftdurchlässigkeit ist demnach die Luftmenge, die unter Prüfbedingungen durch eine Vorhangfassadenkonstruktion hindurchdringt. Alle zu öffnenden Fugen und alle eventuell vorhandenen Lüftungseinrichtungen sind mit Klebeband abzudichten.

Nach drei initialen Druckstößen wird der Prüfdruck stufenweise aufgebracht und bei jeder Stufe die Luftdurchlässigkeit gemessen. Sie wird in Kubikmeter je Stunde angegeben und auf die Gesamtfläche bzw. die Gesamtfugenlänge der Vorhangfassade bezogen. Ein Prüfkörper wird einer Klasse zugeordnet, wenn die gemessene Luftdurchlässigkeit den oberen Grenzwert bei einem Prüfdruck in dieser Klasse nicht übersteigt. Die Prüfungen erfolgen mit positivem Druck; nur bei Bedarf erfolgt zusätzlich eine Prüfung mit negativem Druck.

Prüfkörper mit einem Luftdurchgang von mehr als 1,5 m³/hm² bzw. 0,5 m³/hm bei Drücken unterhalb 150 Pa können nicht klassifiziert werden. Für Prüfkörper mit einem Luftdurchgang von weniger als 1,5 m³/hm² bzw. 0,5 m³/hm bei Drücken über 600 Pa gilt Klasse E (außergewöhnlich).

Tab. 4: Klassifizierung der Luftdurchlässigkeit bezogen auf die Gesamtfläche [m²] bzw. die Fugenlänge [m]

Klasse		A1	A2	A3	A4	AE
max. Prüfdruck P_{max} [Pa]	npd	150	300	450	600	> 600
zugeordnete Luftdurchlässigkeit [m³/hm²] bzw. [m³/hm]		1,5 0,5	1,5 0,54	1,5 0,5	1,5 0,5	1,5 0,5
Referenz-Luftdurchlässigkeit Q_{100} bei 100 Pa [m³/hm²] bzw. [m³/hm]		1,15 0,38	0,72 0,24	0,55 0,18	0,45 0,15	

Für die konkrete bauliche Situation ergibt sich die Leistungsanforderung aus der Klassifizierung, nach DIN EN 12152 entspricht P_{max} dabei 25 % des charakteristischen Werts der Winddrucklast.

Schlagregendichtheit (DIN EN 12154)

Die Klassifizierung von Vorhangfassaden hinsichtlich der Schlagregendichtheit nach DIN EN 12154 erfolgt auf Grundlage von Prüfungen nach DIN EN 12155.

Schlagregendichtheit ist demnach die Eigenschaft einer Vorhangfassade, den Durchgang von Wasser zu verhindern. Die Prüfung erfolgt im Anschluss an die Prüfung der Luftdurchlässigkeit, d.h., alle zu öffnenden Fugen und alle eventuell vorhandenen Lüftungseinrichtungen sind mit Klebeband abgedichtet.

Nach drei initialen Druckstößen wird die Fassadenaußenfläche mit einen Wasserfluss von 2 l/(m² min) kontinuierlich besprüht. Nach 15 Minuten druckloser Beregnung wird der Prüfdruck in Stufen erhöht und jeweils 5 Minuten gehalten. Zwischen den Stufen wachsen die Schritte bis zu Maximalschritten von 150 Pa, die Druckfolge lautet: 0 Pa,

50 Pa, 100 Pa, 150 Pa, 200 Pa, 300 Pa, 450 Pa, 600 Pa, 750 Pa .... Die Innenseiten werden kontinuierlich auf Wassereintritt, d.h. Schlagregendurchlässigkeit, überprüft. Die höchste Druckstufe P_{max} ohne Wassereintritt während der 5 Minuten Haltezeit dient als Wert für die Klassifizierung nach Tabelle 5.

Prüfkörper mit einer Schlagregendurchlässigkeit bei Drücken unter 150 Pa sind nicht klassifizierbar, für Prüfkörper ohne Schlagregendurchlässigkeit bei Drücken über 600 Pa gilt Klasse Exxx (außergewöhnlich), wobei xxx für den erreichten Druck in Pa steht.

Tab. 5: Klassifizierung der Schlagregendichtheit

Klasse		R4	R5	R6	R7	RExxx
max. Prüfdruck P_{max} [Pa]	npd	150	300	450	600	> 600

Die Leistungsanforderung für die konkrete bauliche Situation hängt von Einsatzort und regionalen Bedingungen ab, als Mindestwert werden wiederum 25 % des charakteristischen Werts der Winddrucklast genannt.

Weitere statisch-konstruktive oder mechanische Leistungen

Widerstand gegen Eigenlast

Vorhangfassaden müssen ihr Eigengewicht sicher auf das Gebäude übertragen. Der Nachweis der Tragfähigkeit wird üblicherweise durch die ohnehin erforderlichen Nachweise der Tragwerksplanung in einer Statik rechnerisch nachgewiesen.

DIN EN 13830 definiert als Kriterium der Gebrauchstauglichkeit eine maximale Durchbiegung der horizontalen „Primärbalken" infolge (charakteristischer Werte der) Vertikallasten einen Grenzwert von L/500 bzw. maximal 3 mm. L ist dabei die Länge des Rahmenprofils zwischen den Auflagerpunkten.

Fassung 2020[3] kennt die Grenze von 3 mm nicht mehr, fordert jedoch nunmehr, dass keine Berührung zwischen Riegel und Ausfachung vorliegen darf, um eine ggf. erforderliche Belüftung und Entwässerung sicherzustellen.

Widerstand gegen (dynamische) Horizontallasten (auf Brüstungshöhe)

Die Vorhangfassade muss nach DIN EN 13830 „dynamische Horizontallasten in Höhe des Brüstungsriegels" aufnehmen können. Zahlenwerte für Holmlasten sind Eurocode 1 (DIN EN 1991-1-1, in Deutschland i.V.m. DIN EN 1991-1-1/NA) zu entnehmen. Dementsprechend ist die Holmlast für Wohn- und Bürogebäude 0,5 kN/m, bei Flächen für große Menschenansammlungen ist mit 2,0 kN/m zu rechnen, für andere Nutzungen gilt 1,0 kN/m.

Der Nachweis der Tragfähigkeit wird üblicherweise durch die ohnehin erforderlichen Nachweise der Tragwerksplanung in einer Statik rechnerisch nachgewiesen.

Fassung 2020[3] der DIN EN 13830 hat (richtigerweise) „dynamisch" gestrichen und definiert neu ein Kriterium der Gebrauchstauglichkeit: Die Durchbiegung der horizontalen, als Brüstung wirkenden Riegel infolge (charakteristischen Werten) der Holmlast ist begrenzt auf maximal

- *L/200 für Spannweiten bis L = 3.000 mm und*
- *(5 mm + L/300) für Spannweiten L > 3.000 mm.*

Erdbebensicherheit

Wenn konkret erforderlich, so ist die Erdbebensicherheit zu bestimmen.

Fassung 2020[3] formuliert nicht nur die allgemeine Forderung in zwei Zeilen, sondern widmet dem Thema eine Seite sowie einen Anhang mit sechs Seiten. Die Einwirkungen sind nach Eurocode 8 (DIN EN 1998) anzusetzen. Für den Nachweis wird differenziert zwischen Nutzungssicherheit und Gebrauchstauglichkeit. Die Nutzungssicherheit kann rechnerisch oder mittels Versuchen nach

[3] noch nicht europäisch harmonisiert

Anhang B erfolgen. Sofern ausdrücklich gewünscht, erfolgt ein Nachweis der Gebrauchstauglichkeit in Form von Prüfungen der Luftdurchlässigkeit und Schlagregendichtheit an der verformten Fassade.

Schneelast

Fassung 2020[4] berücksichtigt neu die Möglichkeit des Auftretens von Schneelasten an Vorhangfassaden. Die charakteristischen Werte sind nach Eurocode 1 zu bestimmen, für Schneelasten gilt die identische Durchbiegungsbegrenzung wie für Windlasten.

Gebäude- und thermische Bewegungen

Thermische Bewegungen und Bewegungen des Baukörpers müssen von der Konstruktion der Vorhangfassade so aufgenommen werden können, dass es zu keinen Zerstörungen von Elementen der Fassade oder Beeinträchtigungen der Leistungen der Fassade (z.B. Luftdurchlässigkeit, Schlagregendichtheit) kommt. Dazu müssen für die konkrete bauliche Situation die von der Fassade aufzunehmenden Gebäudebewegungen – einschließlich Bewegungen der Gebäudefugen – im Zuge der Ausschreibung spezifiziert werden.

In der Fassung 2020[4] ist diese konkrete Anforderung an die Ausschreibung nicht mehr enthalten.

Stoßfestigkeit (DIN EN 14019)

Falls die Leistung Stoßfestigkeit ausdrücklich gefordert ist, werden Vorhangfassaden nach DIN EN 14019 geprüft und klassifiziert. Dabei ist ggf. von beiden Seiten, d.h. von außen und von innen, zu prüfen. Ein Stoßkörper nach EN 12600 (Doppelreifen mit 50 kg, auch genutzt für Prüfungen nach DIN 18008) pendelt mit definierter Fallhöhe auf verschiedene Stoßbelastungspunkte. Diese sind Mittelpunkte von Pfosten oder Riegeln, Anschlusspunkte von Riegel an Pfosten oder die Mitte von Ausfachungen. Für eine Klassifizierung müssen folgende Anforderungen erfüllt sein:

- Ein Ellipsoid von 400 mm × 300 mm darf durch keine Öffnung passen.
- Die Masse eines losgelösten Teils darf 50 g nicht überschreiten.
- Dauerhafte Verformung von Rahmenprofilen oder deren Verbindungen und Befestigungen führen nicht dazu, dass Rahmenprofile, Verbindungen oder Befestigungen in mehr als zwei Teile getrennt werden.
- Probekörper oder Ausfachungen dürfen sich nicht auf- oder loslösen.

Glasprodukte als Ausfachung oder Teil von Ausfachungen sind nach DIN EN 12600 zu klassifizieren.

Die Klassifizierung erfolgt anhand der maximal erreichten Fallhöhe aller Stoßbelastungspunkte (vgl. Tabelle 6).

Tab. 6: Klassen und Fallhöhen für Stoßfestigkeit von innen oder außen

Leistung/ Merkmal	Klasse						
Stoßbelastung intern		**I0**	**I1**	**I2**	**I3**	**I4**	**I5**
Fallhöhe [mm]	npd	nicht geprüft	200	300	450	700	950
Stoßbelastung extern		**E0**	**E1**	**E2**	**E3**	**E4**	**E5**
Fallhöhe [mm]	npd	nicht geprüft	200	300	450	700	950

Zur Auswahl der Klassen für die konkrete bauliche Situation gibt Anhang B von DIN EN 14019 als Anwendungsleitfaden folgenden Zusammenhang zwischen Belastungskategorien (BK) und Stoßbelastungsklassen.

[4] noch nicht europäisch harmonisiert

Tab. 7: Belastungskategorien (BK) und Stoßbelastungsklassen

BK	Beschreibung der Nutzung	Klasse
A	Für die Öffentlichkeit und andere leicht zugänglich, mit geringer Motivation zur Ausübung von Sorgfalt. Wahrscheinlichkeit von auftretenden Unfällen und Fehlanwendung.	5
B	Hauptsächlich für Privatpersonen zugänglich mit etwas Motivation zur Ausübung von Sorgfalt. Leichte Wahrscheinlichkeit von auftretenden Unfällen und Fehlanwendung.	4
C	Abseits von einem für alle Personen zugänglichen Bereich und nur zugänglich für Personen mit hoher Motivation zur Ausübung von Sorgfalt. Geringe Wahrscheinlichkeit von auftretenden Unfällen und Fehlanwendung.	0
D	Keinen normalen Auswirkungen von Personen ausgesetzt, jedoch anfällig für fallende oder geworfene Gegenstände. Kann auch während der Instandhaltung Belastungen ausgesetzt sein. 1,5 bis 6 m über Fußgängerniveau in Bereichen der Kategorie A.	4
E	Keinen normalen Auswirkungen von Personen ausgesetzt und nicht anfällig für fallende oder geworfene Gegenstände. Kann auch während der Instandhaltung Belastungen ausgesetzt sein. Wandflächen in höheren Lagen als in Kategorie D definiert.	4

Die geforderte Klassifizierung von Glasaufbauten nach DIN EN 12600 ist nur begrenzt hilfreich zur Quantifizierung der Nutzungssicherheit, da Abmessungen und Lagerungsbedingungen von Prüfung nach DIN EN 12600 und konkreter Anwendung i.d.R. abweichen.

Anforderungen in Zusammenhang mit Brandschutz

Brandverhalten

Falls ausdrücklich gefordert, ist das Brandverhalten entsprechend DIN EN 13501-1 zu klassifizieren (vgl. Tabelle 8).

Tab. 8: Klassifizierung des Brandverhaltens

Leistung/Merkmal	Klasse							
Brandverhalten	npd	F	E	D	C	B	A2	A1

Zur Auswahl der Klassen für die konkrete bauliche Situation wird insbesondere auf die spezifischen Anforderungen in den Landesbauordnungen verwiesen.

Feuerwiderstand

Falls ausdrücklich gefordert, ist der Feuerwiderstand entsprechend DIN EN 13501-2 zu klassifizieren (vgl. Tabelle 9). Vorhangfassaden sind dafür nach DIN EN 1364-3 und -4 zu prüfen. Die Prüfnorm unterscheidet Typ A (Vorhangfassade ohne feuerwiderstandsfähige Verglasung außerhalb des Brüstungsbereichs, d.h. feuerwiderstandsfähig nur im Bereich der Brüstung) und Typ B (mit feuerwiderstandsfähiger Verglasung, vollständig feuerwiderstandsfähige Vorhangfassade). Prüfung und Klassifizierung dürfen auch nur von einer Seite aus durchgeführt werden, die Klassifizierung gibt die Richtung durch Pfeile zwischen „i" (innen) und „o" (außen) an: i→o; i←o; i↔o.

Tab. 9: Klassifizierung des Feuerwiderstands

Leistung/Merkmal	Klasse				
E – Raumabschluss i→o; i←o; i↔o	npd	E15	E30	E60	E90
EI – Raumabschluss und Wärmedämmung i→o; i←o; i↔o		EI15	EI30	EI60	EI90

Tab. 10: Klassifizierung des Feuerwiderstands Fassung 2020[5)]

Leistung/Merkmal	*Klasse*						
E – Raumabschluss *i→o; i←o; i↔o*	*npd*	*E15*		*E30*	*E60*	*E90*	*E120*
EI – Raumabschluss und Wärmedämmung *i→o; i←o; i↔o*		*EI15*		*EI30*	*EI60*	*EI90*	*EI120*
EW – Raumabschluss und Strahlung *i→o; i←o; i↔o*			*EW20*	*EW30*	*EW60*	*EW90*[1)]	*EW120*[1)]

[1)] In DIN EN 13501-2 für Fassaden und Außenwände (einschl. Verglasungen) aufgeführt, DIN EN 13830 (2020) sieht diese Klassen nicht vor.

Zur Auswahl der Klassen für die konkrete bauliche Situation wird insbesondere auf die spezifischen Anforderungen in den Landesbauordnungen verwiesen.

Brandausbreitung

Falls ausdrücklich gefordert, sind in der Vorhangfassade „entsprechende Vorrichtungen vorzusehen", die Ausbreitung von Feuer und Rauch durch Öffnungen mittels konstruktiver Detailausbildung verhindern.

Fassung 2020[5)] verweist ausdrücklich auf Prüfszenarien nach EN 1364-4 (2014), um Vorhangfassaden hinsichtlich der Brandausbreitung auf höhere Ebenen zu prüfen.

Für die konkrete bauliche Situation wird insbesondere auf die spezifischen Anforderungen in den Landesbauordnungen verwiesen.

Weitere Eigenschaften/Leistungen

Luftschall und Energiedurchgang

Mittels der einschlägigen bauphysikalischen Nachweisverfahren werden für die konkrete bauliche Situation erforderliche Werte ermittelt, die Leistungen von Vorhangfassaden werden als Zahlenwerte für bewertetes Schalldämmmaß (R_w) und Wärmedurchgangskoeffizienten (U_{CW}) durch Hersteller oder Lieferanten erklärt.

In der Fassung 2020[5)] sind zusätzlich Flankenübertragung von Luftschall ($D_{n,f,w}$), Gesamtenergiedurchlassgrad (g-Wert) und Lichttransmissionsgrad (τ_v-Wert) als mögliche Leistungen aufgenommen.

Erfahrungsgemäß sind die nach Prüfverfahren ermittelten Werte besser als die in Nachweisnormen angegebenen Werte für erste Abschätzungen.

Die Leistungen entsprechen jeweils den in Prüfungen festgestellten Werten.

[5)] noch nicht europäisch harmonisiert

Tab. 11: Eigenschaften und Klassifizierung Luftschall und Energiedurchgang

Merkmal/Leistung	Klassifizierung	
Schallschutz		
bewertetes Schalldämmmaß R_w [dB]	npd	festgestellter Wert
Flankenübertragung von Luftschall $D_{n,f,w}$ [dB]		festgestellter Wert
Wärmedurchgangskoeffizient		
U_W [W/(m²K)]	npd	festgestellter Wert
Strahlungseigenschaften		
Gesamtenergiedurchlassgrad g	npd	festgestellter Wert
Lichttransmissionsgrad τ_v		festgestellter Wert

Wasserdampfdurchlässigkeit

Dampfsperren sind vorzusehen, um die hygrothermischen Bedingungen im Gebäude zu gewährleisten.

Dampfsperren sind in Übereinstimmung mit den festgelegten hygrothermischen Bedingungen des Gebäudes zu wählen.

In der Fassung 2020[6] ist diese Leistung in der Liste der wesentlichen Merkmale für eine Klassifizierung enthalten.

Tab. 12: Klassifizierung Dampfsperren

Leistung/Merkmal	Klasse	
Wasserdampfdurchlässigkeit	npd	vorhandener Dampfsperrentyp

Temperaturwechselbeständigkeit

Falls es Anforderungen hinsichtlich der Beständigkeit von Gläsern gegenüber Temperaturwechsel gibt, müssen geeignete Gläser wie teilvorgespanntes Glas (TVG) oder Einscheibensicherheitsglas (ESG) gewählt werden.

In der Fassung 2020[6] ist diese Leistung in der Liste der wesentlichen Merkmale für eine Klassifizierung enthalten.

Tab. 13: Klassifizierung Temperaturwechselbeständigkeit

Leistung/Merkmal	Klasse	
Temperaturwechselbeständigkeit	npd	vorhandener Glastyp

Für die konkrete bauliche Situation ist zu prüfen, ob Temperaturwechsel auftreten können. Thermisch nicht vorgespanntes Glas weist eine geringe Beständigkeit gegen schnelle (oder lokale) Temperaturwechsel auf, bei TVG sind es bis 100 K, bei ESG sogar bis zu 200 K.

Potenzialausgleich

Wenn konkret erforderlich, müssen metallische Teile der Vorhangfassade mit dem Gebäudetragwerk und dem Erdungssystem verbunden werden. Dies gilt für alle Vorhangfassaden auf Metallbasis an Gebäuden über 25 m Höhe. Im Anhang A der DIN EN 13830 (2003) ist ein Prüfverfahren geregelt.

Tab. 14: Klassifizierung Potenzialausgleich

Leistung/Merkmal	Klasse	
Potenzialausgleich [Ω]	npd	festgestellter Wert

[6] noch nicht europäisch harmonisiert

In der Fassung 2020[7] ist der Abschnitt zu Potenzialausgleich nicht mehr enthalten, in der gegenüber 2003 grundlegend überarbeiteten Fassung 2015 war noch ein solcher enthalten.

Dauerhaftigkeit

Die Dauerhaftigkeit der Leistungsmerkmale einer Vorhangfassade wird in DIN EN 13830 (2003) nicht geprüft oder klassifiziert, sondern bei einer Übereinstimmung der Werkstoffe mit dem Stand der Technik und europäischen Spezifikationen als gegeben angenommen. Der Hersteller muss Empfehlungen zur Wartung der Vorhangfassade geben und sollte Verfahren zum Austausch beschädigter oder verschlissener Oberflächen und Bauteile darstellen.

Nach DIN EN 13830 (2020)[7] sind Dauerhaftigkeit der Schlagregendichtheit, der Luftdurchlässigkeit und des Wärmedurchgangkoeffizienten für Vorhangfassaden relevant und dementsprechend zu prüfen und zu klassifizieren. So sind beispielsweise Dauerhaftigkeit von Dichtungen und Dichtprofilen nach DIN EN 12365-4 (2003) zu prüfen und nach DIN EN 12365-1 (2003) zu klassifizieren. Unverändert sind die Hinweise auf Erfordernis einer technischen Dokumentation und Wartungsempfehlungen durch den Hersteller.

In einem informativem Anhang G werden Bauteile einer Vorhangfassade unterteilt in:

- *Hauptkomponenten*
  - *Rahmenelemente, einschließlich Zubehör*
  - *Befestigungen*
- *Nebenkomponenten*
  - *Verglasung*
  - *Ausfachungen (Verbundpaneele und Paneele ohne Verbund) einschließlich Zubehör*
  - *Dichtungen und Fugendichtstoffe*

Hauptkomponenten haben eine Nutzungsdauer nicht unter der Bemessungslebensdauer einer Vorhangfassade. Für Nebenkomponenten muss der Hersteller nachweisen, dass sie repariert oder ersetzt werden können.

[7] noch nicht europäisch harmonisiert

Unabhängig von der konkreten baulichen Situation ist festzustellen, dass ohne Wartung entsprechend den Empfehlungen des Herstellers eine Dauerhaftigkeit nicht erwartet werden kann.

Anforderungen aus MVV TB und weitere Anforderungen

In den MVV TB finden sich für Fassaden Konkretisierungen bzw. Verweise auf Normen und Vorschriften in unterschiedlichen Abschnitten.

Stark verkürzt kann zusammengefasst werden, dass zum Nachweis der Tragfähigkeit und Gebrauchstauglichkeit („Statik") auch für Außenwandbekleidungen und Vorhangfassaden einschließlich deren Unterkonstruktion und Befestigung alle Bemessungsnormen einschließlich der gesamten Eurocode-Reihe zu beachten sind. Das heißt, auch für eine Fassade muss eine ordentliche Statik erstellt werden.

Bezüglich des Brandschutzes sind nach MVV TB für WDVS mit EPS spezielle Brandprüfversuche gefordert, für hinterlüftete Außenwandbekleidungen ist ein eigener Anhang 6 zu beachten. Diese Regelungen sind im folgenden Abschnitt zu DIN 18516-1 zusammengefasst.

Hinsichtlich Konstruktion und Bemessung ist zusätzlich zu den allgemeinen Bemessungsregeln die Normenreihe DIN 18516 genannt. Die Inhalte werden in weiteren Unterkapiteln näher betrachtet.

Für außenseitige Wärmedämmverbundsysteme mit ETA nach ETAG 004 existiert ein eigener Anhang 11. Der Geltungsbereich bezieht sich auf geklebte oder gedübelte und geklebte Wärmedämmverbundsysteme (WDVS) mit einer ETA nach ETAG 004 mit Dämmstoffen aus Polystyrol (EPS) nach DIN EN 13163:2016-08 oder Mineralwolle (MW) nach DIN EN 13162:2015-04. Regelungen umfassen Standsicherheit und Gebrauchstauglichkeit einschließlich konstruktiver Anforderungen sowie Brand-, Schall- und Wärmeschutz. Schließlich wird festgelegt, dass die Unternehmer, die das WDVS vor Ort einbauen, für jedes Bauvorhaben eine Bescheinigung ausstellen müssen. Damit bestätigen sie, dass die von ihnen eingebauten Bauprodukte (Komponenten) den Bestimmungen der Europäischen Technischen Zulassung bzw. der Europäischen Technischen Bewertung sowie der jeweils geltenden Einbauanleitung entsprechen und die Bestimmungen von Anhang 11 der MVV TB eingehalten sind; die entsprechenden Einstufungen und Eigenschaften sind darin anzugeben. Diese Bescheinigung ist dem Bauherrn zur ggf. erforderlichen Weiterleitung an die zuständige Bauaufsichtsbehörde auszuhändigen.

DIN 18516-1 (2010) Außenwandbekleidungen hinterlüftet – Teil 1: Anforderungen Prüfgrundsätze

DIN 18516-1 (2010) legt Planungs-, Bemessungs- und Konstruktionsgrundsätze für hinterlüftete Außenwandbekleidungen mit und ohne Unterkonstruktion einschließlich der Verankerungen, Verbindungen und Befestigungen fest.

Nicht im Regelungsumfang sind:

- raumabschließende Bauteile und deren Bestandteile, z.B. Trapezprofilkonstruktionen nach DIN 18807 und Vorhangfassaden nach DIN EN 13830
- Außenwandbekleidungen aus kleinformatigen (Fläche ≤ 0,4 m² und Gewicht ≤ 5 kg) oder brettformatigen (Breite ≤ 30 cm und Unterstützungsabstand durch die Unterkonstruktion ≤ 80 cm) Elementen, die nach allgemeinen Regeln der Technik wie z.B. anerkannten und bewährten Handwerksregeln befestigt werden
- Wärmedämmverbundsysteme
- angemörtelte Bekleidungen nach DIN 18515-1

Der zuständige Arbeitsausschuss des DIN hat die Arbeiten zur Aktualisierung und Überarbeitung der Norm im Jahr 2021 aufgenommen.

Begriffe, grundlegende Anforderungen an Baustoffe und Konstruktion

Außenwandbekleidungen im Sinne der Norm bestehen aus Bekleidungselementen, Hinterlüftungsraum, Unterkonstruktionen, Verankerungs-, Verbindungs- und Befestigungselementen, Ergänzungsteilen und Dämmstoff, falls erforderlich.

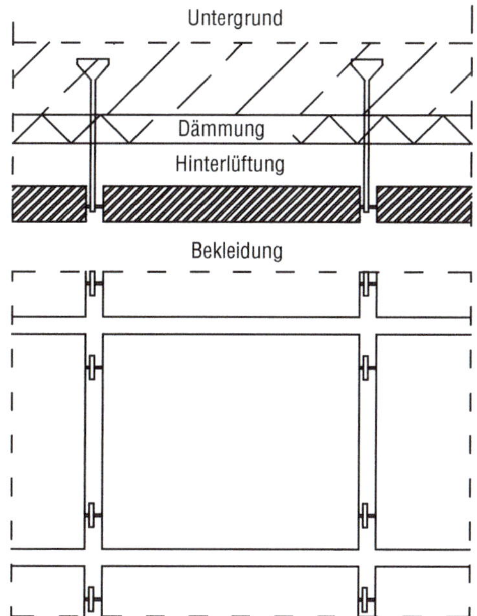

Bild 1: Außenwandbekleidung aus Naturwerkstein

- Die *Bekleidung* kann mit offenen oder geschlossenen Fugen ausgeführt werden, mit aneinanderstoßenden Elementen oder mit einander überdeckenden Elementen.
- *Unterkonstruktionen* können mittels Tragprofilen mit Gleit- und Festpunkten ausgeführt werden oder alternativ mit Tragplatten oder Schalungen inkl. Konterlattung, jedoch auch ohne.
- *Verankerungselemente* dienen dazu, Unterkonstruktionen oder Bekleidungselemente mechanisch am Untergrund zu befestigen oder, wenn keine Unterkonstruktion erforderlich ist, die Bekleidung direkt in der Wand zu verankern.
  Traganker können dabei Beanspruchungen in allen Richtungen aufnehmen und in den Verankerungsgrund einleiten.
  Halteanker sind im Allgemeinen so konstruiert, dass nur Lasten aus Wind und Zwängungen aufgenommen und in den Verankerungsgrund weitergeleitet werden.
- *Befestigungen* dienen dazu, Bekleidungselemente an Unterkonstruktion, Verbindungs- oder Ankerelementen zu befestigen.
- *Ergänzungsteile* können z.B. Sockel- und Laibungsprofile, Lüftungsschienen, Windsperren, Dichtungsbänder oder Vorrichtungen, an denen Gerüste befestigt werden, u.Ä. sein.
- *ggf. Dämmstoff und Dämstoffhalter*

Bei hinterlüfteten Außenwandbekleidungen müssen bei der Wahl der Baustoffe und der Auslegung der Konstruktionen mögliche

- Korrosionsbeanspruchungen
  aufgrund von Niederschlägen, Kondensatbildung, Außenluftfeuchtigkeit, Schadstoffen, z.B. Chlorid, Verdunstung in Wassersäcken u.Ä.,
- Geräuschentwicklungen
  wie Klapper- und Knackgeräusche durch Windeinwirkung und Temperaturbeanspruchung,
- Unverträglichkeiten
  durch Interaktion unterschiedlicher Baustoffe wie Kontaktkorrosion oder Weichmacherwanderung

berücksichtigt werden.

Für hinterlüftete Außenwandbekleidungen dürfen nur Baustoffe und Konstruktionen verwendet werden, deren Brauchbarkeit und bauaufsichtliche Verwendbarkeit nachgewiesen ist. Der Nachweis kann geführt werden, nach bzw. durch

- Normen,
- allgemeine bauaufsichtliche Zulassungen oder
- europäische technische Zulassungen/Bewertungen (ETA),
- allgemeine bauaufsichtliche Prüfzeugnisse bei niet- und schraubenartigen Befestigungen.

Anforderungen, Einwirkungen und Nachweise

Hinsichtlich Anforderungen an die Nachweisführung und Einwirkungen verweist DIN 18516-1 (2010) noch auf zwischenzeitlich zurückgezogene und durch Eurocodes ersetzte Normen. MVV TB stellt klar, dass die aktuellen Regelungen der Eurocodes anzuwenden sind, d.h., für die Grundlagen der Tragwerksplanung gilt Eurocode 0 (DIN EN 1990 (2010), Einwirkungen (Lastannahmen) sind in Eurocode 1 (DIN EN 1991 i.V.m. DIN EN 1991/NA) geregelt.

Außenwandbekleidungen sind für den Grenzzustand der Tragfähigkeit und für den Grenzzustand der Gebrauchstauglichkeit zu bemessen und nachzuweisen.

Einwirkungen aus Zwang müssen in den Standsicherheitsnachweis einbezogen werden, wenn eine Behinderung der Formänderung bei der Außenwandbekleidung und der Unterkonstruktion vorliegt.

Formänderungen entstehen durch Temperatureinwirkung, Quellen und Schwinden sowie planmäßige Formänderungen des Bauwerks aus Baugrundbewegungen. Sie dürfen die Außenwandbekleidungen auch funktionell nicht beeinträchtigen.

Für Außenwandbekleidungen sind im Regelfall Schwerpunkttemperaturdifferenzen zwischen Montage (im Allgemeinen +10 °C) und späterer Nutzung (Grenztemperaturen von –20 °C bis +80 °C) zu berücksichtigen. Gegebenenfalls ist ein Temperaturunterschied über die Bauteildicke, d.h. von äußerer und innerer Oberfläche der Bekleidungselemente, zu berücksichtigen.

Aufgrund ihrer Ausrichtung (bezogen auf die Himmelsrichtung) können an Bekleidungselementen Temperaturunterschiede bis zu 35 K auftreten, sie sind bei unverschieblich miteinander verbundenen Bekleidungselementen (z.B. Mutterplatte und Laibungsplatte) zu berücksichtigen.

Sonderlasten, z.B. durch Werbeanlagen, Fassadenbegrünungen, Sonnenschutzanlagen u.Ä., müssen in die tragende Wand (als Abstandsmontage) eingeleitet oder im Standsicherheitsnachweis erfasst werden.

Als Bauvorlagen sind in den Ausführungsunterlagen anzugeben:

- Verankerungsgrund nach Art und Dicke
- Baustoffe der Unterkonstruktion und Bekleidung, evtl. Art des Korrosionsschutzes
- Verbindungen, Befestigungen und Verankerungen nach Art, Werkstoff, Anzahl, Anordnung
- Lage und Größe der Gebäudefugen, der Bewegungsfugen in der Unterkonstruktion und Bekleidung, Ausbildung von Fugen
- Dämmstoffe unter Angabe der geltenden Normen/bauaufsichtlichen Zulassungen
- evtl. Wärmebrückennachweis
- Angaben zum Brandverhalten der Baustoffe
- Angaben zum Schallschutz, falls erforderlich

- Montageplan mit Lage der Unterkonstruktion sowie der Fest- und Gleitpunkte
- statische Nachweise der Bekleidung, Befestigungs- und Verbindungselemente, Unterkonstruktion und der Verankerungselemente

Konstruktive Anforderungen

Hinterlüftung

Zur Reduzierung der Feuchtigkeit und Ableitung von Niederschlag und Kondensat sowie zur Trennung der Bekleidung von der Dämmebene oder dem Untergrund ist die Ausbildung einer Hinterlüftung zwingend erforderlich.

Tab. 15: Anforderungen an den auszubildenden Hinterlüftungsraum sowie die Be- und Entlüftung

Hinterlüftungsbereiche		Anforderung an die Ausführung
Hinterlüftung	erforderlicher Zwischenraum	Der Zwischenraum von der Außenwand bzw. Dämmstoffschicht bis zur Bekleidung sollte mind. 20 mm betragen.
	zulässige Reduzierung	Der Abstand darf durch die Unterkonstruktion oder durch Wandunebenheiten örtlich bis auf 5 mm reduziert werden.
	Ausnahmen bei vertikal angeordneten Trapez- oder Wellprofiltafeln	Die Tafeln dürfen streifenförmig aufliegen, es muss jedoch ein freier horizontaler Hinterlüftungsquerschnitt von mindestens 200 cm² hergestellt werden.
Be- und Entlüftungsöffnungen	am Gebäudefußpunkt und am Dachrand	Am Dachrand und im Sockelbereich müssen Be- und Entlüftungsöffnungen vorgesehen werden mit einem Mindestquerschnitt von 50 cm² je 1 m Wandlänge.

Tab. 15: Anforderungen an den auszubildenden Hinterlüftungsraum sowie die Be- und Entlüftung *(Fortsetzung)*

Hinterlüftungsbereiche		Anforderung an die Ausführung
Belüftungsöffnungen im Sockelbereich	Lüftungsquerschnitt	Der freie Lüftungsquerschnitt muss mind. 50 cm² auf 1 m Wandlänge betragen.
	Belüftungsöffnungen	Belüftungsöffnungen, die größer als 20 mm sind, müssen mit Lüftungsgittern gesichert werden.

Konstruktion

Jedes Bekleidungselement ist einzeln zu befestigen. *Ausnahme:* Laibungsplatten dürfen an einer anderen Platte (Mutterplatte) verankert werden.

- Außenwandbekleidungen sind grundsätzlich zwängungsfrei zu montieren.
- Werden Gleitpunkte vorgesehen, ist auf ein ausreichendes Spiel zwischen den gleitenden Teilen zu achten. Dabei sind Herstelltoleranzen und thermische wie hygrische Verformungen zu berücksichtigen.
- Damit Fassadenbekleidungen gewartet werden können, sollten Verankerungselemente für Gerüste vorgesehen werden. Diese sollten so angeordnet werden, dass keine Fassadenelemente ausgebaut werden müssen.
- Bewegungsfugen im Bauwerk müssen mit den gleichen Bewegungsmöglichkeiten sowohl in der Bekleidung als auch in der Unterkonstruktion übernommen werden.
- Dämmstoffschichten sind lückenlos und dauerhaft herzustellen. Die Verlegung erfolgt dicht gestoßen, damit keine Hohlräume zwischen Untergrund und Dämmschicht entstehen können, die zu einer Hinterströmung der Dämmebene führen können. Bei der Verwendung von Faserdämmstoffen bei Außenwandbekleidungen mit offenen Fugen sollten vlieskaschierte Dämmstoffe verwendet werden.

Ein Schutz an Schnittkanten und Stirnseiten ist bei vlieskaschierten Dämmstoffen nicht erforderlich.

Wird bei Außenwandbekleidungen mit offenen Fugen eine Mineralstoffdämmung gewählt, muss deren Strömungswiderstand mindestens $AF_r \geq 5$ kPa s/m^2 betragen. Die Dämmstoffe sind mit Dämmstoffhaltern (ca. 5 Stück je m^2) anzubringen oder alternativ mit einem geeigneten Kleber (vorzugsweise im Wulst-Punkt-Verfahren).

- Die Einhaltung der Mindestrandabstände sowohl in der Bekleidung als auch in der Unterkonstruktion ist nachzuweisen.
- Der Korrosionsschutz von Bauteilen darf durch Gleitvorgänge nicht beschädigt werden.
- Durch Formänderungen dürfen die Bekleidung sowie die Unterkonstruktion an den Befestigungs- und Verbindungsstellen nicht beschädigt werden.

Begrenzung des Abreißens der Bekleidung

Als Schutzmaßnahmen zur Begrenzung des Abreißens der Bekleidung bei örtlichem Versagen sind Außenwandbekleidungen in ca. 50 m^2 große Felder einzuteilen mit folgenden Abständen:

- horizontal: ca. alle 8 m
- vertikal: alle zwei Geschosse

Solche Maßnahmen sind bei Bekleidungselementen mit sprödem Biegebruchversagen nicht erforderlich.

Bauphysikalische Anforderungen

Das Zusammenwirken der Außenwand mit der Außenwandbekleidung ist bei allen bauphysikalischen Aspekten (Wärme-, Feuchte-, Schall- und Brandschutz) zu berücksichtigen.

Wärmeschutz

Energieverluste bzw. Wärmebrücken, die durch die Verankerung entstehen, sind in den Nachweisen zu berücksichtigen.

Brandschutz

Bezüglich des Brandschutzes bei hinterlüfteten Außenwandkonstruktionen wird in der Norm auf die Anforderungen nach der Musterliste der Technischen Baubestimmungen (Teil 1, Anlage 2.6/11) hingewiesen. Diese ist im Zuge des Umbaus des Bauordnungsrechts aufgegangen in die MVV TB, die Verweise darin führen final auf MVV TB, Anlage 6 „Hinterlüftete Außenwandbekleidungen" (Juni 2016).

Dementsprechend sind besondere Vorkehrungen zu treffen, wenn hinterlüftete Außenwandbekleidungen

- über Brandwände geführt werden oder
- geschossübergreifende Hohl- oder Lufträume aufweisen.

In solchen Fällen muss eine nicht brennbare Wärmedämmung gewählt werden, die zu befestigen ist entweder mechanisch oder mit einem Klebemörtel (schwer entflammbar oder alternativ einen maximalen Anteil von 7,5 % an organischen Bestandteilen). Als Unterkonstruktion sind auch stabförmige Holzelemente zugelassen. Der Hinterlüftungsspalt darf folgende Tiefen nicht überschreiten:

- bei Holzunterkonstruktionen: 50 mm
- bei Metallunterkonstruktionen: 150 mm

Horizontale Brandsperren
Im Lüftungsspalt zwischen der Wand und der Bekleidung sind in jedem zweiten Geschoss horizontale Brandsperren auszubilden. Liegt die Dämmung außen, ist es ausreichend, wenn die Brandsperre zwischen dem Dämmstoff und der Bekleidung hergestellt wird, unter der Voraussetzung, dass der Dämmstoff im Brandfall formstabil ist und der Schmelzpunkt über 1.000 °C liegt.

Besteht die Unterkonstruktion aus Holz oder anderen brennbaren Materialien, muss sie im Bereich der Brandsperren unterbrochen werden.

Im Bereich von horizontalen Brandsperren sind Öffnungen auf maximal 100 cm^2 je Meter Wand zu begrenzen (d.h. beispielsweise 1 cm durchgehender Spalt).

Horizontale Brandsperren müssen über mindestens 30 Minuten hinreichend formstabil sein (z.B. Stahlblech mit einer Dicke von minimal 1 mm). Sie sind in der Außenwand in Abständen von maximal 0,6 m zu verankern. Die Stahlbleche sind an den Stößen mindestens 30 mm zu überlappen.

Laibungen in Außenwandöffnungen im Bereich von Brandsperren sind zulässig, wenn der Lüftungsspalt durch die Laibungs- und Sturzbekleidung verschlossen wird und die Laibungsbekleidungen den Anforderungen an horizontale Brandsperren genügen, Unterkonstruktionen und eine ggf. vorhandene Wärmedämmung müssen aus nicht brennbaren Baustoffen bestehen.

Horizontale Brandsperren sind nicht erforderlich, wenn

- die Außenwände keine Öffnungen aufweisen,
- die Anordnung der Öffnungen so gewählt wurde, dass eine Brandausbreitung im Hinterlüftungsspalt nicht möglich ist,
- hinterlüftete Bekleidungen, einschließlich Unterkonstruktion, Wärmedämmung, Halterungen u.Ä. aus nicht brennbaren Materialien bestehen und der Hinterlüftungsspalt in Laibungsbereichen umlaufend formstabil verschlossen ist und im Brandfall über 30 Minuten formstabil bleibt.

Vertikale Brandsperren
Über Brandwände darf der Lüftungsspalt nicht hinweggeführt werden. Er muss ausgefüllt werden

- mit einem im Brandfall formstabilen Dämmstoff mit einem Schmelzpunkt von über 1.000 °C,
- mindestens in Brandwanddicke.

DIN 18516-3 (2021) Außenwandbekleidungen, hinterlüftet – Teil 3: Naturwerkstein – Anforderungen, Bemessung

Anwendungsbereich

DIN 18516-3 (2021) gilt in Verbindung mit DIN 18516-1. Sie regelt die Verwendung von Natursteinplatten nach DIN EN 1469 mit Nenndicken von mindestens 30 mm für hinterlüftete Außenwandbekleidungen. Statisch beanspruchte Klebungen sind nicht abgedeckt.

Ausbauteile wie z.B. Fenster, Türen, Beleuchtungs- und Werbeanlagen sowie Gerüste u.Ä. dürfen nicht an den Natursteinplatten befestigt werden.

Sowohl für die Natursteinplatten als auch für die Befestigung und Verankerung der Platten muss ein statischer Nachweis geführt werden. Dabei sind ggf. die Zusatzlasten aus Teil 1 der Normenreihe und das Teilsicherheitskonzept nach Eurocode 0 zu berücksichtigen; im normativen Anhang A der Norm ist eine verkürzte Darstellung des Teilsicherheitskonzepts enthalten.

Werkstoffe

Natursteinplatten

Natursteinplatten für Außenwandbekleidungen werden in der DIN EN 1469 geregelt. Zu verwendende Platten müssen gemäß DIN EN 1469 klassifiziert und CE-gekennzeichnet sein. Die Eignung des gewählten Natursteins bezüglich Widerstandsfähigkeit gegen Witterungseinflüsse aus der am Bauwerk zu erwartenden Beanspruchung ist nachzuweisen.

Die erforderliche Nenndicke der Platten ist abhängig von der Neigung der Platte gegen die Horizontale:

- Plattendicke mindestens 30 mm bei einem Neigungswinkel > 60°
- Plattendicke mindestens 40 mm bei einem Neigungswinkel ≤ 60°

Befestigung und Verankerung

Für Befestigungen müssen nichtrostende Stähle gemäß DIN EN 10088-3 verwendet werden, die mindestens der Widerstandsgruppe III gemäß allgemeiner bauaufsichtlicher Zulassung Z-30.3-6 entsprechen.

In Platten eingreifende Dorne müssen mindestens der Festigkeitsklasse S355 gemäß Zulassung Z-30.3-6 entsprechen.

Für die eingemörtelten Verankerungen in Beton und Mauerwerk sind zu verwenden:

- Mauermörtel M10 gemäß DIN EN 998-2
- Betoninstandsetzungsmörtel gemäß DIN EN 1504-6
- mineralische Werktrockenmörtel mit Qualitätsüberwachung mit einer charakteristischen Druckfestigkeit von mindestens 20 N/mm², die mindestens die Anforderungen an Mauermörtel M 20 DIN EN 998-2 erfüllen

Befestigung von Natursteinplatten

Jedes Bekleidungselement ist einzeln zu befestigen, Ausnahme: Laibungsplatten.

Natursteinplatten sind i.d.R. an vier, mindestens jedoch an drei Punkten zu befestigen. Davon ausgenommen sind Laibungsplatten, die auch an anderen Platten (Mutterplatten) befestigt werden dürfen.

Für die Befestigung der Natursteinplatten dürfen verwendet werden:

- Ankerdorne
- Steckdorne
- Schraubanker
- Nutlagerungen

Die Befestigung darf auch mit anderen Befestigungsmitteln erfolgen, wenn deren Eignung durch die Produktnorm oder eine bauaufsichtliche Zulassung belegt wird; das Bauprodukt muss im Sinne der Landesbauordnungen verwendbar sein.

Für die Befestigung der Laibungsplatten dürfen verwendet werden:

- Steckdorne und Winkelverbindungen

Die Befestigung hat so zu erfolgen, dass keine Zwängung der Platten erfolgt, sodass sie sich durch Temperatur- und Feuchtigkeitseinwirkung zwangfrei verwölben können.

Die Laibungsplatten, der Einfluss der Laibung auf die Mutterplatte sowie die Befestigungs- und Verbindungselemente der Laibung und der Mutterplatte müssen statisch nachgewiesen werden.

Ankerdorne

- Durchmesser Dornloch: ca. 3 mm größer als der Durchmesser der Ankerdorne
- Einbindetiefe Ankerdorne: mindestens 25 mm
- Nennmaß der Restwanddicke zwischen Dornloch und Plattenoberfläche: mindestens 10 mm
- Mindestmaß der Restwanddicke zwischen Dornloch und Plattenoberfläche: 7 mm
- Regelmindestabstand von der Plattenecke zur Mitte Dornloch: 50 mm oder entsprechend dem Wert des größten Ausbruchradius gemäß DIN EN 13364. Maßgebend ist der größere Wert.

Bei Unterschreitung des Regelmindestabstands muss ein Nachweis für die zulässige Lastaufnahme erfolgen.

Um Temperaturbewegungen der Platte ausgleichen zu können, sind Gleithülsen aus Polyacetat in die Ankerdornlöcher mittels Klebstoff oder Zementleim eingesetzt.

- Länge Gleithülsen: mindestens 5 mm größer als die Ankerdorneinbindetiefe
- Bewegungsspiel zwischen Ankersteg und Platte mit Gleithülse: mindestens 2 mm

Steckdorne

Der zur Verwendung kommende Steckdorn muss folgende Eigenschaften aufweisen:

- Gewindebolzen M8 bis M12
- Bohrloch zum Einführen des Steckdorns: Durchmesser 5 bis 8 mm
- Dorndurchmesser: 5 bis 8 mm
- Festigkeitsklasse S355 gemäß allgemeiner bauaufsichtlicher Zulassung Z-30.3-6 und gemäß DIN EN 10088-2
- Länge Steckdorn: ergibt sich aus dem Maß der Bohrung und der beidseitigen Einbindung der Platten von jeweils mindestens 25 mm
- Mutter M8 bis M12 gemäß DIN EN ISO 4032

Bohrlochdurchmesser im Naturstein zum Einführen des Steckdorns: 8 bis 10 mm

Bohrlochdurchmesser im Naturstein für Gewindebolzen jeweils maximal 4 mm größer als Durchmesser Gewinde.

Bei Laibungsplatten darf der Randabstand zur Mutterplatte ohne Abminderung auf 40 mm reduziert werden.

Schraubanker

Bei Befestigung mit Schrauben darf der Schraubenkopf bis zur halben Plattendicke versenkt werden. Dabei ist zu beachten, dass die rückseitige Steindicke der vergleichbaren Reststeindicke am Ankerdornloch zuzüglich 5 mm entsprechen muss, mindestens jedoch 15 mm.

- Abstand Bohrlochachse in der Platte zum Rand: mindestens 50 mm
- Traganker: mindestens M10
- Halteanker: mindestens M8
- Festigkeit Schraubanker: mindestens Festigkeitsklasse A4-70 gemäß der Normenreihe DIN EN ISO 3506
- Unterlegscheiben unter Schraubenkopf und auf der Plattenrückseite: EPDM, Shore-A-Härte 40 bis 60 und eine Unterlegscheibe aus nichtrostendem Stahl

Nutlagerung

Zur Lagerung können die Plattenkanten für das Eingreifen von Befestigungsteilen genutet werden.

- Steinrestdicke: mindestens 10 mm auf beiden Seiten
- Profilsteg: mit Profilband aus EPDM
- Nut: 3 mm größer als der eingelassene Profilsteg
- Auflagerlänge Profilsteg: mindestens 20 mm und höchstens 50 mm
- Bewegungsspiel an Profilstegen, die Halteanker sind: mindestens 2 mm

DIN 18516-5 (2021) Außenwandbekleidungen, hinterlüftet – Teil 5: Betonwerkstein; Anforderungen, Bemessung

Anwendungsbereich

DIN 18516-5 (2021) gilt in Verbindung mit DIN 18516-1. Sie regelt die Verwendung von Betonwerkstein mit Nenndicken von mindestens 30 mm für hinterlüftete Außenwandbekleidungen. Statisch beanspruchte Klebungen sind nicht abgedeckt.

Ausbauteile wie z.B. Fenster, Türen, Beleuchtungs- und Werbeanlagen sowie Gerüste u.Ä. dürfen nicht an den Betonwerksteinplatten befestigt werden.

Sowohl für die Betonwerksteinplatten als auch für die Befestigung und Verankerung der Platten muss ein statischer Nachweis geführt werden. Dabei sind ggf. die Zusatzlasten aus Teil 1 der Normenreihe und das Teilsicherheitskonzept nach Eurocode 0 zu berücksichtigen; im normativen Anhang A der Norm ist eine verkürzte Darstellung des Teilsicherheitskonzepts enthalten.

Werkstoffe

Betonwerksteinplatten

Betonwerksteinplatten für Außenwandbekleidungen werden in der DIN 18500 (2022) geregelt. Für Betonwerksteinplatten mit statisch erforderlicher Bewehrung ist zudem die DIN EN 1992-1-1 inkl. nationaler Anhang zu beachten.

Die erforderliche Plattendicke ist abhängig von der Neigung der Platte gegen die Horizontale:

- Plattendicke mindestens 30 mm bei einem Neigungswinkel > 60°
- Plattendicke mindestens 30 mm oder $l_i/35$ bei einem Neigungswinkel ≤ 60°, maßgebend ist der größere Wert
  $l_i = \alpha_s\, l$ mit l = größte Systemstützweite, α_s Biegeschlankheitsfaktor, 0,6 (beidseitig eingespannt), 1,0 (beidseitig gelenkig), 2,4 (Kragarm)

Befestigung und Verankerung

Für Befestigungen müssen nichtrostende Stähle gemäß DIN EN 10088-3 verwendet werden, die mindestens der Widerstandsgruppe III gemäß allgemeiner bauaufsichtlicher Zulassung Z-30.3-6 entsprechen.

In Platten eingreifende Dorne müssen mindestens der Festigkeitsklasse S355 gemäß Zulassung Z-30.3-6 entsprechen.

Für die eingemörtelten Verankerungen in Beton und Mauerwerk sind zu verwenden:

- Mauermörtel M10 gemäß DIN EN 998-2
- Betoninstandsetzungsmörtel gemäß DIN EN 1504-6
- mineralische Werktrockenmörtel mit Qualitätsüberwachung mit einer charakteristischen Druckfestigkeit von mindestens 20 N/mm², die mindestens die Anforderungen an Mauermörtel M20 DIN EN 998-2 erfüllen

Befestigung von Betonwerksteinplatten

Jedes Bekleidungselement ist einzeln zu befestigen, Ausnahme: Laibungsplatten.

Betonwerksteinplatten sind i.d.R. an vier, mindestens jedoch an drei Punkten zu befestigen. Davon ausgenommen sind Laibungsplatten, die auch an anderen Platten (Mutterplatten) befestigt werden dürfen.

Für die Befestigung der Betonwerksteinplatten dürfen verwendet werden:

- Ankerdorne
- Steckdorne
- Schraubanker
- Nutlagerungen

Die Befestigung darf auch mit anderen Befestigungsmitteln erfolgen, wenn deren Eignung durch die Produktnorm oder eine bauaufsichtliche Zulassung belegt wird, das Bauprodukt muss im Sinne der Landesbauordnungen verwendbar sein.

Für die Befestigung der Laibungsplatten dürfen verwendet werden:

- Steckdorne und Winkelverbindungen

Die Befestigung hat so zu erfolgen, dass keine Zwängung der Platten erfolgt, sodass sie sich durch Temperatur- und Feuchtigkeitseinwirkung zwangfrei verwölben können.

Die Laibungsplatten, der Einfluss der Laibung auf die Mutterplatte sowie die Befestigungs- und Verbindungselemente der Laibung und der Mutterplatte müssen statisch nachgewiesen werden.

Ankerdorne

- Durchmesser Dornloch: ca. 3 mm größer als der Durchmesser der Ankerdorne
- Einbindetiefe Ankerdorne: mindestens 25 mm
- Steindicke zwischen Dornloch und Plattenoberfläche: mindestens 10 mm
- Regelmindestabstand von Plattenecke zur Mitte Dornloch: 50 mm oder entsprechend dem Wert des größten Ausbruchradius gemäß DIN EN 13364. Maßgebend ist der größere Wert.

Bei Unterschreitung des Regelmindestabstands muss ein Nachweis für die zulässige Lastaufnahme erfolgen.

Um Temperaturbewegungen der Platte ausgleichen zu können, sind Gleithülsen aus Polyacetat, in die Ankerdornlöcher mittels Klebstoff oder Zementleim eingesetzt.

- Länge Gleithülsen: mindestens 5 mm größer als die Ankerdorneinbindetiefe
- Bewegungsspiel zwischen Ankersteg und Platte mit Gleithülse: mindestens 2 mm

Steckdorne

Der zur Verwendung kommende Steckdorn muss folgende Eigenschaften aufweisen:

- Gewindebolzen: M8 bis M12
- Bohrloch zum Einführen des Steckdorns: Durchmesser 5 bis 8 mm

- Dorndurchmesser: 5 bis 8 mm
- Festigkeitsklasse S 355 gemäß allgemeiner bauaufsichtlicher Zulassung Z-30.3-6 und gemäß DIN EN 10088-2
- Länge Steckdorn: ergibt sich aus dem Maß der Bohrung und der beidseitigen Einbindung der Platten von jeweils mindestens 25 mm

Bohrlochdurchmesser im Betonwerkstein zum Einführen des Steckdorns: 8 bis 10 mm

Bohrlochdurchmesser im Betonwerkstein für Gewindebolzen jeweils maximal 4 mm größer als Durchmesser Gewinde

- Mutter M8 bis M12 gemäß DIN EN ISO 4032

Schraubanker

Bei Befestigung mit Schrauben darf der Schraubenkopf bis zur halben Plattendicke versenkt werden. Dabei ist zu beachten, dass die rückseitige Steindicke der vergleichbaren Reststeindicke am Ankerdornloch zuzüglich 5 mm entsprechen muss, mindestens jedoch 15 mm.

- Abstand Bohrlochachse in der Platte zum Rand: mindestens 50 mm
- Traganker: mindestens M10
- Halteanker: mindestens M8
- Festigkeit Schraubanker: mindestens Festigkeitsklasse A4-70 gemäß der Normenreihe DIN EN ISO 3506
- Unterlegscheiben unter Schraubenkopf und auf der Plattenrückseite: EPDM, Shore-A-Härte 40 bis 60 und eine Unterlegscheibe aus nichtrostendem Stahl

Nutlagerung

Zur Lagerung können die Plattenkanten für das Eingreifen von Befestigungsteilen genutet werden.

- Steinrestdicke: mindestens 10 mm auf beiden Seiten
- Profilsteg: mit Profilband aus EPDM
- Nut: 3 mm größer als der eingelassene Profilsteg
- Auflagerlänge Profilsteg: mindestens 20 mm und höchstens 50 mm
- Bewegungsspiel an Profilstegen, die Halteanker sind: mindestens 2 mm

Kapitel 2
Statik und Bauphysik

2/1 Statik

Für Fenster und Fassaden ist ein Nachweis der Tragsicherheit (Statik) erforderlich. Auch wenn auf Basis einer Produktnorm mit dem CE-Zeichen Leistungen erklärt werden, muss der Nachweis der Tragsicherheit nach dem Konzept der Teilsicherheitsbeiwerte (zusätzlich) erbracht werden. Selbst wenn es eine brauchbare Systemstatik geben sollte, sind die vielfältigen Randbedingungen (örtliche Lastannahmen, [Unter-]Konstruktion ...) verantwortlich abzustimmen; und die Befestigung von Fenster- oder Fassadenelementen ist ebenfalls verantwortlich nachzuweisen.

Die europäisch harmonisierten Produktnormen haben zum Teil ein anderes Sicherheitsniveau: Die mit CE erklärten Leistungen betreffen eine Gebrauchstauglichkeit („safety in use"), die Tragsicherheit („mechanische Festigkeit und Standsicherheit") ist in nationaler Kompetenz.

Die Tragsicherheit wird auf Basis der Eurocode-Reihe nachgewiesen. Die europäisch einheitlichen Grunddokumente der einzelnen Eurocodes werden jeweils ergänzt durch nationale Anhänge. Zusätzlich gibt es nationale Bemessungsnormen wie beispielsweise DIN 18008 (Glasbau) oder DIN 18516 (hinterlüftete Fassaden). In einigen Produktnormen wird das Konzept in informativen Anhängen stark verkürzt und missverständlich dargestellt, Begriffe werden unsauber bzw. falsch gebraucht. Im Folgenden eine kurze Zusammenfassung für eine richtige Anwendung.

Grundlagen der Tragwerksplanung – Grenzzustände

Die Grundlagen der Tragwerksplanung – und die Statik ist Teil der Tragwerksplanung – sind in Eurocode 0 (DIN 1990 einschließlich nationaler Anhang, kurz: EC 0) geregelt.

Die Nachweise werden in sog. Grenzzuständen geführt. Es wird unterschieden der *Grenzzustand der Tragfähigkeit* (GZT) und der *Grenzzustand der Gebrauchstauglichkeit* (GZG). Einwirkungen (Lasten) erzeugen im Tragwerk Auswirkungen (engl. effects, kurz: E) wie Schnittgrößen, Spannungen, Durchbiegungen etc. Bei linearen Verhältnissen sind Einwirkungen und Auswirkungen proportional, Aussagen und Rechenvorschriften (z.B. zu Kombinationen) für Auswirkungen gelten für Einwirkungen und umgekehrt.

Zum Nachweis der Tragfähigkeit im GZG (engl. Ultimate Limit State = ULS) ist nachzuweisen, dass der Bemessungswert der Einwirkungen E_d den Bemessungswert des Widerstands R_d nicht übersteigt:

$$E_d \leq R_d \text{ oder } \frac{E_d}{R_d} \leq 1$$

Für den Nachweis der Gebrauchstauglichkeit im GZG (engl. Serviceability Limit State = SLS) ist ein vergleichbarer Nachweis gefordert, die Teilsicherheitsbeiwerte und Grenzwerte unterscheiden sich.

$$E_d \leq C_d \text{ oder } \frac{E_d}{C_d} \leq 1$$

E_d im GZT sind üblicherweise Spannungen oder Schnittgrößen, im GZG hingegen Durchbiegungen. Leider gibt es keine unterschiedlichen Buchstaben oder zumindest Indizes, um die jeweiligen E_d dem richtigen Grenzzustand zuordnen zu können.

Die Teilsicherheitsbeiwerte zur Berechnung von E_d sowie die Grenzwerte R_d und C_d unterscheiden sich.

Einwirkungen sind in Eurocode 1 (kurz: EC 1) genormt, die Einwirkungskombinationen in EC 0. Der Widerstand für die Konstruktionen in verschiedenen Bauweisen (Stahl- und Spannbetonbau, Stahlbau, Stahl-Beton-Verbundbau, Holzbau, Mauerwerksbau, Aluminiumbau) ist in den Eurocodes 2 bis 6 und 9 baustoffspezifisch geregelt. Für Glasbau gibt es noch keinen Eurocode, für die Bemessung von Glas gilt DIN 18008.

Auch wenn es (der Themenkomplex Einwirkungen und Statik) in der am Markt erhältlichen Software einfach erscheint, so lassen sich die umfangreichen Normenwerke nicht vollständig in wenigen Bildschirmmasken zusammenfassen. Verantwortlich ist in jedem Fall die anwendende Person – nicht nur bei Eingabefehlern, sondern auch bei Programmfehlern –, insofern sind Wissen über die Hintergründe und abschließend eine Plausibilitätskontrolle unabdingbar.

Für Grundlagen und Details der Statik kann nur auf Studium und Fachliteratur verwiesen werden, hier werden neben dem allgemeinen Nachweiskonzept für Glasbau einige Besonderheiten bei der Bemessung von Fassaden und Fenstern einschließlich Glas im Bauwesen angesprochen.

Einwirkungen und Kombinationen

Kombinationen

Der Bemessungswert der Auswirkungen/Einwirkungen E_d für die Grundkombinationen wird berechnet mit charakteristischen Werten (Index k):

- der ständigen Einwirkungen G_k (z.B. Eigengewicht)
- evtl. Vorspannung P_k (externe Vorspannung, nicht die thermische Vorspannung im Glas, deshalb bei Fassaden äußerst selten und im Folgenden nicht weiter berücksichtigt)
- Leiteinwirkung $Q_{k,1}$ (dominierende veränderliche Einwirkung, z.B. Wind)
- Begleiteinwirkungen $Q_{k,i}$ (z.B. Holmlast, Temperatur, Schnee …)

sowie mit:

- den zugeordneten Teilsicherheitsbeiwerten γ_G, γ_P, γ_{Q1}, γ_{Qi} und
- Kombinationsbeiwerten ψ_0, ψ_1, ψ_2

Wegen unterschiedlicher Kombinationsbeiwerte muss nicht die veränderliche Einwirkung mit dem größten Zahlenwert die Leiteinwirkung sein, hier gilt es, verschiedene Kombinationen zu prüfen.

Für GZT wird als planmäßige (ständige und vorübergehende) Bemessungssituation die Grundkombination angewendet:

$$E_d = E\left\{\begin{array}{l}\sum_{j\geq 1} \gamma_{G,j} \times G_{k,j} + \gamma_P \times P_k + \gamma_{Q,1} \times Q_{k,1} + \\ \sum_{i>1} \left(\gamma_{Q,i} \times \psi_{0,i} \times Q_{k,i}\right)\end{array}\right\}$$

Die Kombinationen für außergewöhnliche Bemessungssituationen und für Erdbeben unterscheiden sich durch reduzierte Teilsicherheitsbeiwerte und Kombinationsbeiwerte, sie werden hier nicht weiter betrachtet.

Für GZG werden drei Einwirkungskombinationen unterschieden:

- charakteristische Kombination (i.d.R. für nicht umkehrbare Auswirkungen am Tragwerk)

$$E_d = E\left\{\sum_{j\geq 1} G_{k,j} + Q_{k,1} + \sum_{i>1} \Psi_{0,1} \times Q_{k,i}\right\}$$

- häufige Kombination (i.d.R. für umkehrbare Auswirkungen am Tragwerk)

$$E_d = E\left\{\sum_{j\geq 1} G_{k,j} + \Psi_{1,1} \times Q_{k,1} + \sum_{i>1} \Psi_{2,i} \times Q_{k,i}\right\}$$

- quasi-ständige Kombination (i.d.R. für Langzeitauswirkungen, z.B. Erscheinungsbild des Bauwerks)

$$E_d = E\left\{\sum_{j\geq 1} G_{k,j} + \Psi_{2,1} \times Q_{k,1} + \sum_{i>1} \Psi_{2,i} \times Q_{k,i}\right\}$$

DIN 18516-3 und -5 verweisen für GZG auf die quasi-ständige Kombination, DIN EN 13830 (2020) gibt Gleichungen wieder für charakteristische und häufige Kombinationen.

In EC 0 sind Zahlen für Teilsicherheitsbeiwerte und Kombinationsbeiwerte enthalten; in der DIN 18008 sind Kombinationsbeiwerte ψ_0 für Einwirkungen aus Klimalasten (0,6), Montagezwängungen (1,0) sowie Holm- und Personenlasten (0,7) zu finden.

Tab. 1: Teilsicherheitsbeiwerte für Strukturversagen nach unterschiedlichen Vorschriften

Vorschrift und Bauteil(klasse)	γ_G		γ_Q	
	ungünstig	günstig	ungünstig	günstig
Eurocode 0 Schadensfolgeklasse CC2[1)]	1,35	1,0	1,50	0
Eurocode 0 Schadensfolgeklasse CC1	1,215	1,0	1,35	0
DIN EN 13830 (2020) Vorhangfassadenstruktur einschließlich der Befestigungen und T-Verbinder	1,15	1,0	1,25	0
DIN EN 13830 (2020) Ausfachungspaneel	1,1	1,0	1,1	0
DIN 18516-3 und -5 (2021)	1,35	1,0	1,50	1,0

[1)] In Deutschland sind alle Tragwerke und Tragwerksteile nach CC2 zu bemessen.

Tab. 2: Kombinationsbeiwerte nach Eurocode 0 und DIN 18008 (Glasbau)

Einwirkungen	ψ_0	ψ_1	ψ_2
Nutzlasten (inkl. Holmlasten) Kategorie A und B Wohn- und Aufenthaltsräume, Büros	0,7	0,5	0,3
Nutzlasten (inkl. Holmlasten) Kategorie C und D und F Versammlungsräume, Verkaufsräume, Verkehrsflächen mit Fahrzeuglast ≤ 30 kN	0,7	0,7	0,6
Nutzlasten (inkl. Holmlasten) Kategorie E Lagerräume	1,0	0,9	0,8
Schnee und Eislasten, Orte bis zu NN + 1.000 m	0,5	0,2	0
Schnee und Eislasten, Orte über NN + 1.000 m	0,7	0,5	0,2
Windlasten	0,6	0,2	0

Tab. 2: Kombinationsbeiwerte nach Eurocode 0 und DIN 18008 (Glasbau) *(Fortsetzung)*

Einwirkungen	ψ_0	ψ_1	ψ_2
Temperatureinwirkungen	0,6	0,5	0
Klimalasten nach DIN 18008	0,6	0,5	0
Holmlasten nach DIN 18008	0,7	0,5	0,3

Allgemeine Einwirkungen

Die charakteristischen Werte der allgemeinen Einwirkungen sind geregelt in Eurocode 1 (EC 1):

- Teil 1-1: Wichten, Eigengewicht und Nutzlasten im Hochbau (Treppen und Glasböden, einschließlich Holmlasten), gemeinsam mit Wichten und Eigengewicht, 52 Seiten
- Teil 1-3: Schneelasten, 46 Seiten
- Teil 1-4: Windlasten, 142 Seiten

Die angegebenen Seitenzahlen beziehen sich auf die besser lesbare, konsolidierte Fassung (Originaltext und nationale Besonderheiten zusammengeführt). Eine verkürzte Darstellung in Tabellenwerken reicht häufig aus, gleichwohl empfiehlt sich zumindest einmalig die (ggf. selektive) Lektüre des gesamten Normentexts – auch um sich der Beschränkungen und Grenzen von zusammengefassten Werken bewusst zu sein.

Besonderheiten für die Bemessung von Fassadenelementen oder Glasbauteilen betreffen den Ansatz der Windlasten. Die Windeinwirkung ist vereinfacht zu ermitteln aus $w = c_p \times q$. Dabei ist der Böengeschwindigkeitsdruck q abhängig von Windzone und Höhe über NN, Geländekategorie (Topografie) und Höhe über Gelände. Der aerodynamische Beiwert c_p ist abhängig von der Gebäudeform, -geometrie und Position im Gebäude, zu unterscheiden ist abhängig von der Größe bzw. Fläche des betrachteten Bauteils c_{p10} (für Bauteile von mindestens 10 m²) oder c_{p1} (für Bauteile von 1 m² Fläche), Zwischenwerte dürfen interpoliert werden. Dies ist zu beachten, wenn beispielsweise die Windeinwirkungen für die globale Berechnung eines Gebäudes (d.h. unter Verwendung von c_{p10}) für die Dimensionierung von kleineren Bauteilen wie Fenstern verwendet werden sollen – hier ist eine Korrektur (zu größeren Werten!) nötig.

Spezifische Einwirkungen für Fassaden: Temperatur

Als Gebäudehülle gehören Fassaden im Hochbau zu den Bauelementen, die den stärksten Temperaturänderungen ausgesetzt sind. Temperaturen der Außenflächen von –20 °C bis zu 80 °C sind nicht außergewöhnlich.

Feste Körper dehnen sich bei Erwärmung in alle drei Richtungen aus, bei Stäben und Drähten wirkt sich die Ausdehnung vor allem in der Länge aus, flächige Bleche in der Länge und Breite. Die Längenänderung wird nach folgender Formel berechnet:

$\Delta L = L_0 \times \alpha_T \times \Delta T$

Dabei sind:

L_0 Ausgangslänge [m]
α_T Längenausdehnungskoeffizient [K^{-1}]
ΔT Temperaturänderung [K]
ΔL Längenänderung [m]

Tab. 3: Längenausdehnungskoeffizient α_T [K^{-1}] für verschiedene Baustoffe

Baustoff	α_T 10^{-6} [K^{-1}]
Stahl	11–12
nichtrostender Stahl „Edelstahl" Z 30.3-6	10–17
Kupfer	17
Messing	18
Aluminium	23–24
Titanzink	22
Zink	30
Kalk-Natron-Silicatglas DIN EN 572-1	9
Borosilicatglas DIN EN 1748-1-1	3,1–6
Beton	10–12

Tab. 3: Längenausdehnungskoeffizient α_T [K^{-1}] für verschiedene Baustoffe *(Fortsetzung)*

Baustoff	α_T 10^{-6} [K^{-1}]
Holz parallel Faser	4–9
Holz senkrecht Faser	25–60
Polystyrol	60–80
Polyvinylchlorid	150–200

Die Maßänderung infolge Änderung der Bauteiltemperatur ist nicht zu verhindern. Ausreichende Bewegungsmöglichkeiten erlauben Konstruktionselementen, sich zu verformen. Dazu sind nachgiebige oder verschiebliche Lagerungen sowie zugeordnet Fugen vorzusehen. Eine Lagerung mit Festpunkt und Lospunkten (in der Bauteilebene) kann unterschiedlich ausgeführt werden, insbesondere bei langen Bauteilen spielt es eine Rolle, ob der Festpunkt oben, unten oder in der Mitte ist. Beispiele für unterschiedliche Verformungen bei unterschiedlicher Anordnung des Festpunkts sind in Bild 1 gezeigt.

Bei der Planung der Bewegungsmöglichkeiten sind zusätzlich eventuelle Fertigungstoleranzen zu berücksichtigen. Die thermischen Bewegungen müssen dauerhaft ermöglicht werden – und nicht eines Tages beispielsweise durch Korrosion behindert werden.

Zusätzlich zum Effekt der gleichmäßigen Maßänderung kann ein Temperaturgefälle über die Bauteildicke eine Verkrümmung der Profile hervorrufen. Insbesondere bei Fenster- und Fassadenprofilen mit thermischer Trennung ist der sog. Bi-Metall-Effekt zu beobachten: Die äußere (gerne auch in Anthrazit gestaltete) Schale erwärmt sich, das innere Profil behält Raumtemperatur. Die dadurch hervorgerufene Verkrümmung kann bei gewöhnlichen Randbedingungen einen Stich von bis zu 15 mm aufweisen. Dadurch öffnen sich Spalte von anschließenden Trennwänden, oder ein Sonnenschutz lässt sich nicht mehr bewegen.

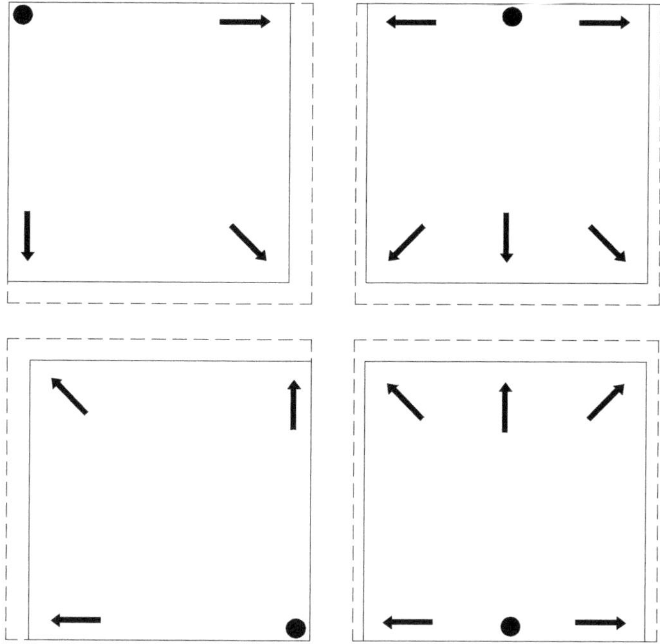

Bild 1: Verformungen für hängende (oben) oder aufgestellte (unten) Montage

Spezifische Einwirkungen für Glas: Klimalasten

Die Funktionsweise des Mehrscheibenisolierglases (MIG) beruht u.a. darauf, dass das Luftvolumen im Scheibenzwischenraum zwischen den Glasscheiben abgeschlossen ist. Damit hängen unmittelbar zwei Effekte zusammen:

- Kisseneffekt: Belastungen auf eine Glasscheibe werden durch das Luftkissen auch auf die andere(n) Glasscheiben übertragen, d.h., auch nicht unmittelbar belastete Glasscheiben werden mittelbar belastet.
- Klimalasten: Druckdifferenzen zwischen Scheibenzwischenraum und Umgebung, hervorgerufen durch:

  Δp_{geo}: Änderungen des geodätisch bedingten Luftdrucks (unterschiedliche Höhenlage zwischen Herstellort und Einbauort), zu berechnen mit den beiden Grenzwerten +600 m (Sommer) und –300 m (Winter), ggf. größere Ortshöhendifferenzen sind anzusetzen, nachweislich bekannte geringere Werte dürfen angesetzt werden: $\Delta p_{geo} = 0{,}012\ \text{kN/m}^2\ \Delta H$

  Δp_{met}: Änderung des meteorologisch bedingten Luftdrucks (Wetter), anzusetzen sind die beiden Grenzwerte –2 kN/m² (Sommer) und +4 kN/m² (Winter).

  Δp_T: Änderungen der Temperatur im SZR, zu berechnen mit den beiden Grenzwerten +20 K (Sommer) und –25 K (Winter), nachweislich abweichende Temperaturen dürfen angesetzt werden. Eine größere Absorption als in der Normverglasung (die Ende der 1990er-Jahre definiert wurde) ist durch entsprechende Zuschläge von 9 K bis 35 K für den Sommerfall zu berücksichtigen. Geringere Temperaturen bei unbeheizten Gebäuden ergeben für den Winterfall $\Delta T_{add} = -12$ K. $\Delta p_T = 0{,}34\ \text{kN/(K·m}^2)\ \Delta T$

Durch Verformung der Glasscheiben wird der isochor angesetzte Druck abgebaut. Je weicher sich die Glasscheiben des MIG verhalten, desto mehr Verformungen sind möglich, und desto kleiner ist die Spannung infolge Klimalast. Für den Nachweis von MIG ist also nicht das größte Format maßgebend, sondern oft das kleinste Format; genauer das mit einer Kantenlänge entsprechend der charakteristischen Kantenlänge – je nach Glasaufbau ergeben sich meist 250 mm bis 700 mm. Das heißt, ein MIG mit B × H = 500 mm × 2.500 mm ist hinsichtlich Klimalasten erheblich kritischer als ein MIG mit B × H = 2.000 mm × 2.000 mm. MIG sind ein Anwendungsfall, bei dem der Grenzfall „voller Verbund" von VSG maßgebend werden kann: Die Scheiben verhalten sich steifer, dementsprechend treten größere Klimalasten auf und eine Umverteilung unter den Gläsern.

Wird ein MIG infolge Klimalasten überlastet, kommt es zum Glasbruch. Solche klimalastinduzierten Glasbrüche sind gutmütig: Es kommt zu einem bogenförmigen Riss in einer Glasscheibe, die Klimalasten sind dadurch abgebaut (es gibt kein eingeschlossenes Luftvolumen mehr), und die wenigen großen Bruchstücke werden durch den Randverbund gehalten. Deshalb gibt es in der DIN 18008-2 in der neuen Fassung von 2020 die Erlaubnis, solche MIG mit geringerer Schadensfolge mit reduziertem Teilsicherheitsbeiwert von 1,0 für Klimalasten nachzuweisen. Von einer hinreichend geringen Schadensfolge darf nach der Norm mit folgenden Randbedingungen ausgegangen werden:

- MIG bis 0,4 m²
- MIG bis 2 m² mit folgenden Gläsern:
  - Einfachglas von minimal 4 mm Dicke
  - Einfachglas aus TVG oder ESG von minimal 3 mm Dicke
  - VSG aus minimal 2 mm je Glasscheibe
  - Einfachglas aus TVG oder ESG von minimal 2 mm Dicke im SZR von Dreifach-MIG

Bild 2: Verformungen durch Klimalasten werden bei Reflexionen sichtbar

Widerstand

Bemessungswert des Widerstands R_d – Nachweis der Tragfähigkeit

Für den Nachweis des GZT finden sich die Gleichungen für die Berechnung des Widerstands R_d in den jeweiligen baustoffspezifischen Normen, d.h. Eurocode 2 (Stahlbeton), 3 (Stahl), 4 (Verbundbau), 5 (Holz), 6 (Mauerwerk), 9 (Aluminium) und DIN 18008 (Glas, zukünftig EC 10). Des Weiteren gibt es spezielle Regelungen wie beispielsweise „Richtlinie für den Nachweis der Standsicherheit von Metall-Kunststoff-Verbundprofilen" – für Fassadenprofile mit thermischer Trennung der Standardfall. Hinsichtlich der im Fassadenbau häufig angewandten Verbindungsmittel ist festzustellen, dass diese häufig außerhalb der Eurocodes liegen, die Nachweise sind im Einzelfall oder mithilfe anderer bauaufsichtlicher Nachweisformate zu führen.

Bemessungswert des Widerstands C_d – Nachweis der Gebrauchstauglichkeit

Die Nachweise für GZG werden üblicherweise mit Verformungen/Durchbiegungen geführt. Sie hängen von der jeweiligen Anwendung ab und finden sich häufig in Anwendungs- und Produktnormen (vgl. auch Kapitel 1/3).

In DIN EN 13830 sind für Vorhangfassaden beispielsweise Grenzen für Durchbiegungen von Riegelprofilen angegeben. Die DIN 18008 definiert Grenzen für Durchbiegungen von Gläsern.

Daneben können weitere Beschränkungen existieren, beispielsweise für Dichtigkeit des Randverbunds von Mehrscheibenisolierglas gibt es Vorgaben von Herstellern.

2/2 Wärmeschutz

Einführung

Der Wärmeschutz und die Energieeinsparung im Hochbau umfassen alle Maßnahmen, die die Wärmeübertragung durch die Umfassungsflächen des Gebäudes verringern. Es sind dabei folgende Normenwerke wesentlich:

- DIN 4108 Wärmeschutz und Energieeinsparung in Gebäuden
- GEG – Gesetz zur Vereinheitlichung des Energieeinsparrechts für Gebäude
- DIN V 18599 Energetische Bewertung von Gebäuden – Berechnung des Nutz-, End- und Primärenergiebedarfs für Heizung, Kühlung, Lüftung, Trinkwarmwasser und Beleuchtung
- DIN 4701 Regeln für die Berechnung des Wärmebedarfs von Gebäuden
- DIN EN ISO 13790 Energieeffizienz von Gebäuden – Berechnung des Energiebedarfs für Heizung und Kühlung
- DIN EN ISO 6946 Bauteile – Wärmedurchlasswiderstand und Wärmedurchgangskoeffizient – Berechnungsverfahren

Anforderungen

Die *DIN 4108* legt die Mindestanforderungen an

- den Wärmeschutz flächiger Bauteile,
- die Luftdichtheit der Bauteile,
- den sommerlichen Wärmeschutz,
- den Wärmeschutz im Bereich von Wärmebrücken

fest. Der Mindestwärmeschutz nach DIN 4108 muss an jeder Stelle vorhanden sein.

Tab. 1: Mindestwerte für Wärmedurchlasswiderstände von Außenwänden, die Aufenthaltsräume gegen die Außenluft abgrenzen [nach DIN 4108-2, exemplarisch] (homogen geschichtete Bauteile mit m ≥ 100 kg/m²)

Bauteil	Wärmedurchlasswiderstand R[1)] [m²K/W]
Wände beheizter Räume	
gegen Außenluft, Erdreich, Tiefgaragen, nicht beheizte Räume (auch nicht beheizte Dachräume oder nicht beheizte Kellerräume außerhalb der wärmeübertragenden Umfassungsfläche)	1,20[2)]
Bauteile an Treppenräumen	
Wände zwischen beheiztem Raum und direkt beheiztem Treppenraum, Wände zwischen beheiztem Raum und indirekt beheiztem Treppenraum, sofern die anderen Bauteile des Treppenraums die Anforderungen an die Mindestwerte nach DIN 4108-2 erfüllen	0,07
Wände zwischen beheiztem Raum und indirekt beheiztem Treppenraum, wenn nicht alle Bauteile die Mindestanforderungen an den Wärmedurchlasswiderstand nach DIN 4108-2 erfüllen	0,25
Bauteile zwischen beheizten Räumen	
Wohnungs- und Gebäudetrennwände zwischen beheizten Räumen	0,07

1) bei erdberührten Bauteilen: konstruktiver Wärmedurchlasswiderstand
2) bei niedrig beheizten Räumen 0,55 m²K/W

Tab. 2: Mindestwerte für Wärmedurchlasswiderstände leichter Bauteile, Rahmen- und Skelettbauten [nach DIN 4108-2]

Bauteil	Mindestwert des Wärmedurchlasswiderstands R [m²K/W]
thermisch homogene Bauteile	
homogen m < 100 kg/m²	R ≥ 1,75
thermisch inhomogene Bauteile	
Gefachbereich	R_G ≥ 1,75
Mittelwert	R_m ≥ 1,00
Rollladenkästen	
Mittelwert	R_m ≥ 1,00
im Bereich des Deckels	R ≥ 0,55
transparente und teiltransparente Bauteile	
Mittelwert Rahmen U ≤ 2,9 W/(m²K) transparente Teile mind. Isolierglas oder zwei Glasscheiben (z.B. Verbund- oder Kastenfenster)	R ≥ 1,20

Der Wärmedurchlasswiderstand R eines homogen geschichteten Bauteils ergibt sich aus der Summe der Widerstände der Einzelschichten. Der Wärmedurchgangswiderstand R_T ermittelt sich aus dem Wärmedurchlasswiderstand R des Bauteils und den Wärmeübergangswiderständen an den Bauteiloberflächen. Die Wärmeübergangswiderstände R_{si} und R_{se} berücksichtigen die Wärmeübertragung im Bereich der inneren und äußeren Bauteiloberflächen. Sie variieren in Abhängigkeit von der jeweiligen Berechnung. R_T gibt den Wärmedurchlasswiderstand eines Bauteils unter Berücksichtigung seiner Einbausituation wieder.

$$R_T = R_{si} + \sum_{i=1}^{n} R_i + R_{se}$$

Tab. 3: Innere und äußere Wärmeübergangswiderstände R_{si} und R_{se} ebener Bauteile

Anwendungsbereich	R_{si} [m²K/W]	R_{se} [m²K/W]
Wärmeschutzberechnungen nach DIN EN ISO 6946		
Wärmestrom aufwärts	0,10	0,04
Wärmestrom horizontal	0,13	
Wärmestrom abwärts	0,17	
Tauwasserberechnung nach DIN 4108-3		
Wärmestrom aufwärts	0,13	0,04 0,08 für Bauteile mit stark belüfteten Luftschichten
Wärmestrom horizontal	0,13	
Wärmestrom abwärts	0,17	
an belüftete Luftschicht Wärmestrom aufwärts	0,08	s.o.
an belüftete Luftschicht Wärmestrom horizontal		
an belüftete Luftschicht Wärmestrom abwärts		
gegen das Erdreich Wärmestrom aufwärts	s.o.	0
gegen das Erdreich Wärmestrom horizontal		
gegen das Erdreich Wärmestrom abwärts		
Wärmebrückenberechnung nach DIN 4108-2		
beheizte Räume	0,25	0,04
unbeheizte Räume	0,17	0,04

Mit dem GEG werden die bisher parallel laufenden Regelungen zusammengeführt:

- Energieeinsparungsgesetz EnEG
- Erneuerbare-Energien-Wärmegesetz EEWärmeG
- Energieeinsparverordnung EnEV

Tab. 4: Anforderungen an Bauteile/das System gemäß Ausführung des Referenzgebäudes für Neubauten

Wohngebäude		
Außenwand gegen Außenluft	Wärmedurchgangskoeffizient	U = 0,28 W/(m²K)
Außenwand gegen Erdreich	Wärmedurchgangskoeffizient	U = 0,35 W/(m²K)
Bauteile	Wärmebrückenzuschlag	ΔU_{WB} = 0,05 W/(m²K)
Nichtwohngebäude, Raum-Solltemperaturen im Heizfall > 19 °C		
Außenwand gegen Außenluft	Wärmedurchgangskoeffizient	U = 0,28 W/(m²K)
Vorhangfassade	Wärmedurchgangskoeffizient	U_W = 1,40 W/(m²K)
	Gesamtenergiedurchlassgrad der Verglasung	$g_\perp$ = 0,48
	Lichttransmissionsgrad der Verglasung	T_{D65} = 0,72
Außenwand gegen Erdreich	Wärmedurchgangskoeffizient	U = 0,35 W/(m²K)
Bauteile	Wärmebrückenzuschlag	ΔU_{WB} = 0,05 W/(m²K)
Nichtwohngebäude, Raum-Solltemperaturen im Heizfall von 12 bis 19 °C		
Außenwand gegen Außenluft	Wärmedurchgangskoeffizient	U = 0,35 W/(m²K)
Vorhangfassade	Wärmedurchgangskoeffizient	U_W = 1,90 W/(m²K)
	Gesamtenergiedurchlassgrad der Verglasung	$g_\perp$ = 0,60
	Lichttransmissionsgrad der Verglasung	T_{D65} = 0,78
Außenwand gegen Erdreich	Wärmedurchgangskoeffizient	U = 0,35 W/(m²K)
Bauteile	Wärmebrückenzuschlag	ΔU_{WB} = 0,10 W/(m²K)

Das GEG ist in 9 Teile gegliedert. Es unterscheidet die Anforderungen an Gebäude grundsätzlich nach:

- zu errichtende Gebäude (Teil 2)
  - Wohngebäude (Anlage 1)
  - Nichtwohngebäude (Anlage 2)
- bestehende Gebäude (Teil 3 und Anlage 7)

Neben den Anforderungen an die einzelnen Bauteile der Gebäudehülle werden auch Dichtheit und Mindestluftwechsel von Gebäuden, Mindestwärmeschutz und Wärmebrücken beschrieben und Anforderungen an den Jahres-Primärenergiebedarf und den spezifischen Transmissionswärmeverlust gestellt.

Bezüglich der Höchstwerte der Wärmedurchgangskoeffizienten für die wärmeübertragende Umfassungsfläche eines zu errichtenden Nichtwohngebäudes werden nachfolgend aufgeführte Mindestanforderungen gestellt.

Tab. 5: Höchstwerte der Wärmedurchgangskoeffizienten der wärmeübertragenden Umfassungsfläche von Nichtwohngebäuden

Bauteil	**Höchstwerte des Mittelwerts des Wärmedurchgangskoeffizienten U [W/(m²K)]**	
	Raum-Solltemperaturen im Heizfall ≥ 19 °C	**Raum-Solltemperaturen im Heizfall 12 bis < 19 °C**
opake Außenbauteile	0,28	0,50
transparente Außenbauteile	1,50	2,80

Für Baudenkmäler oder Altbauten mit besonders erhaltenswerter Bausubstanz können Ausnahmen (§ 105 GEG) gelten, wenn die Erfüllung des GEG die Substanz oder auch das Erscheinungsbild beeinträchtigen oder andere Maßnahmen zu einem unverhältnismäßig hohen Aufwand führen. Befreiungen sind bei den zuständigen Behörden (Landesrecht) zu beantragen.

Wärmebrücken und Luftdichtheit

Die zu errichtenden Gebäude sind so auszuführen, dass der Einfluss der konstruktiven Wärmebrücken auf den Jahres-Heizenergiebedarf nach den anerkannten Regeln der Technik und den im jeweiligen Einzelfall wirtschaftlich vertretbaren Mitteln so gering wie möglich gehalten wird.

Im Bereich von Wärmebrücken können deutlich niedrigere Oberflächentemperaturen als im Regelbereich auftreten. Um Schimmelpilzbildung in Wohnräumen mit üblicher Nutzung auszuschließen, muss mit Ausnahme von Fenstern und Fensterfassaden an der ungünstigsten Stelle ein Temperaturfaktor von $f_{Rsi} \geq 0{,}70$, d.h. eine raumseitige Oberflächentemperatur von ≥ 12,6 °C eingehalten werden. Eine nutzungsgerechte Heizung und Lüftung sind sicherzustellen.

In unseren Breitengraden ist einer wärmeverlustminimierten Bauweise der Vorzug vor einer solargewinnmaximierten Bauweise zu geben. Das bedeutet, dass besonders die Dämmeigenschaften der Gebäudehülle interessant sind. Gleichzeitig ergibt sich damit eine hohe thermische Behaglichkeit durch erhöhte Innenoberflächentemperaturen. Die wichtigste Kenngröße ist der Wärmedurchgangskoeffizient U [W/(m²K)]. Er ist ein Maß für den Wärmedurchgang. Er gibt den Wärmestrom an, also wie viel Wärmeenergie pro Grad Temperaturdifferenz durch 1 m² Bauteilfläche zwischen Innen- und Außenoberfläche abfließt. In Kombination mit den jeweiligen Bauteilflächen bestimmt dies den Transmissionswärmeverlust des Gebäudes.

Wärmebrücken sind dabei zusätzlich zu berücksichtigen, da durch sie zusätzliche Wärmeverluste entstehen. Es gibt geometrische und konstruktive Wärmebrücken. Zu den geometrischen Wärmebrücken gehören z.B. Gebäudeecken. Konstruktive Wärmebrücken entstehen durch Unterbrechung oder Schwächung der Wärmedämmung.

Werden die Wärmebrückeneffekte im Einzelnen nachgewiesen, müssen nach DIN 4108-6 mindestens folgende Details rechnerisch berücksichtigt werden:

- Gebäudekanten
- Fenster- und Türanschlüsse (umlaufend)
- Wand- und Deckeneinbindungen
- Deckenauflager
- wärmetechnisch entkoppelte Balkonplatten

Die zusätzlichen Wärmedurchgangskoeffizienten lassen sich aus dem längenbezogenen Wärmebrückenverlustkoeffizienten nach folgender Formel errechnen:

$$\Delta U_{WB} = \sum \frac{(l \times \Psi_e)}{A} \quad [W/(m^2K)]$$

Dabei sind:

Ψe längenbezogener Wärmebrückenverlustkoeffizient der Wärmebrücke [W/(mK)]
l Länge der Wärmebrücke [m]
A wärmetauschende Hüllfläche [m²]

Die Wärmeverluste von Wärmebrücken werden mithilfe von Wärmebrückenverlustkoeffizienten (Ψ-Werte) beschrieben, welche als Korrekturfaktoren bezogen auf die zugrunde liegende Konstruktion zu sehen sind. Der Einfluss der Wärmebrücken ist bei der Ermittlung des Jahres-Primärenergiebedarfs je nach verwendetem Berechnungsverfahren zu berücksichtigen. DIN 4108 Beiblatt 2 beinhaltet Musterlösungen für gängige Wärmebrücken.

monolithisches Mauerwerk, ψ ≤ 0,07 W/(mK)

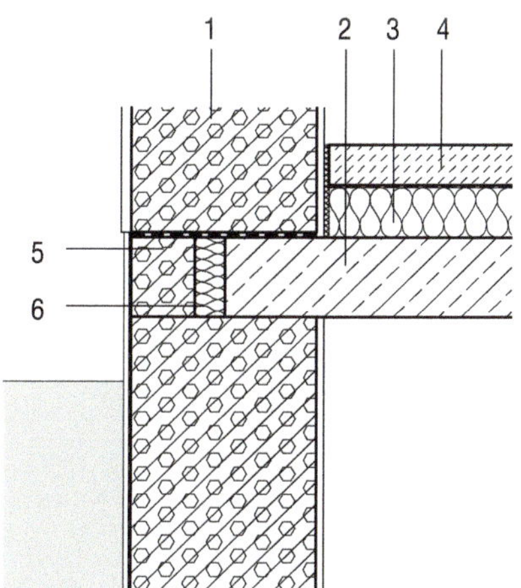

1 Mauerwerk, d = 240-375 mm, λ ≤ 0,21 W/(mK)
2 Deckenplatte aus Stahlbeton, λ = 2,3 W/(mK)
3 Fußbodendämmung, WLG 040
4 Zementestrich

monolithisches Mauerwerk und Kelleraußenwand aus Stahlbeton, außen gedämmt, ψ ≤ 0,10 W/(mK)

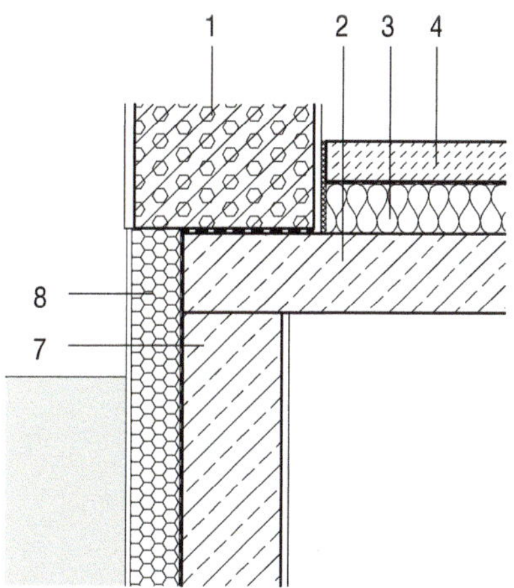

5 Mauerwerk, d ≥ 100 mm, λ ≤ W/(mK)
6 Deckendämmstreifen, d ≥ 50 mm, WLG 040
7 Kelleraußenwand aus Stahlbeton, λ = 2,3 W/(mK)
8 Perimeterdämmung, d = 60-100 mm, WLG 040

Bild 1: Wärmebrückendetail, Decke über beheiztem Keller

Von grundsätzlicher Bedeutung für die Einhaltung von Wärme- und Feuchteschutz ist die Betrachtung der Luftdichtheit der Gebäudehülle. Der Zusammenhang von Luftdichtheit und Heizwärmeverlust, Raumklima, sommerlichem Wärmeschutz sowie der wirksamen Vermeidung von Feuchteschäden durch Konvektion und Feuchteeintrag an Leckagen der äußeren Beplankung wird in den Regelwerken zum Wärmeschutz/Feuchteschutz zu verbindlichen Anforderungen an die Bauplanung und -ausführung zusammengefasst. Die *Luftdichtheit* der Außenhülle eines Gebäudes ist ein Qualitätsmerkmal für thermischen Komfort, guten Schallschutz und nachhaltige Bauqualität. Nicht ausreichend luftdichte Bauteile sind durch konvektiven Feuchteeintrag stark gefährdet. In der DIN 4108-7 sind Planungs- und Ausführungsempfehlungen sowie -beispiele enthalten.

Der Nachweis der Luftdichtheit mittels Blower-Door-Messung, auch bereits nach Rohbaufertigstellung, ist als Mittel der Qualitätssicherung im Holzbau unverzichtbar.

Tab. 6: Klassen derFugendurchlässigkeit von außen liegenden Fenstern, Fenstertüren und Dachfenstern

Anzahl der Vollgeschosse des Gebäudes	Klassen der Fugendurchlässigkeit nach DIN EN 12207-1:2000-06
≤ 2	2
> 2	3

Tab. 7: Maximal zulässige Luftwechselrate für einen Druckunterschied von 50 Pa bei Dichtheitsprüfung (nach DIN EN 13829:2001-02)

Raumlufttechnische Anlagen	Maximal zulässige Luftwechselrate [h^{-1}]
nicht vorhanden	3,0
vorhanden	1,5

Tab. 8: Höchstwerte für den Luftvolumenstrom bei einer Druckdifferenz zwischen innen und außen von 50 Pa

	Luftvolumenstrom [m^3h^{-1}]
Gebäude ohne raumlufttechnische Anlagen	3,0 4,5[1)]
Gebäude mit raumlufttechnischen Anlagen	1,5 2,5[1)]

[1)] Luftvolumenstrom, bezogen auf die Hüllfläche des Gebäudes, abweichend gültig für:
- Wohngebäude (Jahres-Primärenergiebedarf nach DIN V 18599 berechnet) mit einem Luftvolumen > 1.500 m³
- Nichtwohngebäude mit einem Luftvolumen aller konditionierten Zonen nach DIN V 18599-1 von insgesamt > 1.500 m³

Durch undichte Anschlussfugen (z.B. zwischen Ausfachungen und dem Tragwerk) treten infolge Luftaustausch Wärmeverluste auf, die den Jahres-Heizwärmebedarf deutlich erhöhen.

Die Luftdichtheitsschicht ist i.d.R. raumseitig der Dämmebene und wenn möglich auch raumseitig der Tragkonstruktion anzuordnen.

Luftdichte Bahnen aus Kunststoff, Elastomeren, Bitumen oder Papierwerkstoffen dürfen außer durch Befestigungsmittel (z.B. Klammern) nicht perforiert sein.

Als luftdicht gelten Plattenmaterialien wie:

- Gipsfaserplatten, Gipskartonbauplatten, Faserzementplatten
- Bleche
- Holzwerkstoffplatten

Nicht luftdicht sind z.B.:

- Nut-und-Feder-Schalungen, poröse Weichfaserplatten
- Stoßbereiche von Trapezblechen
- Plattenbekleidungen im Bereich von Anschlüssen oder Durchdringungen
- Fugenfüllmaterialien wie z.B. Montageschäume

Dichtungsbänder müssen ausreichend komprimiert sein, um Luftdichtheit zu gewährleisten, Fugendichtungsmassen müssen die baulichen Bewegungen aufnehmen können.

Anschlüsse sind spannungsfrei herzustellen. Anschlüsse von Luftdichtheitsbahnen werden durch Einputzen (z.B. bei Mauerwerk), durch den Einsatz von Latten oder Profilen in Verbindung mit Dichtbändern oder Klebemassen oder nur mit Klebemassen hergestellt.

Gemäß ihrer wasserdampfdiffusionsäquivalenten Luftschichtdicke (s_d) sind als Dampfsperrbahnen geeignet:

- Bitumendampfsperrbahnen
- Dachabdichtungsbahnen aus Bitumen
- Kunststoffdampfsperrbahnen
- Dachabdichtungsbahnen aus Kunststoff
- Verbundfolien

Durch *Diffusion* darf es im Bauteil nicht zu einer schädlichen Tauwasserbildung kommen. Der Nachweis ist entsprechend DIN 4108-3 zu führen.

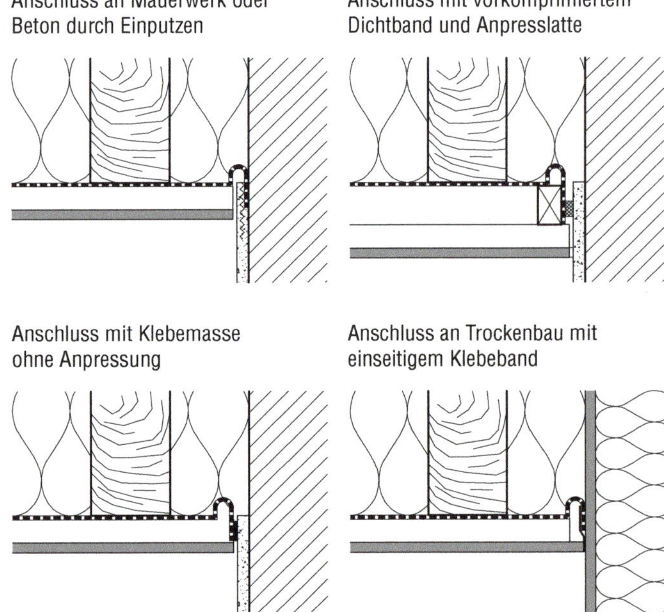

Bild 2: Verschiedene Anschlussmöglichkeiten der Luftdichtheitsschicht

Tab. 9: Zuordnung der s_d-Werte der außen- und raumseitig zur Wärmedämmung liegenden Schichten [1]

Wasserdampfdiffusionsäquivalente Luftschichtdicke s_d [m]	
außen	innen
$s_{d,e}$	$s_{d,i}$
$\leq 0{,}1$	$\geq 1{,}0$
$\leq 0{,}3$	$\geq 2{,}0$
$> 0{,}3$	$s_{d,i} \geq 6\ s_{d,e}$

Sommerlicher Wärmeschutz

Auch im Sommer ist die gut gedämmte Gebäudehülle von Vorteil, da die Innenräume auch bei höheren Außentemperaturen einfacher auf angenehm kühlen Innentemperaturen zu halten sind als schlechter gedämmte Gebäude.

Der Nachweis des sommerlichen Wärmeschutzes soll sicherstellen, dass in den Innenräumen in den Sommermonaten keine unzumutbar hohen Temperaturen entstehen und das Gebäude ohne Kühlmaßnahmen genutzt und betrieben werden kann. Bauliche Maßnahmen können den Wärmeeintrag verringern:

- Verschattung der Fensterflächen
- Zwischenspeicherung von Wärmelasten in speicherfähigen Bauteilen
- adiabatische Kühlung durch kühlende Bauteile (Gründächer, Wasserflächen)

Weitere Maßnahmen, die jedoch in die Gebäudetechnik eingreifen, sind:

- Lüftungsanlage
  - Ermöglichen von intensivem manuellem Lüften über die Fenster, Abschalten der mechanischen Be- und Entlüftungsanlage
  - Lüftung durch die mechanische Be- und Entlüftungsanlage, jedoch ohne Wärmerückgewinnung (Sommerbypass)
  - Lüften durch mechanische Be- und Entlüftungsanlage über Erdreichwärmetauscher, der zur Kühlung der Frischluft eingesetzt wird, und ohne Wärmerückgewinnung
- aktive Maßnahmen der Gebäudekühlung
  - Bauteilaktivierung zur Klimaregulierung
  - Nachtspülung bei Lüftungsanlagen
  - Nachtspülung bei Fensterlüftung

Nach § 14 GEG ist der sommerliche Wärmeschutz ist entsprechend den Forderungen der DIN 4108-2, Abschnitt 8, einzuhalten. Dabei darf die Berechnung auf die Räume beschränkt werden, die nach DIN 4108-2, Abschnitt 8.3, zu den höchsten Anforderungen führen würden.

Tab. 10: Zulässige Werte des grundflächenbezogenen Fensterflächenanteils, unterhalb dessen auf einen sommerlichen Wärmeschutz verzichtet werden kann [nach DIN 4108-2]

Neigung der Fenster gegenüber der Horizontalen	Orientierung[1]	Grundflächenbezogener Fensteranteil f_{WG} [%]
60° bis 90°	Nordwesten über Süden bis Nordosten	10
	alle Nordorientierungen	15
0° bis 60°	alle Orientierungen	7

[1] Sind beim betrachteten Raum mehrere Orientierungen vorhanden, ist der kleinere Wert für f_{WG} bestimmend.

Bei der Berechnung werden entweder die *Sonneneintragswerte* oder die *Übertemperatur-Gradstunden* ermittelt.

Das Verfahren der Ermittlung der Sonneneintragskennwerte ist ein vereinfachtes Verfahren und darf bei Doppelfassaden oder transparenten Wärmedämmungen nicht angewendet werden. Es gelten folgende Formeln:

$$S_{vorh} \leq S_{zul}$$

$$S_{vorh} = \frac{\sum_j A_{w,j} \times g_{tot,j}}{A_G}$$

$$g_{tot} = g \times F_C$$

$$S_{zul} = \sum S_x$$

Dabei sind:

$A_{w,j}$ Fläche des j-ten Fensters [m²]
g Gesamtenergiedurchlassgrad des Glases für senkrechten Strahlungseinfall nach DIN EN 410
g_{tot} Gesamtenergiedurchlassgrad einschließlich Sonnenschutz
A_G die Nettogrundfläche des Raums [m²]
F_C Abminderungsfaktor für Sonnenschutzvorrichtungen nach DIN 4108-2, Tabelle 7
S_x anteiliger Sonneneintragswert nach DIN 4108-2, Tabelle 8

Das sommerliche Außenklima Deutschlands wird in drei Sommerregionen (A, B, C) eingeteilt.

Tab. 11: Bezugswerte der operativen Innentemperatur für die Sommerklimaregionen und Übertemperatur-Gradstunden – Anforderungswerte [nach DIN 4108-2]

Sommerklima-region	Bezugswert $\theta_{b,op}$ der Innen-temperatur [°C]	Anforderungswert Über-temperaturstunden [Kh/a]	
		Wohngebäude	Nichtwohngebäude
A	25	1.200	500
B	26		
C	27		

Die Ermittlung des zulässigen Sonneneintragskennwerts S_{zul} erfolgt nach DIN 4108-2, Abschnitt 8.3.3, in Abhängigkeit von (S_x):

- Nutzung des Gebäudes (Wohn- oder Nichtwohngebäude)
- Bauart (leicht, mittel oder schwer)
- Nachtlüftung (ohne, erhöht oder hohe Nachtlüftung)
- grundflächenbezogener Fensterflächenanteil f_{WG}
- Verwendung von Sonnenschutzglas
- Fensterneigung
- Orientierung
- Einsatz passiver Kühlung

Auf einen Nachweis kann entsprechend DIN 4108-2 verzichtet werden, wenn bei dem kritischen Raum ein grundflächenbezogener Fensteranteil von 35 % nicht überschritten wird und wenn die Fenster in Ost-, Süd- und Westrichtung mit einem außenliegenden Sonnenschutz (Abminderungsfaktor $F_C \leq 0{,}30$ bei Glas mit $g > 0{,}40$ bzw. $F_C \leq 0{,}35$ bei Glas mit $g \leq 0{,}40$) versehen sind.

Wärmeverluste bei Verglasungen

Glas ist ein relativ guter Wärmeleiter. Dies führt dazu, dass ein erhöhter thermischer Widerstand nur durch eine Mehrschichtigkeit erreicht wird.

Wärmeverluste durch Konvektion

Der Wärmeverlust durch Konvektion an der Innenseite einer senkrecht überströmten Platte liegt bei ca. 2 W/(m²K) bis 3 W/(m²K). An der Außenseite hängt der Übergangskoeffizient stark von der Windgeschwindigkeit ab. Für eine ungestörte Fläche lässt sich der konvektive Anteil wie folgt korrelieren:

$h_e = 2{,}8 + 3{,}0 \times v$ [W/(m²K)] mit v [m/s]

Störungen können Vorsprünge wie z.B. an den Rahmenbereichen sein. Sie führen zu lokalen Turbulenzen, was zu einer Reduzierung der Überströmung führt. Dadurch kann es in den Randbereichen zu einer Reduzierung des Wärmeübergangs kommen. Die Scheibe wird hier kälter, und Kondensat kann sich bilden.

Wärmeverluste durch Strahlung

Der Strahlungsanteil an der Außenseite hängt stark von der Wärmestrahlung des Gegenstrahlers ab. Für klaren Himmel lässt sich die Wärmestrahlung über eine fiktive Himmelstemperatur definieren, die sich aus der Umgebungstemperatur errechnen lässt. Für eine Umgebungstemperatur von 0 °C ergäbe sich eine fiktive Himmelstemperatur von –4,4 °C. Dieses Verhältnis zeigt, dass vor allem horizontale Glasflächen, die dem Himmel zugewandt sind, hohe Strahlungsverluste aufweisen.

Für bewölkten Himmel muss eine Mitteltemperatur aus der Himmeltemperatur und der Wolkentemperatur oder der Taupunkttemperatur der Außenluft gebildet werden. Überschlägig ergibt sich ein Wärmestrom für die Strahlung gegen Himmel von ca. 4,8 W/(m²K). Der Wärmestrom ist damit nicht zu vernachlässigen. Verfügt die Verglasung über einen geringen U-Wert (hochgedämmte Verglasungseinheiten), führt dies dazu, dass z.B. bei klaren und kalten Nächten mit zusätzlichem Wind nicht genügend Wärme von innen "nachgeliefert" wird, was zu einer Reif- und Taubildung an der Außenscheibe führt.

Wärmeschutz mit Glas und Einflussfaktoren

Zur Verbesserung der wärmedämmenden Eigenschaften der Verglasung werden zwei oder mehrere Einfachglasscheiben hintereinander gestellt. Dadurch entsteht zwischen den Scheiben eine Luftschicht, die als Dämmpolster wirkt.

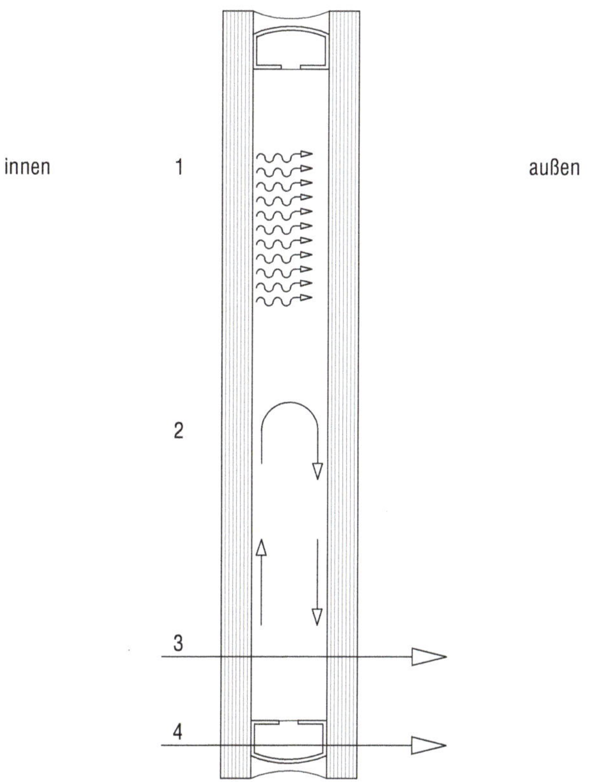

1 Wärmestrahlung = 67 %
2 Konvektion
3 Wärmeleitung über Füllungen
4 Randverbund 2 + 3 + 4 = 33 %

Bild 3: Wärmetransport im Isolierglas

Bild 3 zeigt den Wärmetransport im Glas. Der Wärmestrom teilt sich in den Wärmestrom über Konvektion und Wärmeleitung im Luftspalt und den Wärmestrom über Strahlungsaustausch zwischen den Oberflächen der Scheiben. Der Wärmedurchlasskoeffizient bei Luftschichten ist abhängig vom Abstand der Scheiben zueinander. Das Optimum liegt bei 17 mm. Bei Scheibenabständen von mehr als 50 mm steigt der U-Wert wieder. Der Randverbund der Isolierglaseinheiten stellt eine Wärmebrücke dar.

Eine weitere Reduzierung des Wärmedurchgangs ist im Bereich der Strahlungswärmeverluste möglich. Durch die Einführung einer weiteren Scheibe in Form von Dreifachverglasungen gelingt dies, da die innere Scheibe nicht mehr im direkten Strahlungsaustausch mit der äußeren Scheibe steht. Wegen der reduzierten Wärmeverluste wärmt sich die mittlere Scheibe bei Sonneneinstrahlung sehr stark auf. Daher werden, um einen Bruch infolge Wärmeausdehnung zu vermeiden, thermisch vorgespannte Gläser verwendet.

Durch Oberflächenbeschichtungen können die strahlungsphysikalischen Eigenschaften des Glases weiter verbessert werden. Die Position der Beschichtung ist dabei wesentlich (Bild 4).

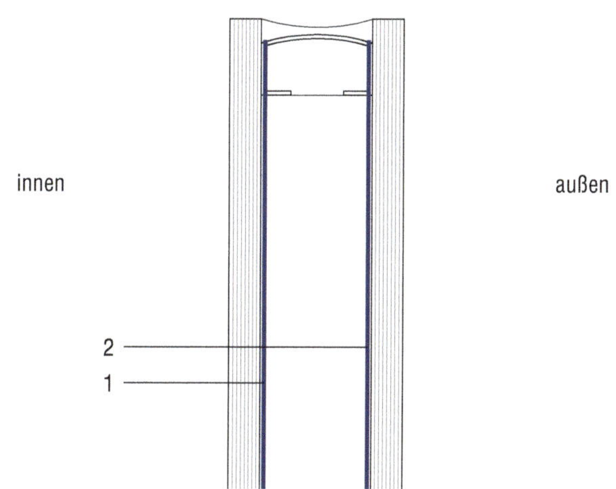

1 Low-E-Beschichtung der Innenscheibe, dem SZR zugewandt
2 Low-E-Beschichtung der Außenscheibe, dem SZR zugewandt

Bild 4: Positionierung der Beschichtung eines Isolierglases

Für einen erhöhten Wärmeschutz und maximale solare Energiegewinne sollte eine IR-reflektierende Beschichtung (low-emissiv) auf der Innenglasscheibe auf der dem SZR zugewandten Seite aufgebracht werden. Der g-Wert vergrößert sich durch die erhöhte Absorption auf der Innenseite. Bei Umkehr der Einbauorientierung, also wenn sich die Beschichtung auf der Außenscheibe auf der dem SZR zugewandten Seite befindet, führt dies zu einer Reduzierung des g-Werts.

Durch die Gasfüllung des Scheibenzwischenraums wird eine Verringerung der Konvektion und der Wärmeleitung erreicht. Hierzu werden schwere Edelgase wir Argon, Krypton, Xenon verwendet. Bei der Auswahl des Füllgases spielen meist wirtschaftliche Überlegungen eine vorwiegende Rolle. Argon erweist sich als kostengünstig, da es aus der Umgebungsluft gewonnen werden kann. Die Gewinnung von Krypton und Xenon ist wesentlich aufwendiger und damit kostenintensiver.

Bei einer Vakuumverglasung wird die Wärmeleitung durch Konvektion vollständig unterdrückt. Allerdings liegen die Scheiben bei geringem Innenunterdruck in der Isolierverglasung schon aneinander. Werden die Verformungen zu groß, können die Scheiben auch brechen. Daher sind Stützmaßnahmen notwendig. Es können punktuelle Abstandshalter verwendet werden, die aber wiederum zu punktuellen Wärmebrücken führen. Oder die notwendige Abstützung erfolgt durch eine großflächige Abstützung in Form eines transluzenten, druckfesten Materials, das evakuierbar ist. Absolut wichtig ist die vollständige Dichtigkeit des Randverbunds, der hier durch Glas oder Glaslot hergestellt wird. Diese Art des Randverbunds sorgt wiederum für hohe Wärmebrückenverluste. Bei Vakuumglas handelt es sich um ein ungeregeltes Bauprodukt, für welches Größenbegrenzungen existieren.

Die Konvektion kann über die Wahl des Füllgases durch die Verwendung von mechanischen Konvektionsbarrieren weiter reduziert werden. Man unterscheidet vier Gruppen nach paralleler und senkrechter Abtrennung, kammerartigen Systemen und annähernd homogenen Füllstoffen. Ihr Vorteil gegenüber einer Drei- oder Vierfachverglasung besteht in ihrem reduzierten Gewicht. Auch die Problematik der Übertemperaturen der mittleren Scheibe entsteht nicht. Die Paketdicke ist auch geringer.

Der Randverbund der Isolierglaseinheit ist statisch bedingt als Abstützung notwendig, stellt aber eine Wärmebrücke dar. Je nach Größe der Verglasung ist der Einfluss unterschiedlich. Je größer die Glasfläche wird, umso geringer ist der Einfluss des Randverbunds auf den Gesamtenergiedurchlassgrad. Neue Abstandhalter sind thermisch getrennt und bestehen aus einem thermoplastischen Material mit eingelagertem Trockenmittel. Durch sie wird die Wärmedämmung im Randverbund erhöht – „warm edge“ oder warme Kante. Der Randverbund kann so auch UV-beständig und gasdicht hergestellt werden.

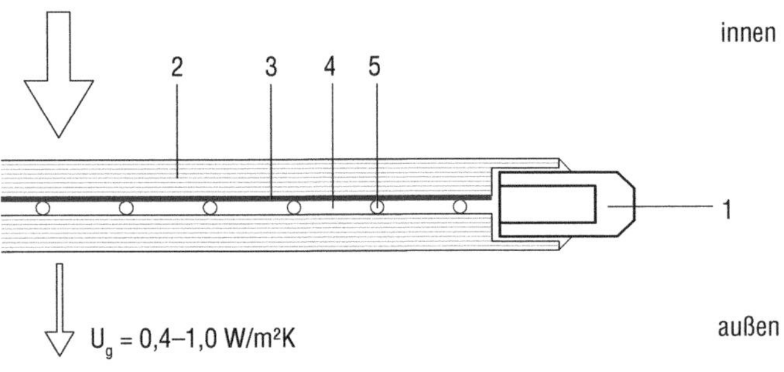

1 vakuumdichter Randverbund
2 Glas, z.B. ESG
3 Low-E-Beschichtung
4 evakuierter Scheibenzwischenraum
5 Distanzhalter

Bild 5: Prinzipdarstellung eines Vakuumglases

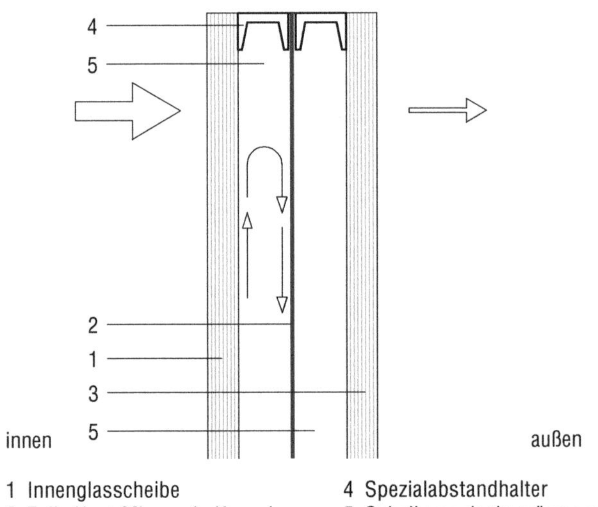

1 Innenglasscheibe
2 Folie Heat-Mirror als Konvektionsbarriere
3 Außenscheiben
4 Spezialabstandhalter
5 Scheibenzwischenräume voneinander getrennt

Bild 6: Prinzipdarstellung eines Heat-Mirror-Glases

Der Glasrandbereich und der Rahmen eines Fensters beeinflussen sich thermisch gegenseitig. Grundsätzlich verschlechtern Randverbund und Rahmen einer Wärmeschutzverglasung deren dämmtechnische Eigenschaften. Gleichzeitig können durch den Randverbund und den Rahmen keine Energiegewinne erzielt werden. Je nach Art des Rahmens, der Glasfalztiefe bzw. Eintauchtiefe des Glasrands wird der Wärmestrom durch den Randverbund abgedämpft oder verstärkt. Vereinfacht lässt sich sagen, dass die Verschlechterung des Fensters sich bei zunehmender Überlappung des Randverbunds durch den Rahmen reduziert. Bei Verglasungen mit einem sehr niedrigen U_g-Wert von 0,7 W/(m²K) bis 0,4 W/(m²K) verstärkt sich der Rahmeneffekt deutlich. Daher werden bei diesen zusätzlich im tiefen Glasfalz Dämmstreifen über dem Randverbund eingesetzt.

Aus energetischen Aspekten ist es daher sinnvoller, wenige große Verglasungen zu verwenden als viele kleine Verglasungen. Dadurch verringert sich der Rahmenanteil, und die Wärmeverluste werden reduziert. Die Rahmen für Festverglasungen haben meist eine geringere Breite, sodass auch die Anzahl der öffenbaren Flügel abzuwägen ist. Auch Luftundichtigkeiten durch Winddruck spielen eine Rolle.

Kondensation

Kondensat auf der Rauminnenseite

Tauwasser schlägt sich nieder, wenn die Oberflächentemperatur niedriger ist als die Taupunkttemperatur. Dies geschieht besonders häufig, wenn feuchte warme Raumluft auf kalte Oberflächen trifft. Die Taupunkttemperatur wird durch die relative Luftfeuchte beeinflusst. Der Taupunkt beschreibt die Temperatur bei einer bestimmten Luftfeuchtigkeit, die bei konstantem Druck unterschritten werden muss, damit sich Wasserdampf als Tau abscheiden kann. Mit dem Taupunkt kann die absolute Luftfeuchtigkeit bestimmt werden. Vereinfacht kann festgehalten werden, dass mit steigender Temperatur auch mehr Wasser in Form von Wasserdampf in der Raumluft aufgenommen werden kann. Schlussfolgernd daraus steigt der Taupunkt bei zunehmender relativer Luftfeuchte und konstanter Raumtemperatur. Bei einer Raumlufttemperatur von 20 °C und einer relativen Luftfeuchte von 50 % liegt der Taupunkt bei 9,3 °C, bei einer relativen Luftfeuchte von 80 % bereits bei 16,5 °C.

Welche Oberflächentemperaturen an der Scheibe anliegen, hängt vom Dämmwert der Verglasungseinheit ab. Die innere Scheibe wird sich der Raumtemperatur annähern, die äußere der Außentemperatur. Die Luftführung an der Scheibe und an den Scheibenrändern spielt ebenfalls eine Rolle. Der Randverbund und die Überdeckung des Rahmens oder der Deckleiste beeinflussen den U-Wert.

Kondensat auf der Außenseite

Durch die guten Dämmeigenschaften heutiger Isolierverglasungen kommt es bei großen Temperaturdifferenzen zwischen Außenluft und Innenluft auch zu großen Unterschieden der Oberflächentemperaturen der äußeren und inneren Scheibe. Aufgrund der Eigentemperaturen findet zwar immer ein Wärmeaustausch durch Strahlung statt. Bei hohen Luftfeuchtigkeiten außen in Verbindung mit niedrigen Temperaturen kann es aber dennoch zur Unterschreitung der Taupunkttemperatur und damit zur Kondensatbildung an der Außenscheibe kommen. Dies zeigt sich in Form von Reif- oder Taubildung und ist ein Zeichen guter Wärmedämmung der Verglasung. Diese Effekte sind besonders häufig bei Dachfenstern oder Dachverglasungen mit hochwertigen Wärmeschutzverglasungen zu beobachten, da hier die Wärmestrahlung Richtung Himmel/Weltall besonders groß ist. Versuche mit einer Low-E-Beschichtung auf der Außenseite der äußeren Scheibe haben zu guten Ergebnissen geführt. Die Beschichtung sorgt dafür, dass sich die Oberflächentemperatur der Außenscheibe eher im Bereich der Außenlufttemperatur bewegt als darunter (zum Vergleich: die fiktive Himmelstemperatur liegt bei –4,4 °C).

2/3 Brandschutz

Einführung

Die Anforderungen des Brandschutzes ergeben sich grundlegend aus den entsprechenden Bestimmungen der Bundesländer, den Landesbauordnungen. Die Musterbauordnung ist selbst kein Gesetz, soll aber die Bauordnungen der Länder vereinheitlichen. Aus Gründen der Vereinfachung wird im Nachfolgenden auf die Regelung der Musterbauordnung Bezug genommen.

Die Gebäude werden abhängig von ihrer Größe, der Anzahl der Wohnungen und der Anleiterbarkeit bei einem Feuerwehreinsatz (OFF > 7 m) in Gebäudeklassen eingeteilt.

Die Klassifizierung von Baustoffen und Bauteilen kann derzeit nach der Normengruppe DIN 4102 (hier insbesondere DIN 4102-4 und DIN 4102-22) und alternativ nach dem europäischen Klassifizierungssystem nach DIN EN 13501 erfolgen.

Der Nachweis des Feuerwiderstands kann nun über die Eurocodes rechnerisch geführt werden. Hierzu existieren zusätzlich zu den europäischen Normen nationale Anwendungsdokumente, die zusammen mit den Eurocodes über die Länderlisten der technischen Baubestimmungen bauaufsichtlich eingeführt sind.

Tab. 1: Klassifizierung von Gebäuden [nach MBO 2002, zuletzt geändert 27.09.2019]

Gebäudeklasse		Nutzung	Gebäudehöhe[1]	Gebäudeart und Lage auf dem Grundstück	Zahl der Nutzungseinheiten	Grundfläche der Nutzungseinheiten[2]
1	A	keine Einschränkung	≤ 7 m	freistehende Gebäude	≤ 2	insgesamt nicht mehr als 400 m²
	B	Land- und Forstwirtschaft	keine Einschränkung	freistehende Gebäude	keine Einschränkung	keine Einschränkung
2		keine Einschränkung	≤ 7 m	keine Einschränkung	≤ 2	insgesamt nicht mehr als 400 m²
3		keine Einschränkung	≤ 7 m	sonstige Gebäude	keine Einschränkung	keine Einschränkung
4		keine Einschränkung	≤ 13 m	keine Einschränkung	keine Einschränkung	jeweils nicht mehr als 400 m²
5		keine Einschränkung	> 13 m	sonstige Gebäude einschließlich unterirdischer Gebäude	keine Einschränkung	keine Einschränkung

1) Gebäudehöhe ist das Maß der Fußbodenoberkante des höchstgelegenen Geschosses, in dem ein Aufenthaltsraum möglich ist, über der Geländeoberfläche im Mittel.
2) Die Grundflächen der Nutzungseinheiten im Sinne der MBO sind die Bruttogrundflächen. Bei der Berechnung bleiben Flächen von Kellergeschossen außer Betracht.

Bauteile können nun auf zwei Wegen bemessen werden:

- Bemessung bei Umgebungstemperatur auf der Basis von Teilsicherheitsbeiwerten und für den Brandfall mit DIN 4102-4 und 4102-4/A1 in Verbindung mit DIN 4102-22
- Bemessung mit den europäischen Bemessungsnormen (Eurocode) bei Umgebungstemperatur und für den Brandfall

Baustoffklassen

Das europäische Klassifizierungssystem stellt eine größere Vielfalt von Klassen und Kombinationen zur Verfügung, da zusätzlich zum Brandverhalten Brandnebenerscheinungen wie Rauchentwicklung (s1 bis s3) und brennendes Abtropfen/Abfallen (d0 bis d2) berücksichtigt werden.

Tab. 2: Zuordnung der bauaufsichtlichen Benennung von Baustoffen zu den europäischen Klassifizierungen [nach DIN EN 13501-1] und den nationalen Klassifizierungen [nach DIN 4102-1]

Nationale Klasse nach DIN 4102-1	Bauaufsichtliche Zuordnung	Europäische Klasse nach DIN EN 13501-1	Zusatzanforderungen	
			Kein Rauch	Kein brennendes Abtropfen
A1	nicht brennbar	A1	X	X
A2		A2-s1,d0	X	X
B1	schwer entflammbar	B-s1,d0 oder C-s1,d0	X	X
		A2-s2,d0 oder A2-s3,d0		X
		B-s2,d0 oder B-s3,d0		
		C-s1,d1 oder C-s1,d2		
		A2-s1,d1 oder A2-s1,d2	X	
		B-s1,d1 oder B-s1,d2		
		C-s1,d1 oder C-s1,d2		
		A2-s3,d2		
		B-s3,d2		
		C-s3,d2		
B2	normal entflammbar	D-s1,d0 oder D-s2,d0		X
		D-s3,d0 oder D-s2,d1		
		D-s1,d1 oder D-s2,d1		
		D-s3,d1 oder D-s1,d2		
		D-s2,d2 oder D-s3,d2		
		E-d2		
B3	leicht entflammbar	F		

Feuerwiderstandsklassen

Die Feuerwiderstandsdauer beschreibt die Dauer in Minuten, in der das geprüfte Bauteil der Brandbeanspruchung während der Prüfung standhält. Es erfolgt eine entsprechende Klasseneinteilung.

Bauteile werden nach DIN 4102 entsprechend ihrer Feuerwiderstandsdauer in die Feuerwiderstandsklassen F 30 bis F 180 eingestuft. Die Einstufung nach DIN EN 13501 erfolgt in:

Tab. 3: Feuerwiderstandsklassen von Bauteilen nach DIN EN 13501

Bauteile	Feuerwiderstandsklasse
Wände (ohne raumabschließende Funktion)	R 15, 20, 30, 45, 60, 90, 120, 180, 240, 360
Wände (mit raumabschließender Funktion)	RE 20, 30, 60, 90, 120, 180, 240
Wände (mit Raumabschluss und Wärmedämmung)	REI 15, 20, 30, 45, 60, 90, 120, 180, 240
Wände	REW 20, 30, 60, 90, 120, 180, 240
Brandwände	REI-M 30, 60, 90, 120, 180, 240

Tab. 4: Feuerwiderstandsklassen tragender Bauteile [nach DIN EN 13501-2] und ihre Zuordnung zu den bauaufsichtlichen Anforderungen

Bauaufsichtliche Anforderung	Ohne Raumabschluss	Mit Raumabschluss
feuerhemmend	R 30	REI 30
hochfeuerhemmend	R 60	REI 60
feuerbeständig	R 90	REI 90
Feuerbeständigkeit 120 min	R 120	REI 120
Brandwand	–	REI-M 90

Alle Baustoffe, die in keine andere Klasse einzuordnen sind, gelten als leicht entflammbar. Bauprodukte aus Baustoffen, die auch nach der Verarbeitung oder nach dem Einbau noch leicht entflammbar sind, dürfen bei der Errichtung und Veränderung baulicher Anlagen in Deutschland nicht verwendet werden.

Die Feuerwiderstandsdauer und damit auch die Feuerwiderstandsklasse eines Bauteils hängen im Wesentlichen von folgenden Einflüssen ab:

- Brandbeanspruchung (ein- oder mehrseitig)
- verwendeter Baustoff oder Baustoffverbund
- Bauteilabmessungen (Querschnittsabmessungen, Schlankheit, Achsabstände usw.)
- bauliche Ausbildung (Anschlüsse, Auflager, Halterungen, Befestigungen, Fugen, Verbindungsmittel usw.)
- statisches System (statisch bestimmte oder unbestimmte Lagerung, einachsige oder zweiachsige Lastabtragung, Einspannungen usw.)
- Ausnutzungsgrad der Festigkeiten der verwendeten Baustoffe infolge äußerer Lasten
- Anordnung von Bekleidungen (Ummantelungen, Putze, Unterdecken, Vorsatzschalen usw.)

Brandwände

Die Anforderungen an Brandwände sind in den Landesbauordnungen der Länder enthalten. Die Musterbauordnung beschreibt die Anforderungen an Brandwände in § 30.

Zusammenfassung:

- Brandwände bestehen aus nicht brennbaren Bestandteilen.
- Sie halten mindestens 90 Minuten einem normierten Brand unter mechanischer Belastung stand.
- Sie dürfen keine Öffnungen besitzen oder Einbau von Feuerabschlüssen in Feuerwiderstandsfähigkeit der Wand (mindestens 90 Minuten ≥ feuerbeständig).
- Anforderung hochfeuerhemmend unter mechanischer Beanspruchung bei Gebäuden der GKL 4
- Anforderung hochfeuerhemmend bei Gebäuden der GKL 1 bis 3

- Sie müssen bis zur Bedachung durchgehend und in den Geschossen übereinander angeordnet sein.
- Überdachführung von mindestens 30 cm oder Ausführung einer feuerbeständigen Platte beidseitig der Brandwand
- Führung bis mindestens unter die Dachhaut in Gebäuden der GKL 1 bis 3

Gebäudeklassen 1 bis 3

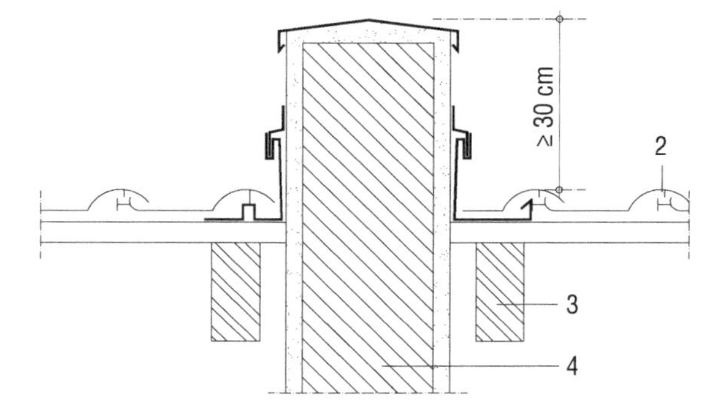

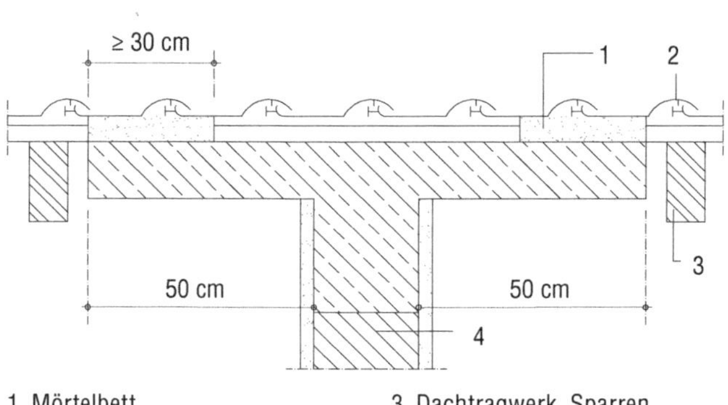

1 Mörtelbett
2 Dachziegel, Dachstein
3 Dachtragwerk, Sparren
4 Brandwand

Bild 1: Anschluss Brandwände nach Bauordnung

Gebäudeabschlusswände – Gebäudetrennwände

Die Begriffe Gebäudeabschluss- und Gebäudetrennwände werden in der Musterbauordnung und in den Landesbauordnungen erläutert. Gebäudetrennwände sind in ausgedehnten Gebäuden alle 40 m zu errichten, um Brandabschnitte zu bilden. Gebäudeabschlusswände sind bei Gebäuden, die weniger als 2,5 m von der Grundstücksgrenze entfernt errichtet werden, und bei aneinandergereihten Gebäuden auf demselben Grundstück herzustellen.

Gebäudetrennwände sind i.d.R. als Brandwände auszubilden. Für Gebäude der Gebäudeklassen 1 bis 4 sind geringere Anforderungen möglich. Diese sind in den jeweiligen Landesbauordnungen zu finden.

Gebäudeabschlusswände müssen nach den bauaufsichtlichen Bestimmungen je nach Lage der Gebäude, der Anzahl der Geschosse und Nutzung einer bestimmten Feuerwiderstandsklasse entsprechen. Häufig sind Brandwände oder Wände der Feuerwiderstandsklasse F 90 (feuerbeständig) zu errichten.

Die jeweils erforderliche Feuerwiderstandsklasse ergibt sich abhängig von der Anzahl der Geschosse und der Landesbauordnung.

Haustrennwände

Haustrennwände sind Wände, die nach den Vorschriften der Bauordnungen der Länder zwischen fremden Hauseinheiten wie z.B. zwischen Reihenhäusern, Doppelhäusern und sinngemäß auch bei mehrgeschossigen Wohnhausbauten anzuordnen sind.

Zweischalige Haustrennwände/Gebäudeabschlusswände mit oder ohne Dämmschicht/Luftschicht aus Mauerwerk sind Wände, die nicht miteinander verbunden sind und daher keine Anker besitzen. Bei tragenden Wänden bildet jede Schale für sich jeweils das Endauflager einer Decke/eines Dachs. Der brandschutztechnisch erforderliche Putz ist bei zweischaligen Trennwänden jeweils nur auf den Außenseiten der Schalen, nicht zwischen den Schalen erforderlich.

Aus brandschutztechnischer Sicht werden bei Reihenhäusern an Haustrennwände je nach Lage im Gebäude und nach Landesbauordnung unterschiedliche Anforderungen gestellt. Die bauaufsichtlichen Anforderungen an Haustrennwände oder Gebäudeabschlusswände hängen von der Gebäudehöhe und der Lage zur Grundstücksgrenze ab (entsprechend der jeweiligen Landesbauordnung). Bei Haustrennwänden erfüllen aus Gründen des Brandschutzes in jedem Fall Mauerwerkswände mit 2 × 17,5 cm Dicke die Feuerwiderstandsklasse F 90-A.

Brandüberschlag

Bei Bekleidungen von Außenwänden müssen unter Umständen weitere Anforderungen hinsichtlich des Brandschutzes gestellt werden, die eine unkontrollierte Brandausbreitung an der Außenwandoberfläche verhindern sollen.

Brandschutz bei Verglasungen, Fenstern und Türen

Verglasungen, Fenster- und Türelemente sind Teil des ganzheitlichen Brandschutzkonzepts eines Gebäudes, das bei Veränderungen von Einzelelementen berücksichtigt werden muss. Grundsätzlich sind Fenster und Türen Bauelemente.

Fenster mit Brandschutzanforderungen werden meist als Brandschutzverglasungen bezeichnet. Brand- und Rauchschutztüren sind hohen Anforderungen unterworfen, da sie wesentliche Bestandteile im vorbeugenden Brandschutz darstellen.

Bauprodukte, Brandschutzverglasungen, -fenster und -türen müssen im Sinne der MBO eine allgemeine Bauartgenehmigung durch das Deutsche Institut für Bautechnik haben. Bei Feuerschutzelementen wird dieser Nachweis über eine allgemeine bauaufsichtliche Zulassung (abZ) geführt, bei Rauchschutzelementen ist es ein allgemeines bauaufsichtliches Prüfzeugnis (abP).

Tab. 5: Übersicht über die Übereinstimmungs- und Verwendbarkeitsnachweise [nach MBO 2002, zuletzt geändert 27.09.2019]

Typ	Art	Abkürzung
Bauartgenehmigung	Allgemeine Bauartgenehmigung des DiBt	aBG
	Vorhabenbezogene Bauartgenehmigung durch die oberste Bauaufsichtsbehörde	vBG
Übereinstimmungsnachweis	des Herstellers	ÜH
	des Herstellers nach vorheriger Prüfung des Bauprodukts durch eine anerkannte Prüfstelle	ÜHP
	Übereinstimmungszertifikat durch eine anerkannte Zertifizierungsstelle	ÜZ
Verwendbarkeitsnachweis	allgemeines bauaufsichtliches Prüfzeugnis	abP
	allgemeine bauaufsichtliche Zulassung	abZ
	eine Zustimmung im Einzelfall	ZiE
	Europäische Technische Bewertung	ETA

Feuerschutzabschlüsse werden national gemäß DIN 4102-5 in die Feuerwiderstandsklassen T 30, T 60, T 90 und T 120 eingestuft. Jedoch sind diese Begrifflichkeiten nicht europaweit verständlich. Die Klassifizierung nach europäischer Normung legt DIN EN 13501-2 fest.

Die europäische Produktnorm DIN EN 16034 trat im November 2016 (1. Berichtigung 2018-02) in Kraft. Die dreijährige Koexistenzphase endete am 01.11.2019. Die DIN EN 16034 gilt nur in Verbindung mit den jeweiligen Produktnormen.

Feuerschutzabschlüsse, die auf Grundlage der DIN 4102 geprüft werden, müssen den in Teil 5 und 18 gestellten Anforderungen entsprechen. Dies sind u.a.:

- selbstschließend
- Feuerwiderstandsklasse
- Erhalt der vollen Funktionstüchtigkeit bei den in DIN 4102-5 angegebenen mechanischen Beanspruchungen
- Bestand der Brandversuche nach DIN 4102-5
- Dauerfunktionstüchtigkeit nach DIN 4102-18

Nach europäischer Normung (DIN EN 13501-2) bestehen an Feuerschutzabschlüsse folgende Leistungs- und Klassifizierungskriterien:

- Raumabschluss E
- Raumabschluss und Wärmedämmung unter Brandeinwirkung EI_1
- Raumabschluss und Wärmedämmung unter Brandeinwirkung EI_2
- Raumabschluss und Strahlung EW
- selbstschließende Eigenschaft mit Dauerfunktionstüchtigkeit C
- Rauchdichtigkeit S_m

Nachfolgende Tabelle zeigt die bauaufsichtliche Benennung von Sonderbauteilen nach DIN EN 13501.

Tab. 6: Sonderbauteile [nach DIN EN 13501]

Bauaufsichtliche Benennung	Feuer- und Rauchschutzabschlüsse		Brandschutzverglasungen
	Ohne Rauchschutz	Mit Rauchschutz	
feuerhemmend	EI_2 30-C5	EI_2 30-C5-S_{200}	E 30
hochfeuerhemmend	EI_2 60-C5	EI_2 60-C5-S_{200}	E 60
feuerbeständig	EI_2 90-C5	EI_2 90-C5-S_{200}	E 90
dicht- und selbstschließende Tür		S_a-C5	

Die Kennziffer E steht hierbei für Raumabschluss. Die Kennziffer I beschreibt das Wärmedämmverhalten. Hier werden zwei Kriterien differenziert:

I_1: zulässige mittlere Temperaturerhöhung 140 K, zulässige maximale Temperaturerhöhung 180 K, keine Temperaturmessung in einem Randstreifen von 25 mm am Türblatt im Zargenbereich

I_2: zulässige mittlere Temperaturerhöhung 140 K, zulässige maximale Temperaturerhöhung 180 K, keine Temperaturmessung in einem Randstreifen von 100 mm am Türblatt im Zargenbereich. I_2 entspricht im Prinzip den Vorgaben der nationalen Norm DIN 4102-5.

Die Kennziffern 30, 60 und 90 stellen, wie im nationalen Sprachgebrauch, die Feuerwiderstandsdauer in Minuten dar.

Die Kennziffer C5 beschreibt die Anzahl der Prüfzyklen der Öffnungs- und Schließvorgänge. Generell müssen Feuerschutzabschlüsse selbstschließend sein. Für Türen wurde ein Prüfzyklus von 200.000 Öffnungs- und Schließvorgängen vorgegeben, was der höchsten Prüfzyklenzahl nach DIN EN 14600 entspricht.

Tab. 7: Prüfzyklenzahl nach DIN EN 14600

Klasse	Anzahl der Prüfzyklen
C5	200.000
C4	100.000
C3	50.000
C2	10.000
C1	500
C0	0

Kennziffer S (Smoke, Rauchschutz) unterscheidet zwischen S_a und S_{200} und beschreibt damit die Prüfdrücke und Prüftemperaturen.

S_a: Dichtigkeitsprüfung bei Umgebungstemperatur und Prüfdrücken von 10 Pa und 25 Pa.

S_{200}: Dichtigkeitsprüfung bei Umgebungstemperatur und erhöhter Temperatur von 200 °C und Prüfdrücken von 10 Pa, 25 Pa und 50 Pa und einer Prüfzeit von 30 Minuten.

Bei Feuerschutztüren müssen Rahmen und Türblatt eine Einheit bilden. Die Anschlussfugen zur Wand erfordern eine vollständige Vermörtelung. Eine zuverlässige Selbstschließung (Türschließer) der Tür muss gewährleistet sein. Es dürfen nur Beschlagteile verwendet werden, die der Zulassung entsprechen. Mitunter sind zusätzliche Funktionen wie Fluchttürfunktion oder Panikfunktion durch die Beschläge abzudecken. Verglasungen im Türblatt einer Feuerschutztür erfordern Eignungsnachweise.

Ausstattung und Funktionen der Feuerabschlüsse sind in der Planungsphase zu definieren. Nachträglich addierte Funktionen und Ausstattungen führen aufgrund von Einbaubestimmungen (Zulassung) meist nicht zu architektonisch akzeptablen Lösungen.

Die Landesbauordnungen unterscheiden weiterhin die Anforderung „dichtschließend" und „rauchdicht". Feuerschutzabschlüsse müssen nach Musterbauordnung mindestens dichtschließend sein. Dichtschließend bedeutet, dass mindestens eine dreiseitig umlaufende dauerelastische Dichtung den Durchtritt von Rauch behindert. Die Eigenschaft rauchdicht bedeutet, dass der Feuerschutzabschluss zusätzlich als Rauchschutztür ausgeführt werden muss. Feuerschutzabschlüsse, die gleichzeitig einen klassifizierten Rauchschutz aufweisen, müssen zwei Verwendbarkeitsnachweise haben.

Brandschutzgläser

Brandschutzgläser zählen zu den Flachgläsern.

Glas ist ein nicht brennbares Material. Angaben über die Einstufung der Glasarten machen die jeweiligen Hersteller.

Eine einzelne Scheibe kann jedoch nicht verwendet werden. Es gehört immer ein entsprechender Tragrahmen dazu. In die Bewertung muss auch der Baukörper zur Aufnahme des Tragrahmens einbezogen werden.

Die Einordnung von Verglasungen erfolgt nach deren brandschutztechnischen Eigenschaften gemäß DIN EN 13501. Der Feuerwiderstand wird hinsichtlich des Raumabschlusses E und der Wärmedämmung I unterschieden.

Die Kriterien bilden in Verbindung mit einer pauschal festgelegten Mindestdauer (30, 60, 90 Minuten) die Klassifizierungen für den Brandschutz. Für die Bestimmung der Klassifizierung werden nur komplette Systeme wie Fenster, Türen oder Fassadenmodule getestet, da der Rahmen und die Art der Einglasung wesentlichen Anteil am Brandverhalten haben.

Bei Brandschutzgläsern werden grundsätzlich zwei Kategorien unterschieden:

E-Gläser: rauch- und flammendicht
EI-Gläser: Hitzeisolation

Diese Klassifizierungen entsprechen der DIN EN 13501, die folgende Begriffe verwendet:

Klasse E: Dichtigkeit gegenüber Flammen und Heizgasen
Einer einseitigen Brandeinwirkung wird so standgehalten, dass keine Flammen oder endzündbaren Gase auf der feuerabgekehrten Seite auftreten. Die frühere Bezeichnung solcher Gläser war G-Verglasungen.

Klasse EI: thermische Isolation
Zusätzlich darf bei diesen Verglasungen die Ausgangstemperatur auf der feuerabgekehrten Seite der Verglasung um nicht mehr als 140 K steigen. Die frühere Bezeichnung solcher Gläser war F-Verglasungen.

Klasse EW: Die Strahlungswärme wird reduziert, aber nicht so gehemmt wie bei Klasse EI.

Nachfolgende Tabelle zeigt den Zusammenhang zwischen nationaler und europäischer Normung.

Tab. 8: Brandschutzverglasungen

Brandschutzverglasung	Nationale Ebene DIN 4102-13	Europäische Ebene DIN EN 1364-1 und DIN 13501-2	Erläuterung
F-Brandschutzverglasungen Raumabschluss + Wärmedämmung	**F**	**EI**	kein Bauteilversagen unter Eigenlast Behinderung des Durchgangs von Feuer und Rauch keine Flamme auf der dem Feuer abgewandten Seite Auf der dem Feuer abgewandten Seite darf ein Wattebausch sich nicht entzünden oder glimmen. Temperaturerhöhung auf der dem Feuer abgewandten Seite im Mittel 140 K, maximal 180 K
fh feuerhemmend	F 30	EI 30	
hf hochfeuerhemmend	F 60	EI 60	
fb feuerbeständig	F 90	EI 90	
G-Verglasungen nur Raumabschluss	**G**	**E**	kein Bauteilversagen unter Eigenlast Behinderung des Durchgangs von Feuer und Rauch keine Flamme auf der dem Feuer abgewandten Seite
fh feuerhemmend	G 30	E 30	
hf hochfeuerhemmend	G 60	E 60	
fb feuerbeständig	G 90	E 90	

Das Glas einer Brandschutzverglasung muss besondere Eigenschaften aufweisen.

Das Wirkprinzip einer EI-Verglasung (früher F-Vergasung) ist komplex. Bei Brandschutzgläsern der Klasse EI handelt es sich um Mehrscheibenverglasungen. EI-Glaseinheiten enthalten Stoffe, die bei Temperaturentwicklung Energie aufnehmen und umwandeln können und dabei nur noch einen Teil der Energie abgeben. Im Scheibenzwischenraum befindet sich eine durchsichtige, salzartige Hydrogelschicht, die im Brandfall, bei Temperaturen ab 120 °C aufschäumt. Durch den Verdampfungsprozess bildet sich eine Gelschicht, die entsprechend hitzedämmend ist. EI-Verglasungen müssen als komplettes Bauteil bestehend aus Rahmen, Abdichtung und Glas der Prüfung gemäß DIN EN 13501 unterzogen werden.

Das Wirkprinzip von E-Verglasungen (früher G-Verglasungen) ist vergleichsweise einfach, da nur Feuer abgeschottet werden muss und Wärme hindurchgehen darf. Bei Brandschutzgläsern der Klasse E werden zumeist Einscheibenverglasungen verwendet. Ihre Aufgabe besteht in der Behinderung des Durchgangs von Rauch und Feuer. Wärmestrahlung wird jedoch nicht behindert. Eine EW-Verglasung besteht aus einem beschichteten Glas. Sie kann die Strahlungswärme reduzieren, jedoch nicht so stark, wie bei Gläsern der Klasse EI.

E-Verglasung

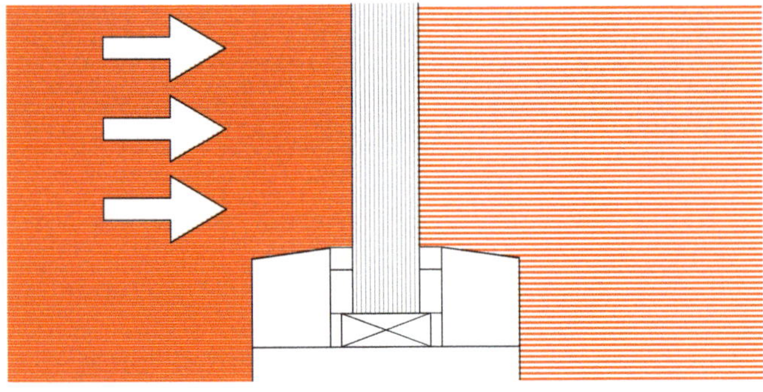

EW-Verglasung

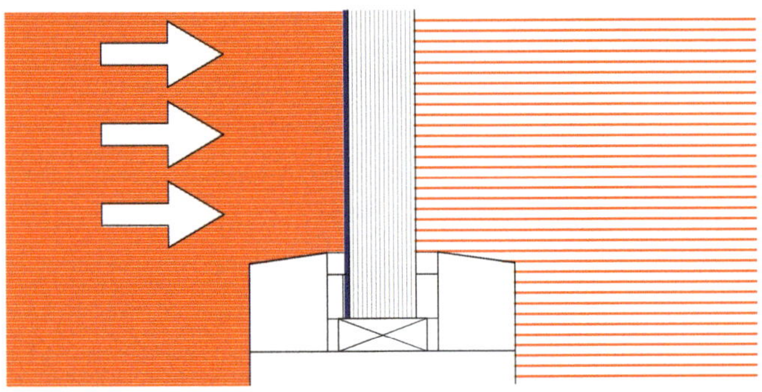

EI-Verglasung

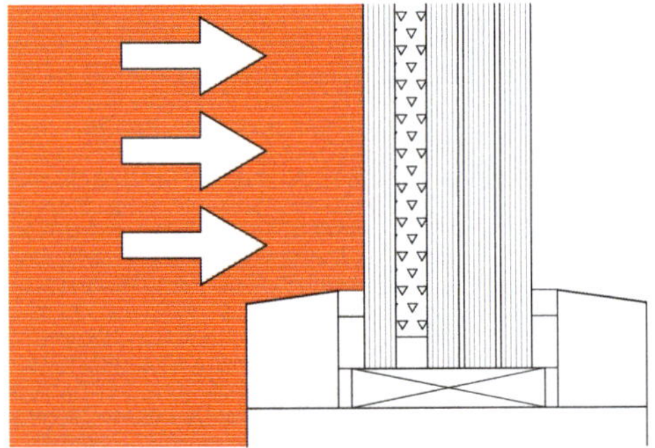

Bild 2: Brandschutzverglasungen

Brandschutz an Fassaden und Außenwandbekleidungen

Hinweise zu Wärmedämmverbundsystemen

Bei Wärmedämmverbundsystemen handelt es sich immer um Bauarten (Systeme). Alle Systembauteile müssen aufeinander abgestimmt sein. Es dürfen nur komplette Systeme eines Herstellers verwendet werden.

Wärmedämmverbundsysteme können aus brennbaren und nicht brennbaren Dämmstoffen bestehen. WDV-Systeme aus nicht brennbaren Dämmstoffen, z.B. Mineralwolle, verhalten sich im Brandfall günstig, da eine Gefahr der Brandweiterleitung über den Dämmstoff und i.d.R. über den Putz nicht besteht.

Bei *WDV-Systemen aus brennbaren Baustoffen* brennt der Dämmstoff und führt demnach zur Brandweiterleitung. Deswegen ist der Dämmstoff vollständig in nicht brennbare Deckschichten einzupacken und zu schützen, damit die Flammen möglichst lange keinen Zutritt zum Dämmstoff haben.

Tab. 9: Beispiele für erforderliche Verwendbarkeitsnachweise von Wärmedämmverbundsystemen

Gebäudeart	Bauaufsichtliche Anforderung	Erforderliche Baustoffklasse und Verwendbarkeitsnachweis
Gebäude geringer Höhe (bis 7 m, Gebäudeklassen 1 bis 3)	mind. normal entflammbar	▶ mind. B2 als Systembauart ▶ Verwendbarkeitsnachweis über Kombi-Bescheid: allgemeine bauaufsichtliche Zulassung/Allgemeine Bauartgenehmigung
Gebäude mittlerer Höhe (7 bis 22 m, Gebäudeklassen 4 bis 5)	mind. schwer entflammbar	▶ mind. B1 als Systembauart ▶ Verwendbarkeitsnachweis über Kombi-Bescheid: allgemeine bauaufsichtliche Zulassung/Allgemeine Bauartgenehmigung
Sonderbauten (22 bis 100 m, Hochhäuser)	nicht brennbar	▶ mind. A1 bzw. A2 als Systembauart ▶ Verwendbarkeitsnachweis über Kombi-Bescheid: allgemeine bauaufsichtliche Zulassung/Allgemeine Bauartgenehmigung

Verschiedene brandschutzrelevante Situationen werden in den allgemeinen bauaufsichtlichen Zulassungen nicht berücksichtigt und müssen daher im Einzelfall betrachtet werden. Für häufig vorzufindende Objektsituationen gibt es Ausführungsempfehlungen, die durch die MFPA-Leipzig simuliert wurden und in den Informationsschriften des Fachverbands Wärmedämm-Verbundsysteme e.V. zusammengefasst sind.

Zu beachten ist, dass die Forderung der MBO an die Ausführung der Wandbekleidungen mit nicht brennbaren Baustoffen im Bereich von notwendigen Treppen und Fluren auch für den Außenbereich gilt. An Laubengängen, die als Rettungsweg dienen und damit als offene Flure im Sinne der Musterbauordnung gelten, ist das WDVS also nicht brennbar auszuführen (ausgenommen der definierte Spritzwasserbereich).

WDVS aus EPS-Dämmstoffen

Die Einstufung eines WDVS hängt von der Dämmstoffdicke ab. Bauaufsichtlich zugelassene WDV-Systeme aus EPS-Dämmstoffe sind bis zu einer Dämmstoffdicke von 100 mm auch ohne zusätzliche Maßnahmen als schwer entflammbar einzustufen. Darüber hinaus sind zusätzliche Maßnahmen erforderlich. Diese zusätzlichen Maßnahmen sind alternativ umzusetzen

- entweder durch Sturzschutz
- oder durch umlaufenden Brandriegel.

Werden diese zusätzlichen Maßnahmen nicht ausgeführt, so wird das System als normal entflammbar eingestuft.

Eine Besonderheit sind Spritzwasserbereiche, hier ist zumeist der Einsatz einer Polystyrol-Hartschaumdämmung erforderlich. Aus brandschutztechnischer Sicht ist dies bis zu einer Höhe von 30 bis 60 cm hinnehmbar.

Variante Sturzschutz

Die Bereiche oberhalb von Öffnungen werden bei einem Brand besonders stark beansprucht. Durch den Einbau eines Sturzschutzes soll die Brandweiterleitung in der Dämmebene behindert werden. Dieser Sturzschutz oberhalb jeder Öffnung im Bereich der Stürze ist ein Streifen aus nicht brennbarer Mineralfaserdämmung vollflächig angeklebt und zusätzlich verdübelt. Dieser Streifen ist mindestens 20 cm breit und muss seitlich mindestens 30 cm über die Öffnung überstehen. Die Kanten sind zusätzlich zum Bewehrungsgewebe mit Gewebeeckwinkeln zu verstärken.

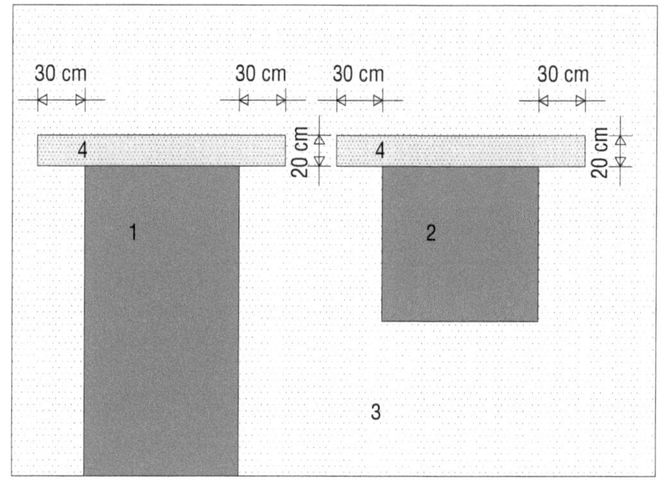

1 Türöffnung
2 Fensteröffnung
3 WDVS, B1 nach DIN 4102, auf Außenwand mind. feuerhemmend oder auf Außenwand aus nicht brennbaren Baustoffen
4 Sturzausführung gemäß Zulassung, z.B. Mineralfaserdämmstreifen, Baustoffklasse A nach DIN 4102-1, vollflächig angeklebt und zusätzlich angedübelt, Verstärkung des Kantenbereichs

Bild 3: Beispielhafte Sturzausführung eines WDVS mit Dämmstoffplatten aus Polystyrol-Partikelschaum mit Dicken über 10 bis 30 cm bei Gebäuden mittlerer Höhe

Die Brandschutzmaßnahmen bei Einbauten vor der Rohbaukante des WDVS in der Dämmebene z.B. von Fenstern oder Rollläden sind immer genau und gesondert zu betrachten, da hier im Brandfall ein Durchbrennen des Fertigteils und somit ein Brandeintritt in das WDVS erfolgen könnte.

mit Einbaurollladen

mit Aufbaurollladen

mit sichtbar eingebautem Vorbaurollladen

mit nicht sichtbar eingebautem Vorbaurollladen

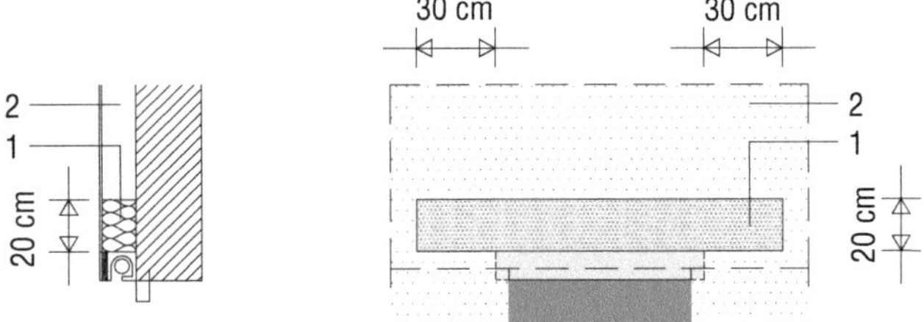

1 Mineralfaserdämmstoff, Baustoffklasse A
2 WDVS mit Dämmstoffplatten aus Polystyrol-Partikelschaum mit Dicken über 10–30 cm
3 Fugenverschluss (2 cm) mit Mineralfaser (A) oder Ortschaum (B1)

Bild 4: Prinzipskizzen für erforderliche Brandschutzmaßnahmen im Bereich von Rollladenkästen bei der Ausführung eines WDVS aus brennbaren Dämmstoffplatten mit einer Dicke von 10–30 cm bei Gebäuden mittlerer Höhe

Wohngebäude geringer Höhe, WDVS der Baustoffklasse B2

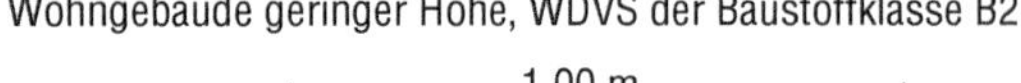

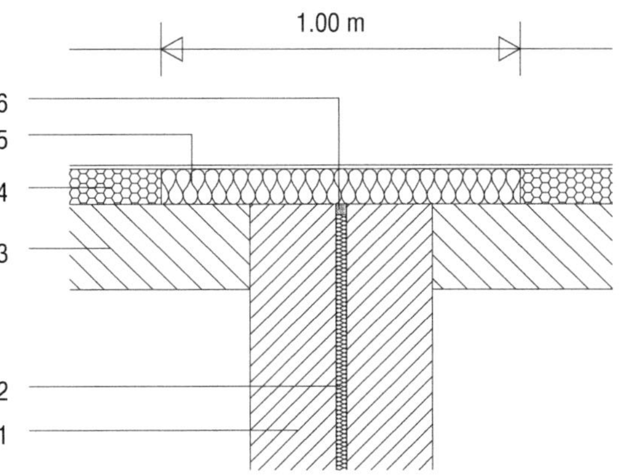

Wohngebäude geringer Höhe, WDVS der Baustoffklasse B1

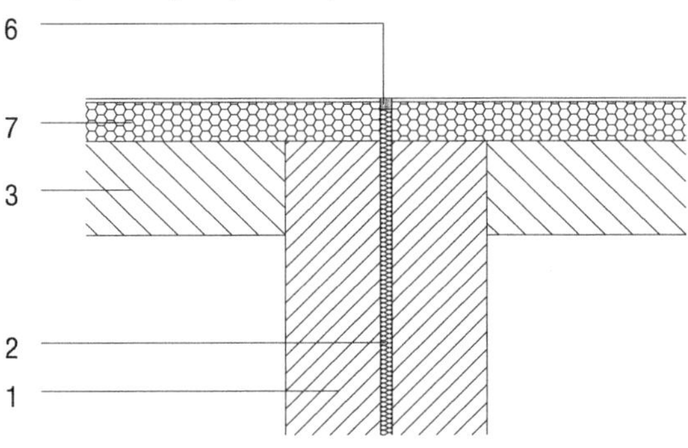

Gebäude mittlerer Höhe, WDVS der Baustoffklasse B1

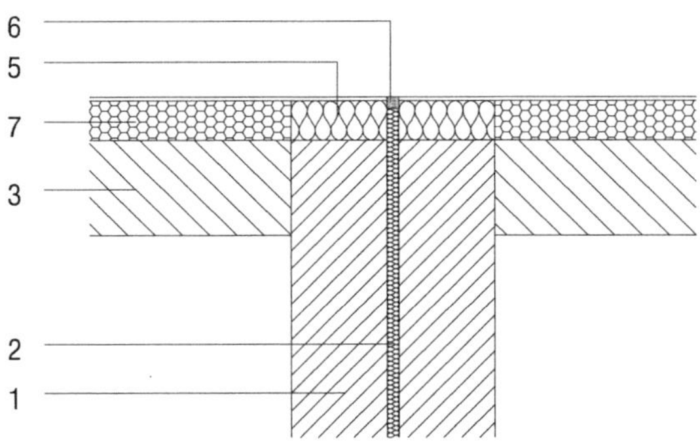

1 Gebäudeabschlusswand, feuerbeständig
2 Gebäudetrennfuge, nicht brennbar
3 massive Außenwand
4 Wärmedämmverbundsystem, B2
5 Wärmedämmverbundsystem, A1 oder A2
6 Fugenabdichtung, in B2 erlaubt
7 Wärmedämmverbundsystem, B1

Bild 5: Ausbildung eines WDVS aus brennbaren Baustoffen im Bereich der Gebäudeabschlusswände

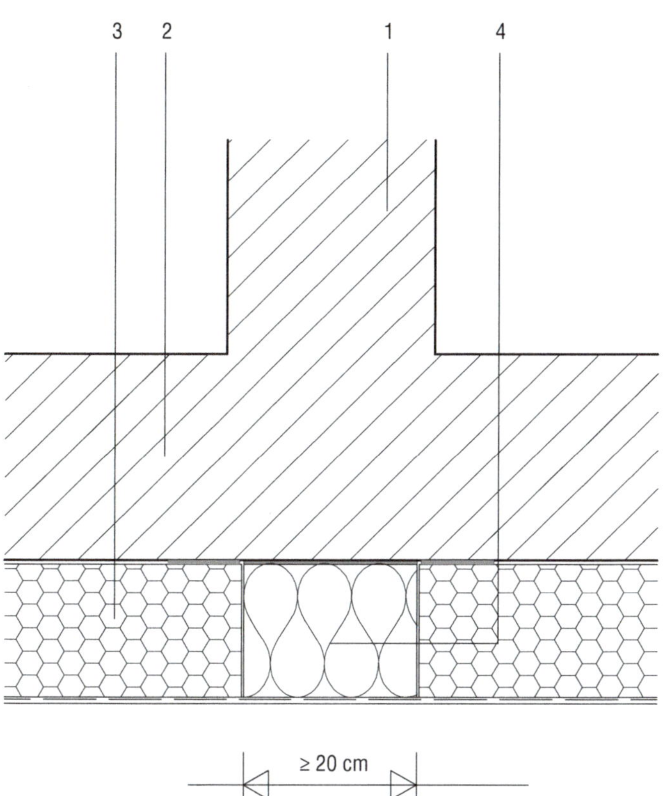

1 Brandwand
2 Außenwand aus Mauerwerk
3 WDVS, schwer entflammbar, B1, z.B. EPS
4 Dämmstreifen, nicht brennbar, A1, Schmelzpunkt > 1.000 °C, vollflächig aufgeklebt

Bild 6: Ausbildung eines WDVS aus brennbaren Baustoffen im Bereich der Brandwand

Variante Brandriegel

Der Brandriegel soll eine fortschreitende und geschossübergreifende Brandweiterleitung in der Dämmebene des WDVS verhindern.

Wenn mindestens in jedem zweiten Geschoss ein sog. *Brandriegel* ausgeführt wird, darf die Ausführung von Mineralwollstürzen bei Dämmstoffstärken von > 100 mm bis ≤ 200 mm entfallen. Die vollständige, horizontal umlaufende Unterbrechung der sonst schwer entflammbaren (B1 nach DIN 4102) Fassadendämmung soll den Brand in jedem zweiten Geschoss sicher begrenzen. Ein Brandriegel besteht dann mindestens aus einem 200 mm hohen und vollflächig angeklebten Mineralwolle-Lamellenstreifen der Baustoffklasse A1 (A2-s1,d0 nach DIN EN 13501-1) mit einer Mindestrohdichte von 60 kg/m³ und einem Schmelzpunkt > 1.000 °C.

Tab. 10: Bauaufsichtliche Zulassungsformulierung für Dämmstoffe in Brandriegeln

Eigenschaft	Anforderung	
Brandverhalten	DIN 4102	A1
	DIN EN 13501	A2-s1,d0
Schmelzpunkt	DIN 4102-17	> 1.000 °C
Rohdichte		60 bis 150 kg/m³

Der Brandriegel ist so anzuordnen, dass der Abstand zwischen Unterkante Sturz und Unterkante Brandriegel maximal 500 mm beträgt. Als Sturzunterkante ist der obere Abschluss einer potenziellen Flammenaustrittsöffnung in der raumabschließenden Außenwand des Gebäudes (Oberkante der Rohbauöffnung) gemeint.

Besondere Aufmerksamkeit ist geboten, wenn Fenster unterschiedlich groß sind und Fensterstürze nicht auf gleicher Höhe verlaufen (siehe Bild 7). Liegen Fensterstürze tiefer, so ist der Maximalabstand von 50 cm durch eine sog. Abtreppung des Brandriegels zu gewährleisten. Bei höheren Fenstern muss der Brandriegel die Fensteröffnung umlaufen. Die Höhe des Versprungs ist dabei auf 1 m zu begrenzen. An fensterlosen Giebeln kann auf einen Brandriegel verzichtet werden, wenn eine vertikale Brandsperre mit einem Abstand von maximal 1 m von der Gebäudeecke ausgeführt wird.

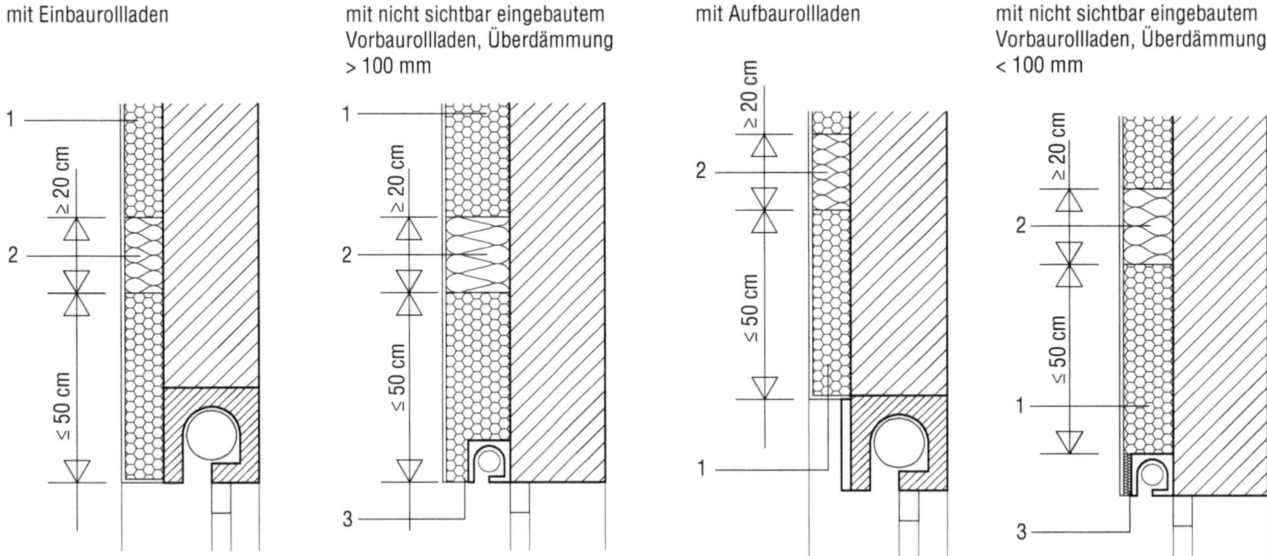

1 Mineralfaserdämmstoff, Baustoffklasse A
2 WDVS mit Dämmstoffplatten aus Polystyrol-Partikelschaum mit Dicken über 10–30 cm
3 Überdämmung des Rollladenkastens

Bild 7: Prinzipskizzen für die Ausbildung eines Brandriegels oberhalb von Fensteröffnungen bei der Ausführung eines WDVS aus brennbaren Dämmstoffplatten mit einer Dicke von 10 bis 30 cm bei Gebäuden mittlerer Höhe

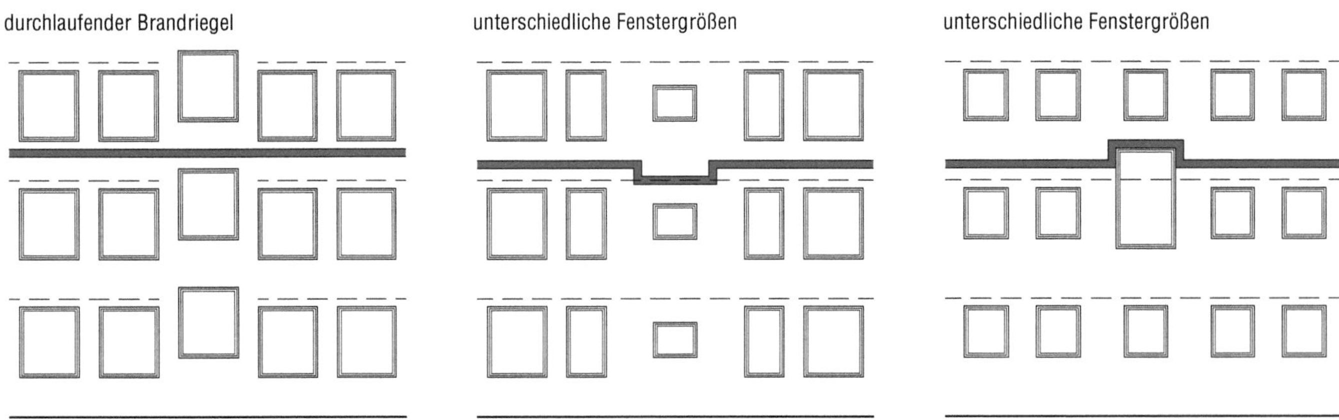

Bild 8: Beispiele für die Anordnung eines Brandriegels innerhalb der Fassade

Raffstorekasten mit integrierter Mauerwerksdämmung, Überdämmung < 100 mm

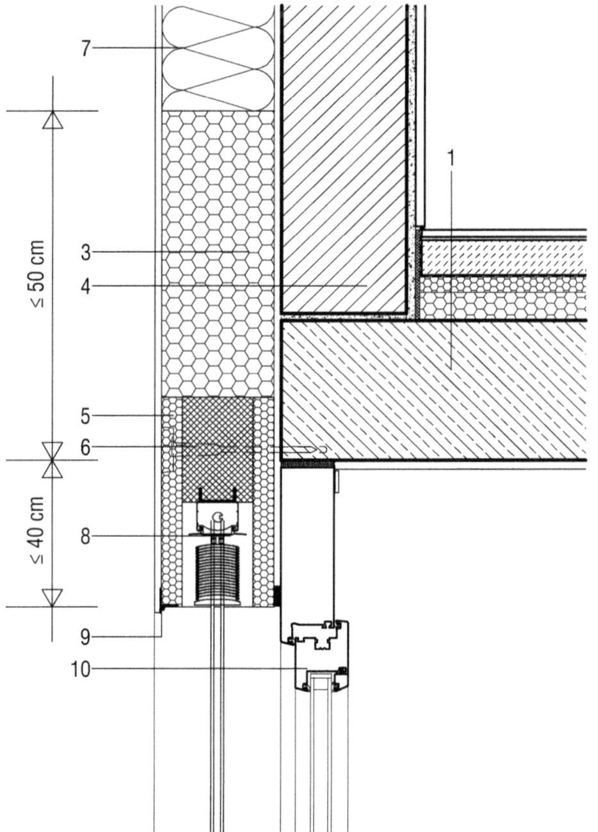

Raffstorekasten ohne Mauerwerksdämmung, Überdämmung < 100 mm

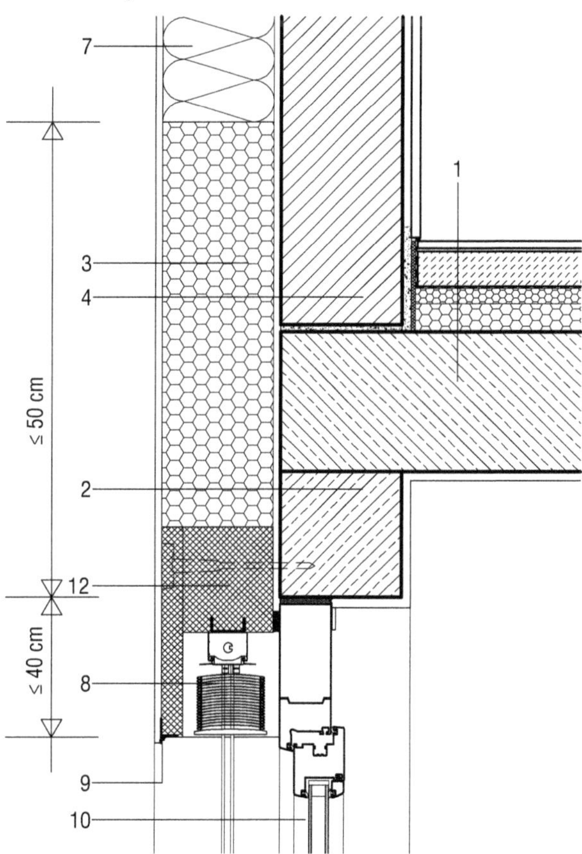

Raffstorekasten mit Überdämmung > 100 mm

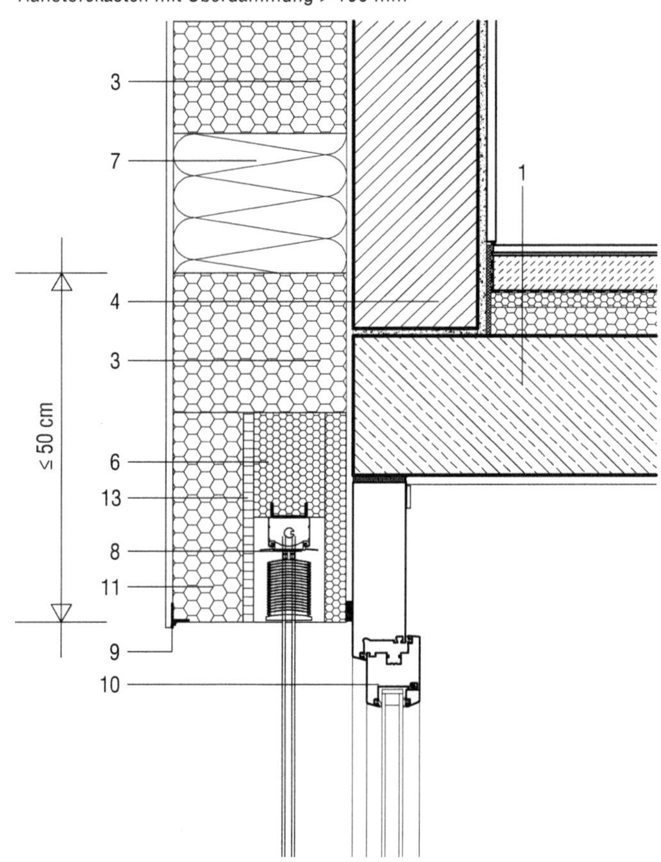

1 Geschossdecke aus Stahlbeton
2 Unterzug/Fenstersturz
3 WDVS aus EPS mit Außenputz
4 Außenwand aus Mauerwerk
5 Überdämmung des Raffstorekastens mit EPS, d ≤ 100 mm
6 montagefertiger Raffstorekasten
7 Brandriegel
8 Raffstoreanlage
9 Tropfkantenprofil
10 Fenster
11 Überdämmung des Raffstorekastens mit EPS, d > 100 mm
12 montagefertiger Raffstorekasten
13 Trägerplatte, mineralisch

Bild 9: Lage des Brandriegels bei integriertem Sonnenschutz

Bauteile wie Balkone oder Laubengänge, die ein WDVS vollständig horizontal unterbrechen, übernehmen dann die Funktion einer Brandsperre, sodass auf die zusätzliche Anordnung eines Brandriegels verzichtet werden kann. Dabei muss der Brandriegel seitlich auf dem Niveau der Kragplatten der Balkon- oder Laubenganganlage anschließen. Die Kragplatten müssen massiv mineralisch und mindestens feuerhemmend (F 30) sein, damit sie als Brandriegel herangezogen werden können.

Auch durchgängige Fensterbänder, die ein WDVS vollständig horizontal unterbrechen, übernehmen die Funktion einer Brandsperre. Die vertikale Laibung an die der Brandriegel im Sturzbereich anstößt, muss über die volle Höhe mit Mineralwolle gedämmt sein, die Höhe der Rohbauöffnung des Fensterbands muss mindestens 1 m betragen.

Hinweise zu vorgehängten hinterlüfteten Außenwandbekleidungen

Vorgehängte hinterlüftete Außenwandbekleidungen können als System (siehe Wärmedämmverbundsysteme) und auch individuell aus Bauteilen zusammengefügt werden.

Bei Brandversuchen hat sich herausgestellt, dass der Hinterlüftungsspalt eine entscheidende Bedeutung bei der Brandweiterleitung hat (Kaminwirkung). Wenn Bekleidungen oder Dämmstoffe zusätzlich noch aus brennbaren Baustoffen bestehen, entsteht eine zusätzliche Gefährdung.

Eine Möglichkeit zur Verhinderung der Brandausbreitung sind sog. Brandbarrieren im Bereich der Lufteintrittsöffnung oberhalb der im Brandfall besonders beanspruchten Öffnungen. Ein vollständiger Verschluss ist dabei aber nicht gewollt, da dies bauphysikalische Nachteile bringt. Es können Brandbarrieren eingesetzt werden, die im Brandfall ihr Volumen vergrößern und so gefährdete Hohlräume verschließen.

Tab. 11: Anforderungen an Außenwandbekleidungen hinsichtlich des Brandschutzes

Gebäudeklasse nach MBO	Anforderung an die Außenwandbekleidung einschließlich Dämmstoff und Unterkonstruktion	Erforderliche Baustoffklasse und Verwendbarkeitsnachweis
Gebäudeklassen 1 bis 3	normal entflammbar zulässig, wenn durch geeignete Maßnahmen eine Brandausbreitung auf angrenzende Gebäude verhindert wird (siehe Bild 1)	▸ mind. B2 ▸ gilt für alle Einzelkomponenten ▸ Verwendbarkeitsnachweis durch DIN 4102-4 oder ABP
Gebäudeklasse 4	mind. schwer entflammbare Unterkonstruktion aus normal entflammbaren Baustoffen können gestattet werden, wenn Bedenken wegen des Brandschutzes nicht bestehen (siehe Tabelle 1)	▸ mind. B1 ▸ gilt für alle Einzelkomponenten ▸ Verwendbarkeitsnachweis durch DIN 4102-4 oder Zulassung ▸ wenn keine Bedenken wegen des Brandschutzes bestehen, ist Unterkonstruktion in B2 möglich
Gebäudeklasse 5	nicht brennbar (von den jeweiligen Sondervorschriften abhängig)	▸ mind. A1 bzw. A2 ▸ gilt für alle Einzelkomponenten ▸ Verwendbarkeitsnachweis durch DIN 4102-4 oder ABP

2/4 Schallschutz

Einführung

Eine der vielen Funktionen, die Außenwände von Gebäuden zu erfüllen haben, ist der Schutz gegen Außenlärm.

Bei der Planung gilt es, die verschiedenen Normen und Richtlinien zielführend zu beachten.

Die DIN 4109 – Schallschutz im Hochbau – legt im Teil 1 Mindestanforderungen fest, die für den öffentlich-rechtlichen Nachweis von Belang sind.

Im privatrechtlichen Bereich sind jedoch diese Mindestanforderungen oder auch die Anforderungen an den erhöhten Schallschutz aus DIN 4109, Beiblatt 2, oft nicht ausreichend. Dem Planenden ist zu empfehlen, die Anforderungen an den Schallschutz direkt mit der Bauherrenschaft festzulegen.

Einen Rahmen hierfür kann die VDI 4100 bilden. Sie gibt Empfehlungen, die über die in der DIN 4109 genannten Schutzziele hinausgehen.

Anforderungen

DIN 4109

Die DIN 4109 – Schallschutz im Hochbau – legt im Teil 1, Abschnitt 7 Anforderungen an die Luftschalldämmung von Außenbauteilen fest. Dabei ergibt sich die Anforderung an das resultierende Schalldämmmaß $R'_{w,ges}$ des Außenbauteils unter Berücksichtigung der unterschiedlichen Raumarten. Diese Festlegung ist bauaufsichtlich verbindlich und dient der Wahrung des Gesundheitsschutzes der Bewohner/Nutzer.

$$R'_{w,ges} = L_a - K_{Raumart}$$

Tab. 1: Mindestanforderungen an den Schallschutz nach DIN 4109

Raumart		erf. $R'_{w,res}$ (Mindestwerte)	
Bettenräume in Krankenanstalten und Sanatorien	$K_{Raumart}$ = 25 dB	Lärmpegelbereich I: Lärmpegelbereich II: Lärmpegelbereich III: Lärmpegelbereich IV: Lärmpegelbereich V:	35 dB 35 dB 40 dB 45 dB 50 dB Darüber hinaus sind die Anforderungen entsprechend den örtlichen Gegebenheiten festzulegen.
Aufenthaltsräume in Wohnungen, Übernachtungsräume in Beherbergungsstätten, Unterrichtsräume u.Ä.	$K_{Raumart}$ = 30 dB	Lärmpegelbereich I: Lärmpegelbereich II: Lärmpegelbereich III: Lärmpegelbereich IV: Lärmpegelbereich V: Lärmpegelbereich VI:	30 dB 30 dB 35 dB 40 dB 45 dB 50 dB Darüber hinaus sind die Anforderungen entsprechend den örtlichen Gegebenheiten festzulegen.
Büroräume u.Ä.	$K_{Raumart}$ = 35 dB	Lärmpegelbereich I: Lärmpegelbereich II: Lärmpegelbereich III: Lärmpegelbereich IV: Lärmpegelbereich V: Lärmpegelbereich VI: Lärmpegelbereich VII:	– 30 dB 30 dB 35 dB 40 dB 45 dB 50 dB

Dabei ist:

L_a ... maßgeblicher Außenlärmpegel nach DIN 4109-2

Zur Festlegung des erforderlichen Schalldämmmaßes werden die Außengeräusche in die Lärmpegelbereiche I bis VII eingeteilt. Dabei sind die bereits vorhandenen und die zu erwartenden Lärmemissionen zu berücksichtigen, d.h., es ist nicht nur der vorhandene, sondern auch der zu erwartende „maßgebliche Außenlärmpegel" aufgrund voraussichtlicher Verkehrsentwicklungen zu berücksichtigen. Die anzusetzenden Lärmbelastungen werden i.d.R. berechnet, im Sonderfall sind auch Messungen zulässig.

Tab. 2: Anforderung an die Luftschalldämmung von Außenbauteilen [gemäß DIN 4109-1, nach Tabelle 7] (gilt nicht für Fluglärm)

Lärmpegelbereich	Maßgeblicher Außenlärmpegel $L_{a,res}$ [dB(A)]
I	bis 55
II	56–60
III	61–65
IV	66–70
V	71–75
VI	76–80
VII	> 80

Diese in DIN 4109 festgelegten Lärmpegel geben die mittlere zu erwartende Lärmbelästigung an, keine Spitzenwerte. Da dem Stressfaktor Lärm eine immer größere Bedeutung zukommt, sollte der geforderte Mindestlärmschutz von vornherein erhöht werden. Insbesondere dem lärmschutztechnisch schwächeren Glied, dem Fenster, sollte dabei erhöhte Aufmerksamkeit geschenkt werden.

Des Weiteren darf die geforderte Luftschalldämmung nicht durch beispielsweise zusätzliche Lüftungseinrichtungen oder Rollladenkästen verringert werden.

Für die von der maßgeblichen Lärmquelle abgewandte Seite des Gebäudes darf der maßgebliche Außenlärmpegel um 5 dB bei offener Bebauung und bei geschlossener Bebauung und Innenhöfen um 10 dB reduziert werden.

Die Luftschalldämmung eines Gebäudes wird mithilfe des bewerteten Bau-Schalldämmmaßes $R'_{w,ges}$ ermittelt. Gemäß dem Sicherheitskonzept ist der ermittelte Wert mit einem festgelegten Sicherheitsbeiwert zu mindern.

Die DIN 4109 wurde umfassend überarbeitet. Im Rahmen dieses Werks wird ein kurzer Überblick über die Belange, die besonders zu beachten sind, gegeben. In der DIN 4109-2 sind die rechnerischen Nachweise zur Erfüllung der Anforderungen beschrieben. Zu Berechnungsverfahren möchten wir auf die Normen verweisen.

Die DIN 4109-2 unterscheidet beim Berechnungsverfahren für das bewertete Bau-Schalldämmmaß R'_w:

- Massivbauten
- Gebäude mit zweischaliger massiver Haustrennwand
- Holz-, Leicht- und Trockenbau
- Skelettbau und Mischbauweisen

Besonders zu beachten sind die verschiedenen Übertragungswege des Schalls. Von den 13 verschiedenen Wegen entfallen zwölf auf die flankierenden Bauteile.

Der geforderte Lärmschutzeiner Außenwand gegen Außenlärm ist durch das gesamte Bauteil, einschließlich Fenster, Einbauteile usw., zu erbringen.

Fenster und Türen sind hinsichtlich des Schallschutzes die Schwachpunkte innerhalb einer Wandkonstruktion. Maßgeblich für die Ermittlung des erforderlichen Schallschutzes ist der vorhandene Außenlärmpegel, der i.d.R. durch Fahrzeugverkehr verursacht wird. Er wird in Lärmpegelbereiche I bis VII unterteilt, die die erforderliche Luftschalldämmung bestimmen.

Es ist das Verhältnis Wand- zur Fensterfläche in Bezug zur zugehörigen Raumfläche zu ermitteln. Daraus ergeben sich für das erforderliche Schalldämmmaß Korrekturwerte.

Die Eingangsdaten in die Rechnungen werden aus DIN 4109-32 bis 4109-36 entnommen. Sie werden ohne Zu- und Abschläge in die Rechnung übernommen. Das gilt auch für Rechenwerte, die aus Prüfberichten übernommen werden. Die DIN 4109 enthält ein Sicherheitskonzept (Abschnitt 5.3 der DIN 4109-2). Unsicherheiten sind hierbei grundsätzlich als Zu- und Abschläge auf das Endergebnis der Prognoserechnung zu berücksichtigen. Das Vorhaltemaß nach alter Normung gibt es demnach nicht mehr. In Abschnitt 5.3.3 der DIN werden vereinfachte Sicherheitsbeiwerte zur Verfügung gestellt.

Es gilt:

$R'_{w,ges} - 2\ dB \geq erf.\ R'_{w,ges} + K_{AL}$

Dabei sind:

$R'_{w,ges}$ gesamtes bewertetes Bau-Schalldämmmaß der Fassade
erf. $R'_{w,ges}$ gefordertes gesamtes bewertetes Bau-Schalldämmmaß der Fassade
K_{AL} Korrekturwert für das erforderliche Schalldämmmaß für den Außenlärm

Der Korrekturwert wird nach folgender Gleichung ermittelt:

$$K_{AL} = 10\lg\left(\frac{S_S}{0{,}8 \times S_G}\right)$$

Dabei sind:

S_S die vom Raum aus gesehen gesamte Fassadenfläche
S_G Grundfläche des Raums

Für die Erfüllung der Anforderungen an Türen nach DIN 4109-1 gilt vereinfacht:

$R_w - 5\ dB \geq erf.\ R_{wL}$

Das gesamte bewertete Bau-Schalldämmmaß $R'_{w,ges}$ der Fassade ergibt sich aus den auf die übertragende Fläche bezogenen Schalldämmmaßen $R_{e,i,w}$ der Bauteile, die an der Schallübertragung beteiligt sind, wie z.B. Wand, Fenster, Rollläden, Dach etc. Die DIN 4109-2 hält im Abschnitt 4.4 verschiedene Berechnungswege, auch vereinfachte, bereit. Bei Außenbauteilen in Holz-, Leicht- oder Trockenbauweise und auch Metall-Glas-Fassaden wird die flankierende Übertragung zumeist unberücksichtigt gelassen.

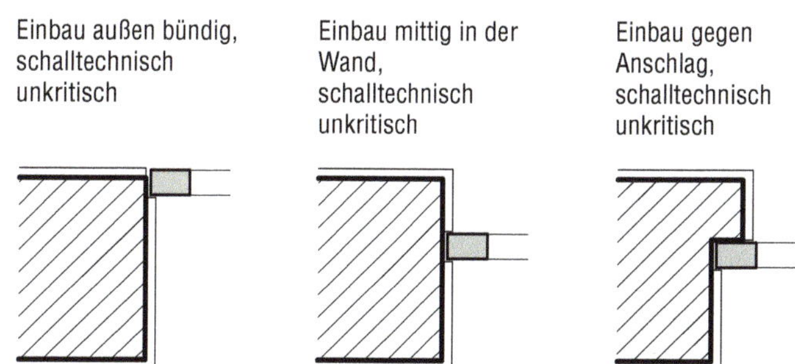

Bild 2: Einbausituationen im monolithischen Mauerwerk

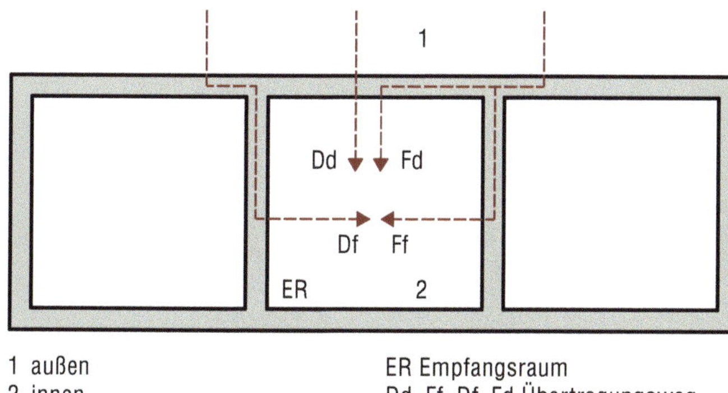

Bild 1: Prinzipdarstellung der Übertragungswege der Außengeräusche in einen schutzbedürftigen Raum

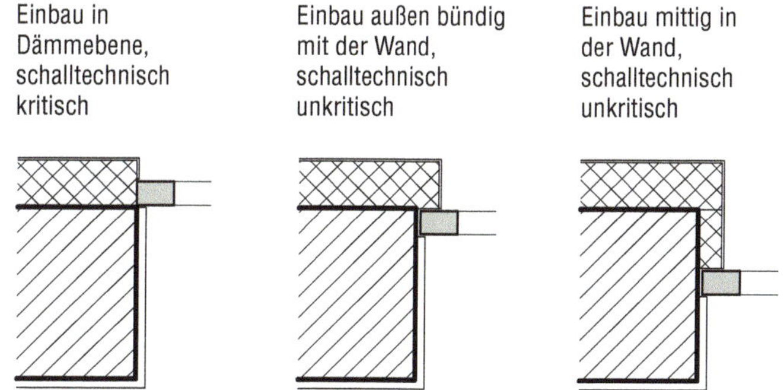

Bild 3: Einbausituationen Mauerwerk mit Wärmedämmverbundsystem

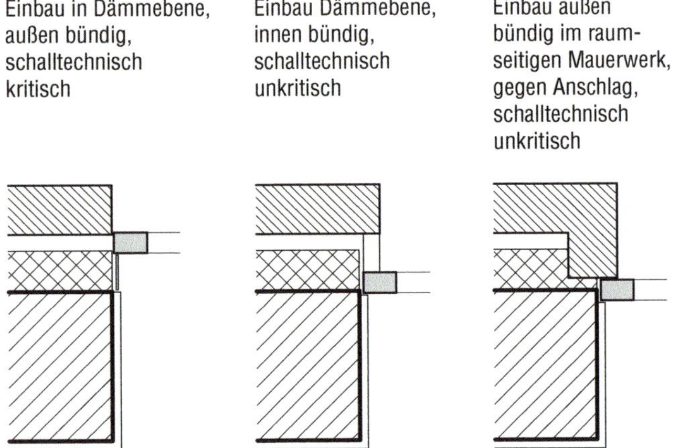

Bild 4: Einbausituationen Mauerwerk mit hinterlüfteter Vorsatzschale

Einbaufugen von Fenstern und Türen beeinflussen die resultierende Schalldämmung. Bei schallschutztechnisch kritischen Einbausituationen muss die Schalldämmung unter Berücksichtigung der Fugen berechnet werden. Kritische Einbausituationen liegen u.a. dann vor, wenn Fenster- und Türelemente im Bereich der Dämmebene eingebaut werden, was mittlerweile zur gängigen Praxis gehört.

Die Fugen sind dabei so zu planen, dass die Schalldämmung R_w des Bauteils um maximal 1 dB reduziert wird. Als Richtwert gilt daher:

$R_{S,w} \geq R_w + 10$ dB

Die Kenndaten sind in DIN 4109-35 enthalten oder werden aus einer Labormessung nach DIN EN ISO 10140-1/2 gewonnen. Bei der Berechnung spielt natürlich auch das Verhältnis der Elementgröße bzw. Bauteilfläche zur Fugenlänge eine Rolle. Ist das Element viel größer als die Ansichtsfläche der Fuge, so darf zur Berechnung des resultierenden Schalldämmmaßes $R_{i,w}$ eine differenzierte Formel angewendet werden (siehe DIN 4109-2).

VDI 4100

Die Anforderungen an den Schallschutz orientieren sich an den zurzeit üblichen und akzeptierten Qualitäten. Die Festlegungen in DIN 4109 bleiben dahinter zumeist zurück. Es muss bei der Planung daher immer davon ausgegangen werden, dass erhöhte Anforderungen an den Schallschutz gestellt werden. Mit dem Bauherrn/Nutzer sollten im Vorfeld der Planung die Anforderungen festgelegt

Tab. 3: Wahrnehmung üblicher Geräusche aus Nachbarwohnungen und SSt-Zuordnung [VDI 4100]

Geräuschemission	Wahrnehmung der Immission aus der Nachbarwohnung (abendlicher A-bewerteter Grundgeräuschpegel von 20 dB (A) und üblich große Aufenthaltsräume)		
	SSt I	SSt II	SSt III
laute Sprache	undeutlich verstehbar	kaum verstehbar	i.A. nicht verstehbar
Sprache mit angehobener Sprechweise	i.A. kaum verstehbar	i.A. nicht verstehbar	nicht verstehbar
Sprache mit normaler Sprechweise	i.A. nicht verstehbar	nicht verstehbar	nicht hörbar
sehr laute Musikpartys	sehr deutlich hörbar	deutlich hörbar	noch hörbar
laute Musik, laut eingestellte Rundfunk- und Fernsehgeräte, Partys	deutlich hörbar	noch hörbar	nicht hörbar
spielende Kinder	hörbar	noch hörbar	kaum hörbar
Gehgeräusche	i.A. kaum störend	i.A. nicht störend	nicht störend
Nutzergeräusche	hörbar	noch hörbar	i.A. nicht hörbar
Geräusche aus haustechnischen Anlagen	unzumutbare Belästigungen werden i.A. vermieden	i.A. nicht störend	i.A. nicht hörbar

und auch die Auswirkungen dieser Forderungen besprochen und schriftlich fixiert werden.

In der VDI 4100 werden vor diesem Hintergrund drei Schallschutzstufen (SSt) festgelegt.

Schallschutzstufe I – SSt I – beschreibt ein akustisch begründetes Niveau von Wohnungen mit geringem Grundgeräuschpegel. Sie sollte mindestens bei neu errichteten Wohnungen vorhanden sein, deren Ausstattung gegenüber einer einfachsten Ausführung und Ausstattung angehoben ist.

Schallschutzstufe II – SSt II – kann bei Wohnungen erwartet werden, die in ihrer Ausführung und Ausstattung einem durchschnittlichen Komfortanspruch genügen.

Wohnungen mit besonderen Komfortansprüchen sollten Schallschutzstufe III – SSt III – genügen.

Schallschutz mit Verglasungen

Der Schallschutz von verglasten Elementen hängt nicht linear von der Scheibendicke und vom Abstand der Scheiben ab.

Die Schallschutzwerte sind produktabhängig. Es muss eine Abstimmung auf den äußeren Lärmpegel erfolgen.

Die Fensterelemente werden in Schallschutzklassen eingeteilt.

Tab. 4: Schallschutzklassen von Fenstern [nach VDI 2719]

Schallschutzklasse nach DIN 4109, DIN 52210 und VDI 2719	Bewertetes Schalldämmmaß R'_w des am Bau funktionsfähig eingebauten Fensters [dB]	Erforderliches bewertetes Schalldämmmaß R_w des im Prüfstand eingebauten funktionsfähigen Fensters [dB]	Fensterkonstruktion[1]
0	≤ 24	< 27	Einfachfenster
1	25–29	≥ 27	Einfachfenster
2	30–34	≥ 32	Einfachfenster
3	35–39	≥ 37	Einfachfenster
4	40–44	≥ 42	Verbundfenster, Einfachfenster
5	45–49	≥ 47	Kastenfenster, Verbundfenster
6	≥ 50	≥ 52	Kastenfenster

[1] Hier handelt es sich um eine erste Grundlage (z.B. bei der Entwurfsplanung oder zur ersten Einschätzung einer Bestandssituation), mit welchen Bauelementen diese Maße erreicht werden können. Vorsicht: Sie ist für die AFU oder Ausschreibung nicht ausreichend.

Eine schalldämmende Wirkung wird i.d.R. schon mit Isolierverglasungen erzielt.

Allerdings ist das Schalldämmverhalten stark abhängig vom Scheibenzwischenraum. Bei einer Isolierglaseinheit bestehend aus zwei oder drei Scheiben, die durch einen Scheibenzwischenraum voneinander getrennt sind, wirken die Gläser nicht nur als Masse, sondern gemeinsam mit dem SZR als schwingendes Masse-Feder-Masse-System, das eine Eigenfrequenz hat. Dadurch erklärt sich auch die drastische Verringerung der Schalldämmung bei bestimmten Frequenzen. Günstig sind asymmetrische Aufbauten und die Verwendung von Folien. Der zu dämmende Schall ist abhängig von den Schallquellen und deren Intensität in bestimmten Frequenzbereichen. Diese Effekte fließen in die Bewertung mit der europäischen Norm DIN EN 20717-1 und den hier eingeführten Korrekturfaktoren für Glas (C und C_{tr}) ein. Damit lässt sich das bewertete Schalldämmmaß R_w an bestimmte Standardlärmsituationen anpassen. Der C-Wert liefert eine zusätzliche Information bezüglich der Eignung der Verglasung aus wenig tieffrequenten Lärmbelastungen (z.B. Wohnlärm, Eisenbahnlärm, Lärm von Schulen etc.). Der C_{tr}-Wert kann für die Bewertung von Störungen mit Tieftonanteilen (z.B. Straßenlärm mit viel Schwerlastverkehr, Fluglärm etc.) herangezogen werden. Die Zahlenwerte liegen zwischen 0 und –10 dB. Je kleiner der negative Wert von C und C_{tr} ist, desto günstiger ist der Frequenzverlauf.

Beispiel:

R_w (C;C_{tr}) der gemessenen Verglasung beträgt:

R_w 40 (–1; –5) dB

Dann beträgt die Schalldämmung in Bezug auf Wohnlärm: $R_w = 40 - 1 = 39$ dB

Und die Schalldämmung in Bezug auf Fluglärm: $R_w = 40 - 5 = 35$ dB

Das Schalldämmverhalten von Glaskombinationen ist relativ konstant. Ändert sich der Scheibenzwischenraum durch eine Luftdruckschwankung und Temperaturveränderungen, ändert sich auch das Dämmverhalten in Größenordnungen von ± 1 dB bis ± 2 dB.

Die Scheiben sind dabei unterschiedlich dick und verfügen somit über unterschiedliche Eigenfrequenzen. Füllungen mit Spezialgas im Scheibenzwischenraum können die Schallübertragung erheblich reduzieren.

Die Schalldämmwerte der Glaseinheiten müssen unter festgelegten Prüfbedingungen geprüft werden. In der Praxis weichen die Randbedingungen z.B. durch die Größe und die Einbausituation von den Prüfbedingungen ab. Die Zahlen gelten somit als Richtwerte und haben eine Toleranz von ± 2 dB, die berücksichtigt werden sollte. Je höher der Korrekturfaktor C und C_{tr} ist, umso größer ist auch der Einbruch der Schalldämmung in bestimmten Frequenzbereichen.

Tab. 5: Schallschutzwerte von üblichen Verglasungen (Beispiele, herstellerabhängig)

Scheibenaufbau, von außen nach innen (Glasdicke/Zwischenraum/Glasdicke)	Scheibenzwischenraum	Schalldämmmaß R_w [dB]
4/12/4	Luftfüllung	30
4/16/8	Luftfüllung	36
6/16/4	Argon	36
10/20/4	Argon	39
8/16/12VSG	Argon	43
6/12/4	Krypton	39
10/12/4	Krypton	39
10/16/4	Krypton	40
SF13/16/SF9	Krypton	49
SF13/16/SF9	Argon	49
SF … erhöhter Schallschutz mit Sicherheitsfolie		

Mit zunehmender Schallschutzklasse steigen die Anforderungen an die Anschlussfugen zwischen Blendrahmen und Baukörper. Schallschutzglas hat i.d.R. ein höheres Flächengewicht, wodurch sich für die Stabilität der Rahmen, der Beschläge und

Verklotzungen ebenfalls höhere Anforderungen ergeben. Die Fugen müssen umlaufend dicht ausgeführt sein. Undichtigkeiten reduzieren die schalldämmenden Eigenschaften erheblich. Es empfiehlt sich, das geforderte Fugenschalldämmmaß höher anzusetzen als das geforderte Schalldämmmaß des eingebauten Fensters. Schallschutztechnisch ist es günstig, Fenster an massive Teile der Außenwand anzuschließen. Dies ist jedoch für den Wärmeschutz (Wärmebrücke) von Nachteil.

Die Leistungsfähigkeit der Isoliergläser hinsichtlich des Schallschutzes kann man durch verschiedene Maßnahmen erhöhen:

Durch die Erhöhung der Glasmasse wie z.B. durch die Wahl dickerer Scheiben unter Beibehaltung eines symmetrischen Aufbaus kann man nur eine geringfügige Verbesserung erhalten. Bei einem asymmetrischen Aufbau verringert sich jedoch der Einfluss der Eigenfrequenz, wodurch sich bereits eine deutliche Verbesserung der Schalldämmung erreichen lässt. Elemente aus Verbundglas oder Verbundsicherheitsglas haben durch die Zwischenschicht aus einer oder mehreren Folien eine biegeweiche Schale, wodurch sich ebenfalls weniger markante Koinzidenzeinbrüche zeigen. Durch die Gasfüllung, z.B. Krypton oder Mischgase aus Argon/Krypton, im Scheibenzwischenraum kann ebenfalls eine Verbesserung erreicht werden. Vor

Tab. 6: Ausbildung der Anschlussfugen in Abhängigkeit von der Schallschutzklasse

Schallschutzklasse SK	Anforderungen an die Fugenausbildung	Detail Anschlussfugen
1, 2	dichte Verfüllung mit Dämmmaterial	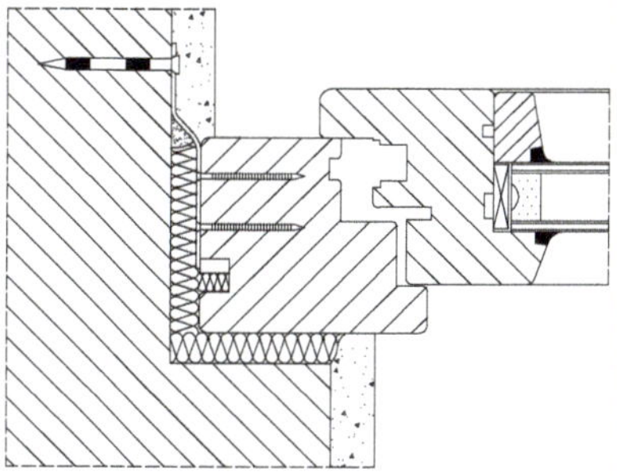
3	raumseitig umlaufende dichte Anschlussfuge (Dichtprofil und spritzbarer Dichtstoff)	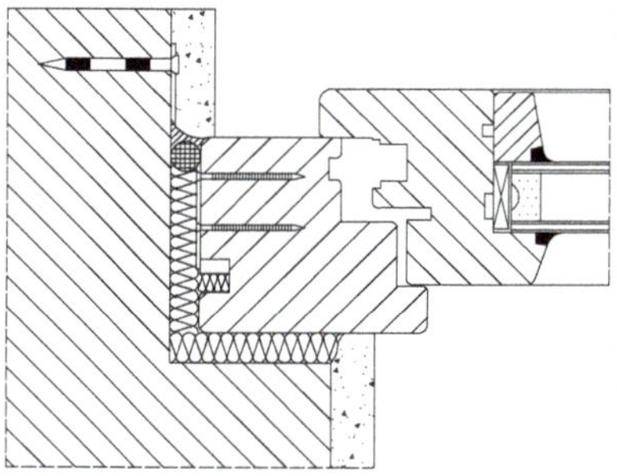
4, 5	Abdichtung der inneren und äußeren Anschlussfuge raumseitige Abdichtung diffusionsoffener als außenseitige Anschlussfuge raumseitige Fuge aus Dichtprofil und spritzbarem Dichtstoff, bei Feuchträumen/klimatisierten Räumen dampfdicht äußere Fuge aus Dichtungsband (Kompression 1:4/1:5)	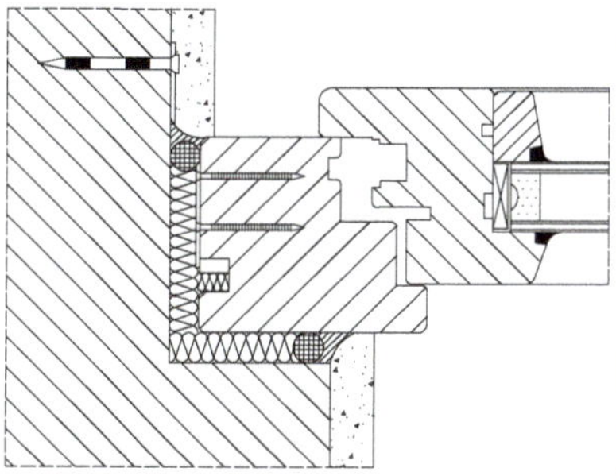

allem bei Kombination der zuvor beschriebenen Maßnahmen lassen sich wirkungsvolle Schallschutzglaseinheiten entwickeln. Durch den Einsatz von Verbundglas mit speziellen Schallschutzfolien können weitere Verbesserungen erreicht werden. Tabelle 5 zeigt verschiedene Glasaufbauten. Der Einsatz von Schallschutzfolien kann sinnvoll werden, wenn dadurch das Gewicht des Isolierglases reduziert werden kann. Die zu erreichenden maximalen Abmessungen und Seitenverhältnisse der Isoliergläser spielen bei der Auswahl ebenfalls eine Rolle.

Hinweise zu Wärmedämmverbundsystemen

WDV-Systeme können das Schalldämmmaß einer Außenwand beeinflussen. In den Bauaufsichtlichen Zulassungen der Systeme ist festgehalten, wie groß der jeweilige Einfluss ist, je nach System können Korrekturwerte von –5 dB bis +4 dB liegen. Abhängigkeiten bestehen je nach Dämmstoff und der Art der Befestigung (siehe Tabelle 7).

Die Hersteller bieten spezielle Schalldämmplatten, die das „Masse-Feder-Prinzip" im Wärmedämmverbundsystem ausnutzen. Dadurch kann die Luftschalldämmung von Massivwänden verbessert werden.

Tab. 7: Korrekturwerte

Dämmstoff	Befestigung	Dämmstärke	Korrekturwerte
EPS-Hartschaum	WDVS geklebt	allgemein	–2 dB
	WDVS geklebt und gedübelt	allgemein	–3 dB
	WDVS mit Schienenbefestigung	allgemein	+2 dB
Mineralwolle	WDVS geklebt und gedübelt Flächenbezogene Masse der WDVS Armierungsschicht und Schlussbeschichtung ≤ 10 kg/m²	Dämmplattenstärke ca. 60 mm	–4 dB
		Dämmplattenstärke ca. 100 mm	–2 dB
	WDVS geklebt und gedübelt Flächenbezogene Masse der WDVS Armierungsschicht und Schlussbeschichtung > 10 kg/m²	Dämmplattenstärke ca. 60 mm	+4 dB
		Dämmplattenstärke ca. 100 mm	+2 dB
	WDVS mit Schienenbefestigung	Dämmplattenstärke ca. 60 mm	–4 dB
		Dämmplattenstärke ca. 100 mm	–2 dB
	WDVS mit Lamellen geklebt	allgemein	–5 dB

2/5 Tageslicht, Transmission und Sonnenschutz

Glas und Tageslicht

Durch Tageslicht wird im besten Fall eine ausreichende Helligkeit in den Räumen erzeugt. Gleichzeitig wird die Sichtbeziehung nach außen hergestellt, was einer subjektiven räumlichen Qualität förderlich ist.

Die DIN 5034 – Tageslicht in Innenräumen – regelt im Teil 1 in Deutschland die Sichtverbindung nach außen. Hierbei werden verschiedene Regularien beschrieben, die bei der Planung zu berücksichtigen sind. Nach der DIN 5034 soll die Breite des durchsichtigen Teils der Fassade mindestens 55 % der Raumbreite betragen und mindestens 30 % der Wandfläche der Außenwand. Die Unterkante sollte dabei nicht mehr als 90 cm und die Oberkante mindestens 220 cm über dem Fußboden liegen. Weiterführende Anforderungen sind in der Arbeitsstättenrichtlinie aufgemacht. Hier wird berücksichtigt, ob ein Raum vorwiegend sitzend oder stehend genutzt wird. Die Unterkante soll zwischen 85 cm und 120 cm liegen. Die Höhe der Fenster sollte mindestens 125 cm und die Breite mindestens 100 cm betragen. Die Fensterfläche wird abhängig von der Raumtiefe definiert. Bei Raumtiefen von bis zu 5 m soll die Fensterfläche mindestens 1,25 m^2 betragen, darüber mindestens 1,50 m^2.

Zur Beurteilung der durch das Tageslicht erzeugten Helligkeit in Räumen dient der Tageslichtquotient. Dieser gibt das Verhältnis von Beleuchtungsstärke im Raum zur gleichzeitig im Freien zur Verfügung stehenden Beleuchtungsstärke auf die Horizontale an. Er gilt nur für diffuses Tageslicht, bei bedecktem Himmel. Die Beleuchtungsstärken bei bedecktem Himmel liegen zwischen 5.000 Lux und 20.000 Lux.

In der DIN 5034 werden die Mindestwerte für den Tageslichtquotienten für einseitig und zweiseitig tagesbelichtete Räume vorgegeben. Jedoch ist bei der tageslichttechnischen Planung zu berücksichtigen, dass dies eben nur absolute Minimalwerte sind. Für einseitig beleuchtete Räume ist ein mittlerer Tageslichtquotient von 0,9 % erforderlich, bei zweiseitig beleuchteten Räumen erhöht er sich auf 1 %. Bei einer Außenbeleuchtungsstärke von 10.000 Lux und einem Tageslichtquotienten ergibt sich eine Beleuchtungsstärke von 100 Lux, was gerade einmal ein Fünftel der erforderlichen Beleuchtungsstärke (Kunstlicht) darstellt.

Nutzung des Tageslichts

Die Anordnung der transparenten Bauteile (Fenster und Fassaden) sowie die Geometrie der Räume bestimmen den Anteil des nutzbaren Tageslichts. Ziel der Tageslichtnutzung ist eine blendungsfreie gleichmäßige Raumausleuchtung.

Das Seitenlicht – über das Fenster – ist die am meisten verbreitete architektonische Tageslichtkomponente. Die Tageslichtverteilung eines seitenbelichteten Raums ist für bedeckten und klaren Himmel zu ermitteln. Die Richtwerte für die Beleuchtungsstärken im Freien liegen zwischen 10.000 Lux und 80.000 Lux. Die Fenstergeometrie, Fensterhöhen und Brüstungshöhen etc. beeinflussen die Tageslichtnutzung. In Fensternähe ist die Beleuchtungsstärke sehr hoch, was ggf. zu Blendungs- und Überhitzungsproblemen führt. Mit zunehmender Raumtiefe nimmt auch das Beleuchtungsstärkenniveau ab. Oftmals verstärkt die notwendige Aktivierung des Sonnenschutzes noch das Problem der ungleichmäßigen Beleuchtungsstärken, was in der Folge dazu führt, dass Kunstlicht eingeschaltet werden muss, um das Defizit auszugleichen. Dachüberstände können vor besonders hoch stehender Sonneneinstrahlung und Blendung schützen, aber auch das gesamte Fenster verschatten.

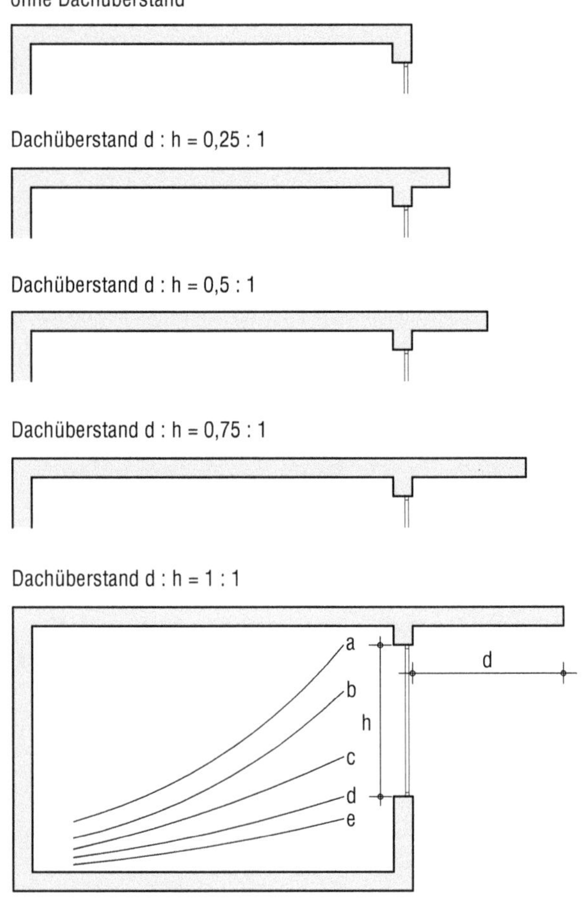

d = Dachüberstand, h = Fensterhöhe

Bild 1: Tageslichtangebot in einem seitenbelichteten Raum in Abhängigkeit vom Dachüberstand

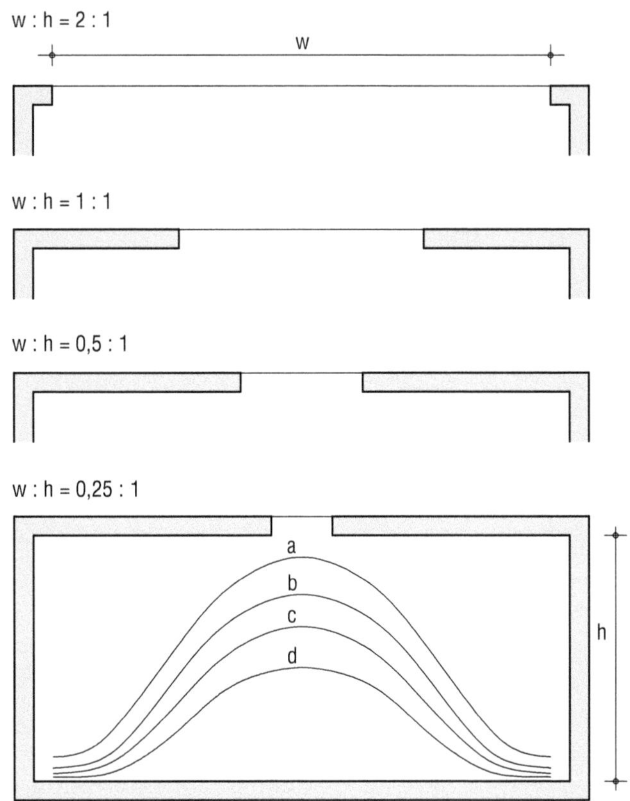

w = Oberlichtbreite, h = Raumhöhe

Bild 2: Tageslichtangebot in einem durch ein Oberlicht beleuchteten Raum in Abhängigkeit von der Oberlichtbreite im Verhältnis zur Raumhöhe

Das Oberlicht – eine Tageslichtöffnung in der Decke – verbessert die Beleuchtungsverhältnisse im Vergleich zum Seitenlicht deutlich. Hier sollte eine direkte Einstrahlung vermieden oder reflektiert werden, um eine gleichmäßige Ausleuchtung zu ermöglichen.

Da die Beleuchtungsstärke mit zunehmender Raumtiefe sinkt und in unmittelbarer Fensternähe ein Lichtüberschuss besteht, sind Maßnahmen zur Regulierung erforderlich. Es kommen Lichtlenksysteme, teils kombiniert mit Sonnenschutzsystemen, zum Einsatz. Diese werden meist als reflektorische oder prismatische Systeme ausgeführt. Dabei wird eine hohe Tageslichtausbeute bei einem niedrigen Energiedurchlassfaktor (geringe Erwärmung) und hoher Lichtdurchlässigkeit erreicht.

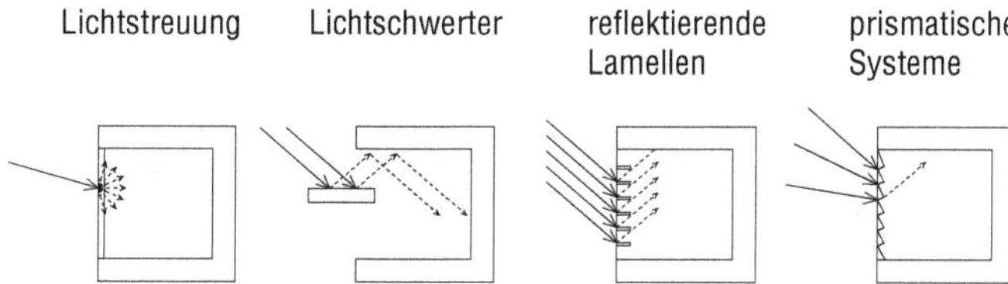

Bild 3: Lichtlenksysteme

Lichtlenksysteme werden nur in Teilflächen von Öffnungen angebracht. Ein Zehntel der Raumhöhe gilt als ausreichend. Es sind Installationen vor, hinter oder in der Fassade möglich. Günstig sind Installationen im Oberlichtbereich, da diese den Sichtkontakt nicht beeinflussen.

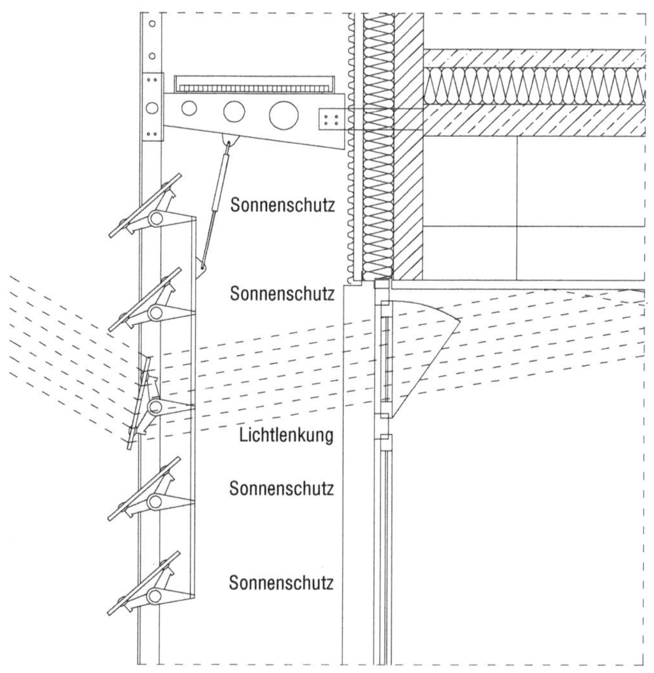

Bild 4: Lichtlenksystem in Kombination mit Sonnenschutz

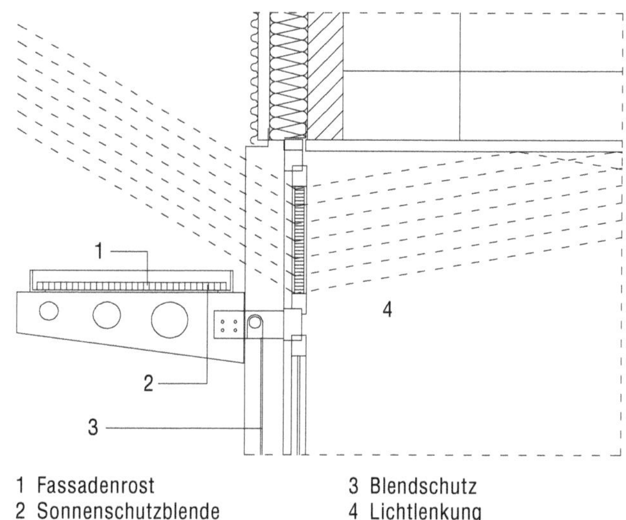

1 Fassadenrost
2 Sonnenschutzblende
3 Blendschutz
4 Lichtlenkung

Bild 5: Lichtlenksystem im Oberlicht

Installationen zur Nutzung des Tageslichts sind meist nur im Verwaltungs- und Industriebau wirtschaftlich. Hier können die Systeme zur Erschließung von Energieeinsparpotenzialen beitragen.

Lichtkamine ermöglichen die Umlenkung des Tageslichts. Dabei wird das Sonnenlicht über eine lichtbündelnde Linse in einen Hohllichtleiter geführt. Die Wände des Leiters sind reflektierend und können so das Licht in das Innere des Gebäudes bis zu einem lichtstreuenden Lichtauslass weitertransportieren. Je nach Durchmesser des Hohllichtleiters variiert auch der Weg, den das Licht transportiert werden kann. Bei einem Durchmesser von ca. 30 cm bis 40 cm ergibt sich eine Weite von ca. 4 m bis 6 m bei nur geringem Verlust.

Durch den Einsatz von Heliostaten kann das Tageslicht in Bereiche gelenkt werden, in die normalerweise kein Tageslicht fällt. Heliostatenanlagen bestehen aus computergesteuerten, elektromotorisch beweglichen Umlenkspiegeln, die meist auf Dachflächen installiert sind. Über Atrien wird das Licht in dunklere Bereiche gelenkt. Prismenelemente können zusätzliche Lichteffekte erzielen.

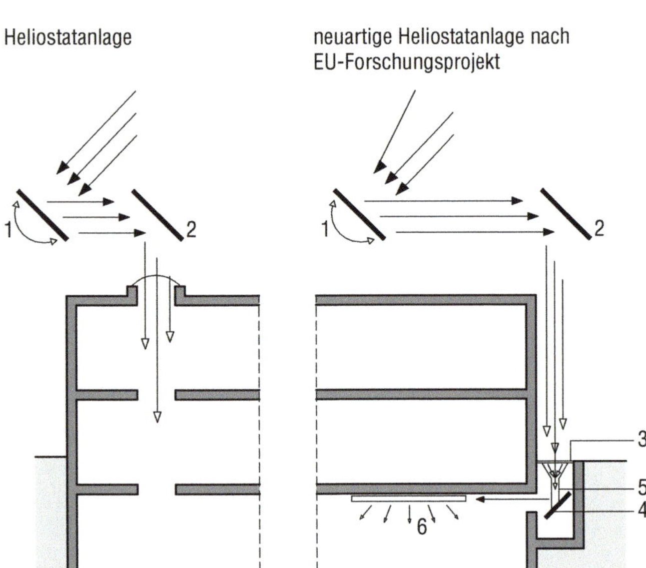

Bild 6: Wirkungsweise von Heliostatenanlagen

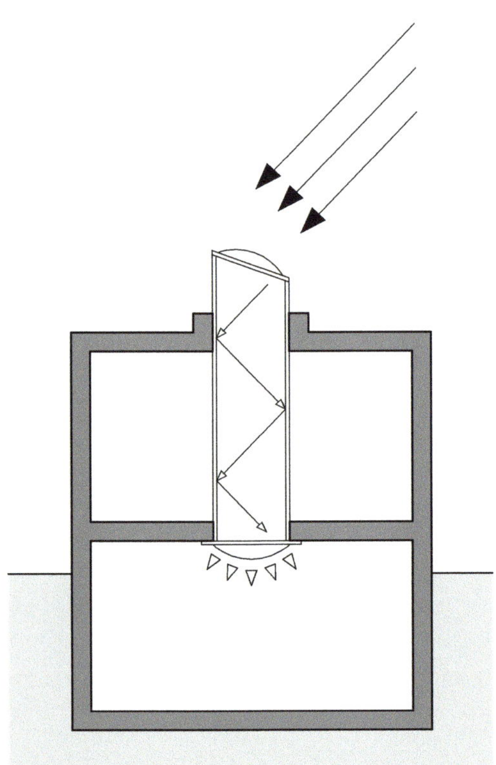

Bild 7: Wirkungsweise von Lichtkaminen

Glas und Transmission

Glas ist transparent, Tageslicht kann eintreten, Sicht nach außen wird ermöglicht, der Raum bleibt aber vor den weiteren Klimaeinflüssen aus Wind und Regen geschützt. Die Transmission beschreibt im Allgemeinen die Strahlungsdurchlässigkeit.

Die strahlungsphysikalischen Größen sind abhängig von der Färbung und Beschichtung der verwendeten Gläser, aber auch von der Strahlungsverteilung der Sonne, die als Basis herangezogen wird.

Das Strahlungsspektrum unterteilt sich für den Bereich des Bauens in drei Wellenlängenbereiche:

- UV- oder ultraviolette Strahlung von 0 nm bis 380 nm Wellenlänge
- sichtbare Strahlung von 380 nm bis 780 nm Wellenlänge
- Wärmestrahlung bzw. Infrarot-Strahlung von 780 nm bis 2.800 nm Wellenlänge

Begriffe

Strahlungsreflexion ρ
Sie bezeichnet den Anteil der Strahlung, der beim Auftreffen der Sonnenstrahlung an der Grenzfläche von Luft und Glas reflektiert wird. Es wird hier differenziert zwischen dem gesamten Wellenlängenbereich der Sonne (ρ_e) und dem sichtbaren Anteil (ρ_v). Die Strahlungsreflexion ist abhängig vom Einstrahlungswinkel. Bei der Angabe von Glasdaten werden jedoch nur senkrechte Einstrahlungsverhältnisse berücksichtigt.

Strahlungstransmission τ
Sie bezeichnet den Anteil der Sonnenstrahlung, der direkt durch das Glas bzw. die Glaseinheit hindurchgelassen wird. Es wird hier differenziert zwischen dem gesamten Wellenlängenbereich der Sonne (τ_e) und dem sichtbaren Anteil (τ_v).

Lichttransmissionsgrad τ_v
Der Lichttransmissionsgrad beschreibt die Lichtdurchlässigkeit, also den direkt durchgelassenen, sichtbaren Strahlungsanteil bezogen auf die Helleempfindlichkeit des menschlichen Auges. Er wird in Prozent angegeben und u.a. durch die Glasdicke beeinflusst. Der Lichttransmissionsgrad

sollte objekt- und umgebungsbezogen ausgewählt werden. Auch die Raumnutzung spielt bei der Wahl eine Rolle.

Strahlungsabsorption α
Sie beschreibt den Anteil der Sonnenstrahlung, der beim Auftreffen vom Glas absorbiert wird. Es wird hier differenziert zwischen dem gesamten Wellenlängenbereich der Sonne (α_e) und dem sichtbaren Anteil (α_v).

Energieabsorption α_e
Die Energieabsorption wird in Prozent angegeben. Dabei ist : 100 % = Transmission + Reflexion + Absorption

Durch die Absorption wird die Strahlungsenergie in Wärmeenergie umgewandelt, was zu einer Erhöhung der Temperatur der absorbierenden Glasscheibe führt. Ein höherer Gesamtabsorptionsgrad wirkt sich ungünstig auf die Glasstatik eines MIG aus.

Gesamtenergiedurchlassgrad g
Er beschreibt, wie viel Sonnenenergie, die auf das Glas trifft, nach innen gelangt. Er umfasst sowohl den Anteil aus direkter Sonnenenergietransmission τ_e als auch den Anteil sekundärer Wärmeabgabe nach innen infolge langwelliger Strahlung und Konvektion q_i.

Lichttransmissionsgrad L
Er beschreibt, wie viel Strahlung im sichtbaren Wellenlängenbereich (380 nm bis 780 nm) durch die Verglasung gelangt. Dabei wird die Lichtempfindlichkeit des menschlichen Auges berücksichtigt.

Transmission

Die besondere Eigenschaft des Glases ist jedoch seine Selektivität beim Strahlendurchgang. Die kurzwellige Solarstrahlung kann die Glasschichten zum großen Teil passieren. Die langwellige Wärmestrahlung wird am Glas reflektiert.

Die kurzwellige Sonnenstrahlung, die in den Raum gelangt, wird an den beschienenen Flächen absorbiert und in langwellige Wärmestrahlung umgewandelt. Da sie dann nicht wieder aus dem Raum gelangen kann, wird sich der Raum dadurch aufheizen. Der Glashauseffekt bzw. Treibhauseffekt beschreibt diese Zusammenhänge.

Für die Raumausleuchtung ist also der Bereich von 380 nm bis 780 nm Wellenlänge im Zusammenspiel mit der Fenstergröße relevant. Die Anordnung der Fenster und die Reflexion der Raumoberflächen beeinflussen die Lichtverteilung im Raum.

Der Lichttransmissionsgrad τ_v, der in Prozent angegeben wird, drückt den direkt durchgelassenen, sichtbaren Strahlungsanteil (380 nm bis 780 nm) bezogen auf das Helligkeitsempfinden des menschlichen Auges aus. Besonders bei Sonnenschutzgläsern ist er von hoher Bedeutung, da Sonnenschutzgläser einen niedrigen g-Wert, aber einen hohen Lichttransmissionsgrad aufweisen.

Der UV-Transmissionsgrad τ_{uv} beschreibt den Transmissionsgrad für den ultravioletten Bereich von 280 nm bis 380 nm, was ein wichtiges Kriterium beispielsweise im Museumsbau sein kann.

Der direkte Strahlungstransmissionsgrad σ_e wird auch als Energietransmissionsgrad bezeichnet und bezieht sich auf das Sonnenspektrum von 300 nm bis 2.500 nm.

Der g-Wert ist der Gesamtenergiedurchlassgrad der Verglasung für den Wellenlängenbereich von 300 nm bis 2.500 nm. Er wird in Prozent angegeben und beeinflusst den Aufbau der Verglasung, z.B. Anzahl der Scheiben, Beschichtungen, Gasfüllungen im Scheibenzwischenraum etc. Herkömmliches Glas hat einen g-Wert von etwa 85 %. Eine Dreifachverglasung erreicht i.d.R. einen g-Wert von 55 %. Für Vorhangfassaden ist ein g-Wert von 48 % als Maximalwert vorgegeben.

Glas und Sonnenschutz

Transparente Fassaden erfordern bereits in der Planung, wenn nicht sogar bereits im Rahmen der Vorplanung die Auseinandersetzung mit den Themen Wärmeschutz und Sonnenschutz. Diese beiden Schwerpunkte stehen in einem Zusammenhang, können einander aber ungünstig beeinflussen. Sonnenschutz bedeutet vereinfacht, möglichst wenig Sonnenenergie in den Raum zu lassen, was beispielsweise durch die Auswahl von Verglasungen mit kleinem g-Wert erreicht werden kann. Wärmeschutz bedeutet, den Wärmeverlust des Raums bei niedrigen Außentemperaturen zu reduzieren. Dabei besteht das Bestreben, tagsüber die solare Energie zu nutzen und für den Raum zu gewinnen, was zu einer Reduzierung des Heizenergiebedarfs führt. Für die Gläser heißt dies, ein hoher U_g-Wert kombiniert mit einem hohen g-Wert wäre vorteilhaft. Der solare Energiegewinn im Winter muss demzufolge gegenüber einer möglichen Überhitzung des Gebäudes im Sommer abgewogen werden. Weitere Einflussfaktoren auf die Raumlufttemperatur sind bei der Gestaltung der Innenräume nutzbar, wie z.B. die Wärmespeicherfähigkeit von Bauteilen oder die Nutzung interner Wärmequellen. Beide Schwerpunkte, Sonnenschutz und Wärmeschutz, müssen abhängig von der Nutzung, der Gebäudeausführung sowie der Lage und Orientierung optimiert werden.

außenliegender Sonnenschutz

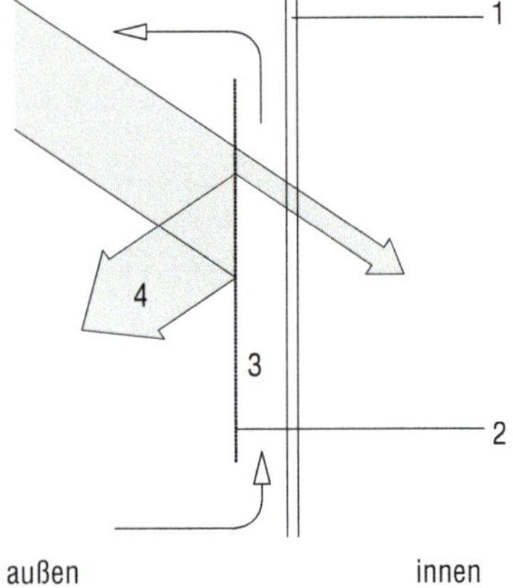

außen innen

innenliegender Sonnenschutz

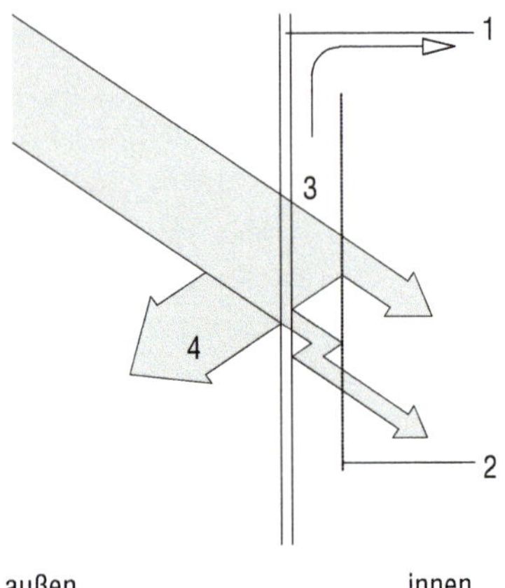

außen innen

1 Verglasungsebene
2 Sonnenschutz
3 Konvektion
4 Reflexion und Absorption

Bild 8: Energieeinträge in Abhängigkeit von der Position des Sonnenschutzes

Es ist zu beachten, dass eine teilweise Verschattung von nicht thermisch vorgespannten Float-Gläsern (z.B. durch einen außenliegenden Sonnenschutz) zu thermisch induzierten Spannungen im Glas und damit zu Glasbruch führen kann. Die kritische Temperaturdifferenz innerhalb des Glases beträgt ca. 40 K. Durch eine sog. „Stress-Analyse" kann die Bruchgefahr abgeschätzt werden.

Sonnenschutz ist also das Bestreben, einen Anteil der auf das Glas auftreffenden Sonnenstrahlung nicht in den Raum zu lassen. Folgende Möglichkeiten sind gegeben und unterschiedlich effektiv:

- außenliegender Sonnenschutz, vor der Glaseinheit liegend
  Ein wirksamer äußerer Sonnenschutz verhindert bereits außen, dass eine übermäßige Sonneneinstrahlung auf das Glas stattfindet. Er kann aber je nach Ausführung und Material auch die Sicht nach außen behindern und bei zu hoher Beschattung dazu führen, dass eine zusätzliche Beleuchtung erforderlich wird. Die Belastungen aus Wind, Schnee und Feuchtigkeit sind bei der Planung zu berücksichtigen.
- Verwendung von Sonnenschutzglas
  Sonnenschutzgläser sollten einen g-Wert von maximal 50 % und einen Lichttransmissionsgrad L von maximal 40 % aufweisen. Sonnenschutzgläser können als beschichtete bzw. eingefärbte Gläser zum Einsatz kommen oder auch als bedruckte Gläser Verwendung finden.
- Sonnenschutzstore im Scheibenzwischenraum
  Sonnenschutzrollos oder Jalousien können auch in den Scheibenzwischenraum integriert werden. Dafür muss der SZR ausreichend dimen-

sioniert werden. Vorteilhaft ist, dass sich der Sonnenschutz außerhalb der bewitterten Zone befindet. Zu beachten ist allerdings die thermische Belastung der Konstruktion. Durch Absorption der Strahlung erhöht sich die Temperatur im Scheibenzwischenraum erheblich, was je nach Einbausituation des integrierten Sonnenschutzes auch zu erhöhten Oberflächentemperaturen auf der raumseitigen Glasfläche führt.

- Einlagen aus Glasgespinst oder Vliesen im Scheibenzwischenraum
  Diese Einlagen verändern die Wärmedurchgangskoeffizienten der Verglasungseinheit. Die Auswahl der Einlage ist abhängig vom Anwendungsbereich. Gespinste und Vliese haben eine hohe Lichtdurchlässigkeit und durch Reflexion auch eine Sonnenschutzwirkung. Allerdings ist der Ausblick nach außen durch sie nicht mehr möglich.
- innerer Sonnenschutz, auf der Verglasungsinnenseite
  Er ist zwar den äußeren Belastungen nicht ausgesetzt, kann aber Sonnenenergie nur als Reflexion wieder nach außen senden. Absorbierte Energie verbleibt im Raum.
- Aufbringen von Folien auf der Glasoberfläche
  Es werden reflektierende oder absorbierende Folien direkt auf die äußeren Oberflächen der Isoliergläser aufgeklebt. Diese verändern allerdings infolge der Absorption die Temperaturen der Scheiben, was vor allem bei der nachträglichen Montage solcher Folien zu beachten ist. Folien, die auf der Rauminnenseite aufgebracht werden, können eine hohe Hitzeentwicklung bei Sonneneinstrahlung verursachen.
- Verwendung von Gläsern mit Emaille- und Siebdruckmustern

Addierte Sonnenschutzsysteme

Addierte Sonnenschutzelemente sind nur zu Sonnenschutzzwecken angebrachte Elemente. Sie können abhängig von der Ausführung erhebliche Kosten verursachen. Die Sonnenschutzelemente können als starre oder bewegliche Konstruktionen ausgeführt werden.

Die Wirksamkeit des Sonnenschutzes ist bestimmt durch dessen Lage bezüglich der Fensterflächen. Es wird zwischen außenliegenden, zwischengesetzten und innenliegenden Systemen unterschieden. Ein außenliegender Sonnenschutz ist am wirksamsten. Zwischengesetzte und innenliegende Systeme erfüllen die Anforderungen nur teilweise.

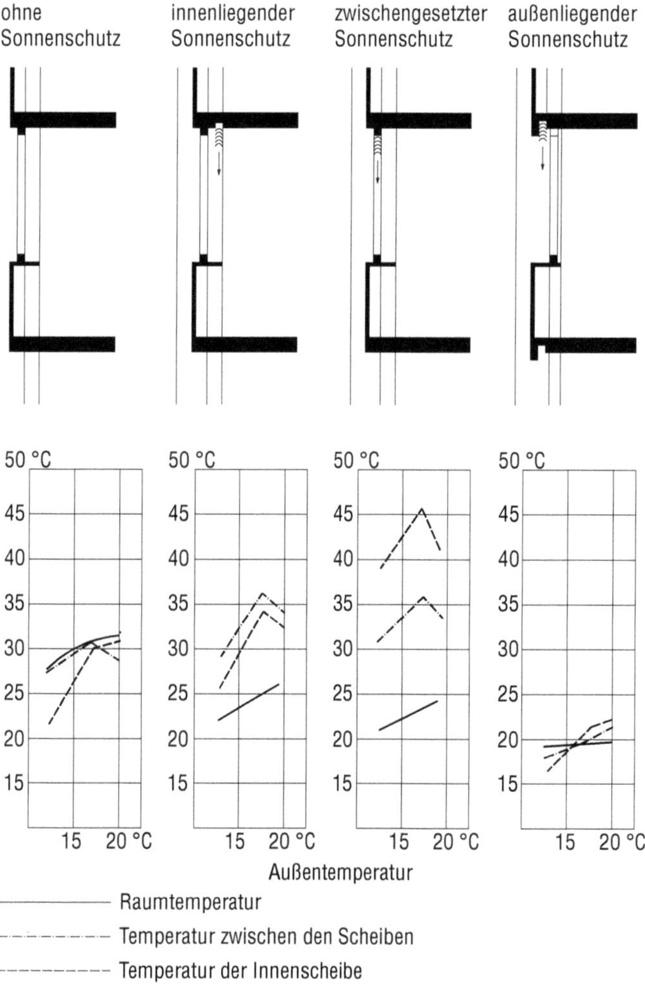

Bild 9: Wirksamkeit von Sonnenschutzmaßnahmen

Außenliegende Systeme

Der Markt bietet die verschiedensten Lösungen und Produkte außenliegender Sonnenschutzsysteme an.

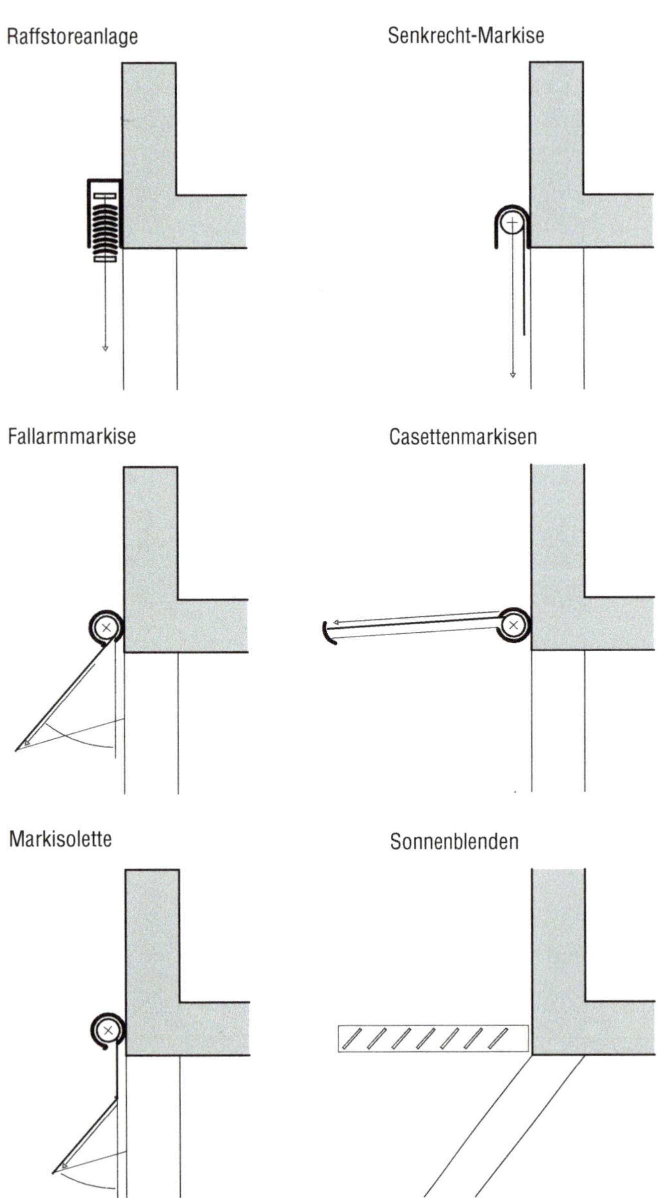

Bild 10: Ausführungsvariante von außenliegenden Sonnenschutzsystemen

Sonnenblenden werden als Kragelemente über oder neben den Fensterflächen angeordnet. Die Ausführung erfolgt meist in reiner Südlage als Lamellenkonstruktion aus Leichtmetall. Mit steigender Lamellengröße vergrößert sich der Abstand der Tragkonstruktion. Die Verwendung von Tragkonstruktionen aus Zug- und Druckstäben und Seilabspannungen führt zur Minimierung der Dimensionen. Für auskragende Sonnenblenden sind Tragkonstruktionen aus Konsolen, Schwertern oder Flacheisen üblich.

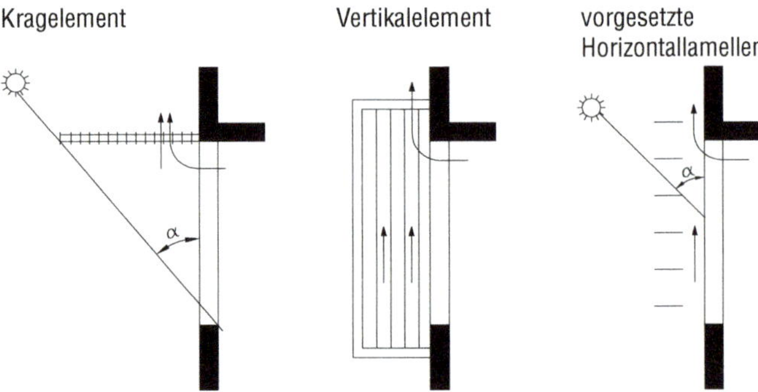

Bild 11: Sonnenblenden – Ausführungsvarianten

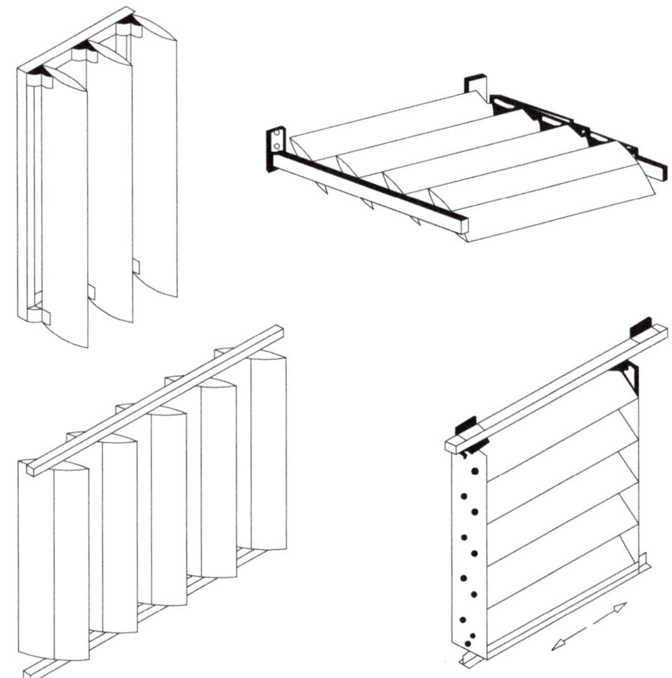

Bild 12: Beweglicher Lamellensonnenschutz – Ausführungsvarianten

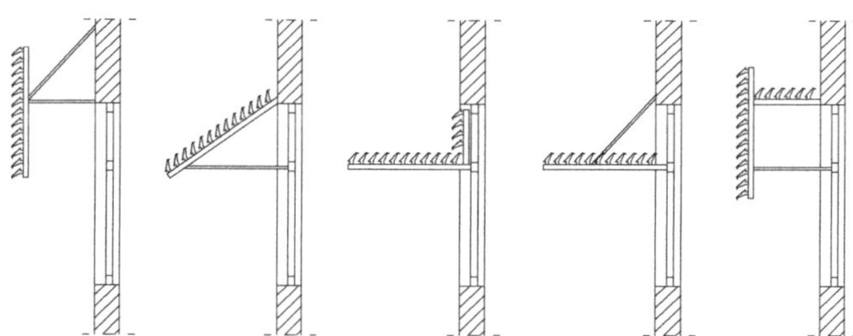

Bild 13: Ausführungsvarianten auskragender Sonnenblenden

Lamellenvarianten

Montage in Rahmenkonstruktion

Ausführungsvarianten

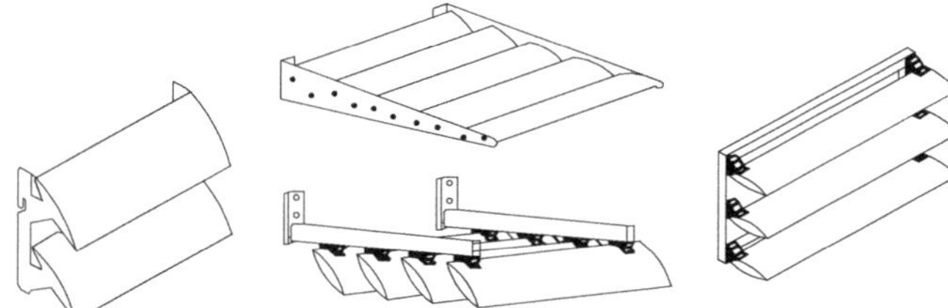

Bild 14: Starrer Lamellensonnenschutz

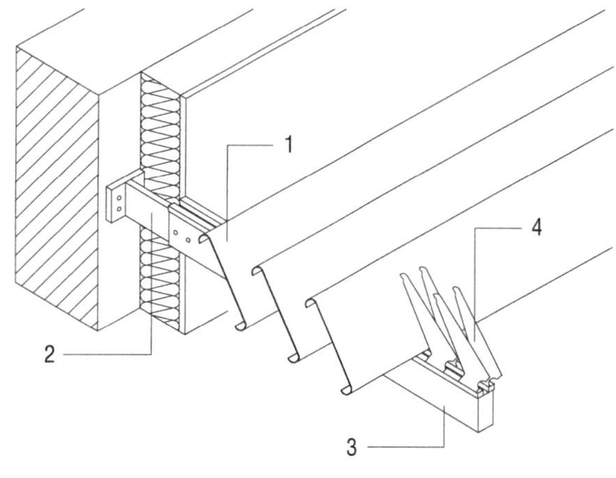

1 Lamelle
2 Schwert
3 Kragarmprofil
4 Lamellenhalter

Bild 15: Montage des Lamellensonnenschutzes an Massivwand

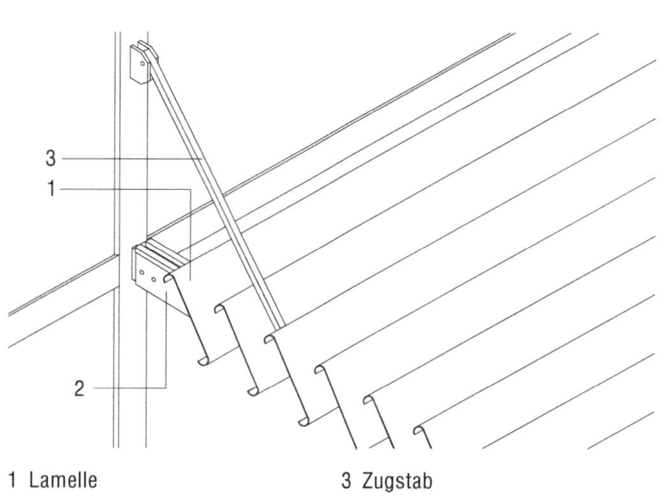
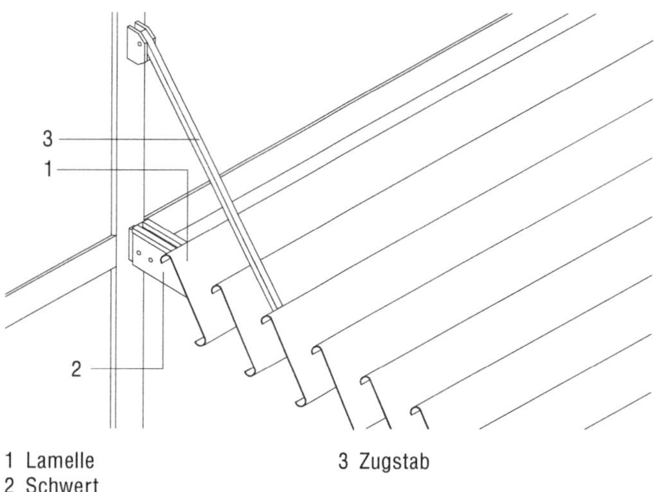

1 Lamelle
2 Schwert
3 Zugstab

Bild 16: Montage des Lamellensonnenschutzes an Pfosten-Riegel-Konstruktion

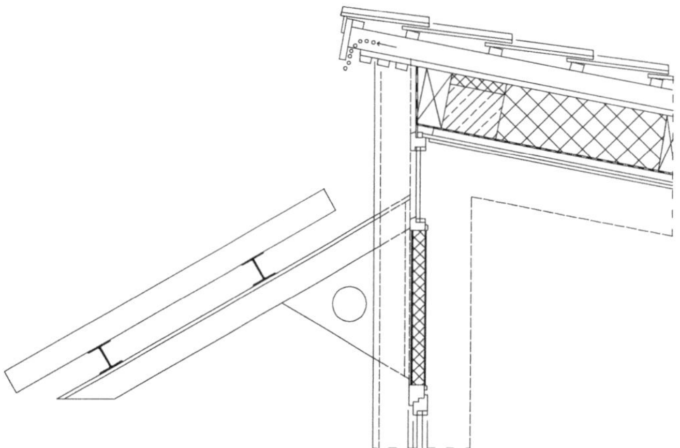

Bild 17: Auskragende Sonnenblende zur Aufnahme von Gitterrosten, PV-Elementen o.Ä.

Bei der Ausführung von Sonnenblenden aus Gitterrosten wird der Sonnenschutz durch unterschiedliche Rosthöhen, Maschenteilungen und Neigungswinkel der Stäbe erzeugt. Gitterroste werden aus Edelstahl, Leichtmetall oder glasfaserverstärktem Kunststoff hergestellt.

mit Nutzung als Flucht- und Wartungsgang

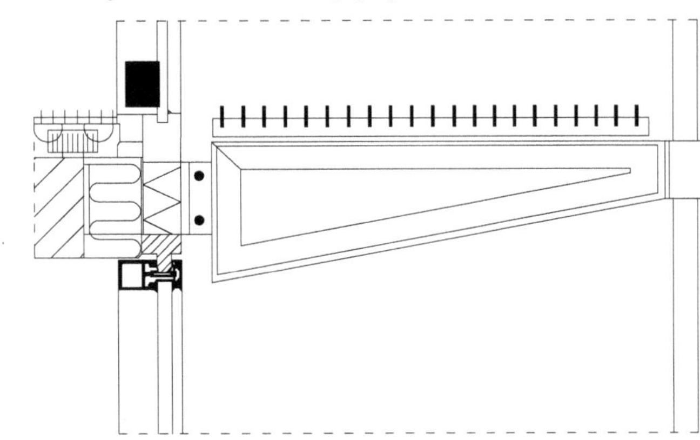

als reiner Sonnenschutz

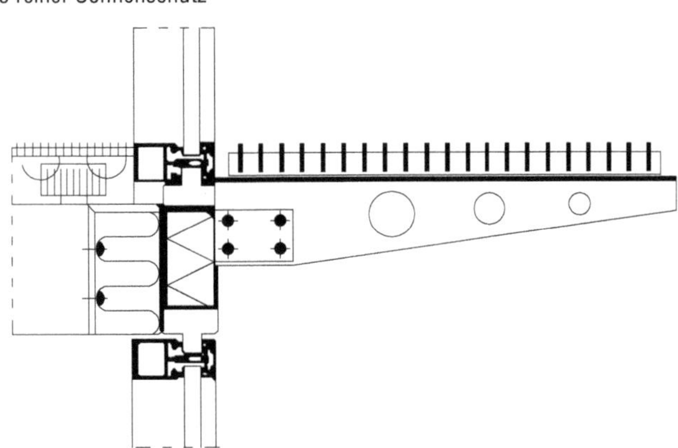

Sonnenschutzelement mit großer Auskragung

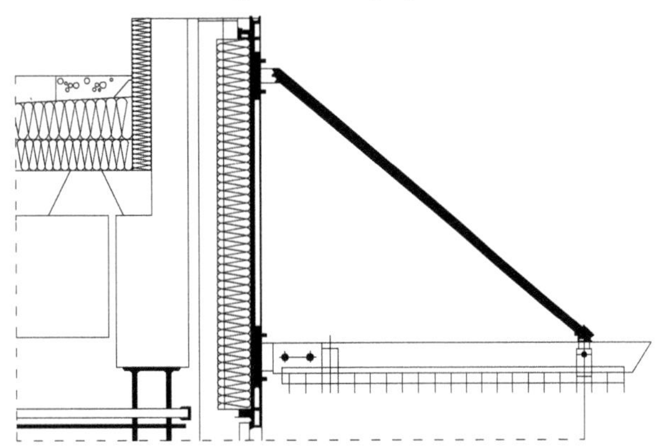

Bild 18: Auskragende Sonnenblenden aus Gitterrost

Alternativ ist eine direkte Montage vertikal oder horizontal vor den Fensterflächen möglich, wobei die Sichtfreiheit zu gewährleisten ist. Die Sonnenblenden dienen dem Sonnenschutz und dem Blendschutz, der insbesondere für Bildschirmarbeitsplätze (Bildschirmarbeitsplatzverordnung) einzuhalten ist. Vertikal angeordnete Lamellen führen die Warmluft besser ab, während horizontal angeordnete Lamellen für eine bessere Raumausleuchtung sorgen. Bevorzugter Einsatzbereich sind die Ost- und Westseiten der Gebäude. Lamellen sind mit einem Neigungswinkel versehen, die dem Strahlungseinfall mit der höchsten Intensität angepasst sind.

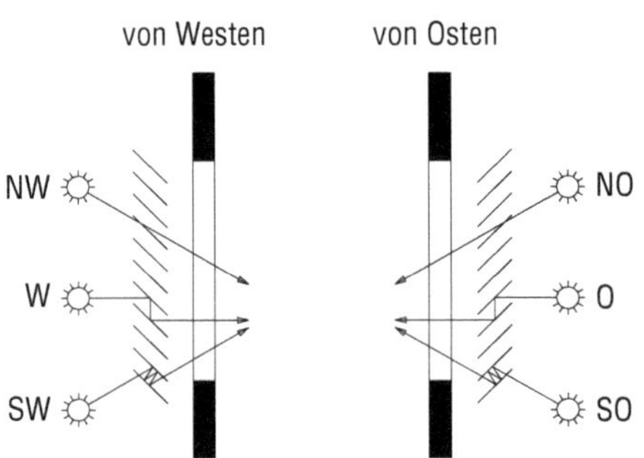

Bild 19: Ausrichtung der starren Lamellen bei Lichteinfall

Bewegliche Sonnenschutzsysteme sind vielfältig ausführbar. Es können in Rahmen gefasste Einzelelemente schwenk- oder klappbar oder verschieblich ausgeführt werden. Bei Lamellenkonstruktionen können die Lamellen einzeln oder in Gruppen bewegt werden. Die Bewegung lässt sich manuell, elektromotorisch oder hydraulisch durchführen. Kombinationen zwischen beweglichen und starren Systemen sind möglich. Automatische Regeleinrichtungen für die gesamte Sonnenschutzanlage erfordern eine aufwendige Steuerungs- und Messtechnik, welche mit hohen Kosten verbunden ist.

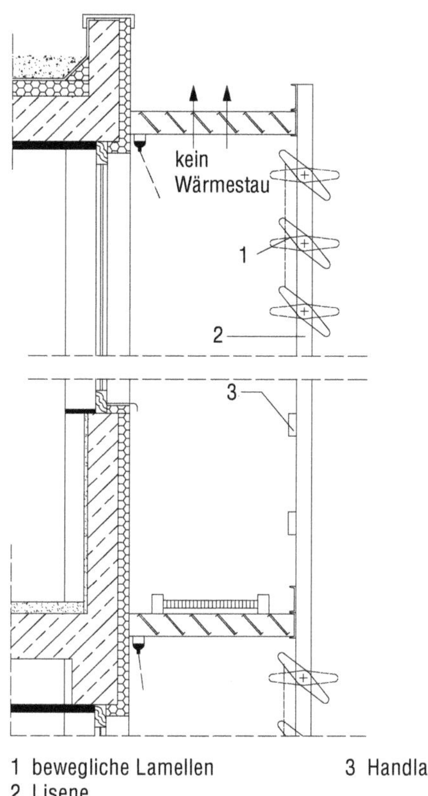

1 bewegliche Lamellen
2 Lisene
3 Handlauf

Bild 20: Kombination zwischen starrem und beweglichem Sonnenschutz

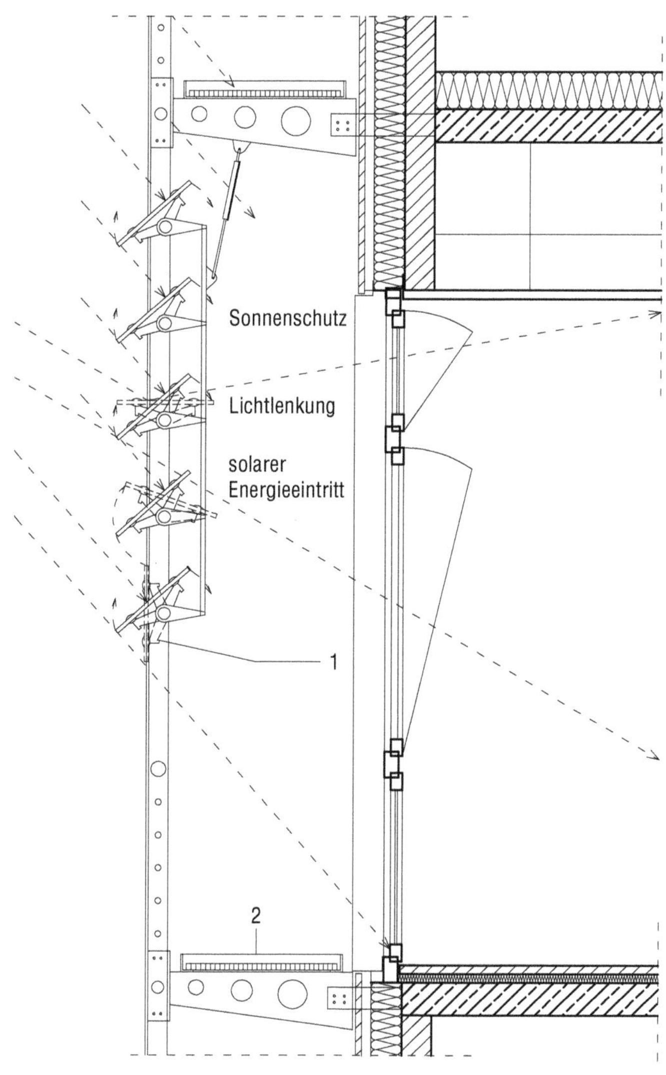

1 Ruhestellung
2 Fassadenrost

Bild 21: Transparenter Sonnenschutz durch Glaslamellen

Auskragende bewegliche Sonnenschutzsysteme werden überwiegend für Süd-, Südost- und Südwestfassaden eingesetzt. Die Kragelemente sind mit Lamellen versehen, die in horizontal oder vertikal geteilten Gruppen beweglich sind. Es kommen Lamellen aus Metall, Glas oder Holz zum Einsatz. Der Wartungsaufwand ist bei der Materialwahl zu berücksichtigen. Durch Lamellen aus Glas lässt sich ein transparenter Sonnenschutz herstellen. Zunehmend werden die Lamellen mit Fotovoltaik-Belagschichten versehen. Die beweglichen Sonnenschutzsysteme haben den Vorteil, dass der solare Strahlungsgewinn optimiert werden kann.

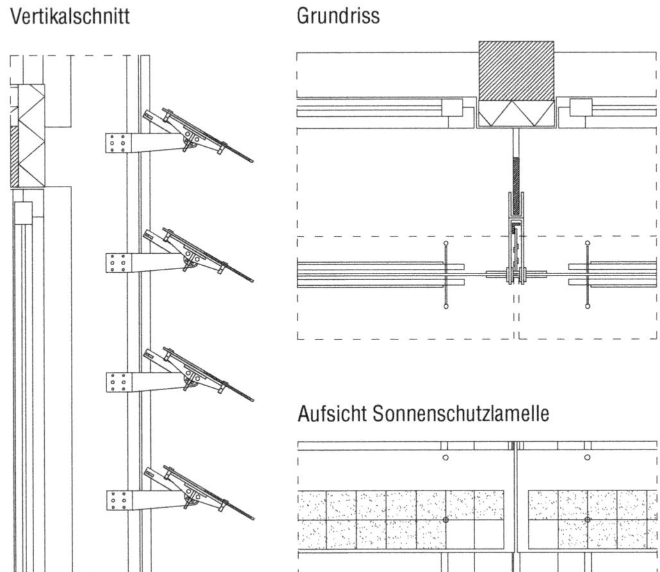

Bild 22: Nachführbare Sonnenschutzlamellen an Fassade – mit Fotovoltaik

Auch *Rollos* oder *Markisen* lassen sich an vorgesetzten Konstruktionen befestigen, wodurch ein wirksamer Sonnenschutz entsteht. Meist erfolgt eine Kombination mit Wartungsgängen oder Balkonen. Die Rollos und Markisen bestehen aus leichten Materialien (Stoffe, Folien), die windempfindlich sind. Der Einsatz einer automatischen Regeleinrichtung (Windsensor) ist empfehlenswert.

Ausfahrbare Markisen werden mit einer Leichtmetallkassette, die die Gelenkarme und die aufgewickelte Markise aufnimmt, direkt an der Fassade befestigt. Die maximale Ausladung ist herstellerabhängig.

Verschiebbare Sonnenschutzelemente können als starr laminierte Jalousierahmen (Schiebeläden) ausgeführt werden. Die Verschiebung kann vertikal oder horizontal erfolgen. Ein ausreichender Abstand zur Fensterfläche ist erforderlich, um eine Hinterlüftung zu gewährleisten. Zweckmäßig ist eine Bedienung vom Innenraum (mechanisch oder elektrisch).

Klappläden bieten einen hohen Sonnen- und Wärmeschutz bei gleichzeitiger Verdunkelung. Die Klappläden werden meist gleichzeitig als Gestaltungselemente genutzt. Es sind ein-, zwei- oder mehrflüglige Ausführungen möglich, die ein- oder beidseitig der Öffnung angeordnet werden können. Bei Neuentwicklungen bestehen die Füllungen der Ladenelemente aus Solarzellen auf Glas als Trägermaterial. Neben Witterungs-, Sonnen- und Einbruchschutz dienen diese Elemente der Stromproduktion.

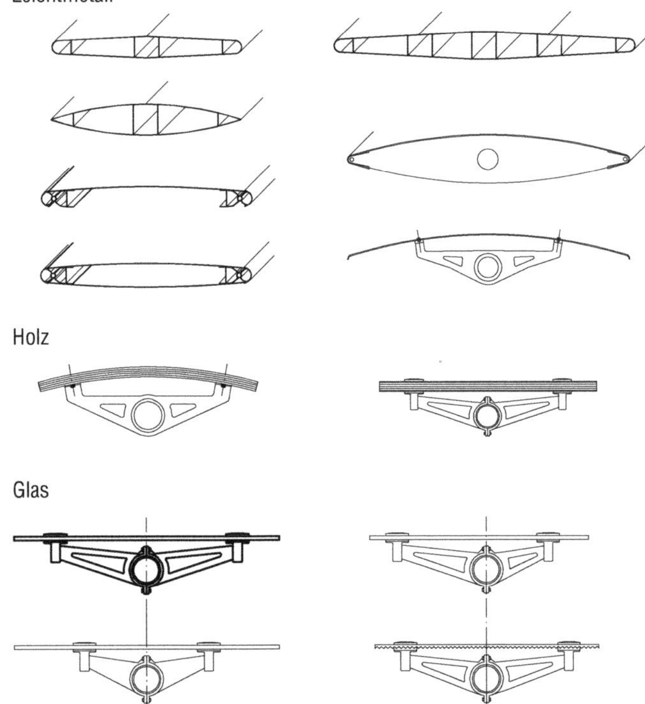

Bild 23: Ausführungsvarianten von Sonnenschutzlamellen

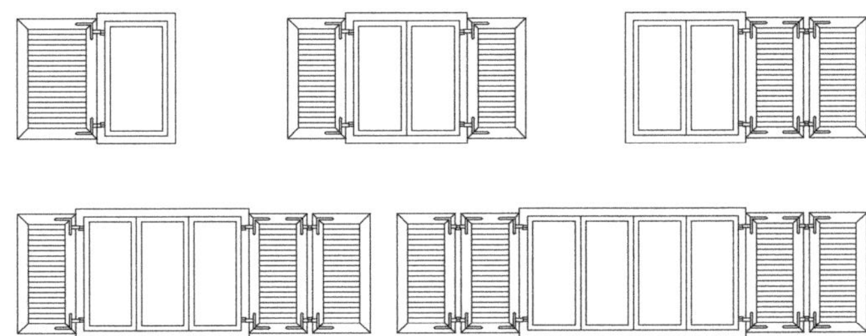

Bild 24: Ausführungsvarianten Klappläden

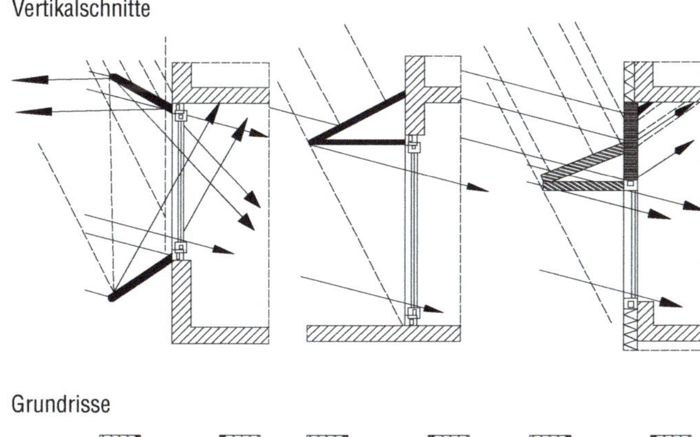

Bild 25: Solarer Fensterladen – Ausführungsvarianten

Rollläden erfüllen die Funktion des Sonnenschutzes bei gleichzeitiger Verdunkelung. Der Einbau erfolgt als Einsatz- oder Vorsatzrollladen. Bei Einsatzrollläden ist auf die Vermeidung von Wärmebrücken zu achten. Rollläden werden aus Leichtmetall, Kunststoff und Holz hergestellt. Material und Öffnungsgröße bestimmen die Kastengröße. Der Kasten wird meist über der Öffnung angeordnet. Bei Öffnungen mit nicht waagerechten Stürzen wird der Kasten vorzugsweise unten angeordnet. Die seitliche Lagesicherung erfolgt durch Führungsschienen. Die Bedienung erfolgt mechanisch oder elektromechanisch (Leerrohre sind vorzusehen!). Bei elektromechanisch betriebenen Rollläden ist eine Steuerung in Gruppen, pro Etage, zentral oder einzeln möglich. Mindest- und Maximalbreiten werden vom Hersteller angegeben. Manuell bedienbare Rollläden haben Mindestbreiten von ca. 50 cm, elektromotorisch bedienbare Rollläden von ca. 70 cm.

Raffstoreanlagen erfüllen Funktionen des Sonnen- und Blendschutzes und in Abhängigkeit der Lamellenführung und -gestaltung können sie auch zur Lichtlenkung eingesetzt werden. Eine Raffstoreanlage besteht aus folgenden Komponenten:

- Lamellen, zumeist aus Aluminium
- Bänder, Schnüre oder Kordeln; Leiterbänder dienen dem Tragen, Abstandhalten und Wenden der Lamellen, Aufzugsbänder dienen dem Herunterlassen bzw. Hochziehen der Lamellen
- Oberschiene
- Unterschiene
- seitliche Führungselemente (Seil- oder Schienensystem)
- Antrieb – Motor- oder Kurbelantrieb

Die Montage erfolgt ähnlich wie bei Markisen und Rollos.

Zwischengesetzte Systeme

Zwischengesetzte Systeme können zwischen den Scheiben einer Isolierglaseinheit oder im Zwischenraum von Doppelfassaden angeordnet werden. Der Sonnenschutz ist wetter- und staubgeschützt, was den Einsatz regelbarer Elemente begünstigt. Eingesetzt werden Rollos aus Sonnenschutzgeweben oder -folien, Polyestergewebe mit Aluminiumbeschichtung oder Lamellensysteme.

Zwischen den Scheiben einer Isolierglaseinheit angebrachte Sonnenschutzsysteme verlieren an Wirksamkeit, da ein Wärmestau, der Wärme an den Innenraum abgibt, verursacht wird. Eine Permanentlüftung des Scheibenzwischenraums ist erforderlich.

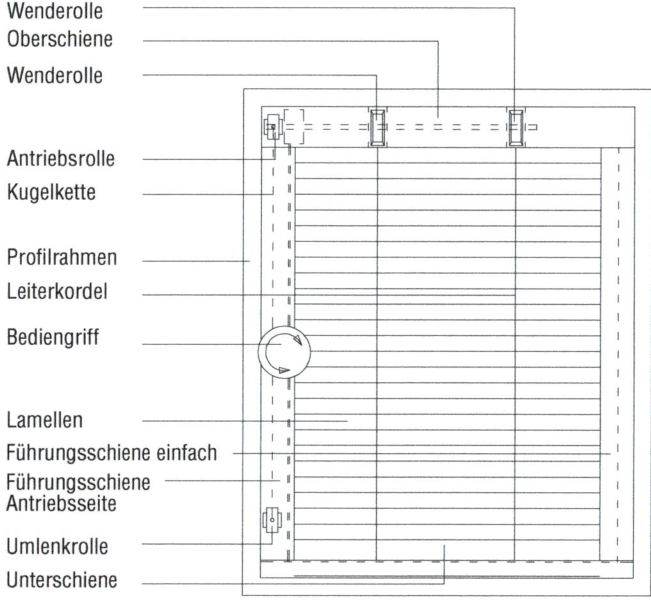

Bild 26: Isolierglaseinheit mit zwischenliegenden steuerbaren Lamellen

Bei Sonnenschutzsystemen, die im Zwischenraum von Doppelfassaden angeordnet sind, ist eine ausreichende Hinterlüftung gegeben.

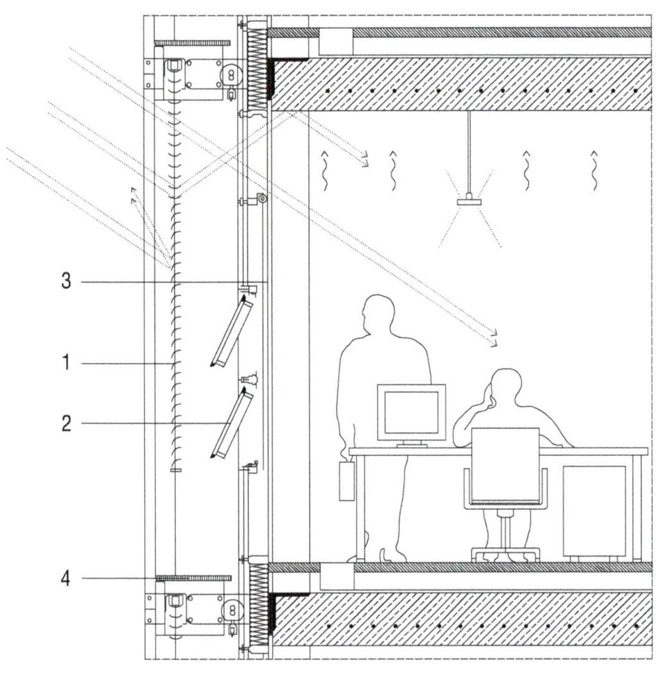

1 bewegliche Aluminiumlamellen
2 Lüftungsflügel
3 innenliegender Blendschutz
4 Wartungssteg aus Gitterrost

Bild 27: Zwischenliegender Sonnenschutz aus Lamellen

Innenliegende Systeme

Ein innenliegender Sonnenschutz bietet einen wirksamen Schutz vor kurzzeitiger Sonneneinstrahlung. Als alleinige Maßnahme ist ein innenliegender Sonnenschutz nicht ausreichend. Die Ausführung kann als Jalousie, Rollo, Lamellenvorhang oder Store erfolgen. Die Systeme werden an der Decken- oder Wandkonstruktion befestigt. Ein Nachrüsten ist unproblematisch. Neben dem Blendschutz kann eine Verdunkelung realisiert werden.

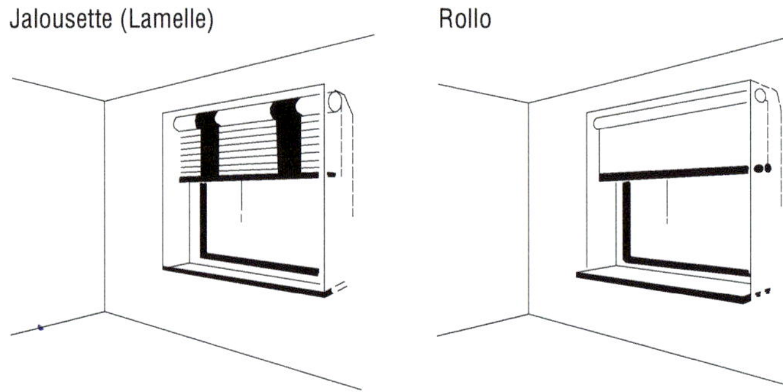

Bild 28: Innenliegender Sonnenschutz

Kapitel 3
Systeme und Konstruktionen von Fenstern und Fassaden

3/1 Tragende Außenwände

Anforderungen an das Tragwerk

Tragende Außenwände dienen vorrangig der Abtragung von Lasten, als Wände, die den Außen- vom Innenraum abtrennen, müssen sie gleichzeitig diverse bauphysikalische Anforderungen, wie z.B. Wärmeschutz, Schallschutz, Brandschutz etc. erfüllen.

Statische Anforderungen

Außenwände sind überwiegend auf Druck belastete scheibenartige Bauteile, die Räume eines Gebäudes zum Freien hin abschließen. Sie haben die Aufgabe, als Trennelement zwischen Innen- und Außenraum das künstliche Klima des Innenbereichs vor unerwünschten außenklimatischen Einflüssen zu schützen. Dabei kommt ihnen ebenso eine erhebliche ästhetische Funktion zu: Sie bestimmen in großem Maße das äußere Erscheinungsbild des Gebäudes wie auch des Innenraums.

Wände gelten als tragend, wenn sie

a) vertikale Lasten (z.B. aus Decken, Dachstielen) und/oder
b) horizontale Lasten (z.B. aus Wind, Erddruck) aufnehmen und/oder
c) zur Knickaussteifung von tragenden Wänden dienen.

Tragende Außenwände müssen somit sowohl statisch-konstruktiven als auch bauphysikalischen Anforderungen genügen. Die Problematik liegt dabei darin, dass statisch-konstruktive Eigenschaften wie z.B. die Festigkeit der Baustoffe umso größer sind, je kleiner die Porosität ist. Eine wichtige bauphysikalische Eigenschaft, die Wärmedämmung, verhält sich genau entgegengesetzt, nimmt also mit kleinerer Porosität ab. Um beiden Anforderungen zu genügen, ist oftmals ein Baustoffwechsel in den Wandbauteilen notwendig, der die Gefahr von Rissbildungen oder Wärmebrücken erhöht.

Statisch beanspruchte Wände – Mauerwerk

Der statische Nachweis für Wände aus Mauerwerk erfolgt nach dem Eurocode 6 – Mauerwerksbau (DIN EN 1996).

Auch innerhalb des EC 6 gilt die statisch-konstruktive Regel, dass auf einen statischen Nachweis gemäß DIN EN 1996-1-1/NA verzichtet werden kann, wenn die gewählte Wanddicke offensichtlich ausreicht.

Es kann für den erforderlichen Standsicherheitsnachweis nach EC 6 zwischen dem „genaueren Verfahren" nach DIN EN 1996-1-1 und unter bestimmten Voraussetzungen dem „vereinfachten Verfahren" nach DIN EN 1996-3 gewählt werden.

Das „vereinfachte Verfahren" darf nur angewendet werden, wenn folgende Parameter eingehalten werden:

- Gebäudehöhe < 20 m über Gelände
- Verkehrslast $p \le 5$ kN/m²
- Deckenstützweiten $l \le 6{,}0$ m
- Innenwände:
  Wanddicke 11,5 cm $\le d \le 24$ cm und lichte Geschosshöhe $h_s \le 2{,}75$ m
  Wanddicke $d \ge 24$ cm und lichte Geschosshöhe $h_s \le 12 \times d$
- zweischalige Außenwände und Haustrennwände
  Tragschale 11,5 cm $\le d \le 24$ cm und $h_s \le 2{,}75$ m
  Tragschale $d \ge 24$ und $h_s \le 12 \times d$
  Wenn $d = 11{,}5$ cm gilt außerdem
  a) maximal zwei Vollgeschosse zuzüglich ausgebautes Dachgeschoss
  b) Verkehrslast einschließlich Zuschlag für unbelastete Trennwände $p \le 3$ kN/m²
  c) Abstand der aussteifenden Querwände $e \le 4{,}5$ m bzw. Randabstand ≤ 2 m
- Als horizontale Last dürfen nur Wind und Erddruck angreifen.
- Es dürfen keine Lasten mit größeren planmäßigen Exzentrizitäten eingeleitet werden.

Statisch beanspruchte Wände – Stahlbeton

Der Aufbau einer tragenden Außenwand aus Beton ist i.d.R. einschalig. Je nach Art ihrer Herstellung kann es sich bei ihr um einen Ortbeton oder um ein Betonfertigteil handeln. Stahlbetonwandelemente sind in verschiedenen Betongüten mit Bewehrung nach den statischen Erfordernissen herstellbar. Die Bemessung der tragenden Außenwände erfolgt nach DIN EN 206-1 und DIN EN 1992 (Eurocode 2).

Tab. 1: Mindestwanddicke für tragende Wände

Beton-festig-keits-klasse	Her-stel-lung	Mindestwanddicke für Wände [cm]			
		Unbewehrter Beton		Bewehrter Beton	
		Decken über den Wänden nicht durch-laufend	Decken über den Wänden durch-laufend	Decken über den Wänden nicht durch-laufend	Decken über den Wänden durch-laufend
< C12/15	Ort-beton	20	14	–	–
≥ C16/20	Ort-beton	14	12	12	10
	Fertig-teil	12	10	10	8

Statisch beanspruchte Wände – Lehm

Für den Bau von tragenden Wänden können Stampflehm und Wellerlehm sowie Lehmsteine verwendet werden. Alle Wände aus Lehmbaustoffen müssen während der Bauzeit vor der Witterung geschützt werden. Bei Bauten, in denen Lehmbaustoffe für den Außenwandbau zur Anwendung kommen, sollte im Gründungsbereich ein ausreichend hoher Sockel als Spritzwasserschutz von mindestens 50 cm Höhe über der Geländeoberkante vorgesehen werden. Dieser Sockel muss aus einem Material gebaut werden, das gegen Wasser unempfindlich ist. Bei der Planung ist generell das Schwindverhalten des Baustoffs Lehm bei Austrocknung zu berücksichtigen.

Statisch beanspruchte Wände – Skelettbauweise

Unter einem Skelettbau versteht man im Bauwesen eine spezielle Art des Tragwerks. Dabei wird der Rohbau des Bauwerks aus den Elementen Stützen und Riegel zusammengesetzt, die eine primär tragende Funktion haben. Pfosten-Riegel-Konstruktionen aus Metall mit einer Vorhangfassade aus Glas gehören ebenfalls zum Skelettbau.

Die Gefache des Skelettbaus können durch unterschiedliche Materialien geschlossen werden. Der Skelettbau kann auch mit einer Fassade bekleidet werden. Im Gegensatz zum Mauerwerksbau müssen die tragenden Bauteile des Skelettbaus nicht gleichzeitig eine raumabschließende Funktion übernehmen.

Typische Baumaterialien für die Tragkonstruktion des Skelettbaus sind Holz, Stahl und Stahlbeton, also Materialien, die große Stützweiten überbrücken und ggf. modular zusammengesetzt werden können.

Übliches Baumaterial für die Ausfachung von Skeletten aus Stahl oder Stahlbeton ist Mauerwerk.

Für die Ausfachung von Holzfachwerk können sowohl Porenmauerwerk, Backsteine, Lehmsteine oder Lehmstaken eingesetzt werden.

Tragwerksbemessung für den Brandfall

Es wird prinzipiell zwischen tragenden und nichttragenden Wänden sowie zwischen raumabschließenden und nichtraumabschließenden Wänden unterschieden. Außenwände können sowohl raumabschließend als auch nichtraumabschließend sein. Raumabschließende Wände sollen die Ausbreitung des Brands ausreichend lang verhindern. Nichtraumabschließende Wände sind dem Brand von zwei oder mehr Seiten ausgesetzt. Brandwände müssen zusätzlich zu den Kriterien REI und EI mechanischen Beanspruchungen standhalten. Aussteifende Bauteile sind in der gleichen Feuerwiderstandsdauer zu bemessen wie die zu bemessende Wand.

Innerhalb der verschiedenen Eurocodes ist nunmehr auch die Bemessung des Tragwerks für den

Brandfall möglich. Es werden hier drei Nachweisstufen vorgesehen:

- *Tabellenverfahren (1)*
  Hier werden Querschnittsabmessungen des zu untersuchenden Bauteils mit Tabellenwerten verglichen, die anhand von Normbrandversuchen bestimmt werden.
- *vereinfachtes Rechenverfahren (2)*
- *allgemeines Rechenverfahren (3)*

Mit den Rechenverfahren (2 + 3) wird nachgewiesen, dass die maßgebenden mechanischen Einwirkungen nach Ablauf der vorgeschriebenen Branddauer von dem Bauteil oder dem Tragwerk immer noch aufgenommen werden können.

Nachfolgende Ausführungen beschränken sich auf die tabellarischen Daten.

Wände aus Mauerwerk

Tab. 2: Mindestdicken tragender, raumabschließender Wände aus Mauerwerk (Auswahl)

Materialeigenschaften f_b Steindruckfestigkeit [N/mm²] ρ Trockenrohdichte [kg/m³] ct Querstegsummendicke [% der Wanddicke] α Verhältniswert der vorhandenen Last zum Bemessungswiderstand der Wand	Mindestwanddicke t_F [mm] zur Einstufung in die Feuerwiderstandsklassen REI [min] für unverputztes Mauerwerk (Werte in Klammern geben die Mindestwandstärken mit einem Putz von mindestens 10 mm Stärke auf beiden Seiten einer einschaligen Wand an)				
	30	45	60	90	120
Mauersteine der Gruppe 1 nach DIN EN 771-1 Normalmörtel, Dünnbettmörtel					
$5 \leq f_b \leq 75$ $800 < \rho \leq 2.400$					
$\alpha \leq 1{,}0$	90/100 (70/90)	90/100 (70/90)	90/100 (70/90)	100/170 (70/90)	140/170 (100/140)
$\alpha \leq 0{,}6$	90/100 (70/90)	90/100 (70/90)	90/100 (70/90)	100/140 (70/90)	140/170 (100/140)
$5 \leq f_b \leq 25$ $500 < \rho \leq 800$					
$\alpha \leq 1{,}0$	100 (100)	200 (170)	200 (170)	200 (170)	200/365 (200/300)
$\alpha \leq 0{,}6$	100 (100)	170 (140)	170 (140)	200 (170)	200/365 (200/300)
Mauersteine der Gruppe 2 nach DIN EN 771-1 Normalmörtel, Dünnbettmörtel					
$5 \leq f_b \leq 35$ $800 < \rho \leq 2.200$ $ct \geq 25$ %					
$\alpha \leq 1{,}0$	90/100 (90/100)	90/100 (90/100)	90/100 (90/100)	100/170 (100/140)	140/240 (140)
$\alpha \leq 0{,}6$	90/100 (90)	90/100 (90)	90/100 (90/100)	100/140 (100/140)	190/240 (100/140)
Wenn in den Tabellen zwei durch einen Schrägstrich getrennte Wanddicken (z.B. 90/100) angegeben werden, ist dies ein Wertebereich, d.h., die empfohlene Wanddicke beträgt 90 mm bis 100 mm.					

Wände aus Beton

Tab. 3: Mindestdicken und Achsabstände tragender Betonwände aus Normalbeton

Feuerwiderstandsklasse REI [min]	Mindestwanddicke und Achsabstände [mm] zur Einstufung in die Feuerwiderstandsklasse [mm] Wanddicke/Achsabstand (h_s/a) Verhältnis lichte Wandhöhe/Wanddicke ≤ 40			
	μ_{fi} = 0,35		μ_{fi} = 0,70	
	Brandbeanspruchung			
	einseitig	zweiseitig	einseitig	zweiseitig
30	100/10	120/10	120/10	120/10
60	110/10	120/10	130/10	140/10
90	120/10	140/10	140/25	170/25
120	150/25	160/25	160/35	220/35
180	180/40	200/45	210/50	270/55
μ_{fi}: Ausnutzungsgrad im Brandfall				

Wände aus Holz

Der Nachweis der Bauteile im Brandfall kann über das vereinfachte Verfahren (Bemessung mit ideellen Restquerschnitten) oder das genauere, vereinfachte Verfahren (Bemessung mit reduzierten Festigkeiten und Steifigkeiten) erfolgen.

Beim vereinfachten Verfahren wird die Tragfähigkeit mit einem ideellen Restquerschnitt ermittelt, bei dem eine ideelle Abbrandtiefe d_{ef} berücksichtigt worden ist. Es wird dabei angenommen, dass die Festigkeit und die Steifigkeitseigenschaften durch den Brand nicht beeinflusst werden. Der Verlust der Festigkeit und Steifigkeit bei Brandbeanspruchung wird durch eine Erhöhung der Abbrandtiefe um

$$d_0 = 7 \text{ mm}$$

berücksichtigt.

Tab. 4: Abbrandraten für Bauholz

	Abbrandrate β_0 [mm/min]	Abbrandrate β_n [mm/min]
Nadelholz und Buche		
VH mit charakteristischer Rohdichte ≥ 290 kg/m³	0,65	0,8
BSH mit charakteristischer Rohdichte ≥ 290 kg/m³	0,65	0,7
Laubholz		
VH oder BSH mit charakteristischer Rohdichte ≥ 290 kg/m³	0,65	0,7
VH oder BSH mit charakteristischer Rohdichte ≥ 450 kg/m³	0,5	0,55
Furniersperrholz mit charakteristischer Rohdichte ≥ 480 kg/m³		0,70
Platten mit charakteristischer Rohdichte ≥ 450 kg/m³ und Plattenstärke von 20 mm		
Holzbekleidungen	0,9	
Sperrholz	1	
Holzwerkstoffplatten	0,9	
Rohdichten zwischen 290 und 450 kg/m³ dürfen linear interpoliert werden.		

Der ideelle Restquerschnitt wird durch die Reduzierung des Ausgangsquerschnitts um die ideelle Abbrandtiefe $d_{e,f}$ ermittelt:

$$d_{e,f} = d\,(t_f) + d_0$$

Dabei ist

$$d\,(t_f) = \beta_n \times t_f$$

β_n Abbrandrate nach Tabelle 4 [mm/min]
t_f geforderte Feuerwiderstandsdauer [min]

Holzkonstruktionen können mit den geeigneten Maßnahmen so ausgebildet werden, dass sie eine nahezu gleichwertige Sicherheit haben wie Konstruktionen aus nicht brennbaren Baustoffen:

- Verwendung großformatiger Holzquerschnitte (Bemessung im Brandfall)
- Verzicht auf Hohlräume
- Verwendung nichtbrennbarer Dämmstoffe mit einer Schmelztemperatur ≥ 1.000 °C
- Einhausung der Querschnitte mit geeigneten Brandschutzplatten

Wände aus Stahl

Stahl ist nicht brennbar. Aber eine von einem Umgebungsbrand erzeugte Temperatur von 500 °C kann zum Versagen der Konstruktion führen. Unter Einfluss der Temperaturerhöhung verändert der Stahl seine mechanischen Eigenschaften (Zugfestigkeit, Streckgrenze, E-Modul, metallisches Gefüge). Während des Brands ist die Tragfähigkeit des Bauteils aus Stahl reduziert.

Beim Stahlbau werden häufig bauliche Brandschutzmaßnahmen eingesetzt, die eine Erwärmung der Stahlteile durch geeignete Maßnahmen verhindern oder verlangsamen. Diese sind jedoch häufig zeitaufwendig und stehen eventuell dem architektonischen Konzept entgegen.

Nach EC 3 (DIN EN 1993-1-2) kann die Feuerwiderstandsdauer rechnerisch bestimmt werden. Ausgangsbasis ist die Bestimmung der Stahltemperatur mit einem ETK-Brand (ETK – Einheitstemperaturkurve). Durch die Bestimmung der Stahltemperatur können die für eine Bemessung notwendigen mechanischen Eigenschaften ermittelt werden.

Dämmende Brandschutzsysteme
Für die Herstellung von *Ummantelungen* werden Baustoffe mit einer schlechten Wärmeleitfähigkeit eingesetzt. Zum Einsatz kommen: zementgebundene Spritzputze oder -betone oder Betone. Das Ummantelungsmaterial muss gegen Stoß- oder Löschwassereinwirkung und gegen Abfallen gesichert werden. Dies geschieht i.d.R. durch die Einlage eines Drahtgewebes. Die stahlberührenden Baustoffe dürfen keine Korrosion verursachen. Sie müssen mit dem aufgebrachten Korrosionsschutz verträglich sein. Beton kann als Spitzbeton auf die Oberfläche aufgebracht oder zur Hohlraumverfüllung eingesetzt werden.

Die Mindestdicke d der Bekleidungen ist abhängig von dem Verhältnis U/A in m^{-1} (Umfang der vom Feuer beanspruchten Fläche zum Stahlquerschnitt), von der geforderten Feuerwiderstandsklasse und vom verwendeten Baustoff. Bei allen nach DIN 4102 klassifizierten Bauteilen muss das Verhältnis U/A ≤ 300 m^{-1} sein.

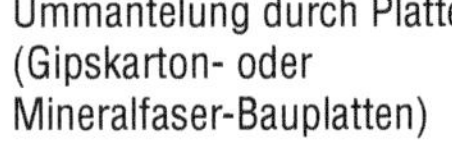

Ummantelung durch Platten (Gipskarton- oder Mineralfaser-Bauplatten)

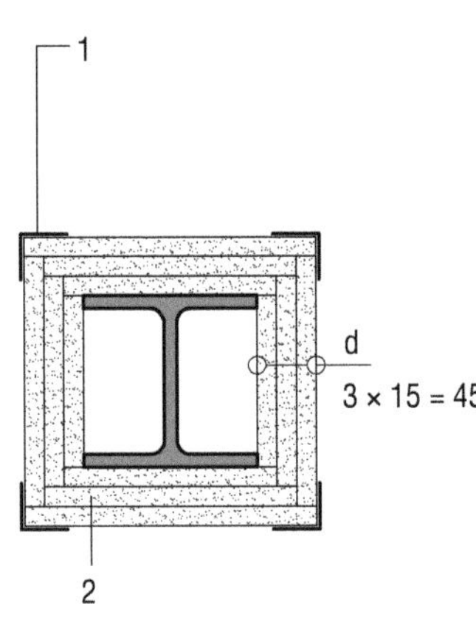

Ummantelung durch Putz oder Spritzbeton

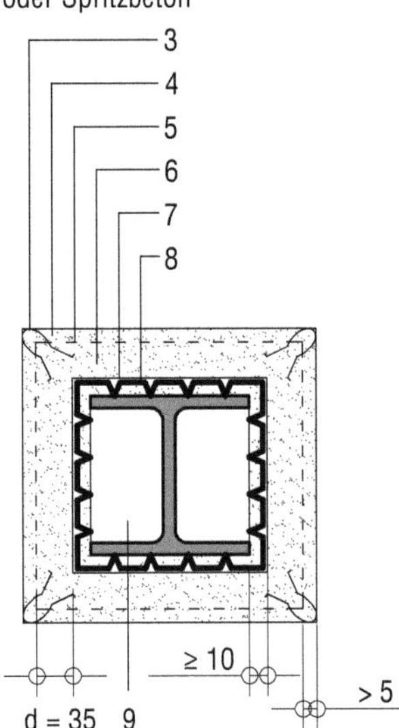

Ummantelung durch Matten

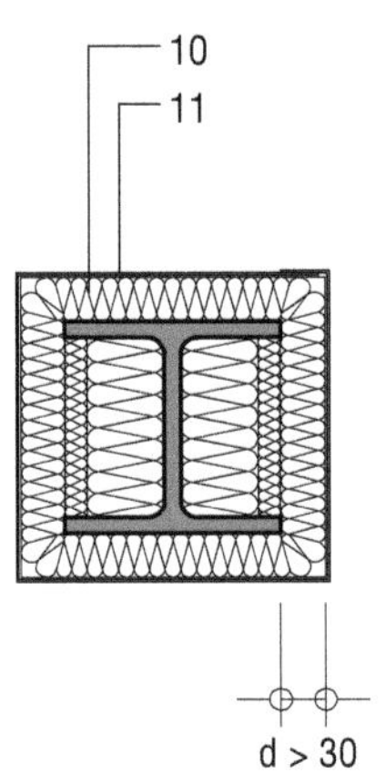

Ummantelung durch Formteile

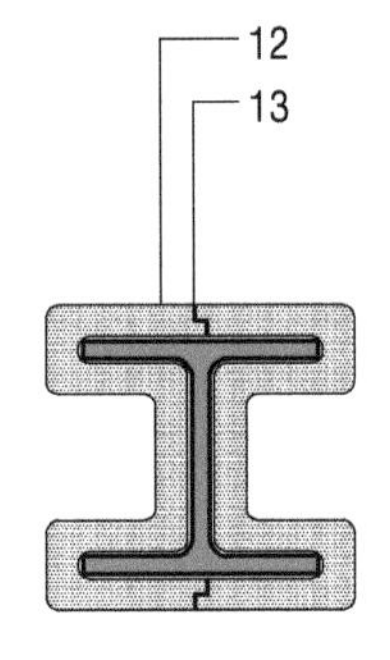

nichttragende Betonummantelung, profiliert

nichttragende Betonummantelung, nicht profiliert

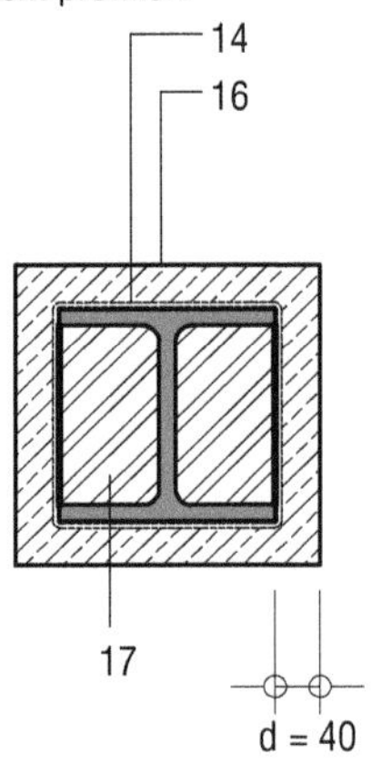

Stahlbetonverbund, Verbundstützen

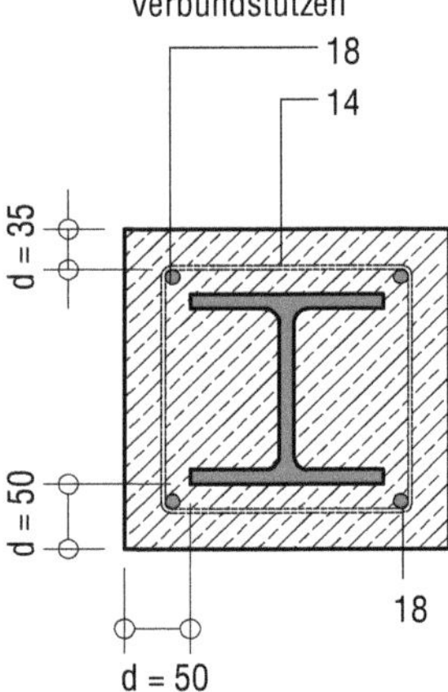

1 Eckschutzschienen, Fugen und Stahlbänder verspachtelt
2 Gipskarton-Bauplatte F, jede Lage mit Stahlbändern a ≤ 400 mm gehalten
3 Kantenschutz
4 geglätteter Putz
5 Drahtgewebe
6 Putz MG P IVa
7 Bindedraht a ≤ 500 mm
8 Rippenstreckmetall
9 Kern ggf. ausgemauert oder ausbetoniert
10 Mineralfasermatten
11 Umkleidung mit Metallblech
12 vorgefertigte Formteile aus Gips, Calciumsilicat, Beton
13 Fugen vergossen und verstrichen
14 konstruktive Bewehrung
15 profilfolgende Betonummantelung
16 rechteckige Ausbetonierung
17 Einlage von leichten Stoffen, z.B. Bimsbeton
18 mitwirkende Längsbewehrung

Bild 1: Ausführungsarten von Brandschutzbekleidungen

Tab. 5: Berechnung des Verhältnis U/A [m^{-1}] für bekleidete Stahlbauteile

Beklei-dungs-art	Beflammung		
	einseitig und bei Hohlprofilen	dreiseitig [m^{-1}]	vierseitig [m^{-1}]
profil-folgend	$\frac{100}{t_f}$	$\frac{U_{st} - b_f}{A}$ oder $\frac{200^{1)}}{t_f}$	$\frac{U_{st}}{A}$
kasten-förmig	–	$\frac{2h + b}{A}$	$\frac{2h + 2b}{A}$

U_{st}: Umfang des Stahlprofils [m^2/m] (siehe Profiltafeln)
A: Stahlquerschnittsfläche [m^2]
b_f: Flanschbreite [m]
t_f: Flansch- bzw. Hohlprofildicke [cm]
h und b: Höhe und Breite des Stahlprofils [m]
[1)] Hat die Bekleidung auf allen beflammten Seiten den Abstand s vom Stahlprofil, dürfen die Innenmaße der Bekleidung eingesetzt werden. Der größere Wert ist maßgebend.

Die Brandschutzbekleidung muss vor nutzungsbedingten Beschädigungen geschützt werden. Dies gilt insbesondere für die Kantenbereiche von Stützen. Stützen mit offenem Querschnitt sollen bis auf ≥ 1,50 m über Fußbodenoberfläche ausbetoniert oder ausgemauert werden.

Häufig kommen im Stahlbau zur Gewährleistung des Brandschutzes *dämmschichtbildende Beschichtungen* zum Einsatz. Die Beschichtungen können als Anstrich oder als Folien aufgebracht werden. Im unbelasteten Zustand unterscheiden sich diese kaum von anderen Beschichtungen. Sie bilden lediglich eine rauere Oberfläche als andere Beschichtungen und übernehmen gleichzeitig den Korrosionsschutz. Im Brandfall schäumen die Beschichtungen bis zu mehreren Zentimetern auf und bilden eine Dämmschicht, die die Hitzeeinwirkung auf das Stahlbauteil stark verzögert. Eine dämmschichtbildende Beschichtung besteht aus einer Korrosionsschutzgrundierung, einer Dämmschichtbeschichtung aus mehreren Einzellagen und einer Deckschicht. Mit dieser Art von Beschichtungen können die Stahlbauteile einen Feuerwiderstand bis zu 180 Minuten (REI 180) erreichen.

Abschirmende Brandschutzsysteme

Bei abschirmenden Brandschutzsystemen werden die ungeschützten Stahlteile vor direkter Brandeinwirkung abgeschirmt. Die Abschirmung von Wänden wird durch Wandsysteme, die Bauteile aus Stahl vor Feuer und Hitze schützen, hergestellt. Vor der Ausführung sind die Funktionstüchtigkeit und die gesetzlichen Grundlagen zu prüfen.

Abführende Brandschutzsysteme

Bei den abführenden Brandschutzsystemen wird die auf die Bauteile aus Stahl einwirkende Wärmeenergie durch Wasser oder wässrige Lösungen abgeführt. Das Bauteil kann sich dadurch nicht oder verzögert bis auf die für den Werkstoff Stahl kritische Temperatur erwärmen. Die Tragfähigkeit des Bauteils bleibt erhalten. Das Wasser oder die wässrige Lösung kann dabei im Profil stehen. In diesem Fall muss das Profil über Vorkehrungen zum Dampfdruckausgleich verfügen. Das Bauteil wird bei diesem System verzögert bis zur kritischen Temperatur erwärmt. Durchströmt das Wasser oder die wässrige Lösung das Profil, kann die Wärmeenergie in beliebigen Mengen und in beliebiger Dauer abtransportiert werden. Das Bauteil erwärmt sich nicht auf die für Stahl kritische Temperatur. Das System muss so ausgebildet sein, dass eine Gasbildung verhindert wird. Diese kann zum Versagen des gesamten Systems führen.

3/2 Nichttragende Außenwände

Allgemeines

Nichttragende Außenwände sind scheibenartige Bauteile, die vorwiegend durch ihr Eigengewicht belastet werden. Außerdem müssen sie die auf die Fläche wirkenden Lasten (z.B. aus Wind) sicher in die tragenden Konstruktionen ableiten. Je nach Art des Gebäudetragwerks dienen sie als nichttragende Wände der Ausfachung von Fachwerk-, Skelett- oder Schottenkonstruktionen. Bevorzugt kommen leichte Elemente unterschiedlicher Dimensionen aus Baustoffen wie Glas, Holz, Leichtmetall oder Kunststoff zum Einsatz. Aber auch massive Wandkonstruktionen aus Mauerwerk oder Beton können als nichttragende Wände fungieren.

Die Fassaden bestehen meist aus vorgefertigten Elementen, die auf der Baustelle montiert werden. Ein mitunter hoher Transportaufwand wird in Kauf genommen, da die Elemente qualitativ optimiert und schnell montiert werden können. Die Regen- und Winddichtigkeit wird mithilfe von Dichtungsprofilen erzielt. Funktionsteile wie Fenster und Türen sowie Sonnen- und Blendschutz sind in die Fassadenkonstruktion integriert.

Die Fassadenelemente sind meist mehrschichtige oder mehrschalige Konstruktionen, um allen bauphysikalischen, optischen und ökonomischen Anforderungen zu genügen. Eine wirtschaftliche Ausführung komplizierter Konstruktionen ist möglich, wenn die Elemente für Grundrisse mit regelmäßigen Achsabständen eingesetzt werden. Prinzipiell sind vielfältige Ausführungsvariationen hinsichtlich Material und Konstruktion möglich. Die Befestigung an der tragenden Konstruktion muss Verformungen des Tragwerks und Größenänderungen durch Temperaturunterschiede schadensfrei aufnehmen können.

Als Bestandteile der Gebäudeaußenhülle werden an nichttragende Außenwände prinzipiell die gleichen Anforderungen hinsichtlich Brand-, Wärme- und Schallschutz gestellt wie an Außenwandkonstruktionen generell.

Statische Anforderungen

Die Fassadenkonstruktion muss so ausgebildet sein, dass alle einwirkenden Kräfte auf das Tragwerk des Baukörpers abgeleitet werden können. Die Konstruktion der nichttragenden Außenwände wird beansprucht durch

- ständige Lasten und
- nicht ständige Lasten.

Ständige Lasten

Ständige Lasten bei einer nichttragenden Außenwand werden nur durch das Eigengewicht verursacht. Abhängig von der baulichen Gestaltung und der Aufhängeposition der Wand wird die Tragkonstruktion durch das Eigengewicht der Wand auf Druck oder Zug beansprucht. Zugbeanspruchung entsteht bei Vorhangwänden, die an der oberen Deckenkonstruktion aufgehängt werden. Druckbeanspruchung findet sich bei Vorhangwänden, die ein Auflager in der unteren Deckenkonstruktion haben. Zwischen die Tragkonstruktion gestellte Wände werden ebenfalls auf Druck beansprucht.

Nicht ständige Lasten

Nicht ständige Lasten entstehen durch eine kurzzeitige Belastung durch Winddruck oder -sog, durch Temperaturänderungen, Belastungsänderungen bei Transport oder Montage, Anpralllasten und nutzungsbedingte Belastungen.

Windlasten wirken in horizontaler Ebene auf das Wandelement. Zusammen mit den Lasten aus dem Eigengewicht (Einwirkung in vertikaler Ebene) werden sie über die Verankerungsstelle in die tragende Konstruktion übertragen. Die Windlast setzt sich aus dem auf das Gebäude wirkenden Staudruck je Flächeneinheit in Form von Innen- und Außendruck und einem Parameter c zusammen. Der Beiwert c dient zur Ermittlung der Windlast, er ist abhängig von der Baukörperform, der Größe der Lasteinzugsfläche und der Neigung der Begrenzungsflächen. Der Staudruck q ist abhängig von der Bauwerkshöhe über Gelände und den dabei auftretenden Windgeschwindigkeiten.

Eine nichttragende Außenwand wird durch Wind auf Biegung beansprucht. Diese Durchbiegung kann rechnerisch ermittelt werden. Eine oftmals ausreichende Durchbiegung liegt bei l/300, bei Fassadenelementen mit einer Stützweite von bis zu 3 m sollte eine Durchbiegung von l/200 bevorzugt werden.

Infolge Temperaturänderungen kommt es zu Längenänderungen der Bauteile. Dies ist insbesondere für Fassaden bedeutsam, die nach Süden, Südosten und Westen orientiert sind. Die Konstruktion muss so ausgeführt werden, dass durch diese *Temperaturverformungen* keine zusätzlichen Spannungen und Deformationen auftreten können.

Erforderliche Ausdehnungsrichtungen für ein an der Oberseite befestigtes Element (Element aufgestellt)

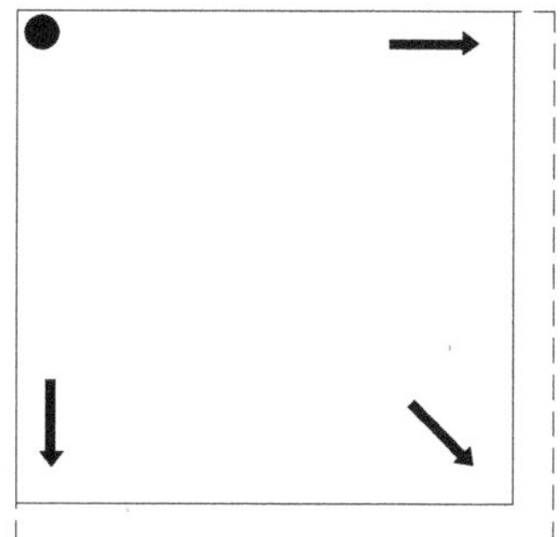

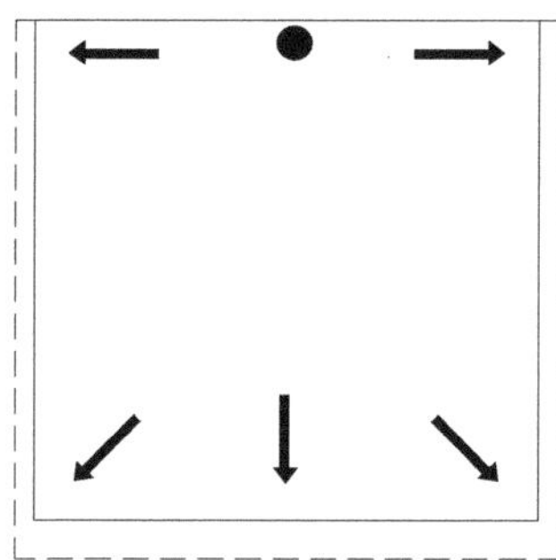

Erforderliche Ausdehnungsrichtungen für ein an der Unterseite befestigtes Element (Aufhängung)

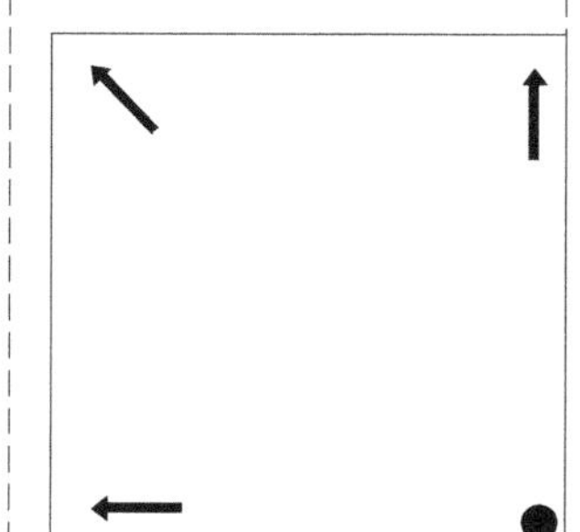

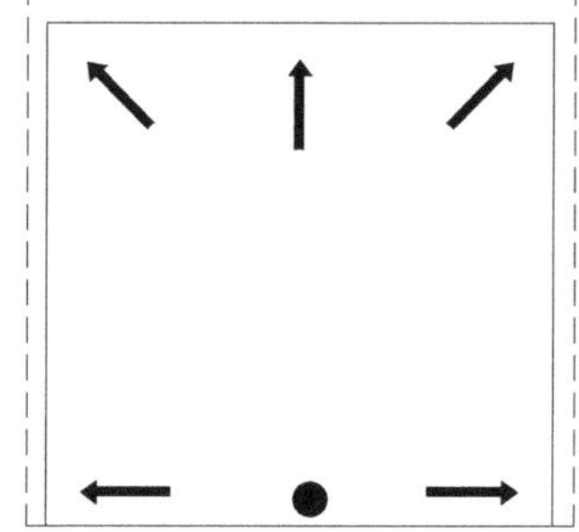

Bild 1: Erforderliche Ausdehnungsrichtungen

Materialien mit großer Wärmedehnzahl benötigen einen großen Ausdehnungsspielraum. Bei der Verwendung von Metallen, die aufgrund ihrer geringen Masse bei Fassaden oft verwendet werden, ist darauf besonders zu achten. Die Längenänderung der Bauteile kann wie folgt ermittelt werden:

$$L = L_0 (1 + \alpha_L \times \Delta T)$$

Die Verlängerungsgröße des Bauteils wird bestimmt durch:

$$\Delta L = \alpha_L \times \Delta T \text{ [m]}$$

Dabei sind:

L Länge des Elements bei der Temperatur T [m]
L_0 Länge des Elements bei der Temperatur 20 °C
ΔT Temperatur T [K]
α_L Wärmedehnzahl [K^{-1}]

Die ermittelten Werte sind theoretisch und gelten nur für geschweißte Verbindungen. Bei allen anderen Verbindungsarten werden die Längenänderungen an den Verbindungsstellen teilweise ausgeglichen. Beim festen Einspannen darf die berechnete Materialspannung vom Gesichtspunkt des ersten Grenzzustands aus nicht überschritten werden. Die für die Berechnung der Längenausdehnung und Spannungen infolge der Temperaturänderung erforderlichen Werte sind in der folgenden Tabelle 1 zusammengefasst.

Formänderungen durch die Temperatur sind nicht zu verhindern. Durch eine ausreichende Anordnung von Dehn- und Schwindfugen sind Schäden zu vermeiden.

Durch *Transport und Montage* sind vorgefertigte Fassadenelemente hohen Belastungen ausgesetzt. Die statischen Prinzipien der eingebauten Elemente unterscheiden sich von den statischen Prinzipien der transportierten und montierten Elemente. Der Transport- und Montagefall muss bei der statischen Berechnung der Elemente gesondert berücksichtigt werden.

Tab. 1: Spezifische Masse, lineare Wärmedehnzahlen ausgesuchter Stoffe

Stoff	Spezifische Dichte [kg/m³]	Lineare Wärmedehnzahl T [K^{-1}]	Elastizitätsmodul bei Druck E/10^{-3} [Mpa]	Wärmespannung α_1 bei ΔT = 1 °C [Pa]
Kupfer	8.930	$1{,}7 \times 10^{-5}$	120	204
Stahl	7.860	$1{,}2 \times 10^{-5}$	210	252
nichtrostender Stahl	7.800	$1{,}6 \times 10^{-5}$	210	336
Zink	7.130	$2{,}9 \times 10^{-5}$	100	290
Aluminium	2.700	$2{,}4 \times 10^{-5}$	70	161
Glas	2.400 2.600	$0{,}8 \times 10^{-5}$	60–80	64
Holz	600 800	$0{,}5 \times 10^{-5}$	10	5

Anpralllasten sind durch die Gebäudenutzung zufällig verursachte Stöße weicher und harter Art. Bei allen Stockwerken muss gewährleistet sein, dass Stöße durch weiche Körper (Aufprall eines Menschen oder Tiers) vom Gebäudeinneren nach außen abgefangen werden können (Aufnahme von Mindestenergie von 1.000 J/m²). Im Erdgeschoss und im ersten Obergeschoss gilt dies auch von außen nach innen. Weiterhin müssen die Füllelemente nichttragender Außenwände Seitenkräfte („Menschengedränge") von 0,5 bis 1,0 kN/m (Einwirkhöhe 1 m) aufnehmen können.

Nutzungsbedingte Lasten (z.B. sich aus dem Fenster lehnende Person) verursachen zusätzliche Lasten, die bei der Dimensionierung des Tragwerks entsprechend zu berücksichtigen sind.

Arten nichttragender Außenwände

Hinsichtlich ihrer Lage lassen sich bei Fassadenelementen vier Grundtypen unterscheiden (siehe Bild 2):

- Fassade vor das Tragwerk gehängt oder gestellt, Tragwerk im Innenraum
- Fassade hinter das Tragwerk gehängt oder gestellt, Tragwerk im Außenbereich
- Fassade zwischen die Tragkonstruktion gestellt
- Fassade teils hinter und teils zwischen das Tragwerk gestellt oder gehängt:
  - Fassade zwischen die Stützen an den zurückliegenden Decken aufgehängt oder aufgestellt
  - Fassade zwischen die Decken gestellt, Stützen hinter der Fassade

Die Grundtypen prägen maßgeblich das Erscheinungsbild der Fassade und des gesamten Gebäudes. Bei der Auswahl des Fassadentyps müssen funktionale Überlegungen, der Bautenschutz, die Gebäudeunterhaltung und -reinigung berücksichtigt werden. Fassadenkonstruktionen lassen sich des Weiteren in zwei Hauptgruppen unterteilen:

- nicht hinterlüftete Fassaden (Warmfassaden)
- hinterlüftete Fassaden (Kaltfassaden)

Die *Warmfassade* besteht aus direkt aufeinanderfolgenden Schichten des Wandaufbaus (Innenschale, Dämmung, Außenhaut). Die Fassade besteht i.d.R. aus Rahmen oder Sprossen, die anfallende Lasten in die Tragkonstruktion ableiten. Die Ausfachungen der Rahmen oder Sprossen werden als nicht hinterlüftete Wandkonstruktionen ausgeführt. Die Innenseite der Wärmedämmung muss mit einer Dampfsperre oder einem wasserdampfdichten Material (Blech, Glas) versehen sein. Auf eine Ausführung der Fassade ohne Wärmebrücken ist zu achten.

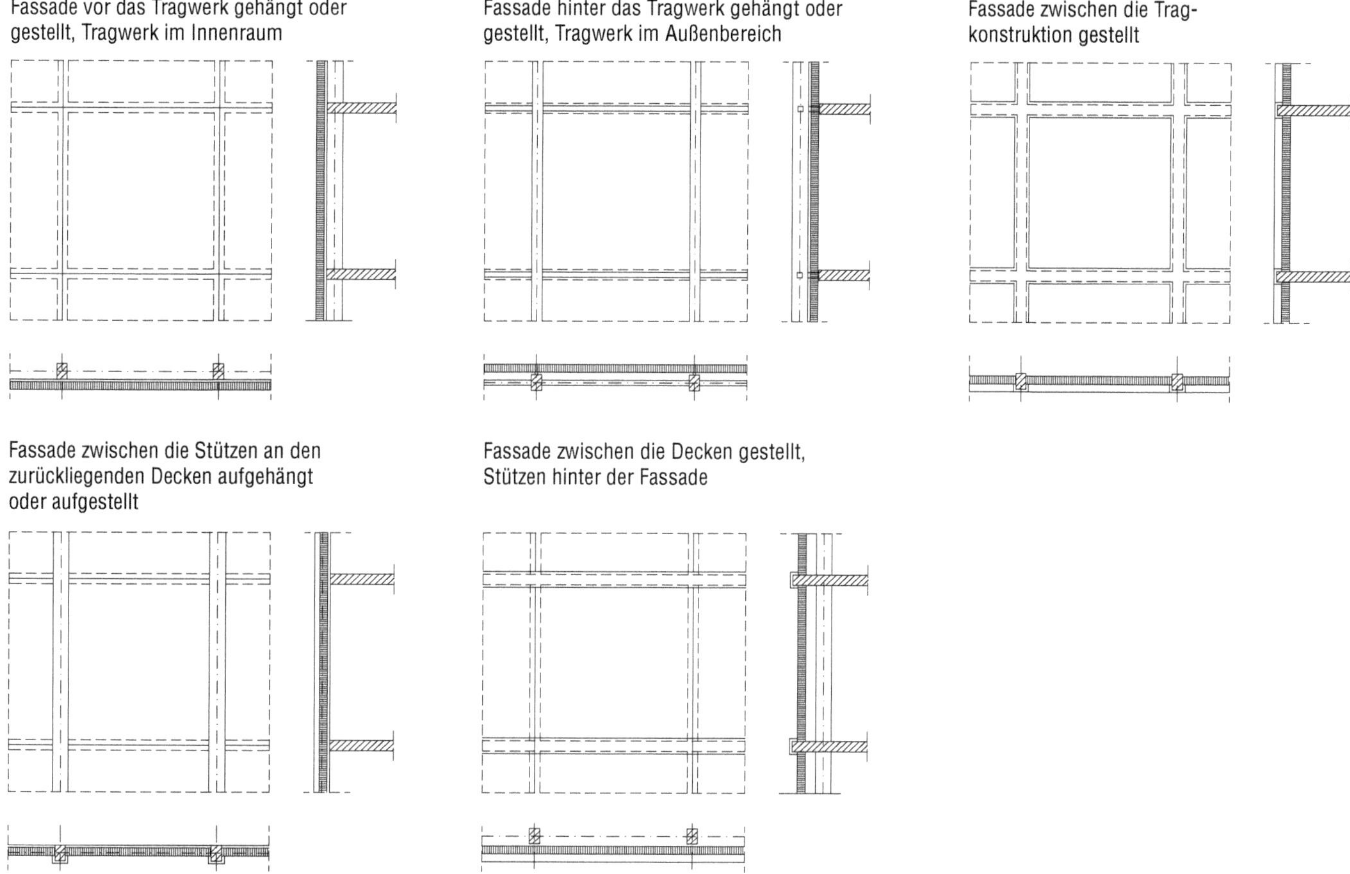

Bild 2: Grundtypen von Fassaden

Hinterlüftete Fassaden kommen vornehmlich bei großflächigen geschlossenen Außenwänden zum Einsatz. Die Konstruktion besteht aus einer Innenschale, einer Wärmedämmung mit innenseitiger Dampfsperre und einer Wetterschutzschale aus leichtem Material, die auf einer Unterkonstruktion befestigt wird. Zwischen Wetterschutzschale und Dämmung befindet sich eine Luftschicht von mindestens 4 cm, die mit ausreichenden Be- und Entlüftungsöffnungen versehen wird. Die Hinterlüftung muss durchgängig gewährleistet sein, was besonders bei der Anordnung von Fenstern zu berücksichtigen ist (Entlüftungsöffnungen an der Brüstung, Belüftungsöffnungen im Sturzbereich).

Die Auswahl der Fassadenkonstruktion ist abhängig von der Rohbaukonstruktion, der vorgesehenen Fassadenstrukturierung, der Gebäudeform und der Gebäudegröße.

Liegt die *Fassade vor dem Tragwerk,* kann diese auch als Vorhangwand bezeichnet werden. Diese Fassadenkonstruktion ist wärmeschutztechnisch unkompliziert. Die tragende Konstruktion liegt hinter der Fassade. Es entstehen kaum Wärmebrücken. Die Fugen zwischen den Elementen sind sorgfältig zu planen. Der Anschluss der Deckenstirnseite mit dem Fassadenelement ist schalldicht auszuführen. Die Ausführung des Anschlusses muss so erfolgen, dass ein Feuerüberschlag verhindert wird.

Vor dem Tragwerk liegende Fassadenkonstruktionen sind leicht zu montieren und ermöglichen spätere Veränderungen. Die Nutzflächen des Gebäudes haben Maximalgröße. Die Tragkonstruktion wird durch die Fassade verdeckt. Dies ermöglicht eine freie Gestaltung der Fassade. Die Einzelelemente können dadurch einem Fassadenraster angepasst werden, welches den Einsatz gleicher Elemente erlaubt. Die Befestigung der Fassadenelemente erfolgt meist an den Stirnseiten der Deckenkonstruktion. Üblich sind ein- oder mehrgeschossige Tafeln aus gesickten, korrosionsbeständigen Blechen, Betonsandwichelemente mit integrierten Fenstern und Türen oder Sprossen, an die Brüstungselemente und Fenster separat montiert werden. Die Fassadenelemente können an die Tragkonstruktion gehängt oder auf die Tragkonstruktion gestellt werden. Die Verankerung erfolgt durch Einbauteile aus nichtrostendem Metall.

Wird die *Fassade vor das Tragwerk gehängt*, wird das Fassadenelement von der darüberliegenden Deckenplatte (Beanspruchung auf Zug) getragen. An der Unterkante wird das Element beweglich gelagert, um hier die Größenveränderungen durch Temperaturunterschiede aufnehmen zu können (siehe Bild 2).

Wird die *Fassade vor das Tragwerk gestellt*, wird das Fassadenelement von der darunterliegenden Decke getragen. An der Unterkante wird das Fassadenelement verankert, sodass eine vertikale Verschiebung ausgeschlossen ist. Längenänderungen aufgrund von Temperaturunterschieden werden an der Oberseite des Elements aufgenommen (siehe Bild 2).

Eine Anordnung der *Fassade hinter dem Tragwerk* ist praktisch schwierig ausführbar. Die Tragkonstruktion (Stützen) liegt im Außenbereich. Die Decken durchdringen die Fassade. Die Folge sind Wärmebrücken und schwer auszuführende Abdichtungen gegen Feuchtigkeit. Es empfiehlt sich ein Schutz vor Schlagregen (z.B. großer Dachüberstand). Diese Art der Fassadenanordnung ist aufgrund der notwendigen Abdichtungen und bauphysikalisch erforderlichen Trennungen sehr aufwendig, kostenintensiv und mängelbehaftet.

Wird die *Fassade zwischen das Tragwerk gestellt*, wird dies als Ausfachung bezeichnet. Die Ausfachungen können mit der Tragkonstruktion bündig oder dahinter gesetzt werden. Die Deckenkonstruktion wird hierbei immer auf Druck beansprucht (siehe Bild 2). Hinter die Tragkonstruktion gesetzte Ausfachungen bewirken ein optisch massives Skelett. Die Ausführung muss sorgfältig erfolgen, um Schäden aus Wärmebrücken und Feuchtigkeitseinwirkung zu vermeiden. Horizontale Skelettbauteile sind mit Abdeckungen zu versehen, die Schmutzablagerungen vermeiden und ein Ablaufen des Niederschlagswassers ermöglichen. Es gelten die gleichen Konstruktionsprinzipien wie für Fensterbänke (Vorderkante mit Tropfkante). Die eventuelle Einwirkung von Spritzwasser auf die Ausfachungen ist zu berücksichtigen.

Werden die Ausfachungen bündig gesetzt, können die Fassade und die Konstruktion als eine Fläche behandelt werden. Die Wirtschaftlichkeit der Ver- und Bekleidungen hängt von der Größe der ununterbrochenen Flächen ab. Die Wärmedämmung kann flächig davorgesetzt werden. Gegebenenfalls erhält die Tragkonstruktion eine zusätzliche Dämmung, um Wärmebrücken durch Materialunterschiede zu vermeiden.

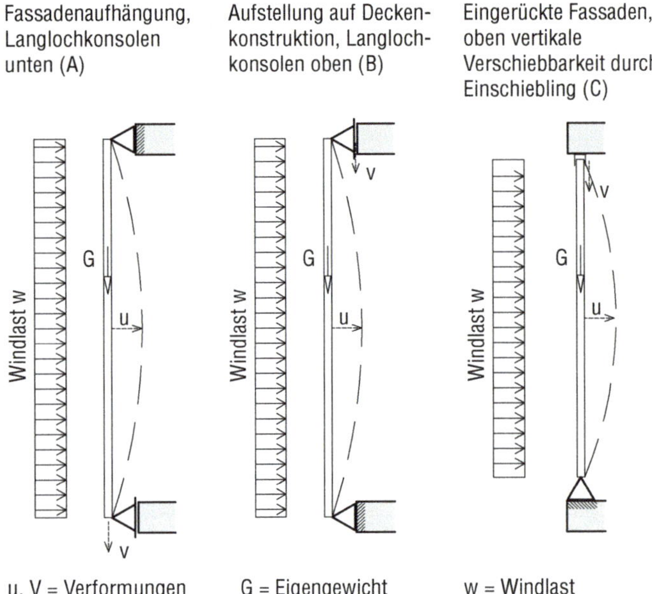

Bild 3: Fassadenkonstruktion und Belastungen

Wird die *Fassade vor und zwischen dem Tragwerk* angeordnet, sind zwei Ausführungsvarianten möglich:

- Decken außen sichtbar, Stützen zurückliegend
- Stützen außen sichtbar, Decken zurückliegend

Bei außen sichtbaren Decken müssen die auskragenden Deckenflächen gedämmt werden. Schall- und brandschutztechnisch werden die Geschosse voneinander getrennt. Die Konstruktion ist aufwendig und kostenintensiv. Liegen die tragenden Stützen vor der Fassade, müssen notwendige thermische Trennungen berücksichtigt werden. Bei Durchdringungen ist auf die Abdichtung gegen Feuchtigkeit zu achten. Die zurückliegenden Decken bewirken eine offene Fuge zwischen den Geschossen, die eine ausreichende Abdichtung gegen Schall- und Brandüberschlag erfordert.

Fassaden aus Materialkombinationen

Fassaden aus Materialkombinationen sorgen für eine architektonische Vielfalt des Erscheinungsbilds. Sie erlauben eine differenzierte Ausarbeitung der Gestalt eines Gebäudes. Erst durch die Kombination von Materialien kann deren Materialität in der Fassade richtig in Erscheinung treten. Materialkombinationen sind im Fassadenbereich gleichzeitig eine Notwendigkeit, die sich aus den Funktionen einer Fassade ergibt.

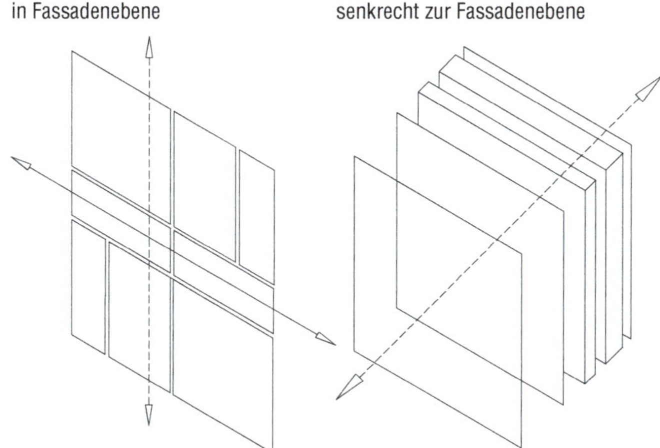

Bild 4: Materialkombinationen in Fassaden

Materialkombinationen kommen in der Fassadenebene sowie senkrecht zur Fassadenebene zum Einsatz. Die Kombination der Materialien trägt zur Optimierung der Fassade bei. Durch ein Material allein lassen sich nicht alle differenzierten Anforderungen an eine Außenhaut erfüllen.

Bei Fassaden aus Materialkombinationen kommen Ebenen unterschiedlicher Stofflichkeiten, Stärken und Strukturen zum Einsatz, die auf bestimmte Teilaufgaben hin optimiert wurden. Der Fassadenaufbau ergibt sich aus der Addition der optimierten Einzelteile zu einer funktionellen Einheit. Die Addition erfolgt nach bauphysikalischen und konstruktiven Prinzipien.

Eine Fassade in Materialkombination besteht aus mehreren Flächenanteilen unterschiedlicher Materialien, die unterschiedlich geformt und angeordnet sind. Form und Anordnung der Flächenanteile haben einen wesentlichen Einfluss auf die Gestaltung und konstruktive Detailausbildung. Jeder Wechsel im Material erfordert eine eigene konstruktive Detaillierung und Ausführung.

Beim Wechsel des Materials entstehen Fugen. Die Fugen gliedern die Bauteile. Sie lassen Rückschlüsse auf geometrische und konstruktive Ordnungen zu. Die Fugen können als potenzielle Schwachstellen in der Fassade betrachtet werden. Die Ausführung der Fugen kann dicht oder offen erfolgen. Die Art der Ausführung der Fugen ist abhängig von deren Beanspruchung. Vertikalfugen werden weniger beansprucht als Horizontalfugen.

Die unterschiedlichen Materialien sind i.d.R. durch verschiedene Materialstärken und unterschiedliche konstruktive Aufbauten charakterisiert. Eine entsprechende Randausbildung ist erforderlich. Insbesondere bei Öffnungen sind die verschiedenen Stärken der einzelnen Elemente erheblich. Die Randausbildung erfolgt hier durch Laibungen, deren Stärke sich durch den Wandaufbau ergibt. Durch zusätzliche Elemente kann die Stärke der Laibung vergrößert werden. Eine Verkleinerung ist nicht möglich (siehe Bild 7).

Die Lage der einzelnen Elemente in der Fassadenebene bestimmt wesentlich das Erscheinungsbild der Fassade. Die Elemente können fassadenbündig, innen bündig oder zentriert eingebaut werden. Bei Öffnungselementen beeinflusst deren Lage zur Fassadenebene den Tageslichteintrag. Bei Öffnungen, die einseitig bündig eingebaut werden, ist nur eine einseitige Laibungsausbildung erforderlich. Dies trägt zur Reduzierung von Kosten bei. In der modernen Architektur wird häufig bewusst die Lage der Öffnungen innerhalb einer Fassade variiert.

Fassaden aus Holz in Kombination mit anderen Materialien

Fassaden aus Holz werden aus kleinformatigen Vollholzelementen oder großformatigen Holzwerkstoffplatten hergestellt. In *Kombination mit Glas* finden Holzfassaden zunehmenden Einsatz bei modernen Gebäuden. Es werden resistente Holzarten ohne Oberflächenbehandlung sowie behandelte oder beschichtete weniger resistente Hölzer oder Holzwerkstoffe eingesetzt. Die Kombination mit gläsernen Fassaden kann dabei in Form von vorgesetzten kleinteiligen Elementen erfolgen.

Die für Glasfassaden erforderlichen Sonnenschutzsysteme werden häufig als Schiebe- oder Klappläden unter Verwendung von Holzelementen ausgeführt.

Materialkombinationen mit Holz werden oft bewusst eingesetzt, wo architektonische Leichtigkeit erwünscht ist. Dies gilt insbesondere für Dachaufbauten oder zurückgesetzte Dächer. Die Konstruktion selbst besteht dabei aus Holz (geringes Gewicht). Das Fassadenmaterial Holz unterstützt die Wirkung der Konstruktion.

Fassaden aus Metall in Kombination mit anderen Materialien

Im Fassadenbereich werden vornehmlich Metalle wie Kupfer, Edelstahl, wetterfester Baustahl, Aluminium und zunehmend Titan eingesetzt. Durch Farbaufträge (Anstriche, Glasur) oder transparente Überzüge (Säurebad) werden Metalle in Farbe und Textur vielfältig. Bei der Kombination mit anderen Materialien wird die Fassade zum Bild für den Betrachter. Bei der Verwendung von Metallen in der Außenhaut sind insbesondere bei Materialkombinationen der Witterungsprozess und die damit einhergehenden Veränderungen in die Planung miteinzubeziehen.

Metalle können einfach in ihrer Oberfläche behandelt, geschnitten, gefaltet, verschraubt, verschweißt, gepresst, gegossen oder legiert werden. Die Kombination mit anderen Materialien ist einfach. Insbesondere bei Fassaden aus Metall in Kombination mit anderen Materialien muss die konstruktive Funktion mit der Materialwissenschaft und den Produktionsmethoden vereinigt werden, ohne dabei ästhetische Belange zu vernachlässigen.

Fassaden aus Kunststoff in Kombination mit anderen Materialien

Aus Kunststoff lassen sich transparente, transluzente und nicht transparente Gebäudehüllen mit variierenden Eigenschaften herstellen. Kunststoff allein ist in der Lage, alle bauphysikalischen Anforderungen, die an eine Außenhaut gestellt werden, zu erfüllen. Durch Variation in der Materialstärke, Formgebung, Strukturierung, Beschichtung, Befüllung oder mehrschaligem Aufbau bieten Kunststoffe individuelle Gestaltungsmöglichkeiten.

Trotzdem wird das Material i.d.R. mit anderen Materialien kombiniert, da diese sich für bestimmte Anwendungen besser eignen. Alternativ erfolgt die Kombination von Fassaden aus Kunststoff mit Bauteilen, die aufgrund ihrer massenhaften Anwendung kostengünstiger sind.

Fassaden aus Kunststoff fallen oftmals in die Kategorie der ungeregelten Bauprodukte und Bauarten. Hier sind dann Nachweise gefordert, die in Abhängigkeit des Einzelfalls von der Baubehörde oder der Prüfstelle festgelegt werden. Art und Umfang des geforderten Verwendbarkeitsnachweis sind in den einzelnen Bundesländern unterschiedlich. Daher empfiehlt es sich, eine frühzeitige Abstimmung mit der zuständigen Bauaufsichtsbehörde zu suchen.

Fassadenkonstruktionen mit differenzierten Anforderungen

Nicht alle Fassadenkonstruktionen müssen die im Allgemeinen üblichen Anforderungen an Fassaden (Wärme-, Schall-, Feuchtigkeitsschutz) erfüllen. Abhängig von der Nutzung können Fassadenkonstruktionen lediglich dem Wetter- oder Sichtschutz sowie einer Absturzsicherung dienen. An die einfachen Konstruktionen können Anforderungen hinsichtlich des Brandschutzes, des Schallschutzes oder einer entsprechenden Lüftung gestellt sein.

3/3 Außenwandbekleidungen

Arten von Außenwandbekleidungen

Eine Außenwandbekleidung verleiht der tragenden oder nichttragenden Außenwand ihr optisches Erscheinungsbild und/oder ihre Funktionstüchtigkeit. Umwelteinwirkungen wie Sonnenstrahlung, Regen, Winddruck und Außentemperaturen sowie nichtdrückendes Wasser oder Bodenfeuchtigkeit wirken unmittelbar auf die Außenwand ein. Um diese Einflüsse abzuwehren und zu dämpfen, ist eine entsprechende konstruktive Ausbildung und Bemessung der Konstruktion erforderlich.

Außenwandbekleidungen sind aus vielfältigen Materialien, die dem Gebäude als Gestaltungsmittel das Gesicht verleihen.

Außenputz – nicht hinterlüftet

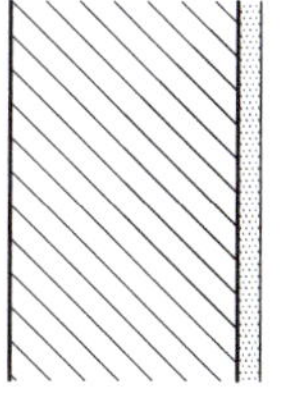

WDVS – nicht hinterlüftet

angemörtelte Außenwandbekleidung – nicht hinterlüftet

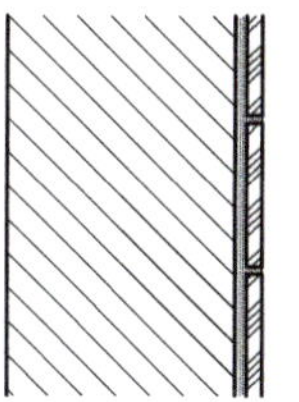

angemauerte Außenwandbekleidung – nicht hinterlüftet

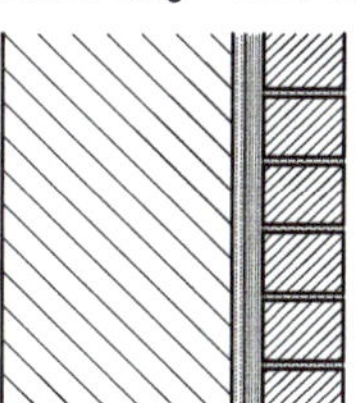

hinterlüftete Außenwandbekleidung

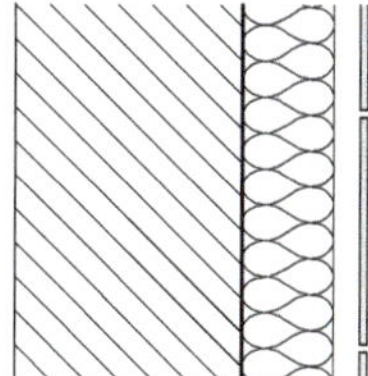

Bild 1: Arten von Außenwandbekleidungen

Je nach Aufbau der Wandkonstruktion unterscheidet man

- nicht hinterlüftete Außenwandbekleidungen mit
  - Außenputzen,
  - Wärmedämmverbundsystemen,
  - angemörtelten Außenwandbekleidungen,
  - angemauerten Außenwandbekleidungen,
- hinterlüftete Außenwandbekleidungen.

Baustoffe und Materialien

Als *Außenputze* finden Verwendung:

- mineralisch gebundene Außenputze
- Wärmedämmputzsysteme
- Leichtputze auf wärmedämmenden Wandbaustoffen (z.B. WDVS)
- kunstharzgebundene Außenputze in Verbindung mit einem WDVS

In *Wärmedämmverbundsystemen* werden folgende Dämmstoffe verwendet:

- expandierter Polystyrol-Hartschaum (EPS)
- extrudierter Polystyrol-Hartschaum (XPS)
- Mineralwolle (MW)
- Mineralwolle-Lamellenstreifen
- Mineralschaumplatte

Bei *angemörtelten Außenwandbekleidungen* kommen folgende Materialien als Bekleidung zur Anwendung:

- keramische Wandfliesen
- keramische Spaltplatten
- Spaltziegelplatten und Klinkerplatten
- Naturwerksteinplatten
- Betonwerksteinplatten

Weitere Baustoffe sind:

- Zement, meist Trasszement und Zuschläge mit dichtem Gefüge
- Mörtel
- hydraulisch erhärtende Dünnbettmörtel
- Baustahlgitter und Traganker aus nicht rostendem Stahl
- Wärmedämmstoffe in wasserabweisenden und feuchtebeständigen Lieferformen
- Fugendichtstoffe

Bei *hinterlüfteten Außenwandkonstruktionen* kommen folgende Materialien als Bekleidung zur Anwendung:

- Natursteinplatten
- keramische Platten
  - kleinformatig
  - großformatig
- Glasplatten
- Metallbleche
- Verbundbleche (Leichtmetall und Kunststoffe)
- Faserzementplatten
- Holz- und Holzwerkstoffplatten
- Einscheibensicherheitsglas

Aufbau

Die Bekleidung einer Außenwand erfolgt nach folgendem Konstruktionsprinzip:

- tragende oder nichttragende Wand
- Wärmedämmschicht mit entsprechenden Befestigungsmitteln
- Ergänzungsteile
- Verbindungs-, Befestigungs- und Verankerungsmittel
- Unterkonstruktion
- Bekleidung

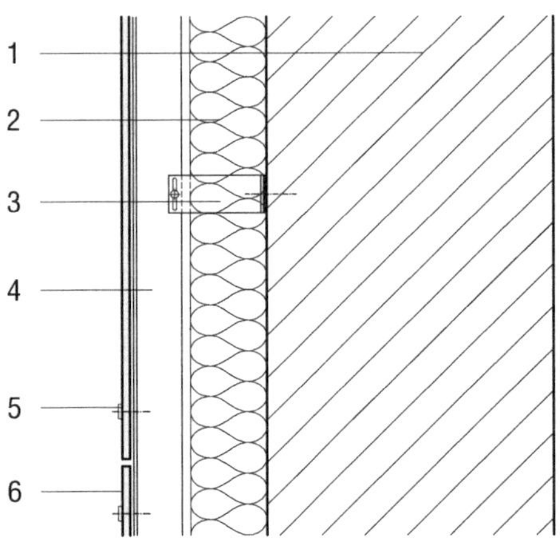

1 tragende Außenwand
2 Wärmedämmstoff
3 Wandhalter mit thermischem Trennelement
4 vertikales Tragprofil, Hinterlüftungsebene
5 Befestigungselement der Tafeln
6 Fassadentafeln

Bild 2: Schematischer Aufbau einer Außenwand mit Bekleidung

Abhängig von der Bekleidung und deren Ausbildung sind Unterkonstruktionen erforderlich. Ohne Unterkonstruktion erfolgt eine direkte Verankerung der Bekleidung an der Außenwand. Unterkonstruktionen bestehen meist aus Trag- und Wandprofilen aus Metall oder Holz. Die Ausbildung in Metall erfolgt als Konsolen oder ähnliche Auflagerungen, die fest oder als Gleitlager ausführbar sind. Zulässige Materialien sind hier nichtrostender Stahl, Aluminium, Kupfer, Kupfer-Zink-Legierungen und korrosionsgeschützter Stahl mit einer Stärke $\geq$ 4 mm.

Unterkonstruktionen aus Holz oder Holzwerkstoffen bestehen aus Traglatten oder Schalung mit oder ohne Konterlattung. Auf einen ausreichenden Holzschutz nach DIN 68800-1, -2, -3, -5 sämtlicher Konstruktionsteile ist zu achten.

Ergänzungsteile sind Sonderformteile zur Ausbildung der Bekleidungen an bestimmten Anschlusspunkten. Hierzu zählen Anschlussprofile für Gebäudeecken, -sockel, Laibungen, Attiken und sonstige Dach- und Gebäudeanschlüsse.

Anforderungen an den Feuchteschutz

Neben den allgemeinen statischen Anforderungen, den Anforderungen des Wärme- und Brandschutzes sind auch Anforderungen des Feuchteschutzes zu berücksichtigen.

Die Gebäudehülle kann durch die Ausführung der Wandbekleidung den unterschiedlichsten Anforderungen entsprechen.

Die Einwirkung von Feuchtigkeit durch Bau- und Wohnfeuchte, Tauwasserbildung und Regen ist dabei ein Problem, das gelöst werden muss. Feuchtigkeit muss ferngehalten oder auf ein unschädliches Minimum reduziert werden. Mangelnder Feuchteschutz führt neben dem Verlust des Wärmeschutzes auch zu Schäden wie z.B. Schimmelbildung, Korrosion, Frost und Ausblühungen.

Auf das Gebäude wirken von außen ein:

- Regen, Schnee und feuchte Außenluft
- Bodenfeuchte, Sicker-, Stau- und Grundwasser

Von innen wirken ein:

- Baufeuchte
- Wasser aus Feuchträumen
- Wasserdampf
- Tauwasser

Schlagregenschutz

Die Bekleidungen der Außenwände sollen als dauerhafter Schutz gegen Witterungseinflüsse, insbesondere gegen Schlagregen, dienen. Die Anforderungen an den Schlagregenschutz werden in der DIN 4108-3 festgelegt.

Schlagregenbeanspruchung von Außenwänden entsteht bei Regen und gleichzeitiger Windanströmung. Hierbei kann das auftretende Regenwasser durch kapillare Saugwirkung der Oberfläche in die Wand aufgenommen werden und in die Konstruktion eindringen.

Der Schlagregenschutz soll die kapillare Wasseraufnahme reduzieren und die Verdunstungsmöglichkeit durch konstruktive Maßnahmen erzielen. Dies kann z.B. durch die entsprechende Außenwandbekleidung, zweischaliges Mauerwerk, durch Putze und Beschichtungen erreicht werden. Welche Maßnahmen zu ergreifen sind, ist abhängig von der Intensität der Schlagregenbeanspruchung. Die DIN 4108-3 legt drei Beanspruchungsgruppen fest. Des Weiteren müssen örtliche Gegebenheiten wie z.B. die Gebäudeform, Gebäudehöhe, Dachüberstand sowie die Höhenlage berücksichtigt werden.

Tab. 1: Beanspruchungsgruppen nach DIN 4108-3 mit beispielhafter Zuordnung von Wandbauarten

Beanspruchungsgruppe I Geringe Schlagregenbeanspruchung	Beanspruchungsgruppe II Mittlere Schlagregenbeanspruchung	Beanspruchungsgruppe III Starke Schlagregenbeanspruchung
▶ Jahresniederschlagsmenge < 600 mm ▶ besonders windgeschützte Lage mit größeren Niederschlagsmengen	▶ Jahresniederschlagsmenge von 600–800 mm ▶ windgeschützte Lagen mit größeren Niederschlagsmengen ▶ Hochhäuser und Häuser in exponierter Lage in Gebieten, die aufgrund ihrer regionalen Regen- und Windverhältnisse einer geringen Schlagregenbeanspruchung zuzuordnen sind	▶ Jahresniederschlagsmenge > 800 mm ▶ windreiche Gebiete auch mit geringeren Niederschlagsmengen ▶ Hochhäuser und Häuser in exponierter Lage in Gebieten, die aufgrund ihrer regionalen Regen- und Windverhältnisse einer mittleren Schlagregenbeanspruchung zuzuordnen sind
Außenputz ohne besondere Anforderungen an den Schlagregenschutz auf: ▶ Außenwänden auf Mauerwerk, Wandbauplatten, Beton u.Ä. ▶ verputzten Wärmedämmungen	wasserabweisender Außenputz nach Tabelle 4 der DIN 4108-3 auf: ▶ Außenwänden auf Mauerwerk, Wandbauplatten, Beton u.Ä. ▶ verputzten Wärmedämmungen	

Tab. 1: Beanspruchungsgruppen nach DIN 4108-3 mit beispielhafter Zuordnung von Wandbauarten *(Fortsetzung)*

Beanspruchungsgruppe I Geringe Schlagregenbeanspruchung	Beanspruchungsgruppe II Mittlere Schlagregenbeanspruchung	Beanspruchungsgruppe III Starke Schlagregenbeanspruchung
einschaliges Sichtmauerwerk, 31 cm dick mit Innenputz	einschaliges Sichtmauerwerk, 37,5 cm dick mit Innenputz	zweischaliges Verblendmauerwerk mit Luftschicht und Wärmedämmung oder mit Kerndämmung mit Innenputz
Außenwände mit im Dickbett oder Dünnbett angemörtelten Fliesen oder Platten		Außenwände mit im Dickbett oder Dünnbett angemörtelten Fliesen oder Platten nach DIN 18515-1 mit wasserabweisendem Ansetzmörtel
Außenwände mit gefügedichter Betonaußenschicht		
Wände mit hinterlüfteten Außenwandbekleidungen		
Wände mit Außendämmung durch ein Wärmedämmverbundsystem oder durch ein bauaufsichtlich zugelassenes Wärmedämmverbundsystem		
Außenwände in Holzbauart mit Wetterschutz nach DIN 68800-2		

Spritzschutz

Durch den Aufprall von Regenwasser auf horizontale oder geneigte Flächen entsteht Spritzwasser. In den neuen Normenwerken zur Bauwerksabdichtung, insbesondere in der DIN 18533-1, wird diese Beanspruchung in die Kategorie W4-E – Spritzwasser am Wandsockel (sowie Kapillarwasser in und unter Wänden) eingestuft.

Bei Schlagregen werden die Sockelbereiche von Gebäuden besonders stark beansprucht. Der wirksamste Schutz gegen Spritzwasser lässt sich herstellen, indem die Entstehung verhindert wird. Immergrüne bodendeckende Pflanzen vermeiden die Spritzwasserbildung, Grobkiesstreifen vermeiden diese dagegen nur geringfügig.

Ein Sockelbereich von 30 cm ab Geländeoberkante ist gegen Spritzwasser zu schützen. Die Sockeloberkante bildet eine durchgängige horizontale Sperrschicht. Der Sockelbereich ist durch wasserabweisende Bauteile auszuführen oder zu bekleiden (Sperrmörtel, Verklinkerungen, Sperrputz, keramische Bekleidungen, Dichtungsschlämme mit Sockelputz). Günstig ist ein Überstand der horizontalen Sperrschicht über die Vertikalabdichtung. Bei der Ausführung des Sockelbereichs aus nicht wasserabweisenden Baustoffen wird die Abdichtung hinter der Sockelbekleidung hochgezogen. Die richtige Ausführung dieses Problembereichs ist für den Erfolg einer Abdichtung entscheidend.

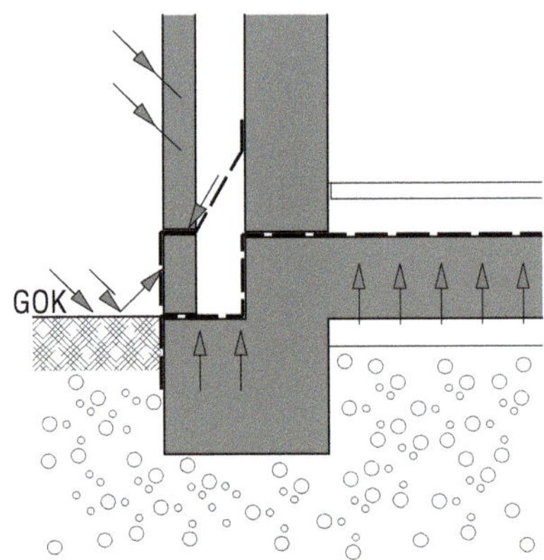

Bild 3: Spritzwasser am Wandsockel – Einwirkung W4-E

hinterlüftete Verblendschale, Entwässerung oberhalb des Geländes, Keller ungedämmt

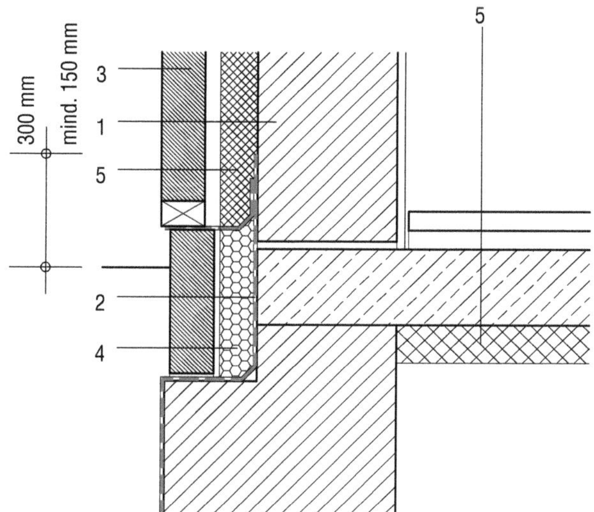

hinterlüftete Verblendschale, Entwässerung unterhalb Geländeoberkante, Keller ungedämmt

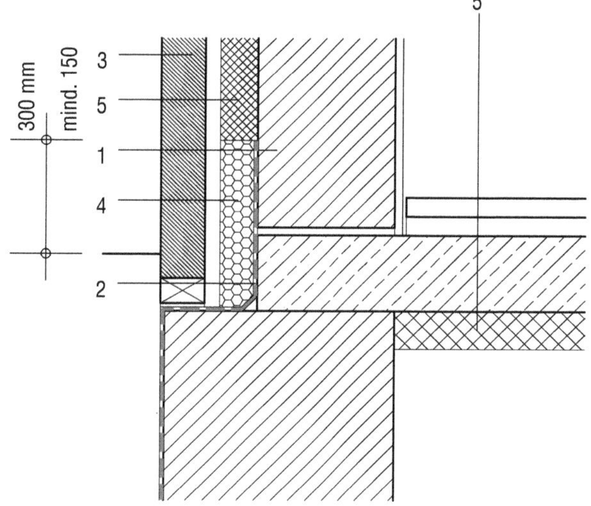

Wärmedämmverbundsystem mit Sockeldämmung, Keller ungedämmt

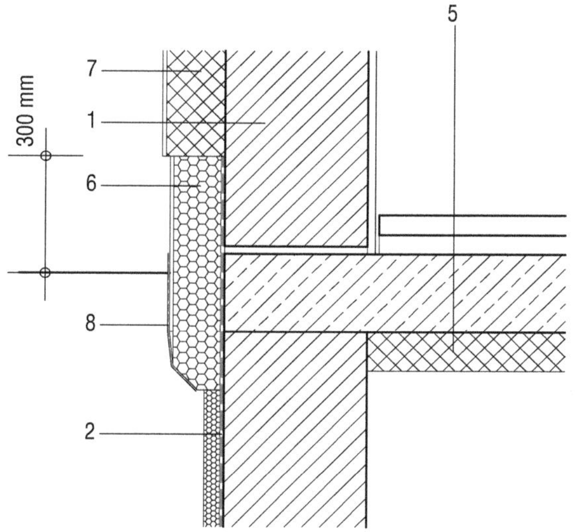

verputztes Mauerwerk, Keller ungedämmt

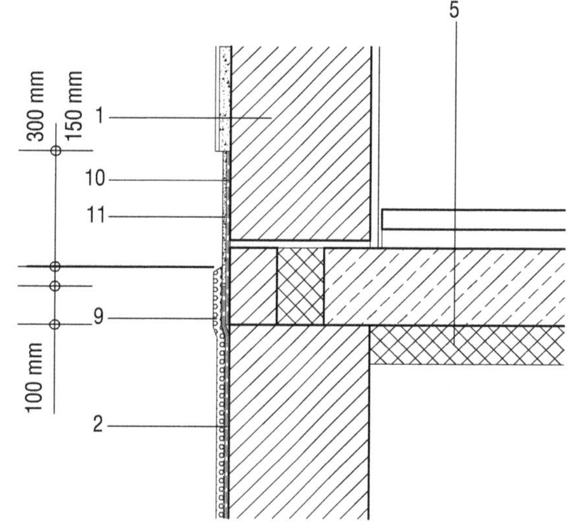

1 Mauerwerk
2 Deckenplatte
3 Verblendmauerwerk
4 Perimeterdämmung
5 Wärmedämmung und Luftschicht
6 Perimeterdämmung
7 Fassadendämmung
8 flexible, mineralische Putzabdichtung
9 Schutzschicht
10 überputzbare Abdichtung aus MDS
11 wasserabweisender Sperrputz

Bild 4: Spritzwasser am Wandsockel – Einwirkung W4-E (Prinzipskizzen)

Nicht hinterlüftete Außenwandbekleidungen im Erdreich

Beheizte Keller erfordern laut Energieeinsparverordnung eine Wärmedämmung gegen das Erdreich. Die Wärmedämmung erfordert außenseitig eine Abdichtung gegen Bodenfeuchtigkeit sowie eine innenseitige Dampfsperre. Günstiger ist der Einsatz von gegen Bodenfeuchtigkeit unempfindlichen Dämmungen. Die Dämmung („Perimeterdämmung") wird vor der Abdichtung angeordnet und dient gleichzeitig auch zum Schutz der Abdichtung.

Gemäß DIN 18533 werden für die Bauwerksabdichtung vier Wassereinwirkungsklassen unterschieden:

- W1-E: Bodenfeuchte und nicht drückendes Wasser
- W2-E: drückendes Wasser
  von außen einwirkendes Grundwasser, Hochwasser oder Stauwasser
- W3-E: nicht drückendes Wasser auf erdüberschütteter Decke
- W4-E: Spritzwasser im Sockelbereich

Der Einsatz einer Perimeterdämmung erfolgt nach bauaufsichtlicher Zulassung, da dies in der DIN 4108-2 nicht geregelt ist. Danach werden nur Wärmedämmschichten innerhalb der Bauwerksabdichtung zur Ermittlung des Wärmedurchlasswiderstands berücksichtigt.

Als Perimeterdämmung können nur Dämmstoffe eingesetzt werden, die

- ausreichende Wärmedämmfähigkeit aufweisen,
- kein oder nur geringes Wasseraufnahmevermögen besitzen,
- ausreichend druckfest sind,
- geringes Kriechvermögen aufweisen,
- frost- und taubeständig sind,
- beständig gegen im Boden vorhandene aggressive Stoffe sind.

Wird eine der Materialeigenschaften nicht erfüllt, kann sich das Dämmungsmaterial durch den Einsatz von Zusatzmaßnahmen (Dränagen) als Perimeterdämmung eignen.

Übliche Dämmstoffe für Perimeterdämmungen sind:

- Schaumglas
- extrudiertes Polystyrol (XPS)
- EPS-Automatenplatten
- expandiertes Polystyrol (EPS)
- Polyurethanschaum (PUR)

Das anstehende Erdreich, die zu erwartende Bodenfeuchtigkeit sowie die Art der Abdichtung bestimmen das einzusetzende Material sowie die konstruktive Ausbildung.

3/3.1 Nicht hinterlüftete Außenwandbekleidungen

Putze

Putzaufbau

Als Putzlage bezeichnet man eine in einem Arbeitsgang ausgeführte Putzschicht. Der Spritzbewurf ist keine Putzlage. Putzlagen werden hergestellt durch einen oder mehrere Anwürfe des gleichen Mörtels oder durch Antragen des Beschichtungsstoffs bei Kunstharzputzen einschließlich des erforderlichen Grundanstrichs.

Üblicherweise werden Putze mehrlagig aufgetragen. Der Putzaufbau besteht dann aus einer Putzgrundvorbehandlung, z.B. durch Spritzbewurf als Haftgrund, dem Unterputz als Hauptschicht und dem Oberputz.

Tab. 1: Empfohlene Dicken für mehrlagige mineralische Außenputzsysteme nach DIN EN 13914-1

Bindemittel des Unterputzes	Empfohlener Dickenbereich für das Auftragen von Putz Die Dicke des Systems wird von der Unterputzart bestimmt.			
	Normalmörtel (GP)		Leichtputz (LW)	
	Durchschnittliche Dicke [mm]	Mindestdicke [mm][1]	Durchschnittliche Dicke [mm]	Mindestdicke [mm][1]
Kalk	20	15	–	–
Kalk/Zement	20	15	20	15
Zement	20	15	20	15

[1] auf einzelne Punkte beschränkt

Mit der Entwicklung der Werktrockenmörtel ist die Herstellung von einlagigen Putzen möglich geworden. Hier ist vom Hersteller ein Nachweis über die Eignung durch eine Eignungsprüfung zu erbringen.

Kunstharzputze werden nur als oberste Lage, also als Oberputz verwendet. Die Schichtdicke wird durch das Größtkorn und die gewünschte Oberflächenstruktur bestimmt.

Folgende Oberputze werden nach DIN EN 13194-1 unterschieden:

- dünnlagige mineralische Oberputze verrieben, strukturiert oder gespritzt in Körnungen bis 5 mm
- dicklagige mineralische Oberputze
  Kratzputze, Kellenwurfputz und dicklagig verriebene Putze
- Putze mit organischen Bindemitteln
  Dispersionsputz (Kunstharzputz), Siliconharzputz und Dispersionssilicatputz (Silicatputz)

Putzsysteme

Das gesamte Putzsystem muss die an den Putz gestellten Anforderungen erfüllen. Die Eigenschaften aller Putzlagen eines Systems müssen aufeinander abgestimmt sein, sodass die in den Berührungsflächen der Putzlagen und des Putzgrunds auftretenden Spannungen aufgenommen werden können.

Die traditionelle Putzregel heißt „weich auf hart". Bei mineralischen Putzen wird diese Forderung dann erfüllt, wenn die Festigkeit des Oberputzes geringer ist als die des Unterputzes bzw. wenn beide Putzlagen gleich fest sind.

Bindemittel

Mineralische Bindemittel sind gemäß DIN EN 13914-1 Baukalke/hydraulischer Kalk, Normalzemente sowie Putz- und Mauerbinder. Sie werden nach ihrem Erhärtungsverhalten unterteilt in:

- Luftbindemittel
- hydraulische Bindemittel

Organische Bindemittel von Beschichtungsstoffen für Kunstharzputze sind Polymerisatharze in Form von Dispersionen oder Lösungen. Der Bindemittelgehalt ist abhängig von der Kornzusammensetzung des Zuschlags gemäß DIN 18558.

Zuschläge für Mörtel- und Kunstharzputze

Als *mineralischer Zuschlag* wird ein Gemenge (Haufwerk) aus ungebrochenen und/oder gebrochenen Körnern von natürlichen und/oder künstlichen mineralischen Stoffen bezeichnet.

Man unterscheidet:

- Zuschlagstoffe mit dichtem Gefüge, z.B. Natursand, Brechsand
- Zuschlagstoffe mit porigem Gefüge, z.B. Perlite, Blähton, Bims etc. (Leichtzuschläge)

Für die Güte, die Widerstandsfähigkeit eines Putzes und sein Verhalten sind die Korngröße, -form, -zusammensetzung, -festigkeit und Reinheit des Sands wichtig. Schädliche Verunreinigungen wie z.B. Lehm, Ton, Kohle, Eisen, Sulfate o.Ä. dürfen gar nicht oder nur in geringen Mengen enthalten sein, wenn sie die Eigenschaften des Putzes nicht beeinträchtigen.

Als *organischer Zuschlag* wird ein Gemenge aus Körnern organischer Stoffe bezeichnet.

Man unterscheidet:

- Zuschlagstoffe mit dichtem Gefüge, z.B. Kunststoffgranulate
- Zuschlagstoffe mit porigem Gefüge, z.B. expandiertes Polystyrol

Zusatzmittel für Putzmörtel

Zusatzmittel beeinflussen die Mörteleigenschaften durch chemische und/oder physikalische Wirkung. Sie dürfen einem Mörtelgemisch nur in geringen Mengen beigesetzt werden und keinen schädigenden Einfluss auf den Putz haben. Dies gilt insbesondere im Hinblick auf die Putzfestigkeit, den Korrosionsschutz der Putzbewehrung bzw. des Putzträgers sowie das Erhärten des Bindemittels.

Die wesentlichen Zusatzmittel sind:

- Luftporenbildner
  Sie verringern die Wasseraufnahmefähigkeit des Putzes durch künstlich erzeugte und gleichmäßig verteilte kleine Luftporen.
- Hydrophobierungsmittel, wasserabweisende Zusätze
  Die wasserunlöslichen Substanzen (meist fettähnlich) werden dem Mörtel werkseitig in genau dosierten Mengen zugesetzt. Die Benetzbarkeit der Kapillarwände ist so stark herabgesetzt, dass der Kapillarsog unterbleibt. Nachträglich können farblose Imprägniermittel wie z.B. Silane, Siloxane oder Silicone aufgebracht werden.
- Dichtungsmittel
  Dichtungsmittel machen den Putz weitgehend wasserundurchlässig, indem sie bei Wasserdrang porenstopfend wirken.
- Erstarrungsbeschleuniger
- haftverbessernde Zusatzmittel
- Frostschutzmittel
  Durch Frostschutzmittel sind Putzarbeiten auch bei niedrigen Temperaturen durchführbar.
- Farbmittel, Pigmente

Putzmörtel für Mineralputze

Putzmörtel sind nach DIN 18550-1 ein Gemisch aus einem oder mehreren miteinander verträglichen mineralischen Bindemitteln, gemischtkörnigem Zuschlag (überwiegender Kornanteil zwischen 0,25 und 4 mm) und Anmachwasser. Für die Zubereitung und Ausführung gilt die DIN EN 13914-1. Nachfolgende Tabelle zeigt gängige Mischungsverhältnisse von Baustellenmörteln.

Während die DIN 18550 die Putze nach ihren Bindemitteln gliedert, wird die Klassifizierung der Putze in der DIN EN 998 nach der Druckfestigkeitsklasse vorgenommen.

Tab. 2: Mischungsverhältnisse von Baustellenmörtel für Außenputze [Raumteile/Volumen]

Mörtelart	Baukalke, Luftkalk, Weißkalkhydrat, Kalkhydrat nach DIN EN 459-1	Hydraulischer Kalk, natürlich hydraulischer Kalk nach DIN EN 459-1	Putz- und Mauerbinder nach DIN EN 413-1	Zement nach DIN EN 197 (i.d.R.: CEM II 32,5 R)	Gesteinskörnung (Sand) nach DIN EN 12620
Luftkalkmörtel	1				3,5–4
Mörtel mit hydraulischem Kalk		1			3– 4
Mörtel mit Putz- und Mauerbinder			1		3–4
Kalkzementmörtel	1,5–2			1	9–11
Zementmörtel mit Zusatz von Kalkhydrat	≤ 0,5			2	6–8
Zementmörtel				1	3–4

Tab. 3: Druckfestigkeitsklassen für Putzmörtel nach DIN EN 998-1

Druckfestigkeitsklasse	Wertebereich der Normdruckfestigkeit [N/mm²]
CS I	0,4–2,5
CS II	1,5–5
CS III	3–7,5
CS IV	≥ 6

Putzbewehrung, Putzträger, Putzprofile

Wenn die Haftungsfähigkeit des Unterputzes auf dem Putzgrund nicht gegeben ist, so sind entsprechende Maßnahmen vorzusehen:

- Putzträger
  Putzträger ermöglichen eine vom Untergrund weitgehend unabhängige Putzkonstruktion und verbessern das Haften des Putzes. Ein Korrosionsschutz ist vorzusehen.
  Verwendet werden:
  - metallische Putzträger, z.B. Rippenstreckmetall, punktgeschweißte Drahtgitter, Drahtgitter mit hinterlegter Absorptionspappe
  - Holzwolle-Leichtbauplatten und Mehrschicht-Leichtbauplatten, z.B. HWL-Platten, Hartschaum-ML-Platten, Mineralfaser-ML-Platten
  - Putzträgerplatten aus gebranntem Ton
  - Ziegeldrahtgewebe
  - drahtgebundene Schilfrohrmatten (Sanierung)
  - Gipskarton-Putzträgerplatten (vor allem im Innenbereich)
- Putzbewehrungen
  Diese Einlagen (Armierungen) werden in die oberste Schicht des frisch aufgebrachten Unterputzes eingebettet. Durch sie wird die Zugfestigkeit des Putzes verbessert, Spannungen werden aufgenommen und dadurch wird die Rissbildung vermindert.
  Verwendet werden:
  - Glasfaser-Armierungsgewebe
  - Kunststofffaser-Armierungsgewebe
  - Drahtgittermatten, Drahtnetzgewebe
- Putzprofile
  Putzprofile werden vor allem an Begrenzungs- oder Anschlussstellen eingesetzt. Es finden Profile aus verzinktem Stahlblech, Leichtmetall, Edelstahl und Kunststoff Verwendung.

Mineralisch gebundene Außenputze

Der Putzgrund sollte wie folgt beschaffen sein:

- möglichst aus homogenem Baustoff
- sauber, staubfrei und frostfrei
- gewisse Rauigkeit
- normale Saugfähigkeit
- unproblematisches Verhalten bei Temperatur- und Feuchtigkeitseinwirkungen
- gewählte Putzfestigkeit sollte geringer sein als Steinfestigkeit

Sind diese Anforderungen nicht gegeben, so sind gewisse Putzgrundvorbereitungen zu treffen:

- Verunreinigungen:
  - anhaftende Fremdstoffe oder Rückstände entfernen bzw. unschädlich machen
- glatter Putzgrund:
  - ggf. Aufrauen des Untergrunds
  - oder Spritzbewurf
  - sehr glatte und nichtsaugende Putzgründe erhalten einen Haftanstrich oder werden mit einem flächigen Putzträger beschichtet
- stark saugender Putzgrund:
  - Putzgrund ausreichend vornässen
  - volldeckender grobkörniger Spritzbewurf
  - unter Umständen Minderung der Saugfähigkeit durch Grundierung mit Kunststoffdispersion
- unterschiedlich saugender Putzgrund:
  - volldeckender grobkörniger Spritzbewurf
- schwach saugender Putzgrund:
  - nicht volldeckender warzenförmiger Spritzbewurf
- gleichmäßig und normal saugender Putzgrund:
  - Putzgrund ausreichend vornässen
- Beton als Putzgrund:
  - Spritzbewurf i.d.R. Mörtelgruppe P III bei trockenem und saugfähigem Untergrund
  - bei glatten und nichtsaugenden Flächen ist eine Haftbrücke erforderlich, z.B. Kunststoffdispersions-Quarzsand-Gemisch

Außenputze, die allgemeinen Anforderungen genügen

Die Wasserdampfdurchlässigkeit ist bei Außenputzen besonders wichtig. Die diffusionsäquivalente Luftschichtdicke darf bei keiner Putzlage den Wert $s_d = 2{,}0$ m überschreiten.

Außenputze, die zusätzlichen Anforderungen genügen

Zusätzliche Anforderungen können gestellt werden bezüglich:

- Witterungsbeständigkeit des Putzsystems
- Regenschutz durch wasserhemmende oder wasserabweisende Putzsysteme
  Die Angaben in der DIN 4108-3 zum Schlagregenschutz von Außenwänden sollen dazu beitragen, erhöhte Wandfeuchtigkeiten durch Regen zu vermeiden, um den Wärmeschutz nicht herabzusetzen.
  Bei der Beurteilung der Schlagregenbeanspruchung sind die regionalen klimatischen Bedingungen, die örtliche Lage und die Höhe des Gebäudes zu berücksichtigen. Die DIN 4108-3 unterscheidet drei Beanspruchungsgruppen:
  - Beanspruchungsgruppe I – geringe Schlagregenbeanspruchung
    Außenputz ohne besondere Anforderungen
  - Beanspruchungsgruppe II – mittlere Schlagregenbeanspruchung
    Verwendung von mindestens wasserhemmenden Außenputzen
  - Beanspruchungsgruppe III – starke Schlagregenbeanspruchung
    Verwendung von mindestens wasserabweisenden Putzen
- Regenschutz durch wasserabweisende Putze/Anstrichsysteme
  Der Regenschutz kann auch durch einen geeigneten Außenputz erreicht werden. Dafür wird der 5 bis 8 mm dicke Oberputz durch Zusatzmittel wasserabweisend eingestellt.

- Außenputz mit erhöhter Festigkeit
- Kelleraußenputz
  Putz unter der Geländeoberfläche sollte den Anforderungen der Klasse CS IV nach DIN EN 998-1 für Werktrockenmörtel genügen. Als Mindestdicke sollten 15 mm aufgetragen werden. Diese Putze müssen außerdem als Träger von Abdichtungsstoffen dienen können, da sie im erdberührten Wandbereich zusätzlich abgedichtet werden müssen.
- Außensockelputz
  Außensockelputze müssen entsprechend feuchte- und frostbeständig sein. Auch eine Beständigkeit gegen lösliche Salze kann eine Anforderung darstellen.

Sanierputzsysteme

Sanierputze sind Putze hoher Porosität und Wasserdampfdurchlässigkeit bei erheblich verminderter kapillarer Leitfähigkeit. Die technischen Anforderungen sind im WTA-Merkblatt 2-2-91 und im WTA-Ergänzungsmerkblatt 2-6-99 beschrieben.

Sanierputzsysteme bestehen i.d.R. aus folgenden Komponenten und können je nach Versalzungsgrad ein- oder mehrlagig aufgebracht werden:

- Spritzbewurf
- WTA-Grundputz
- WTA-Sanierputz
- Anstrich oder Dekorputz

Die Sanierputzsysteme unterscheiden sich oft deutlich voneinander, weshalb immer nur Systemkomponenten eines Herstellers verwendet werden dürfen.

Organisch gebundene Außenputze

Gemäß DIN 18558 sind Kunstharzputze Beschichtungen mit putzartigem Aussehen. Organische Bindemittel von Beschichtungsstoffen für Kunstharzputze sind Polymerisatharze in Form von Dispersionen oder Lösungen. Als Zuschlag werden Sande mit Korngrößen von 0,2 bis 4 mm verwendet. Die Beschichtungsstoffe werden verarbeitungsfertig geliefert und als pastöse Masse auf den Untergrund aufgezogen. Nach der Trocknung entsteht daraus der Kunstharzputz. Zuvor ist ein Grundanstrich auszuführen. Die Trocknung erfolgt durch Verdunsten des enthaltenen Wassers bzw. Lösungsmittels.

Als Außenputz werden Beschichtungsstoffe des Typs P Org 1 verwendet. Kunstharzputze werden nur als Oberputz verwendet.

Anforderungen an Kunstharzputze

Neben den allgemeinen Anforderungen sind bei Kunstharzputzen im Vergleich zu mineralischen Putzen andere Eigenschaften genau zu betrachten. Dies sind:

- Wasserdampfdurchlässigkeit
  Die diffusionsäquivalente Luftschichtdicke darf bei keiner Putzlage den Wert s_d = 2,0 m überschreiten. Für Kunstharzputze ist ein entsprechender Nachweis des Herstellers zu erbringen. Der Diffusionswiderstand $\mu \times s$ der einzelnen Schichten sollte von innen nach außen abnehmen. Der Wärmedurchlasswiderstand s/λ der Schichten sollte von innen nach außen zunehmen.
- Witterungsbeständigkeit
  Kunstharzputze müssen als Außenputze witterungs- und frostbeständig sein.
- Regenschutz
- Festigkeit

Wärmedämmputzsysteme

Diese speziellen Putzsysteme wurden zur Verbesserung der Wärmedämmung von Außenwänden entwickelt. Sie bestehen aus mehreren technisch aufeinander abgestimmten Putzlagen. Sie setzen sich aus dem Unterputz (dem eigentlichen Wärmedämmputz) von 20 bis 100 mm Stärke und einem 10 mm dicken Oberputz zusammen.

Der Unterputz ist ähnlich wie mineralische Putze aufgebaut. Jedoch enthält er anstatt des Zuschlags Sand entweder organische Zuschläge (EPS, 1 bis 3 mm große Kügelchen) oder mineralische Zuschläge (Leichtzuschlagstoffe) oder ein Gemisch aus beidem.

So können gute Wärmedämmeigenschaften erreicht werden, aber die mechanische Festigkeit nimmt aufgrund des leichten Zuschlags ab.

Die Druckfestigkeit des Festmörtels für den Unterputz muss mindestens 0,4 N/mm² (entspricht CS I nach DIN EN 998-1) betragen. Der Oberputz übernimmt die Schutzfunktion für den Unterputz. Der Oberputz muss qualitativ hochwertig und wasserabweisend sein, um eine Durchfeuchtung des Unterputzes zu verhindern. Die Druckfestigkeit des Festmörtels für den Oberputz muss mindestens 0,8 N/mm² betragen und darf aber 3 N/mm² nicht überschreiten. Das Festigkeitsgefälle verläuft bei Wärmedämmputzsystemen umgekehrt. Der Oberputz ist härter als die darunterliegende Dämmputzschicht.

Wärmedämmverbundsysteme

Ein Wärmedämmverbundsystem (WDVS) besteht aus mehreren fest miteinander verbundenen und bauphysikalisch aufeinander abgestimmten Komponenten. WDV-Systeme verbessern den Wärmeschutz und den Regenschutz eines Gebäudes. Des Weiteren können durch korrekte Detailausbildung Wärmebrücken vermieden werden. Die Tauwasserbildung findet nicht mehr auf der raumseitigen Oberfläche oder Innenseite der Bauteile statt. Durch die Konstruktionsart erfolgt eine Entkopplung des Außenputzes von der tragenden Wand, und somit können rissfreie Fassaden auch bei Altbauten hergestellt werden.

Tab. 4: Schichtenfolge

Schicht	Materialien	Aufgabe
tragende Wand	▶ Mauerwerk ▶ Beton	statische und schallschutztechnische Funktion
Wärmedämmschicht	▶ Kunststoff-Hartschaum (EPS, XPS) ▶ Mineralwollplatten ▶ Mineralwolllamellen ▶ Mineralschaumplatten	wärmeschutztechnische Funktion
Armierungsschicht	▶ Armierungsmasse und Glasgittergewebe ▶ Armierungsmasse mit beigegebenen Glasfasern ▶ Armierungsmasse und Kunststoffgittergewebe	nimmt die durch thermische Einflüsse entstehenden risseverursachenden Zug- und Druckspannungen auf
Außenputz (Oberputz, Schlussbeschichtung)	▶ mineralisch gebundene Putze ▶ organisch gebundene Putze (Kunstharzputze)	▶ Witterungsschutz ▶ Gebäudegestaltung

Klebemasse, Dämmstoff, Armierungsschicht, Armierungsgewebe und Außenputz sind aufeinander abgestimmt und bilden ein System. WDV-Systeme zählen nicht zu den geregelten Produkten, da für sie keine technischen Regelwerke existieren. Allgemeine Angaben sind der DIN V 18559 zu entnehmen. Durch den Hersteller ist deshalb für das System der Verwendbarkeitsnachweis in Form einer bauaufsichtlichen Zulassung zu führen. In der bauaufsichtlichen Zulassung ist ebenso zwingend vorgeschrieben, dass nur in sich geschlossene Systeme verarbeitet werden dürfen.

In der Regel entscheidet der Zustand des Untergrunds über den zu verwendenden Zulassungstyp.

Tab. 5: Übersicht über WDV-Systeme

<table>
<tr><th>WDV-System-Typ</th><th>Dämmstoff</th><th>Befestigungsart</th><th>Oberputz/Schlussbeschichtung</th><th>Übliche Dämmstoffdicken[1)]</th><th>Übliche Anwendungsbereiche[1)]</th></tr>
<tr><td>I</td><td>Polystyrol-Hartschaum EPS</td><td>▶ nur verklebt
▶ verklebt und konstruktiv verdübelt</td><td rowspan="2">▶ organisch gebundener Putz
▶ Siliconputz
▶ Silicatputz
▶ Mineralleichtputz
▶ keramische Beläge</td><td>1–30 cm</td><td>bis 22 m[2)]</td></tr>
<tr><td>II</td><td>Polystyrol-Hartschaum EPS</td><td>mechanisch befestigt, Schienensystem</td><td>5–20 cm</td><td>bis 22 m[2)]</td></tr>
<tr><td>III</td><td>Mineralwolle</td><td>verklebt und statisch relevant verdübelt</td><td rowspan="2">Mineralleichtputz
keramische Beläge</td><td>4–20 cm</td><td>bis 100 m</td></tr>
<tr><td>IV</td><td>Mineralwolle (Lamellen)</td><td>▶ nur verklebt[3)]
▶ verklebt und statisch relevant verdübelt</td><td>4–20 cm</td><td>bis 100 m</td></tr>
<tr><td>V</td><td>Mineralwolle</td><td>mechanisch befestigt, Schienensystem</td><td>Mineralleichtputz</td><td>6–14 cm</td><td>bis 100 m</td></tr>
<tr><td>VI</td><td>▶ Polystyrol-Hartschaum
▶ Perimeter SA</td><td>▶ nur verklebt
▶ verklebt und konstruktiv verdübelt</td><td>▶ ohne
▶ organisch gebundener Putz
▶ Siliconputz
▶ Silicatputz
▶ Mineralleichtputz
▶ keramische Beläge</td><td>3–20 cm</td><td>▶ im Erdreich
▶ im Sockelbereich</td></tr>
</table>

1) anwendbare Dämmstoffdicken und Anwendungsbereiche nach jeweiligem Kombi-Bescheid aus allgemeiner bauaufsichtlicher Zulassung/allgemeiner Bauartgenehmigung
2) in Abhängigkeit von den Landesbauordnungen für die Anwendung schwer entflammbarer Baustoffe
3) ab 20 m Anwendungshöhe im Randbereich zusätzliche Verdübelung

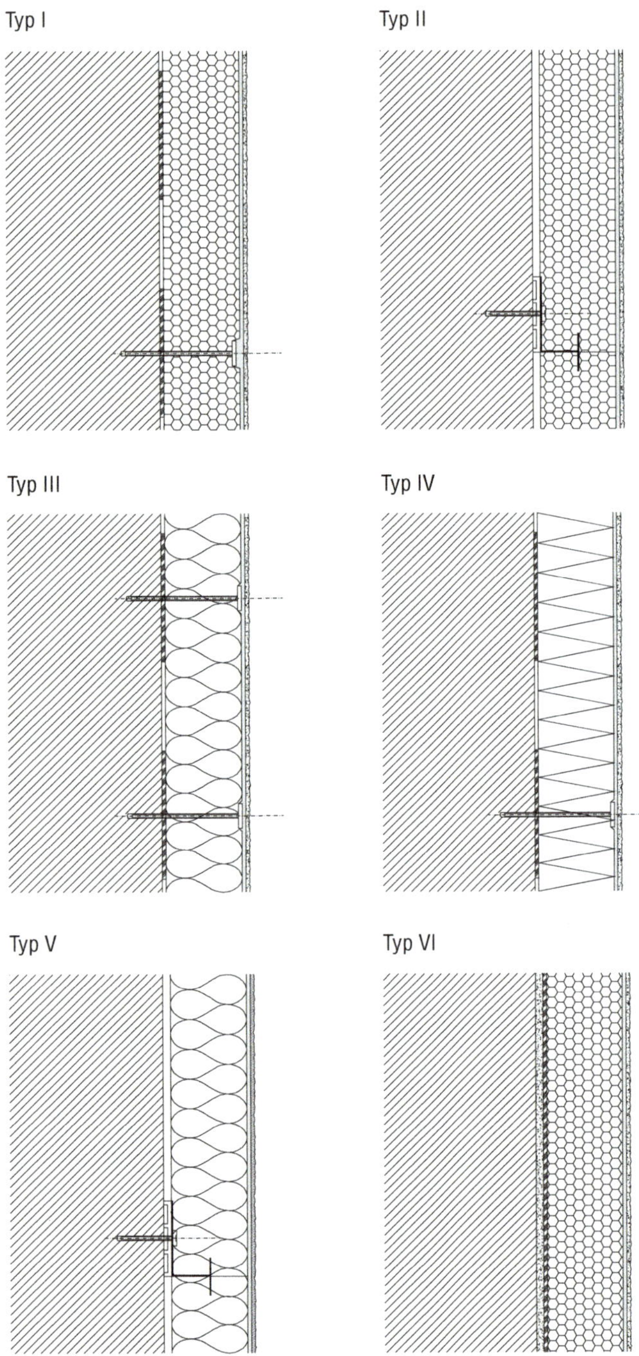

Bild 1: Typen von Wärmedämmverbundsystemen

Mit der Erteilung der allgemeinen bauaufsichtlichen Zulassung wird auch der Standsicherheitsnachweis unter Berücksichtigung der Windsoglasten für Wandfläche und Randbereich entsprechend den Gebäudehöhen nach DIN EN 1991-1-4 erbracht. Diese teilt Deutschland in 4 Windzonen ein. Winddruck und Windsog, vor allem für die sich daraus ergebenden Flächenbereiche, sind für jede Gebäudeseite einzeln zu ermitteln. Aus den Gebäudeabmessungen ergeben sich Flächenbereiche A, B, C und D. Flächenbereich D muss für WDV-Systeme nicht berechnet werden. Für die Flächenbereiche A, B und C ergeben sich unterschiedliche Dübelmengen (St/m²). Bei der Ermittlung sind auch die regionale Lage des Gebäudes, Geländeinformationen und die Gebäudehöhe zu berücksichtigen.

Der Traggrund ist ebenfalls ein wichtiges Kriterium für die Standsicherheit eines WDV-Systems, da er die Befestigungsart bestimmt.

Tragfähige Untergründe sind z.B. Mauerwerk oder Beton ohne weitere Beschichtungen sowie neue und feste Putze der Mörtelgruppe P II oder P III gemäß ehemaliger DIN V 18550. Auf solche Untergründe können WDV-Systeme geklebt und ohne Verdübelung angebracht werden.

Reduziert tragfähige Untergründe sind meist Altbauten mit fest anhaftendem Putz oder Anstrich, auf denen aber der Kleber nur ein reduziertes Haftvermögen entwickeln kann. Hier wird eine zusätzliche Verdübelung erforderlich.

Nicht tragfähige Untergründe sind Putze oder Anstriche mit unzureichender Haftung sowie sehr unebene Fassaden. Hier bewähren sich schienenbefestigte WDV-Systeme.

Der Farbton der Schlussbeschichtung hat einen wesentlichen Einfluss auf die Oberflächentemperatur. Dunkle Farben erwärmen sich stärker als helle Farbtöne, weshalb für die Schlussbeschichtung nur helle Farbtöne mit einem Hellbezugswert ≥ 20 ausgewählt werden.

Angemörtelte Außenwandbekleidungen

Angemörtelte Außenwandbekleidungen nach DIN 18515-1 können mit oder ohne Wärmedämmschichten ausgeführt werden. In der Regel werden keramische Baustoffe oder Naturstein direkt an die Wand angesetzt. Außenwände mit Wärmedämmschicht lassen sich wie folgt aufbauen:

- raumbildende Außenwand
- Wärmedämmschicht
- bewehrter Unterputz

- Fassadenbekleidung aus Fliesen, Platten oder Putz

Die Platten sollten folgende Abmaße nicht überschreiten:

- Fläche < 0,12 m²
- Seitenlänge < 0,49 m
- Dicke < 0,015 m (geriffelte Platten einschließlich Riffelung < 0,02 m)

Die DIN 18515-1 legt außerdem die Eigenschaften der verwendeten Baustoffe fest.

Bei der Planung ist zu beachten, dass keramisches Material einen wesentlich höheren Wasserdampfdiffusionswiderstand besitzt (μ = 200 bis 300) als Mauerwerk (μ = 70 bis 150). Die Bewertung des Feuchtehaushalts bedarf deshalb der genauen Betrachtung der gesamten Konstruktion. Dabei wirken sich kleinformatige keramische Wandbekleidungen durch den hohen Fugenanteil günstiger aus.

Untergrundvorbehandlung

Ist der Untergrund ausreichend fest in Material und Struktur wie z.B. Mauerwerk oder Beton, so können die Platten direkt angesetzt werden. Ist der Untergrund nicht ausreichend tragfähig oder werden die Außenwandbekleidungen auf Dämmstoffe aufgebracht, müssen die Ansetzflächen mittels Unterputz mit Bewehrung und Verankerung hergestellt werden.

Die Haftzugfestigkeit des Untergrunds muss mindestens 0,5 N/mm² betragen.

Im Allgemeinen gilt, dass die angemörtelten Wandbekleidungen erst auszuführen sind, wenn sich der Untergrund ausreichend gesetzt hat und die Schwindvorgänge von Betonbauteilen abgeklungen sind. Die zu bekleidende Rohbauwand darf keine durchgehenden Risse, offenen Fugen oder auch unverschlossenen Schalungsanker- und Gerüstlöcher aufweisen.

Wenn die Ansetzflächen die Anforderungen der DIN 18202 erfüllen, ist kein Ausgleichsmörtel notwendig, sofern die Tragfähigkeit gegeben ist.

Schichtenaufbau

Die Ansetzflächen haben bestimmte Voraussetzungen zu erfüllen. Staub, Trennmittel, Ausblühungen und Verunreinigungen müssen entfernt werden. Bei zu glatten oder verunreinigten Oberflächen sind Haftbrücken oder das Anbringen eines Unterputzes vorzusehen. Ein vollflächig aufgebrachter Spritzbewurf ist also auch für den Unterputz vorzusehen.

Bei größeren Unebenheiten ist ein Unterputz von mindestens 10 mm und maximal 25 mm Dicke aufzutragen. Sind größere Unebenheiten auszugleichen, ist ab 25 mm Dicke der Unterputz mit Bewehrung und als reiner Zementmörtel mit möglichst rauer Oberfläche aufzutragen. Soll eine Schlagregenbeanspruchung der Gruppe III ausgeführt werden, so ist ein Unterputz von mindestens 20 mm Dicke vorzusehen.

Bei einem Untergrund aus verschiedenen Baustoffen, aus Stoffen geringer Festigkeit wie z.B. Porenbeton oder Wärmedämmungen oder aus sehr glattem Material oder wenn größere Unebenheiten auszugleichen sind, muss ein bewehrter Unterputz aufgetragen werden. Dabei wird der Unterputz mit Bewehrung aus Betonstahlmatten 50/50/2 mm ausgeführt. Für die Verankerung muss ein statischer Nachweis erbracht werden. Da Verankerung und Bewehrung auch chemischen Beanspruchungen ausgesetzt sind, ist für diese nichtrostender Stahl zu verwenden.

Die Anker für den bewehrten Putz dürfen am Auflagerpunkt eine maximale Querkraft von 1 kN aufnehmen. Die Eigenlasten der Außenwandbekleidung müssen durch mindestens drei Reihen Traganker aufgenommen werden, die in Streifen von ca. 1,50 m Höhe in der Mitte der Putzfelder liegen sollen.

Die Mörtelzusammensetzung muss für die Ausführung der einzelnen Arbeiten geeignet sein.

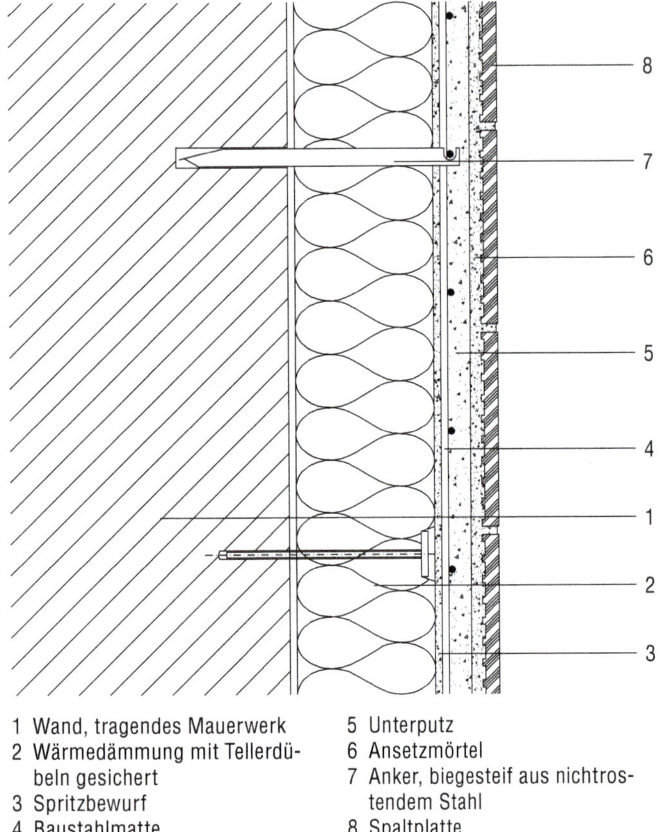

1 Wand, tragendes Mauerwerk
2 Wärmedämmung mit Tellerdübeln gesichert
3 Spritzbewurf
4 Baustahlmatte
5 Unterputz
6 Ansetzmörtel
7 Anker, biegesteif aus nichtrostendem Stahl
8 Spaltplatte

Bild 2: Angemörtelte Spaltplattenbekleidungen mit Verankerung

Ansetzen der Bekleidungen

Die Bekleidungen werden im Dick- oder im Dünnbett angesetzt.

Beim Ansetzen im Dickbett wird die vorgespritzte Fläche örtlich vorgenässt. Die Rückseiten der Platten werden ebenso vorgenässt und mit Bindemittel eingeschlämmt. Der Trassmörtel bzw. hochhydraulischer Kalkmörtel wird in plastischer Konsistenz im Mittel 15 mm dick aufgetragen. Die Platten werden dann schräg liegend herangeführt, angedrückt und in Flucht und Lot ausgerichtet.

Werden Platten im Dünnbett angesetzt, geschieht dies i.d.R. im Buttering-Floating-Verfahren. Die Schichtdicke des Dünnbettmörtels soll nach dem Ansetzen mindestens 3 mm betragen.

Sollen die Bekleidungen auf Wärmedämmschichten angesetzt werden, so muss auf die außen liegende Wärmedämmung ein bewehrter Unterputz aufgebracht werden. Die Wärmedämmschichten müssen der DIN 18164-1 bzw. DIN 18165-1, Anwendungstyp WD entsprechen. Faserdämmstoffe sind vor dem Putzauftrag mit einer kunststoffvergüteten Zementschlämme vorzubehandeln. Die Sicherung der Wärmedämmung erfolgt mit Tellerdübeln.

Fugen

Die Fugenbreiten des Bekleidungsmaterials sind abhängig vom Format. In der Regel können folgende Richtwerte angenommen werden:

- keramische Fliesen 3 bis 8 mm
- keramische Spaltplatten 4 bis 10 mm
- Spaltziegelplatten 10 bis 12 mm
- Naturwerksteinplatten 4 bis 6 mm
- Betonwerksteinplatten 3 bis 12 mm

Durch wechselnde Temperaturen oder Feuchtigkeitsveränderungen kommt es zu Spannungen, die zu Rissen oder Abplatzungen führen können. Es müssen zu den am Gebäude vorhandenen Trennfugen zusätzliche Dehnungsfugen vorgesehen werden, die bis auf den Untergrund führen.

Die IVD-Merkblätter des IVD Industrieverband Dichtstoffe e.V. behandeln die Ausführung und Sanierung von Fugen im Bereich der Fugenabdichtung im Bau. Hier sind die maßlichen Zusammenhänge zwischen Fugenbreite, Tiefe des Dichtstoffes und dessen Haftfläche geregelt.

Bewegungsfugen sind nach DIN 18540 auszuführen. Damit keine Mörtelbrücken entstehen, empfiehlt sich die Ausführung mittels geeigneter Fugenprofile, die Überklebung mit Fugenbändern oder auch das Ausspritzen mit elastischen Fugendichtstoffen.

Gebäudetrennfugen müssen an gleicher Stelle auch in der Außenwandbekleidung fortgeführt werden.

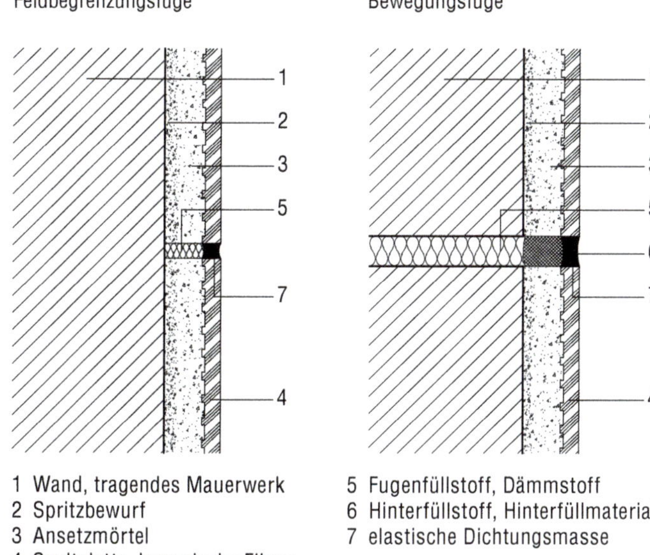

1 Wand, tragendes Mauerwerk
2 Spritzbewurf
3 Ansetzmörtel
4 Spaltplatte, keramische Fliese
5 Fugenfüllstoff, Dämmstoff
6 Hinterfüllstoff, Hinterfüllmaterial
7 elastische Dichtungsmasse

Bild 3: Fugen in keramischer Außenwandbekleidung

Feldbegrenzungsfugen sind meist abhängig von Format und Farbe der Platten oder Fliesen, den verwendeten Baustoffen der Unterkonstruktion sowie von der Ausrichtung der Fassaden. Auch gestalterische Aspekte spielen bei der Planung der Feldbegrenzungsfugen eine Rolle. Horizontale Dehnfugen sollten mindestens in Höhe jeder Geschossdecke, im Bereich von Brüstungen, Außen- oder Innendecken und auch an Übergängen zu anderen nicht bekleideten Bauteilen angeordnet werden. Die Fugen sollten mindestens alle 3 m für horizontale Fugen und alle 6 m für vertikale Fugen angeordnet werden, dann muss kein genauer Nachweis erfolgen. Der Abstand der Fugen ist abhängig von den zu erwartenden Temperaturschwankungen an der Oberfläche der Fassade.

Als Fugenfüllmaterial werden gut haftende elastische Dichtmassen verwendet.

Angemauerte Außenwandbekleidungen

AußenwandbekleidungAngemauerte Außenwandbekleidungen werden auf Aufstandsflächen an der Rohbauwand angemauert und mit dieser verankert. Als Materialien für die Bekleidung kommen keramische Werkstoffe wie z.B. Vormauerziegel, Klinker oder Kalksandsteinverblender zum Einsatz. Die Verblender der Vorsatzschale müssen frostbeständig sein. Glasierte Steine oder Steine mit Oberflächenbeschichtungen und Glasuren dürfen verwendet werden, wenn die Frostwiderstandsfestigkeit nach DIN 52282-1 nachgewiesen wurde.

Die Ausführungsgrundsätze sind für Anmauerungen mit einer Dicke von 55 bis 90 mm in der ehemaligen DIN 18515-2 (1993-04) festgelegt. Für dickere Aufmauerungen gelten die Anforderungen aus DIN EN 1996-1-1.

Die Aufstandsflächen nehmen die Eigenlast der Außenwandbekleidung auf. Dies können z.B. Fundamentvorsprünge, thermisch getrennte Deckenstreifen, nichtrostende oder korrosionsgeschützte Stahlkonsolen sein.

Die Außenwandbekleidung darf nur durch Eigen- und Windlasten beansprucht werden. Über Tür- oder

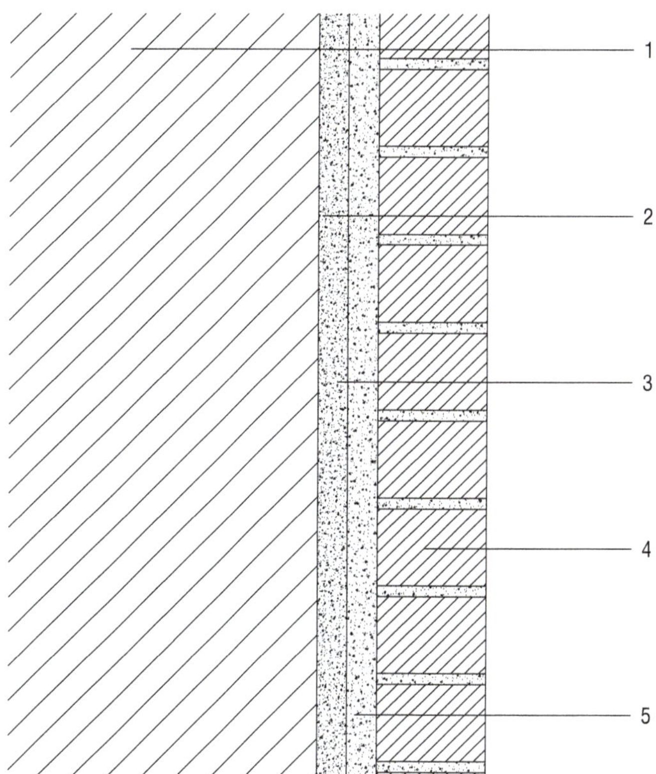

1 Wand, tragendes Mauerwerk
2 Spritzbewurf
3 Unterputz, nicht geglättet, 15 mm
4 Vormauerziegel, vollfugig vermauert
5 15–25 mm Spalt, schichtweise dicht mit Mörtel verfüllt

Bild 4: Konstruktionsaufbau einer vorgemauerten Außenwandbekleidung

Fensteröffnungen, Bewegungs- oder Trennfugen müssen demzufolge Abfangungen vorgesehen werden. Im Bereich der Aufstandsflächen sind Abdichtungen anzuordnen, die nach DIN 18533 auszuführen sind. Die Abdichtungen sind an der Rohbauwand mindestens 15 cm hochzuführen.

Bezüglich der Ausbildung von Bewegungs- und Trennfugen gelten sinngemäß die Maßgaben für angemörtelte Bekleidungen bzw. DIN 18515-1.

Der Ansetzgrund muss frei von Staub, Trennmitteln, Mörtelresten, Ausblühungen und Verunreinigungen sein.

Auf die sauberen Ansetzflächen ist ein Spritzbewurf in Form eines einlagigen dünnen Mörtels aufzutragen, welcher die Haftung des Unterputzes verbessert. Er soll vollflächig deckend, mit warzenähnlichen Erhebungen ausgeführt sein.

Als Unterputz wird ein Kalkzementmörtel mit einer Mindeststärke von 15 mm verwendet. Damit sollen die Unebenheiten des Untergrunds ausgeglichen werden, und die wasserabweisende Wirkung der Konstruktion soll erhöht werden. Danach wird das Bekleidungsmaterial vollfugig mit einem Abstand von mindestens 15 mm und höchstens 25 mm vor den Unterputz aufgemauert. Der Spalt wird schichtweise dicht mit Mörtel verfüllt, damit eine Verbindung mit dem Untergrund sichergestellt wird. Auf eine vollfugige Vermauerung ist zu achten. Das Fugenmaterial ist zu verdichten und anschließend ein Fugenglattstrich herzustellen.

Zweischaliges Verblendmauerwerk

Zweischaliges Ziegel-Verblendmauerwerk mit Putzschicht

Auf der Außenseite der Innenschale wird eine zusammenhängende Putzschicht (im Mittel 10 mm aus möglichst wasserabweisendem Putz) angeordnet. Davor wird die Verblendschale so dicht wie möglich vollfugig errichtet. Die Bemessung der Vorsatzschale sowie Feuchteschutzmaßnahmen werden analog zu denen des zweischaligen hinterlüfteten Mauerwerks ausgeführt. Als Verankerung sind fünf Drahtanker pro Quadratmeter mit einem Durchmesser von 3 mm ausreichend. Lüftungsöffnungen sind nicht erforderlich. Diese Ausführungsform der Fassadenbekleidungen kann kaum den heutigen Anforderungen an den Wärmeschutz entsprechen.

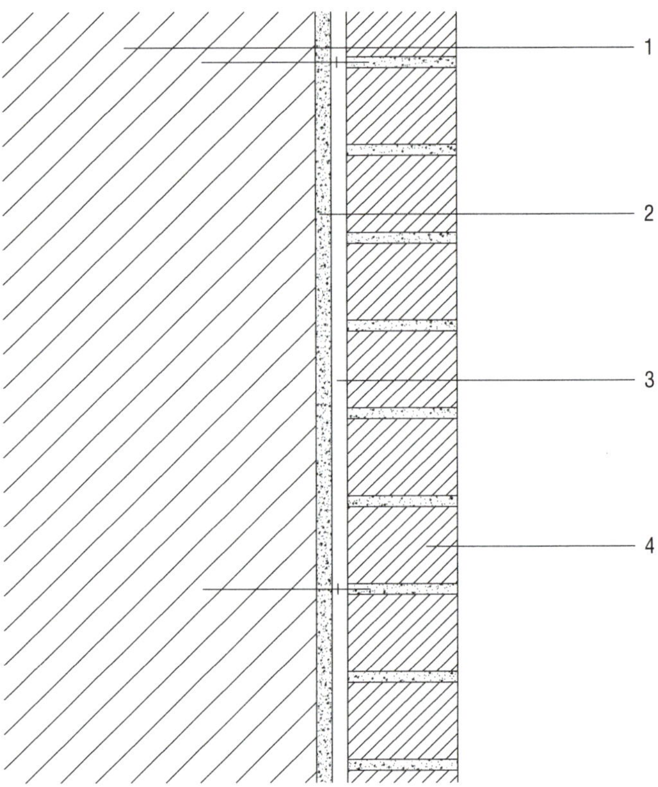

1 Wand, tragendes Mauerwerk
2 Unterputz, wasserabweisend, 10 mm
3 Luftspalt, 10 mm
4 Vormauerziegel, vollfugig vermauert

Bild 5: Zweischaliges Ziegel-Verblendmauerwerk mit Putzschicht

Zweischaliges Ziegel-Verblendmauerwerk mit Kerndämmung

Man spricht von einem Kerndämmsystem, wenn zwischen Innen- und Außenschale

- der Hohlraum ohne ausreichend dicke Luftschicht verfüllt wird.
  Als Dämmstoffe sind nur Systeme zulässig, die für diesen Anwendungsbereich genormt sind oder über eine „allgemeine bauaufsichtliche Zulassung" verfügen.
- der Hohlraum durch Luftschichtdämmplatten oder Dämmplatten aus Mineralfasern oder Hartschaum verfüllt ist.

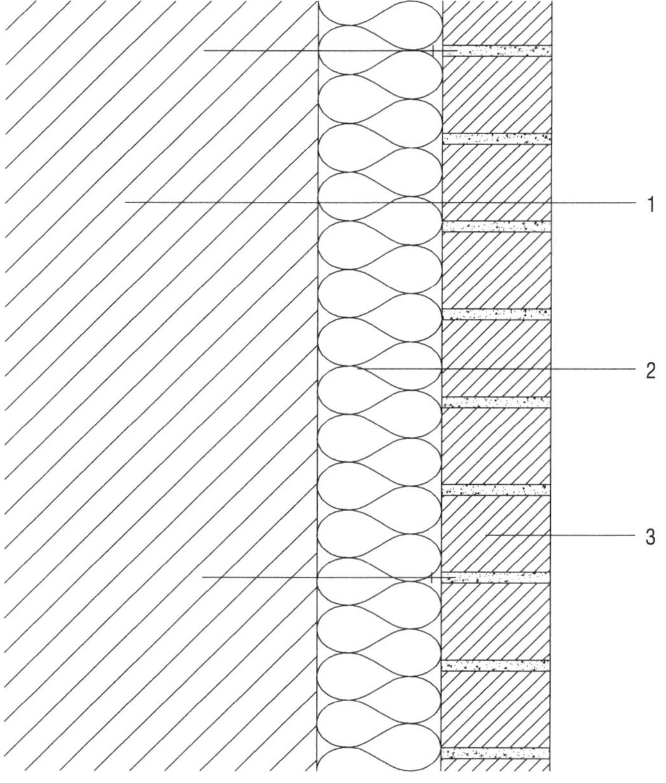

1 Wand, tragendes Mauerwerk
2 Kerndämmung
3 Vormauerziegel, vollfugig vermauert

Bild 6: Zweischaliges Ziegel-Verblendmauerwerk mit Kerndämmung

- eine hohlraumfreie Verfüllung durch hydrophobierte Schüttdämmstoffe oder nachträgliches Ausschäumen mit Kunstharzortschaum mit bauaufsichtlicher Zulassung erfolgt.

Die Außenschale ist bei der Anwendung von Kerndämmung mindestens 9 cm stark auszuführen. Die Wandschalen dürfen maximal einen Abstand von 150 mm zueinander haben. Bei der Verwendung von entsprechend bauaufsichtlich zugelassenen Luftschichtankern können Abstände von 220 mm erreicht werden.

Auf 20 m^2 Wandfläche der Verblendschale sind mindestens 50 cm^2 Entwässerungsöffnungsfläche im Fußpunktbereich erforderlich. Obere Lüftungsöffnungen sind nicht erforderlich.

Die Lage der Abdichtungen ist nach DIN 18533 zu berücksichtigen.

Die Flächen sind durch vertikale Bewegungsfugen im Abstand von 6 bis 8 m zu trennen. Die Anordnung erfolgt vorzugsweise in der Nähe von Ecken sowie am Übergang von geschlossenen Wandflächen und Brüstungsbändern. Unter Aufstandskonsolen und vorspringenden Bauteilen des tragenden Baukörpers sind horizontale Bewegungsfugen erforderlich.

Vor der endgültigen Festlegung des Wandaufbaus sollten bauphysikalische Untersuchungen vorgenommen werden, da diese Konstruktion hinsichtlich eines möglichen Tauwasserausfalls nicht immer unproblematisch ist. Die Anordnung eines 1 bis 2 cm breiten Luftspalts vor der Dämmschicht ermöglicht ein unbehindertes Absickern des eventuell anfallenden Tauwassers.

Unabhängig vom Brandverhalten des Dämmstoffs ist die tragende Innenschale bei dieser Konstruktionsart in F 90 nach DIN 4102 auszuführen.

Verankerung

Die Verankerungen sind die Verbindung zwischen Rohbauwand und Außenwandbekleidung. Es werden nichtrostende Drahtanker verwendet, die entweder eingedübelt, eingemauert oder nachträglich eingemörtelt werden. Es dürfen nur zugelassene bzw. genormte Verankerungen verwendet werden. Die Mindestanzahl ist abhängig von der Gebäudehöhe und der jeweiligen Windzone, sofern die abZ/aBG nichts anderes vorgibt.

Das Einbindemaß soll zwei Drittel der Außenwandbekleidung und mindestens 50 mm in die Rohbauwand betragen. Werden eingedübelte Anker verwendet, richtet sich das Einbindemaß nach dem jeweiligen Dübel. Der vertikale Abstand der Drahtanker soll 500 mm und der horizontale 750 mm nicht überschreiten. An freien Rändern, Gebäudeecken, an Öffnungen oder entlang von Dehnfugen sind mindestens drei zusätzliche Drahtanker je Meter Randlänge anzuordnen.

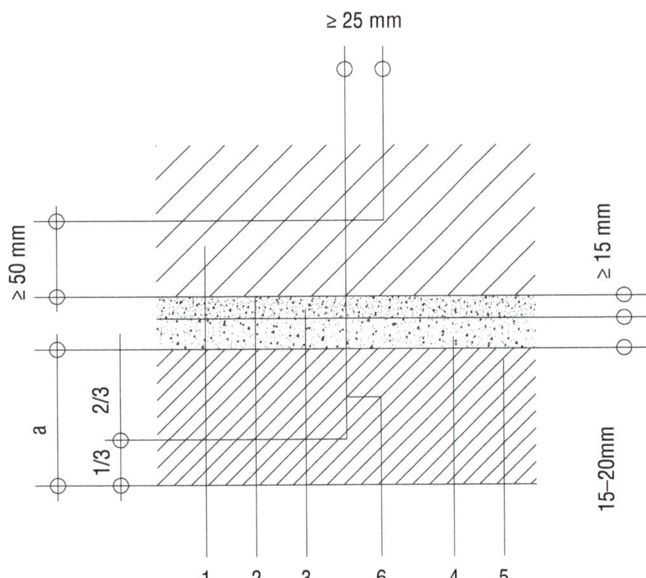

Bild 7: Befestigung der Drahtanker in der Rohbauwand

Tab. 6: Mindestanzahl der Drahtanker je m² Wandfläche [nach DIN 1996]

Gebäude-höhe h [m]	Windzone 1 bis 3 Windzone 4 Binnenland	Windzone 4 Küste der Nord- und Ostsee und Inseln der Ostsee	Windzone 4 Inseln der Nordsee
≤ 10	7[1)]	7	8
> 10 ≤ 18	7[2)]	8	9
> 18 ≤ 25	7	8[3)]	–

1) in Windzone 1 und 2 Binnenland: 5 Anker/m²
2) in Windzone 1: 5 Anker/m²
3) ist eine Gebäudegrundrisslänge kleiner als h/4: 9 Anker/m²

Dehnungsfugen

Vertikale und horizontale Dehnfugen werden aufgrund der unterschiedlichen Verformungen der Außen- und Innenschale erforderlich. Die Position und die Ausführung der Fugen sind abhängig von folgenden Faktoren:

- Größe und Geometrie der Wand
- Lage und Größe von Öffnungen
- Dicke der Außenschale
- Auflagerung der Wand
- Belastungen der Wand
- Sonnenbestrahlung und weitere klimatische Verhältnisse
- Orientierung der Wand

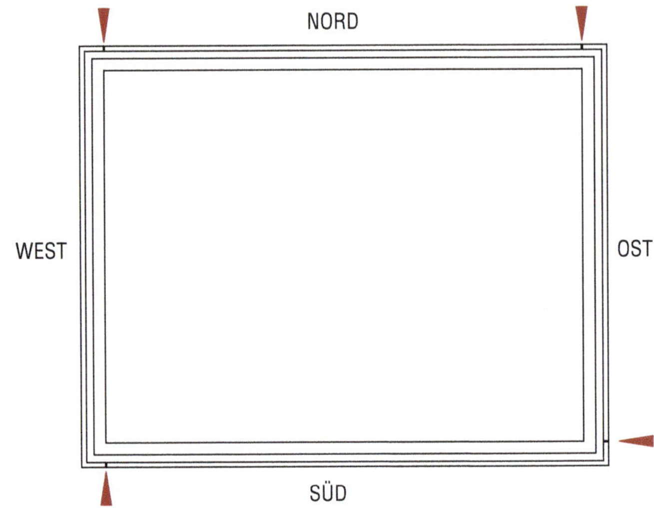

Die vertikale Dehnungsfuge kann nach folgender Faustformel an der Gebäudeecke der jeweils stärker beanspruchten Wand eingeplant werden:
a) Westwand vor Süd- und Nordwand
b) Südwand vor Ostwand
c) Ostwand vor Nordwand

Bild 8: Prinzipdarstellung der Positionierung der Fugen

Horizontale Dehnungsfugen werden immer unter Abfangungen, z.B. Konsolen, erforderlich.

Die Abstände der Dehnfugen richten sich gemäß DIN EN 1996-2/NA nach dem für die Vormauerschale verwendeten Mauerziegel und liegen zwischen 6 und 12 m.

Tab. 7: Dehnungsfugenabstände für Vormauerschalen

Art des Mauerwerks	Dehnungsfugenabstände nach DIN EN 1996-2/NA
Kalksandstein, Porenbetonsteine, Betonsteine	8
Leichtbetonsteine	6
Mauerziegel	12

Bei stark besonnten Flächen, dunklen Oberflächen und auch bei Vormauerschalen mit geringer Masse sind die Abstände geringer zu wählen.

Dehnungsfugen müssen ausreichend breit sein und DIN 18540 bzw. 18542 entsprechen. Eine Mindestbreite von 10 mm ist dabei vorgegeben.

Es haben sich verschiedene Ausführungsarten bewährt:

- offene Vertikalfuge
- geschlossene Fuge
  - mit spritzbarem Fugendichtstoff nach DIN 18540
  - mit imprägnierten Fugendichtungsbändern aus Schaumstoff nach DIN 18542
  - mit Abdeckprofilen

Die Fugenabdichtung erfolgt durch Fugendichtstoff und Hinterfüllmaterial. Um dem Hinterfüllmaterial ausreichend Halt zu verschaffen, ist eine Mindesttiefe von t = 2 b und mindestens 30 mm paralleler Verlauf erforderlich.

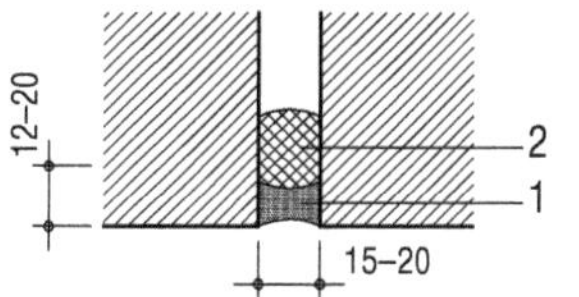

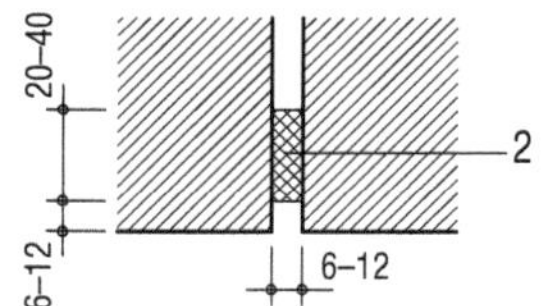

1 spritzbarer Fugendichtstoff
2 weichelastische alterungsbeständige Schaumstoffschnur

Bild 9: Ausbildung von vertikalen Dehnungsfugen

3/3.2 Hinterlüftete Außenwandbekleidungen

Hinterlüftete Außenwandbekleidungen sind nach DIN 18516 auszuführen.

Diese Norm gilt für hinterlüftete Außenwandbekleidungen mit und ohne Unterkonstruktion einschließlich der Verankerungen, Verbindungen und Befestigungen.

DIN 18516 Außenwandbekleidungen hinterlüftet besteht aus mehreren Teilen:

- Teil 1: Anforderungen, Prüfgrundsätze [06-2010]
- Teil 2: Keramische Platte; Anforderung, Bemessung, Prüfung [Entwurf 09-1986, zurückgezogen]
- Teil 3: Naturwerkstein – Anforderungen, Bemessung [05-2021]
- Teil 4: Einscheibensicherheitsglas [02-1990, zurückgezogen]
- Teil 5: Betonwerkstein; Anforderung, Bemessung [05-2021]

Es werden Bekleidungen mit offenen und geschlossenen Fugen oder sich überdeckenden Elementen bzw. Stößen unterschieden.

Als Unterkonstruktion werden Konstruktionen aus Metall- oder Holzprofilen oder Schalungen mit oder ohne Unterkonstruktion verwendet. Bei der Planung und Ausführung sind der Korrosionsschutz, Temperatur- und Windbeanspruchungen in Zusammenhang mit möglicher Geräuschentwicklung zu beachten.

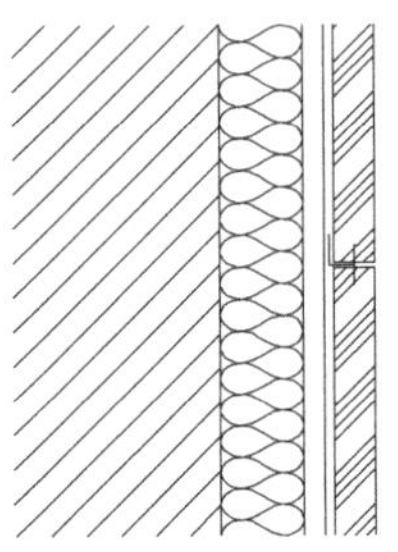

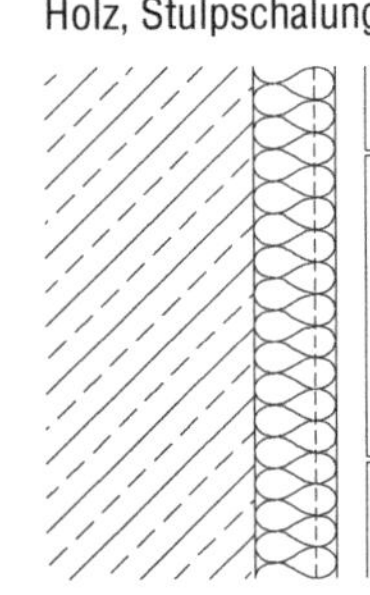

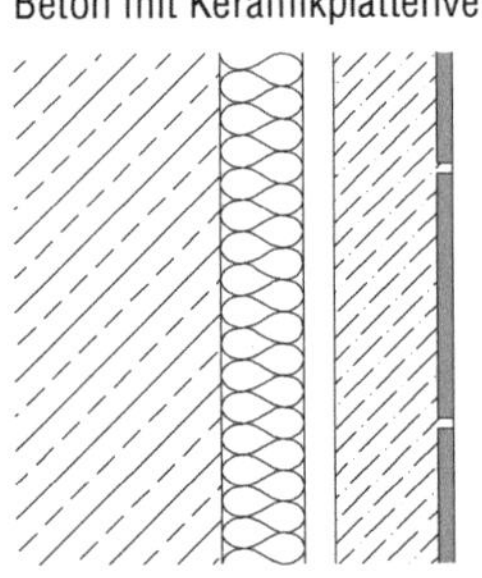

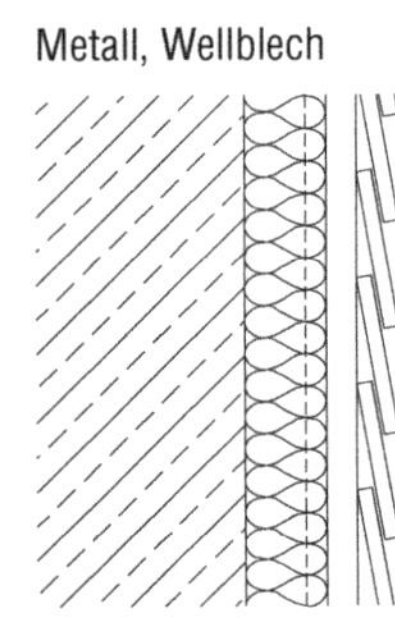

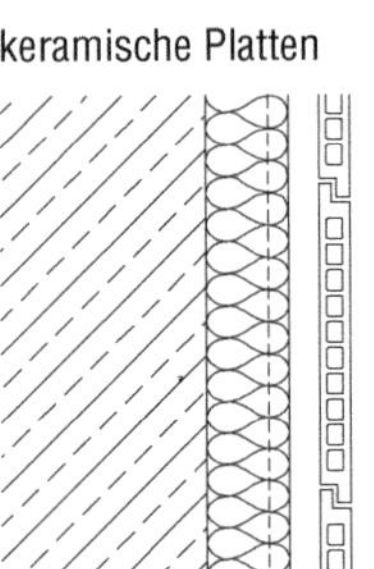

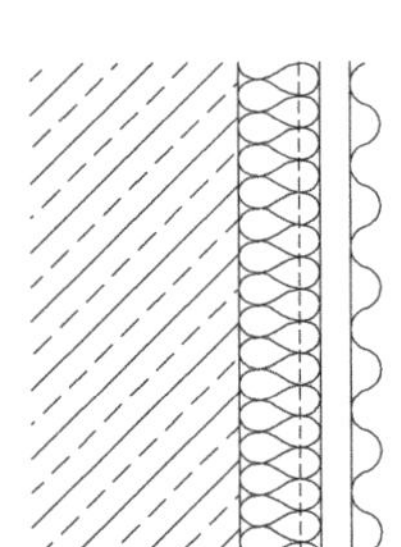

Bild 1: Beispiele für hinterlüftete Außenwandbekleidungen

Folgende allgemeine Festlegungen sind hinsichtlich Wärme-, Schall-, Brand- und Feuchteschutz zu beachten:

- Lüftungsspalte mind. 20 mm tief (eine Reduzierung auf 5 mm nur örtlich begrenzt zulässig)
- Be- und Entlüftungsöffnungen mit mind. 50 cm² Querschnitt pro m Wandlänge
- Unterkonstruktionen in alle Richtungen verschieb- und verdrehbar, um Zwängungen zu vermeiden
- annehmbarer Grenzfall der Temperatureinflüsse –20 °C bzw. +80 °C
- Beachtung einer möglichen Geräuschentwicklung durch Wind- und Temperaturbeanspruchungen
- beim Wärme-, Feuchte- und Brandschutz ist das Zusammenwirken von Außenwand und Außenwandbekleidung zu beachten
- Randabstände von Befestigungen mind. 10 mm
- Teile, die nach Fertigstellung nicht für Wartung oder Überwachung zugänglich sind, müssen auf Dauer korrosionsgeschützt sein (DIN 18516-1, Abschnitt 7)
- geeignete Wartungseinrichtungen vorsehen, z.B. Verankerungsmöglichkeiten für Gerüste
- nach DIN 18516-1 Abschnitt 6 sind Standsicherheitsnachweise zu führen

Außenwandbekleidungen aus Natur- und Betonwerkstein

Außenwandbekleidungen aus Naturstein

Naturstein oder Naturwerkstein lässt sich mit einer Vielzahl von Plattenformen und Verankerungsmöglichkeiten als Bekleidung einer Außenwand nutzen. Aufgrund der Gewinnung sind Plattengrößen von maximal 1 m² (Breite ca. 30 bis 100 cm, Höhe ca. 50 bis 150 cm) lieferbar. Unterschiedliche Gesteinsarten mit vielfältigen Oberflächenausbildungen bieten abwechslungsreiche Gestaltungsmöglichkeiten. Die Eignung eines Natursteins für die Verwendung als Fassadenbekleidung ist abhängig von dessen

- Frost- und Witterungsbeständigkeit,
- Reaktion auf Umweltbelastungen,
- Wasseraufnahme,
- Art und Weise der Patinabildung,
- Farbbeständigkeit,
- Dauerhaftigkeit der Politur,
- technischen Werten,
- Erfahrungen in der Anwendung,
- Liefermöglichkeiten, Verfügbarkeit, Verarbeitungsort.

Die Voraussetzung für die Anwendung von Naturstein in der Fassade regelt die DIN 18516-3. Erfolgt die Bemessung außerhalb der vorhandenen Tabellenwerke, ist ein statischer Nachweis erforderlich. Eine grundsätzliche Eignungsbeurteilung ist nicht für jedes Bauvorhaben erforderlich; wenn Eignungsprüfungen für das verwendete Material vorliegen, kann von den Erfahrungen bei ausgeführten Bauwerken ausgegangen werden. Liegen ausreichende Erfahrungen nicht vor, ist die Dauerhaftigkeit des Natursteins auf Widerstandsfähigkeit gegen Witterungseinflüsse (DIN 52104 und 52106) nachzuweisen.

Die Natursteinplatten müssen bestimmte Mindestdicken aufweisen:

Tab. 1: Mindest-Plattendicke von Naturstein in Abhängigkeit von der Neigung

Neigung der Platte	Mindestplattendicke [mm]
$\alpha > 60°$	30
$\alpha \leq 60°$	40

Außenwandbekleidungen aus Betonwerkstein

Betonwerksteinplatten können unbewehrt und bewehrt ausgeführt werden. Unbewehrte Betonwerksteinplatten sind nach DIN 18500 und bewehrte Platten nach DIN 1045 auszuführen. Anders als beim Naturstein sind die Grenzen für die einzelnen Plattenmaße beeinflussbar. Unbewehrte Platten sollten nicht größer als 0,5 bis 0,75 m² und ca. 40 bis 60 mm dick sein. Bewehrte Platten können bis zu 2 m² groß und sollten mindestens 50 bis 80 mm dick sein. Ihrem Gewicht entsprechend ist sowohl auf eine ausreichende Verankerung als auch auf eine hohe Betonfestigkeit, sorgfältige Verdichtung und gründliche Oberflächenbehandlung zu achten.

Ansicht

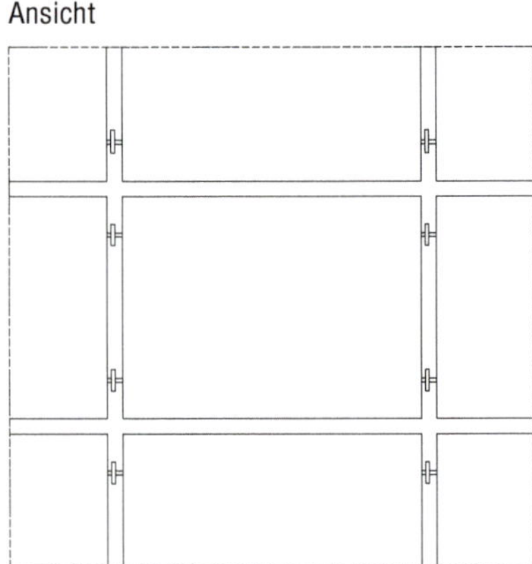

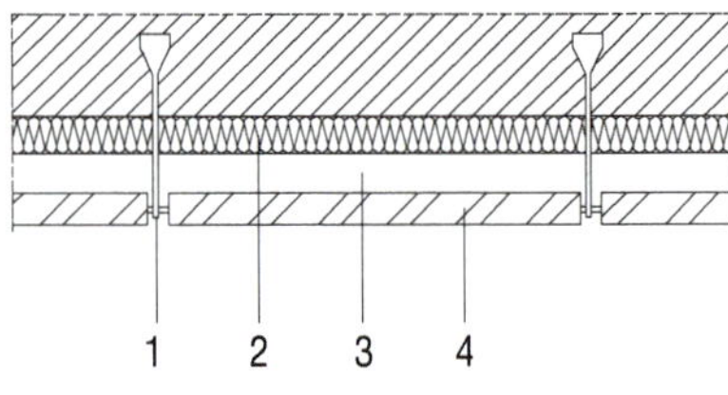

1 Verankerung
2 Wärmedämmung
3 Hinterlüftung
4 Gebäudeverkleidung

Bild 2: Prinzipieller Fassadenaufbau einer hinterlüfteten Fassade mit einer Bekleidung aus Natur- oder Betonwerkstein

Detailausbildung

Fenster, Türen, Gerüste und ähnliche Konstruktionen dürfen nicht an der Bekleidung befestigt werden. Diese sind im Untergrund zu befestigen. An etwaigen Berührungspunkten mit der Bekleidung sind diese Teile durch mit Dichtmasse gefüllte Anschlussfugen zu trennen. Der Anschluss von Fenstern und Türen an den Untergrund ist wasser- und winddicht auszuführen.

Sohlbänke, Fenstergewände, Gesimse und Sockel sind von der Fassadenbekleidung unabhängig herzustellen. Sie müssen auf dem Untergrund oder auf tragfähigen Auflagern versetzt werden und gegen Schub, Stoß, Druck und Drehung verankert werden.

Fugen

Bei Natur- und Betonwerksteinbekleidungen ergibt sich aus der Stegdicke der Anker und den Bewegungstoleranzen eine Fugenbreite von 8 bis 10 mm. Auch im Bereich der Fugen ist der Schlagregenschutz nach DIN 4108 zu gewährleisten. Die Fugen können offen und mit Fugendichtstoffen ausgeführt werden. Die Schlagregensicherheit kann durch konstruktive Maßnahmen wie z.B. Schließen der Fugen, Hinterschneidungen oder Verwendung feuchtigkeitsunempfindlicher Dämmstoffe erreicht werden. Niederschlagswasser muss auch an der Rückseite der Bekleidung sicher abgeführt werden.

Dehnfugen in einem Gebäude sind bei der Befestigung der Fassadenbekleidung zu berücksichtigen. Eine günstige Lösung ist die Anordnung eines Plattenstoßes im Bereich der Dehnfuge. Sollte dies nicht möglich sein, ist eine Unterkonstruktion zur sicheren Plattenbefestigung erforderlich. Diese ist jedoch sehr aufwendig und kostenintensiv.

durch Plattenstoß

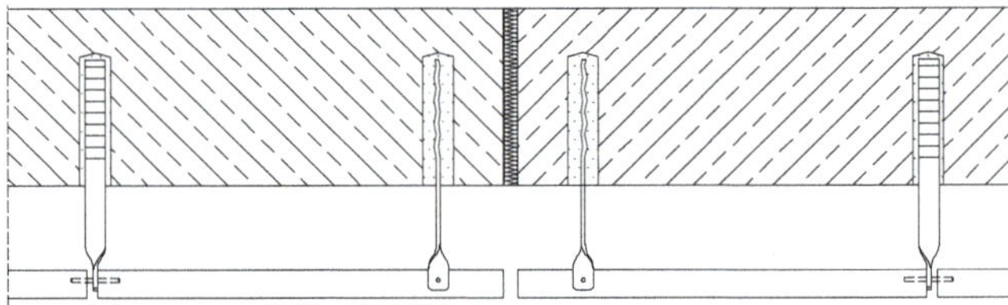

durch Unterkonstruktion

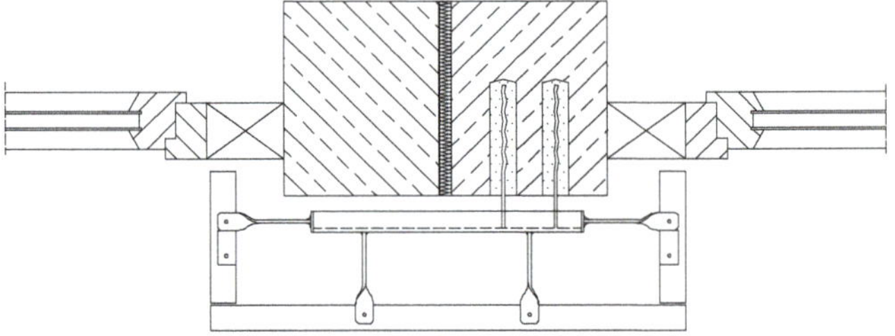

Bild 3: Überbrückung der Dehnfugen

Zweischaliges Mauerwerk

Allgemeines

Zweischaliges Mauerwerk besteht aus der inneren tragenden Wand und der äußeren Wandschale, die mindesten 9 cm stark ist. Nach DIN 1053-1 unterscheidet man zweischaliges Mauerwerk:

- mit Putzschicht
- mit Kerndämmung
- mit Luftschicht
- mit Luftschicht und Wärmedämmung

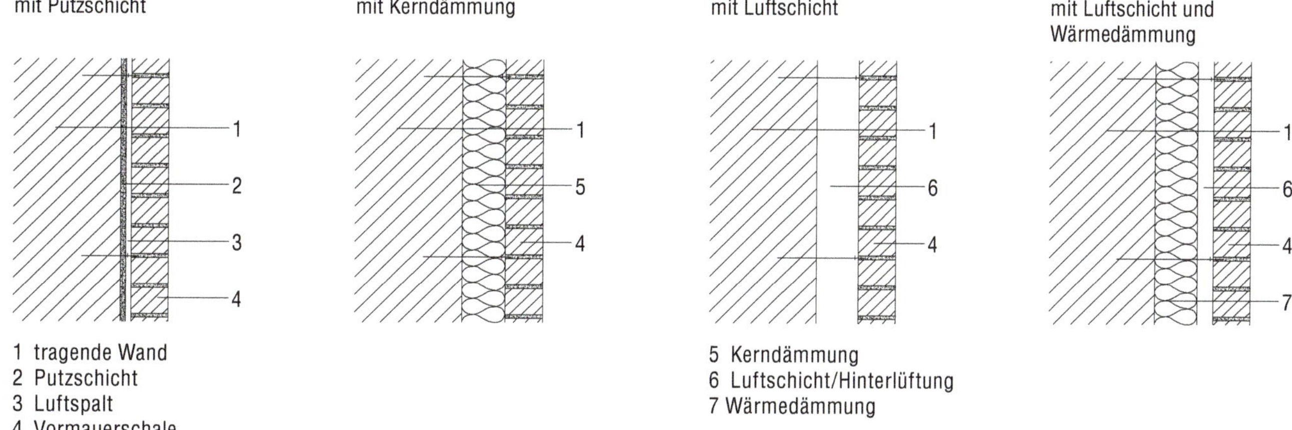

Bild 4: Prinzipdarstellung der verschiedenen Konstruktionen von zweischaligem Mauerwerk

In der Außenschale werden ausblühungsfreie, frostbeständige Vormauersteine als Vollsteine verwendet. Gelochte Ziegel sind weniger geeignet. Der Mörtel für die Vermauerung der Außenschale muss wasserabweisend und nicht ausblutend sein, was durch die Zugabe von Trass oder wasserabweisenden Zusätzen erreicht wird.

Detailausbildung

Die Außenwandschalen aus 11,5 cm starkem Ziegelmauerwerk müssen in Höhenabständen von 12 m abgefangen werden. Am Fußpunkt steht die Wandschale meist vollständig auf Sockelvorsprüngen auf. Für die Zwischenabfangungen sind Konsolkonstruktionen üblich, die üblicherweise an den Deckenrändern mittels Ankerschienen befestigt werden.

Wie auch die höhenmäßigen Abfangungen der Außenschale, so ist die Wandschale auch über anderen Öffnungen wie z.B. Fenstern und Türen abzufangen. Die durch die Metallwinkel ausgeführte Abfangung verursacht meist eine linienförmige Wärmebrücke. Diese muss bei der Bilanzierung des Gebäudes berücksichtigt werden.

In der Praxis haben sich Vormauerschalen von 11,5 cm Stärke als günstig erwiesen. Sie weisen bereits eine eigene Standfestigkeit auf, die es erlaubt, Abfangungen alle 12 m vorzusehen. Wird eine Abfangung in jedem zweiten Geschoss vorgesehen, darf die 11,5 cm dicke Außenschale um ein Drittel ihrer Dicke über das Auflager überstehen. Dünnere Außenschalen dürfen nur bis zu einer Höhe von 20 m über Gelände ausgeführt werden und sind in Höhenabständen von 6 m abzufangen. Bei Gebäuden bis zu zwei Vollgeschossen ist ein Giebeldreieck bis 4 m Höhe zulässig.

Die Ausbildung des Fußpunkts erfordert besondere Maßnahmen gegen das Eindringen von Feuchtigkeit. Lüftungsöffnungen von 75 cm² je 20 m² Wandfläche (einschließlich Fenster und Türen) sind in den Außenschalen einschließlich ihrer Brüstungsbereiche vorzusehen. Die Ausführung erfolgt durch offen gelassene Stoßfugen. Direkt über der Fußpunktabdichtung in der ersten Ziegelschicht offene Fugen lassen in die Luftschicht eingedrungenes Wasser sicher abfließen.

Außenwandbekleidungen aus Beton

Oberfläche

Fassadenbekleidungen aus Beton werden in der Regel als Fertigteile aus Sichtbeton hergestellt. Spezielle Zuschlagstoffe und Oberflächenbehandlungen bieten eine architektonische Vielfalt. Die Oberflächengestaltung kann folgendermaßen unterschieden werden:

- mit Schalhaut gestaltete Betonflächen (DIN 18217, Abschnitt 2.3.2.)
  Die Fugen der Schalhäute sind bei der Planung zu berücksichtigen und ggf. vorzugeben. Möglichkeiten der Schalhautausbildung sind:
  - glatte Schalung
  - Brettschalung
  - Matrizenschalung
  - Filtervliese
  - Schalung aus Grobspanplatten
- nachträglich bearbeitete Betonflächen (DIN 18217, Abschnitt 2.3.3.)
  Die Bearbeitung der Betonoberflächen kann vor und nach dem Erhärten des Betons erfolgen:
  - Waschbeton
  - Fotobeton
  - gesäuerte Oberflächen
  - gestrahlte Oberflächen
  - steinmetzmäßige Bearbeitung
- nachträglich behandelte Betonflächen (DIN 18217, Abschnitt 2.3.4.)
  Die Anforderungen an die Farbanstriche sind in der DIN 55945 geregelt:
  - farbliche Gestaltung durch Beschichtungen und Lasuren
  - hydrophobierende Imprägnierungen
- Betonflächen mit Betonflächen mit technischen Anforderungen müssen Voraussetzungen für technische Forderungen oder Nachfolgegewerke erfüllen (DIN 18217, Abschnitt 2.4.)

Vorsatzschalen

Die Vorsatzschalen sind 7 bis 14 cm dick. Eine Beschichtung oder Verblendung mit anderen Steinmaterialien wie Bruch- oder Naturstein (auch großformatig), Keramikplatten (kleinformatig), Mauerziegeln oder Ziegelhohlkörpern ist möglich. Die Verblendschicht wird beim Betonieren eingebunden. In Abhängigkeit vom Verblendmaterial ist eine Einbindung durch Ankerdorne erforderlich. Bei der Verblendung mit Bruchsteinen ergibt sich durch die Dicke der Verblendschicht von 7 bis 10 cm und eine erforderliche Mindestdicke des Betons von 15 cm eine große Wandstärke. Aufgrund des daraus resultierenden hohen Flächengewichts sind nur kleine Fassadentafeln zulässig.

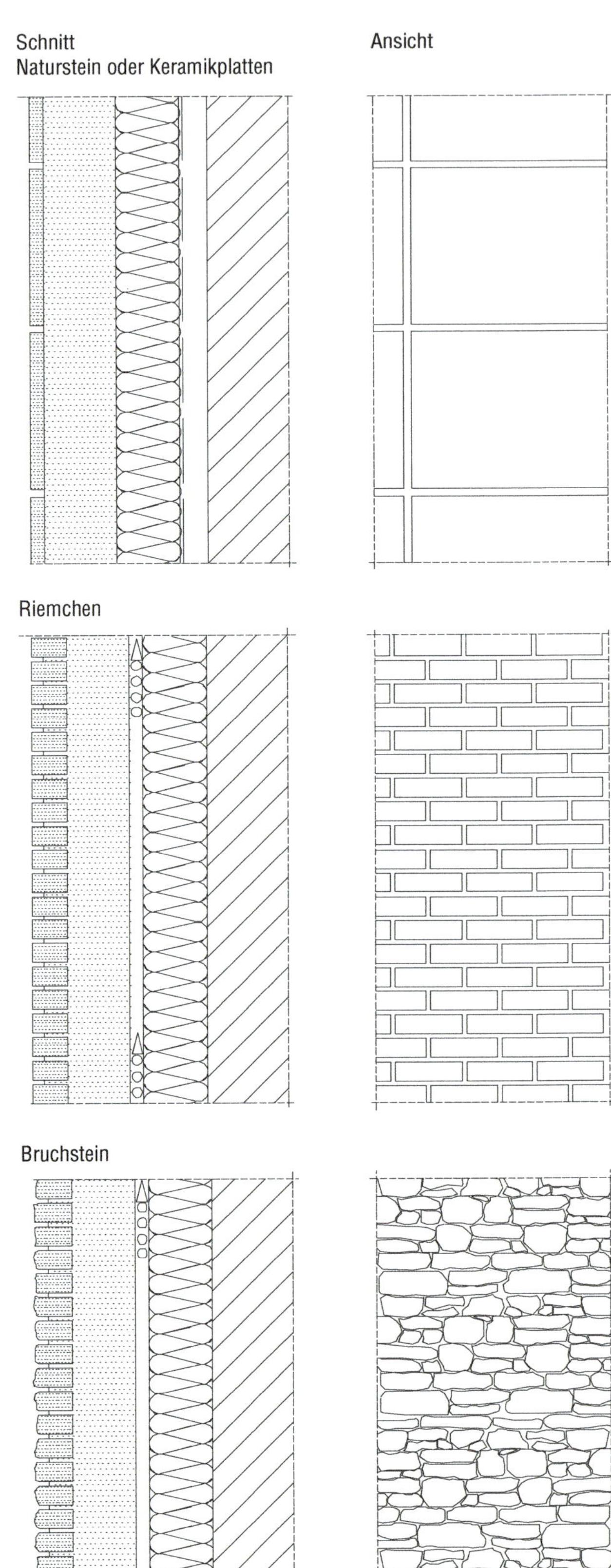

Bild 5: Verblendung von Fassadentafeln aus Beton

Maximale Plattenabmessungen sind 4 m in der einen und 10 m in der anderen Richtung. Die größte Länge der Vorsatzschale sollte 5 m nicht überschreiten.

Die Befestigung erfolgt durch Einhängen in Tragarme, Dübel oder Ankerschienen, die an der tragenden Wand befestigt sind. Sonderausführungen von Ankern machen eine Befestigung im Laibungs- und Attikabereich der tragenden Wand möglich. Eine Attikaüberdeckung erfolgt in der Regel durch Winkeltafeln.

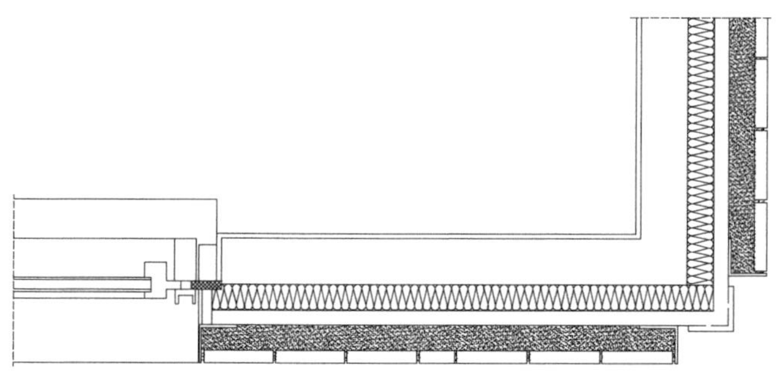

Bild 6: Eckausbildung einer Fassadenbekleidung aus Beton mit Mauerziegelverblendung

Bei der Planung von Fassaden mit Bekleidungen aus Beton sind Witterungseinflüsse zu berücksichtigen. Senkrecht angeordnete Fassadentafeln haben in der Regel ein Selbstreinigungsverhalten. Eine verschmutzte Oberfläche wird hier bei starkem Schlagregen leicht saubergespült, ohne das Erscheinungsbild nachhaltig zu ändern. Problematischer sind nach oben innen geneigte Flächen. Hier sammelt sich mehr Schmutz an, das Fließbild des Wassers zeichnet sich bald ab. Hier sind konstruktive Vorkehrungen wie Dach- oder Balkonüberstände mit Tropfkanten zu treffen. Nach oben außen geneigte Flächen zeigen die geringste Neigung zur Verschmutzung, wenn die Ausbildung der Oberseite ein Ablaufen des Wassers über die Fassadenfläche verhindert.

Fassadenbekleidungen aus Betonwerkstein werden analog zu einer Fassadenbekleidung aus Naturstein ausgeführt. Eine Fassade aus Betonwerkstein muss den Anforderungen der DIN 18153 genügen.

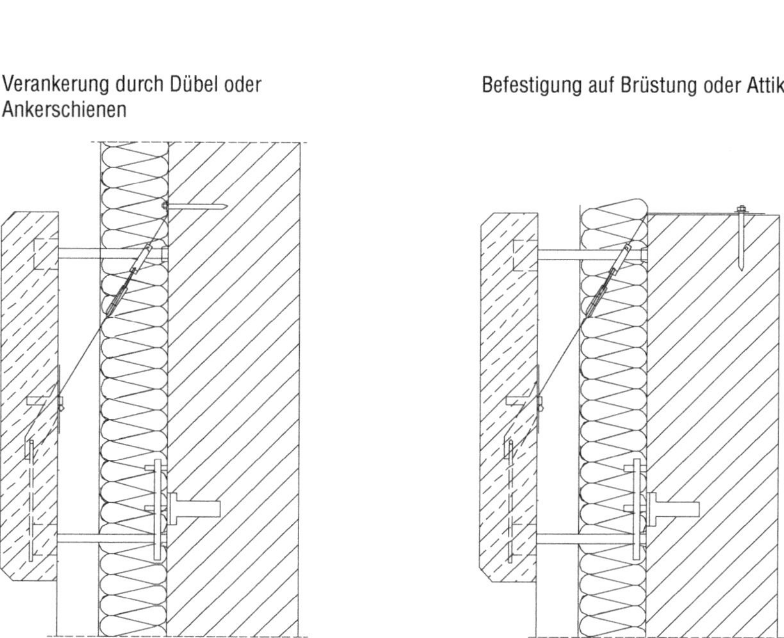

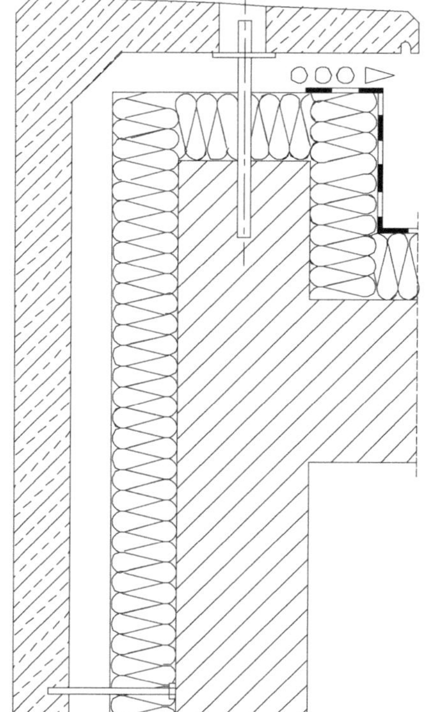

Bild 7: Befestigung der Fassadenbekleidung aus Sichtbeton

Außenwandbekleidungen aus keramischen Platten

Allgemeines

Klein- und großformatige Platten aus Spezialkeramik, die sich millimetergenau herstellen und mit einem gleichmäßigen Fugenbild geringer Breite einbauen lassen, werden auf Unterkonstruktionen aus Holz oder Aluminium befestigt.

Auch kleinformatige Platten können in Verbindung mit einem rückseitigen Stahlbetonauftrag oder Polymerbetonauftrag als hinterlüftete Fassadenbekleidung verwendet werden.

Fassadenbekleidung aus hinterlüfteten, vorgefertigten Wandelementen mit Spaltplatten

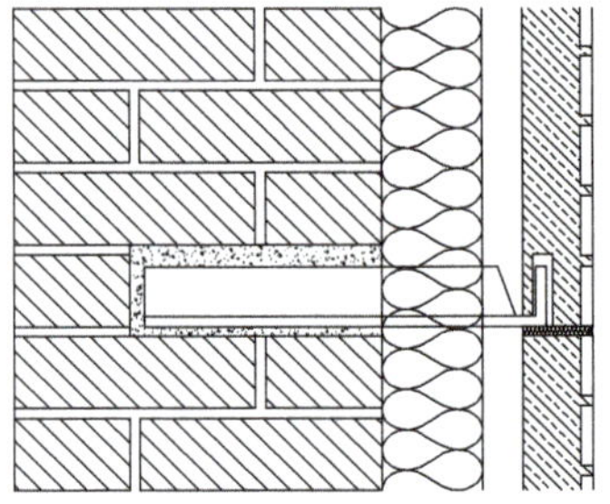

kleinformatige keramische Platten in Verbindung mit Polymerbetonelementen

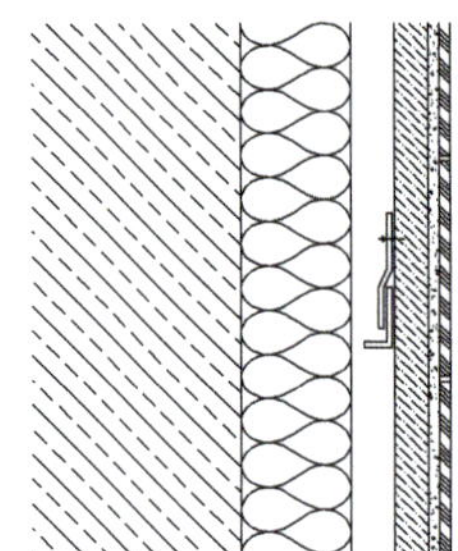

Bild 8: Hinterlüftete Außenwandbekleidungen mit kleinformatigen keramischen Platten

Großformatige hochfeste keramische Platten bilden aber im Vergleich dazu in Verbindung mit Metallunterkonstruktionen leichtere Fassadenbekleidungen.

Außenwandbekleidungen aus Faserzementtafeln

Faserzement ist ein Verbundwerkstoff aus natürlichen, umweltverträglichen Baustoffen. Er besteht aus einem mit Fasern armierten Zement, ist in frischem Zustand beliebig formbar und in erhärtetem Zustand form- und witterungsbeständig. Die Platten sind in beliebigen Größen herstellbar, wodurch nahezu jeder Anspruch an die architektonische Fassadengliederung erfüllt werden kann. Unbehandelte Platten sind einsetzbar, jedoch sind diese schmutz- und erosionsempfindlich. Vier Verfahren zur Oberflächenveredelung werden angewendet:

- deckende Farbbeschichtung
- Durchfärbung durch Farbzement
- Witterungsschutz durch Streuschicht
- Vor-Ort-Beschichtung durch Lasuren, Anstriche, Beschichtungen

Aufgrund geringer Plattenstärken sind relativ leichte Fassadenbekleidungen möglich.

Tab. 2: Eigenlasten der Faserzementplatten

Plattendicke [mm]	Eigenlast [kN/m²]
4	0,084
6	0,126
8	0,168
10	0,210
12	0,252
15	0,315

Tab. 3: Eigenlasten der Faserzementplatten in Abhängigkeit von der Deckungsart

Deckungsart	Mittleres Flächengewicht [kN/m²]
Vertikaldeckung Quaderdeckung	0,10
waagerechte Deckung geschlaufte Deckung Wabendeckung	0,13
Doppeldeckung, gezogen deutsche Deckung	0,16
Doppeldeckung	0,21

Faserzementplatten können als vorgehängte hinterlüftete Fassadenplatten bei Gebäuden bis zu 8 m Höhe ohne statischen Nachweis verlegt werden. Gebäudehöhen über 8 m verlangen statische Nachweise für die Fassadenbekleidung. Die Verbindungen und Verankerungen erfolgen mittels bauaufsichtlich zugelassener Mittel und Verfahren.

Detailausbildung

Die Anschlüsse an benachbarte Bauteile und Ecken können mit offenen Fugen oder auch mit Abdeckungen geplant und ausgeführt werden.

Die Luftein- und Luftaustrittsöffnungen müssen vor dem Eindringen von Insekten durch Lüftungsgitter geschützt werden. Lüftungsgitter mindern den freien Lüftungsquerschnitt auf ca. 40 %. Um einen wirksamen Luftaustausch zu gewährleisten, sind Öffnungsflächen von 100 bis 200 cm²/lfm nötig.

Außenwandbekleidungen aus Holz und Holzwerkstoffen

Allgemeines

Heute werden Außenwandbekleidungen aus Holz mehr und mehr im mehrgeschossigen Wohnungsbau eingesetzt. Als Vorschriften für deren Anwendung gelten die Landesbauordnungen, die auf weiterführende Regelungen verweisen, sowie die Energieeinsparverordnung.

Die Bauteile aus Holz und Holzwerkstoffen sind nach DIN 68800-1, -2, -3 und -5 zu schützen. Die konstruktiven Voraussetzungen und Beispiele für einen Verzicht auf chemischen Holzschutz sind in Teil 2 enthalten. Für Bauteile aus Holzwerkstoffen bieten die Hersteller Oberflächenbehandlungsvorschriften oder -empfehlungen, die auch die Zusammensetzung der Produkte berücksichtigen.

Außenwandbekleidungen aus Holz

Eine häufig angewandte Lösung für Außenwandbekleidungen aus Holz sind *parallel besäumte Bretter* aus Holz – sägerau oder gehobelt (Glattkantbretter). Hierfür sind die DIN 4071-1 und die DIN 4073-1 maßgeblich. Üblich sind Stärken bis 38 mm, Breiten bis 300 mm und Längen bis 6.000 mm. Nach den Regeln des Zimmerhandwerks sind Mindestdicken von 18 mm und Maximalbreiten von 200 mm vorgeschrieben.

Gespundete Bretter sind parallel gesäumte Bretter mit eingefrästen Nuten in den Längskanten. Die Nutbreite sollte etwas größer als ein Drittel der Brettdicke sein. Eine Profilierung ist möglich.

Profilbretter, zu denen gespundete Fasebretter nach DIN 68122, Stülpschalungsbretter nach DIN 68123 und Profilbretter mit Schattennut nach DIN 68126 gehören, werden in Stärken bis 19,5 mm, Breiten bis ca. 150 mm und Längen bis 6.000 mm gefertigt.

Die Bekleidung wird durch eine Traglattung mit einem Querschnitt von 30/50 (mindestens 24/48) befestigt.

Tab. 4: Abstände der Traglattung – Erfahrungswerte

Brettdicke [mm]	Lattenabstand [mm]
18,0	400
19,5	500
22,0	550
24,0	600
25,5	700
28,0	800

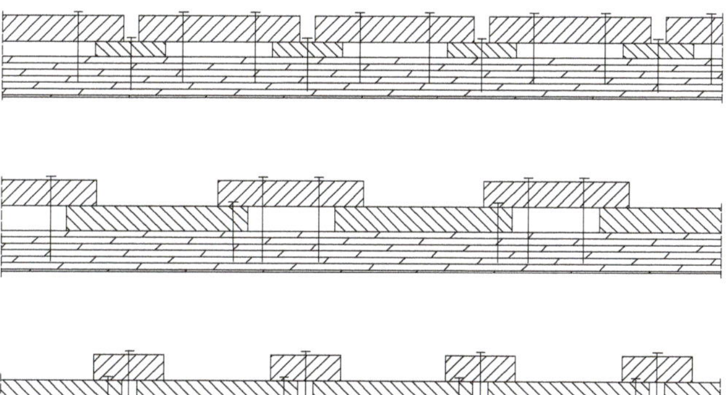

Bild 9: Vertikale Außenwandbekleidung aus parallel besäumten Brettern

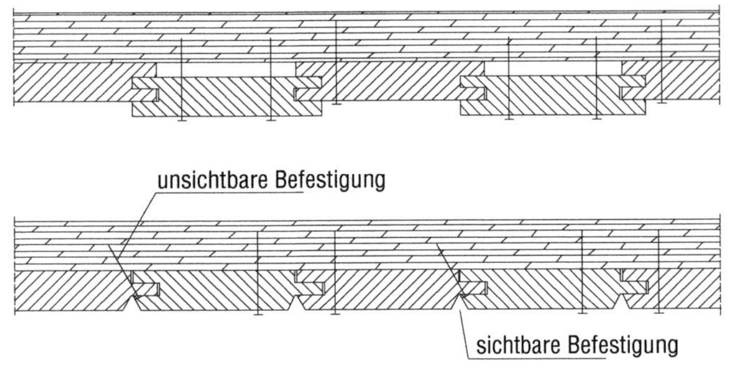

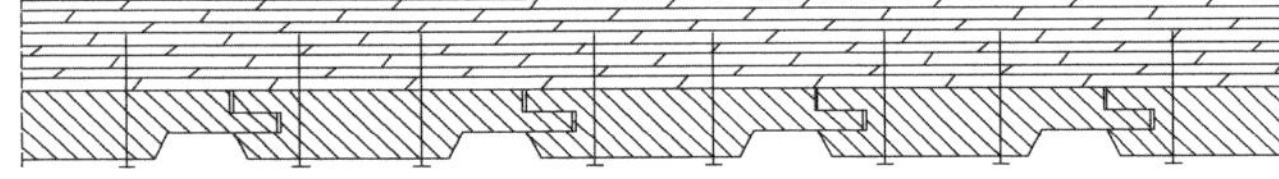

Bild 10: Vertikale Außenwandbekleidung aus gespundeten Brettern

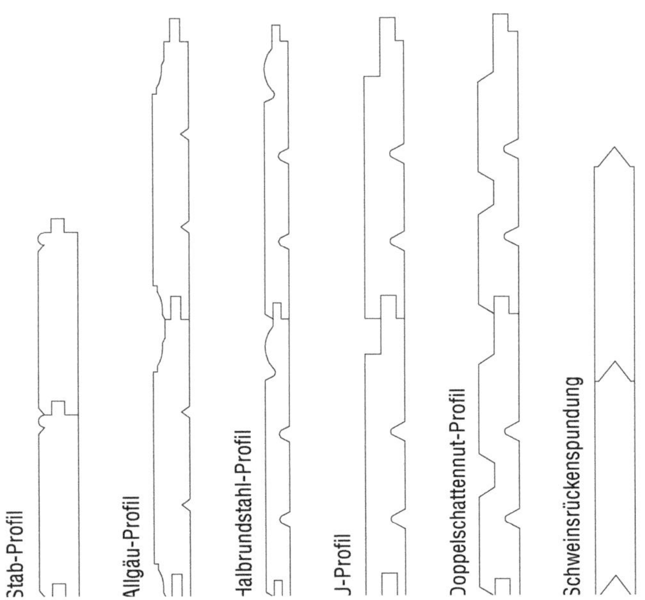

Bild 11: Ausführungsvarianten profilierter Schalungsbretter

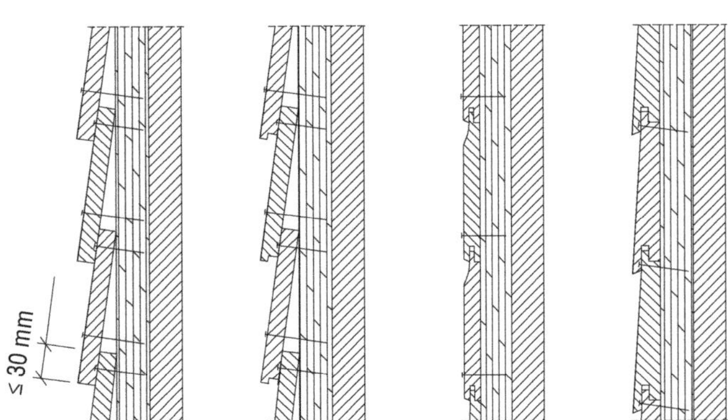

Bild 12: Ausführungsvarianten horizontaler Stülpschalungen

Schindeln für Wandbekleidungen können gespalten oder gesägt werden. Gesägte Schindeln nach DIN 68119 sind keilförmig mit einer Dicke am oberen Ende von ca. 1 mm und am Fuß von mindestens 8 mm. Gespaltene Schindeln sind aufgrund der nicht zerstörten Längsfaser langlebiger. Herstellerabhängig sind Zierschindeln sowohl mit verschiedenen Oberflächenstrukturen als auch mit Rundungen oder Verzierungen am Fuß erhältlich.

Übliche Schindellängen sind 120–800 mm in Breiten zwischen 50 und 350 mm. Ohne Holzschutzbehandlung haben die Schindeln eine Lebenserwartung von 20 bis 100 Jahren. Im Laufe der Zeit werden sie silbergrau bis anthrazitgrau. Durch Behandlung mit Lasuren (vorzugsweise auf Ölbasis) lässt sich eine Verfärbung verhindern. Die Verlegung erfolgt zwei- bis dreilagig auf Konterlatten, die eine ausreichende Hinterlüftung gewährleisten. Bei gespaltenen Schindeln müssen die Konterlatten mindestens 24 mm, bei gesägten Schindeln mindestens 30 mm stark sein.

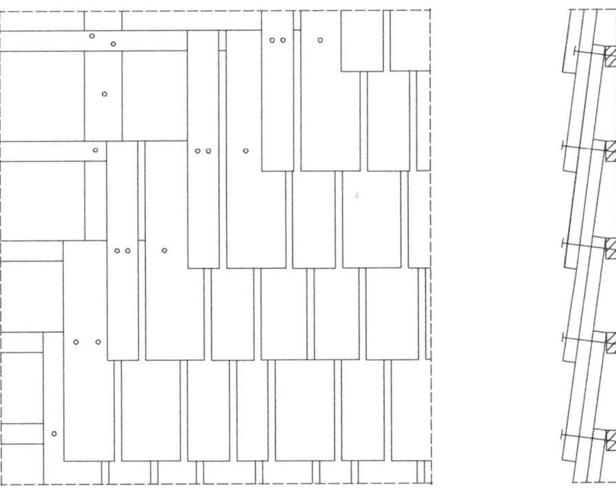

Bild 13: Verlegung von Holzschindeln

Die Holzinhaltsstoffe nicht imprägnierter Hölzer können bei Berührung anderer Materialien Verfärbungen hervorrufen. Diese Reaktionen können für das Erscheinungsbild einer Fassade von erheblicher Bedeutung sein. Dies gilt insbesondere für Metalle, die oft für die Ausbildung von Anschlüssen verwendet werden.

Tab. 5: Eigenschaften gängiger Holzarten für Fassadenbekleidungen

Eigenschaft	Eiche	Lärche	Fichte	Buche	Western Red Cedar
Eignung für Wandbekleidung	witterungsbeständig, auch ungeschützt haltbar	witterungsbeständig, auch ungeschützt haltbar, gutes Stehvermögen	bedingt witterungsbeständig, Schutzbehandlung empfehlenswert	bedingt witterungsbeständig, Schutzbehandlung empfehlenswert	witterungsbeständig, auch ungeschützt haltbar
Imprägnierfähigkeit	gut bis mäßig	mäßig	mäßig	gut	mäßig
Verwindungsverhalten	gut	gut	gut	mäßig	sehr gut
Farbe	graugelblich, nachdunkelnd bis dunkelbraun	gelblich/rötlich braun, Splintholz schmutzig weiß	gelblich weiß, Spätholz rötlich gelb	hellgrau mit blassgelber oder rötlicher Tönung, in gedämpftem Zustand rötlich	Splint hellgelb, Kern rötlich rosabraun/dunkelbraun, verfärbt sich beim Trocknen in gleichmäßiges Braun
Sonstiges	Gerbstoffreaktionen möglich (Nägel), beizfähig, Holz arbeitet wenig, sehr dauerhaft, sehr fest	Harzkanäle, säureresistent, beizfähig, neben Eibe das beste und dauerhafteste Nadelholz Europas	Harzkanäle, gut bearbeitbar, beizfähig, bläueempfindlich	leicht spaltbar, gedämpft leicht zu biegen, arbeitet weniger, höhere Beständigkeit, beizfähig, bläueempfindlich	durch Inhaltsstoffe Farbreaktionen möglich (Nägel)

Tab. 6: Verträglichkeit nicht imprägnierter Hölzer mit Metallen

Material	Eiche	Lärche	Fichte	Buche	Western Red Cedar
Kupfer	2	2	1	2	2/3
Aluminium beschichtet	2	1	1	2	1/2
nichtrostende Stähle nach DIN 17440	1	1	1	1	1
Blei	2	1	1	1	1/2
Zink	3	2	1	2	3
verzinkte Bleche	3	3	2	2	3
Blech gestrichen	2	2	2	2	2

1 = gut geeignet
2 = Verfärbungen durch Korrosion möglich
3 = ungeschützt ungeeignet; mit Schutzanstrichen (laut Hersteller) versehen, sind diese Materialien einsetzbar

Außenwandbekleidungen aus Holzwerkstoffen

Holzwerkstoffe für Fassaden im Außenbereich werden in der Regel aus Holzfasern, kombiniert mit Bindemitteln wie Harzen, hergestellt.

Aus der äußeren Feuchteeinwirkung ergeben sich für die Holzwerkstoffe wie auch für Holz Größenänderungen durch Quellen und Schwinden. Diese sind insbesondere bei größeren Plattenformaten zu berücksichtigen, bei denen zur Vermeidung von Zwängungen Fugen eingeplant werden müssen.

Kunstharzgebundene Holzwerkstoffe werden in Abhängigkeit von der Feuchteresistenz des verwendeten Klebstoffs hinsichtlich ihrer Anwendungsbereiche in Holzwerkstoffklassen eingeteilt.

Tab. 8: Holzwerkstoffklassen

Holzwerkstoffklasse	20	100	100G
anwendbar in der Fassade	nein	ja	ja, aber nicht notwendig
maximale Plattenfeuchte im Gebrauchszustand	15 %	18 %	21 %
entspricht der mittleren zu erwartenden Feuchte in Nutzungsklasse	1	2	–

Bei diesen Werkstoffen sind die Kanten im Allgemeinen feuchtigkeitsbeständig. Ein besonderer Kantenschutz ist nicht erforderlich. In Abhängigkeit vom Herstellungsverfahren sind zahlreiche dekorative Oberflächen möglich, die witterungsbeständig, farb- und lichtecht sind und über eine gewisse Stoß-, Schlag- und Kratzfestigkeit verfügen. Maximale Plattengrößen sind herstellerabhängig.

Tab. 7: Holzwerkstoffe für den Einsatz als Außenwandbekleidung

Material/ Baustoff	Beschreibung	Bauphysikalische Eigenschaften	Abmaße (herstellerabhängig)
Dreischichtplatten aus Nadelholz	▶ Platten bestehen aus drei kreuzweise miteinander verklebten Brettlagen aus Nadelholz ▶ Decklagen mindestens 6 mm dick	▶ Baustoffklasse: B2 ▶ Quell-, Schwindmaß: 0,02 % je % Feuchteänderung	▶ Plattenstärke: 19, 21, 22, 27 mm ▶ Plattenbreite: 1.000 bis 2.050 mm ▶ Plattenlänge: 2.500 bis 6.000 mm
Fassadensperrholz	▶ Platten bestehen aus kreuzweise, symmetrisch zur Mittellage angeordneten, verklebten Schälfurnierlagen ▶ Lagendicke ca. 1,5–2,5 mm	▶ Baustoffklasse: B2 ▶ Quell-, Schwindmaß: 0,02 % je % Feuchteänderung	▶ Plattenstärke: 12, 15 18 mm ▶ Plattenmaße: 1.220 mm × 2.440 mm, 1.250 mm × 2.500 mm
Furnierschichtholz	▶ Platten bestehen aus Schälfurnieren ▶ Lagendicke 3 mm ▶ als Fassadenplatte darf nur Furnierschichtholz, Typ Q verwendet werden	▶ Baustoffklasse: B2 ▶ Baustoffklasse: B1 nur mit Imprägnierung gemäß Zulassung ▶ Quell-, Schwindmaß parallel zur Faser: 0,01 % je % Feuchteänderung ▶ Quell-, Schwindmaß senkrecht zur Faser: 0,03 % je % Feuchteänderung	▶ Plattenstärke: 21 bis 69 mm in 6-mm-Schritten ▶ Plattenbreite: 1.820 bis 2.500 mm ▶ Plattenlänge: bis 12.000 mm
zementgebundene Flachpressplatten	▶ Holzspäne aus Fichten- oder Tannenholz (mechanisch zerspant) werden mineralisch (Portlandzement) als Plattenwerkstoff gebunden	▶ Baustoffklasse: B1 ▶ Baustoffklasse: A2 ▶ Quell-, Schwindmaß: 0,03 % je % Feuchteänderung	▶ Plattenstärke: 8, 12, 20 mm ▶ Plattenbreite: 1.250 mm ▶ Plattenlänge: 2.600, 3.100, 3.350 mm

Der Einbau erfolgt meist als hinterlüftete Konstruktion. Die Befestigung kann sichtbar oder unsichtbar durch nichtrostendes Material erfolgen. Die Bewegungsfreiheit der Platten darf dabei nicht eingeschränkt werden. Eine Befestigung der Platten durch Kleben ist möglich. Hier sollte jedoch ein Prüfzeugnis vorliegen oder die Abstimmung mit der örtlichen Baubehörde erfolgen.

Schmalflächen sind immer zu schützen. Bei der horizontalen Fugenausbildung soll die untere Plattenschmalfläche in einem Winkel von 15 bis 30° hinterschnitten sein. Die obere Plattenschmalfläche sollte mit einem Z-Profil aus Metall abgedeckt werden.

Ist als Schmalflächenschutz nur eine Oberflächenbeschichtung vorgesehen, so ist die obere horizontale Plattenschmalfläche ebenfalls im Winkel von 15 bis 30° abzuschrägen. Die Beschichtung muss um die Kante geführt werden. Die Kanten sind in einem Radius von 2 mm abzurunden, damit die Beschichtung in ausreichender Schichtdicke hergestellt werden kann.

Die Fugen sollten immer breiter sein als die Plattenstärke.

Bild 14: Ausrundung der Bauteilkanten zum Erreichen der Mindestbeschichtungsdicke

Der Schutz der vertikalen Fugen kann durch Abdeckprofile oder Beschichtungen erfolgen.

Oberflächenbehandlung

Die Anstriche (Beschichtungen) erfüllen Aufgaben des Feuchteschutzes, schützen vor UV-Strahlung und haben eine dekorative Wirkung. Schadensursachen sind meist missverständliche Angaben zur gewünschten Leistungsfähigkeit des Anstrichsystems, die Nichtbeachtung der Vorgaben zum System oder/und eine schlechte Beschaffenheit des Untergrunds.

Außenbekleidungen als nicht maßhaltige Bauteile benötigen diffusionsoffene Anstrichsysteme. Sämtliche beanspruchten Bauteile unterliegen einer Wartungspflicht. Bei regelmäßiger Wartung können die Instandsetzungsintervalle vergrößert werden. Die Instandsetzungsintervalle sind abhängig von der Intensität der Bewitterung.

Tab. 9: Instandsetzungsintervalle von Beschichtungssystemen

Beschichtungssystem	Außenraumklima	Freiluftklima I	Freiluftklima II
farblose und gering pigmentierte Systeme	5 Jahre	1 Jahr	< 1 Jahr
Dünnschichtlasuren mit ausreichender Pigmentierung	8–10 Jahre	2–3 Jahre	1–2 Jahre
Dickschichtlasuren mit ausreichender Pigmentierung	10–12 Jahre	4–5 Jahre	2–3 Jahre
deckende Lacke ohne fungizide Grundierung	12–15 Jahre	3–4 Jahre	2–3 Jahre
deckende Lacke mit fungizider Grundierung	12–15 Jahre	5–8 Jahre	4–5 Jahre

Außenraumklima: wechselnde Luftfeuchtigkeit und Temperaturen des Außenraumklimas bei konstruktivem Schutz gegen die unmittelbare Wettereinwirkung (z.B. Loggia)

Freiluftklima I: geringer konstruktiver Witterungsschutz, Normalfall (z.B. Gebäude bis drei Geschosse)

Freiluftklima II: ungehinderte Klimaeinwirkung (z.B. Gebäude über drei Geschosse, bei exponierter Lage auch Gebäude bis drei Geschosse)

Detailausbildung

Für die Ausbildung der Ecken sowie für Anschlüsse an Öffnungen sind in Abhängigkeit von den verwendeten Schalungsprofilen Sonderbauteile erforderlich.

mit vertikaler Verkleidung

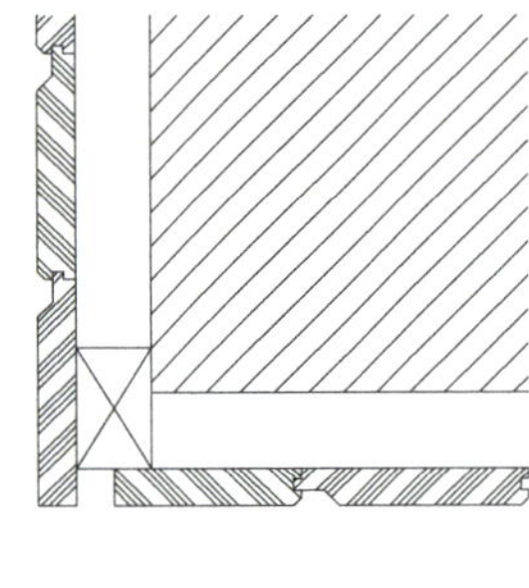

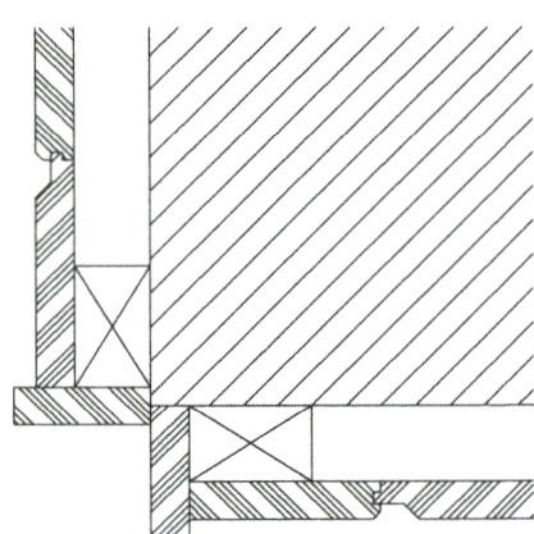

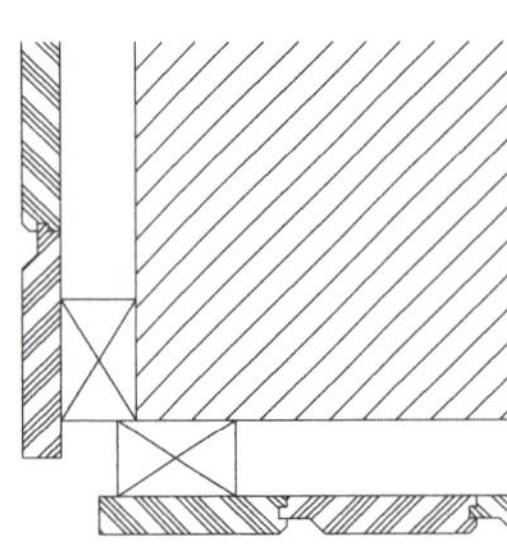

mit horizontaler Verkleidung

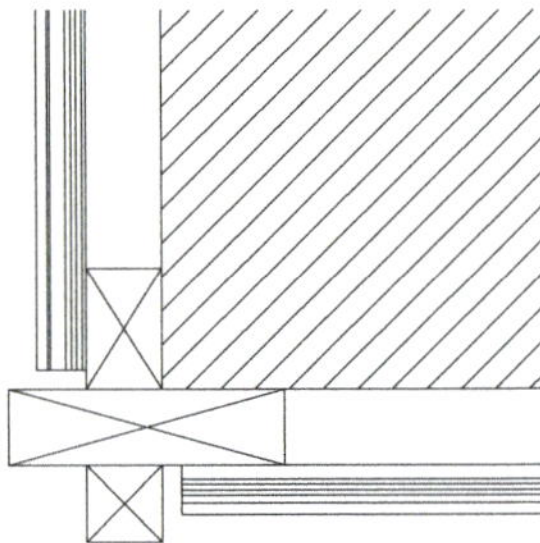

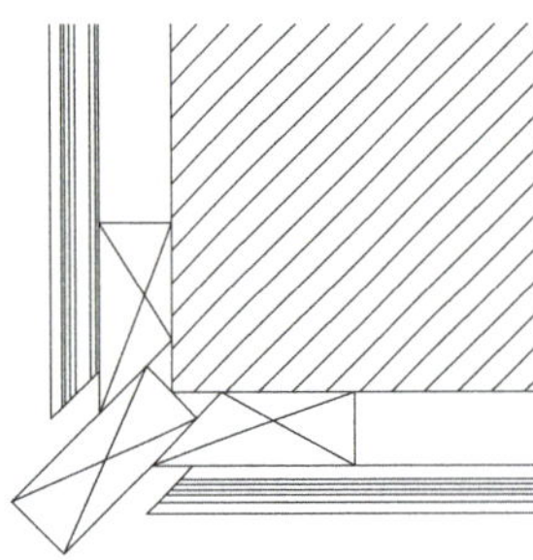

mit tafelförmiger Verkleidung

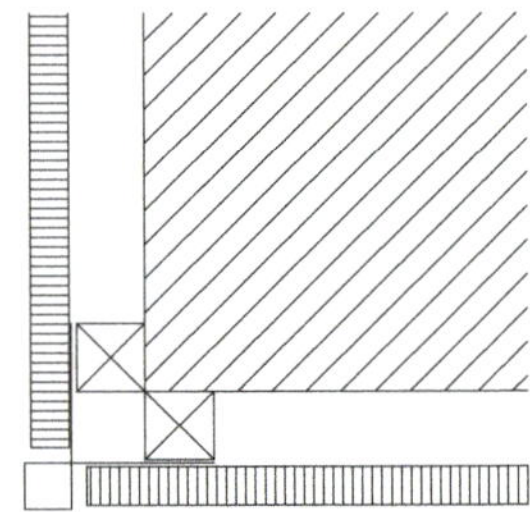

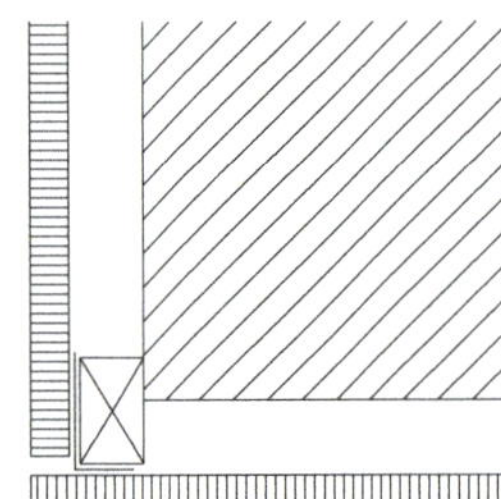

Bild 15: Eckausbildungen

Außenwandbekleidungen aus Metall

Allgemeines

Außenwandbekleidungen aus Metall lassen sich aus Aluminium, Kupfer, Zink oder Edelstahl herstellen.

Unterschieden wird zwischen folgenden Konstruktionen:

- Außenwandbekleidungen aus Blechen, Kupfer, Zink, Aluminium, selten Blei
- Außenwandbekleidungen aus Formteilen
- Außenwandbekleidungen aus Verbundblechen

Für den Querschnitt der Lüftungsöffnungen gilt vereinfacht:

- Zuluftöffnung = 1/1.000 der Wandfläche
- Abluftöffnung = 1/800 der Wandfläche

Hinsichtlich des *Blitzschutzes* dürfen Metallfassaden zur Ableitung dienen, wenn sie durchgehend miteinander verbunden sind und eine Mindestblechdicke von 0,5 mm aufweisen. Zwischen Dach- und Wandaußenschale muss eine hinreichend leitende Verbindung vorhanden sein.

Metalle

Die Metalle bilden im Laufe der Zeit eine Patina, deren Farbigkeit bei der Planung einer Außenwandbekleidung berücksichtigt werden sollte. Bei aggressiven Luftverhältnissen (in Industriegebieten oder in Meeresnähe) sind Metalle mit hoher Korrosionsbeständigkeit (Edelstahl) vorzuziehen.

Tab. 10: Materialeigenschaften gängiger Metalle für Fassadenbekleidungen

Eigenschaften	Edelstahl	Zink	Kupfer	Aluminium
spezifisches Gewicht [kg/dm³]	7,95	7,18	8,9	2,7
Ausdehnung [mm/m × 100 °C]	1,6	2,20	1,65	2,38
Schmelzpunkt [°C]	1.380	418	1.083	660
Elastizitätsmodul [kg/mm²]	20.000	9.000	12.000	6.700
Streckgrenze [kg/mm²]	28	9	21	15
Zugfestigkeit [kg/mm²]	60	19	23	17
Standarddicke [mm]	0,40	0,70	0,65	0,70
Gewicht [kg/m²]	3,1	5,0	5,8	1,9

Es ist prinzipiell zu berücksichtigen, dass Metallbekleidungen praktisch dampfdicht sind und eine einwandfrei funktionierende Hinterlüftung (s.o.) gewährleistet sein muss. Das dennoch auftretende Kondensat muss ungehindert abtropfen können. Spezielle rückseitige Beschichtungen können die Aufnahme differenzierter Feuchtigkeitsmengen gewährleisten. Bei Erwärmung trocknet die Beschichtung wieder ab und ist bei erneuter Abkühlung wieder aufnahmefähig für Feuchtigkeit.

Durch konstruktive Maßnahmen und die Wahl geeigneter Baustoffe müssen schädigende Einflüsse unterschiedlicher Baustoffe untereinander auch ohne direkte Berührung, insbesondere in Fließrichtung des Wassers, ausgeschlossen werden. Kontakt- und Spaltkorrosion ist durch das Einbringen von Zwischen- und/oder Gleitschichten, Bitumendachbahnen, Kunststofffolien u.Ä. zu vermeiden.

Stahl

Für den Außeneinsatz müssen Bekleidungen aus Stahl die *Korrosionsschutzklasse III* erfüllen. Hierfür sind zusätzliche Maßnahmen – Korrosionsschutzsysteme – erforderlich:

- metallische Überzüge mit oder ohne zusätzliche organische Beschichtung
  - Z275 metallischer Überzug aus Zink, 275 g/m², Korrosionsschutzklasse III, mit zusätzlicher organischer Beschichtung, Beschichtungsdicke > 25 µm
  - ZA255 metallischer Überzug aus Zink-Aluminium-Legierung, 255 g/m², Korrosionsschutzklasse III, mit zusätzlicher organischer Beschichtung, Beschichtungsdicke > 25 µm
  - AZ185 metallischer Überzug aus Aluminium-Zink-Legierung, 185 g/m², ohne zusätzliche organische Beschichtungen, Korrosionsschutzklasse III
  - AZ150 metallischer Überzug aus Aluminium-Zink-Legierung, 155 g/m², Korrosionsschutzklasse III, mit zusätzlicher organischer Beschichtung, Beschichtungsdicke > 25 µm

Die Kombinationen von Materialien werden Duplexsysteme genannt. Als Verbundwerkstoffe haben sie vielfältige Eigenschaften. Die organischen Beschichtungen unterliegen mit zunehmender Nutzungsdauer der Alterung. Der metallische Überzug schützt die Metalloberfläche katodisch und verzögert die Unterwanderung und das Abblättern der Beschichtung erheblich. Die Korrosionsbeständigkeit von Duplexsystemen ist aufgrund des Synergieeffekts zwischen metallischem und organischem Überzug wesentlich größer als bei der Summe der Einzelschutzwirkungen.

Als Beschichtungen kommen z.B. Polyesterharze, Folien, Pulverbeschichtungen (Polyester), Polyurethan etc. zur Anwendung.

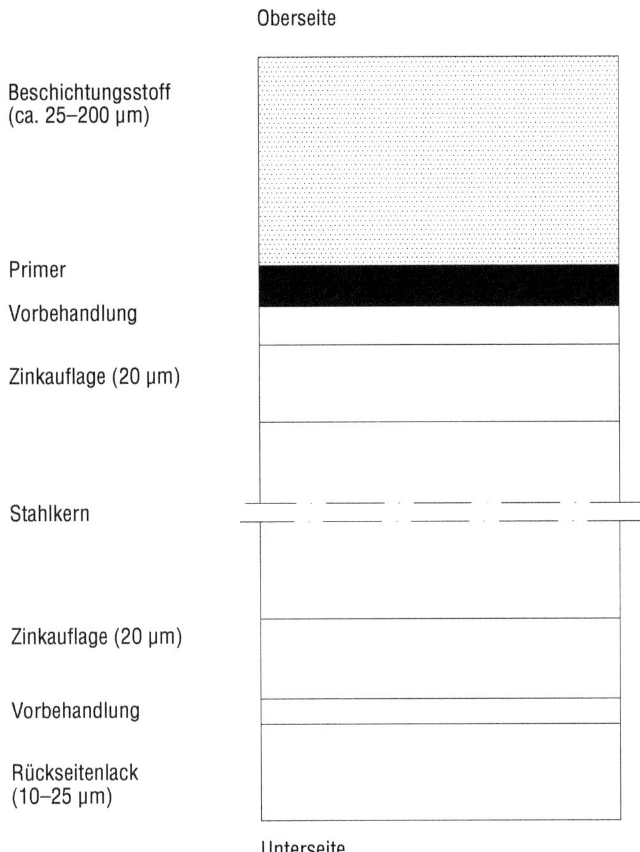

Bild 16: Schematischer Aufbau eines Duplexsystems

Der Korrosionsschutz muss sich an den technischen Forderungen der DIN 55928-8, DIN 18807-1, DIN EN ISO 12944-1 und -2 und DIN EN 10169-1, -2 und -3 ausrichten. Für Stahlkassettenprofile und Stahlsandwichelemente sind die jeweiligen Zulassungen heranzuziehen.

Edelstahl zählt zu den weitgehend stark gegen saure Rückstände beständigen Stoffen. Das Material selbst rostet nicht. Zeitlich begrenzter Korrosionsschutz wie Schutzanstriche, die einer regelmäßigen Wartung und Pflege unterliegen, sind nicht erforderlich. Haupteinsatzgebiet sind Dacheindeckungen und Dachentwässerungen. Beim Einsatz von Edelstahl in Industriegebieten mit aggressiven Luftverhältnissen sind Edelstähle mit zusätzlichen Beschichtungen (Zinn) vorzuziehen. Mit Zinn beschichtete Edelstähle bilden eine graue Patina, nicht beschichtete Edelstähle verändern ihre Oberfläche nicht.

Die Fassadenbekleidung wird aus Platten unterschiedlicher Größe und Formung hergestellt. Die Ausbildung der profilierten Platten ist der von Aluminiumplatten sehr ähnlich. In Abhängigkeit vom Hersteller sind unterschiedliche Profilierungen möglich.

Materialstärken von 0,4 mm sind ausreichend. Fassadenbekleidungen aus Edelstahl haben deswegen ein geringeres Gewicht als Kupfer, verzinktes Blech (Materialstärken von ca. 0,7 mm sind gebräuchlich, 0,5 mm sind erforderlich) oder Blei.

Zink

Fassadenbekleidungen aus Zink oder verzinkten Werkstoffen sind nicht unterhalb von Flächen aus Kupfer anzuordnen. Durch Kontaktkorrosion kommt es zur Zerstörung des Zinkwerkstoffs.

Kupfer

Kupfer hat die Fähigkeit, unter Einfluss der atmosphärischen Bewitterung eine eigene, natürliche, fest haftende Schutzschicht zu bilden. Die Patina ist in sich selbst stabil und bildet sich bei mechanischer Beschädigung wieder neu. Innerhalb weniger Stunden bildet das metallblanke Kupfer einen Oxidfilm, der allmählich zur Braunfärbung des Materials führt. Steile oder senkrechte Flächen haben eine deutlich geringere Oxidationsgeschwindigkeit als horizontale oder flach geneigte Flächen. In Abhängigkeit von der Lage der Flächen färbt sich das Material nach acht bis 15 Jahren grün. Die grüne Patina ist die Weiterentwicklung der Oxidschicht. Vorpatinierte Metalltafeln können für ein einheitlicheres Fassadenbild sorgen. Auch hier entwickelt sich die Farbgebung im Laufe der Zeit weiter. In Anbetracht der Haltbarkeit, der Verarbeitbarkeit und nicht erforderlicher Pflege und Unterhaltung ist die Anwendung von Kupfer als Fassadenbekleidung eine wirtschaftliche Lösung.

horizontale Winkelstehfalzdeckung

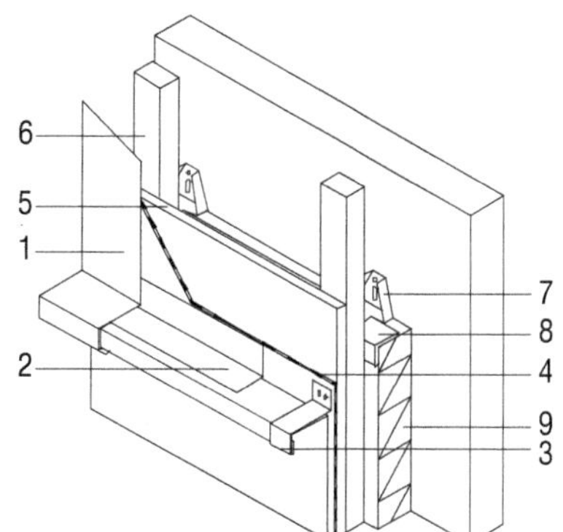

vertikale Winkelstehfalzdeckung

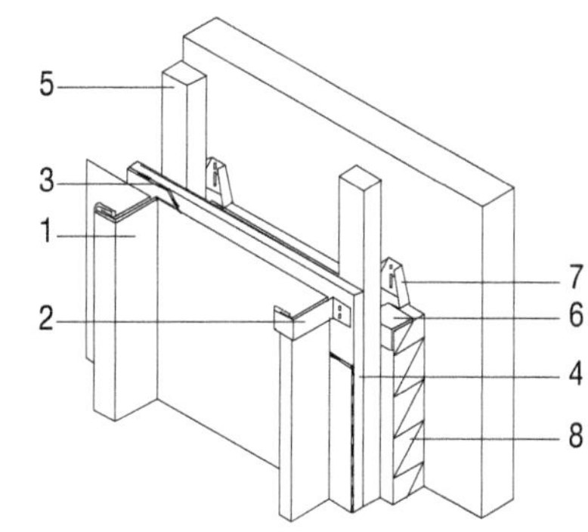

Kassettendeckung

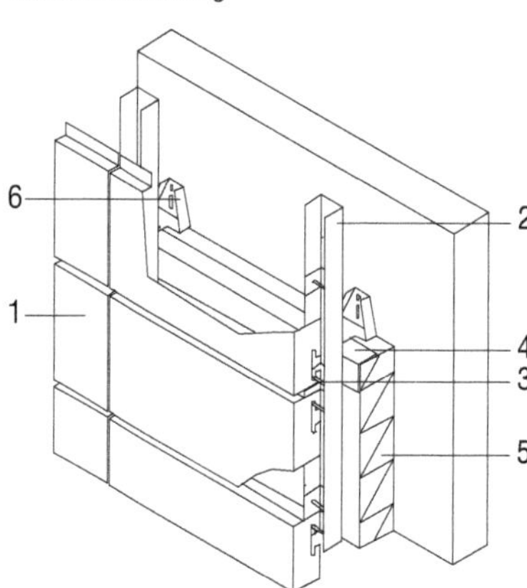

Steckfalzpaneele

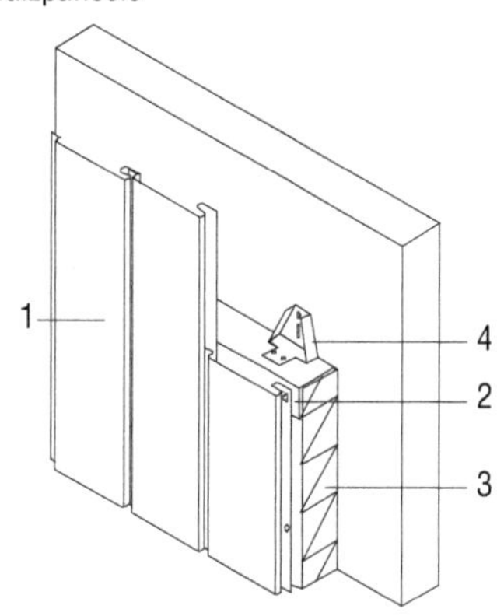

Stulppaneele

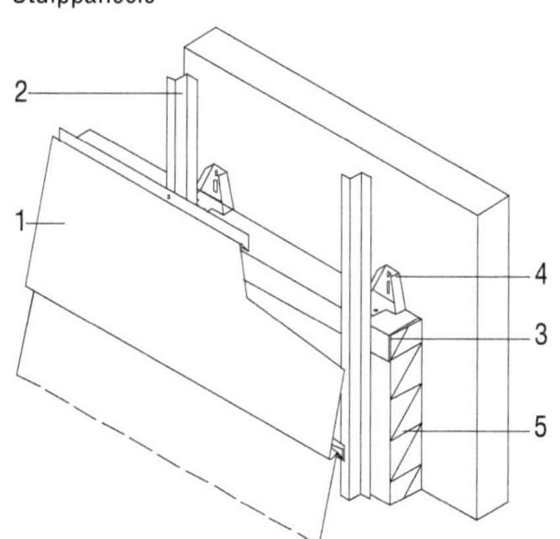

Rauten- und Schindeldeckung

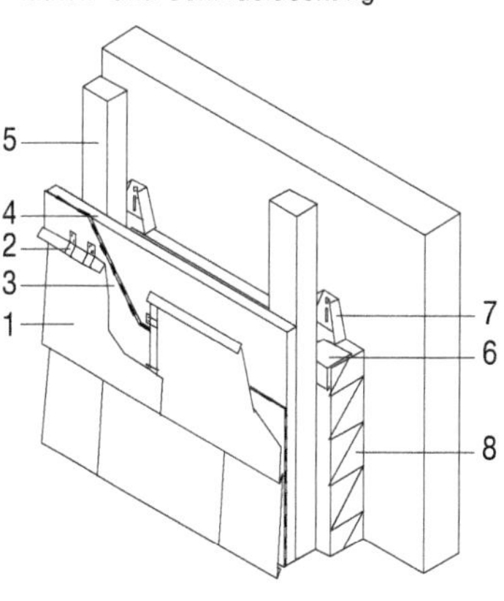

Sonderformen

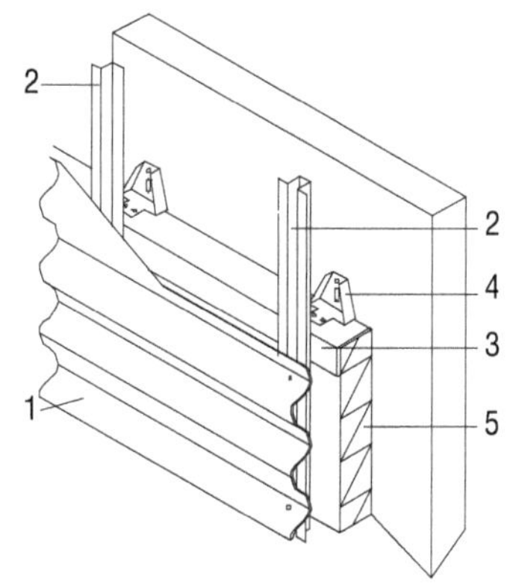

1 Dämmung
2 Konsole
3 L-Profil
4 U-Profil
5 Z-Profil
6 Omega- bzw. Z-Profil
7 Einhangbolzen
8 Lattung
9 Schalung
10 Trennlage
11 Haft
12 Stützbelch
13 Winkelstehfalzdeckung
14 Kassettendeckung
15 Steckpfalzpaneele
16 Stulppaneeldeckung
17 Schindeldeckung
18 Wellenprofildeckung

Bild 17: Aufbau und Ausbildung von Fassadenbekleidungen aus Kupfer

Für die Fassadenbekleidung wird üblicherweise sehr weiches Kupfer mit der Bezeichnung R 220 eingesetzt. Bei flächiger Verwendung sowie für den Einsatz bei der Dachentwässerung lässt sich halbhartes Kupfer (R 240) besser anwenden.

Kupfer kann mit anderen Metallen kombiniert werden. Unbedenklich sind Kombinationen mit Edelstahl und Blei. Bei Aluminium muss durch Beschichtung eine elektrisch nicht leitende Oberfläche verschafft werden. Ein direkter Kontakt der Metalle ist z.B. durch die Ausbildung von Fugen zu vermeiden. In Fließrichtung des Wassers dürfen edlere Metalle nicht oberhalb von unedleren Metallen eingebaut werden, da die Korrosion des unedleren Metalls beschleunigt wird. Die Anordnung von Kupfer oberhalb von Titanzink oder verzinktem Stahl ist zu vermeiden. Kupfer unter Elementen aus Titanzink oder verzinktem Stahl erhält im Laufe der Zeit braune Ablaufspuren, die aus den zum Rostansatz neigenden Zinkwerkstoffen resultieren. Hier wird jedoch nur das optische Erscheinungsbild gestört, der Kupferwerkstoff ist nicht gefährdet.

Bauphysikalische Probleme können durch die Funktionstrennung von Wetterschutz und Wärmedämmung ausgeschlossen werden. Eine zweischalige hinterlüftete Konstruktion für Kupferfassaden ist vorgeschrieben. Eine vorgehängte Fassade mit Kupferbekleidung ist für Alt- und Neubauten uneingeschränkt anwendbar.

Fassadenbekleidungen aus Kupfer werden durch die Verwendung unterschiedlicher Plattenformate und -anordnungen in verschiedenen Deckungen ausgeführt.

Aluminium

Aluminium kann zur Bekleidung von Dächern und Fassaden genutzt werden. Dieser Werkstoff ist leicht, fest, korrosionsbeständig, langlebig, wettersicher, flexibel in der Form- und Farbgebung und recycelfähig. Eine Kombination mit anderen Werkstoffen ist möglich.

Tab. 11: Verhalten bei Kontakt mit anderen Werkstoffen

Aluminium im Kontakt mit	Land	Atmosphäre	
		Stadt/ Industrie	Seenähe
Zink	unbedenklich	unbedenklich	unbedenklich
nichtrostendem Stahl	unbedenklich	unbedenklich	unbedenklich
Kunststoff	unbedenklich	unbedenklich	unbedenklich
Blei	unbedenklich	unbedenklich	bedenklich
ungeschütztem Stahl	bedenklich	bedenklich	bedenklich
Kupfer	bedenklich	bedenklich	bedenklich
Angaben von Kalbau ® Produkte			

Um den Werkstoff vor Umwelteinflüssen zu schützen, kann eine Plattierung aufgewalzt werden. Dadurch sind seewasserfeste Legierungen herstellbar, die auch in aggressiver Industrieatmosphäre kaum ergänzende Maßnahmen erfordern. In der Nähe von Kupferhütten oder Industrien, die größere Mengen aggressiver Chemikalien ausstoßen, sind besondere Maßnahmen des Oberflächenschutzes notwendig.

Unterschiedliche Profilierungen machen abwechslungsreiche Gestaltungsvarianten möglich:

Für Anschlüsse bieten die Hersteller Sonderbauteile, die auf die Plattenausbildung abgestimmt sind.

Blei

Die für die Verwendung im Fassadenbereich günstigen Eigenschaften von Blei lassen diesen Baustoff auf eine lange Tradition zurückblicken. Eine hohe Korrosionsbeständigkeit, eine leichte Verformbarkeit und die daraus resultierende praktische handwerkliche Handhabung sichern dem Werkstoff Blei einen festen Platz bei der Anwendung als Fassadenbekleidung. Mit Blei verkleidete Fassaden haben ein unaufdringliches Aussehen, sind uneingeschränkt UV-beständig und können im Strahlen- und Schallschutz eingesetzt werden. Das Grundmaterial Blei ist recycelbar.

Nach dem Verlegen hat das Material eine metallisch blanke Oberfläche. Mit der Zeit bildet sich eine Patina, welche die Oberfläche zunächst fleckig, dann einheitlich matt erscheinen lässt. Durch die Patina wird das darunterliegende Material dauerhaft umschlossen und geschützt.

Beschichtungen mit Zinn oder maschinelle Farbbeschichtungen verändern die Qualität der Oberfläche. Die Zinnbeschichtung verhindert die Bildung der Bleipatina. Im Laufe der Zeit wird die glänzende Zinnoberfläche matt. Ein Verlöten des Materials wird erleichtert und der Verbrauch an Lötzinn verringert. Zinnbeschichtetes Blei lässt sich sicherer und haltbarer lackieren als unbeschichtetes Blei.

Nach DIN 4102 entspricht Blei einem nichtbrennbaren Baustoff der Klasse A1.

Das Material wird üblicherweise in Rollen geliefert. Materialstärken von 1,00, 1,25, 1,50 und 2,00 mm sind üblich. Standardbreiten sind abhängig vom Hersteller 250, 330, 450 und 1.000 mm. Einzellängen über 1 m Länge sollten zur Vermeidung von thermischen Brücken nicht überschritten werden.

Eine Verbindung der einzelnen Tafeln kann in Abhängigkeit von der erforderlichen Dichtigkeit gegen Regenwasser durch Schweißen, Löten oder Falzen hergestellt werden. Geschweißte und gelötete Verbindungen sind wasserdicht, gefalzte und geklebte Verbindungen sind regendicht. Falze sind einfach oder doppelt ausführbar.

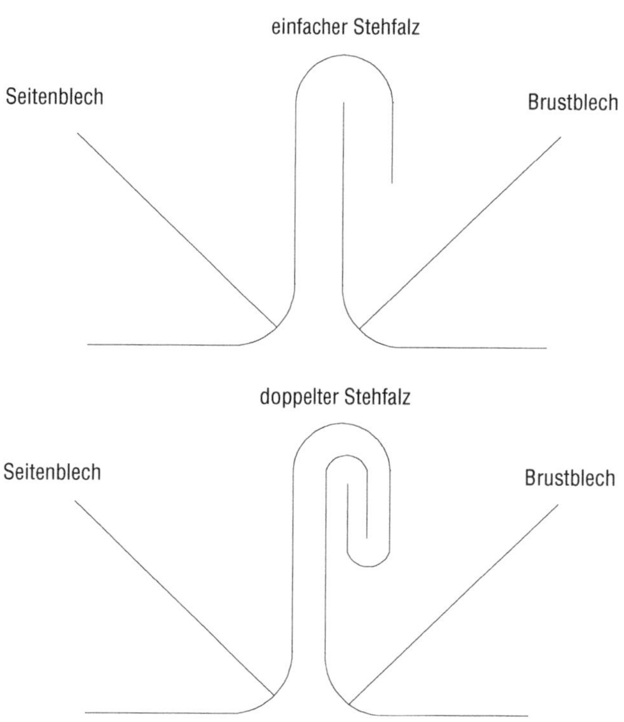

Bild 18: Falzausführung

Geklebte Verbindungen werden vornehmlich bei Dachanschlüssen verwendet. Es muss immer eine Bewegungsfreiheit für thermisch bedingte Längenänderungen gegeben sein.

3/4 Vorhangfassaden

Sogenannte Vorhangfassaden oder auch Curtain Wall genannte Fassaden werden mit ihrer Unterkonstruktion an den Geschossdecken oder an tragenden Wänden oder Stützen befestigt.

An Vorhangfassaden werden neben den allgemeinen Anforderungen an Statik, Wärme-, Schall- und Brandschutz weiterführende Anforderungen gestellt, die zu prüfen und zu klassifizieren sind:

- Luftdurchlässigkeit
- Schlagregendichtigkeit
- Windwiderstandsfähigkeit

Weiterführende Anforderungen

Luftdurchlässigkeit

Die Prüfverfahren zur Ermittlung der Luftdurchlässigkeit sind in DIN EN 12153 beschrieben. Die Klassifizierung erfolgt nach DIN EN 12152. Der Nachweis der Dichtigkeit erfolgt in mehreren Druckstufen unter Sog- und Drucklast auf Fassadenprüfständen im Labor. Die ermittelten Ergebnisse, zum einen bezogen auf die Gesamtfläche der Bauteile, zum anderen auf die Fugenlänge der Bauteile werden gemäß DIN EN 12152 klassifiziert und in entsprechenden Prüfzeugnissen nachgewiesen.

Tab. 1: Klassifizierung der Luftdurchlässigkeit nach DIN EN 12152

Maximaldruck P_{max} [Pa]	Luftdurchlässigkeit [m³/hm²]	Klasse
bezogen auf die Gesamtfläche		
150	1,5	A1
300		A2
450		A3
600		A4
> 600 (Prüfdruck 750 Pa)		AE
bezogen auf feste Fugenlänge		
150	0,5	A1
300	0,5	A2
450	0,5	A3
600	0,5	A4
> 600 (Prüfdruck 750 Pa)	0,5	AE

Schlagregendichtigkeit

Die Prüfverfahren und Besprühungsmethoden sind in DIN EN 12155 beschrieben, die Klassifizierung erfolgt nach DIN EN 12154. Die Schlagregendichtigkeit nach DIN EN 12154 ist der höchste Prüfdruck, bei dem der Prüfkörper innerhalb eines festgelegten Zeitraums schlagregendicht bleibt.

Die Schlagregendichtigkeit beschreibt das Vermögen der Fassadenkonstruktion, dem Regenwasser auch bei Schlagregen zu widerstehen. Wird eine Fassade durch Wind angeströmt, entsteht vor ihr in Abhängigkeit von der Windgeschwindigkeit ein Staudruck. Dieser kann das Niederschlagswasser in die Konstruktion treiben, wodurch Undichtigkeiten z.B. der Fugen offensichtlich werden.

Tab. 2: Klassifizierung der Schlagregendichtigkeit nach DIN EN 12154

Druckstufen [Pa] und Prüfdauer [Pa/T]	Wassersprühmenge [l/(m²·min)]	Klasse
0/15, 50/5, 100/5, 150/5	2	R4
0/15, 50/5, 100/5, 150/5, 200/5, 300/5		R5
0/15, 50/5, 100/5, 150/5, 200/5, 300/5, 450/5		R6
0/15, 50/5, 100/5, 150/5, 200/5, 300/5, 450/5, 600/5		R7
0/15, 50/5, 100/5, 150/5, 200/5, 300/5, 450/5, 600/5, über 600/5 in Stufen von 150 Pa und einer Dauer von 5 min		RExxx

Windwiderstandsfähigkeit

Die Widerstandsfähigkeit gegen Wind ist eine Anforderung an die Funktionstüchtigkeit. Die Prüfverfahren sind in der DIN EN 12179 beschrieben und die Klassifizierung erfolgt nach DIN EN 13116. Hierbei werden die Verformungen bei Windlast gemessen und bewertet.

- Unter der Bemessungslast:
  - Die maximale Durchbiegung darf l/200 bzw. 15 mm bei Winddruck oder Windsog nicht überschreiten.
  - Die bleibende Verformung nach Entlastung darf maximal 5 % betragen.
  - Die zulässige frontale Verschiebung der Befestigung von Rahmenprofilen an den Anschlüssen zum Tragwerk oder anderen tragenden Bauteilen darf maximal 1 mm betragen.
- Verhalten unter erhöhter Last:
  - Dauerhafte Verformungen von Rahmen, Flügeln, Verbindungsmitteln etc. sind nicht zulässig.
  - Paneele, Glashalteleisten usw. müssen in ihrer Lage sicher gehalten sein.
  - Glasbruch darf nicht vom Tragwerk oder von fehlerhafter Verglasung ausgehen.

Unterteilung von Vorhangfassaden

Vorhangfassaden lassen sich unterteilen in:

- Stabsysteme in Pfosten-Riegel-Bauweise
- Elementsysteme als Elementfassade

Stabsysteme – Pfosten-Riegel-Fassaden

Bei diesem Fassadensystem übernehmen die Profile statische, konstruktive, wärme- und feuchteschutztechnische sowie architektonische Funktionen. Die Pfosten und Riegel (Sprossen) nehmen alle anfallenden Lasten auf. Das Sprossenwerk dient zur Aufnahme der Füllungen. Eine sichere Aufnahme der Füllungselemente mit ihren unterschiedlichen Stärken muss gewährleistet sein. Die Ausbildung der Sprossen und der Füllungen prägt maßgeblich das Erscheinungsbild der Fassade. Die Konstruktion erlaubt eine hohe Variationsmöglichkeit. Die Sprossen werden aus Stahl (Kohlenstoffstahl), Aluminium(-legierungen), Kunststoff, Holz und in Materialkombinationen hergestellt. Die Füllelemente werden aus Glas, Blech, Stein oder Holz in Kombination mit Wärmedämmstoffen ausgeführt.

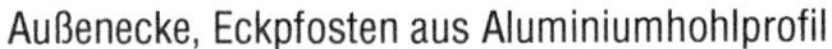
Außenecke, Eckpfosten aus Aluminiumhohlprofil

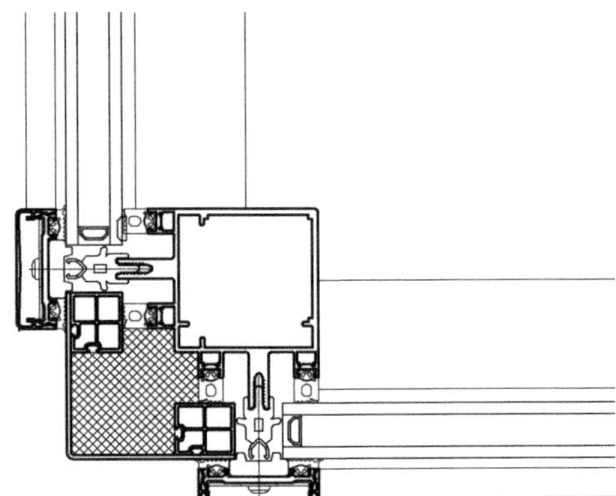

Innenecke mit diagonal gesetztem Eckpfosten

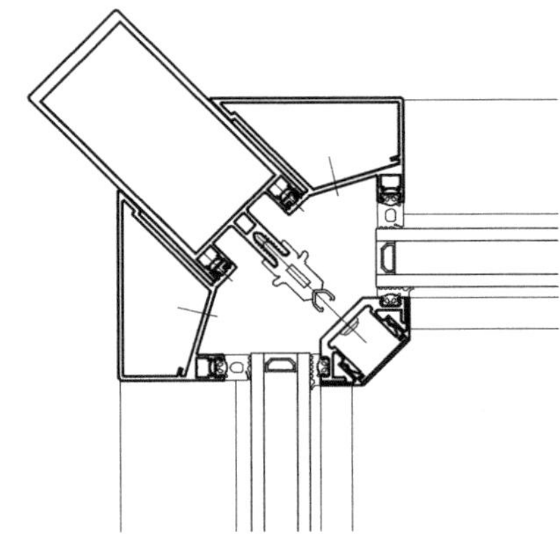

Außenecke, Eckpfosten aus Stahlhohlprofil

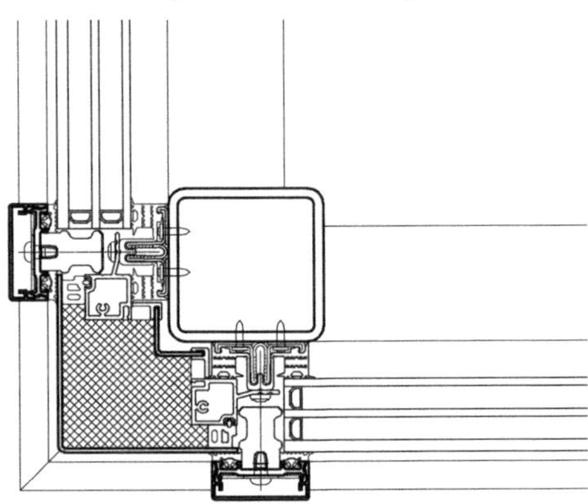

Innenecke ohne Eckpfosten, mit Eckpaneel

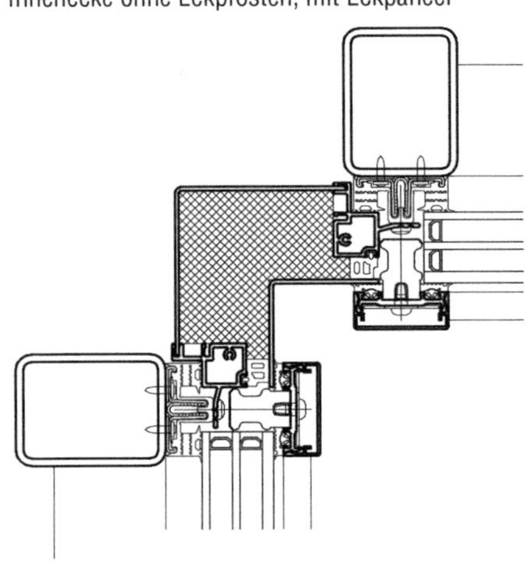

Ganzglas-Außenecke

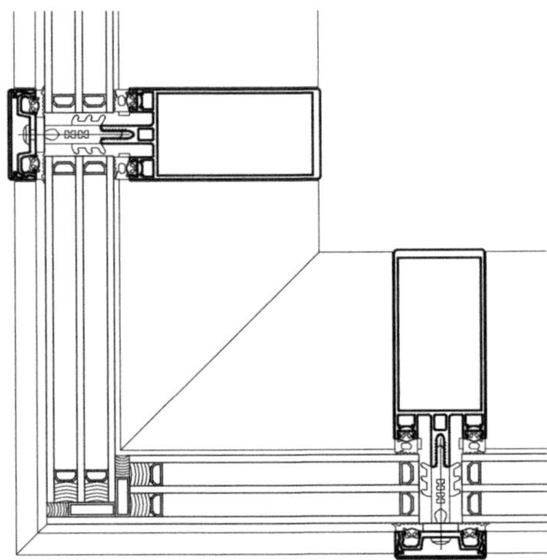

Bild 1: Eckvarianten bei verschiedenen Pfosten-Riegel-Konstruktionen

Fassadensystem aus Aluminiumhohlprofilen mit MIG (zweifach)

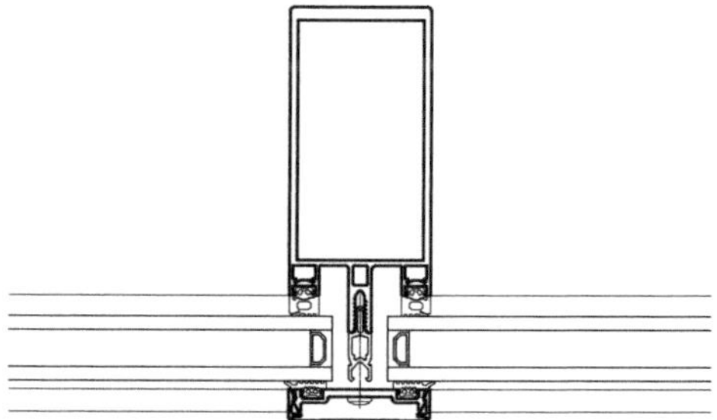

Fassadensystem aus Holz/Aluminium mit Pfosten und Riegeln aus Holz und Aufsatzsystem aus Aluminium, mit MIG (dreifach)

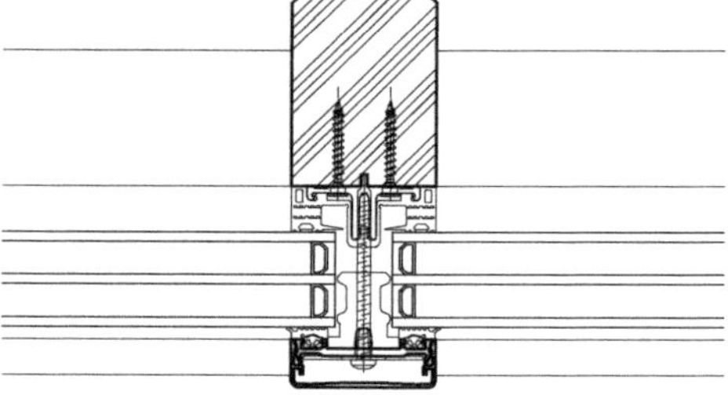

Fassadensystem aus Aluminiumprofilen, mit MIG (zweifach)

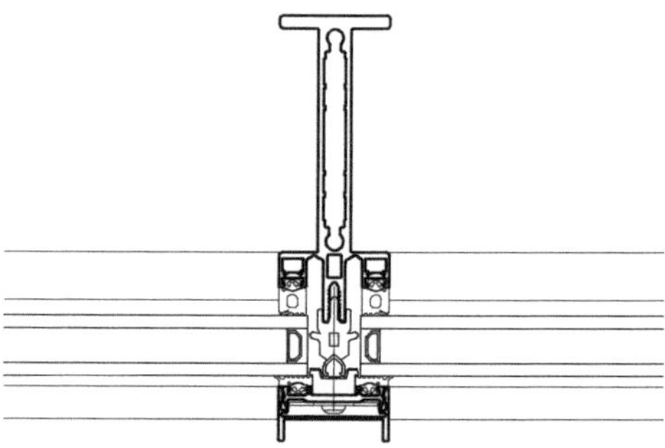

Fassadensystem aus Stahl/Aluminium mit Pfosten und Riegeln aus Stahl und Aufsatzkonstruktion aus Aluminium, mit MIG (zweifach)

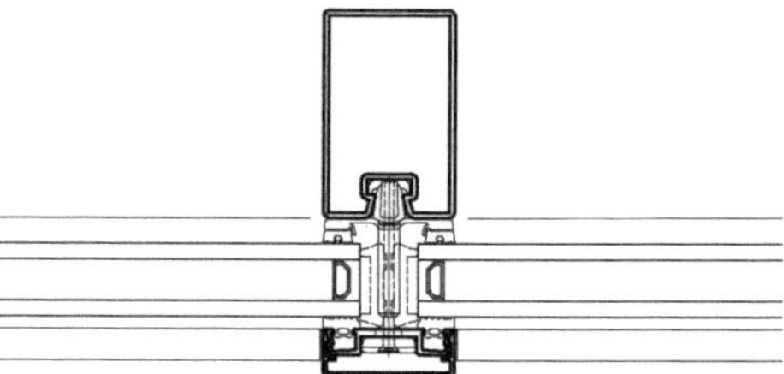

Bild 2: Verschiedene Pfosten-Riegel-Konstruktionen

Die Dimensionierung der tragenden Sprossen erfolgt i.d.R. nach statischem, architektonischem oder bauphysikalischem Erfordernis. Die tragenden Sprossen bestehen häufig aus dünnwandigen Elementen aus Kohlenstoffstahl (statisch belastbar, geringe Baukosten) mit Abdeckprofilen aus Aluminium (geringer Unterhaltsaufwand). Bei großen Spannweiten oftmals lasergeschweißte Stahlhohlprofile als Sonderanfertigung verwendet.

Aufsatzkonstruktion mit Tragprofilen aus rechteckigen Stahlhohlprofilen

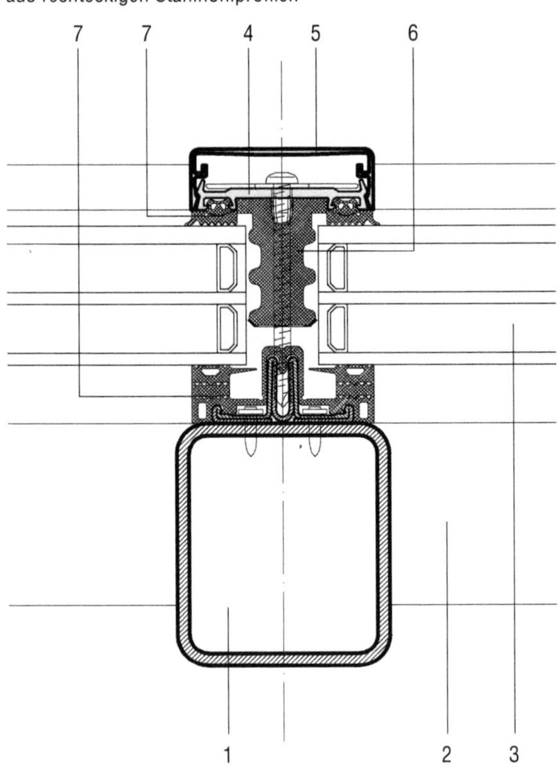

Tragprofile aus speziell geformten Stahlhohlprofilen

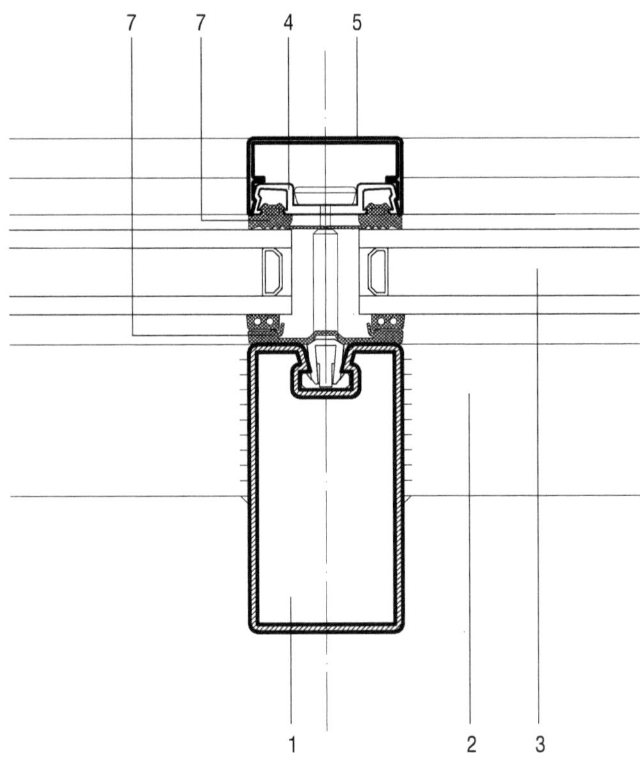

1 Pfosten aus Stahlhohlprofil
2 Ebene des Riegels
3 Verglasungsebene
4 Druckleiste
5 Abdeckleiste aus Aluminium
6 Dämmkern
7 Dichtungen

Bild 3: Pfosten-Riegel-Konstruktionen aus Stahl

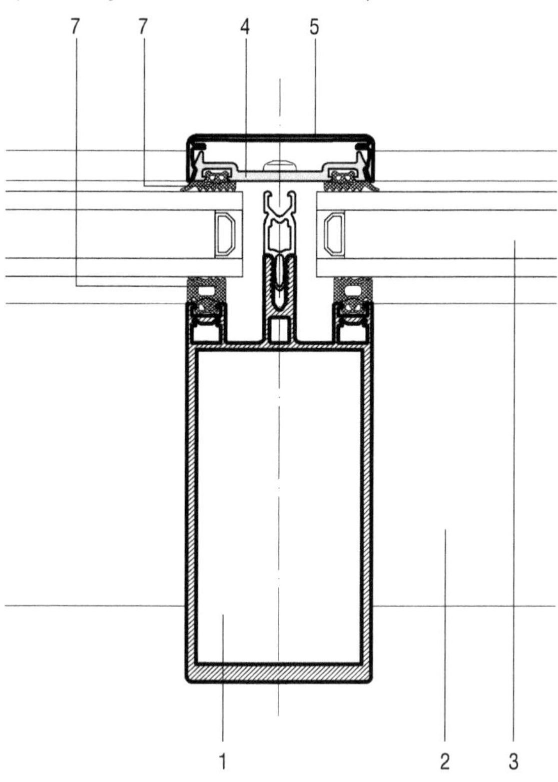

1 Pfosten aus Aluminiumkastenprofil
2 Ebene des Riegels
3 Verglasungsebene
4 Druckleiste
5 Abdeckleiste aus Aluminium

Sprossentragwerk aus Aluminiumsonderprofilen

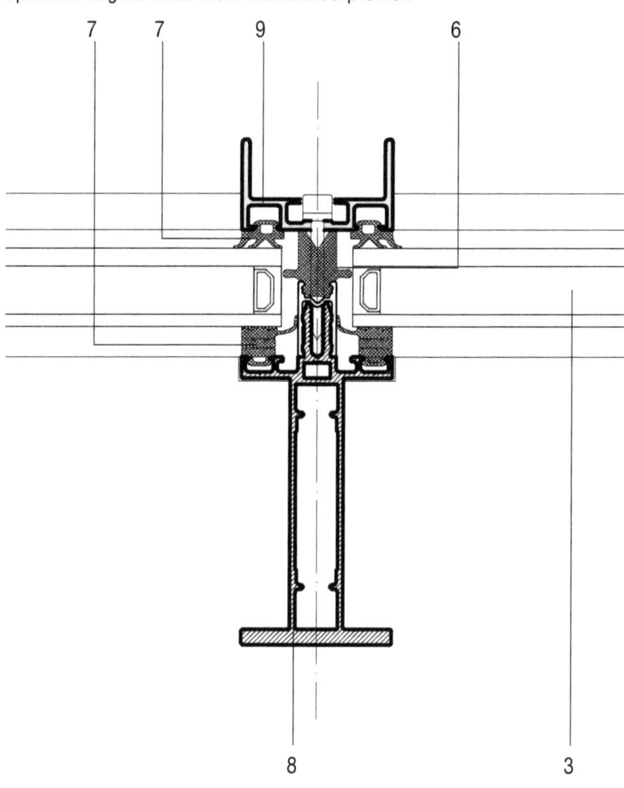

6 Dämmkern
7 Dichtungen
8 Pfosten aus Aluminiumsonderprofil
9 Deckleiste als Druckleiste, sichtbar geschraubt

Bild 4: Pfosten-Riegel-Konstruktionen aus Aluminium

Bei Profilsonderformen kommen Sprossenelemente aus Aluminiumlegierungen zum Einsatz, da diese kostengünstig hergestellt werden können. Größere Dimensionen als bei Stahl sind die Folge.

Sprossenelemente aus Holz sind i.d.R. Materialkombinationen. Die tragende Konstruktion aus Holz liegt im Innenbereich. Die Abdeckprofile im Außenbereich sind aus Materialien hergestellt, die weniger Unterhalt erfordern (Aluminium). Die Abdeckprofile können durch punktförmige Halterungen mit oder ohne Distanzhülse ersetzt werden. Die Abdichtung erfolgt durch Dichtungsprofile.

Deckleiste aus Aluminium

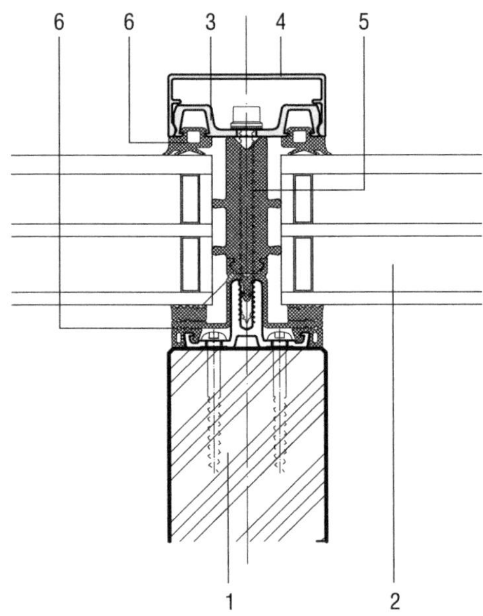

Deckleiste aus Holz

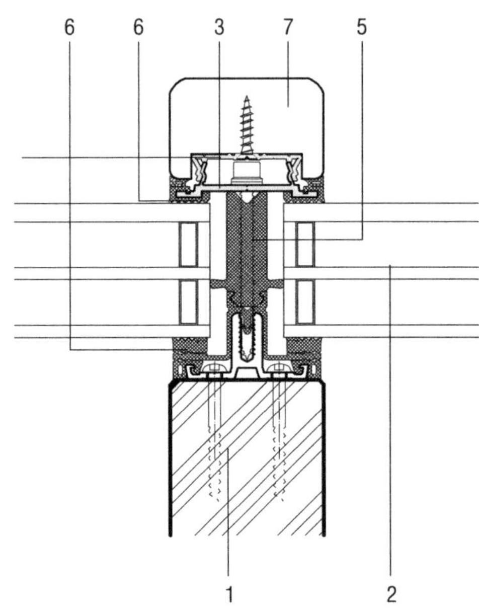

Druckleiste als Deckleiste, aus Aluminium

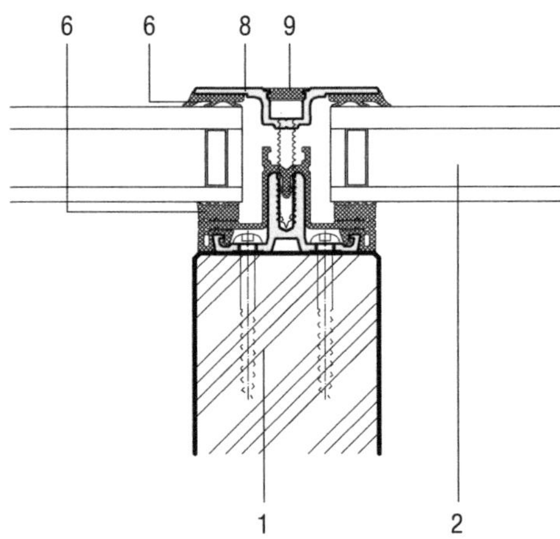

1 Pfosten aus Holz (z.B. KVHsi)
2 Verglasungsebene
3 Druckleiste
4 Abdeckleiste aus Aluminium
5 Dämmkern

6 Dichtungen
7 Deckleiste aus Holz, verdeckte Befestigung
8 Druckleiste als Deckleiste aus Aluminium
9 Fugendichtung

Bild 5: Pfosten-Riegel-Konstruktionen aus Aluminium

Aufbau und Konstruktion

Pfosten-Riegel-Konstruktionen bestehen aus einem System senkrechter und waagerechter Sprossen, die an der Tragkonstruktion des Gebäudes (meist Decken) befestigt sind. Die Wandfläche wird durch Platten gebildet, die von den Pfosten und Riegeln in variablen Spannrichtungen getragen werden. Die Konstruktion erlaubt eine Variantenvielfalt. Es entstehen unterschiedliche Fugen:

- Stoßfugen zwischen Pfosten
- Dehnfugen in den Pfosten (Dehnungspfosten)
- Fugen zwischen Pfosten und Riegeln
- Fugen zwischen Pfosten/Riegel und Füllelement
- Stoßfugen zwischen Füllelementen
- Fugen zwischen Füllelementen und öffenbaren Elementen
- Fugen zwischen Pfosten/Riegel und öffenbaren Elementen

Die Fugen zwischen den einzelnen Elementen müssen unterschiedliche Anforderungen (Bewegungsaufnahme) erfüllen. Nicht immer sind alle Bewegungen in den Fugen zwischen Füllung und Sprossenelement aufnehmbar. Dies macht die Ausführung von Dehnungspfosten erforderlich. Die Konstruktion muss in der Lage sein, horizontale und vertikale Maßabweichungen zwängungsfrei aufzunehmen. Dies wird durch den Einsatz justierbarer Befestigungen gewährleistet.

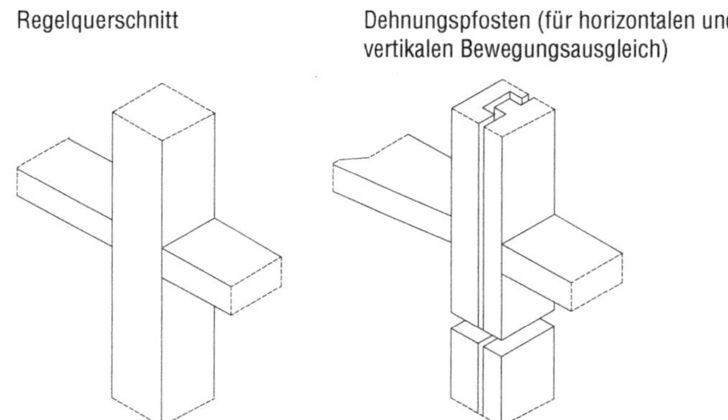

Bild 6: Ausbildung von Pfosten (Prinzipdarstellung)

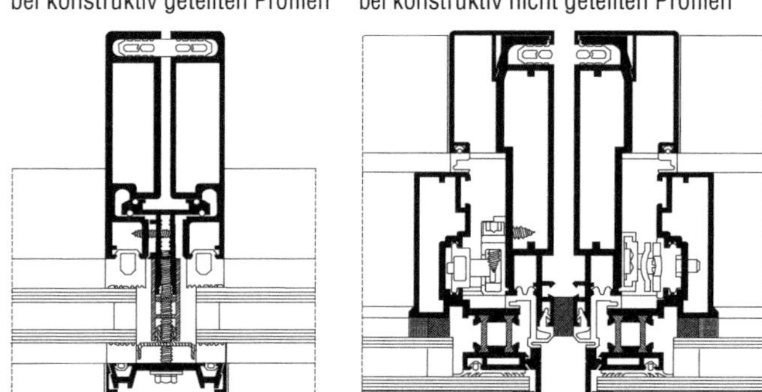

Bild 7: Ausbildung von Dehnungspfosten aus Aluminium

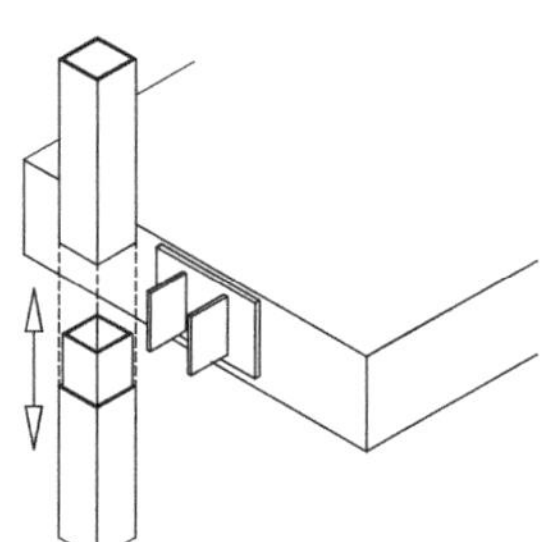

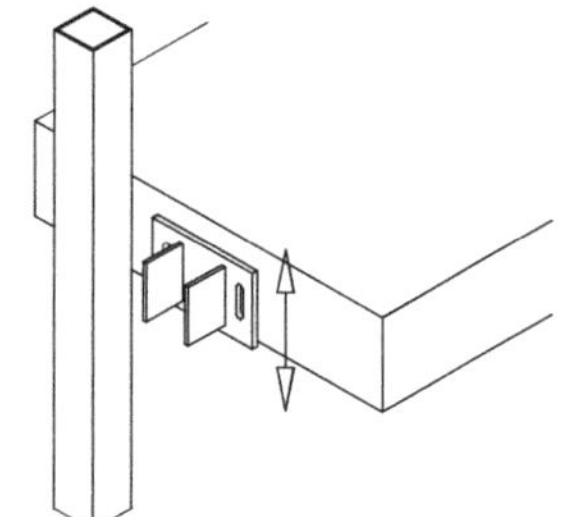

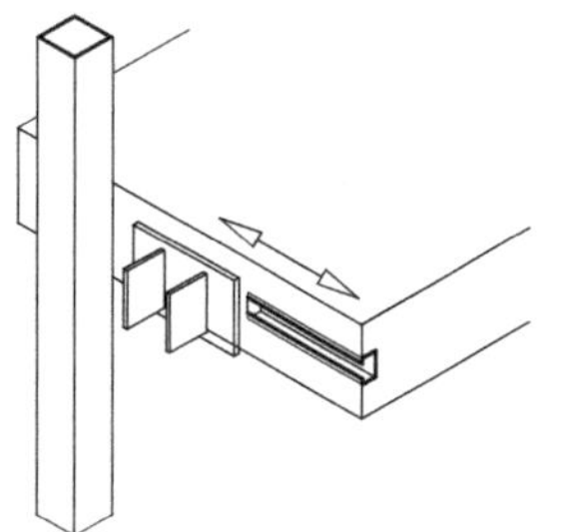

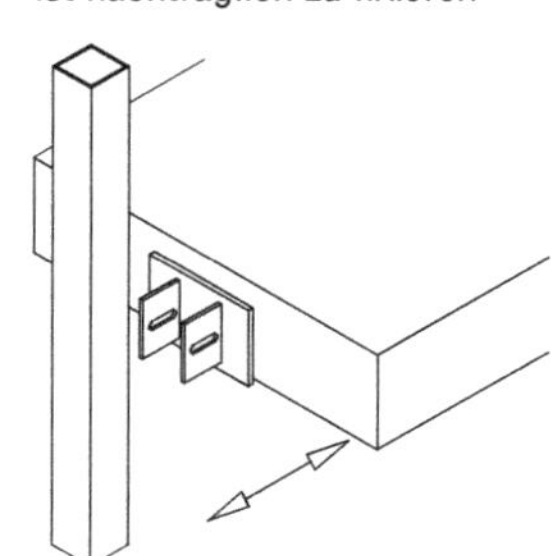

Bild 8: Prinzipdarstellungen justierbarer Pfostenanschlüsse

Bei besonderen Anforderungen an den Brandschutz der Fassade werden nicht nur die Füllungen, sondern auch die tragenden Profile der nichttragenden Außenwand mit einer zusätzlichen Schicht aus feuerhemmendem Material versehen. Die tragenden Profile werden als „doppelte Konstruktionen" ausgeführt (siehe Bild 9).

Die Pfosten-Riegel-Fassadenkonstruktion verfügt mindestens über zwei Dichtungsebenen. Die primäre Dichtebene wird durch die raumseitige Verglasungsdichtung gebildet. Die sekundäre Dichtungsebene wird i.d.R. durch horizontale und vertikale Andruckleisten ausgeführt, die gleichzeitig auch zur Befestigung der Verglasung dienen. Es kann nicht ausgeschlossen werden, dass Wasser dennoch in die Konstruktion eintritt. Um auch eventuell auftretendes Kondensat sicher abzuleiten, sind in den Konstruktionen Dränagenute vorgesehen. Be- und Entlüftungsöffnungen ergänzen das System. Auch der Dampfdruckausgleich des Glasfalzes nach außen ist zu gewährleisten. Die Öffnungen für den Dampfdruckausgleich sind mindestens 5 × 20 mm groß, alternativ sind auch Bohrungen möglich.

P-R-Fassade aus Aluminium

6 8 5 7

3 4 1 2

P-R-Fassade aus Stahl

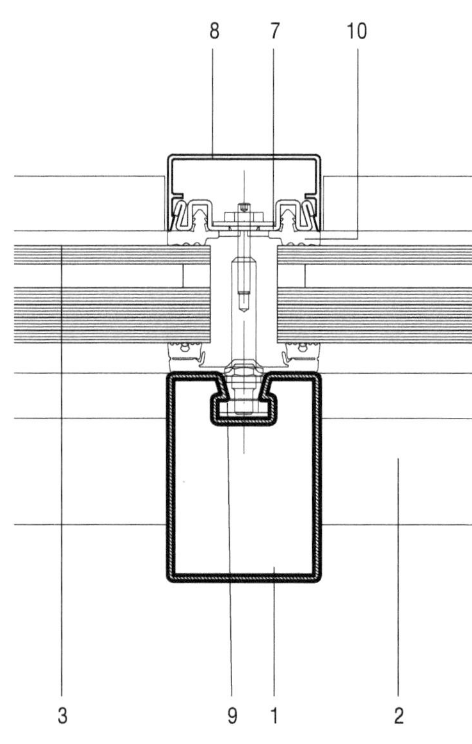

1 Pfostenprofil
2 horizontaler Riegel
3 Brandschutzverglasung
4 Einschubprofil mit Brandschutzstreifen
5 Brandschutzdichtstreifen
6 Dämmleiste
7 Anpressprofil
8 Abdeckprofil
9 Traganker
10 Dichtungsprofile, schwer entflammbar

Bild 9: Beispiele von Profilen in Brandschutzfassade

Die Pfosten-Riegel-Konstruktion kann vertikal oder horizontal orientiert sein. Bei der Pfosten-Riegel-Konstruktion mit *vertikaler Orientierung* sind die Haupttragelemente Vertikalsprossen, deren Länge meist der Geschosshöhe entspricht (Verankerung an der Deckenkonstruktion). Dabei ist der untere Befestigungspunkt meist fest, der obere Befestigungspunkt beweglich. Die Verbindung zwischen den Vertikalsprossen erfolgt durch Einlagen oder Beilageplatten. Meist werden vollständige Skelette eingebaut. Bei Verzicht auf Horizontalsprossen ist das Skelett unvollständig. Dies erfordert den Einsatz sprossenlos verbindbarer Füllelemente, die sich selbst aussteifen.

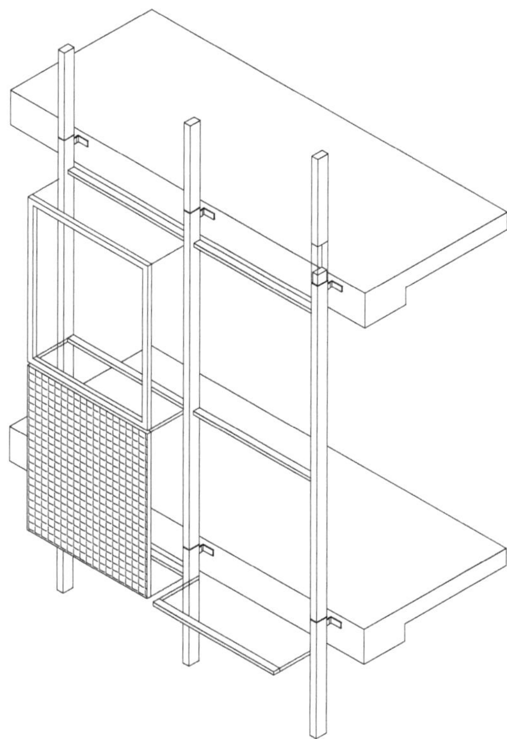

Bild 10: Vertikal orientiertes Skelett in Pfosten-Riegel-Konstruktion

Die vertikalen Tragelemente bewirken eine vertikale Orientierung der Fassade. Durch Veränderungen im Achsabstand der Haupttragglieder erhöht sich die Variantenvielfalt.

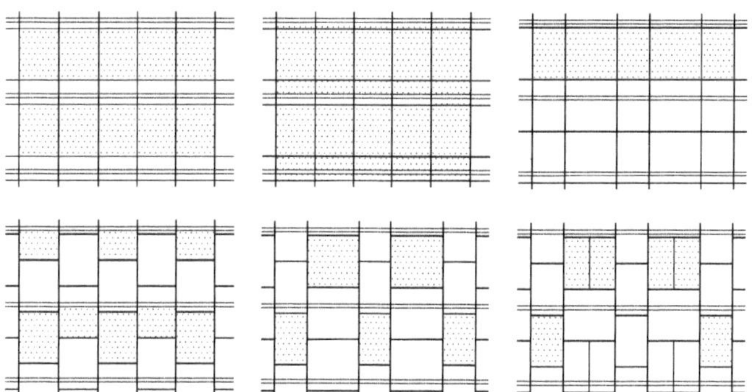

Bild 11: Ausführungsvarianten einer Pfosten-Riegel-Konstruktion mit vertikal orientiertem Tragwerk

Pfosten-Riegel-Konstruktionen mit *horizontaler Orientierung* kommen bei Fassaden mit geringem Abstand der Vertikalelemente zum Einsatz. Die Fassadenkonstruktion ist bei Gebäuden mit einem vertikalen Abstand der Tragkonstruktion von maximal 3 m wirtschaftlich. Größere Spannweiten sind z.B. durch Massivbrüstungen wirtschaftlicher herzustellen. Die Horizontalen erfordern Zwischenauflager. Es gelten die gleichen Konstruktionsprinzipien wie bei vertikal orientierten Tragwerken. Die Gliederung erfolgt durch die Horizontalen. Diese haben einen massiveren Querschnitt als die Vertikalsprossen.

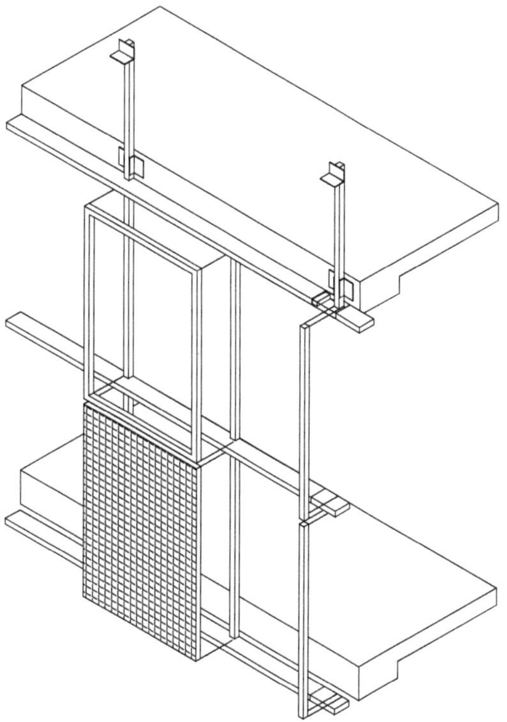

Bild 12: Horizontal orientiertes Tragwerk in Pfosten-Riegel-Konstruktion (Verankerung in der Deckenkonstruktion mit vertikalen Konsolen)

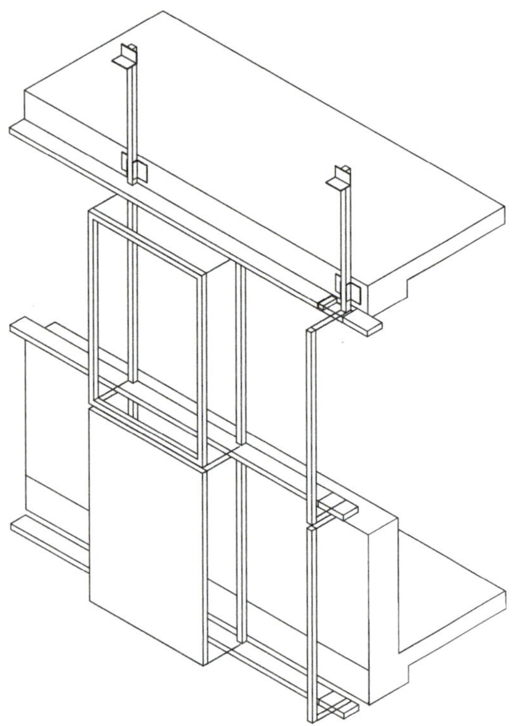

Bild 13: Horizontal orientiertes Tragwerk in Pfosten-Riegel-Konstruktion mit Brüstung aus Mauerwerk

Die *Füllelemente* bestehen aus Gläsern, Fenstern und Paneelen.

Die Art der Befestigung der Füllungen bestimmt maßgeblich das Erscheinungsbild der Fassade. Die Befestigungsart ist unabhängig von der Orientierung der Konstruktion. Eine Befestigung der Füllungen mit Deckleisten erfordert die Einlage von Dichtungsprofilen.

Pfosten-Riegel-Konstruktionen können als *Ausfachungswände* hergestellt werden. Die Sprossenelemente werden vor Ort zu einem Skelett zusammengesetzt. Meist werden zwischengestellte Wände mit vollständigem Rost (Vertikal- und Horizontalsprossen) mit vertikaler Orientierung eingebaut. Die Verankerung erfolgt an der Deckenoberfläche. In das Skelett werden selbsttragende transparente oder nicht transparente Füllungen eingesetzt. Elemente mit horizontaler Orientierung kommen meist nur zum Einsatz, wenn das Gebäudetragwerk Horizontalelemente zur Aussteifung benötigt.

Verbindungen und Verankerungen der Fassadenelemente beeinflussen sich gegenseitig. Benachbarte Elemente stabilisieren sich gegenseitig und ersetzen eine notwendige Verankerung. Meist erfolgt die Verankerung an zwei Aufhängepunkten. An Hauptaufhängepunkten werden die Lasten übertragen, Nebenaufhängepunkte dienen der Stabilisierung. Die Stabilisierung der Elemente erfolgt durch Ineinanderschieben. Die Befestigung der Ankerkonstruktion erfolgt meist an den vertikalen Rahmenelementen (günstig: oberer Rand) analog der Pfosten-Riegel-Konstruktion. Die aufgrund der einseitigen Verankerung instabilen einzelnen Tragglieder werden als stabiles Ganzes an der Gebäudetragkonstruktion befestigt. Eine Orientierung der Rahmen ist durch Verstärkung der jeweiligen Profile möglich.

Die Art der Verankerung bestimmt die architektonische Gliederung der Fassade. Am Aufhängepunkt entsteht eine horizontale Fuge. Diese kann in ihrer Lage verschoben werden. Die horizontale Verschiebung der Elemente ist von der Grundrissgestaltung (Lage der Trennwände) abhängig. Die Elemente müssen ausreichend querversteift sein. Die Verankerung muss so ausgebildet werden, dass zwängungsfreie Verschiebungen (Größenänderung infolge Temperatureinwirkung) möglich sind.

Elementsysteme – Elementfassaden

Elementfassaden bestehen aus vollständig vorgefertigten Fassadenelementen. Sie bestehen aus einem tragenden umlaufenden Rahmen, in den dann die Füllungen eingebracht werden.

Die Elemente werden an der tragenden Konstruktion des Gebäudes (Decken) befestigt. Der umlaufende Sprossenrahmen trägt das Füllelement. Die meist geschosshohen Wandelemente mit Breiten von bis zu 4.000 mm werden komplett vorgefertigt. Bei der Planung sind die zur Verfügung stehenden Transportmöglichkeiten jedoch zu berücksichtigen. Die Befestigung der Fassadenelemente muss eine Dilatation gewährleisten. Die Verbindung der Elemente erfolgt analog zu den Verbindungen von Fassadentafeln. Diese kann durch die Randausbildung der Elemente selber oder mittels Zusatzteilen erfolgen. Die einzelnen Elemente der Fassade bauen aufeinander auf, was Auswirkungen auf die Montage hat, die entweder in Reihe oder von unten nach oben erfolgt. Rahmenkonstruktionen sind mit großer Genauigkeit herstellbar.

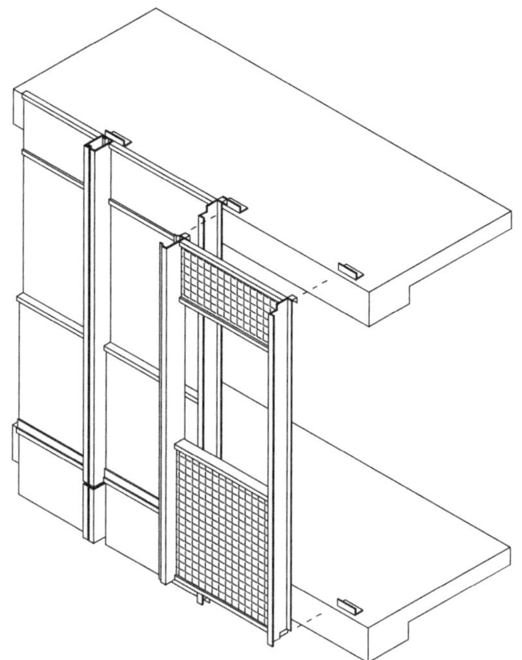

Bild 14: Vorhangwand als Rahmenkonstruktion

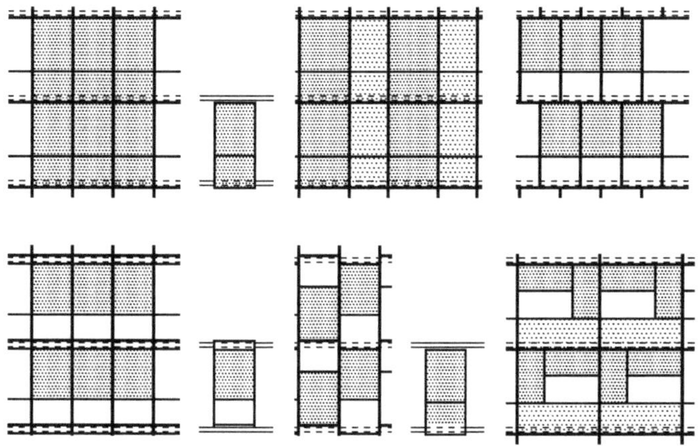

Bild 15: Ausführungsvarianten von Vorhangwänden mit einer Rahmenkonstruktion

Fassadenelemente mit umlaufenden Rahmen als *Ausfachungswände* unterliegen den gleichen Konstruktionsprinzipien wie Metallfenster. Die Verankerung kann über einzuputzende Metallschellen oder Einsetzprofile erfolgen. Die Fugenabdichtung erfolgt durch Bekleidungsteile der Stirnflächen der Gebäudekonstruktion. Sind diese Bekleidungen steif genug, können diese zur Verankerung der Fassadenelemente dienen.

Die Eindichtung der Wetterschutzschicht muss bei Elementfassaden im jeweiligen Element erfolgen. Daraus ergibt sich zwangsläufig, dass die Elemente bzw. Module der Fassade auch untereinander abgedichtet werden müssen. Dies erfolgt i.d.R. über Dichtungsprofile, die in speziellen Nuten während der Montage zwischen den Elementen eingebracht werden.

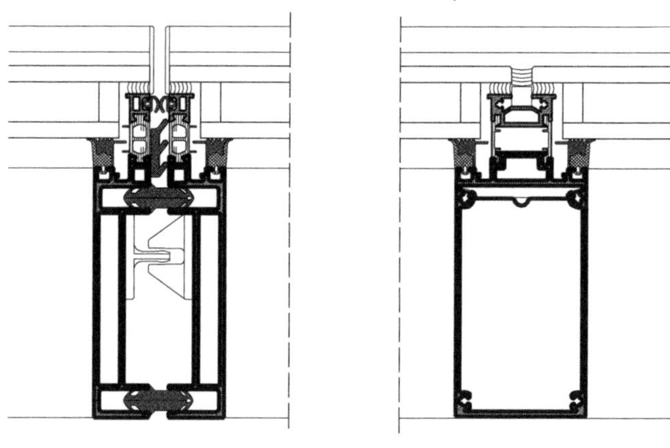

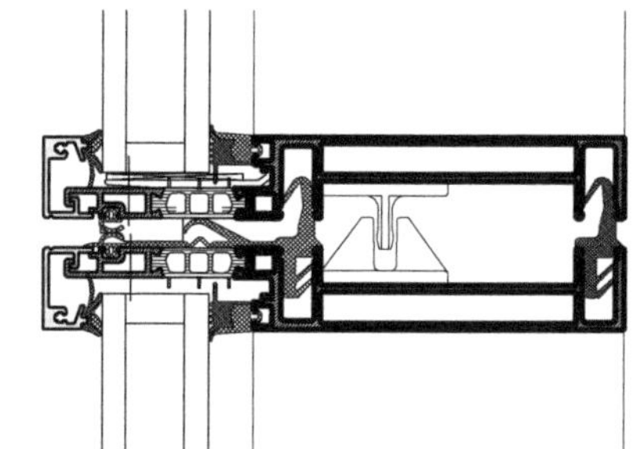

Bild 16: Elementfassade mit horizontaler Betonung

Horizontalschnitt mit Elementstoß

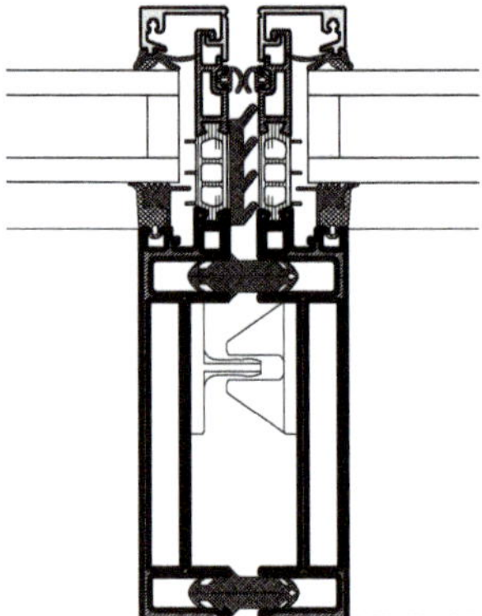

Vertikalschnitt mit Elementstoß und horizontaler Sprosse

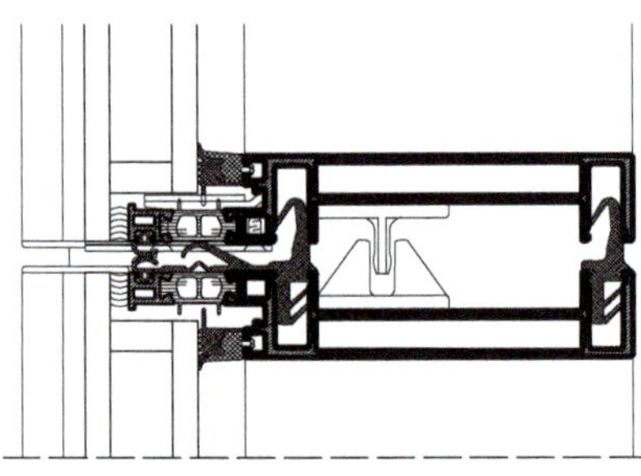

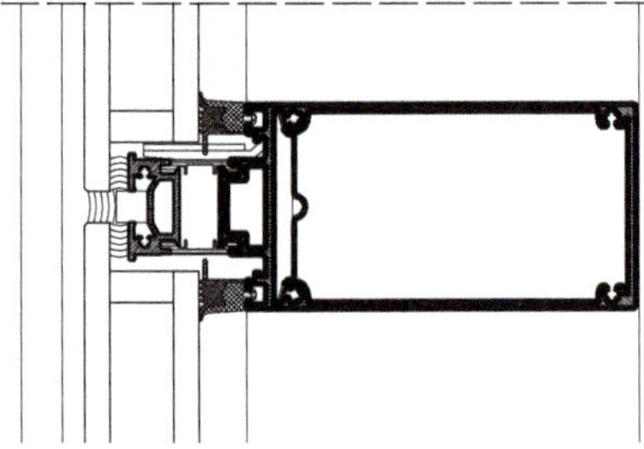

Bild 17: Elementfassade mit vertikaler Betonung

Füllungen für Pfosten-Riegel-Fassaden und Elementfassaden

Die Füllungen sind einfache oder kombinierte Flächenelemente, die die eigentliche Außenwand bilden. An die Füllungen werden Grundanforderungen hinsichtlich mechanischer Beständigkeit, Beständigkeit gegenüber Witterungseinflüssen, des Wärme-, Feuchte-, Schall- und Brandschutzes gestellt. Die Füllungen müssen dynamische Lasten (Winddruck, Anprall) in das Sprossenwerk übertragen. Sie bestehen aus nichtbrennbaren Materialien, die den entsprechenden Feuerwiderstandsklassen genügen müssen. Die Füllungen können transparent oder nicht transparent ausgeführt werden.

Festverglasung und wärmegedämmtes Blechpaneel

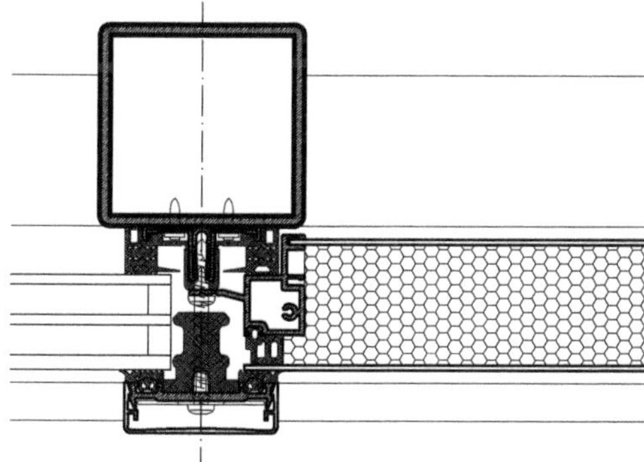

wärmegedämmtes Blechpaneel mit mineralischer Wärmedämmung

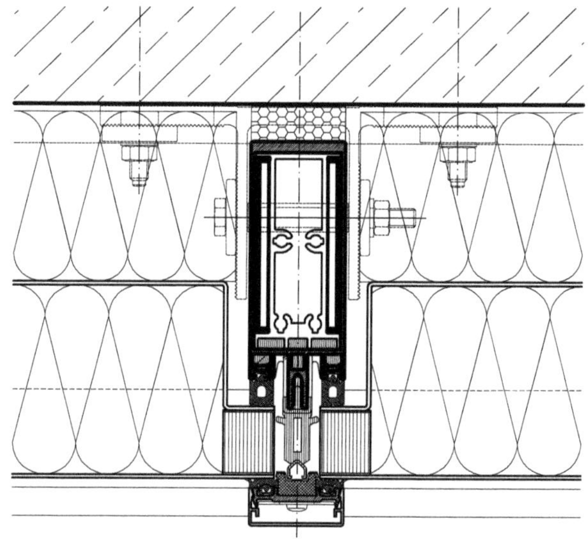

Festverglasung und Einsatzfenster

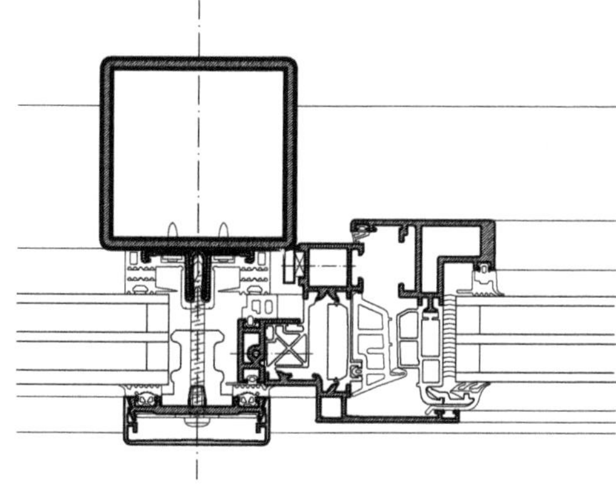

wärmegedämmtes Glaspaneel

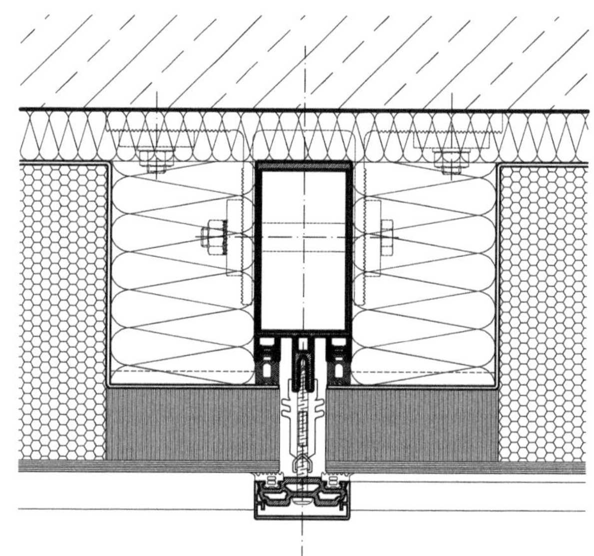

Bild 18: Beispiele für Füllungen in Pfosten-Riegel- bzw. Elementfassaden

Transparente Füllungen bestehen i.d.R. aus Mehrscheibenisolierverglasungen.

Glaspaneele können sowohl bei hinterlüfteten Fassaden als auch als Einsatzelement bei Pfosten-Riegel-Fassaden zum Einsatz kommen.

In der Regel wird hier eine Glasscheibe auf eine Trägerplatte geklebt oder in einen umseitigen Rahmen gefasst. Das Glas ist i.d.R. durch entsprechende Oberflächengestaltung (Siebdruck, farbige PVB-Folie, Ätzung, Bedruckung) undurchsichtig oder transluzent. Es gibt auch Sandwich-Paneele, bei denen Glas mit dem Dämmstoff verklebt ist.

Bei der hinterlüfteten Fassade werden die Paneele über spezielle Agraffen-Konstruktionen in die Unterkonstruktion eingehängt. Da es sich bei der Glasscheibe i.d.R. um monolithische ESG-Scheiben handelt, ist darauf zu achten, dass bei Einbauhöhen größer 4 m ESG-HF verwendet wird. Bei geklebten Paneelen mit Agraffen ist darauf zu achten, dass das System eine entsprechende allgemeine Bauartgenehmigung hat.

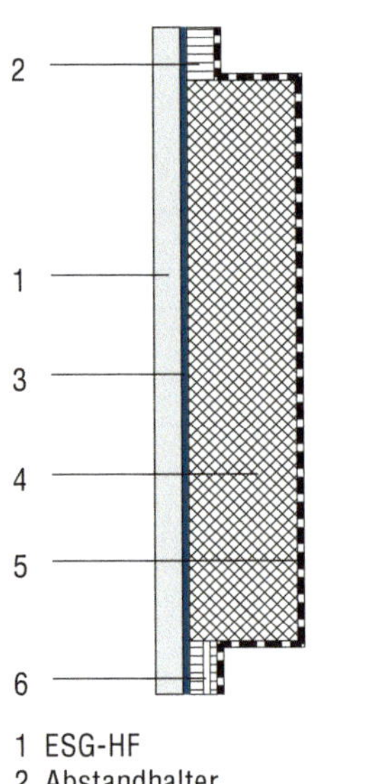

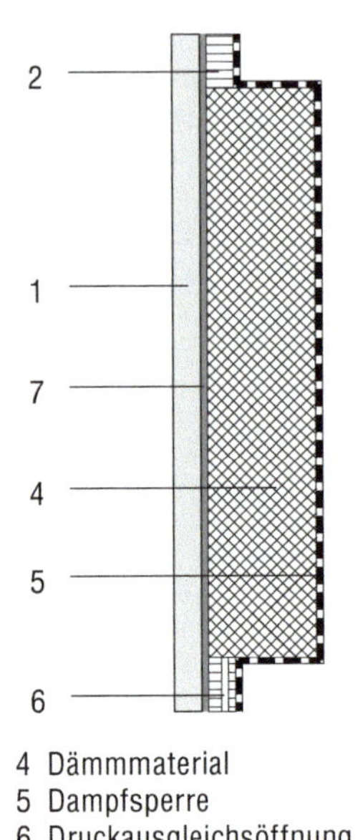

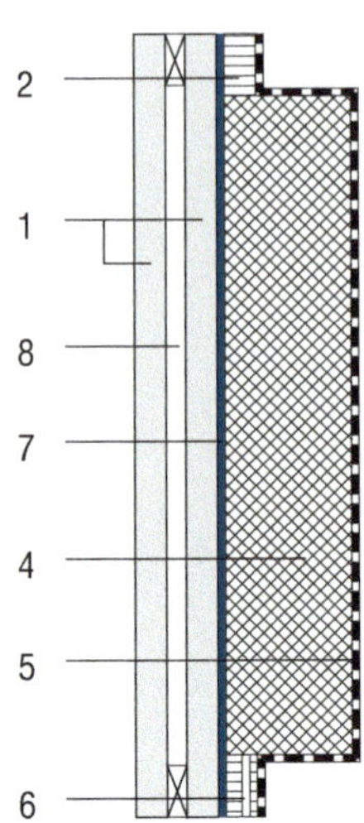

1 ESG-HF
2 Abstandhalter
3 Emaillierung
4 Dämmmaterial
5 Dampfsperre
6 Druckausgleichsöffnung
7 Folie
8 Scheibenzwischenraum, i.d.R. 6 mm

Bild 19: Beispiele für den Aufbau von Glaspaneelen in Pfosten-Riegel-Fassaden

Opake Ausfachungen mit Wärmedämmung können als Paneeleelemente oder als Verbundelemente verwendet werden. Grundsätzlich sind dabei dampfdichte und dampfoffene bzw. druckentspannte Elemente zu unterscheiden. Dampfdichte Paneele müssen an den Rändern umlaufend mit einem dampfdichten Randverbund versehen sein. Bei den dampfoffenen bzw. den druckentspannten Paneelen wird der Raum zwischen Paneelschalen durch punktuelle Abstandhalter und Ausgleichsbohrungen entspannt, wodurch eine Hinterlüftung gewährleistet wird.

Nicht transparente Füllungen können einschichtig oder mehrschichtig ausgeführt werden. Einschichtige Füllungen bestehen aus Materialien mit ausreichender Witterungsbeständigkeit und entsprechenden mechanischen Eigenschaften. Mehrschichtige Füllungen sind als Sandwich, Kassette oder geteilte Füllung herstellbar. Die Füllungen bestehen aus Materialien niedriger Dichte, bevorzugt mit Massen bis 500 kg/m³. Aufgrund der niedrigen mechanischen Festigkeit und geringer Beständigkeit gegen Witterungseinflüsse in Kombination mit hoher Wasseraufnahmefähigkeit sind Kombinationen mit anderen Materialien nötig. Nicht transparente Füllungen werden als zusammengesetzte Konstruktionen hergestellt. Diese bestehen aus drei Schichten, die ein- oder mehrschichtig sein können:

- Außenschale als Schutz vor Witterungseinflüssen, zur Aufnahme von äußeren dynamischen Lasten und als architektonisches Gestaltungselement
- Wärmedämmschicht mit Dämmfunktion und mitunter aussteifender Funktion
- Innenschale zur Aufnahme dynamischer Belastungen von innen, Verhinderung des Eindringens von Wasserdampf in die Dämmschicht und architektonisches Gestaltungselement des Innenraums

Nicht transparente Füllungen vom *Sandwichtyp* verfügen über einen steifen Dämmkern, der Innen- und Außenschale miteinander verbindet (Übertragung der Schubspannung). Die Sandwichelemente sind schub- und biegesteif. Der Aufbau der Elemente ist einfach. Die Schichten werden miteinander verklebt, wodurch die Oberflächenschichten versteift werden. Die billigste Ausführungsform des Dämmkerns sind Waben aus Papier, die mit Harz imprägniert sind. Die Deckschichtplatten werden verklebt und warm gepresst. Als Wärmedämmstoffe für den Kern kommen weiterhin Schaumkunststoffe (Schaumpolystyrol, -polyurethan), Phenolharze, Schaumglas, Perlitefaserplatten und Ligninzelluloseabfälle zum Einsatz. Wärmedämmstoffe sind für den Einsatz im Kern der Sandwichelemente geeignet, wenn sie eine ausreichende Schlagzähigkeit und Schubsteifigkeit haben. Für ökologische Bauten eignen sich Korkplatten als Kerndämmung.

Bei Füllungen aus Schaumkunststoffen müssen Randumleimer (z.B. imprägniertes Holz) zur Verstärkung eingesetzt werden. Zur Realisierung der dampfdichten Seitenflächen kommen Randumleimer aus dampfdichtem Material mit zusätzlicher Siliconversiegelung zum Einsatz. Werden die Deckschichten als Schalung für nachträgliches Ausschäumen genutzt, muss garantiert sein, dass alle Bereiche vollflächig ausgeschäumt sind. Meist kommen Sandwichelemente mit schichtweiser Verklebung und spezieller Randausbildung (einfache Befestigung an Sprossen) zum Einsatz.

Die Wetterschutzschicht wird bevorzugt aus emailliertem Stahlblech, anodisch oxidiertem oder emailliertem Aluminiumblech, Edelstahlblech, Faserzementplatten, gehärtetem emailliertem Glas (ESG-HF), wasserfestem Sperrholz oder Kunststoffplatten hergestellt. Für die innere Deckschicht werden vor allem verzinktes Stahlblech mit verschiedener Oberflächenbehandlung, Holz und Holzwerkstoffplatten sowie Gipskartonplatten eingesetzt. Bei der Verwendung dünner Bleche für den Innenbereich oder für den Außenbereich in den ersten beiden Geschossen ist eine zweite Deckschicht, z.B. aus Holzspanplatten, empfehlenswert (mechanische Beanspruchung).

Nicht transparente Füllungen vom *Kassettentyp* werden durch mechanische Verbindungen, durch Schweißen oder durch umlaufende Verklebung der einzelnen Schichten hergestellt. Der Wärmedämmstoff ist nicht an der Aussteifung des Elements beteiligt. Füllungen vom Kassettentyp sind selbsttragend. Als Wärmedämmschicht kommen Mineralfasern (als gestopfte Dämmung, als Filze oder als Platten) ohne Anforderungen an die Schubfestigkeit zum Einsatz. Die Randausbildung der Elemente muss dampfdicht durch Siliconfugen oder Folieneinlage ausgeführt werden. Die Randausbildung muss Regen- und Winddichtigkeit gewährleisten und gleichzeitig Bewegungen ermöglichen. Wärmebrücken sind zu vermeiden, indem der Oberflächenkontakt der Innen- und Außenschale verhindert wird.

Die Deckschichten können an einem umlaufenden äußeren Rahmen befestigt oder über speziell geformte Ränder als rahmenlose Konstruktion miteinander verbunden werden. An die Deckschichten werden hohe Anforderungen hinsichtlich der Wasserdampfdurchlässigkeit und der mechanischen Beständigkeit gestellt. Es werden Deckschichten mit größeren Materialstärken oder mit Profilierung, Sickung oder Unterlagsplatten verwendet. Bei der Verwendung von Metall (insbesondere bei der Wetterschutzschicht) muss die Ausdehnung infolge Temperaturveränderung in der konstruktiven Ausbildung der Verbindungen und Anschlüsse berücksichtigt werden. Die glänzenden Oberflächen lassen Unebenheiten sofort als störend erscheinen.

Eine *geteilte Füllung* besteht aus Materialien, die nicht zu Sandwich- oder Kassettenelementen zu verbinden sind. Die einzelnen Füllungsschichten werden getrennt in die tragende Konstruktion (Pfosten-Riegel-Konstruktion oder Rahmen) eingesetzt. Der Aufbau der geteilten Füllung erfolgt nach den gleichen Prinzipien wie hinterlüftete Fassaden. Die Wetterschutzschicht muss eine ausreichende Steifigkeit zur Aufnahme und Ableitung aller äußeren Lasten aufweisen. Die Schichten können in beliebigen Abständen zueinander angeordnet werden. Eine Hinterlüftung muss überall gewährleistet sein, einschließlich einer ausreichenden Be- und Entlüftung.

Kombinierte Füllungen bestehen aus Füllungselementen (Sandwich- oder Kassettentyp), denen eine Wetterschutzschicht vorgesetzt wird. Kombinationen mit vorgesetztem Opakglas unter Nutzung solarer Energie sind besonders häufig.

Die Verbindung der Füllungselemente erfolgt durch Kleben (Sandwich), Schweißen (Sandwich und Kassetten) oder mechanisch (Kassetten) durch Schrauben, Klemmen oder Fixieren.

Tafelbauweise

Bei der Tafelbauweise bestehen die Bauteile aus meist geschosshohen Tafeln bis zu einer Höhe von ca. 3 m. Die Wirtschaftlichkeit dieser Bauart ist abhängig vom verwendeten Material, von der benötigten Stückzahl und der Ausbildung der Verankerung an der tragenden Konstruktion. Um wirtschaftlich günstige, gleiche Elemente hoher Stückzahl zu erzielen, ist der Grundriss an eine bestimmte Rasterung gebunden. Die Transportbedingungen bestimmen Gewicht und Abmessungen der Elemente.

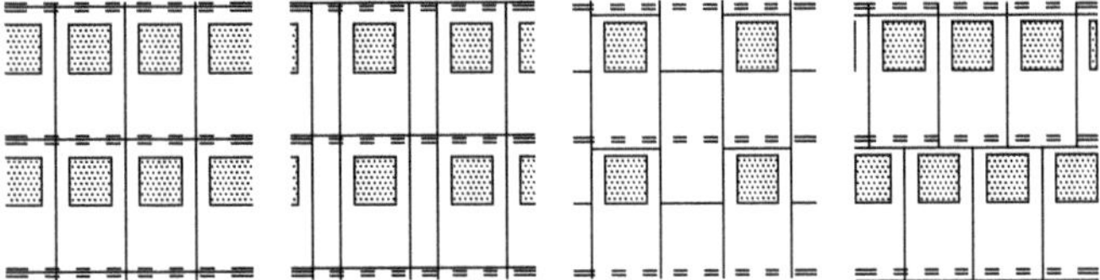

Bild 20: Ausführungsvarianten der Tafelbauweise

Aufgrund der Elementgröße haben Tafelelemente eine geringere Fugenanzahl als Sprossenkonstruktionen. Die Elemente sind Plattentragwerke, die kein zusätzliches Traggerüst benötigen. Die Befestigung erfolgt direkt an der tragenden Gebäudekonstruktion. Die Verankerung erfolgt durch Einsetzprofile, die entfallen können, wenn die Bekleidung der umliegenden Bauteile in der Lage ist, die Befestigungsfunktion zu übernehmen. Meist haben die Wandtafeln eine integrierte Wärmedämmung und ggf. notwendige Dampfsperrschichten.

Werden Konstruktionen in Tafelbauart als *Ausfachungswände* eingesetzt, gelten die gleichen Konstruktionsprinzipien wie bei Fassadenelementen mit umlaufenden Rahmen.

Wandtafeln haben einen analogen *Aufbau* zu Füllungen für Sprossenkonstruktionen. Hinterlüftete Konstruktionen werden durch die nachträgliche Montage der Wetterschutzschicht (Fassadenbekleidung) hergestellt. Der Einbau erfolgt als volle Tafel oder als Tafel mit Fensterkonstruktion. Die Unterscheidung der einzelnen Typen von Tafeln erfolgt nach Konstruktionsmerkmalen, der Verankerungs- und Verbindungsweise und nach dem Aufbau. Es wird zwischen Sandwich-, Kassetten- und Karosserietafeln unterschieden.

Sandwichtafeln werden nach den gleichen Konstruktionsgrundsätzen wie nicht transparente Füllungen (Sprossenkonstruktionen) vom Sandwichtyp gefertigt. Die Konstruktion ist der Größe der Elemente, der Schwächung durch die Fensteröffnung und der Art der Lastübertragung in die Auflager angepasst. Die Sandwichtafeln haben zur Verstärkung einen umlaufenden inneren, außen nicht sichtbaren Rahmen. Die Fensteröffnungen werden mit einem umlaufenden Rahmen eingebaut, der gleichzeitig Fensterrahmen ist. Erfolgt der Einbau der Fensteröffnungen dicht am vertikalen Paneelrand, ist eine zusätzliche Versteifung zwischen Fenster- und Sandwichrahmen durch Sprossen notwendig.

Sandwichtafeln bestehen im Allgemeinen aus drei Schichten, die aus allen für nicht transparente Füllungen üblichen Materialien (zug- und druckfest) außer Glas hergestellt werden können. Für die Wetterschutzschicht werden häufig Metalle verwendet. Die Wärmedämm- und Versteifungsschicht wird aus vor Ort eingeschäumtem Schaumstoff oder aus gefülltem Wabenmaterial hergestellt. Die Verbindung der Sandwichelemente untereinander sowie die Verankerung sind von der Ausbildung des umlaufenden Rahmens abhängig. Die vertikale Verbindung erfolgt über stumpfe Stöße mit Deckleiste. Die horizontale Verbindung erfolgt durch Überlappung. Beim Einbau von Sandwichelementen kann die Fugenzahl maximal reduziert werden. Sandwichkonstruktionen bieten bauliche und technologische Vorteile, die sich in einem hohen Komplettierungsgrad und häufiger Anwendung äußern.

Kassettentafeln unterliegen ähnlichen Konstruktionsprinzipien wie Sandwichtafeln. Die Wärmedämmschicht übernimmt keine aussteifende Funktion. Diese wird von einem innenliegenden Rost (meist aus Metall) übernommen. Als Wärmedämmstoffe können weiche Dämmfüllungen eingesetzt werden. Verankerung und Verbindungen sowie die Fugenausbildung erfolgen wie bei Sandwichelementen.

Karosserietafeln werden i.d.R. aus Aluminium hergestellt. Die Tafeln sind räumlich geformt, wodurch eine zusätzliche flächige Aussteifung nicht notwendig ist. Die gebogenen Ränder, ggf. durch Zusatzprofile verstärkt, übertragen die auf die Fassade wirkenden Lasten in die tragende Konstruktion des Gebäudes. Eine Karosserietafel ist eine Spezialform der Fassadenbekleidung. Nur die Wetterschutzschicht wird als Karosserie ausgebildet. Fensterkonstruktionen können darin eingesetzt sein. Die Wärmedämmung und die Innenbekleidung werden nachträglich montiert. Fassadentafeln vom Karosserietyp werden relativ selten verwendet.

Karosserietafeln werden wie Elemente mit tragender Rahmenkonstruktion verbunden. Eine Verankerung erfolgt in vier Punkten, da sich durch Ineinanderschieben keine ausreichende Steifigkeit erreichen lässt. Die Vertikalfugen werden meist als angefaste Stumpfstöße, die aufgrund ihrer Form meist keine Dichtungen benötigen, ausgeführt. Fugen mit nachträglich befestigter Deckleiste sind ebenfalls gängige Lösungen. Die Abdichtung der Horizontalfugen erfolgt meist durch Überlappung.

Materialien

Es kommen die gleichen Materialien zum Einsatz wie für die Füllungen, die in Sprossenkonstruktionen eingesetzt werden. Durch die Größe der Elemente sind bestimmte Werkstoffe nur mit höherem Materialverbrauch (mehr Aussteifungselemente, größere Materialstärken) einzusetzen.

Betonsandwichelemente werden bevorzugt als Tafeln eingesetzt. Im Industriebau werden häufig Metallkassetten oder Elemente aus Porenbeton verwendet.

Wärmeschutz

Bei der Tafelkonstruktion sind die Wärmebrücken (Fugenanzahl) gegenüber der Sprossenkonstruktion minimiert. Diese sind wärme- und feuchteschutztechnisch die Schwachpunkte. An die Fugenausbildung werden die gleichen Anforderungen wie an Füllungen für Sprossenkonstruktionen gestellt. Die Fugen müssen jedoch aufgrund größerer Elemente größere Längenänderungen aufnehmen können.

Hinsichtlich des *Sonnenschutzes* muss durch Materialwahl und Oberflächengestaltung gewährleistet sein, dass eine Überhitzung der Fassade ausgeschlossen ist. Da hinterlüftete Konstruktionen meist nicht zum Einsatz kommen, muss dies durch das Oberflächenmaterial erreicht werden.

Kombinierte Konstruktionen

Bei kombinierten Konstruktionen werden vornehmlich Pfosten-Riegel-Konstruktionen mit Rahmenelementen kombiniert. Das Haupttragelement bildet ein einfaches vertikal oder horizontal orientiertes Skelett, in das Fassadenelemente mit umlaufenden Rahmen eingesetzt werden. Das Rahmenelement bildet das sekundäre Tragelement. Kombinierte Konstruktionen erhöhen die architektonische Variabilität der Vorhangwände. Die oft schwierigen Verankerungen bei Tafelelementen werden durch die Kombination mit Pfosten-Riegel-Konstruktionen vereinfacht. Die obere und untere horizontale Fuge zwischen dem Rahmen des Fassadenelements und der Deckenkonstruktion wird durch Überdecken hergestellt, wobei auf eine ausreichende Dichtigkeit der Stoßverbindungen zwischen Fassadenelementen und Tragelementen geachtet werden muss.

Erfolgt der Einbau von kombinierten Konstruktionen als *Ausfachungswände,* gelten die gleichen Konstruktionsprinzipien wie bei Ausfachungswänden in Pfosten-Riegel-Konstruktion. Die Befestigung der Wandelemente an der Tragkonstruktion des Gebäudes erfolgt durch Leitprofile oder Ankerelemente. Kann eine Bekleidung der Gebäudekonstruktion die Dichtheit und die Befestigung gewährleisten, ist ein Verzicht auf zusätzliche Verankerungsprofile möglich. Die Montage der Fassadenelemente kann durch kombinierte Konstruktionen vereinfacht werden, da nur die Tragprofile verankert werden müssen.

Kombinierte Konstruktionen können mit vertikalen oder horizontalen Tragglieder hergestellt werden.

Kombinierte Konstruktionen mit vertikalem Tragwerk

Kombinierte Konstruktionen mit vertikalem Tragwerk unterliegen den gleichen Konstruktionsprinzipien wie Pfosten-Riegel-Konstruktionen mit vertikal orientiertem Tragwerk, wobei auf untergeordnete Horizontalsprossen verzichtet werden kann. Die Fassadenelemente sind i.d.R. geschosshoch. Die Verankerung erfolgt durch Stützkonsolen und/oder Befestigungsschellen oder -leisten. Durch Kopplung der vertikalen Elemente des Rahmens mit den Vertikalsprossen können die Rahmenelemente als Primärtragelemente mit herangezogen werden. Eine Montage von außen oder von innen ist möglich. Die Verbindung der Fassadenelemente erfolgt durch Ineinanderschieben oder durch Zusatzelemente.

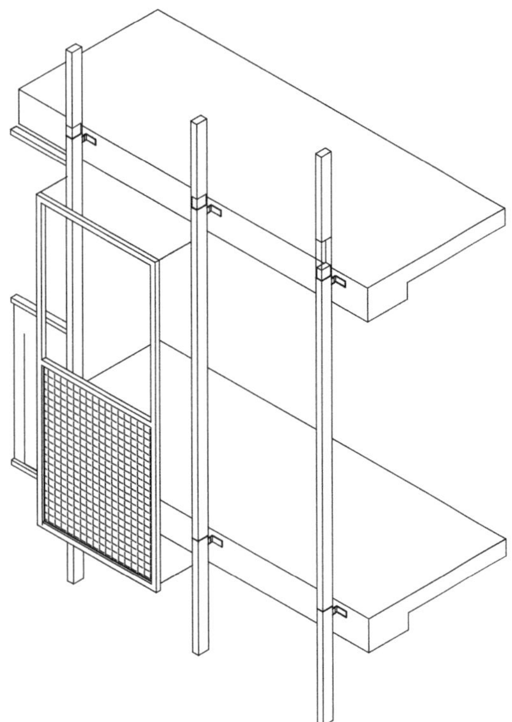

Bild 21: Vorhangwand als kombinierte Konstruktion mit vertikalem Tragwerk

Die vertikalen Tragwerke verursachen eine vertikale Gliederung der Fassadenfläche. Die Fassadenelemente können unabhängig von der Deckenkonstruktion mit Versatz der Horizontalfugen montiert werden. Durch wechselnde Abstände in der Vertikalen erhöht sich die Gestaltungsvielfalt.

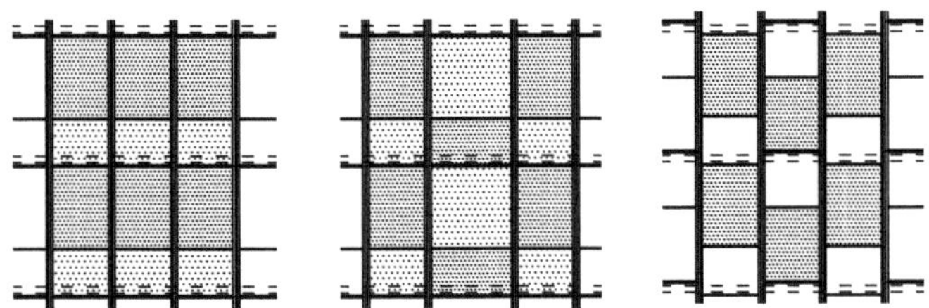

Bild 22: Fassadengestaltungsvarianten für kombinierte Konstruktionen mit vertikalem Tragwerk

Kombinierte Konstruktionen mit horizontalem Tragwerk

Die Fassadenkonstruktion wird von horizontalen Sprossen, die in der Deckenkonstruktion verankert sind, getragen. Diese Sprossen werden Sattelsprossen genannt. Die meist geschosshohen Fassadenelemente werden auf die Sattelsprossen aufgesetzt, wobei Fassadenelemente mit umlaufenden Rahmen bevorzugt zum Einsatz kommen. Die Elemente werden meist unterseitig durch Verbindungsteile an der Sattelsprosse befestigt. Die Oberseite des Elements wird unter die Sattelsprosse des darauffolgenden Geschosses geschoben und in der Lage gesichert. Der obere Rand ermöglicht eine Ausdehnung des Elements.

Die konstruktive Ausbildung der Fassadenelemente unterscheidet sich nicht von Fassadenelementen, die ohne horizontales Tragwerk an der Gebäudetragkonstruktion befestigt werden. Der vertikale Fugenverschluss erfolgt analog zu den Fugen von Elementen mit umlaufenden Rahmen. Die horizontalen Verbindungen werden wie bei Fassadenelementen mit Zusatzprofilen hergestellt. Die Form der Sattelsprosse bestimmt die Ausführung der Verbindung. Meist kommen liegende Z-Profile mit kurzen Verankerungsabständen zum Einsatz. Eine wirtschaftliche Ausführung der Konstruktion erfordert, dass die Sattelsprosse immer in Deckennähe angeordnet wird. Die Sattelsprossen haben einen hohen Montageaufwand für Verankerung und Justierung, wodurch aber eine einfache Montage der Fassadenelemente erzielt wird. Die Stoßverbindungen der Sattelsprosse müssen eine Wärmedehnung der Profile ermöglichen (Unterlage von Metallplatten oder Auskitten).

Konstruktionen mit horizontalen Traggliedern verursachen eine horizontale Gliederung der Fassade. Die Tragprofile selbst treten weniger in Erscheinung, jedoch können die Fassadenelemente beliebig horizontal verschoben werden. Die Geschosse sind untereinander unabhängig. Wenn die Grundrisslösung es zulässt, kann die Vertikale in den Geschossen versetzt werden. Ein Wechseln verschieden breiter Fassadenelemente ist möglich.

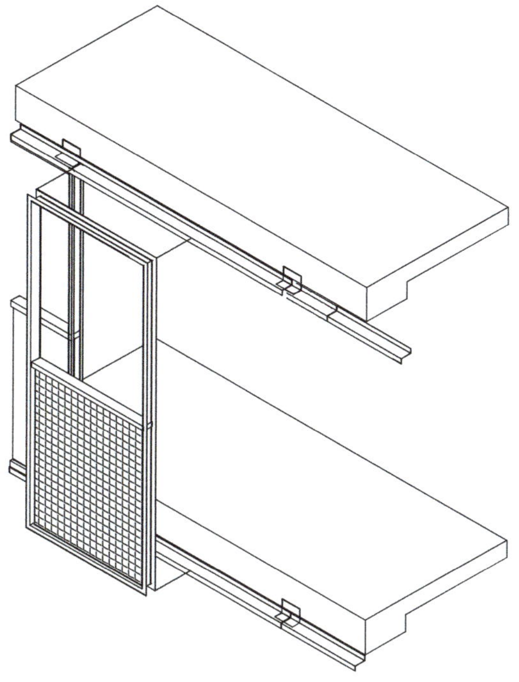

Bild 23: Vorhangwand als kombinierte Konstruktion mit horizontalem Tragwerk

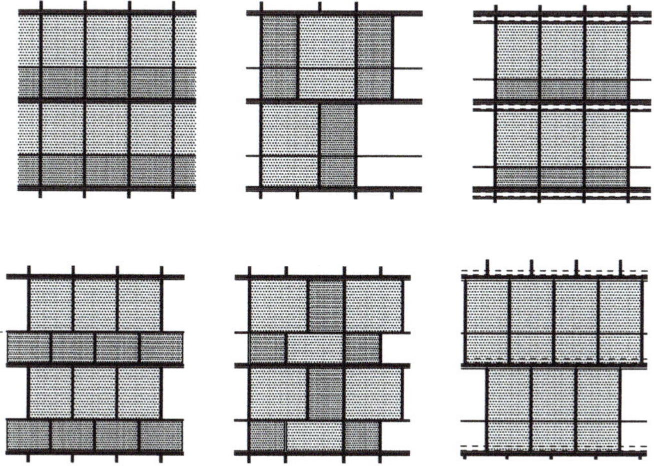

Bild 24: Fassadengestaltungsvarianten für kombinierte Konstruktionen mit horizontalem Tragwerk

Anschlüsse

Es wird zwischen Anschlüssen der Tragelemente untereinander (Stoßverbindungen) und Anschlüssen der Tragelemente an die tragende Gebäudekonstruktion (Verankerung) unterschieden. Die Anschlüsse sind ebenfalls statisch nachzuweisen.

Stoßverbindungen

Stoßverbindungen können als starre oder als bewegliche Verbindungen ausgeführt werden. Starre Verbindungen gewährleisten die Dichtheit der Fassade gegenüber Witterungseinflüssen. Bewegliche Stoßverbindungen verbinden die starre Fassadenkonstruktion mit beweglichen (öffenbaren) Elementen. Stoßverbindungen müssen einen dauerhaften Schutz gegen Witterungseinflüsse bieten, beständig gegen mechanische Beanspruchung sein, einfach ausgebildet (wenig Einzelteile) sein, eine schnelle Montage und Demontage gewährleisten, einen geringen Wartungsaufwand haben und als Ausgleich von Toleranzen des Rohbaus und der Fassade fungieren.

Eine Stoßverbindung besteht aus dem Grundelement, den Befestigungsteilen und der Dichtung bzw. Fugenfüllung. Gut konstruierte Verbindungen können auf eine Komponente oder sogar zwei Komponenten verzichten. Die Ausführung der Stoßverbindung kann als integrierte oder zusammengesetzte Verbindung erfolgen. Integrierte Stoßverbindungen werden durch die Ränder der Fassadenelemente gebildet. Die Elemente selbst bilden die eigentliche Verbindung. Es sind keine zusätzlichen Befestigungs- oder Verbindungsteile nötig. Eine integrierte Stoßverbindung kann durch Überlappen, Nut und Feder oder Stumpfstoß hergestellt werden. Beim Stumpfstoß ist unbedingt eine Dichtung erforderlich. Zusammengesetzte Stoßverbindungen erfordern Befestigungs- oder Verbindungsteile. Übliche Ausführungen sind Klemmstöße mit ein- oder beidseitiger Befestigungsleiste, Stöße mit seitlicher Befestigungsleiste am Sprossenelement und Stöße mit Zusatzelementen zur Nut und Feder.

Als *Dichtungen* kommen plastische und elastische Dichtungsmassen (Kitte, Silicon), stranggepresste Kunststoffprofile sowie Profile und Bänder aus komprimierten und porösen Werkstoffen zum Einsatz. Kitte werden im plastischen bis halbflüssigen Zustand in die Fugen gedrückt. Die Dichtheit der Verbindung wird durch Adhäsion und Kohäsion der Oberflächen der zu verbindenden Teile gewährleistet. Bestimmte Deformationen können durch diese Dichtstoffe aufgenommen werden. Stranggepresste Kunststoffprofile bestehen aus unterschiedlichen Kunststoffen (PVC, Naturgummi, Polychloropren). Tragende Profile unterscheiden sich von nichttragenden Dichtungsprofilen in ihren Materialstärken.

Fassadenelemente mit vorgefertigten Rahmen bilden untereinander Stoßfugen, die auf der Baustelle hergestellt werden. Bei Pfosten-Riegel-Konstruktionen werden alle Stoßfugen auf der Baustelle montiert.

Stoßverbindungen bei Pfosten-Riegel-Konstruktionen

Die Stoßverbindungen von Pfosten-Riegel-Konstruktionen müssen einfache Konstruktionen aufweisen, da alle Verbindungen auf der Baustelle montiert werden. Vorteilhaft sind wenige Einzelteile. Die Verbindungen müssen Dilatationscharakter haben (lassen zwängungsfreie Ausdehnungen zu). Vertikal anfallende Lasten müssen aufgenommen und übertragen werden, gleichzeitig sind vertikale Verschiebungen (Wärmedehnungen) zu gewährleisten. Die Ausbildung der Verbindungen ist abhängig von den Abmessungen der Elemente und der Statik.

Bei der Verwendung von Stahlhohlprofilen (geringe Wärmedehnung) können die Verbindungen zwischen Vertikal- und Horizontalsprossen unverschieblich gelöst werden. Die Ausführung von Dehnungsabschnitten (bei geringen Gebäudebreiten an den Ecken) ist ausreichend. Bei der Verwendung von Aluminiumprofilen (große Wärmedehnung) erfolgt eine schrittweise Verbindung der Einzelteile durch Ineinanderschieben. Die Verbindungen zwischen den Haupttragelementen untereinander und zwischen Haupt- und untergeordneten Elementen wird unterschiedlich ausgeführt. Haupttragelemente (meist die Vertikalen) werden mittels Passstück aufeinandergeschoben und nicht direkt auf das darunterliegende Element aufgesetzt. Die Befestigung an der Deckenkonstruktion und das Ineinandergreifen sichern die Lage.

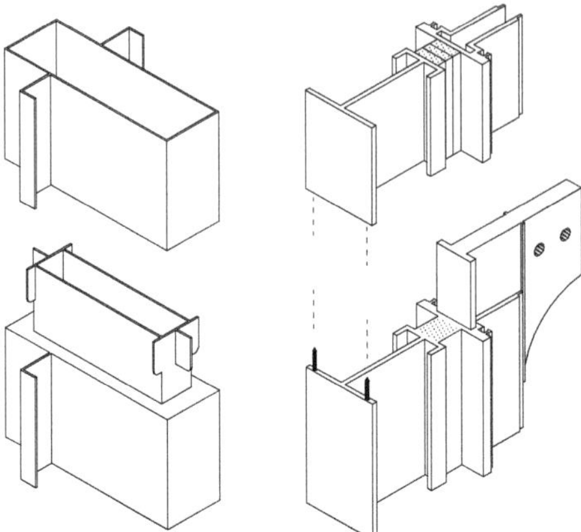

Bild 25: Prinzipskizze: Verbindungen von Haupttragelementen mittels Passstück

Nach der Montage der Haupttragelemente erfolgt der Einbau der untergeordneten Elemente. Die Elemente werden von oben oder von der Seite eingesetzt. Die untergeordneten Elemente sind mit Aussparungen versehen, die das Aufsetzen auf Verbindungsteile ermöglichen. Eine Ausdehnungsmöglichkeit für die Sprossen muss gegeben sein. In Abhängigkeit vom Material und von der Sprossenlänge wird diese durch größere Löcher oder durch Langlöcher erreicht.

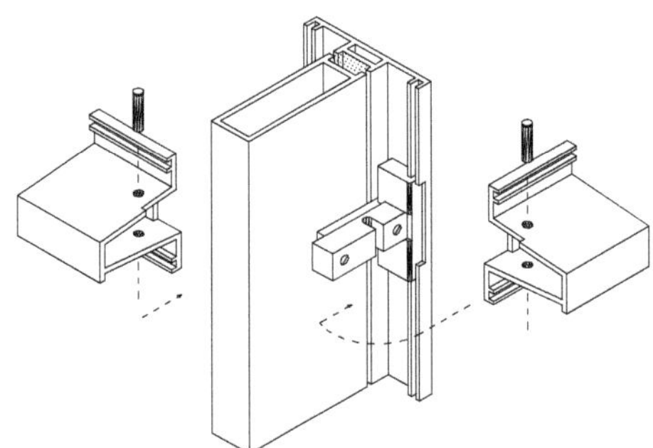

Bild 26: Prinzipskizze: Verbindung zwischen vertikalem Haupttragelement und horizontalen Elementen aus Aluminium

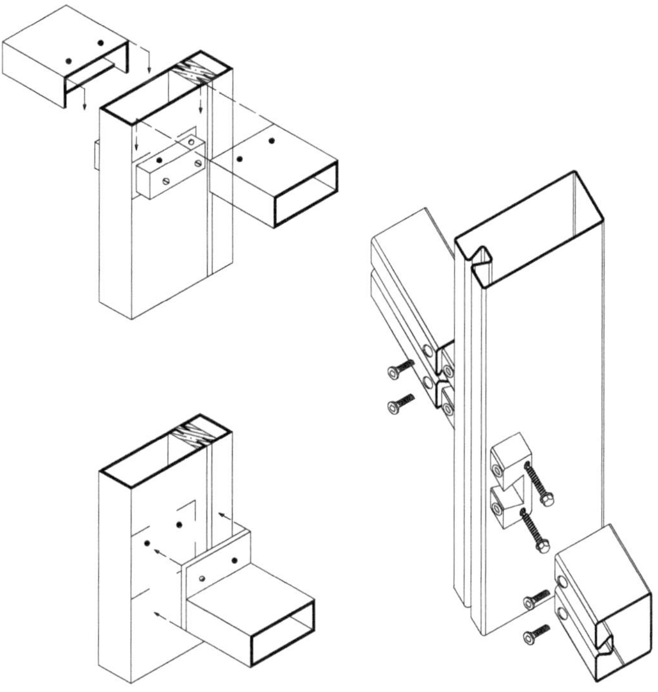

Bild 27: Prinzipskizze: Ausführungsvarianten von Verbindungen von vertikalen Haupttragelementen und horizontalen Elementen aus Aluminium

Verbindungen können verschraubungslos ausgeführt werden. Dabei werden die Sprossen auf ein Verbindungsstück aufgeschoben und von der Füllung in der Lage gesichert. Wichtig ist hier, dass sowohl die Verbinder als auch die Schraubkanäle eine allgemeine bauaufsichtliche Zulassung bzw. eine allgemeine Bauartgenehmigung haben.

Die Füllung selbst wird durch Leisten, an der Vertikalkonstruktion steif angeschlossen, gehalten. Die Füllung muss dabei aus einem ausreichend steifen Material sein. Nicht verschraubte Sprossen übernehmen keine tragende Funktion, sie sind nur Verbindungsleisten zwischen zwei übereinanderliegenden Füllungen.

Das Dilatationsvermögen der Stoßverbindungen zwischen Haupt- und Sekundärelementen ist herstellbar durch die Ausbildung einer verschieblichen Verbindung, durch die Nachgiebigkeit der Konstruktion (vertikales Versetzen der Horizontalsprossen) oder durch die Nachgiebigkeit der Wandungen der Vertikalsprossen.

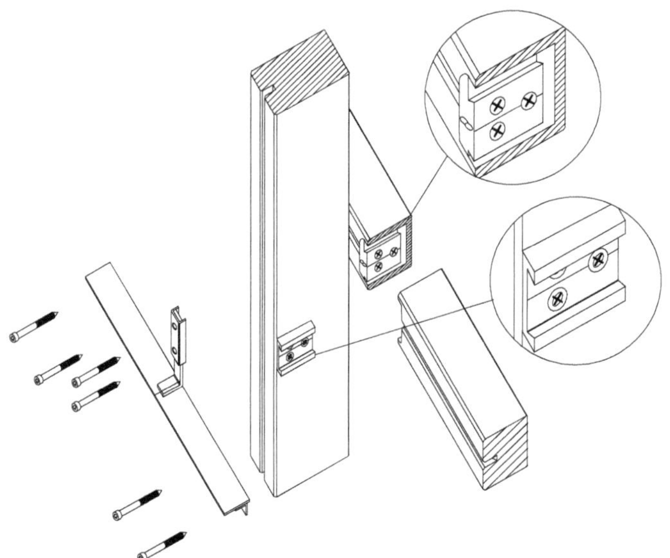

Bild 28: Stoßverbindung von Holzkonstruktionen

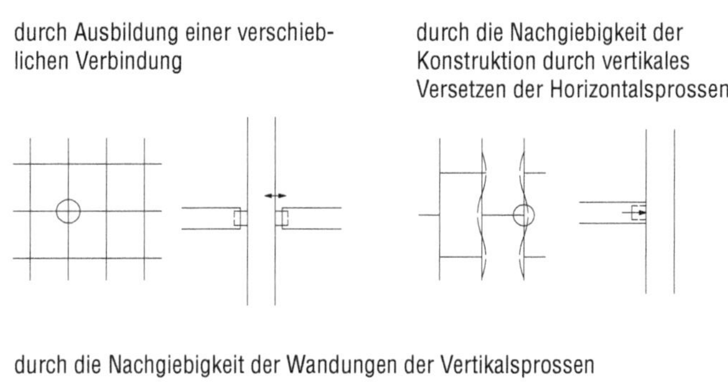

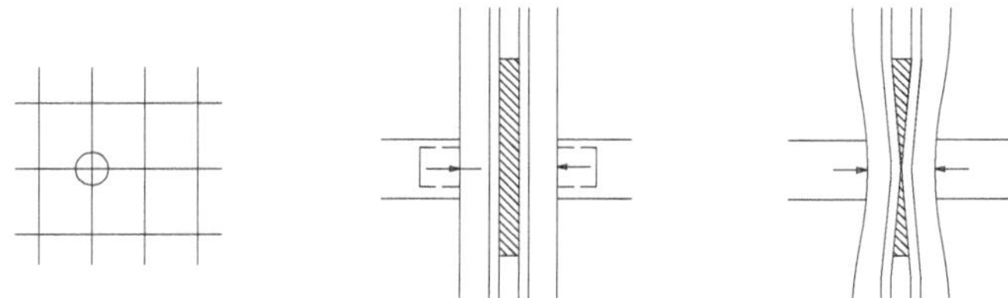

Bild 29: Dilatationsmöglichkeiten von Haupt- und Sekundärtragelementen

Stoßverbindungen, die durch frontales Aufschieben hergestellt werden, erzeugen optisch eine Vergitterung. Bei vertikal gegliederten Vorhangwänden wird das geschosshohe Skelett (Rahmen) vor der Montage in horizontaler Position zusammengefügt und nach dem Aufrichten versetzt. Die Sekundärelemente werden nachträglich frontal aufgeschoben und befestigt. Das Konstruktionsprinzip wird für Ausfachungswände, die aufgrund großer Gesamtlängen in Abschnitten montiert werden müssen, eingesetzt.

Stoßverbindungen bei Elementfassaden

Rahmen sind vorgefertigte Elemente mit festen Verbindungen. Die Herstellung in der Halle ermöglicht einen höheren technischen Aufwand. Die Verbindungen werden durch Schrauben, Nieten, Schweißen oder Kleben hergestellt. Klick- oder Steckverbindungen kommen selten zum Einsatz.

mit Verbindungselement und nicht sichtbarer Verschraubung

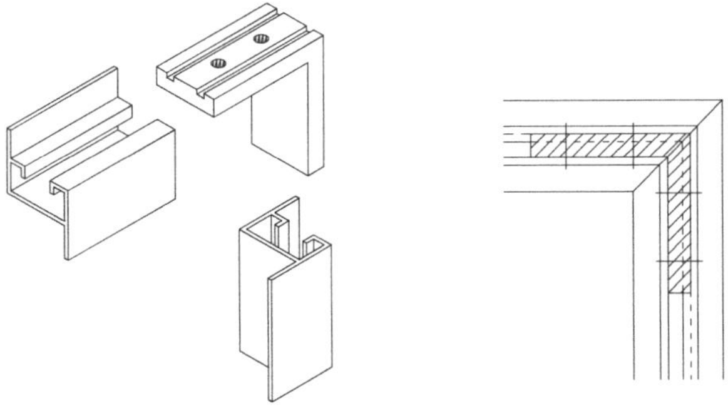

mit Verbindungselement und sichtbarer Verschraubung

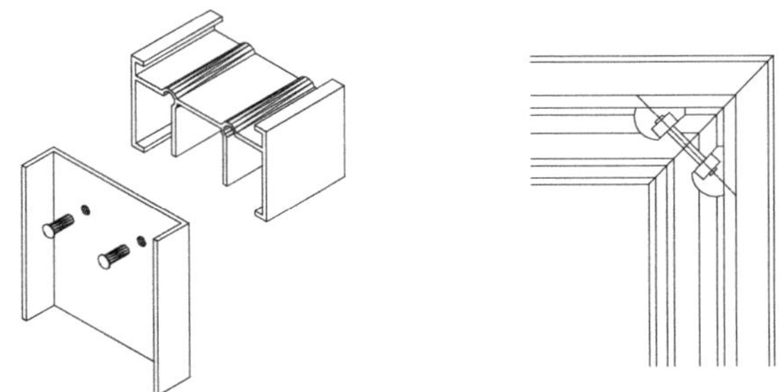

Bild 30: Verschraubte Stoßverbindung von Rahmen (Prinzipdarstellung)

Eine Verschraubung der Rahmenelemente kann direkt oder durch Verbindungselemente erfolgen. Meist kommen nicht sichtbare Verbindungselemente zum Einsatz, wobei die Verschraubung sichtbar oder nicht sichtbar sein kann.

Die Herstellung von Nietverbindungen erfolgt ähnlich den Schraubverbindungen, jedoch sind diese nicht unproblematisch wieder lösbar. Die Verbindung der Rahmenelemente erfolgt durch Verbindungselemente und Stifte (Nieten).

Schweißverbindungen sind wasserdicht, verfügen über eine dauerhaft hohe Festigkeit und erfordern einen geringen Arbeitsaufwand. Die Rahmen sind nicht demontierbar. Schweißverbindungen fordern hohe Investitions- und Betriebskosten. Der Korrosionsschutz kann erst nach Fertigstellung des Elements aufgetragen werden.

Verankerung

Die Verankerung überträgt die auf die nichttragende Außenwand einwirkenden Lasten (Wind- und Anpralllasten) in die tragende Konstruktion. Sie dient der Halterung der tragenden Elemente und muss statischen und mechanischen Belastungen standhalten, eine einfache Montage, Demontage und Wartung gewährleisten, Maßungenauigkeiten des Rohbaus ausgleichen sowie über Dilatationsvermögen verfügen und witterungs- sowie vibrationsbeständig sein.

Eine dauerhafte Haltbarkeit der Konstruktion muss gegeben sein. Die Verankerung muss vor Witterungs- und Feuchtigkeitseinflüssen geschützt sein, um Korrosion zu vermeiden. Ein direkter Kontakt unterschiedlicher Metalle ist zu verhindern (Schutzanstriche). Vibrationen dürfen die Steifigkeit der Verankerung nicht vermindern (sich lösende Schraubverbindungen). Elastische Einlagen verhindern ein Lösen der Verbindung infolge gegenseitiger Bewegungen.

Die Tragelemente der Außenwand sind i.d.R. einfache Träger oder statisch bestimmte Durchlaufträger, bei denen ein Auflager fest, das andere als Gleitlager ausgebildet wird. Dies ermöglicht zwängungsfreie Längenänderungen. Bei der Pfosten-Riegel-Konstruktion erfolgt eine feste Verankerung am oberen Ende des Pfostens, über den der darüberliegende Pfosten geschoben wird. Die Konstruktion hat mindestens so viel Spiel wie die größtmögliche zu erwartende Längenänderung. Die Gleitlager von nichttragenden Außenwänden vom Tafeltyp oder mit Rahmen werden als Hakenkonstruktionen mit einem Festpunkt, der in keiner Richtung verschieblich ist, oder als zwei Punkte, die nur in einer Richtung verschieblich sind, ausgebildet.

Die Ausführung der beweglichen Verankerungen erfolgt so, dass nur Bewegungen in den Richtungen zugelassen werden, in denen die Ausdehnungskräfte wirken. Meist sind dies Konstruktionen mit Schraubverbindungen in ovalen Löchern. Bei zu festem Anzug der Schrauben ist die Dilatationsfähigkeit der Verbindung eingeschränkt, sodass für die Verschieblichkeit der Verbindung zu sorgen ist.

Die Verankerung muss die Ungenauigkeiten des Rohbaus (Toleranzen im Zentimeterbereich, Fassadenkonstruktionen millimetergenau) ausgleichen. Dies erfordert den Einsatz von Verankerungen mit einfachen Justierungsmöglichkeiten mit leichter Zugänglichkeit sowie eine minimale Ankerelementezahl und eine geringe Anzahl von Schraubverbindungen.

Vorhangwände vom Tafeltyp werden durch vormontierte Konstruktionen verankert, die vor Ort nur noch eingehängt werden. Durch die Vormontage muss keine Zugänglichkeit vor Ort gegeben sein. Eine vielfach verwendete Ankerkonstruktion besteht aus Winkeleisenkränzen, die vor Ort an die Tragkonstruktion angebracht und justiert werden. Die Wandelemente werden nur noch verschraubt. Bei der Befestigung der Wandelemente durch Aufhanghaken ist immer eine Dilatationsmöglichkeit gegeben, die sich durch blockierende Schrauben definieren lässt. Die Haken werden in eine Führungsschiene eingehängt, die zuvor an der Tragkonstruktion justiert wird.

Die Ankerkonstruktion kann oberhalb der Decke, unterhalb der Decke, an der Deckenstirnfläche oder verteilt, mit Verankerungsteilen in der Stirnfläche, Befestigungsteilen ober- oder unterhalb der Decke angeordnet werden. Ankerkonstruktionen oberhalb der Decke ermöglichen eine einfache Montage. Die Verankerung ist nach Einbau des Fußbodenaufbaus meist nicht mehr sichtbar. Die Verankerung ist nur im Rohbauzustand zugänglich. Eine Ankerkonstruktion unterhalb der Decke ermöglicht ebenfalls eine einfache Montage, der konstruktive Aufbau der Verbindung ist ähnlich wie bei den oberhalb der Decken eingebauten Verankerungen. Die Verdeckung der Konstruktion erfolgt durch die Unterdecken, die durch leichte Demontage einen einfachen Zugang im Ausbaustadium ermöglichen. Ankerkonstruktionen, die an der Deckenstirnfläche montiert sind, sind nur bei noch nicht eingebauten Wandelementen zugänglich. Meist sind diese Verankerungen schwieriger zu montieren (erforderliches Gerüst). Bei den Mischformen befinden sich wartungsfreie Bauteile zur Lagesicherung in einer Richtung in der Deckenstirnseite (nicht zugänglich). Die eigentliche Verankerung erfolgt ober- oder unterhalb der Decke.

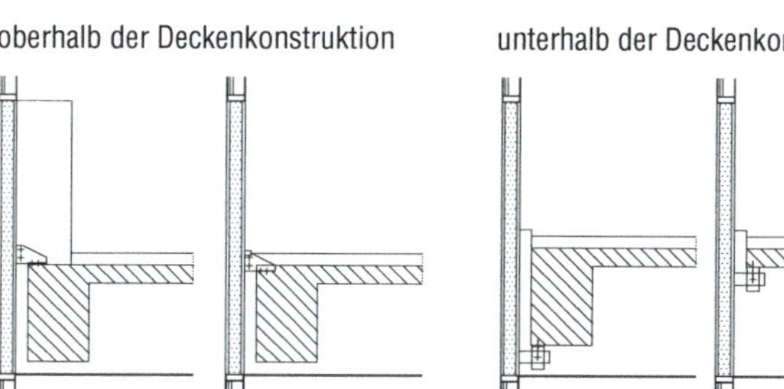

an der Deckenstirnfläche

Bild 31: Prinzipskizzen zur Lage der Verankerung

Fugen

Fugen in der Außenhaut eines Gebäudes sind immer Schwachstellen. Sie beeinträchtigen Wärme-, Schall- und Witterungsschutz. Die Fugen müssen eine wirkungsvolle Abdichtung gegen Witterungseinflüsse und Wärmeverluste gewährleisten und dabei Bewegungen in ein, zwei oder drei Richtungen aufnehmen. Die Geschlossenheit der Fassade darf auch bei extremen Witterungsbedingungen beeinträchtigt werden.

Fugen können unterschiedliche Funktionen haben:

- architektonische Fugen (kein konstruktives Erfordernis)
- Konstruktionsfugen (zwischen unterschiedlichen Werkstoffen, am Rand beweglicher Bauteile)
- Dehnungsfugen (Ausgleich von Volumen- oder Positionsänderungen in der Konstruktion)
- Kompensationsfugen (Ausgleich von Maßtoleranzen)
- Montagefugen
- technologisch bedingte Fugen (ergeben sich aus der erforderlichen Gliederung)
- Anschlussfugen (Öffnungsbauteile)

Für jede Fugenart sind vorgefertigte Profile erhältlich, wodurch Sonderkonstruktionen kaum notwendig sind.

Bewegungen in der Fassadenkonstruktion können durch die Ausbildung von verschieblichen oder federnden Fugen ausgeglichen werden. Prinzipiell muss auf die Vermeidung von Geräuschen geachtet werden. In der Regel wird dies durch Kunststoffeinlagen, die gleichzeitig Dichtungsfunktionen übernehmen können, erreicht.

Bei der Ausbildung von offenen Fugen muss gewährleistet sein, dass auch bei hoher Windgeschwindigkeit kein Regenwasser, Hagel oder Flugschnee an die Wärmedämmung oder die Innenkonstruktion gelangt und diese durchfeuchtet. Die Regendichtigkeit wird durch die Ausbildung von Falzen oder durch vertikale und seitliche Überlappung hergestellt. Hierfür werden Bleche mit Falzen oder Blech- und Kunststofftafeln sowie Sandwichelemente mit vorgefertigten Klemm-, Schnapp- oder Klipsverbindungen eingesetzt. Bei Konstruktionen aus Aluminiumlegierungen wird die Regendichtigkeit durch Einklemmen der seitlichen Befestigungsleisten erreicht.

Die Fugen zwischen massiven Wandbauteilen werden durch Verschluss- und Abdeckprofile (Quetsch- und Klemmprofile, Hohlprofile, mehrteilige Band-, Klemm- und Schnappprofile, mehrteilige, überlappende Schiebeprofile) verschlossen. Ein Fugenverschluss durch Fugendichtungsmassen ist möglich. Die Fugenprofile oder Dichtungsmassen müssen in der Lage sein, Bewegungen der angrenzenden Bauteile aufzunehmen, was durch Elastizität des Materials oder durch die konstruktive Ausbildung erreicht wird.

Vorschriften und Hinweise zur Fugenabdichtung sowie zu deren Dimensionierung gibt die DIN 18540. Die meisten Schäden im Fugenbereich entstehen durch falsche Einschätzung der zu erwartenden Bewegungen (Dimensionierung), falsche Verarbeitung der Dichtungsmaterialien und Vorbehandlung des Fugenraums und durch Ermüdung des Materials. Aufgrund des hohen Schadenspotenzials erfordern die Planung und die Herstellung der Fugen eine besondere Sorgfalt.

3/5 Glasfassaden

Glasfassaden sind statisch nachzuweisen. Es wird hier verwiesen auf die Ausführungen zur DIN 18008.

Konstruktiver Aufbau

Fassadenverglasungen bestehen aus dem Verglasungselement, einer Unterkonstruktion, einem Befestigungselement und Fugen zwischen den Elementen. Die Art der Krafteinleitung (Kontakt, Reibung, Kleben) und die Art der Fügung bestimmen die Möglichkeiten der Gestaltung und der Ausführung der Fassade.

Bei der Ausführung eines Falzes mit *Glashalteleiste* ist der Scheibenrand vollständig umschlossen. Es werden dabei diverse Anforderungen an die Ausführung des Glasfalzes in Verbindung mit Anforderungen an den Glaseinstand, Dichtstoffwahl etc. gestellt. Wichtig ist, dass der Glasfalz frei und belüftet sein muss. Bei der Verwendung von einfachen Floatgläsern besteht bei dieser Konstruktion die Gefahr von thermisch induzierten Spannungen, die durch den Einsatz von vorgespannten Gläsern minimiert werden kann. Die Konstruktion erlaubt einen einfachen Austausch von defekten Scheiben. Da die Dichtungsfunktion von der mechanischen Befestigung getrennt ist, kann diese optimiert werden. Konstruktionen mit Glashalteleisten erzeugen Ansichtsbreiten von mindestens 70 mm.

Bei Fassadenkonstruktionen mit *Pressleisten* werden gleichzeitig zwei Glasscheiben durch eine Leiste gehalten. Daraus resultiert eine einfache Montage in Verbindung mit schmalen Profilquerschnitten. Die Dichtungsebene ist separiert. Die thermische Trennung der Tragprofile und der Pressleisten ist zu gewährleisten. Pressleisten müssen nicht umlaufend vorhanden sein. Möglich ist ein Einbau an zwei gegenüberliegenden Seiten. Die Konstruktion erzeugt Ansichtsbreiten von mindestens 50 mm.

Bei der Befestigung der Glasscheiben durch *Punkthalterungen* unterscheidet man Klemmhalter ohne Bohrungen und Punkthalter in Bohrungen.

Klemmhalter ohne Bohrungen können an den Glaskanten angeordnet sein oder in den Kreuzungspunkten der Verglasungen. Bei Punkthaltern in Bohrungen unterscheidet man Senkhalter und Tellerhalter, jeweils in starrer Ausführung und in gelenkiger Ausführung. Für Überkopfverglasungen kommen i.d.R. Tellerhalter zur Anwendung, es gibt nur einige wenige Senkhalter, die für den Überkopfbereich zugelassen sind. Punktgehaltene Isolierverglasungen sind sehr selten, da die Glasbearbeitung im Bereich der Bohrung aufwendig ist und der Punkthalter eine Wärmebrücke darstellt.

Die freien Ränder der Scheiben können mit einer Abdichtung versehen werden. Es muss thermisch vorgespanntes Glas (Kostenfaktor) verwendet werden, einfaches Floatglas hält den Belastungen am Auflagerpunkt nicht stand. Es gibt hier nur wenige Ausnahmen, z.B. absturzsichernde Verglasungen im Innenbereich (also ohne Windlast) aus VSG aus Float mit Klemmen und allgemeiner Bauartgenehmigung.

Auf eine ausreichende Abdichtung der Bohrungen ist zu achten. Eindringende Feuchtigkeit kann zu Delaminationen führen. Von einem Ausspritzen der Bohrungen ist man in den vergangenen Jahrzehnten abgekommen, i.d.R. wird hier in der Bohrung zur Vermeidung von Kontakt zwischen Glas und Metall eine einfache Hülse (z.B. aus POM) angeordnet. In der Regel sind größere Glasdicken erforderlich als bei linear gelagerten Konstruktionen, allerdings kann die Resttragfähigkeit bei weit gespannten, einachsig tragenden Verglasungen bei in Bohrungen punktgehalterten Verglasungen besser sein.

Wichtig ist bei punktgelagerten Verglasungen eine relativ aufwendige statische Berechnung, welche von einem in diesem Bereich erfahrenen Ingenieurbüro mit einer entsprechenden Spezialsoftware erstellt werden sollte. Da die maximale Beanspruchung am Bohrungsrand oder am Rand der Klemme liegt, müssen Glasscheibe, Bohrung, Klemme bzw. Punkthalter realitätsnah in der Berechnung berücksichtigt werden.

Liegt kein System eines Herstellers (mit entsprechender allgemeinen Bauartgenehmigung/allgemeinen bauaufsichtlichen Zulassung) vor, ist eine vorhabenbezogene Bauartgenehmigung zu erwirken.

Bei *geklebten Verbindungen* (Structural Glazing) übernimmt die Klebeverbindung die Lastabtragung und die Abdichtung. Mechanische Halterungen (Glasauflager) sichern zusätzlich die Lastabtragung des Eigengewichts der Scheiben. Nur kurzzeitig wirkende Lasten (Wind, Stoß) dürfen von der Klebeverbindung übertragen werden.

Um den optischen Eindruck eines Nurglassystems zu erhalten, werden meist bei Einfachverglasungen wie z.B. Paneelen eingefärbte, verspiegelte oder geätzte Glaser verwendet. Bei Mehrscheibenisolierverglasungen werden Verklebung und mechanische Sicherung im Bereich des Randverbunds „versteckt". Entweder wird das Glas am Rand auf eloxierte, umlaufende Aluminiumrahmen aufgeklebt oder die raumseitige Scheibe des MIG über sog. „Toggles" oder „Glashalter" in einer Nut im Randverbund gehalten. Die äußere Verglasung trägt dann ausschließlich über die tragende Verklebung des Randverbunds. Eine mechanische Sicherung der äußeren Scheibe ist derzeit noch für Einbauhöhen über 8 m vorgesehen.

Zu beachten ist auch hier, dass statische Nachweise sowie als ungeregelte Bauart eine allgemeine Bauartgenehmigung bzw. vorhabenbezogene Bauartgenehmigung erforderlich sind.

Prinzipiell muss bei der Verwendung von Isolierverglasungen beachtet werden, dass der Randverbund i.d.R. nicht UV-beständig ist. Eine Ausführung mit Pressleisten verhindert die UV-Einwirkung. Es gibt auch UV-beständige Verklebungen des Randverbunds. Bei anderen Befestigungsarten ist ein Bedrucken des Randbereichs erforderlich.

Bleiverglasungen, bei denen die Gläser vollständig eingebunden werden, sowie verkittete Falze, bei denen die Gläser in einen offenen Falz eingelegt und verkittet werden, kommen nur noch in der Denkmalpflege zum Einsatz.

Fassaden mit zurückgesetzten Tragkonstruktionen

Große Fassadenflächen erfordern große Dimensionen der Tragkonstruktionen. Das Erscheinungsbild der Fassade wird massiver. Um geringe Dimensionen zu realisieren, können die aussteifenden Tragglieder zurückgesetzt werden. Die Fassadenflächen lassen sich mit Profilen minimaler Konstruktionsabmessungen ausführen.

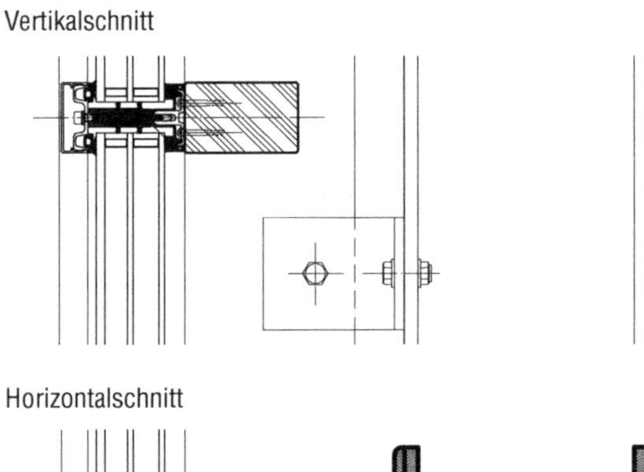

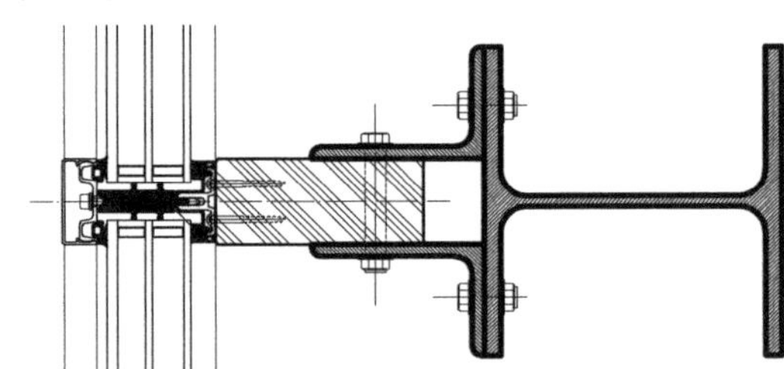

Bild 1: Zurückgesetzte Aussteifung einer Pfosten-Riegel-Konstruktion aus Holz

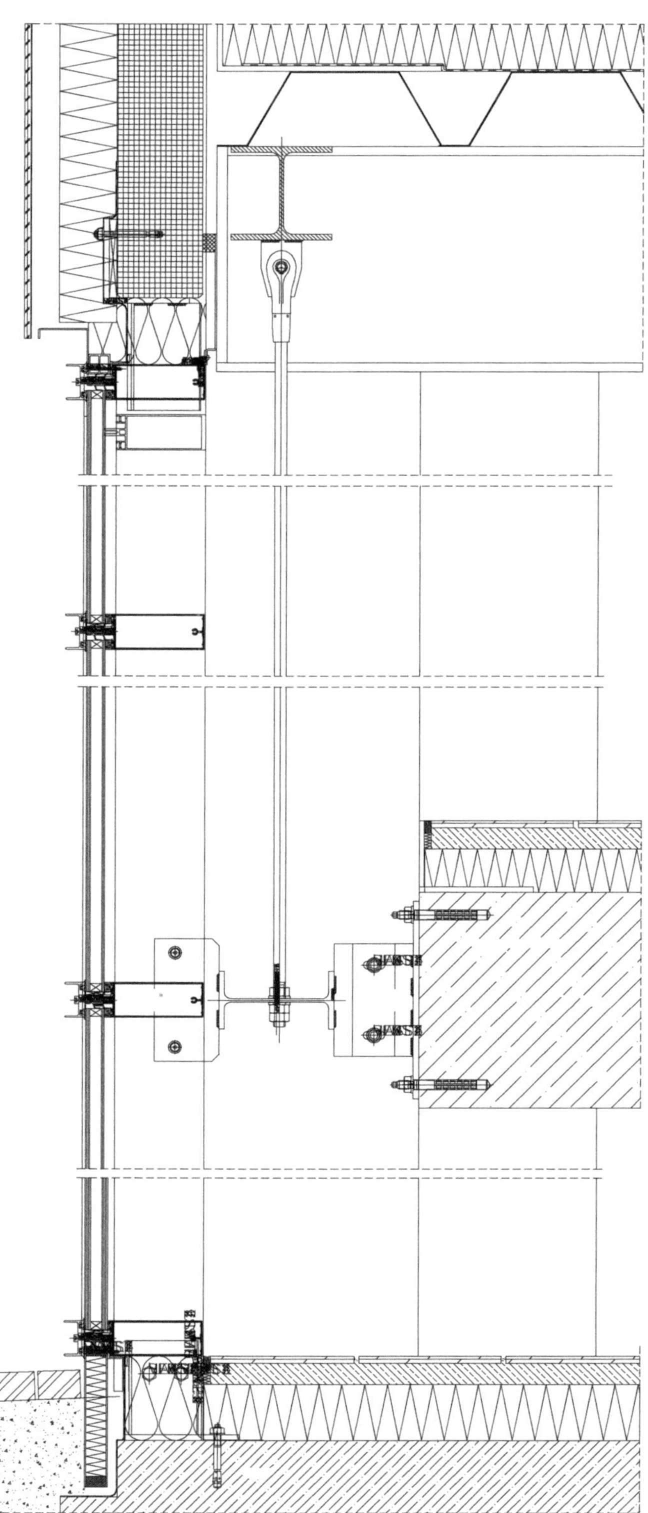

Bild 2: Abgehängtes Tragwerk (Pfosten-Riegel-Konstruktion aus Aluminium) – Fassadenschnitt/Prinzipdarstellung

Glasfassaden mit Traggerüst

Pfosten-Riegel-Konstruktionen und Elementfassaden

Die Traggerüste bestehen aus Stahl, Aluminium oder Holz.

Tragkonstruktionen aus *Stahl* erreichen durch ihre hohe Stabilität vergleichsweise geringe Querschnitte. Sie erzeugen größtmögliche Transparenz von Glasfassaden mit Traggerüst. Es ist sorgfältig auf eine thermische Trennung zu achten. Die Konstruktion ist korrosionsanfällig und erfordert einen Schutzanstrich in regelmäßigen Abständen (Wartungsaufwand).

Tragkonstruktionen aus *Aluminium* erzeugen größere Querschnitte als Tragkonstruktionen aus Stahl. Diese verfügt jedoch über ein geringes Eigengewicht und erfordert kaum Wartungsaufwand. Durch die Bildung von Kammern können die Querschnitte reduziert werden. Durch die Einarbeitung von Dämmstoffen in die Kammern kann die thermische Trennung realisiert werden. Trotz höherer Wärmeleitfähigkeit des Werkstoffs ist der geforderte Wärmeschutz leichter zu realisieren als bei einer Stahlkonstruktion. Häufig kommen Kombinationen mit Stahlkern und Aluminiumummantelung, die die Stabilität des Stahls und die korrosionsbeständige Oberfläche und gute Formbarkeit des Aluminiums nutzen, zum Einsatz.

Tragkonstruktionen aus *Holz* erzeugen Konstruktionen mit großen Querschnitten, die jedoch aufgrund der Werkstoffeigenschaften nicht als störend empfunden werden. Aufgrund der großen Eigenbewegungen der hölzernen Tragkonstruktion sind die Verglasungen in ihrer Größe beschränkt, bzw. es müssen ausreichende Bewegungsmöglichkeiten gegeben sein.

Für Tragkonstruktionen von *Glas*fassaden ist Beton eher unüblich, da dieser massive Tragwerke erzeugt. Glasfassaden sollen i.d.R. Leichtigkeit erzeugen. Tragkonstruktionen aus Kunststoff kommen aufgrund der geringen Spannweiten ebenfalls kaum zum Einsatz und sind ungeregelt. Bei Neuentwicklungen in der Fassadentechnik kommen Tragkonstruktionen aus *Glas* zum Einsatz. Tragkonstruktionen aus Glas sind nicht standardisiert, was die Anwendung in Deutschland schwierig macht (vorhabenbezogene Bauartgenehmigung).

Traggerüst aus Stahl

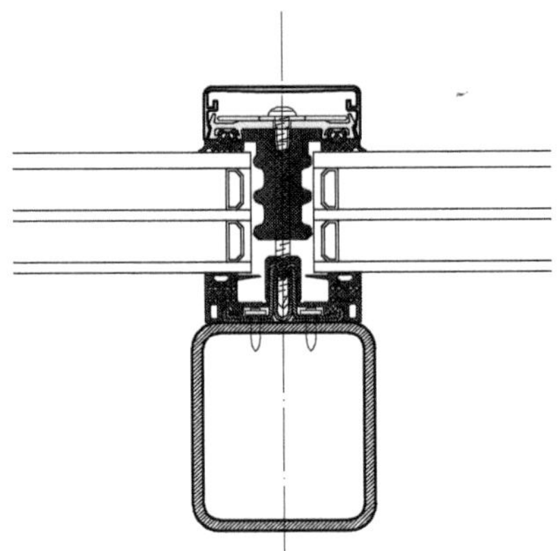

Traggerüst aus Aluminium

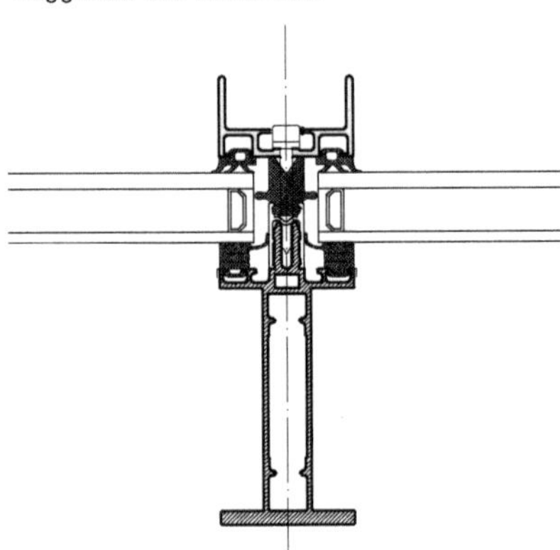

Traggerüst aus Holz

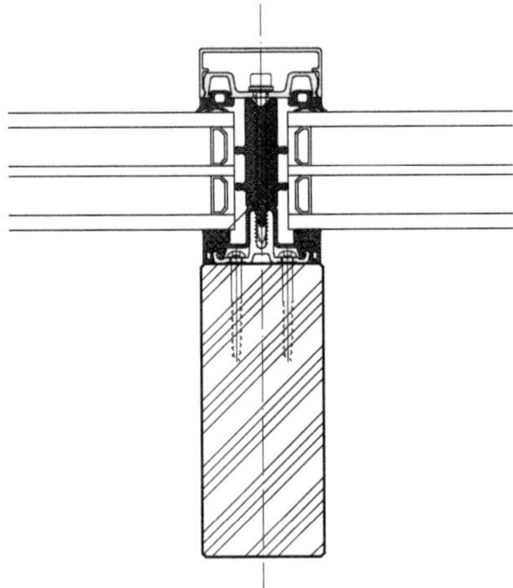

Bild 3: Ausführungsvarianten von Glasfassaden mit Traggerüst aus Stahl, Aluminium und Holz

Structural Glazing

Die Hersteller bieten ebenfalls Systeme an, die durch Verklebung der Gläser mit der dahinterliegenden Tragkonstruktion das Traggerüst optisch zurücktreten lassen. Die geklebten Ganzglasfassaden werden auch als Structural-Sealant-Glazing-Fassaden (SSG) bezeichnet.

Stahltraggerüst mit Aufsatzkonstruktion, Ausführung mit Siliconfuge

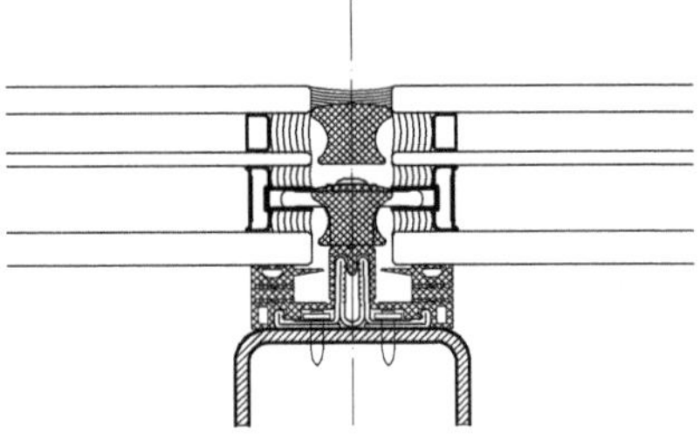

Aluminiumtraggerüst mit u-förmiger Trockenverglasung

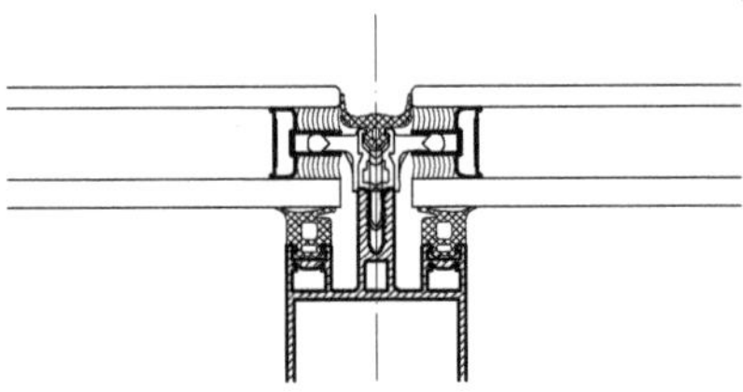

Aluminiumtraggerüst mit flächenbündiger Trockenverglasung

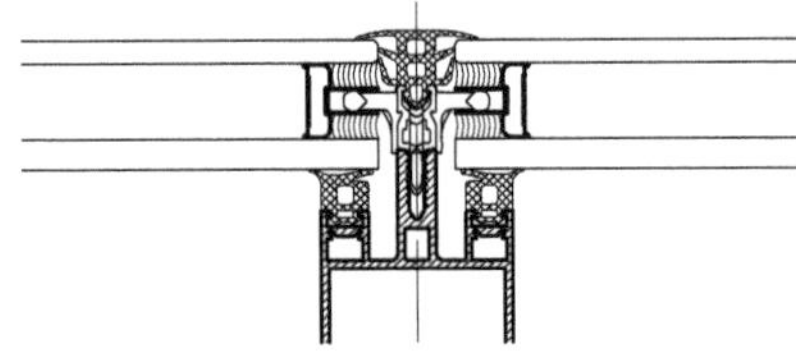

Aluminiumtraggerüst, Ausführung mit Siliconfuge

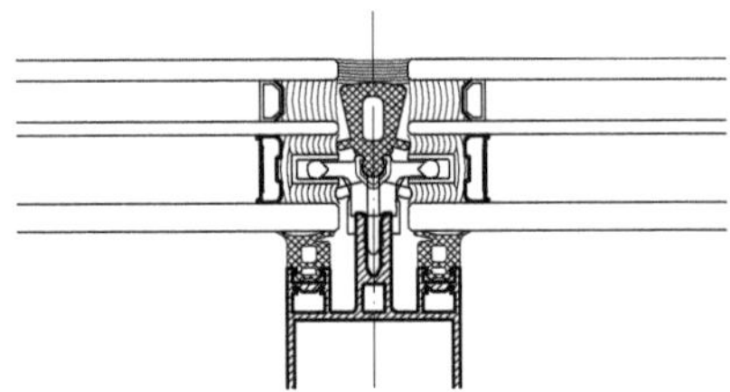

Bild 4: Ausführungsvarianten von Pfosten-Riegel-Konstruktionen mit flächenbündiger Ganzglasoptik

Damit können großflächige Glasfassaden entstehen, die verschiedene Vorteile vereinen:

- leichte Reinigung
- keine Halteleisten, dadurch ungestörtes Erscheinungsbild und keine Verschattung in den Randbereichen
- gute Temperaturverteilung in der Glasscheibe

Als Klebstoffe sind nur spezielle Silicone mit hohem Haftvermögen, großer Materialfestigkeit und Elastizität zulässig. Die Verklebung muss linienförmig sein und definierten Voraussetzungen folgen. Die Glasscheiben werden im Werk mittels dieses Spezialsilicons auf dem Hilfsrahmen verklebt. Dieser wird dann mit der Unterkonstruktion bzw. mit dem Traggerüst mechanisch verbunden.

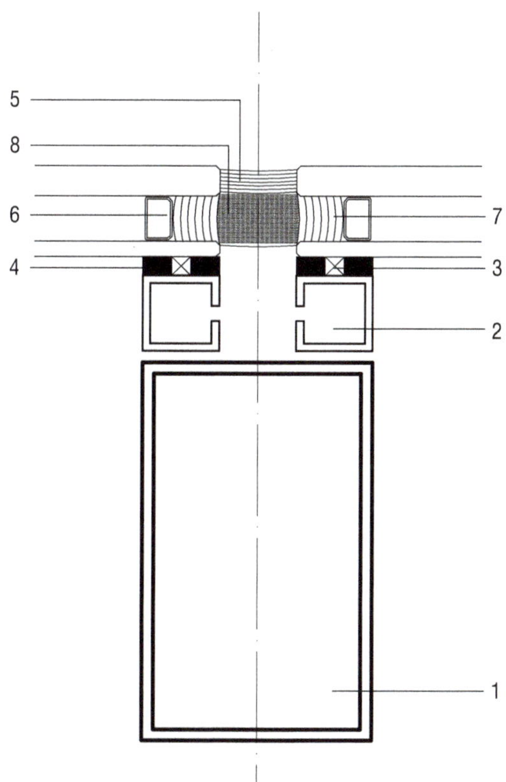

1 Tragkonstruktion
2 Structural-Glazing-Rahmen
3 Structural-Glazing-Tragfuge
4 Abstandhalter/Spacer
5 Structural-Glazing-Fassadenfuge
6 Primärdichtung, Butyldichtung
7 Isolierglasverklebung, Structural-Glazing-Tragfuge und Sekundärdichtung
8 Füllprofil

Bild 5: Prinzipaufbau Structural Glazing

Die geklebten Fassadensysteme benötigen als ungeregelte Bauart eine Allgemeine Bauartgenehmigung oder eine vorhabenbezogene Bauartgenehmigung. Die Verklebung bauaufsichtlich zugelassener SSG-Systeme darf nur von solchen Bertrieben ausgeführt werden, die die in der Zulassung vorgegebenen technischen und personellen Voraussetzungen erfüllen und über eine entsprechende Eigen- und Fremdüberwachung verfügen. Die Betriebe müssen ein beim DIBt hinterlegter und registrierter Verklebebetrieb sein.

Die Siliconklebstoffe sollten eine Europäische technische Bewertung (ETA = European technical assessment) haben. Die wenigen Klebstoffe mit einer solchen Zulassung/Bewertung haben eine ETA (Europäisch technische Bewertung) auf Basis der ETAG 002. Die ETAG 002 weist folgende Structural-Glazing-Typen aus:

- Typ I: Das Eigengewicht wird mechanisch abgetragen. Ein mechanisches Rückhaltesystem für den Fall des Versagens der Verklebung besteht.
- Typ II: Das Eigengewicht wird mechanisch abgetragen. Ein mechanisches Rückhaltesystem für den Fall des Versagens der Verklebung besteht nicht.
- Typ III: Das Eigengewicht wird über die Verklebung abgetragen. Ein mechanisches Rückhaltesystem für den Fall des Versagens der Verklebung besteht.
- Typ IV: Das Eigengewicht wird über die Verklebung abgetragen. Ein mechanisches Rückhaltesystem für den Fall des Versagens der Verklebung besteht nicht.

In Deutschland sind nur die Typen I und II zugelassen. Ab einer Einbauhöhe von H > 8 m sind nur noch Fassaden des Typs I zugelassen.

Glasfassaden ohne Traggerüst

Glasfassaden ohne Traggerüst erfordern eine geeignete Unterkonstruktion, deren Ausführung das Erscheinungsbild der Fassade prägt. Die Glasscheiben werden durch Aussteifungs- und Verbindungselemente aus Stahl bzw. Edelstahl miteinander verbunden. In der Regel werden Glasfassaden ohne Traggerüst als abgehängte Konstruktionen ausgeführt. Die Abhängung erfolgt durch geschraubte

Halterungen (Patch Fittings) an der tragenden Konstruktion bzw. an der nächsthöheren Glasscheibe. Die Kraftübertragung erfolgt durch Reibung zwischen Glasscheibe und Beschlag. Die Aussteifung gegenüber Windlasten erfolgt durch Glasschwerter oder andere filigrane (zugbeanspruchte) Konstruktionen, die, senkrecht zur Verglasung angeordnet, mit der tragenden Konstruktion des Gebäudes verankert sind.

Punktuelle Befestigungssysteme (mit oder ohne Glasdurchdringung) sind eine Weiterentwicklung des Patch-Fitting-Systems. Solch punktförmig gehaltene Glaselemente sind optisch interessant, da sie rahmenlos sind und ohne aufwendige Verklebungen und Unterkonstruktionen auskommen. Die Punkthalterungen übertragen die Kräfte aus Eigengewicht und Wind in untergeordnete Tragelemente. Die Verglasungselemente werden i.d.R. aus ESG-HF oder in Verbundsicherheitsglas bestehend aus ESG oder TVG gefertigt. In Abhängigkeit von der Halterart kommen Senk- oder Zylinderbohrungen (siehe Abbildung) zum Einsatz. Die besondere Art der Befestigung erfordert die Belastung in der Scheibenmitte. Gleichermaßen sind die im Bereich der Glasbohrung auftretenden Kräfte. Für einfache punktförmig gelagerte Vertikal- und Horizontalverglasungen können die Bemessungs- und Konstruktionsregeln der DIN 18008-3 herangezogen werden, komplexe Aufgaben erfordern allerdings eine vorhabenbezogene Bauartgenehmigung oder Allgemeine Bauartgenehmigung.

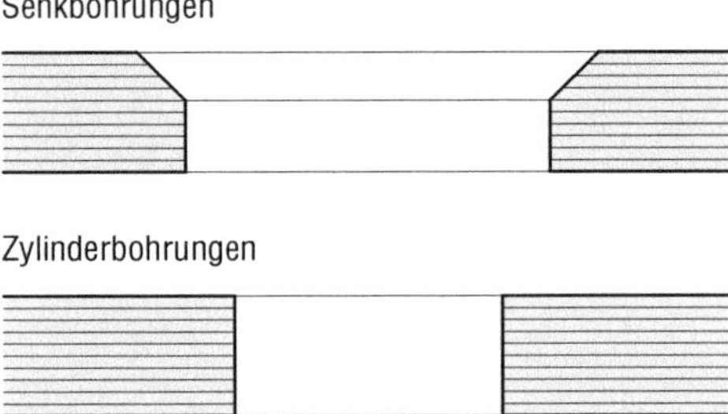

Bild 6: Glasbohrungen

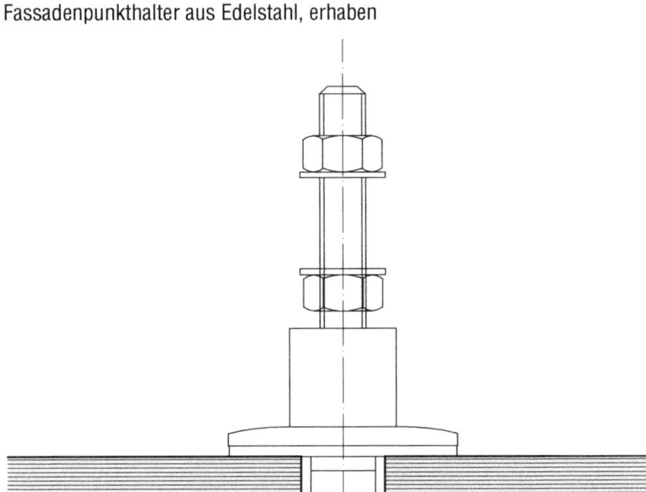

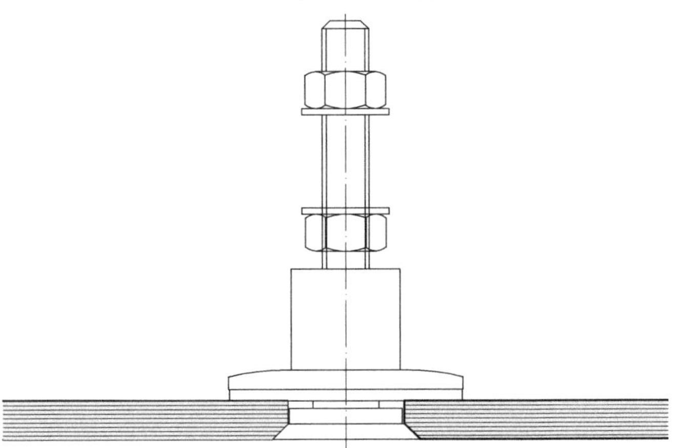

Bild 7: Beispiele für Fassadenpunkthalter

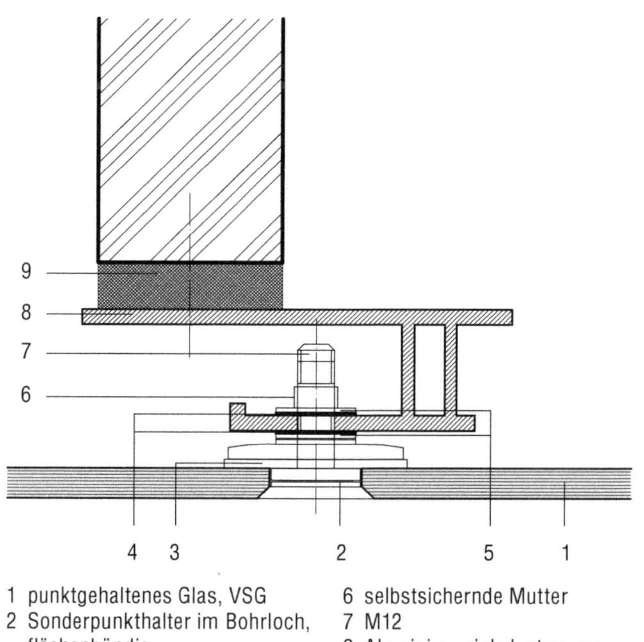

1 punktgehaltenes Glas, VSG
2 Sonderpunkthalter im Bohrloch, flächenbündig
3 POM gemäß AbZ
4 Teflonscheibe
5 Unterlegscheibe
6 selbstsichernde Mutter
7 M12
8 Aluminiumwinkel, stranggepresst
9 Toleranzausgleich

Bild 8: Beispiel eines Sonderpunkthalters

Die Ausführung der Fugen ist abhängig von der verwendeten Verglasung. Meist kommen vorgefertigte Siliconprofile zum Einsatz. Isolierglasscheiben erfordern besondere Profile. Beim Einbau ohne Glasdurchdringung mit Halterung der Innenscheibe ist die Ausführung einer statisch wirksamen Siliconfuge, die alle anfallenden Lasten überträgt, erforderlich. Die Ausführung erfolgt durch vier Halteklammern, die die Scheiben miteinander verbinden. Beim Einsatz von Verbundisoliergläsern können Punkthalter, die auch durch die innere Scheibe des Verbundglases geführt werden, verwendet werden. Architektonisch ist die Entscheidung für punktgehaltene MIG sorgfältig zu treffen. Denn auch bei punktgehaltenem MIG bleibt ein schwarzer Randstreifen sichtbar, der die angestrebte filigrane Optik beeinträchtigen kann.

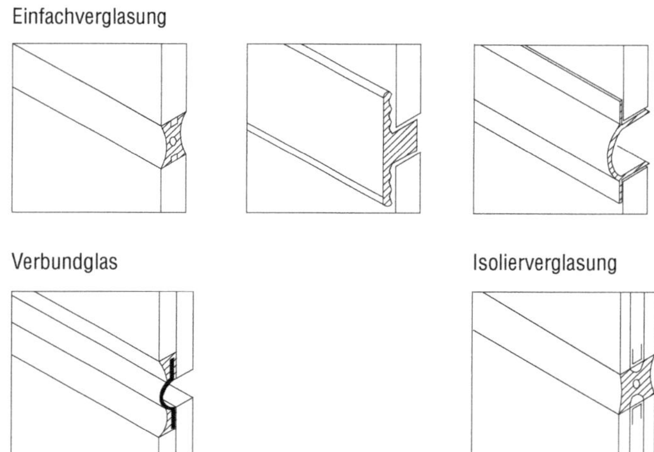

Bild 9: Fugenausbildung mittels Siliconprofil

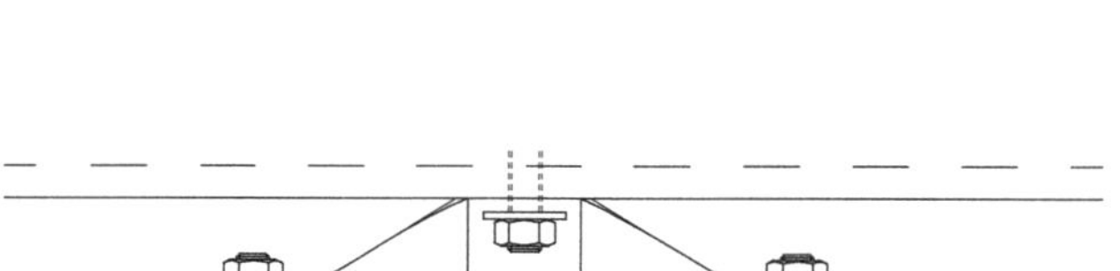

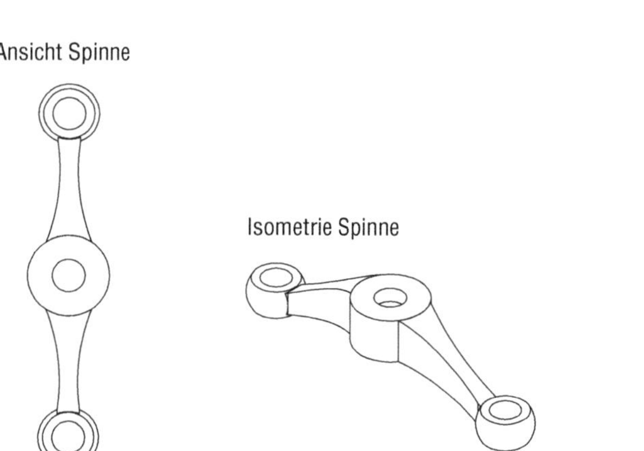

Bild 10: Beispiel einer Lärmschutzwand mit Fassadenpunkthaltern und Unterkonstruktion aus Stahlprofilen

Bild 11: Anwendungsbeispiel einer Lärmschutzwand mit Fassadenpunkthaltern und Unterkonstruktion aus Stahlprofilen

Fassaden mit zugbeanspruchten Tragkonstruktionen

Durch die Beanspruchung auf Zug sind die Dimensionen des Tragwerks gering. Filigrane Bauteile sind die Folge. Das Tragwerk tritt optisch kaum in Erscheinung. Um den Pflege- und Wartungsaufwand zu verringern, empfehlen sich eher innenliegende Konstruktionen, die nicht der Witterung ausgesetzt sind. Bei zugbeanspruchten Konstruktionen kommen meist punktförmige Glashalterungen zum Einsatz, um die optische Leichtigkeit zu verstärken. Die Tragwerke können vertikal oder horizontal orientiert sein. Meist kommen vertikal verspannte Konstruktionen zum Einsatz.

Die Bohrlöcher der Verschraubungen müssen einen Mindestabstand von der Glaskante (Bohrungsrand zu Glaskante) von mindestens 80 mm aufweisen. Der Bohrungsdurchmesser ist abhängig vom verwendeten Punkthaltersystem und liegt meistens zwischen 18 mm und 30 mm. Die Haltersysteme sind herstellerabhängig und haben meistens eine Allgemeine Bauartgenehmigung/Allgemeine bauaufsichtliche Zulassung. Aufgrund der oft sehr filigranen Punkthalter handelt es sich nicht nur um eine ungeregelte Bauart, sondern auch um ein ungeregeltes Bauprodukt. Liegen diese Zulassungen nicht vor, ist eine vorhabenbezogene Bauartgenehmigung/Zustimmung im Einzelfall zu erwirken.

Bei neueren Entwicklungen des konstruktiven Glasbaus wird gänzlich auf metallische Verbindungselemente im sichtbaren Bereich verzichtet, und diese werden durch statisches Silicon ersetzt. Die Konstruktionen bestehen aus Isolierverbundgläsern. Der Einsatz solcher Nur-Glas-Konstruktionen ist baurechtlich schwierig und erfordert eine vorhabenbezogene Bauartgenehmigung als ungeregelte Bauart.

Die Herstellung von Glasfassaden erfolgt nicht immer nach klaren Konstruktionsprinzipien, Mischkonstruktionen sind möglich. Mischkonstruktionen sind Kombinationen aus Glasfassaden mit Traggerüst unter Verwendung von Glasaufhängungen, die kein Traggerüst erfordern.

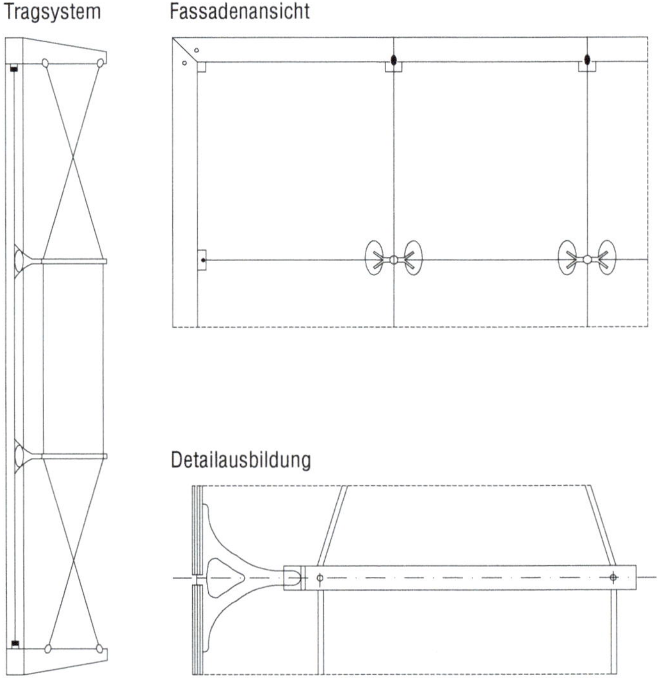

Bild 12: Vertikal orientiertes, zugbeanspruchtes Tragsystem (innenliegend) – Ausführung

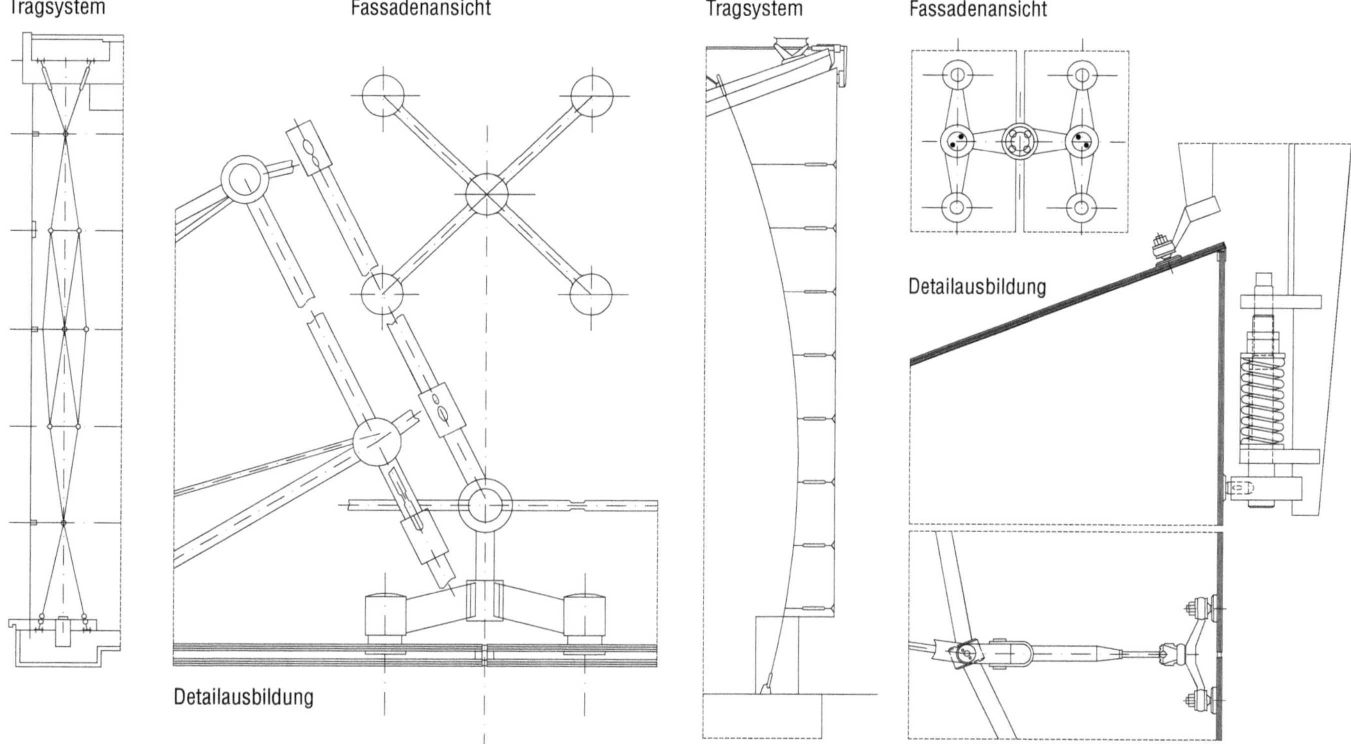

Bild 13: Vertikal orientiertes, zugbeanspruchtes Tragsystem (innenliegend) – Ausführung

Bild 15: Vertikal orientiertes, zugbeanspruchtes Tragsystem (innenliegend) – Ausführung

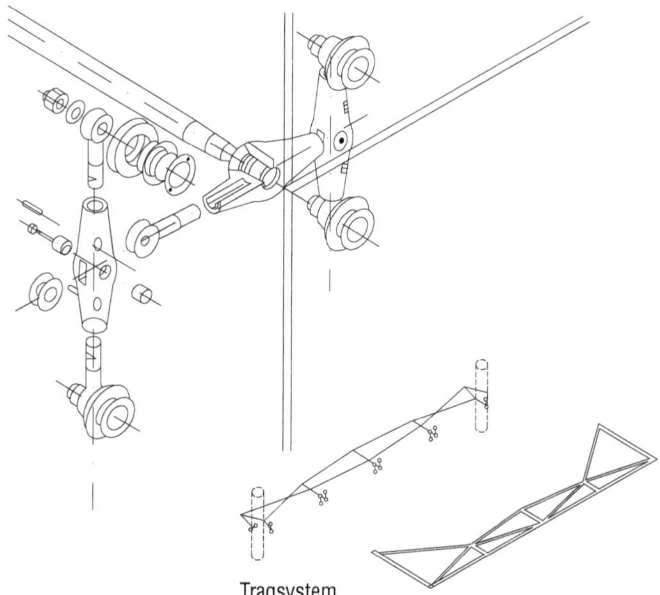

Bild 14: Horizontal orientiertes, zugbeanspruchtes Tragsystem (innenliegend) – Ausführung

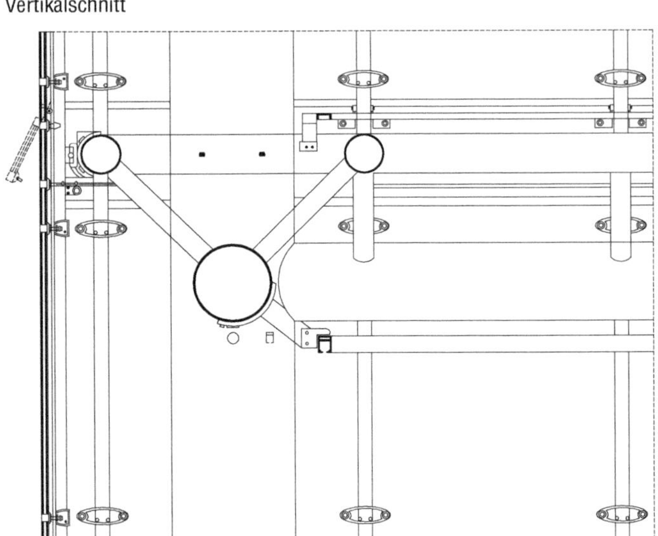

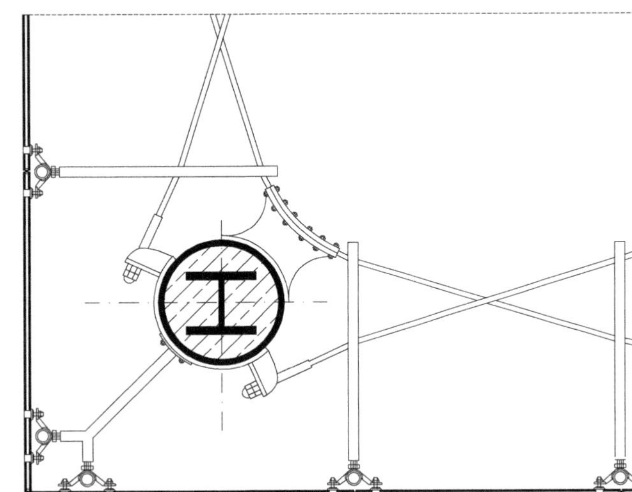

Bild 16: Horizontal orientiertes, zugbeanspruchtes Tragsystem (innenliegend) – Ausführung

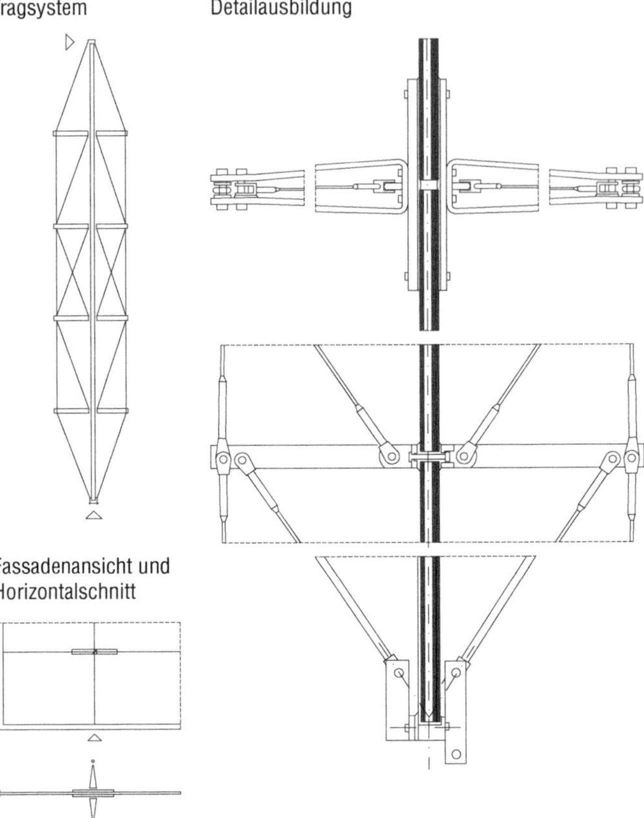

Bild 17: Vertikal orientiertes, zugbeanspruchtes Tragsystem (innenliegend) – Ausführung

Fassaden ohne Sekundärtragwerk

Bei Glasfassaden ohne Sekundärtragwerk werden die Glasscheiben direkt an der tragenden Konstruktion des Gebäudes befestigt. Die Befestigung erfolgt i.d.R. an den zurückliegenden Decken. Die Glasscheiben sind geschosshoch. Diese Art der Fassadenkonstruktion eignet sich nur für bestimmte Grundrisslösungen, da eine ungehinderte Schallübertragung zwischen den Geschossen möglich ist.

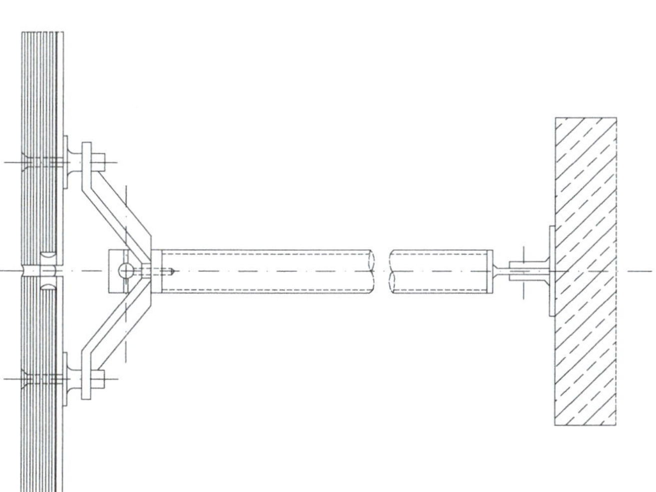

Bild 18: Befestigung der punktgehaltenen Glasfassade an der Deckenkonstruktion (geschossverbindend)

Doppelschalige Fassaden

Aufbau von doppelschaligen Fassaden

Doppelschalige Fassaden bestehen aus einer Außenfassade, dem Fassadenzwischenraum und einer Innenfassade. Die Außenfassade dient dem Witterungs- und Schallschutz. Der Fassadenzwischenraum ist durch Windeinwirkung und thermischen Auftrieb luftdurchströmt und dient häufig der Aufnahme des Sonnenschutzes. Die Außenfassade besteht meist aus Glas (ESG-HF, VSG), die Innenfassade kann ebenfalls aus Glas bestehen (Zweifachverglasung). Zur natürlichen Belüftung ist die Innenfassade öffenbar. Prinzipiell kommen doppelschalige Fassaden dort zum Einsatz, wo eine Verbesserung des Schallschutzes erforderlich ist.

Der Raum zwischen Fassade und Innenraum ist ein Wärmepuffer. Ein Wärmepuffer bewirkt höhere Wärmegewinne aus der Solarstrahlung. Doppelschalige Fassaden sind klimaaktive Fassaden. Der Fassadenzwischenraum erfordert eine ausreichende Zufuhr von Außenluft. Die Fassade ist so auszubilden, dass eine Überhitzung des Fassadenzwischenraums verhindert wird.

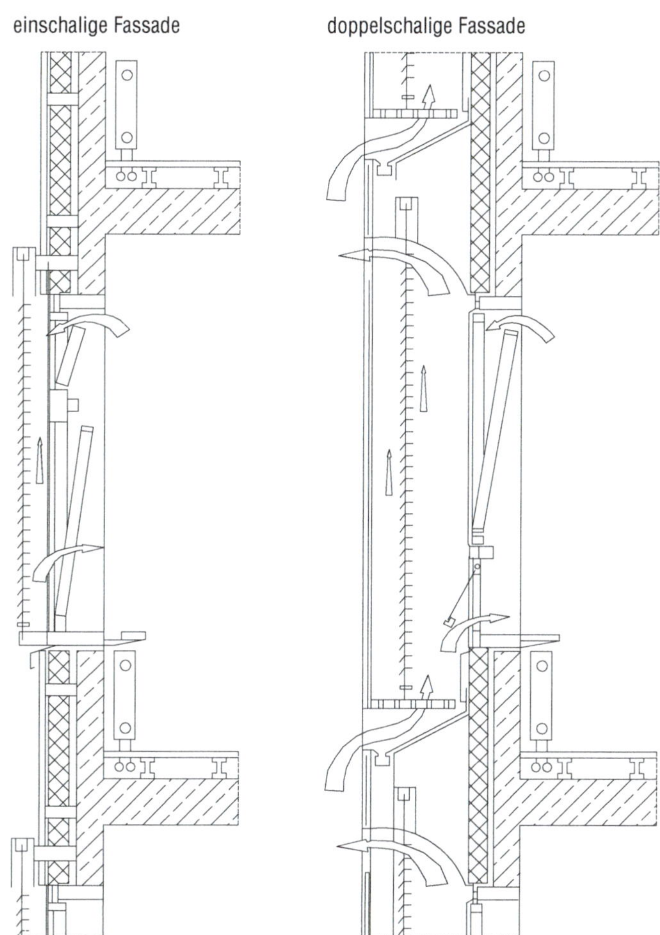

Bild 19: Aufbau von Fassaden

Bild 20 und 21: Referenzbilder von Doppelfassaden

Die Arten der Ausführung werden nach den Abschottungen im Fassadenzwischenraum unterschieden.

Tab. 1: Ausführungsarten von doppelschaligen Fassaden

Ausführungsprinzip	Trennung des Fassadenzwischenraums	
	Vertikal	Horizontal
Kastenfenster	achsweise oder raumweise	geschossweise oder fensterbezogen
Schachtkastenfassade	achsweise oder raumweise	nach mehreren Geschossen
Korridorfassade	bei akustischer, brandschutz- oder lüftungstechnischer Notwendigkeit	geschossweise
Mehrgeschossfassade	bei akustischer, brandschutz- oder lüftungstechnischer Notwendigkeit	bei akustischer, brandschutz- oder lüftungstechnischer Notwendigkeit

Bei der Ausführung von Lochfassaden und beim Erfordernis von Intimität zwischen den Räumen werden Kastenfenster eingesetzt. Bei hohen Anforderungen an den Schallschutz kommen Schachtkastenfassaden zum Einsatz (kleine Außenöffnungen). Korridorfassaden schränken den Schallschutz von Räumen ein, sind jedoch lüftungstechnisch effektiv. Der Einsatz von Mehrgeschossfassaden erfolgt bei Gebäuden, die nicht auf eine mechanische Raumlüftung verzichten können. Mehrgeschossfassaden können mit Glasfassaden ohne Öffnungen ausgeführt werden.

Konstruktion von doppelschaligen Fassaden

Doppelschalige Fassaden können als Pfosten-Riegel-Konstruktion, in Rahmenbauweise, in elementierter oder konventioneller Bauweise hergestellt werden. Die Konstruktion von Pfosten-Riegel- und Rahmenbauweisen erfolgt analog zu den einschaligen Fassaden.

Elementierte Bauweise

Die Elemente können in Pfosten-Riegel- oder Rahmenkonstruktion hergestellt werden. Meist kommen Rahmenkonstruktionen aus Aluminium (Außen- und Innenschale) oder Holz (Innenschale) zum Einsatz. Es wird eine konsequente horizontale und vertikale Trennung der Elemente vorgenommen. Bei den großflächigen Fassadenelementen werden die Fassadenprofile konstruktiv geteilt und bei der Montage ineinandergeschoben. Der Profilstoß muss Dehnungsbewegungen aufnehmen sowie Dichtigkeit und eine einfache Montage gewährleisten. Die Ausbildung des Stoßes wird i.d.R. individuell von Fachleuten entwickelt. Zwischen den Profilen werden Dichtungsprofile aus Silicon oder EPDM eingelegt.

Die Fassadenelemente werden vollständig (inklusive Verglasung) vorgefertigt. Die Ausführung und die Montage werden speziell auf die jeweilige Gebäudesituation abgestimmt. Die verwendeten Profile sind i.d.R. Sonderkonstruktionen. Die elementierte Bauweise erfordert einen erheblichen Planungsaufwand und einen höheren Materialeinsatz, was sich nur durch eine große Stückzahl kompensieren lässt. Vorteilhaft ist, dass eine Montage ohne Gerüst möglich ist, wodurch auf eine Einrüstung des gesamten Gebäudes (lange Standzeit) verzichtet werden kann. Es empfiehlt sich, für die Ausführung von doppelschaligen Fassaden in elementierter Bauweise nur Fassadenbauer mit ausreichender Qualifikation einzusetzen.

Konventionelle Bauweise

Konventionelle doppelschalige Fassaden sind als Pfosten-Riegel-Konstruktionen und als Rahmenkonstruktionen realisierbar. Die Fassade wird aus einzelnen Bestandteilen vor Ort montiert. Der Material- und Planungsaufwand ist geringer als bei elementierter Bauweise. Der Einsatz erfolgt bei kleinflächigen Fassaden meist unter Verwendung von Standardprofilen. Bei der Verwendung verschiedener Materialien der Innen- und Außenschale (z.B. Holz und Aluminium) ist die konventionelle Bauweise ebenfalls zu bevorzugen.

Die konventionelle Bauweise erfordert eine vollständige Außengerüststellung, die die Fassadenbauarbeiten berücksichtigt. Die Montagearbeiten sind zeitaufwendig, die Verarbeitungsqualität ist geringer. Mitunter werden elementierte Innenschalen eingesetzt.

Das Erscheinungsbild einer doppelschaligen Fassade ist von der Ausbildung der Außenschale geprägt. Die äußere Fassadenkonstruktion wird möglichst transparent gestaltet. Linienförmige Glashalterungen kommen selten zum Einsatz, da das Erscheinungsbild dieser Konstruktionen nicht filigran genug ist. Oft kommen punktförmige Halterungen zum Einsatz, die hohe Anforderungen an die Unterkonstruktion stellen. Punktförmige Glashalterungen für den Einsatz an Fassaden erfordern eine vorhabenbezogene Bauartgenehmigung oder Allgemeine Bauartgenehmigung. Der Einsatz starrer Systeme ist zu vermeiden, da diese Toleranzen und Dehnungen weniger aufnehmen können. Zu bevorzugen sind kugel- und gelenkgelagerte punktförmige Halterungssysteme.

Die Verglasungen für Außenschalen bestehen meist aus Weißglas als ESG-HF, VSG oder TVG. Die Art der Verglasung ist abhängig von der Glashalterung und der Nutzung der darunterliegenden Flächen. Die Art der Verglasung ist frühzeitig mit den zuständigen Bauaufsichtsbehörden abzustimmen und statisch nachzuweisen.

Die Anschlüsse der Fassade an den Rohbau müssen Toleranzabweichungen ausgleichen können. Die Fassadendetailanschlüsse sind mit toleranzausgleichenden Innenausbauelementen zu planen.

Die Befestigung der Fassade an der tragenden Konstruktion erfolgt durch Einzelschwertkonstruktionen oder Einzelkonsolen. Die Befestigung muss in alle Richtungen einfach justierbar sein.

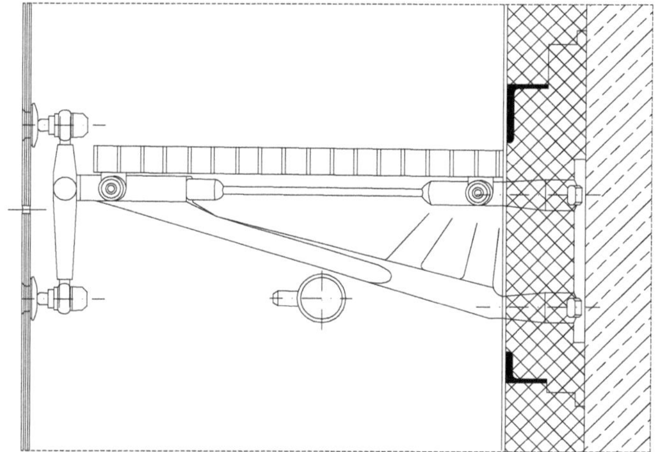

Bild 22: Ausführungsdetail Aufhängung Außenhaut

Sind im Fassadenzwischenraum Abschottungen vorgesehen, sind diese nur aus Baustoffen der Baustoffklasse A herzustellen. Horizontale Abschottungen werden i.d.R. aus Stahl oder Aluminium, vertikale auch aus Glas hergestellt.

Die Außenschale kann durch Lamellenkonstruktionen hergestellt werden, die öffenbar sind. Diese Art der Fassadenkonstruktion ist regulierbar.

Weitere Glasmaterialien für Fassaden

Profilglas

Fassaden aus Profilgläsern bieten sich an, wenn eine Verglasung ohne Sprossenkonstruktion mit hoher Lichtstreuung gewünscht wird. Profilgläser müssen über eine allgemeine bauaufsichtliche Zulassung (AbZ) oder eine ETA verfügen.

Profilgläser werden in U-Form hergestellt. Aufgrund dieser Form können die Gläser über große Spannweiten eingebaut werden. Der Einbau erfolgt i.d.R. vertikal über das gesamte Geschoss. Dabei werden die Gläser an der Unter- und Oberseite über Halterungssysteme mit der tragenden Konstruktion verbunden. Einfache U-Gläser können für Aufenthaltsräume keinen ausreichenden Wärmeschutz gewährleisten. Aus diesem Grund ist der Einsatzbereich eingeschränkt (Industriebauten, Außenschalen doppelschaliger Fassaden). Um den Wärmeschutz zu erhöhen, können die U-Gläser zweischalig eingesetzt werden. Eine Füllung des Zwischenraums mit TWD ist möglich. Auch zweischalige Konstruktionen sind aufgrund des Wärmeschutzes nicht überall einsetzbar.

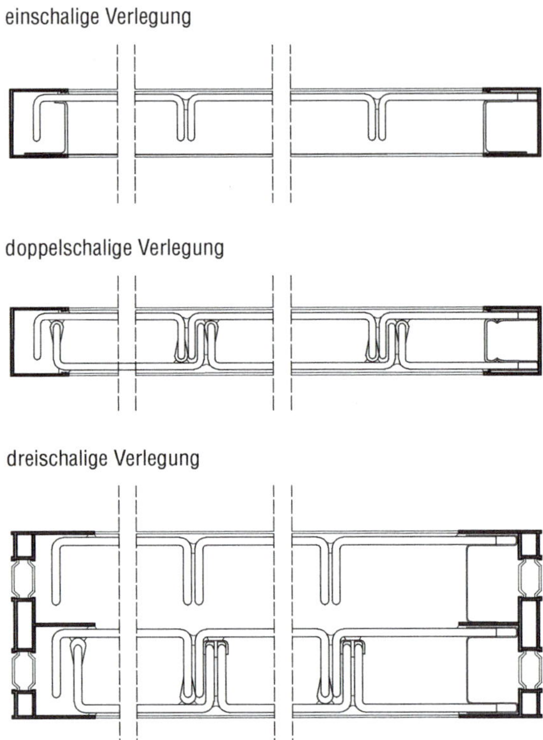

Bild 24: Beispiele für Verglasungen mit Profilgläsern, vertikale Standardverglasungen

Bild 23: Ausbildung einer Außenecke, Vertikalverglasung in doppelschaliger Verlegung

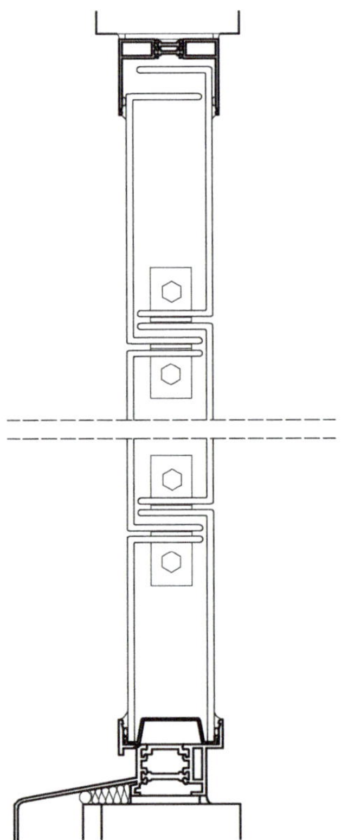

Bild 25: Vertikalschnitt durch horizontal verlegte Profilverglasung in doppelschaliger Verlegung

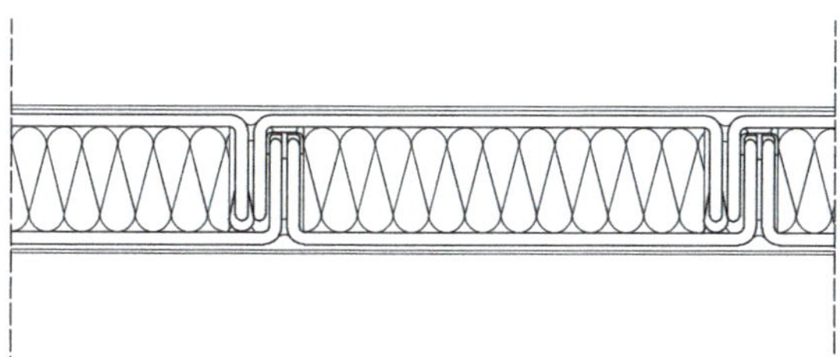

Bild 26: Doppelschalige Verglasung mit Dämmeinlage aus TWD

Durch die Entwicklung mehrschaliger, mindestens dreischaliger, Konstruktionen konnten die Eigenschaften hinsichtlich Schallschutz und Wärmeschutz deutlich verbessert werden. U_g-Werte von 0,73 W/(m²K) bis 1,10 W/(m²K) sind mit diesen Kombinationen möglich.

Glasbausteine

Glasbausteine sind Hohlglaskörper, die aus zwei gepressten und miteinander verschmolzenen Teilen bestehen. Zwischen den Schichten entsteht ein Vakuum (ca. 76 %). Aufgrund des hohen Wärmedurchgangs (U = 2,9 W/(m²K) bis 3,2 W/(m²K)) durch die Konstruktion ist der Einsatzbereich für Fassaden begrenzt. Der zu erreichende Wärmeschutz einer Fassade aus Glasbausteinen wird wesentlich durch das Fugenmaterial bestimmt.

Tab. 2: Wärmedurchgang an Glasbausteinwänden in Abhängigkeit vom Fugenmaterial

Fugenmaterial	Mittelwert U[1] [W/(m²K)]	Mittelwert 1/Δ[1] [(m²K)/W]
Zementmörtel, Mörtelgruppe III	3,2	0,144
wärmedämmender Glassteinmörtel LG 36	2,9	0,180
Lecta-Beton (Fertigteile)	2,9	0,172
Trockenbauverfahren[2]	2,9	0,180

[1] Richtwerte – abhängig vom Hersteller
[2] ohne Mörtelversiegelung der Fugen

Glasbausteinwände können einer sommerlichen Aufheizung des Gebäudes entgegenwirken und gleichzeitig den winterlichen Strahlungseinfall begünstigen. Die Wände verfügen über eine Lichtdurchlässigkeit, die der von Isolierverglasungen gleichzusetzen ist (75 % bei transparenten Steinen). Die Ausführung kann durch vollsichtige Glasbausteine, Dekorsteine oder Steine mit lichtlenkenden Eigenschaften erfolgen. Bei lichtlenkenden Glasbausteinen ist die vorgeschriebene Einbaurichtung zu beachten.

Glasbausteinwände verfügen über eine gute Schalldämmung (R_w = mindestens 40 dB). Der Schallschutz ist abhängig vom Eigengewicht der Wand. Durch den Einsatz von Spezialglas lässt sich der Schallschutz weiter erhöhen.

Tab. 3: Schalldämmung von Glasbausteinen

Glassteinformat [mm]	Luftschallschutzmaß LSM[1] [dB]	Schalldämmmaß R_w[1] [dB]
190 × 190 × 80	–12	40
190 × 190 × 80 (Spezialglas)	–5	45
240 × 240 × 80	–10	42
240 × 115 × 80	–7	45
300 × 300 × 100	–11	41
Doppelschalenwand mit 240 × 240 × 80	–2	50

[1] Richtwerte – abhängig vom Hersteller

Werden Glasbausteinwände als Brandschutzverglasungen hergestellt, sind die bauaufsichtlichen Zulassungen der Hersteller zu beachten. Aus Glasbausteinen können Brandschutzverglasungen mit einer Feuerwiderstandsklasse von G 30 bis G 120 und F 30 bis F 90 (Bezeichnung nach DIN 4102-3) hergestellt werden.

Tab. 4: Brandschutzklassen für Glasbausteine

Widerstandsklasse	G 60 E 60	G 120 E 120	G 90 E 90	F 30 EI 30	F 60 EI 60
Verglasungsgröße[1)] [m²]	9	3,5	9,0	9	4,4
max. Elementhöhe[1)] [m]	3,5	3,5	3,5	6	3,5
max. Elementbreite[1)] [m]	6,0	6,0	6,0	6,0	6,0
Dicke der Glasbausteinwand [mm]	80	200	80	80	160
Verglasungsform	einschalig	doppelschalig	einschalig	einschalig	einschalig
Glassteinformat [mm]	190 × 190 × 80	190 × 190 × 80	190 × 190 × 80	190 × 190 × 80	190 × 190 × 160

[1)] Richtwerte – abhängig vom Hersteller

Glasbausteinwände eignen sich als Schale von doppelschaligen Systemen sowie für Gebäude mit geringen Anforderungen an den Wärmeschutz für den Einsatz an Fassaden. Die Fassaden sind gegenüber mechanischen Beanspruchungen weniger empfindlich als andere Verglasungen. Unter Einsatz von Spezialgläsern können Wände aus Glasbausteinen eine durchschusshemmende Wirkung C5 bis SA (höchste Sicherheit) aufweisen. Glasbausteinwände sind einbruchhemmend, wenn eine kreuzweise Fugenbewehrung aus Spezialstahl in Kombination mit bestimmten Steinformaten (herstellerabhängig) zum Einsatz kommt. Formatunabhängig sind Glasbausteinwände ballwurfsicher.

Die Verlegung der Glasbausteine kann durch Zement oder Mörtel sowie im Trockenbauverfahren erfolgen. Die Verlegung mit Zement oder Mörtel erfolgt mit fast trockenem Material und anschließender Verfugung. Zwischen den Steinen sind Fugen (10 mm bis 30 mm) anzuordnen, die mit Rundstählen bewehrt werden. Die Spannrichtung der Bewehrung ist abhängig von der Spannrichtung (Bewehrung in kurzer Spannrichtung). Die Dimensionierung der Stahleinlagen erfolgt nach statischer Berechnung. Die gemörtelten Fugen von Glasbaustein-Außenwänden können von Schlagregen durchdrungen werden. Dies kann zu Durchfeuchtungsschäden und zur Bildung von Kalkfahnen führen.

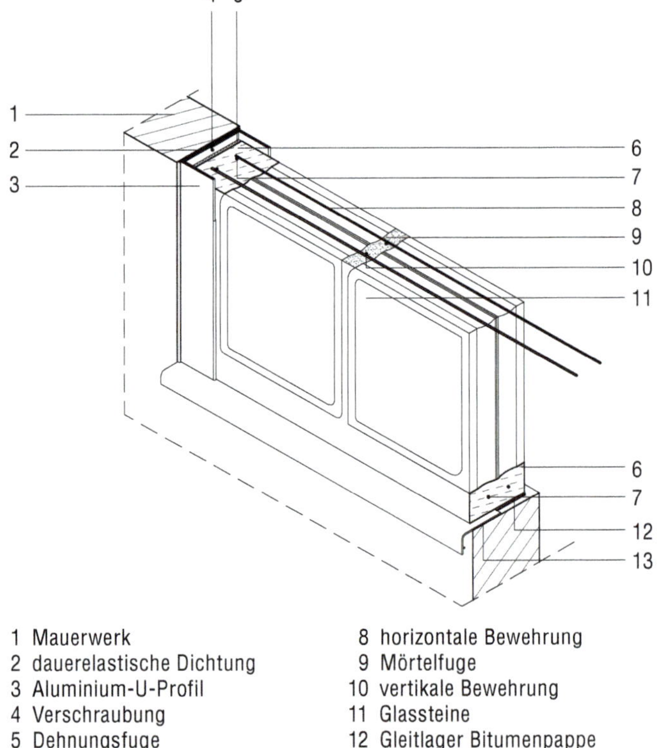

1 Mauerwerk
2 dauerelastische Dichtung
3 Aluminium-U-Profil
4 Verschraubung
5 Dehnungsfuge
6 Randstreifen
7 Randstreifen, Bewehrung
8 horizontale Bewehrung
9 Mörtelfuge
10 vertikale Bewehrung
11 Glassteine
12 Gleitlager Bitumenpappe
13 Fensterbank

Bild 27: Prinzipieller Aufbau einer gemörtelten Glasbausteinwand (Fa. Solaris)

Beim Trockenverfahren umschließt ein Aluminiumrahmen (gedämmt oder ungedämmt) das Glasbausteinfeld. Der Einbau der Glassteine erfolgt schichtenweise, wobei in den vertikalen und horizontalen Fugen die Verbindungselemente liegen, die Fugenbewehrung (Flachstahl) und Stein verbinden. Die Fugenversiegelung erfolgt durch Silicon, wodurch eine flexible Lagerung entsteht, die einen gewissen Erschütterungsschutz aufweist. Die Fugen haben eine Breite von ca. 4 mm. Der umlaufende Rahmen wird an der tragenden Konstruktion befestigt.

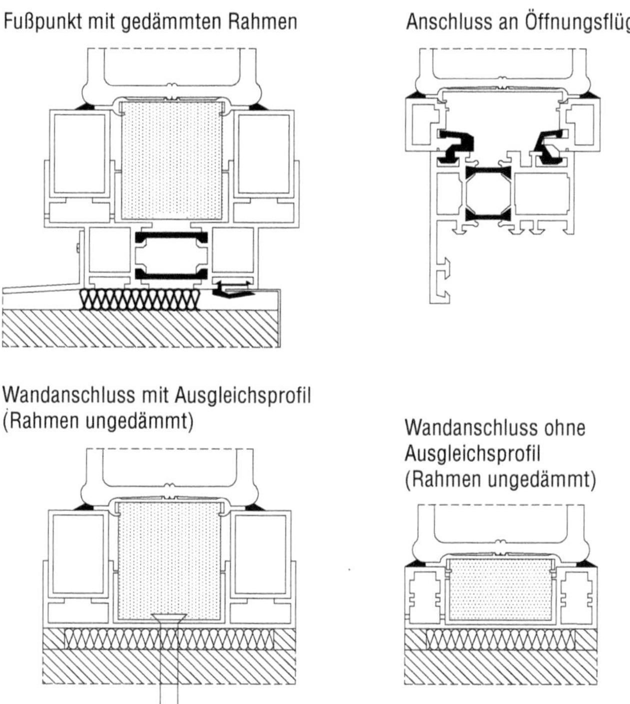

Bild 28: Einbau von Glasbausteinen im Trockenverfahren (System STECKfix)

Wände aus Glasbausteinen dürfen außer ihrem Eigengewicht keine lotrechten Lasten aufnehmen (DIN 4242). Ein zwängungsfreier Einbau ist erforderlich. Es sind seitlich und oberseitig Dehnfugen auszubilden. Der untere Anschluss wird als Gleitlager ausgeführt. Die Ausbildung der Anschlüsse erfolgt i.d.R. durch Anschlussprofile (U-Profile aus korrosionsgeschütztem Stahl oder Aluminium) mit einer Faserdämmplatteneinlage (maximal 100 mm breit) oder durch Nuten oder Laibungen in der Wand. Auf die Ausbildung einer Gleitfuge im Anschlussprofil (Einlage von unbesandeter Bitumenpappe) ist zu achten. Die Anschlussprofile werden an der tragenden Gebäudekonstruktion mit Schiebeankern befestigt. Im Abstand von mindestens 6 m sind Dehnfugen anzuordnen. Glasbausteinwände, die im Trockenverfahren errichtet werden, können größere Flächen ohne Dehnfugen haben.

Die Flächen von Glasbausteinwänden werden als Vielfaches der Abmessung des Einzelsteins zuzüglich der Fugenbreiten im Feld und am Anschluss dimensioniert. Es kommen keine geschnittenen Steine zum Einsatz. Öffenbare Bauteile können in Glasbausteinwände problemlos eingebaut werden, wenn deren Öffnungsmaße an das Rastermaß der Glasbausteine angepasst werden. Es kommen Randprofile zum Einsatz, die an die Einbauprofile angepasst sind.

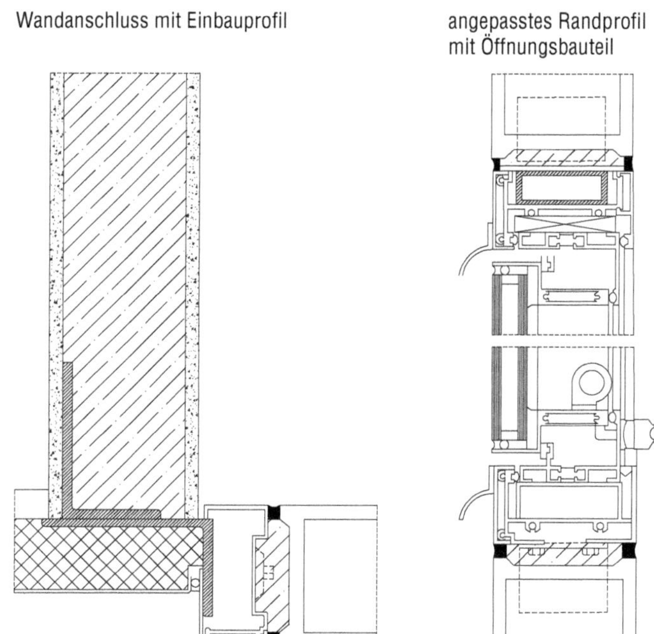

Bild 29: Einbau von öffenbaren Bauteilen in Glasbausteinwände

Die Ausbildung von Außenecken kann durch Sonderformate (90°) oder durch Zusatzprofile (Winkel frei wählbar) erfolgen. In den Ecken ist eine zusätzliche Bewehrung vorzusehen, die immer auf der Innenseite (Druckbeanspruchung) liegen muss. Die Eckbewehrung muss bis zum Rand der Wand bzw. bei großformatigen Wänden bis zur nächsten Dehnungsfuge geführt werden.

durch Sonderformate

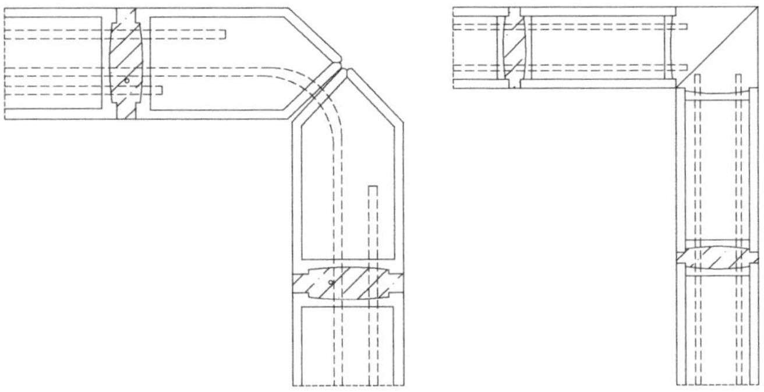

Ecken mit Stahlprofilen

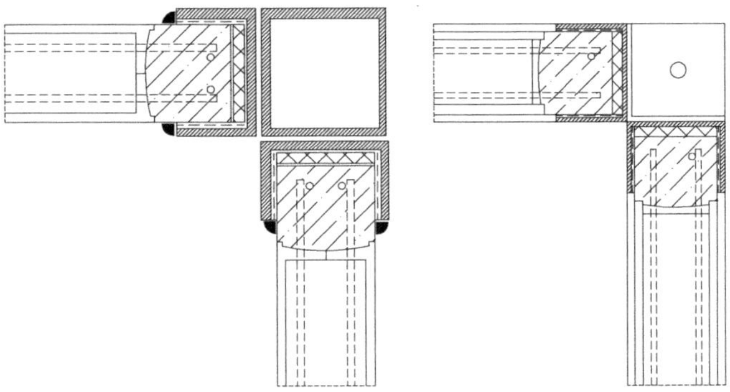

durch Mörtel/Beton

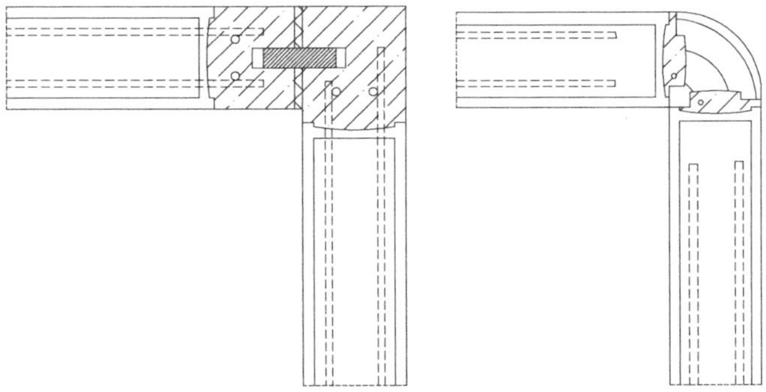

Bild 30: Eckausbildung von Glasbausteinwänden

Bei der Ausführung von großformatigen gebogenen Wänden sind ebenfalls Dehnungsfugen im Abstand von 6 m vorzusehen. Mehrfach gebogene Wände erfordern Dehnungsfugen in den Wendepunkten der Biegungen. Bei gemörtelten Wänden müssen die Dehnungsfugen am Innenradius eine Mindestbreite von 8 mm aufweisen.

Vertikalschnitt

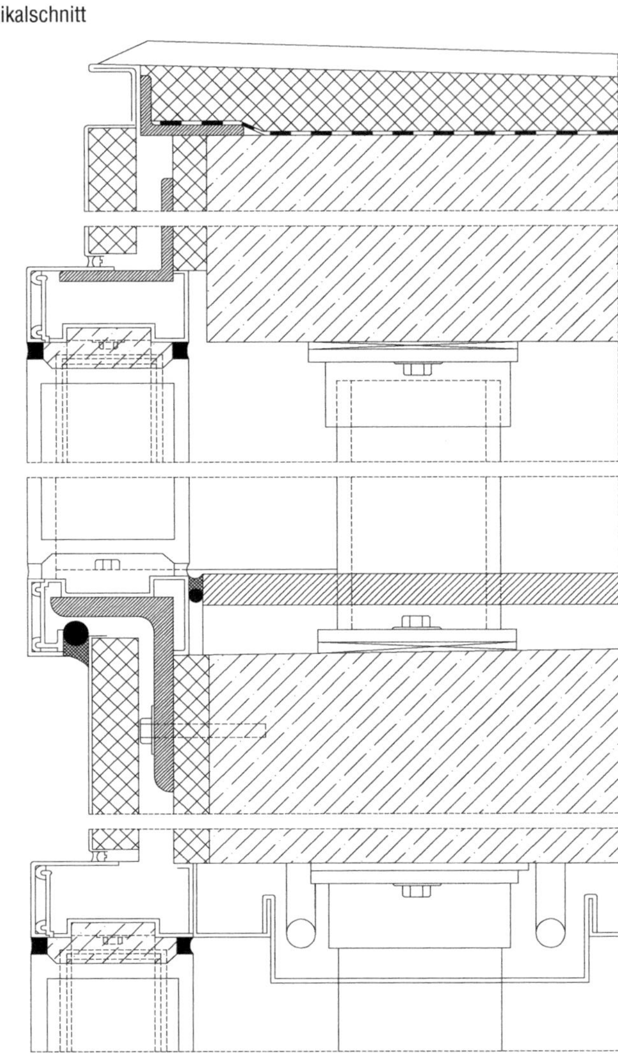

Grundriss – Detail Befestigung an tragender Konstruktion (Stahlrohr)

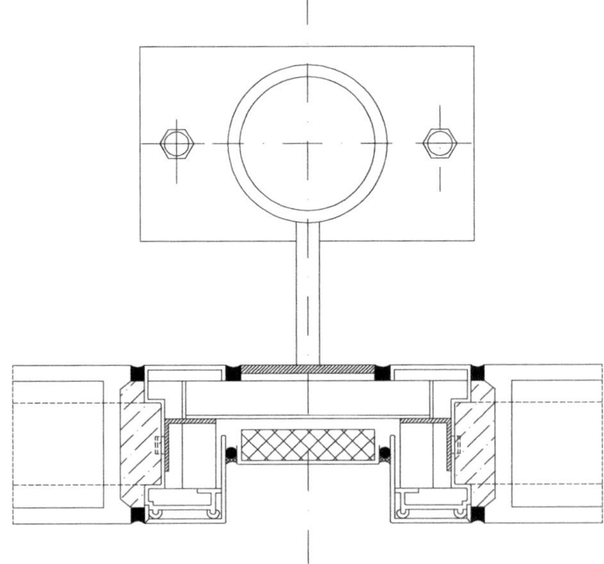

Bild 31: Anwendungsbeispiel Glasbausteinfassade

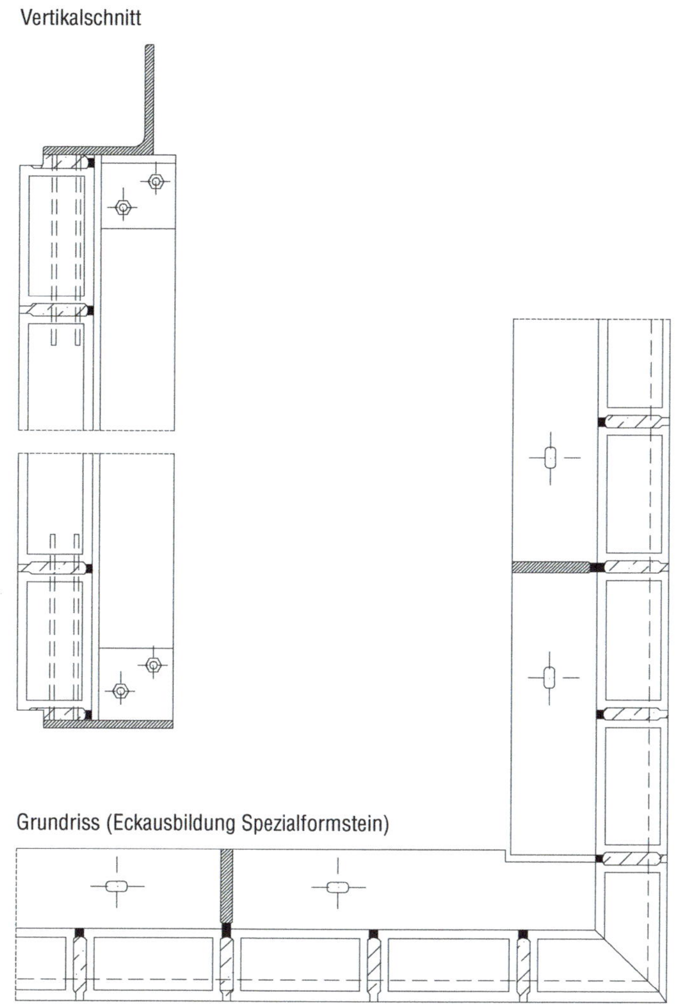

Bild 32: Anwendungsbeispiel Aufhängung von Fassaden aus Glasbausteinen

Geklebte Glaskonstruktionen

Allgemeines

Kleben zur Übertragung von Kräften zwischen Glas und Rahmenbauteilen oder zwei Glasbauteilen untereinander ist heute eine nach wie vor relativ selten angewandte stoffliche Verbund im Glasbau. Durch das Laminieren, also das vollflächige aufeinander Kleben, entsteht z.B. Verbundglas (VG) und Verbundsicherheitsglas (VSG). Isoliergläser werden linienförmig geklebt. Punktuelle Verklebungen sind sehr selten, insbesondere da die Tragfähigkeit sehr gering ist.

Verklebungen können Zug- und Druckkräfte gut aufnehmen, jedoch Scherkräfte weniger gut. Die Kräfte werden senkrecht und parallel zur Verbindungsfläche durch Adhäsions- und Kohäsionsmechanismen übertragen.

Zu unterscheiden sind Verklebungsmaterialien und Dichtstoffe. Ein Dichtstoff ist kein Kleber im Sinne einer Glasverbindung. Die durch eine Klebeverbindung übertragbaren Kräfte sind abhängig von Temperatur, Feuchtigkeit und Belastungsdauer. Bei Brandbeanspruchung versagen die meisten Verbindungen. Geklebte Glaskonstruktionen werden vorrangig in Fassaden eingesetzt, auch im Bereich der Solartechnik finden geklebte Glaselemente Anwendung.

Geklebte Ganzglasfassaden – Structrual-Glazing-Fassaden (SG) oder Structural-Sealent-Glazing-System (SSG)

Vor allem wegen der hohen Transparenz sind SG-Fassaden für Architekten interessant. Hier werden durch die Verklebungen (meist Silicone) Windlasten planmäßig abgetragen. Structural Glazing ist ein in Deutschland zulassungspflichtiges Bauteil und unterliegt den Vorgaben des Baurechts. Allerdings gibt es in Deutschland noch keine normativen Vorgaben, daher müssen diese Anwendungen nach den Leitlinien für Europäisch Technische Zulassungen (ETAG 002) bewertet werden. Im Geltungsbereich des deutschen Baurechts sind nur Konstruktionen zulässig, die Typ I oder Typ II der ETAG 002-1 entsprechen. Lastabtragende Verklebungen dürfen nur unter besonderen zu definierenden Bedingungen im Werk, im für SG-Klebungen zugelassenen Betrieb erfolgen. In Deutschland müssen SSG-Systeme entweder über AbZ oder eine ETA verfügen. Ist dies der Fall und soll dieses System zur Anwendung kommen, sind die Vorgaben des Systemherstellers zu beachten. Weichen die Planungen von der Zulassung ab, muss Rücksprache mit dem Systemhersteller gehalten werden. In der Regel muss dann eine Zustimmung im Einzelfall (ZiE) erwirkt werden.

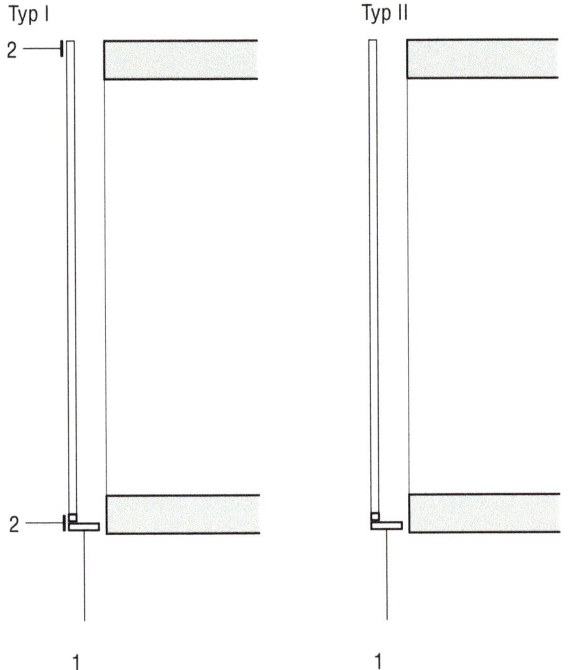

1 mechanische Vorrichtung zur Abstützung des Eigengewichts
2 Haltevorrichtung zur Verringerung der Gefahr bei Versagen der Klebung

Bild 33: Zugelassene Typen nach ETAG von Structural Glazing nach deutschem Baurecht

Systeme, die in der Klebung zur Anwendung kommen, setzen sich aus den nachfolgenden drei Bestandteilen zusammen:

- Oberfläche der Tragkonstruktion
  anodische Oxidation des Aluminiums oder Edelstahl in verschiedenen Oberflächenbehandlungen und Qualitäten
- zugelassener SG-Klebstoff
- Oberfläche des eingesetzten Glases
  Floatglas, beständige Glasbeschichtungen, emaillierte Oberflächen

Die allgemeine bauaufsichtliche Zulassung für die einzelnen SG-Systeme enthält alle Angaben zu den einzusetzenden Oberflächen, Klebstoffen und Konstruktionen. Die mechanische Lastabtragung und das Haltesystem für Verglasungen mit einer Einbauhöhe über 8 m, sind hier ebenfalls geregelt.

Bei der Ausführung sind ein hohes Maß an Exaktheit und eine sehr genaue Qualitätssicherung erforderlich, damit die Voraussetzungen für eine dauerhafte Verklebung gegeben sind. Besonderes Augenmerk liegt dabei auf der Kontaktfläche zwischen Klebstoff und den Rahmenmaterialien und der Ausführung des Mehrscheibenisolierglases.

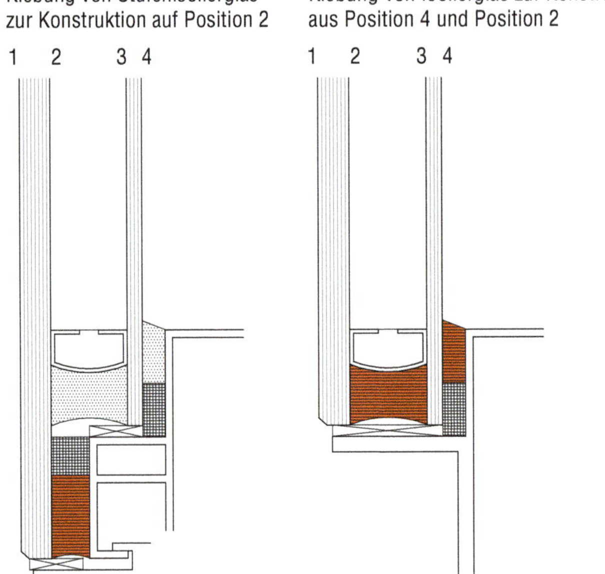

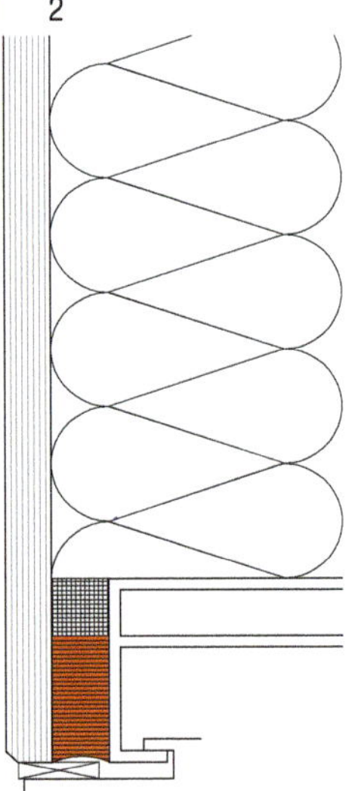

Bild 34: Typen der Klebung, schematische Darstellung (mechanische Sicherung gegen Herabfallen ist nicht dargestellt)

Klebedichtungen

Dichtungsanschlüsse ohne äußeren Anpressdruck können durch Verkleben mit vollflächigem Verbund hergestellt werden. Die Nachgiebigkeit einer solchen Verbindung kann durch die Elastizität des Klebstoffs und durch die gewählte Fugenbreite beeinflusst werden. Die Bewegungen zwischen den durch Klebung verbundenen Glasbauteilen werden durch elastische Dehnungen längs und quer zur Fuge aufgenommen.

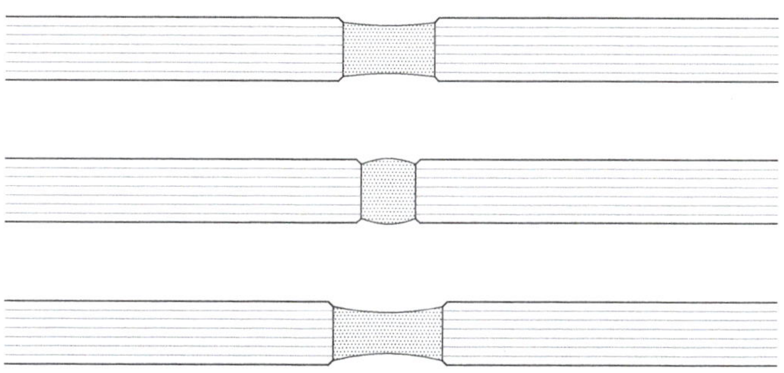

Bild 35: Bewegungsmöglichkeiten durch Stauchen und Dehnen bei Klebedichtungen

Sind größere Verformungen der Scheiben in Bezug aufeinander zu erwarten, sollte ein eingeklebtes und entsprechend elastisches Profil zur Überbrückung der Fugen eingesetzt werden.

Geklebte Befestigungen

Durch das Befestigen von Glas auf der Unterkonstruktion durch Kleben kann auf sichtbare Pressleisten verzichtet werden. Mit den Begriffen Structural Glazing bzw. Structural Sealant Glazing wird auf die lastabtragende Bedeutung der Klebefuge hingewiesen. Es sei noch einmal darauf hingewiesen, dass in Deutschland das Eigengewicht der Scheiben durch mechanische Halterungen abgetragen werden muss. Durch eine SSG-Verglasung dürfen nur kurzzeitig wirkende Lasten z.B. durch Wind abgetragen werden.

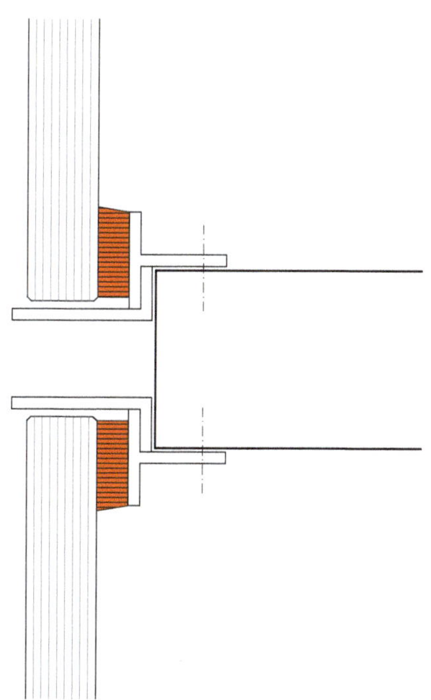

Bild 36: Geklebte Befestigungen bei SSG-Verglasungen

3/6
Holz und Holzwerkstoffe

Mit steigenden ökologischen Ansprüchen an die Gebäude kommen auch für nichttragende Außenwände zunehmend nachwachsende zum Einsatz. Die im traditionellen Bauen verbreiteten Baustoffe werden von der modernen Architektur wiederentdeckt. Zu den nachwachsenden Rohstoffen gehören Holz, die daraus entwickelten Holzwerkstoffe sowie Lehm und Stroh.

Außenwandkonstruktionen aus Holz – Allgemeines

Wandkonstruktionen können anhand ihrer Konstruktionsweise und des statischen Systems unterschieden werden:

- Fachwerkwände
- Skelettbauwände
- Rahmen- oder Holztafelbauwände
- Massivholzbauwände

Tab. 1: Bauteilsysteme, Wände

Beplankte Systeme	Massivholzsysteme		
beplankte Wände	Vollholzwände	plattenförig verleimte Wände	zusammengesetzte Wände
▶ einseitig beplankt ▶ beidseitig beplankt ▶ mit und ohne Dämmung	▶ Brettstapel ▶ Brettschichtholz ▶ Vollholzbalken ▶ Blockbau	▶ Brettsperrholz ▶ Furnierschichtholz ▶ Holzwerkstoffplatten ▶ verleimte Vollholzplatten	▶ Lignotrend ▶ Lignoseiss ▶ Steko etc.

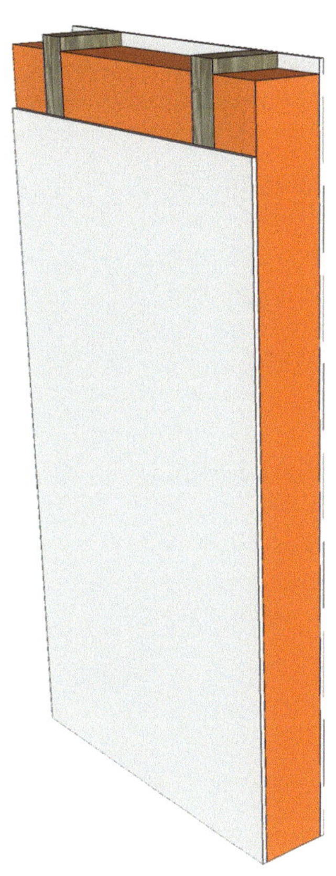

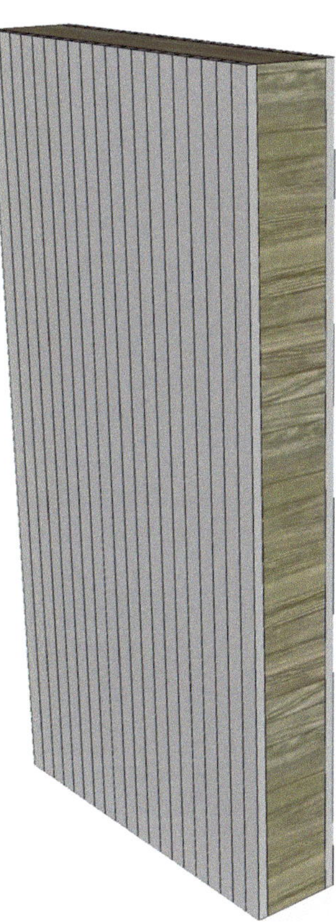

Bild 1: Arten von Wandkonstruktionen nach Konstruktionsweise

Einschichtige Konstruktionen

Einschichtige Konstruktionen aus Vollholz finden ihren Einsatz überwiegend bei Gebäuden mit geringen bauphysikalischen Anforderungen (Gewerbebau, Ferienhäuser). Der Wärmedurchlasswiderstand einer Vollholzwand ist abhängig vom Flächengewicht und von der Wandstärke. Außenwände von Gebäuden mit hohen bauphysikalischen Anforderungen (Wärmeschutz) werden i.d.R. mit Wärmedämmschichten kombiniert und als mehrschichtige Konstruktionen ausgeführt. Einschichtige Konstruktionen aus Vollholz haben einen hohen Materialbedarf.

Die Montage der Vollholzfassaden erfolgt i.d.R. auf einem Sockel aus feuchteunempfindlichem Material (Beton, Naturstein). Auf eine ausreichende Wärmedämmung und auf die Vermeidung von Wärmebrücken ist zu achten. Es ist empfehlenswert, den Sockelbereich mit dem gleichen Wärmedurchlass wie die Wandkonstruktion herzustellen. Für eine ausreichende Abdichtung der Anschlussfugen zur tragenden Konstruktion ist zu sorgen. Die Fugen müssen so ausgebildet werden, dass Bewegungen (Längenänderungen infolge Feuchtigkeitseinwirkung) schadensfrei aufgenommen werden können, ohne die dichtende Funktion der Fuge zu beeinträchtigen. Die Fugenausbildung kann durch Abdeckprofile mit oder ohne Fugenbänder sowie durch Einschubprofile hergestellt werden.

Die wandbildenden Fassadenelemente bestehen aus Einzelquerschnitten, die horizontal oder vertikal miteinander verbunden werden. Meist werden die Einzelquerschnitte horizontal angeordnet, da die Stirnseiten der Hölzer nicht direkt der Witterung ausgesetzt sind. Zwischen den Einzelelementen entstehen Fugen, deren Abdichtung durch eingelegte Dichtungsbänder, übergeschobene Profile oder durch Federdruck erzeugende Konstruktionen erfolgt. Federdruck erzeugende Konstruktionen werden durch verspannte Stabstähle hergestellt. Zur Lagesicherung sind die Wandelemente mit Führungsstiften versehen.

Die Ausbildung der Wandelemente hat so zu erfolgen, dass ein Eindringen von Feuchtigkeit in die Fugen verhindert wird. Es ist prinzipiell günstig, die Fassade durch einen großen Dachüberstand vor Feuchtigkeitseinwirkung zu schützen. Bei bewitterten Fassaden werden die Einzelquerschnitte mit gerundeten oder gefasten Oberkanten (ggf. mit Gefälle) und genuteten Unterseiten (Tropfkanten) versehen, um eine schnelle Wasserabführung zu gewährleisten.

Erfolgt die Anordnung der Einzelquerschnitte in vertikaler Richtung, sind die Stirnseiten besonders zu schützen. Oberseitig ist eine Abdeckung erforderlich, unterseitig ist eine direkte Aufstellung auf den Sockel zu vermeiden. Ober- und unterseitig der Stirnseiten ist ein Luftspalt vorzusehen.

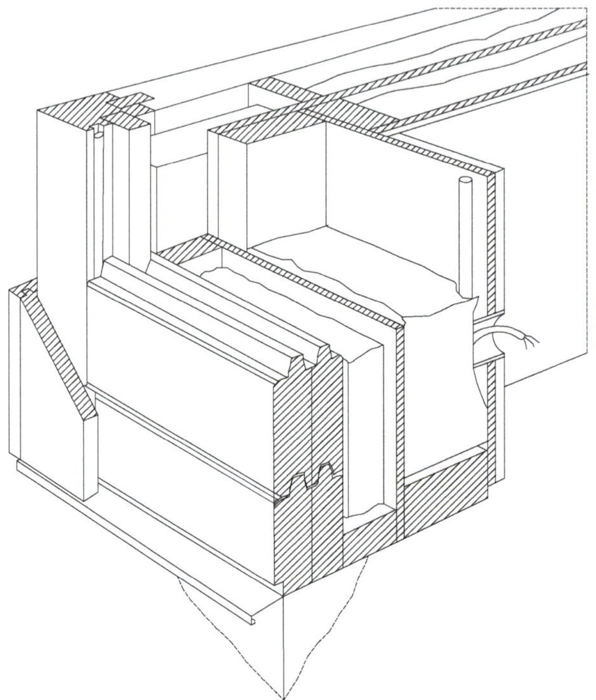

Bild 2: Holzfassade als mehrschichtige Konstruktion

Mehrschichtige Konstruktionen

Mehrschichtige Fassadenkonstruktionen unter Verwendung von Holz sind für Gebäude mit hohen bauphysikalischen Anforderungen einsetzbar. Durch die Kombination von Schichten unterschiedlicher Materialien können nahezu alle Anforderungen erfüllt werden, die an eine Fassade gestellt werden. Im Vergleich zu Vollholzkonstruktionen ist die Ausführung von mehrschichtigen Konstruktionen wirtschaftlicher.

Nach der Lage der Wärmedämmung sind folgende Systeme von Wandkonstruktionen zu unterscheiden:

- zwischengedämmt
- außen gedämmt
- kombinierte Systeme

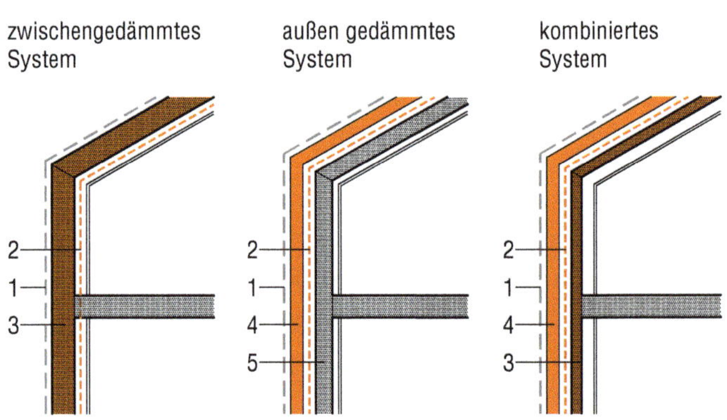

1 Wetterschale
2 Dampfsperre
3 Dämmung zwischen Tragkonstruktion
4 Außendämmung
5 Ebene Tragwerk

Bild 3: Arten von wärmegedämmten Außenwandkonstruktionen

Nicht hinterlüftete Konstruktionen bestehen aus einer Innenschale, einem mit Dämmmaterial gefüllten Zwischenraum und einer Außenschale. Auf der Innenseite der Dämmschicht ist immer eine Dampfsperre vorzusehen. Die Fassadenplatten können vorgefertigt werden. Dabei wird die vollständige Außenschale an der tragenden Konstruktion befestigt. Die Montage der Innenschale erfolgt bauseits. Eine innen bündige Tragkonstruktion erleichtert die Montage (Kosteneinsparung) der Dampfsperre und der Innenschale und reduziert Ausführungsmängel (Undichtigkeiten).

Nicht hinterlüftete mehrschichtige Konstruktionen können als Sandwichplatten hergestellt werden. In der Regel verfügen diese über Unterkonstruktionen aus Holz, die die gleiche Stärke wie die Dämmschicht (12 bis 16 cm) aufweisen. Bei größeren Dämmschichtstärken wird die Unterkonstruktion aus zwei Profilen hergestellt, die kreuzweise verlegt werden können. Die Unterkonstruktion wird mit kurzen Abständen eingebaut, wodurch die Elemente ein erhebliches Tragvermögen aufweisen. Mitunter kann deswegen auf eine Tragkonstruktion verzichtet oder nur aus architektonischen Gründen addiert werden.

Die Sandwichelemente verfügen über einen hohen Vorfertigungsgrad. Der Einbau kann als feldgroßes Element oder als Zusammensetzung von vertikal oder horizontal aneinandergesetzten Einzelelementen erfolgen. Die Fugenausbildung muss zwängungsfreie Bewegungen erlauben und gleichzeitig eine ausreichende Abdichtung gewährleisten. Es kommen genutete Verbindungen sowie Abdeckleisten zum Einsatz.

Bei hinterlüfteten Konstruktionen übernimmt die Außenschale nur die Funktion des Wetterschutzes. Die dahinterliegende Luftschicht sollte eine Mindestdicke von 2 cm haben. Zu- und Abluftöffnungen sind dafür vorzusehen. Die Mindestgröße für die Lüftungsöffnungen sollte 2/1.000 der zu belüftenden Fassadenfläche betragen. Die Lüftungsöffnungen sind so auszuführen, dass Kleintiere nicht in den Zwischenraum eindringen können (Insektenschutzgitter). Die verwendeten Dämmmaterialien dürfen bei Kontakt mit Feuchtigkeit nicht aufquellen. Die Innenseite der Dämmung ist mit einer Dampfsperre zu versehen. Die Außenseite der Dämmschicht erhält eine Windsperre (dampfdurchlässiges Material).

Bei Ausbildung der Wetterschutzschicht mit offenen Fugen ist eine regendichte Ausbildung der dahinterliegenden Bauteilschicht erforderlich.

Zwischengedämmte Außenwandsysteme

Zwischengedämmte Außenwandsysteme kommen vor allem beim Holzrahmen- bzw. Holztafelbau zum Einsatz. Die Tragkonstruktion wird hier beidseitig und vollflächig beplankt. Die Dampfbremse bzw. Luftdichtheitsschicht liegt auf der Innenseite des Tragwerks. Die Durchdringungspunkte des Außenauflagers der Geschossdecken und im Auflagerbereich der Dachkonstruktion bedürfen besonderer Beachtung, da hier die Gebäudehülle durchdrungen wird.

Außengedämmte Außenwandsysteme

Beim außengedämmten System liegen die Dämmschicht, die Luft- und Dampfdichtung außerhalb des Tragwerks. Dabei kann die Tragkonstruktion von innen sichtbar bleiben. Die Installationen sind dann in separaten Kanälen oder Schächten zu führen. Außengedämmte Systeme kommen beim Massivholzbau und auch beim Skelettbau zur Anwendung. Im Massivholzbau besteht das Tragwerk aus flächigen und meist großformatigen Bauteilen. Installationen können z.B. durch Ausfräsungen dieser innerhalb der Tragkonstruktionsebene geführt werden oder in einer separaten Installationsebene hinter einer Verkleidung zwischen Unterkonstruktionen.

Kombinierte Außenwandsysteme

Bei kombinierten Systemen wird die Dämmschicht zweilagig geführt. Die erste Lage wird in den Hohlräumen des Tragwerks angeordnet. Die zweite Lage wird von außen auf das Tragwerk aufgebracht. In Abhängigkeit von der weiteren Außenwandbekleidung liegt die Dampfsperre bzw. Luftdichtheitsschicht zwischen beiden Dämmlagen außerhalb der Tragkonstruktion. Diese Bauweise kommt vor allem bei produktbezogenen Holzbausystemen im Massivholzbau zum Einsatz.

Fachwerkaußenwände

Fachwerkwände bestehen aus einem Holzskelett und Ausfachungen der verschiedensten Materialien, z.B. Lehmstakung, Ziegel, Holzfüllungen etc. Dabei werden alle statischen Kräfte durch die Stäbe des Traggerippes abgeleitet, und die Ausfachungen sind statisch unbedeutend. Beim klassischen Fachwerkbau bleibt das Fachwerk von außen sichtbar. Das Traggerippe kann aber auch von beiden Seiten bekleidet werden. Die Verbindungen sind zumeist reine Holzverbindungen. Die Übertragung der senkrechten Lasten erfolgt direkt über die Kontaktstöße des Holzes.

Fachwerkwände weisen ein verhältnismäßig großes Schwindmaß auf, das liegt vor allem am Einbau horizontaler Hölzer. Je höher die Holzfeuchte beim Einbau der Hölzer ist, desto größer ist auch das zu erwartende Setzmaß. Um die Setzmaße und die damit verbundenen Verformungen zu verringern, ist der Einbau von trockenem Holz notwendig.

Skelettbauwände

Der Skelettbau bietet eine große gestalterische Vielfalt und variable Grundrissgestaltung. Es handelt sich hierbei um eine Bauweise aus Stützen, Trägern und Aussteifungselementen, welche in einem regelmäßigen Raster angeordnet sind und das Haupttragwerk bilden. Die raumbildenden Wände können unabhängig vom Tragwerk gesetzt werden, da sie zwar zur Aussteifung herangezogen werden können, aber i.d.R. keine Lasten aufzunehmen haben. Dadurch sind im Holzskelettbau auch großflächige Fassaden oder Verglasungen möglich. Das Tragwerk kann sichtbar bzw. ablesbar belassen werden. Die Wände werden meist in Holzrahmen- oder Tafelbauweise ausgeführt.

Die Wände können nach den Grundlagen des Rahmenbaus konstruiert werden. Es ist zu entscheiden, wo in Bezug auf das Tragwerk die Außenwände als Bestandteil der Gebäudehülle angeordnet werden sollen.

Ein innenliegendes Tragwerk ist vorteilhaft, da es sich dann im Warmbereich befindet. Die Gebäudehülle mit all ihren Schichten (Dampfbremse, Wärmedämmung Fassadenbekleidung) kann es vollständig umhüllen, was die Problematik der Wärmebrücken und Durchdringungen vermindert.

Rahmen- und Holztafelwände

Tragende Wände können bereits mit Hölzern mit Abmaßen von 60/120 mm hergestellt werden. Für Wände mit größeren Lasten sind Querschnitte von 80/120 mm üblich. An die Wärmedämmung von Außenwänden werden hohe Anforderungen gestellt, sodass allein die Dämmung innerhalb der Holztafelwand nicht genügt, um diesen hohen Anforderungen gerecht zu werden. Hier sind zumeist 160 bis 220 mm Wärmedämmung erforderlich, was nur mit einer zweiten Schicht realisiert werden kann. Diese kann außen oder innen bzw. in Kombination beider Varianten ausgeführt werden. Hier gibt es verschiedenste Möglichkeiten für die Ausführung der Wandkonstruktion.

Die Beplankung des Traggerippes ist ein wesentlicher Bestandteil des Tragwerks und dient der Aussteifung. Die Anordnung dieser Lage auf der Innenseite ist vorteilhaft, da die Weiterleitung der Kräfte direkt erfolgen kann. Außerdem kann sie gleichzeitig die Aufgaben der Luftdichtheitsschicht bzw. Dampfbremse übernehmen, was wiederum bauphysikalische Vorteile bringt.

Der notwendige Diffusionswiderstand der Luftdichtung und Dampfbremse ergibt sich aus den weiteren Bauteilschichten.

Der Installationsraum ist immer raumseitig ohne Durchdringung der Luftdichtheitsschicht anzuordnen. Durch die Anordnung einer Unterkonstruktion (je nach Raumbedarf 30 bis 50 mm, für Elektrodosen mind. 60 mm) in Verbindung mit der Herstellung der Wandinnenoberfläche kann diese Installationsebene geschaffen werden. Durch die Einlage von Dämmstoffen wird außerdem der U-Wert einer Außenwand verbessert.

Die Grundrissgestaltung im Rahmenbau erfolgt im Kleinraster. Konstruktionshölzer haben üblicherweise eine Breite von 60 mm und werden in einem Achsabstand von 625 mm gestellt. Dieses Raster entspricht den üblichen Abmaßen der Holzwerkstoff- und Gipsfaserplatten (Handelsbreite von 1.250 mm). Werden andere Baustoffe beim Ausbau verwendet, kann das zugrunde liegende Kleinraster auch anders gewählt werden:

- Format des Dämmstoffs (zwischengedämmtes System)
- Formate der Beplankungsmaterialien
- Maßordnung der Fenster und/oder Türen
- gewünschte Fassadengliederung
- Raumaufteilung

Bei der Festlegung der Höhenmaße sind neben der erforderlichen Raumhöhe folgende Randbedingungen zu berücksichtigen:

- Fußbodenaufbau ab OK Rohkonstruktion
- Ausführung der Rohdecke
- Formate der Beplankungsmaterialien
- Fensterarten und -größe
- Brüstungs- und Sturzhöhen
- Zusatzelemente der Fassade (z.B. integrierter Sonnenschutz)

Verankerung der Wände

Die Scheiben der Außen- und auch der Innenwände müssen zudem horizontale Lasten aus den Decken in die Fundamente ableiten. Dabei sind Schub- und Verankerungskräfte abzutragen. Die Schwellen werden in regelmäßigen Abständen auf der Bodenplatte bzw. auf dem Fundament verankert, wodurch die Schubkräfte und ein Teil der Verankerungskräfte abgetragen werden können. Die restlichen Verankerungskräfte werden direkt über die Verankerung der Holzrahmen abgetragen. Hierzu werden Flacheisen, Rundstähle oder Lochbleche verwendet. Bei Geschossstoß wird die Verankerung durch Lochbleche, Holzwerkstoffplatten oder weitere Verbindungsmittel geführt. Beplankungen werden untereinander verbunden, um aufwendige Knotenpunkte zu vermeiden. Dies ist aber nur zweckmäßig, wenn die miteinander verbundenen Beplankungen nicht zu häufig durch Fenster- oder Türöffnungen durchbrochen sind.

Verankerung mit Lochblech, Flachstahl und Ankerschraube, auf der Innenseite der Wandelemente

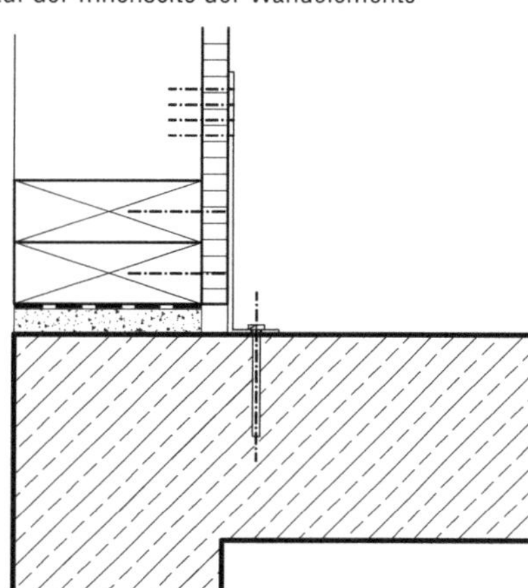

Verankerung mit Stahlwinkel und Ankerschraube in der Ebene der Wandelemente

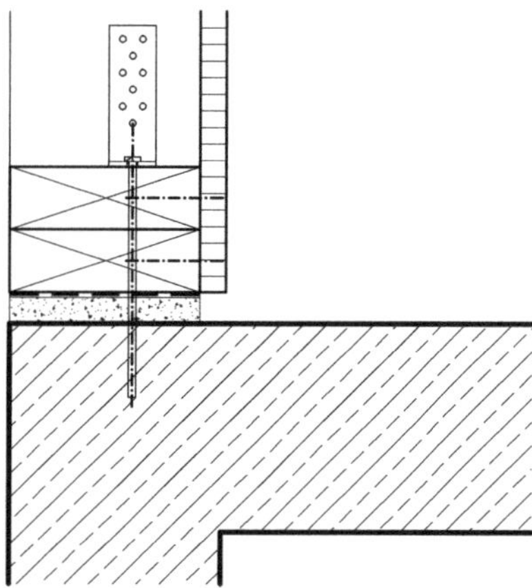

Verankerung über Setzschwelle

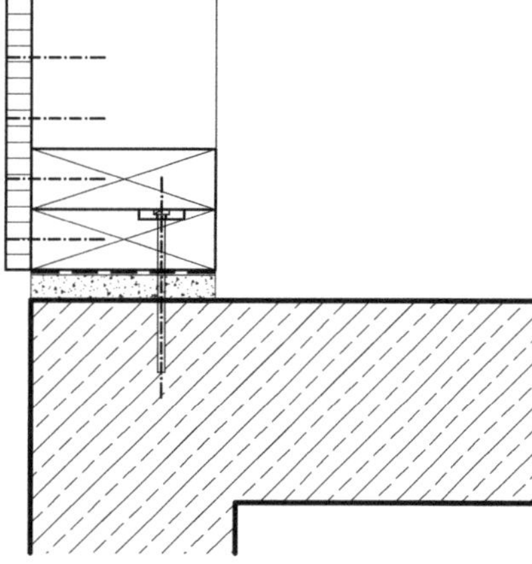

Bild 3: Verankerung der Wandelemente auf der Bodenplatte

statische Beplankung außen liegend, kraftschlüssige Verbindung aus streifenförmigem Furniersperrholz

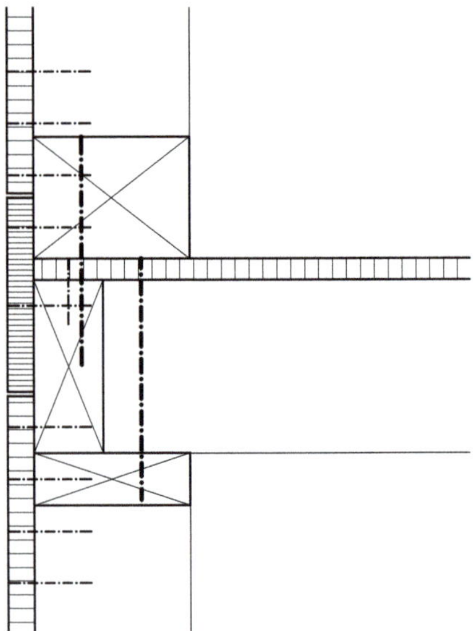

statische Beplankung, innen liegend, zusätzliche Verankerung durch Stahlwinkel

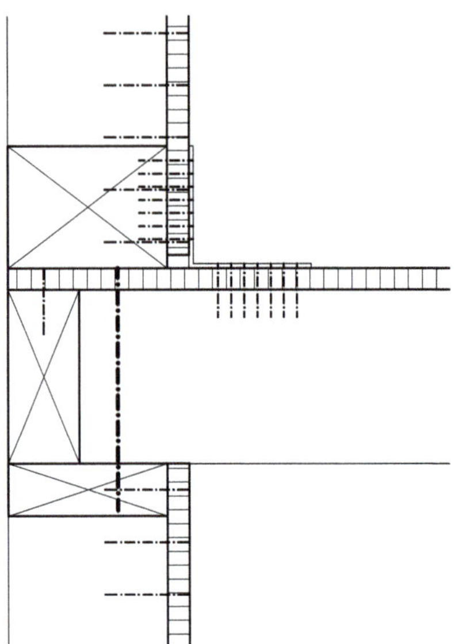

statische Beplankung, innen liegend

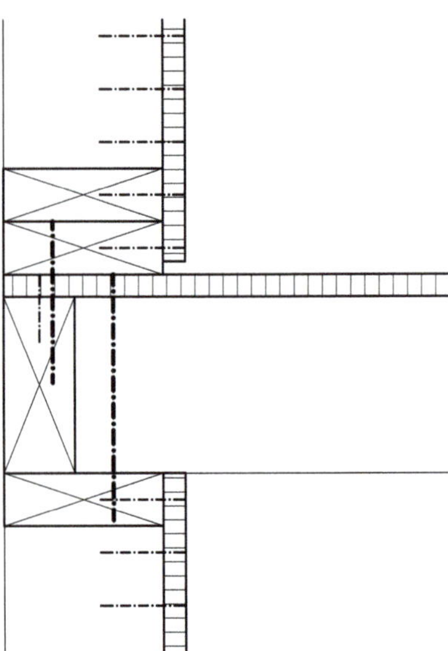

Bild 4: Verankerung der Wandelemente bei Geschossstoß

Massivholzwände

Es handelt sich um flächig wirkende Tragsysteme. Die massive, flächig wirkende Platte übernimmt die tragende Funktion und die Gebäudeaussteifung. Die Querschnitte sind meist geschlossen und oftmals massiv und plattenförmig. Aber auch kastenförmige Elemente, die dann zu einem Flächentragwerk zusammengesetzt werden, sind üblich.

Das Massivholzbauteil übernimmt die Funktion als Tragwerk und die der Raumbildung gleichzeitig. Die Innenseite kann bekleidet, aber auch sichtbar belassen werden.

Es wird zwischen Vollquerschnitten und zusammengesetzten Querschnitten unterschieden. Bei Letzteren können Installationen in den Hohlräumen geführt werden. Bei Vollquerschnitten müssen für die Installationen andere Wege, z.B. separate Schächte oder Kanäle, gefunden werden.

Je nach Produkt lassen sich die Hohlräume der zusammengesetzten Querschnitte auch mit Dämmstoffen füllen, was zur Verbesserung der bauphysikalischen Eigenschaften führt. Dann kann unter Umständen auch die Außendämmung verringert werden. Da die Dämmung der Außenwand immer auf der Außenseite aufgebracht wird, werden Wärmebrücken weitestgehend vermieden.

Der Diffusionswiderstand der inneren Schichten ist immer im Zusammenhang mit dem gesamten Wandaufbau zu betrachten. Die massiven Holzelemente nehmen Feuchtigkeit aus der Raumluft auf, speichern diese und geben sie auch wieder ab. Dadurch werden Dampfbremsen aus Kunststoff i.d.R. überflüssig. Die Forderung nach einer ausreichend luftdichten Konstruktion besteht aber dennoch. Verschiedene Systeme bieten diese bereits durch ihre Konstruktion. Andere Systeme erfordern eine flächige, luftdichte innere oder äußere Bekleidung. Dies können z.B. Plattenwerkstoffe, Dämmstoffsysteme oder auch eine separate Luftdichtheitsschicht sein.

Fassadenkonstruktionen aus Holz

Der Einsatz von Holz im Fassadenbereich erlaubt die Konstruktion von schlanken Außenhüllen mit guter Wärmedämmung. Die Materialeigenschaften des Holzes (geringes Gewicht, hohe Festigkeit, gute Bearbeitungsmöglichkeiten) bieten gute Voraussetzungen für den Einsatz im Fassadenbereich. Die Wandbauteile können mit hoher Qualität vorgefertigt werden. Werden Wandkonstruktionen aus Holz als nichttragende Außenwände konzipiert, ist die Tragstruktur von der Gebäudehülle getrennt. Diese Art der Mischbauweise ist im modernen Holzbau häufig zu finden: eine massive Tragstruktur in Form einer Mischbauweise. Das Tragwerk wird dann zumeist in Skelettbauweise aus Stahl oder Stahlbeton hergestellt. Die Außenwände werden in vielfältiger Holzbauweise konzipiert. Dadurch ergibt sich für die Fassadengestaltung ein hohes Maß an Flexibilität. Die Außenwände in Holzbauweise eignen sich außerdem hervorragend dazu, die hohen Anforderungen an eine hochwärmegedämmte Hülle zu erfüllen.

Für die konstruktiven Anforderungen gelten für nichttragende Außenwände prinzipiell die gleichen Grundsätze wie für tragende Außenwände aus Holz. Für die Anordnung der Außenwandbauteile in Bezug auf das Tragwerk gibt es verschiedene Möglichkeiten.

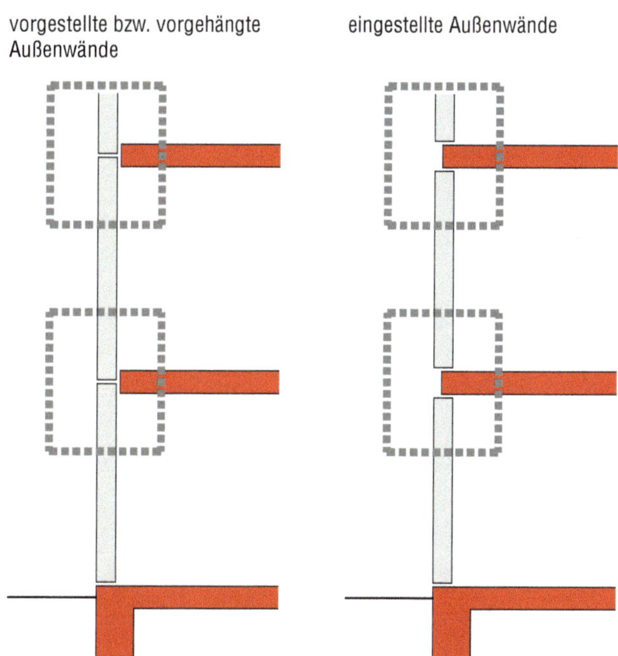

Bild 5: Anordnung der Wand in Bezug auf das Tragwerk

Geschossweise aufgestellte Außenwände

Werden die Außenwände aus Holz auf massive Sockel, Keller, Decken oder Sockelgeschosse aufgestellt, so ist deren Anschluss an die massiven Bauteile ein wesentlicher Planungsaspekt. Die Außenwandelemente sind standsicher mit der Tragkonstruktion zu verbinden. Bei Aufstockungen ist zu beachten, dass die Außenwandelemente dann gleichzeitig tragende Funktion haben.

Besondere Aufmerksamkeit im Anschlussbereich an ein darunterliegendes Geschoss ist vor allem im Hinblick auf die Lage der Dämmebene geboten. Im günstigsten Fall kann der Anschlusspunkt so konstruiert werden, dass die Dämmebene ohne Störung durchläuft. Hat das untere Geschoss ein Wärmedämmverbundsystem, so wird oft ein Versatz erzeugt.

Weiterhin ist bei der Planung und Ausführung des Anschlusspunkts wesentlich, dass alle Anforderungen hinsichtlich Dampf-, Luft- und Winddichtigkeit erfüllt werden. Hohlräume sind mit geeigneten Dämmstoffen auszufüllen. Dabei dürfen keine zusätzlichen Brandlasten eingebracht werden.

Vorgestellte Außenwand

Hier können je nach statischem System drei Varianten unterschieden werden:

- aufeinandergestellte Wandelemente
  Die Außenwände leiten ihr Eigengewicht innerhalb der Holzkonstruktion in den Fußpunkt. Zur Stabilisierung und Weiterleitung der horizontalen Kräfte werden die Wandelemente an die Decken gekoppelt.
- Außenwandelemente mit geschossweiser Befestigung an den Decken
  Die Lasten werden vollständig in die Deckenkonstruktionen eingeleitet.
- geschossübergreifende Bauteile

Eingestellte Außenwand

Die Außenwandelemente werden in die vorhandene Tragkonstruktion eingefügt. Die Lasten werden vertikal auf die Deckenkonstruktionen oder bei vertikaler Lastabtragung über die massiven Innenwandkonstruktionen abgetragen.

Lamellenkonstruktionen

Holzlamellen werden aus Profilbrettern hergestellt, die meist in Rahmen aus Metall oder Holz eingefasst sind. Die Rahmen sind starr oder verstellbar vor Fensteröffnungen vorgelagert. Die Rahmen sind thermisch getrennt an der Fassade befestigt. Alternativ können die Lamellen an Kragarmen montiert werden, die an der Fassade befestigt sind. Die Lamellen aus Holz sind überwiegend starr in der Rahmenkonstruktion befestigt. Bewegliche Systeme bestehen vornehmlich aus Metall- und/oder Glaskonstruktionen.

Lamellenkonstruktionen aus Holz werden überwiegend zur Verschattung von Gebäudeflächen eingesetzt. Es kommen Hölzer zum Einsatz, die witterungsbeständig sind und einen geringen Wartungsaufwand erfordern.

3/7 Fenster und Türen

Fenster und Fenstertüren

Bauteile, allgemein

Fenster können als feststehende oder öffenbare Elemente mit unterschiedlicher Lagerung der Flügel ausgeführt werden. Üblich sind Dreh-, Kipp-, Drehkipp-, Klapp-, Schiebe-, Wende-, Schwing- oder Kippflügel. Auch Falt- und Lamellenfenster finden ihre Anwendung.

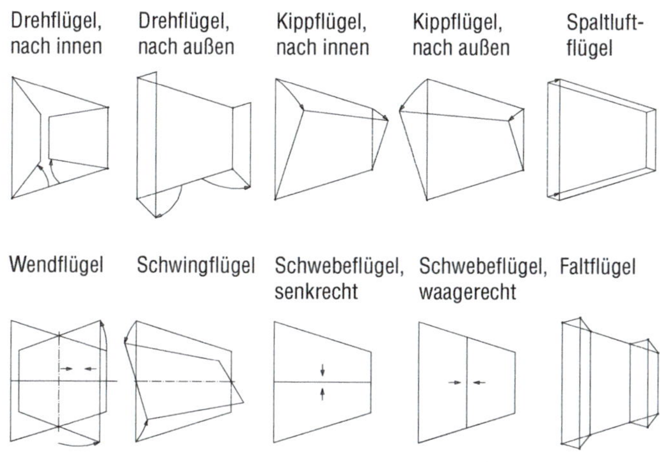

Bild 1: Ausführungsvarianten von Fenstern

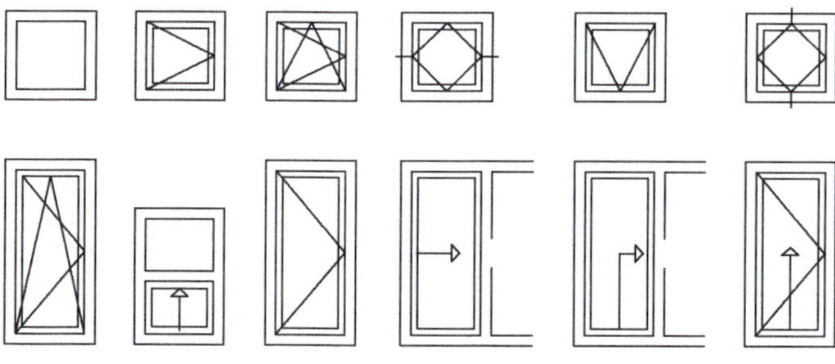

Bild 2: Ausführungsvarianten von Fenstern – Darstellung im Plan

Der Einbau der Fenster erfolgt in Wandöffnungen, deren Laibungsausbildung bestimmte Rahmenkonstruktionen erfordert. Die Laibung kann stumpf oder mit Anschlag ausgeführt werden.

Fensterlaibung ohne Anschlag

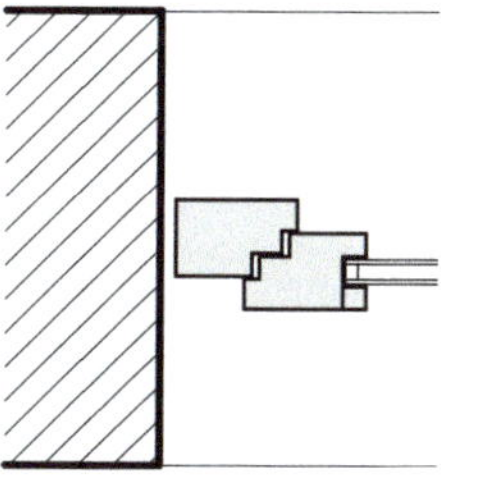

Fensterlaibung mit Anschlag innen

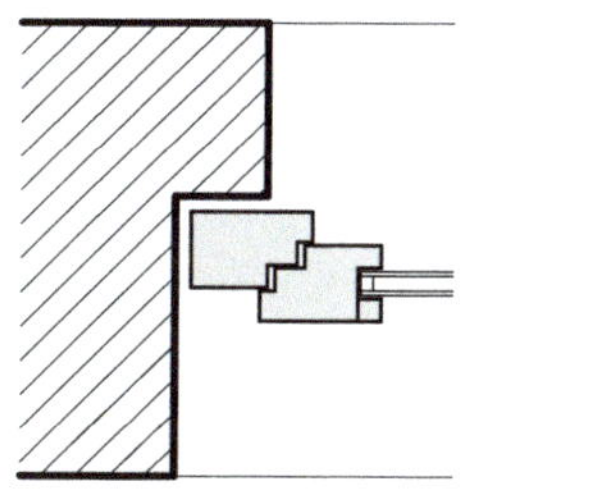

Fensterlaibung mit Anschlag außen

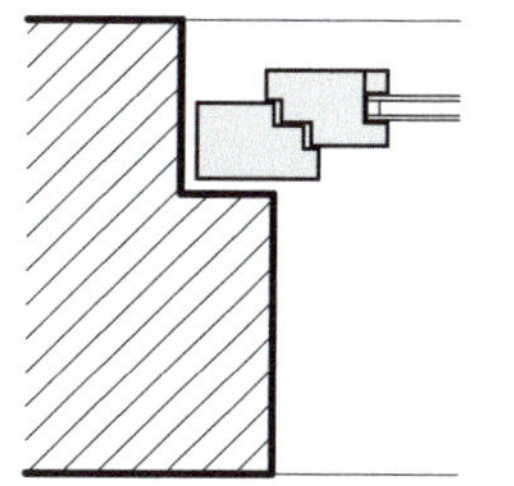

Bild 3: Einbausituationen

Fenstertüren können als Dreh- oder Dreh-Kipp-Flügel-Konstruktionen ausgeführt werden. Zunehmend kommen Hebe-Schiebe-Kipp-Türen zum Einsatz. Alle Fenstertüren können mit feststehenden Elementen kombiniert werden. Manche Konstruktionen sind in den Seitenverhältnissen der beweglichen Elemente bzw. Elementgrößen auf Maximalgrößen festgelegt oder nur bis zu bestimmten Gebäudehöhen einsetzbar.

stumpfe Laibung für Blockrahmenfenster oder Zargenfenster

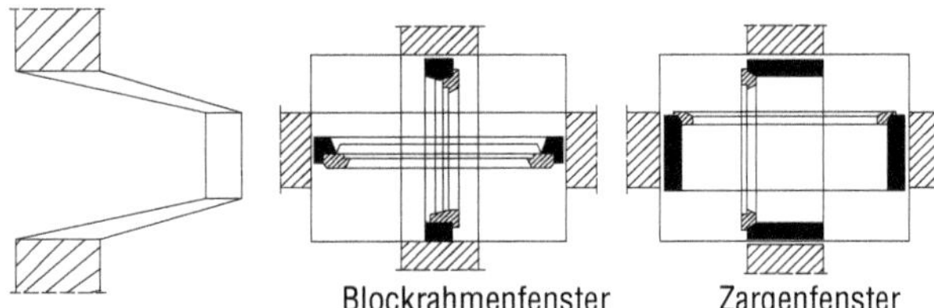

Innen- oder Außenanschlag für Blendrahmenfenster als Einfachfenster oder Verbundfenster sowie Kastenfens

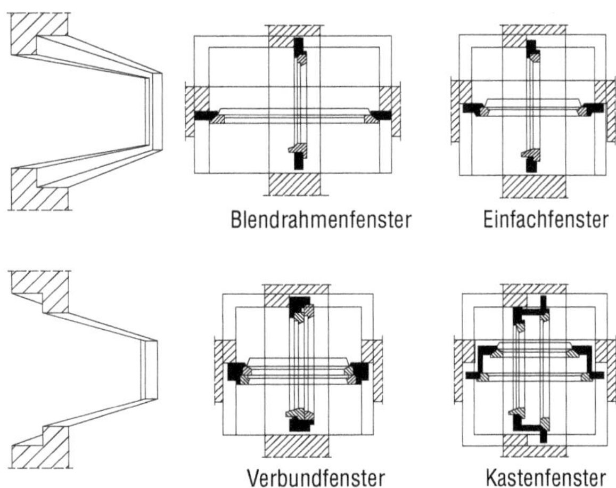

beidseitiger Anschlag für Doppelfenster

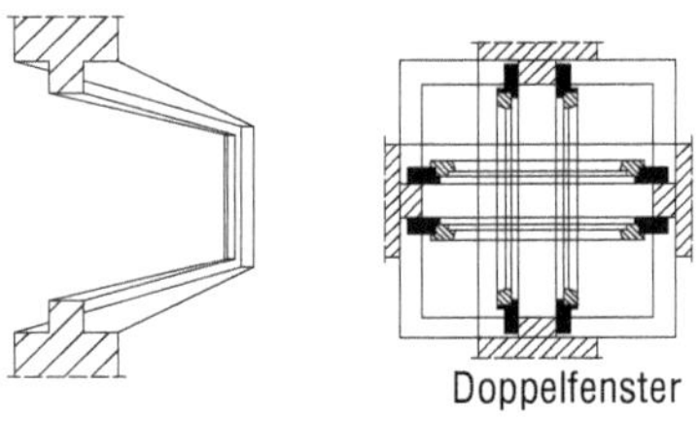

Bild 4: Zusammenhang zwischen Ausbildung der Laibung und Rahmenkonstruktion des Fensters

Aufenthaltsräume müssen ausreichend natürlich belichtet werden. Die Musterbauordnung macht hier bereits in § 47 eine wesentliche Vorgabe für Aufenthaltsräume, hier muss das Rohbaumaß der Fensteröffnungen mindestens ein Achtel der Nettogrundfläche des Raums haben, um die Anforderungen an eine ausreichende Belichtung eines Raums zu erfüllen.

Anzahl und Ausbildung der Sprossen haben einen wesentlichen Einfluss auf den Lichteinfall. Glasteilende Sprossen minimieren diesen aufgrund ihrer größeren Breite mehr als vor- oder zwischengesetzte Sprossen. Die Abbildung (Bild 5) macht den Zusammenhang deutlich.

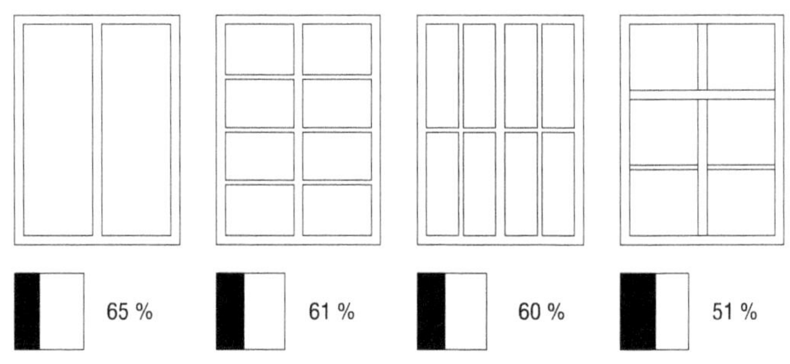

Bild 6: Einfluss der Sprossenteilung auf die Scheibenfläche

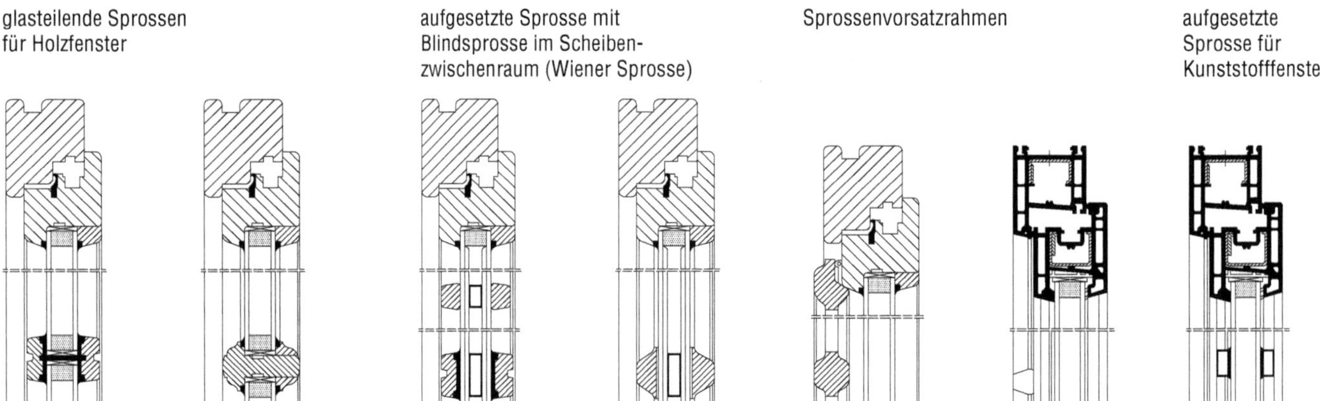

Bild 5: Ausführungsvarianten von Sprossen

Der Lichteinfall wird außerdem durch die Laibungstiefe und den Neigungswinkel der Öffnung beeinflusst.

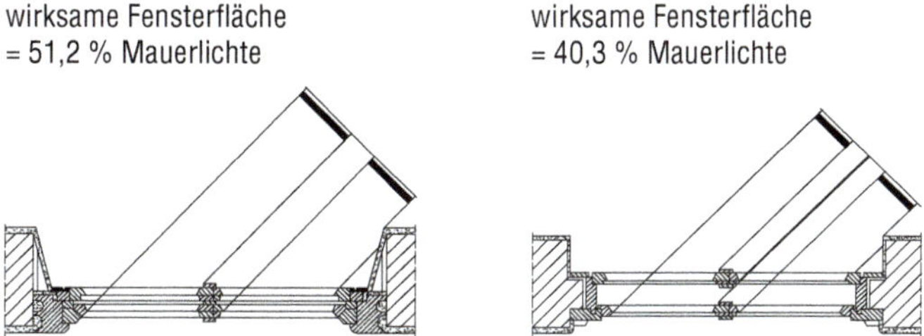

Bild 7: Zusammenhang Lichteinfall und Fensterkonstruktion

Fenster und Fenstertüren können mit *Zusatzausstattungen* wie Rollläden, Jalousien und Klappläden versehen werden. Durch den Einsatz von modifizierten Dichtungen, Lüfterleisten, Spezialprofilen oder motorischen Lüftungen mit Wärmerückgewinnung und elektrischer Steuerung ist ein kontrollierter Luftaustausch über die Fenster möglich. Die Lüftungseinrichtung muss im geschlossenen Zustand über den gleichen Wärmedurchgang verfügen wie das Fenster. Es werden Anforderungen an die Regulierbarkeit gestellt, außer bei selbsttätig regelnden Außenluftdurchlässen mit geeigneter Führung.

Insektenschutzgitter sind Ausstattungselemente, die als Vorsatz- oder Einsatzrahmen (auch klappbar) ausgeführt werden. Die Elemente sind unproblematisch nachrüstbar.

Außentüren

Bauteile, allgemein

Außentüren können als Elemente mit verschiedenen Öffnungsarten und in verschiedenen Materialien ausgeführt werden. Üblich sind Drehflügel- und Schiebetüren.

Außentüren werden mit Blendrahmen oder Blockrahmen ausgeführt. Es kommen für Rahmen und Türblätter die Werkstoffe Holz, Stahl, Aluminium und Kunststoff zum Einsatz. Auch Ganzglastüren oder Glasausschnitte sind möglich.

Der Einbau der Außentüren erfolgt in Wandöffnungen mit verschiedenen Laibungsausführungen.

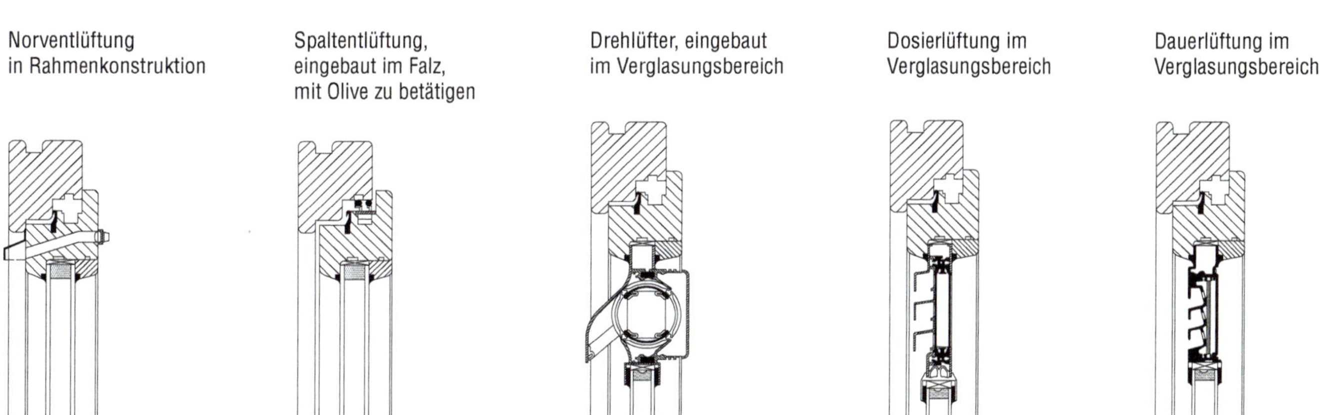

Bild 8: Ausführungsvarianten von Lüftungseinrichtungen in Fenstern

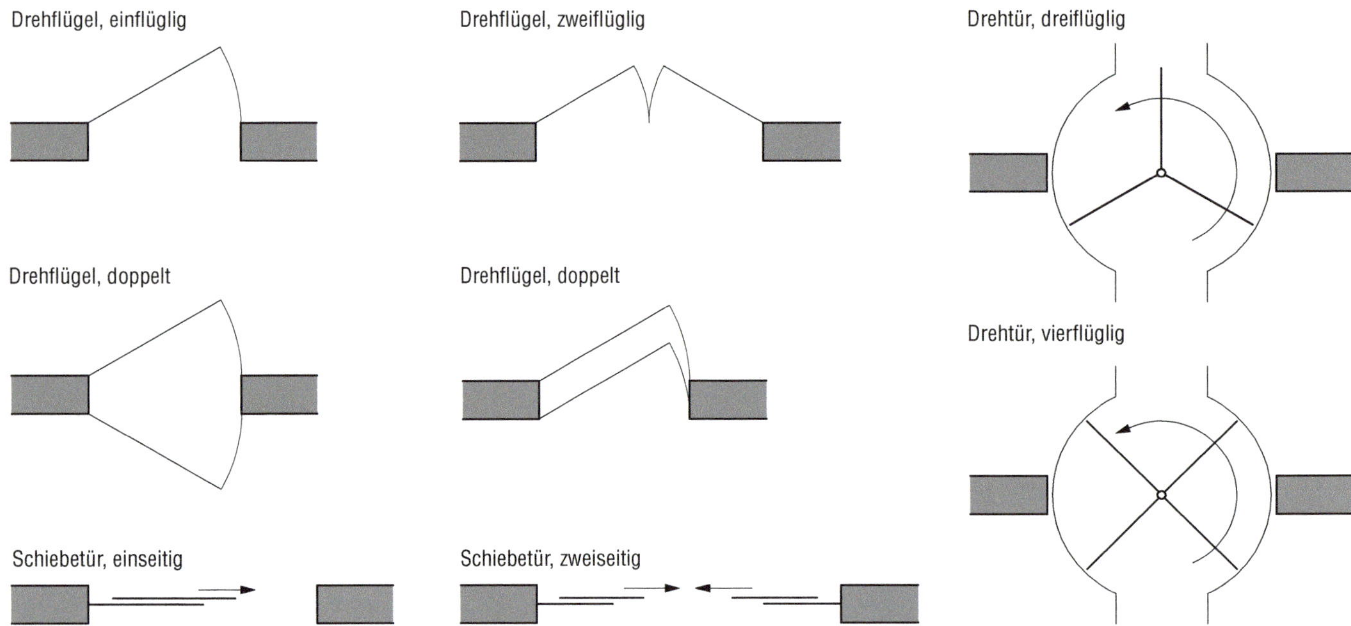

Bild 9: Übersicht über mögliche Öffnungsarten von Außentüren – Darstellung im Plangrundriss

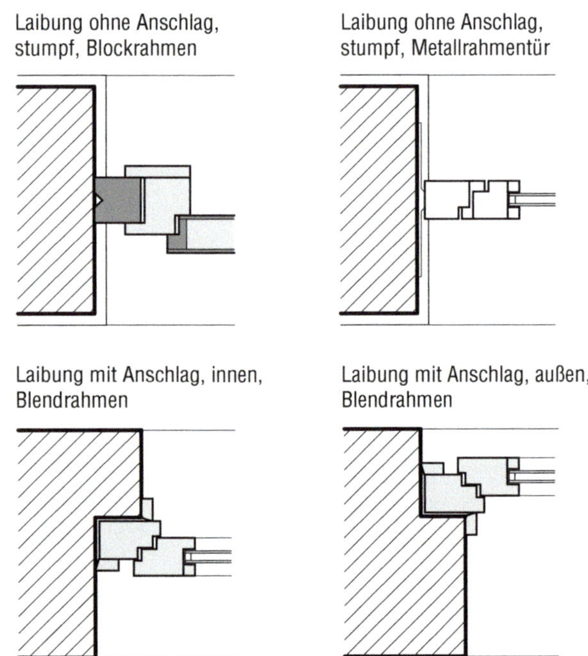

Bild 10: Einbausituationen und Türrahmenvarianten

Verschiedene Materialien

Außenfenster und Außentüren aus Holz

Hölzer

Die Holzarten für Fenster und Türen unterscheiden sich durch ihre holzartspezifischen Eigenschaften, ihr optisches Erscheinungsbild und ihren Farbton voneinander. Die Auswahl sollte allerdings nicht nur nach ästhetischen Ansprüchen vorgenommen werden. Die zu erwartende Beanspruchung der Bauteile muss immer berücksichtigt werden.

Holz als Rahmenmaterial ist durch das Eindringen und Ansammeln von Feuchtigkeit gefährdet. Bei einer Überschreitung der Grenzwerte der Holzfeuchte besteht auch hier die Gefahr eines Befalls durch holzzerstörende Pilze. Dabei sind besonders die Querhölzer des Blend- und Flügelrahmens gefährdet. In diesen Bereichen sollten daher Hölzer eingesetzt werden, die eine ausreichende natürliche Dauerhaftigkeit gegenüber holzzerstörenden Pilzen haben. Die Einstufung der Resistenz erfolgt nach den Dauerhaftigkeitsklassen der DIN EN 350.

Bild 11: Gefährdete Bereiche am Fenster

Folgende Eigenschaften sind für den Einsatz des Holzes im Fenster- oder Türenbau von besonderer Bedeutung:

- natürliche Dauerhaftigkeit des ungeschützten Holzes gegen holzzerstörende Pilze
- Rohdichte
  Die Rohdichte beeinflusst die mechanischen Eigenschaften des Holzes.
- Dimensionsstabilität (Quellen und Schwinden) unter wechselnden klimatischen Verhältnissen
- Feuchtigkeitsangleichsgeschwindigkeit im Hinblick auf die Dimensionsstabilität
  Es besteht die Gefahr anhaltend hoher Holzfeuchte.

Es ist zu berücksichtigen, dass die Eigenschaften des Holzes zwischen Splintholz und Kernholz stark variieren können.

Die Qualitätsanforderungen an die Hölzer werden in der DIN EN 942 – Holz für Tischlerarbeiten – geregelt. Die im Fensterbau übliche Holzqualität sind die Sortierklassen J2 und J10 nach DIN EN 942.

Tab. 1: Hölzer im Fensterbau

Holzart	Farbe	Dimensionsstabilität	Resistenz nach DIN 68364	Eignung
Nadelhölzer				
Fichte	gelblich bis rötlich weiß	gut	4	3
Hemlock	weißlich grau-hell-grau-braun	gut	4	2–3
Kiefer	Kern gelb bis rotbraun Splint hell	mittel bis gut	3–4	3–4
Lärche	Kern rotbraun Splint gelb stark nachdunkelnd	mittel bis gut	3	2–3
Oregon-Pinie	Kern gelb bis rotbraun Splint weiß	gut	3	2
Tanne	weiß bis weißgrau im Alter rötlich bis rötlich violett	gut	4	3
Laubhölzer				
Eiche	Kern graugelb bis hellbraun und dunkelbraun Splint grau	mittel	2	2–3
Stieleiche Traubeneiche	Kern graugelb bis hellbraun und dunkelbraun Splint grau	mittel	2	2–3
Rotes Meranti Red Seraya	Kern hellrosabraun bis dunkelrotbraun	gut	2–3	2
Sipo Mahagoni Utile	Kern rötlich braun bis braunviolett Splint rötlich grau	gut	2	1–2

Tab. 2: Rohdichten und Resistenzklassen von Hölzern für den Fensterbau

	Meranti	Fichte	Kiefer	Eiche	Robinie
Rohdichte [kg/m³]	350–600	400–500	440–600	670–770	720–850
Resistenzklasse nach DIN EN 350	4–5 bei Rohdichte unter 500 kg/m³ 1–3 bei Rohdichte über 500 kg/m³	4	1 behandelt[1)] 3–4 unbehandelt	2	1–2

[1)] Behandlung nach dem Belmadurverfahren. Es handelt sich hierbei um eine Holzmodifizierungstechnologie, bei der die Holzeigenschaften deutlich verbessert werden.

Für Fenster und Türen aus Holz sind folgende Mindestrohdichten festgelegt:

- Nadelholz ≥ 350 kg/m³
- Laubholz ≥ 450 kg/m³

Kommt Meranti zum Einsatz, sollte eine Mindestrohdichte von 500 kg/m³ verwendet werden, denn erst mit dieser Rohdichte verfügt das Holz auch über eine Dauerhaftigkeitsklasse 2. Unterhalb dieser Rohdichte ist wie bei splintreichen Nadelhölzern ein chemischer Holzschutz erforderlich.

Fenster

Die an Fenster gestellten Anforderungen hinsichtlich Fugendurchlässigkeit, Schlagregendichtheit sowie Beanspruchung durch Wind und Benutzung erfordern bei Holzfenstern eine Ausbildung der Profilquerschnitte nach DIN 68121. Es kommen nur noch die Profilgruppen IV 68 bis 92 zum Einsatz (Wärmeschutz). Den einzelnen Profilgruppen sind maximale Flügelabmessungen zugeordnet. Die genormte Konstruktion gewährleistet eine wirksame Abdichtung, Wasserabführung und Befestigung der Verglasungseinheiten. Holzfenster sind i.d.R. mit Mittelfalzdichtungen versehen, die an die Wetterschutzschiene anschlagen. Für Passivhäuser kommen gesonderte Rahmenkonstruktionen zum Einsatz, die mit Wärmedämmungseinlagen versehen sind. Aufgrund der hier eingesetzten Dreifachverglasung sind größere Profilstärken erforderlich.

Die Ausführung der Fenster kann als einteilig, einteilig mehrflüglig oder mehrteilig erfolgen. Bei mehrteiligen Fenstern ist die Fensterfläche durch Pfosten und Riegel unterteilt. Die einzelnen Teile können festverglast oder beweglich sein. Der Rahmenanteil mehrteiliger Fenster ist wesentlich höher als bei einteiligen Fenstern. Dies reduziert den Lichteinfall.

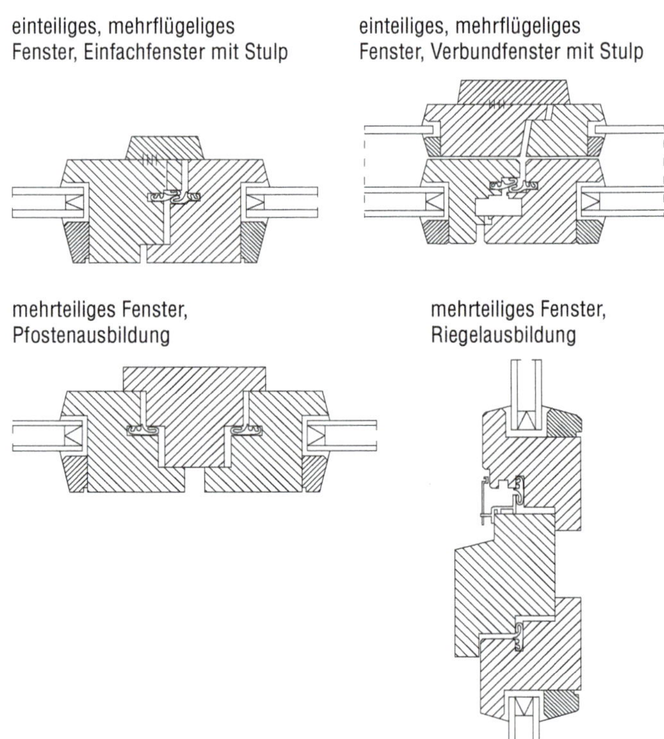

Bild 12: Fensterarten – Holz

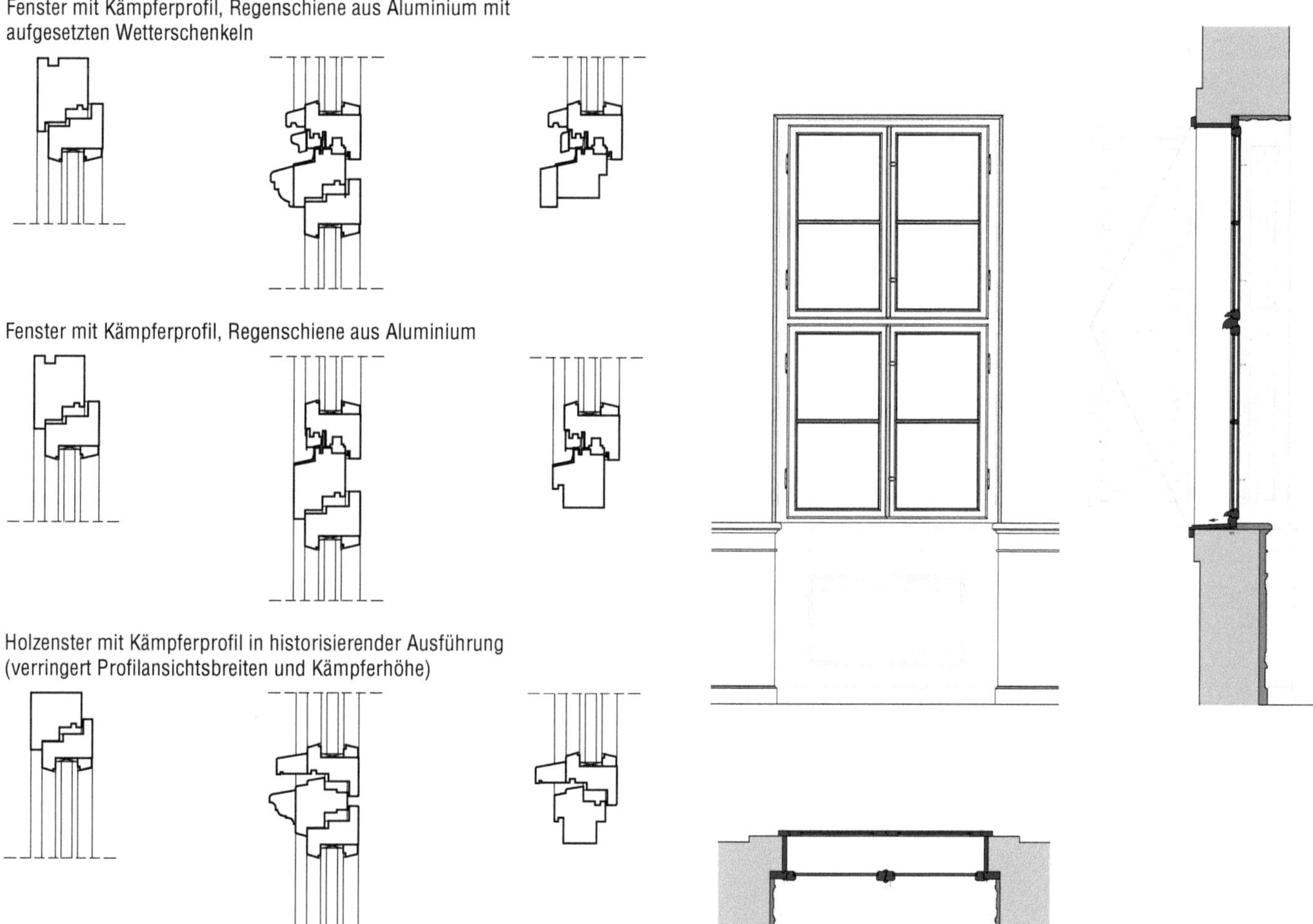

Bild 13: Profilausbildungen im Vergleich

Bild 14: Ausführungsbeispiel einer Fensterrekonstruktion mit äußeren Klappläden

Türen

Die Anforderungen an Außentüren hinsichtlich der Konstruktion sind analog denen der Fenster.

Schwere Außentürblätter haben einen Mindestrahmenquerschnitt von 130 mm × 60 mm, der sich durch den Einsatz von Metallprofilen erheblich reduzieren lässt.

Die Befestigung der Türelemente erfolgt dreiseitig an der Wandkonstruktion. Der untere Anschluss muss so ausgebildet werden, dass ein Eindringen von Feuchtigkeit verhindert wird.

Vollholztürblätter verlangen den Einsatz fehlerfreien Holzes. Sie kommen meist nur noch in der Denkmalpflege zum Einsatz. Türblätter mit glatten Oberflächen werden als Hohlraumtürblätter ausgeführt. Die Hohlräume werden mit Dämmmaterial gefüllt, das auf der Innenseite mit einer Dampfsperre versehen werden muss. Die Abdeckung kann durch mehrere Schichten erfolgen. Die Türblätter können mit sichtbar oder nicht sichtbar befestigten Aufdopplungen versehen sein. Um Verformungen zu verhindern, ist ein symmetrischer Aufbau des Türblatts anzustreben. Rahmentürblätter haben einen Mindestholzquerschnitt von 130/60 mm, der durch Metalleinlagen reduziert werden kann. Die Rahmen werden oft mit Füllungen aus Glas versehen. Bei einem Glasanteil über 50 % gelten die Anforderungen an Fenster (Rahmenmaterialgruppen).

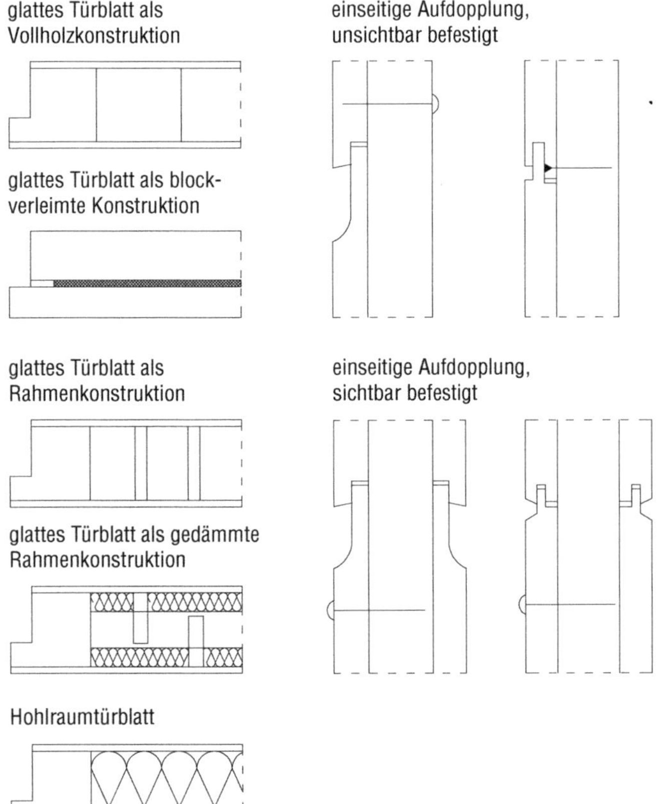

Bild 15: Türblattkonstruktionen

Oberflächenbehandlung

Die Bauteile werden mit einem Anstrichsystem in Anlehnung an die DIN 18363, an den Arbeitsausschuss Anstrich und Holzschutz sowie nach den Empfehlungen des Instituts für Fenstertechnik e.V., Rosenheim, versehen. Detaillierte Anforderungen sind in den Richtlinien des Verbands für Fenster- und Fassadenhersteller und der Initiative ProHolzfenster enthalten.

Bereits bei der Auswahl der Holzart ist die Art der Oberflächenbehandlung zu berücksichtigen. Lasierende Anstriche müssen eine ausreichende Pigmentierung besitzen, um die Beanspruchung durch Feuchteeinwirkung und UV-Strahlung genügend zu verringern. Helle Lasuren bieten keinen ausreichenden Schutz. Des Weiteren ist die unterschiedliche Erwärmung farbiger Anstriche bei Sonneneinstrahlung zu berücksichtigen. Dunkle Farbtöne können bei Sonneneinstrahlung für Oberflächentemperaturen von 80 °C sorgen, was wiederum zu Rissbildung im Holz und Harzaustritt führen kann. Das Anstrichsystem sollte vorrangig anhand der zu erwartenden Belastung gewählt werden.

Tab. 3: Hilfe für die Ermittlung der Belastungsgruppen

Art des Fenstereinbaus	Dachüberstand	Lage des Bauelements		
		EG, 1. bis 3. OG	Freistehend oder Hanglage oder über 3. OG	Gebirgs- und Küstenregionen
zurückgesetzt	groß	0	0	1
fassadenbündig		1	1	2
zurückgesetzt	mittel	1	2	3
fassadenbündig		2	3	4
zurückgesetzt	klein	2	3	4
fassadenbündig		3	3	4

0 nicht direkt bewittert
1 leicht bewittert
2 mittelstark bewittert
3 stark bewittert
4 sehr stark bewittert

Tab. 4: Hilfe für die Ermittlung der passenden Beschichtung in Abhängigkeit von der Belastungsgruppe und Hinweis auf Pflegeintervalle

Belastungsgruppe	Holzart	Nadelholz				Tropen- und Laubholz			
	Beschichtung	Lasierend		Deckend		Lasierend		Deckend	
	Farbtöne	Hell	Mittel und dunkel	Hell	Mittel und dunkel	Hell	Mittel und dunkel	Hell und mittel	Dunkel
0		A	A	A	A	A	A	A	A
1		C	B	A	A	B	A	A	A
2		D	B	A	B	B	B	A	A
3		E	E	C	C	E	C	B	C
4		E	E	D	E	E	E	C	D

A 5 Jahre – sehr zu empfehlen
B 3 bis 4,5 Jahre – zu empfehlen
C 2 bis 2,5 Jahre – noch zu empfehlen
D weniger als 2 Jahre – nicht zu empfehlen
E deutlich weniger als 2 Jahre – unzulässig

Die Anstrichsysteme müssen Mindestschichtdicken aufweisen. Bei Lasuren sind 60 µm bis 80 µm erforderlich, bei Deckanstrichen 80 µm bis 120 µm. Für Grundierungen und Zwischenanstriche sind 30 µm ausreichend. Fenster und Türen zählen zu den maßhaltigen Bauteilen. Für diese sind Beschichtungen empfohlen, die einen s_d-Wert ≥ 1,2 m haben. Der Anstrich der unteren Bauteilbereiche ist besonders sorgfältig auszuführen. Außenfensterbänke und andere Anschlussteile sind erst nach erfolgtem Anstrich zu montieren.

Anstrichsysteme müssen in Abhängigkeit von der Art und der Intensität gewartet werden. Gleichzeitig ist eine Kontrolle von Beschlägen und Dichtungen erforderlich.

Eine gute und regelmäßige Oberflächenpflege kann die Wartungsintervalle deutlich verlängern. Bei der Ausführung von Renovierungsanstrichen ist die Verträglichkeit mit dem Untergrund zu prüfen. Der vorhandene Anstrich kann als Grund genutzt werden. Ist der vorhandene Anstrich nicht mehr tragfähig, ist dieser zu entfernen. Der Renovierungsanstrich wird als Neuanstrich auf die Holzoberfläche aufgetragen.

Außenfenster und Außentüren mit Metallrahmen

Fenster und Türen aus Metall werden hauptsächlich aus Aluminium und Stahlprofilen gefertigt. Die Konstruktionen sind wirtschaftlich und bestehen aus mehrschaligen Profilaufbauten (Wärmeschutz). Kunststoffstege oder Hartschaumkerne gewährleisten eine thermische Trennung der inneren und äußeren Schale. Elemente aus Aluminium und Stahl weisen größere Längenänderungen infolge Temperatureinwirkung auf als vergleichsweise Bauelemente aus Holz. Diese sind bei den Bauwerksanschlüssen und in Form von Bewegungsfugen zu berücksichtigen.

Türelemente aus Metall kommen bei hoher Personenfrequenz zum Einsatz. Sie weisen einen hohen Widerstand gegen mechanische Beanspruchung auf. Sie bestehen aus einer Metallzarge oder einem Metallblendrahmen und einem Türblatt, das i.d.R. mit anderen Materialien (Holz, Glas u.Ä.) kombiniert ist.

Fenster aus Aluminium

Fensterelemente aus *Aluminium* können flächenbündig hergestellt werden. Es besteht keine Notwendigkeit für einen Flächenversatz zwischen Blend- und Flügelrahmen. Die Dichtung wird durch Mittel- und Aufschlagdichtungen erreicht. Bei der Ausführung als Blockflügel kann der Flügelrahmen vollständig hinter dem Blendrahmen verschwinden. Bei großen Flügel- oder Blendrahmenabmessungen werden innen- oder außenliegende Verstärkungen eingebaut.

mit Zweifachverglasung,
Profil mit 60 mm Bautiefe

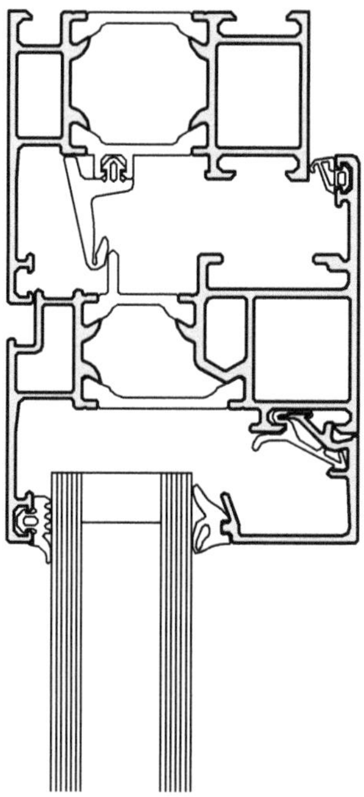

mit Zweifachverglasung,
Profil mit 60 mm Bautiefe,
wärmegedämmt

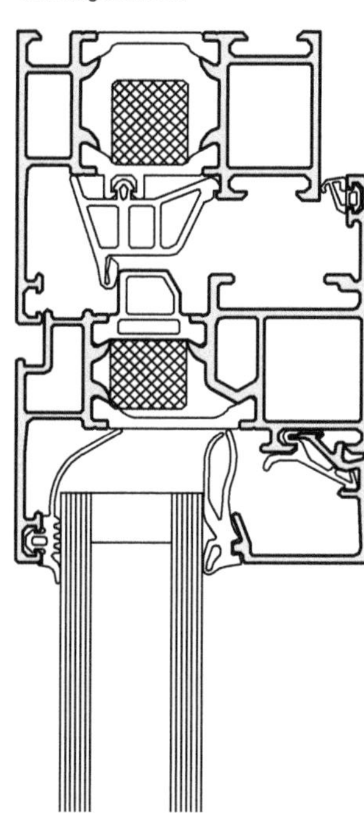

mit Zweifachverglasung,
Profil mit 75 mm Bautiefe,
hochwärmegedämmt

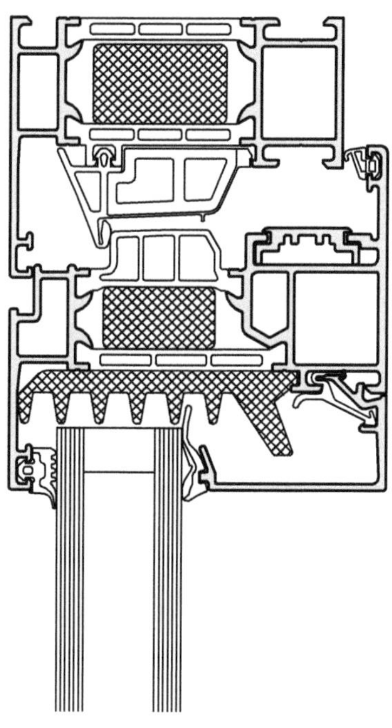

mit Dreifachverglasung,
Profil mit 75 mm Bautiefe,
hochwärmegedämmt

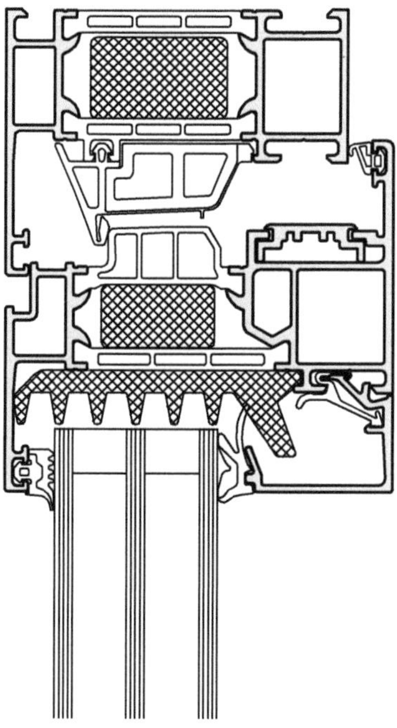

mit Dreifachverglasung, Profil mit 112 mm Bautiefe,
höchstwärmegedämmt, isolierte Vorsatzschale

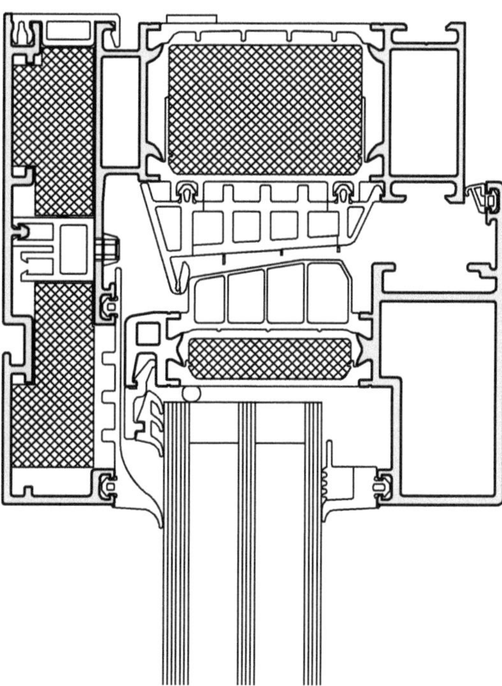

Bild 16: Verschiedene Fensterprofile aus Aluminium

Fenster aus Stahl

Fenster aus *Stahl* für untergeordnete Räume werden aus T-, L- oder Rohrprofilen hergestellt. Für Konstruktionen mit Anforderungen an den Wärmeschutz kommen Profilrohrsysteme mit thermischer Trennung zum Einsatz. Diese sind mit Schaumstoffkernen versehen. Die Profilrohre bestehen aus Stahlblech oder Edelstahl.

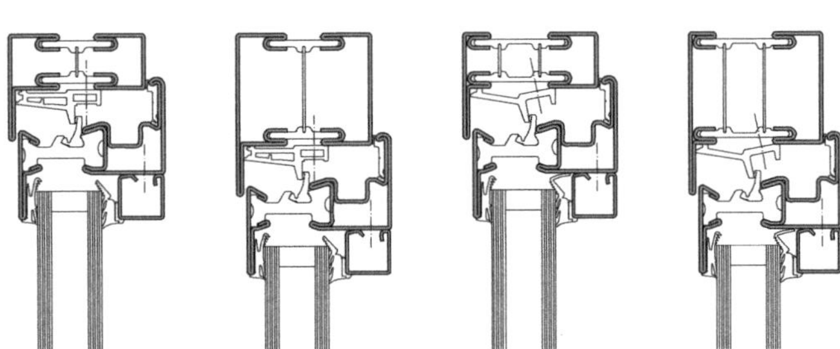

Bild 17: Verschiedene Fensterprofile aus Stahl

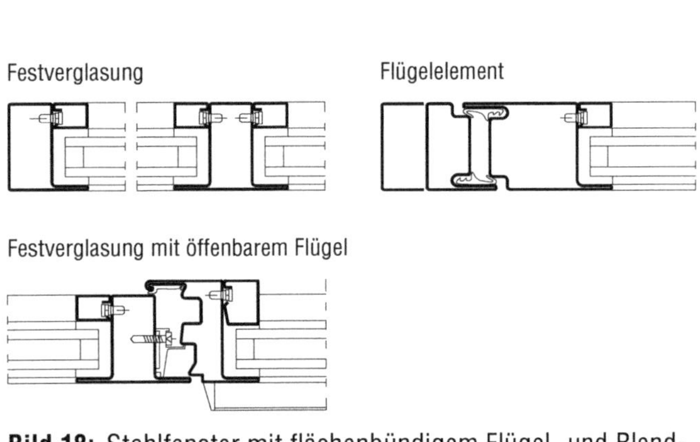

Bild 18: Stahlfenster mit flächenbündigem Flügel- und Blendrahmen

Türen aus Aluminium

Türelemente aus *Aluminium* sind trotz hoher Investitionskosten wirtschaftlich. Sie kommen nur als wärmegedämmte Verbundkonstruktionen zum Einsatz.

mit Zweifachverglasung, Profil mit 65 mm Bautiefe

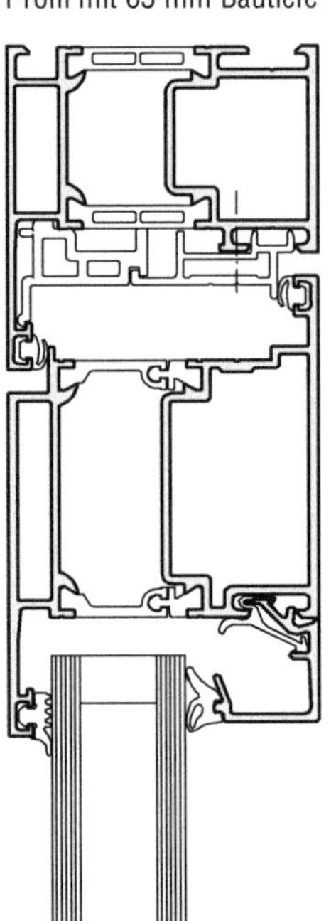

mit Zweifachverglasung, Profil mit 65 mm Bautiefe

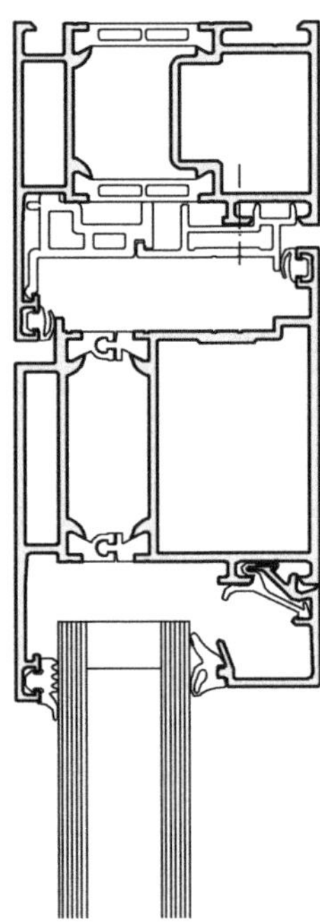

mit Zweifachverglasung, Profil mit 70 mm Bautiefe, wärmegedämmt

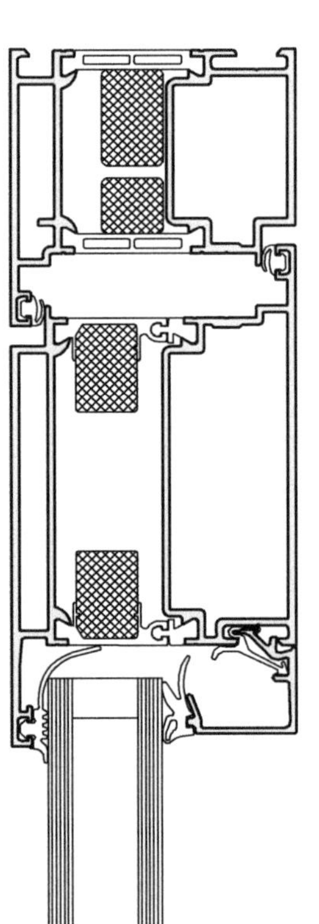

mit Zweifachverglasung, Profil mit 75 mm Bautiefe, wärmegedämmt

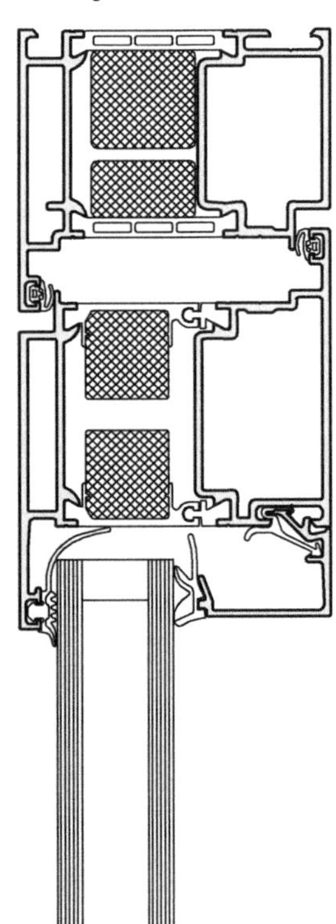

Bild 19: Verschiedene Türprofile aus Aluminium

Türen aus Stahl

Türelemente aus *Stahl* bestehen aus thermisch getrennten Profilen. Die Türflügel sind mit doppelten Falzdichtungen versehen. Die Blend- und Flügelrahmen können flächenbündig sein. Für Eingangsbereiche, an die keine Anforderungen an den Wärmeschutz gestellt werden, können ungedämmte Profile eingesetzt werden.

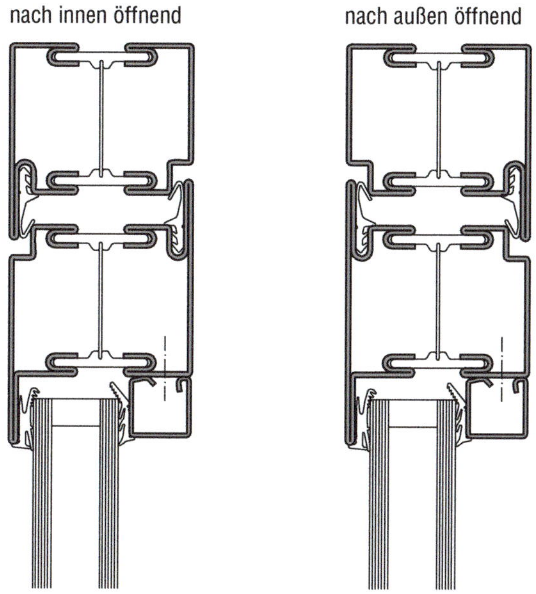

Bild 20: Verschiedene Türprofile aus Stahl

Oberflächenbehandlung

Fenster- und Türelemente aus *Aluminium* werden werkseitig oberflächenbehandelt. Die Behandlung kann durch Eloxierung oder Farbbeschichtung erfolgen. Bei der Eloxierung wird das Aussehen von der Vorbehandlung (DIN 17611) bestimmt. Die durch Eloxierung erzielbaren Farbtöne sind begrenzt und können herstellerabhängig variieren. Es empfiehlt sich eine Bemusterung, die Qualität und Farbgebung definiert. Eloxierungen haben eine Mindestschichtdicke von 20 µm. Die fertigen Oberflächen sind empfindlich, sie sind durch Folien bis zur Baufertigstellung zu schützen.

Tab. 5: Oberflächenbeschaffenheit von Aluminiumprofilen [nach DIN 17611]

Kurzbezeichnung	Art der Vorbehandlung
E0	ohne oberflächenabtragende Vorbehandlung, anodisiert und verdichtet
E1	geschliffen, anodisiert und verdichtet
E2	gebürstet, anodisiert und verdichtet
E3	poliert, anodisiert und verdichtet
E4	geschliffen und gebürstet, anodisiert und verdichtet
E5	geschliffen und poliert, anodisiert und verdichtet
E6	chemisch behandelt in Spezialbeizen, anodisiert und verdichtet
E7	chemisches oder elektrochemisches Glänzen
E8	Polieren und chemisches oder elektrochemisches Glänzen

Tab. 6: Bezeichnung der Farbtöne von Eloxierungen

Kurzbezeichnung nach den Richtlinien des Eloxalverbands	Nach EURAS	Farbgebung
EV1	C-0	farblos, natur anodisiert
EV2	C-31	neusilberfarben anodisiert
EV3	C-4	goldfarben anodisiert
EV4	C-32	hellbronzefarben anodisiert
EV5	C-34	dunkelbronzefarben anodisiert
EV6	C-25	schwarz anodisiert

Farbbeschichtungen werden aus Kunststoff nach RAL-Farbkarte hergestellt. Vor der Beschichtung erfolgt eine Vorbehandlung. Die Beschichtung kann als Nassbeschichtung (Schichtdicke 50 µm bis 80 µm) oder als Pulverbeschichtung (Mindestschichtdicke 60 µm) ausgeführt werden.

Fenster- und Türelemente aus *Stahl* müssen mit einem Korrosionsschutz versehen werden. Dieser wird i.d.R. durch Feuerverzinkung hergestellt. Werkseitig wird darauf eine Grundbeschichtung aufgebracht, die mit Nass- oder Pulverbeschichtungen versehen wird. Elemente aus Edelstahl bieten höchsten Korrosionsschutz. Diese kommen mit unbehandelten, gebürsteten oder geschliffenen Oberflächen zum Einsatz.

Außenfenster und Außentüren mit Holz-Aluminium-Rahmen

Besonders dauerhaft sind Holz-Aluminium-Fenster. Hier wird das Rahmenprofil aus Holz durch eine äußere Schale aus Aluminium geschützt. Hier werden die positiven Materialeigenschaften beider Werkstoffe kombiniert. Raumseitig sorgt die Holzoberfläche für ein angenehmes Raumempfinden, von außen ist die Konstruktion geschützt.

Außenfenster und Außentüren mit Kunststoffrahmen

Bauteile aus Kunststoff werden fast ausschließlich aus schlagzähem PVC hergestellt. Die Elemente sind für alle Bereiche einsetzbar und haben eine Lebenserwartung, die mit der der Bauteile aus traditionellen Materialien vergleichbar ist. Die Rahmen bestehen aus filigranen Mehrkammerprofilen, die teilweise über eine integrierte Wärmedämmung verfügen. Eingelegte Stahl- oder Aluminiumprofile erhöhen die Steifigkeit.

Die Anschlüsse der Bauteile sind so auszuführen, dass temperaturabhängige Längenänderungen zwängungsfrei möglich sind.

mit Zweifachverglasung, zwei Dichtebenen mit Anschlagdichtung

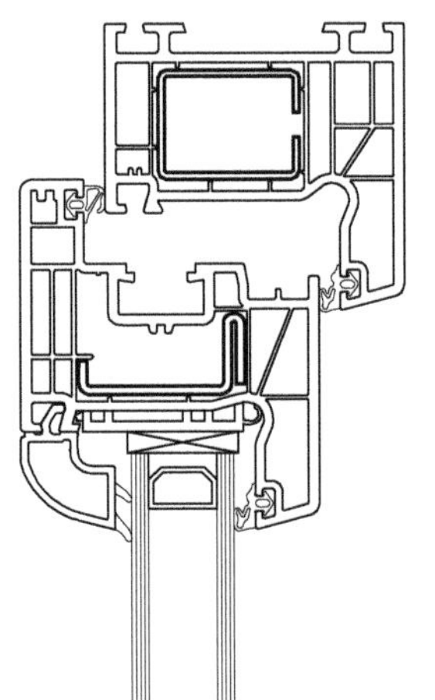

Fünfkammerprofil mit Zweifachverglasung, drei Dichtebenen mit Mitteldichtung

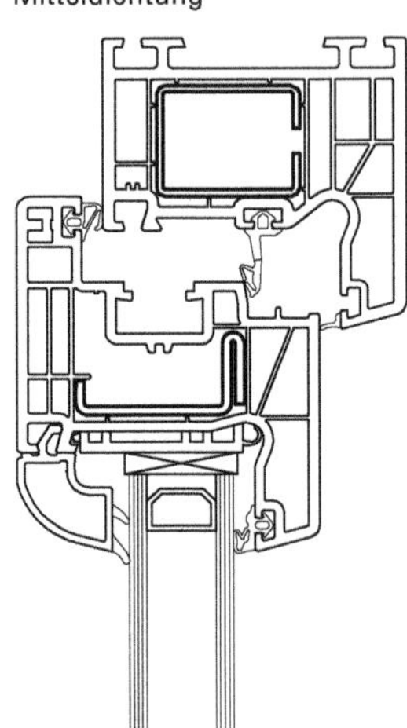

Sechskammerprofil, mit Dreifachverglasung, drei Dichtebenen mit Mitteldichtung, Verstärkung durch Stahlprofile

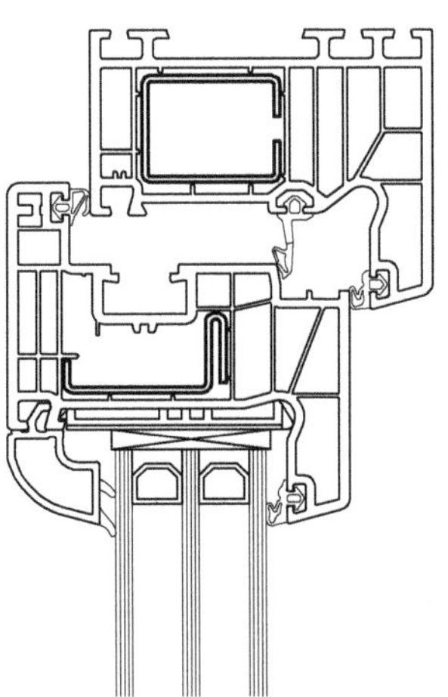

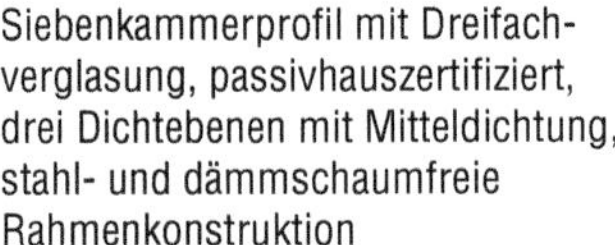

Siebenkammerprofil mit Dreifachverglasung, passivhauszertifiziert, drei Dichtebenen mit Mitteldichtung, stahl- und dämmschaumfreie Rahmenkonstruktion

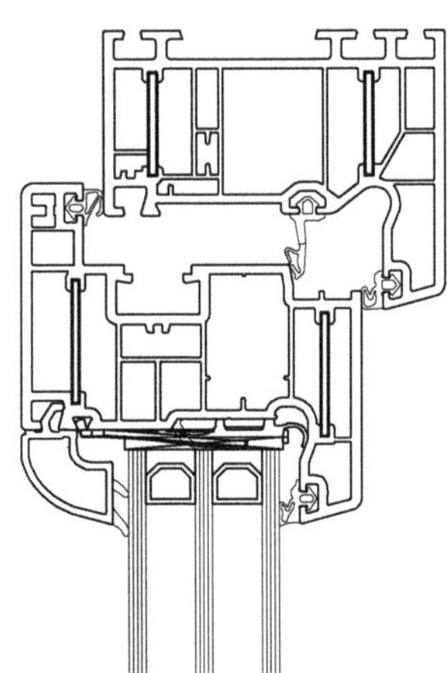

Bild 21: Verschiedene Profilausführungen für Fensterprofile in Kunststoff

Fenster

Fensterprofilsysteme aus Kunststoff müssen den Anforderungen der RAL-GZ 716/1 genügen. Die Fensterelemente sind in allen Bauarten variantenreich ausführbar. Sie können mit vielfältigen Einbauelementen kombiniert werden.

Kunststoffelemente verfügen über eine relativ geringe Tragfähigkeit. Deshalb werden großformatige Fenstertürelemente bevorzugt mit verstärkten Kunststoffrahmen ausgeführt.

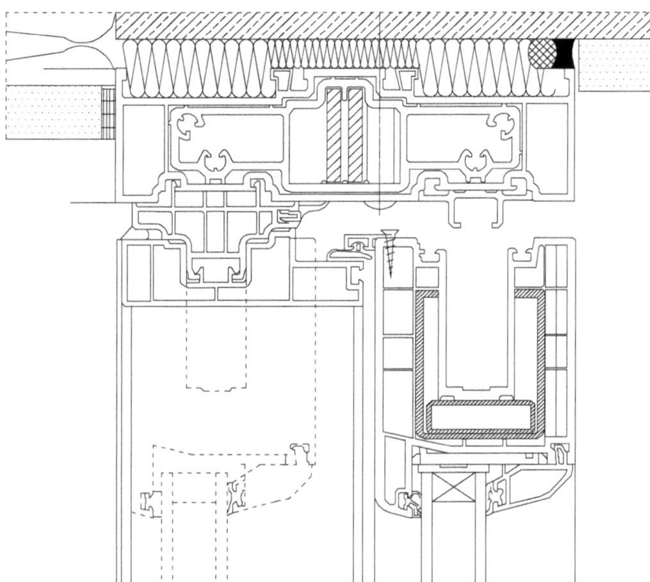

Bild 22: Oberer Anschluss einer großformatigen Hebe-Schiebe-Tür aus Kunststoff

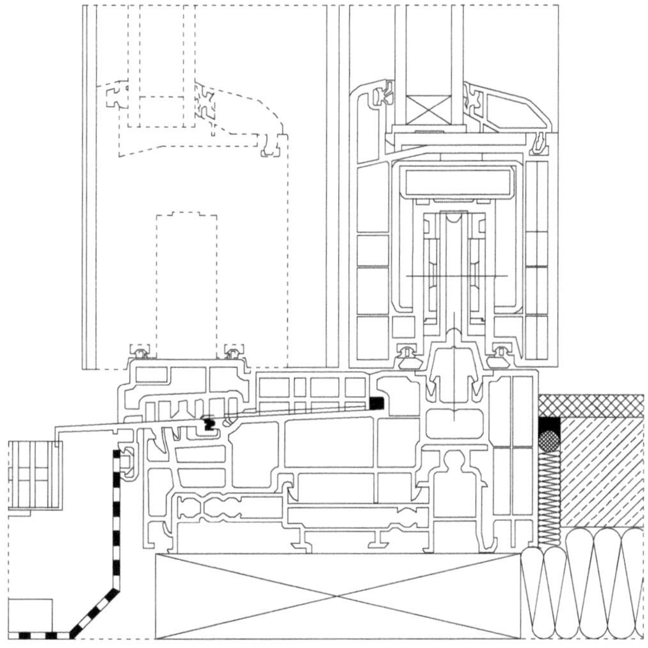

Bild 23: Bodenanschluss einer großformatigen Hebe-Schiebe-Tür aus Kunststoff

Türen

Kunststoffaußentüren können aus Hohlkammerprofilen, versehen mit Verstärkungsprofilen aus Metall, hergestellt werden. Es wird zwischen Rahmentüren und Füllungstüren unterschieden. Profiltiefen bis zu 72 mm sind standardgemäß. Je nach Wahl der Verglasung oder Füllung sind Profilstärken bis 82 mm möglich. Die Güte- und Prüfbestimmungen für Haustüren sind in der RAL-GZ 996 definiert.

Außentüren können auch als Hohlkammerverbundprofile hergestellt werden. Die Türelemente bestehen aus Materialkombinationen, die lösbar oder unlösbar miteinander verbunden sind. Oft schließen die Schalen einen Dämmstoffkern ein. Vorteilhaft bei den Verbundprofilen ist, dass die Eigenschaften der Einzelmaterialien optimal genutzt werden können.

Oberflächenbehandlung

Die Oberflächen der Kunststoffelemente sind i.d.R. gebrauchsfertig. Die Elemente sind witterungs- und UV-beständig. Es ist keine laufende Oberflächennachbehandlung erforderlich. Die farbliche Gestaltung kann durch homogene Durchfärbung der Profile erfolgen, wobei nur wenige Standardtöne angeboten werden. Farbige Profile werden mit Kaschierungen oder Beschichtungen hergestellt. Beschichtungen sind wirtschaftlich in vielfältigen Farben und Oberflächenstrukturen ausführbar. Kunststoffelemente können auch nachträglich bei entsprechender Grundierung mit Anstrichen oder Lasuren versehen werden.

Die Farbgestaltung verändert unvorteilhaft das weiße Grundmaterial in seinen Eigenschaften. Es sind helle Oberflächen zu bevorzugen, da dunkle Farben zu Farbveränderungen neigen. Dunkle Bauteile weisen größere Materialdehnungen auf und sind verformungsgefährdet. Helle Oberflächen erfordern einen höheren Reinigungsaufwand. Es sind Spezialreiniger erforderlich. Neuentwicklungen gehen dahin, die Oberflächen mit schmutzabweisenden Materialien zu versiegeln.

Kunststoffelemente können, ähnlich wie Holz-Aluminium-Elemente, mit Außenschalen aus Aluminium versehen werden. Die Außenschale aus Aluminium ist witterungsbeständig und ermöglicht jede Farbgebung.

3/8 Integrative & begrünte Fassaden

3/8.1 Begrünte Fassaden

Begrünte Fassaden sind in der Baugeschichte schon lange bekannt. Anfang des 20. Jahrhunderts kam den Fassadenbegrünungen durch das Modell „Gartenstadt" großes Interesse zu. Es handelte sich hier vor allem um rankenden Bewuchs, der allerdings aufwendig in Pflege und Rückschnitt war, da die technischen Hilfsmittel fehlten. In den letzten Jahren werden Grünfassaden wieder häufiger geplant und umgesetzt. Sie bieten ein großes Entwicklungspotenzial, da sie einen aktiven Beitrag zur Klimaregulierung leisten.

Sie verbinden die Kultur- mit der Naturlandschaft. Ganz vereinfacht lassen sich Fassadenbegrünungen in zwei Gruppen einteilen:

- bodengebundene Begrünung
- fassadengebundene Begrünung

Neben den positiven klimatischen Eigenschaften haben begrünte Fassaden weitere Vorteile:

- Verbesserung des Mikroklimas durch Beschattung, Wasserrückhaltung, Verdunstung sowie Bindung und Filterung von Staub
- Energieeinsparung durch wärmedämmende Wirkung der Fassadenbegrünung im Winter und sommerlicher Wärmeschutz durch „Hitzeschildfunktion" und Beschattung
- Lärmschutz durch Minderung der Schallreflexion

Bei der Planung von Fassadenbegrünungen sollten folgende Punkte Berücksichtigung finden:

- Art der Wandkonstruktion, deren Beschaffenheit und Eignung
- Standort und Ausrichtung der Fassade, vorhandene Belichtung und Beschattung
- zusätzliche Lasten bei fassadengebundenen Systemen
- zusätzliche Zuglasten bei Kletter- und Rankhilfen bodengebundener Systeme
- zusätzliche Windsoglast
- Auswahl des Fassadenbegrünungssystems in Abhängigkeit von der Nutzung und vom Vegetationsziel
- Auswahl der Pflanzenarten in Abhängigkeit vom Begrünungssystem
- Auswahl der Kletter- und Rankhilfen in Abhängigkeit von den ausgesuchten Pflanzen
- Planung der Entwässerung bei fassadengebundenen Begrünungen zur Ableitung des Wasserüberschusses
- Wasserversorgung für die dauerhafte Bewässerung fassadengebundener Systeme
- Wartung, Pflege und Instandhaltung ermöglichen, Zugang zur Fassade und Absturzsicherung gewährleisten

Bodengebundene Fassadenbegrünungen sind in ihrer Herstellung relativ günstig und kosten je nach Aufbau und Größe ca. 15 bis 35 €/m². Für eine fassadengebundene Begrünung sind die Herstellungskosten deutlich höher und liegen bei ca. 400 €/m². Damit wären sie mit einer hochwertigen vorgehängten und hinterlüfteten Fassadenbekleidung vergleichbar.

Bodengebundene Begrünung

Die klassische Fassadenbegrünung wird durch Kletterpflanzen hergestellt. Diese wurzeln im Boden und erfordern ein Pflanzloch von mindestens 30 × 30 × 30 cm, an Südfassaden 30 × 30 × 50 cm. Kletterpflanzen sind Selbstklimmer oder benötigen Kletter- oder Rankhilfen, die aus Holzgerüsten, Seilen, Seilnetzen, Gittern oder Baustahlmatten bestehen.

Sollen Selbstklimmer bzw. Selbstkletterer verwendet werden, ist die Eignung des Untergrunds zu prüfen. Der Untergrund muss intakt sein und soll keine Risse, Spalten oder Fugen aufweisen. Selbstklimmer wachsen in vorhandene Fugen und Spalten hinein und verursachen durch ihr Dickenwachstum Schäden. Auf die pflanzenphysiologische Eignung des Haftgrunds ist zu achten. Fassaden mit Außendämmungen sind meist nicht dafür geeignet.

Tab. 1: Bodengebundene Begrünung – Wurzelung in der Bodenfläche mit Oberboden- und Bodenwasseranschluss

	Direktbewuchs ohne Kletterhilfe	Leitbarer Bewuchs mit Gerüstkletterpflanzen mit Kletterhilfe
Flächenwirkung	in 5–20 Jahren	in 3–12 Jahren
Wandausbildung	massive einschalige Konstruktionen	▶ massive einschalige Konstruktionen ▶ vollflächig bekleidete Holzkonstruktionen nur bedingt einsetzbar ▶ freistehende oder ausgefachte Metallkonstruktionen ▶ Vorsatzschalen und Vorhangfassaden sind nur bedingt einsetzbar ▶ Wärmedämmverbundsysteme
Kletterhilfe	ohne	Spaliere, Stäbe, Seile, Netze und Gitter
Pflegeaufwand	mittel, aber zunehmend ▶ Rückschnitt und ggf. Einflechten in die Kletterhilfen ▶ Fenster, Türen, Fensterläden, Fallrohre, Dächer etc. von Bewuchs freihalten ▶ abgestorbene Pflanzenteile entfernen ▶ ggf. düngen	
Investitionsaufwand	gering	gering bis mittel
Wandkonstruktionen	geeignet: ▶ an massiven einschaligen Wandkonstruktionen mit geschlossenen Fugen und intakter Außenhülle ▶ Haftgrund ist auf pflanzenphysiologische Eignung zu prüfen	geeignet: ▶ an massiven einschaligen Konstruktionen ▶ an vollflächig bekleideten Holzkonstruktionen ▶ an freistehenden Metallkonstruktionen auch mit Ausfachung ▶ an Wärmedämmverbundsystemen bedingt geeignet: ▶ an ausgefachten Holzkonstruktionen ▶ an Vorsatzschalen ▶ an vorgehängten hinterlüfteten Fassaden

Auf vorgehängten und hinterlüfteten Fassaden sowie auf wärmegedämmten Fassaden sind grundsätzlich nur Kletterpflanzen mit Rankhilfe (Gerüstkletterpflanzen) geeignet oder fassadengebundene Begrünungssysteme zu verwenden.

Als bodengebundene Begrünung eignen sich viele Pflanzenarten wie Wilder Wein, Efeu, Kletterhortensie, Kletterrose, Pfeifenwinde etc.

Für Oberflächenbegrünungen werden die verwendbaren *Pflanzenarten* vornehmlich nach ihrem Kletterverhalten und der Laubbeständigkeit unterschieden. Nach dem Kletterverhalten erfolgt eine Unterteilung in Rankpflanzen, Schling- und Windepflanzen, Spreizklimmer und Wurzelkletterer. Wurzelkletterer sind selbstklimmende Pflanzen, die keine Rankhilfe benötigen. Vor Einsatz ist zu klären, ob die Fassadenoberfläche pflanzenverträglich ist.

Tab. 2: Anforderungen an Rankhilfen für Fassadenbegrünungen

Pflanzenart/ Klettertechnik	Gitterweite des Rankgerüsts	Umfang/ Durchmesser [mm], Profilform	Profilanordnung
Rankpflanzen			
dünn, kurzrankig	15 × 15 bis 35 × 35	U bis 25, beliebige Form	enges Gitter, nicht linear
dick, langrankig	25 × 25 bis 60 × 60	U bis 50, beliebige Form	Gitter, u.U. linear parallel
Schlingpflanzen			
dünn, kleinwüchsig	20 × 30 bis 40 × 60	D bis 30, runde Form	linear vertikal, Gitter/Matte
dick, großwüchsig	30 × 40 bis 50 × 120	D bis 50, runde Form	linear vertikal, Rechteckgitter
Spreizklimmer			
Spreizklimmer allgemein	30 × 30 bis 50 × 50	beliebig	beliebige Gitter oder linear horizontal

Rankpflanzen, Schling- und Windepflanzen und Spreizklimmer benötigen Rankhilfen, an die Anforderungen nach Tabelle 2 gestellt werden.

Die Rankhilfen für Gerüstkletterpflanzen verlangen Investitionskosten, es werden jedoch Instandsetzungsarbeiten an der Fassade erleichtert und das potenzielle Schadensrisiko wird minimiert. Die Auswahl der Bepflanzung sollte zusätzlich die Proportionen des Gebäudes berücksichtigen.

Rankhilfen sind funktionale Konstruktionen, die über einen ausreichenden Schutz vor Verwitterung verfügen müssen. Sie müssen vor dem Ersteigen geschützt werden (Beginn in großer Höhe, Montage von Schutzgittern oder Hürden). Die Befestigung ist spannungsfrei auszuführen, um Schäden an der Fassade zu vermeiden. Die Befestigungen müssen so dimensioniert sein, dass sie sich selbst und den tropfnassen Bewuchs einschließlich Laub, Früchten, Schnee, Eis und Wind tragen.

Die Rankhilfen können durch unterschiedliche Befestigungsarten an der Fassade angebracht werden. Die Befestigungsart bestimmt die Spannweiten zwischen den Befestigungspunkten und den Abstand der Rankhilfe zur Fassade.

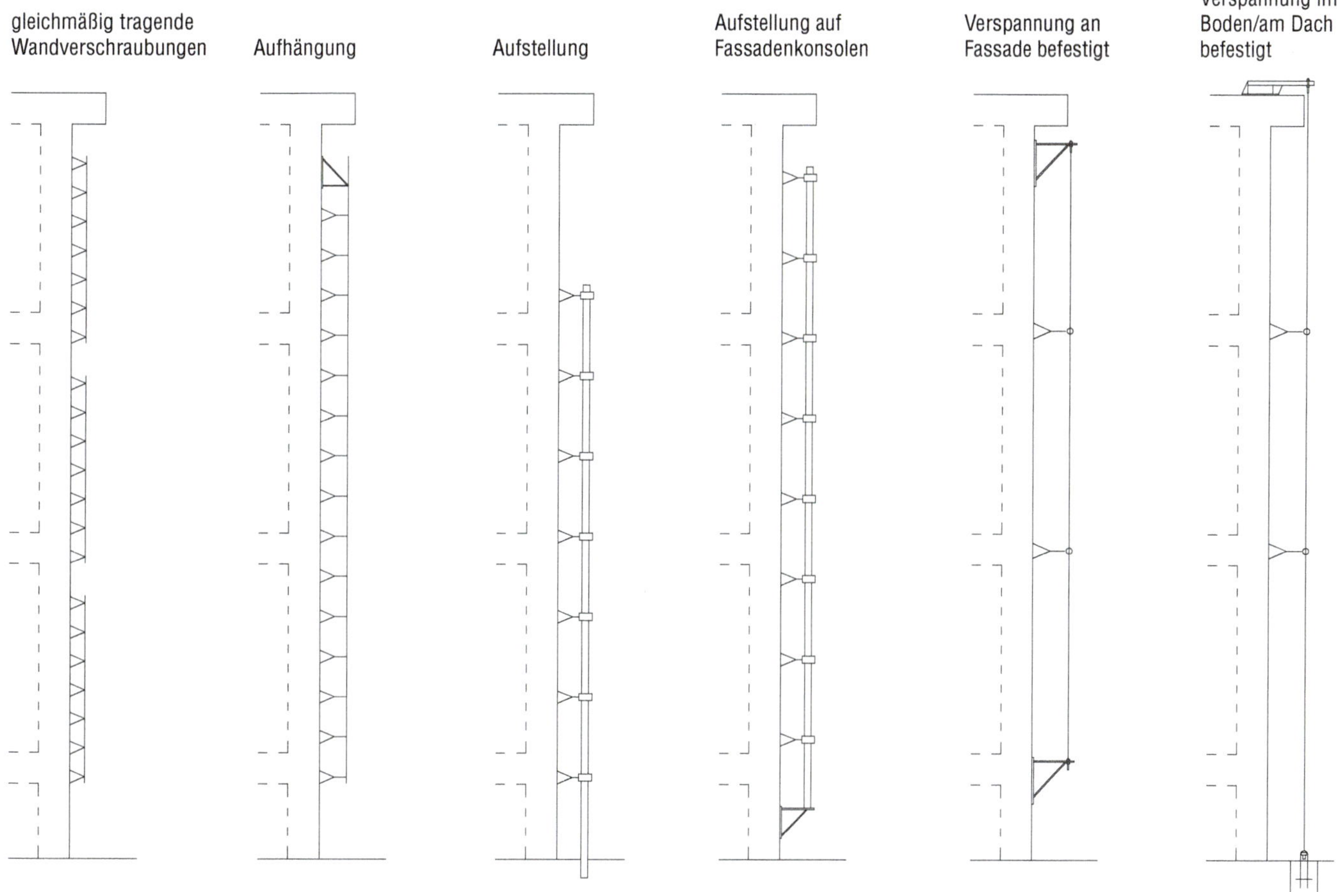

Bild 1: Befestigung von Rankhilfen

Pflegemaßnahmen werden etwa ein- bis zweimal jährlich notwendig. Dies sind beispielsweise:

- Rückschnitt – Fenster, Dächer, Entwässerungseinrichtungen etc. sind vom Bewuchs freizuhalten
- Einflechten in Kletterhilfen
- Entfernen von abgestorbenen Pflanzenteilen
- bei Bedarf Zuführen von Dünger

Fassadengebundene Begrünung

Fassadengebundene Begrünungssysteme stellen i.d.R. die Außenhaut der Fassaden dar und ersetzen hiermit die üblichen Bekleidungsmaterialien wie Metall, Holz, Glas etc. Kennzeichnend ist, dass die Pflanzen keinen Bodenanschluss benötigen, wodurch sie vor allem in innerstädtischen Bereichen geeignet sind. Besonders zu beachten ist, dass die Versorgung mit Wasser und Nährstoffen über automatische Anlagen geregelt sein muss.

Für fassadengebundene Begrünungen eignen sich Pflanzenarten wie Geranien, Farne, Johanniskraut, Zwergmispel etc. Die Pflanzenauswahl sollte immer mit einem Landschaftsarchitekten oder dem Landschafts- und Gartenbaubetrieb erfolgen und mit dem Systemanbieter objektbezogen abgestimmt werden.

Tab. 3: Fassadengebundene Begrünung – Wurzelung in Substratsystemen ohne Kontakt zum Baugrund – keine Anforderungen an Bodenausbildung und Bodenwasseranschluss

	Pflanzgefäße an Tragkonstruktion	Pflanzen in senkrechten Vegetationsflächen	
		Modulare Systeme	Flächige Konstruktionen
Flächenwirkung	sofort	sofort	kurzfristig
Pflanzenarten	▶ Stauden ▶ Gräser ▶ Farne ▶ Kleingehölze	▶ Stauden ▶ Gräser ▶ Farne ▶ Kleingehölze ▶ Moose	
Pflanzgrund	Substrat in Einzel- oder Lineargefäßen	▶ Substrat in Elementeinheiten aus Körben, Gabionen, Matten und Kassetten ▶ substrattragende Rinnensysteme ▶ direkt begrünte Ziegel-/Steinplatten mit begrünungsfördernder Oberflächenplastizität	▶ Textil-System ▶ Textil-Substrat-Systeme ▶ Metallblech-System mit Wuchsöffnungen auf Textil oder Substratträger ▶ Direktbegrünung auf nährstofftragender Fassade
Wandkonstruktion	geeignet: ▶ an massiven einschaligen Konstruktionen ▶ an Wärmedämmverbundsystemen ▶ an vorgehängten hinterlüfteten Fassaden bedingt geeignet: ▶ an vollflächig bekleideten Holzkonstruktionen ▶ an freistehenden oder ausgefachten Metallkonstruktionen ▶ an Vorsatzschalen	geeignet: ▶ an massiven einschaligen Konstruktionen ▶ an vorgehängten hinterlüfteten Fassaden bedingt geeignet: ▶ an vollflächig bekleideten Holzkonstruktionen ▶ an freistehenden oder ausgefachten Metallkonstruktionen ▶ an Vorsatzschalen ▶ an Wärmedämmverbundsystemen	geeignet: ▶ an massiven einschaligen Konstruktionen ▶ an vorgehängten hinterlüfteten Fassaden ▶ an Wärmedämmverbundsystemen bedingt geeignet: ▶ an vollflächig bekleideten Holzkonstruktionen ▶ an freistehenden oder ausgefachten Metallkonstruktionen

Tab. 3: Fassadengebundene Begrünung – Wurzelung in Substratsystemen ohne Kontakt zum Baugrund – keine Anforderungen an Bodenausbildung und Bodenwasseranschluss *(Fortsetzung)*

	Pflanzgefäße an Tragkonstruktion	Pflanzen in senkrechten Vegetationsflächen	
		Modulare Systeme	Flächige Konstruktionen
Pflege, Wartungs- und Instandhaltungsaufwand	mittel bis hoch ▶ Rückschnitt ▶ Fenster, Türen, Fensterläden, Fallrohre, Dächer etc. von Bewuchs freihalten ▶ abgestorbene Pflanzenteile entfernen ▶ ausgefallene Pflanzen ersetzen ▶ düngen ▶ Wartung der Wasser- und Nährstoffversorgungsanlage (Frostsicherung vor Winter)	hoch ▶ Rückschnitt ▶ Fenster, Türen, Fensterläden, Fallrohre, Dächer etc. von Bewuchs freihalten ▶ abgestorbene Pflanzenteile entfernen ▶ ausgefallene Pflanzen ersetzen ▶ düngen ▶ Wartung der Wasser- und Nährstoffversorgungsanlage (Frostsicherung vor Winter)	
Technische und bautechnische Bedingungen	Wasser- und Nährstoffversorgungsanlage erforderlich Schutz der Fassade gegen Feuchte und Durchwurzelung notwendig		
Investitionsaufwand	mittel bis hoch	hoch	hoch

Die Pflegemaßnahmen für fassadengebundene Begrünungen sind umfänglich und im Bauunterhalt zu berücksichtigen. Es ist i.d.R. davon auszugehen, dass Pflegemaßnahmen fünf- bis zehnmal jährlich notwendig sind. Dies sind z.B.:

- Rückschnitt – Fenster, Dächer, Entwässerungseinrichtungen etc. sind vom Bewuchs freizuhalten
- Entfernen von abgestorbenen Pflanzenteilen
- Ersatz von Pflanzen
- Wartungsaufwand und Kosten für die Wasser- und Nährstoffversorgungsanlage, Frostsicherung im Winter
- Zuführen von Dünger

3/8.2 Nichttragende Außenwände mit integrierter Gebäudetechnik

Klimaaktive Fassaden

Die Gebäudehülle muss den Anforderungen des winterlichen und des sommerlichen Wärmeschutzes (Schutz vor Überhitzung) gerecht werden, den Blendschutz gewährleisten sowie die Nutzung des Tageslichts (Transparenz) ermöglichen. Die Anforderungen an eine Fassade wechseln ständig. Sie muss unterschiedliche Funktionen in Abhängigkeit der Tagesszeit erfüllen, wodurch diese aktiv wird. Dies erfordert den Einsatz unterschiedlicher Fassadenelemente, die Teilfunktionen übernehmen. Die funktionsspezifischen Einzelteile müssen die Gesamtfunktion der Fassade und des Gebäudes sicherstellen.

Klimaaktive Fassaden sind mit innovativen Einzelmaßnahmen hinsichtlich des Wärmeschutzes, des Lufttransports, der Raumbeleuchtung und der Nutzung solarer Energie versehen, die auf die ständig wechselnden Anforderungen an die Fassade reagieren. Die Einzelmaßnahmen ersetzen konventionelle statische Systeme. Eine klimaaktive Fassade sollte in der Lage sein, Temperatur, thermische Energie, Sonnenenergie, Luftbewegung, Feuchtigkeitsaustausch, Beleuchtung, Schall und Luftqualität steuern zu können.

Bei der Ausführung von Klimafassaden ist der integrale Planungsansatz von besonderer Bedeutung. Dies beinhaltet das Zusammenwirken eines klimaaktiven Wärmeschutzes, der Gebäudekühlung und -heizung (klimaaktiver Lufttransport) sowie die Nutzung von Tageslichttechnik (klimaaktive Raumbeleuchtung).

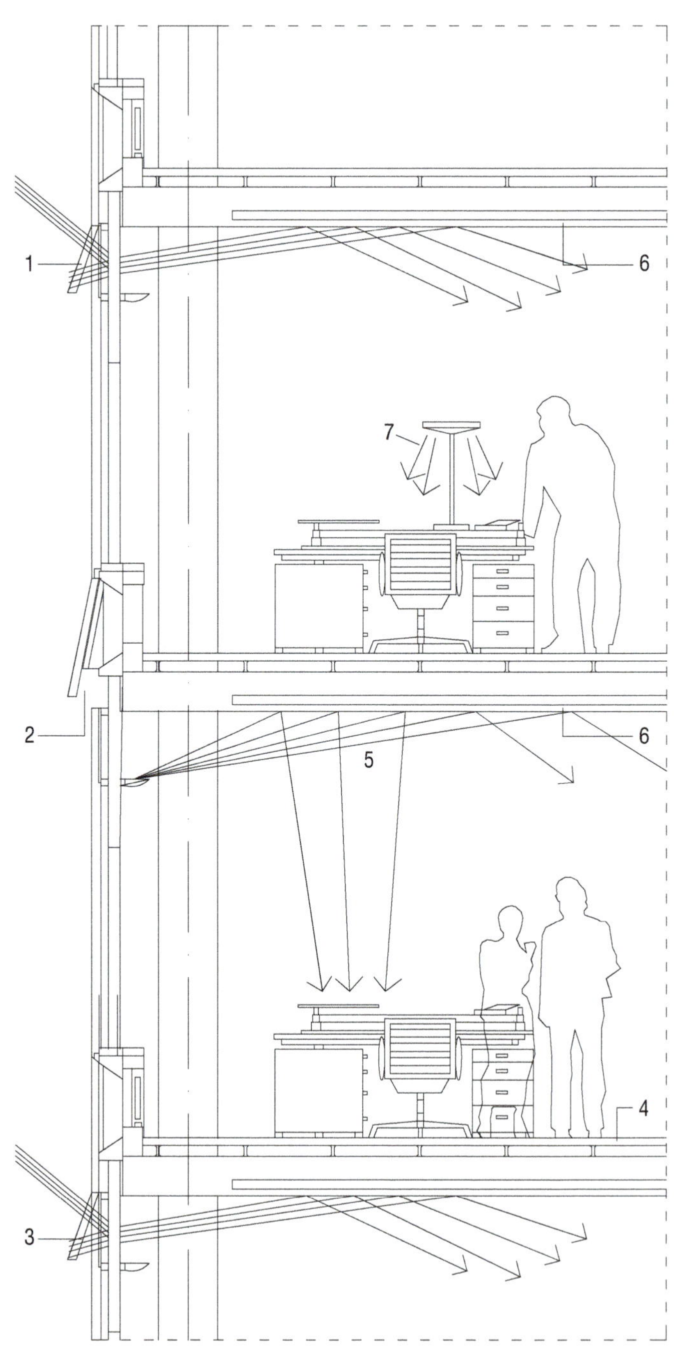

1 Sonnenschutz und Lichtlenkung
2 Kühlung/Lüftung (Zuluft)
3 Abluft
4 Doppelboden (Luftverteilung)
5 Lichtlenkung
6 Schalldämmung, Kühlung, Heizung
7 künstliche Beleuchtung

Bild 1: Synergetisches Zusammenwirken von Einzelkomponenten in einer klimaaktiven Fassade durch integrale Planung

Verstellbare Sonnenschutzsysteme

Verstellbare Sonnenschutzsysteme können vor allem für strahlungsphysikalische Eigenschaften notwendige Varianz bieten.

Verglasung ohne zusätzliche Komponenten

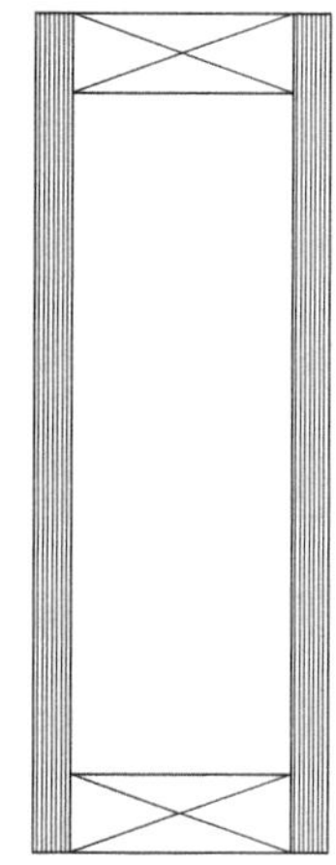

Verglasung mit Sonnenschutzsystem

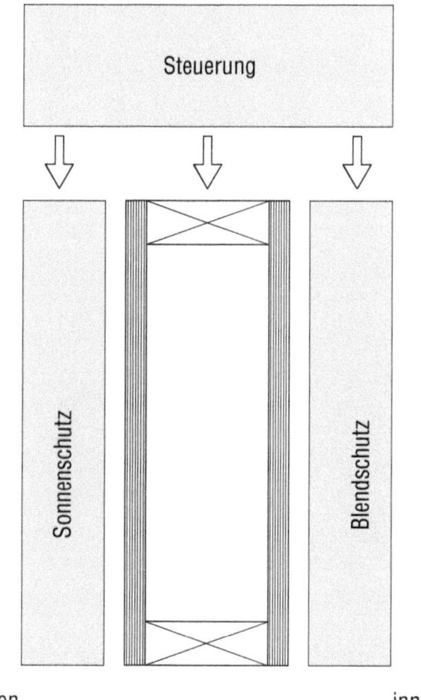

Bild 2: verstellbares Sonnenschutzsystem

Klimaaktiver Wärmeschutz

Den größten Einfluss auf die Gebäudehülle hat die Sonnenenergie. Sie soll passiv, aber auch aktiv genutzt werden. Dabei beeinflussen die bauphysikalischen Größen wie der U-Wert (Wärmedurchgangskoeffizient), der g-Wert (Gesamtenergiedurchlassgrad) und der Lichttransmissionswert (τ) daher besonders die Eigenschaften der Fassade.

Die klimaaktiven Fassaden müssen dahingehend eine hohe Varianz aufweisen. Ihre Eigenschaften müssen sich verändern lassen. Somit sollte der U-Wert der Fassaden an heißen Sommertagen und im Winter möglichst gering sein, in kühlen Sommernächten allerdings möglichst groß. Der g-Wert sollte an heißen Sommertagen niedriger sein als an kalten Wintertagen. Gleiches gilt für den Lichttransmissionswert.

Ein klimaaktiver, dynamischer Wärmeschutz kann durch spezielle Ausführung der Wärmedämmung, Nutzung der solaren Energie und der Möglichkeit der Verschattung realisiert werden. Verstellbare Sonnenschutzsysteme in Verbindung mit Blendschutzsystemen sind ein wesentlicher Bestandteil einer klimaaktiven Fassade.

Ein optimales Sonnenschutzsystem besteht aus einer Wärmeschutzverglasung, einem innenliegenden Blendschutz und einem außenliegenden Sonnenschutz. Die Sonnen- und Blendschutzkomponenten sind mit einer intelligenten Steuerung versehen.

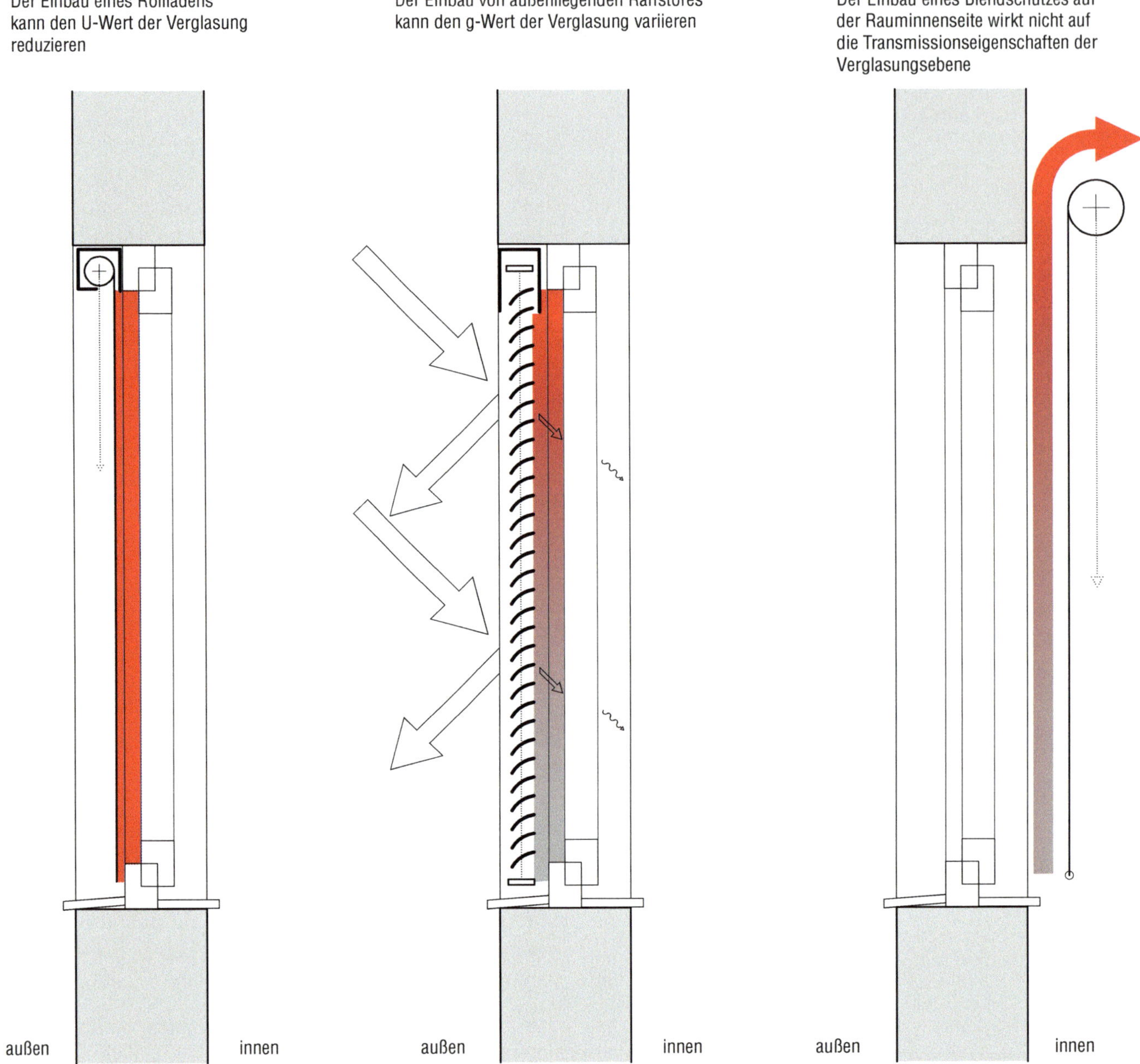

Bild 3: Wirkungsweisen verschiedener Sonnenschutzsysteme in separater Anwendung

Tab. 1: Möglichkeiten für die Ausführung eines klimaaktiven Wärmeschutzes

Bauteilart	Ausführungsart	Umsetzungsmöglichkeit
opake Bauteile	Wärmedämmung	Wärmedämmvermögen
		Bauteilabmessungen
		Solarstrahlung absorbierende Wärmedämmung hinter Glas
	bewegliche Wärmedämmelemente	Läden mit wärmedämmenden Eigenschaften
transparente Bauteile	transparente Wärmedämmung	TWD-Systeme
		TWD-Solarwände
		TWD im Wärmedämmverbundsystem
		TWD hinterlüftet
		Doppelfassade mit wärmedämmenden Eigenschaften
		Glasvorbauten/Atrien
	Sonnenschutz	starre Verschattungselemente
		Dachüberstand (starr)
		Lamellensysteme
		Screens
		beweglicher Sonnenschutz im Glas
		Sonnenschutzläden
		Doppelfassade
		variable Gläser
	Blendschutz	Verdrehbare Jalousien, innen
		Raffstoreanlagen, außen
		Textilien (meist innen) ▶ Rollos ▶ Faltstores ▶ Vorhänge
aktive thermische Systeme		Bauteiltemperierung
		Kollektoren (Wasser oder Luft)

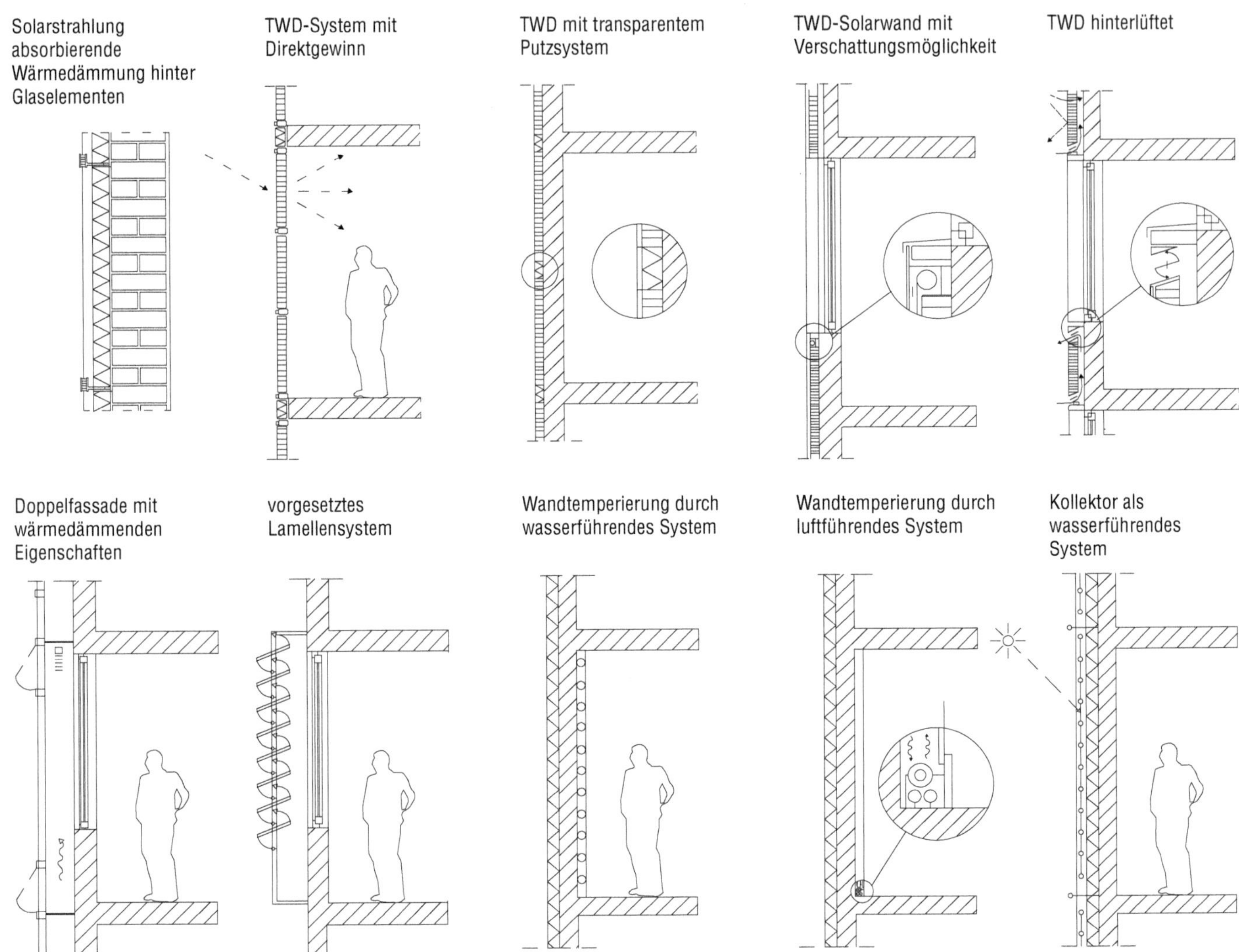

Bild 4: Ausführungsmöglichkeiten für klimaaktiven Wärmeschutz

Variable steuerbare Verglasungen können die solaren Gewinne an das Strahlungsangebot anpassen sowie auf Erfordernisse der Nutzung des Tageslichts reagieren. Die variablen Verglasungen sind weniger wartungsanfällig und witterungsbeständiger als mechanische Systeme. Die Steuerung der Verglasungseigenschaften kann auf Temperatur oder Spannung basieren. Variabel steuerbare Verglasungen sind relativ neu und befinden sich noch in der Entwicklungsphase.

Klimaaktiver Lufttransport

Der klimaaktive Lufttransport im Bereich der Gebäudefassade wird durch die Realisierung von Maßnahmen hergestellt, die Luftbewegungen mechanisch oder natürlich beeinflussen.

Tab. 2: Möglichkeiten für die Ausführung eines klimaaktiven Lufttransports

Art der Luftbewegung	Ausführungsmöglichkeiten
natürlich (Luftbewegung durch natürliche Druckunterschiede)	▶ Strömungscharakteristik durch Ausbildung der Fassadenoberfläche beeinflusst ▶ kleinflächige permanente Öffnungen, z.B. im Fensterrahmen (Hintergrundbelüftung) ▶ selbstregulierende Öffnungen, z.B. druck- oder feuchtegeregelt ▶ manuelle Öffnung von Fenstern, Klappen, Lamellen ▶ motorische Öffnung von Fenstern, Klappen, Lamellen ▶ permanente Öffnungen bei mehrschaligen Fassaden (punktuell, linear horizontal oder vertikal)
teilmechanisch (bei Bedarf mechanische Unterstützung)	▶ Abluftschächte (auftriebs- und windsoggeschützt) ▶ Solar-Luft-Kollektoren

mechanisch (Luftbewegung durch mechanisch erzeugte Druckunterschiede)	▶ Abluftfassade mit mechanischer Belüftung des Fassadenzwischenraums
	▶ vereinfachte Abluftfassade (Low-Cost-Curtain-Wall)
	▶ fassadenintegrierte Lüftungsgeräte als:
	  ▶ Brüstungslüftungselemente
	  ▶ im Deckenbereich integrierte Kleinstlüftungsgeräte
	  ▶ Fensterbanklüftungsgeräte

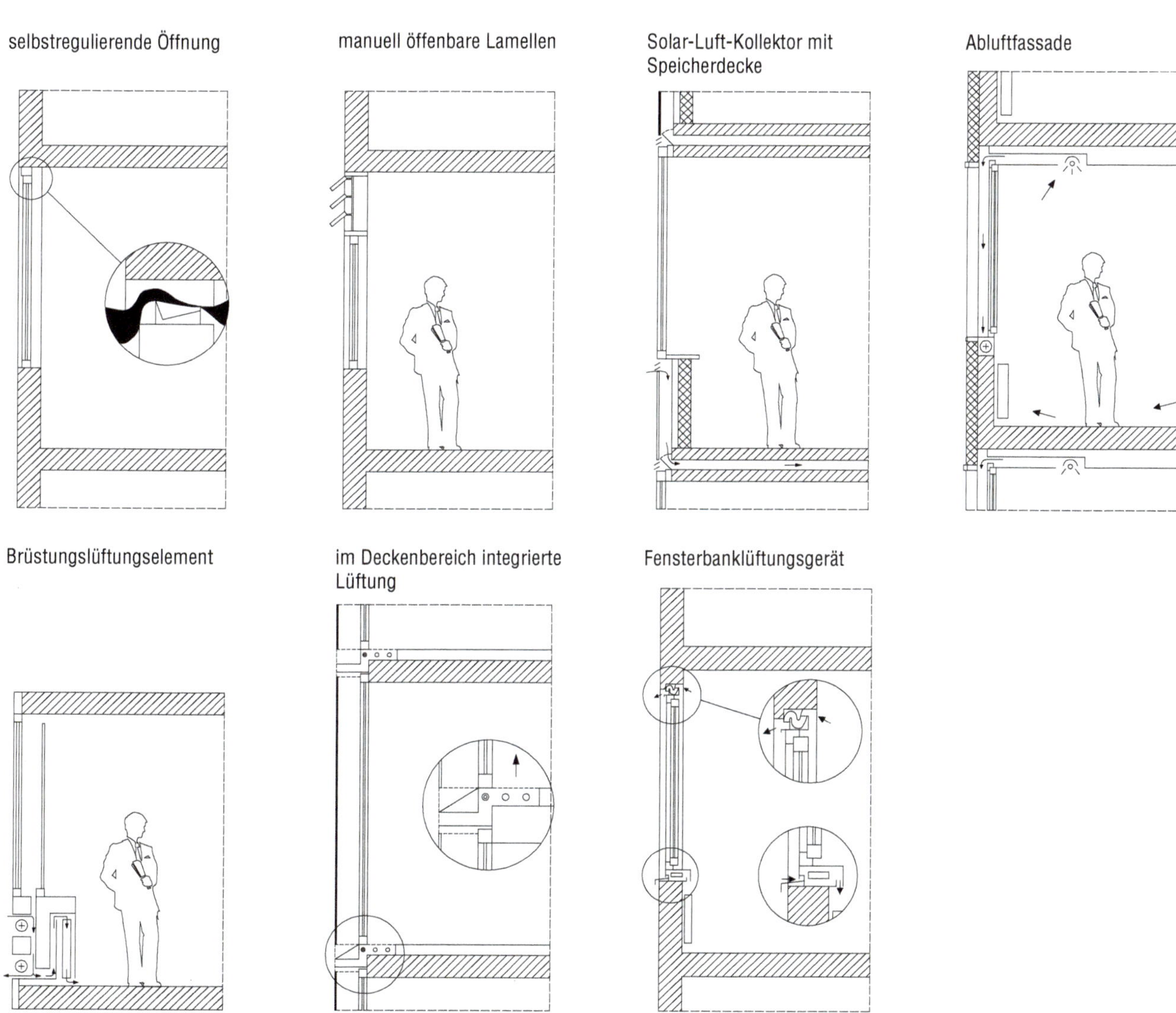

Bild 5: Ausführungsmöglichkeiten für klimaaktiven Lufttransport

Bei doppelschaligen Fassaden erfolgt der klimaaktive Lufttransport durch natürliche Luftbewegungen. Die Fassade besteht aus zwei durch eine Luftschicht getrennte Fassadenebenen, die einen Abstand von ca. 0,2 bis 1,4 m zueinander haben. Gemeinsam bilden diese die äußere Haut des Gebäudes. Die Außenschale übernimmt den Wetterschutz. Meist ist die Außenschale durchgängig transparent verglast. Im Fassadenzwischenraum ist in der Regel der Sonnenschutz angeordnet. Der Fassadenzwischenraum tritt durch Zu- und Abluftöffnungen mit der Außenluft in Verbindung. Über Fenster in der inneren Fassadenebene erfolgt eine natürliche Belüftung.

Doppelschalige Fassaden können geschossweise getrennt, als mehrgeschossige Vorhangscheibensysteme oder als Schacht-Kastenfenster-Systeme ausgeführt werden. Die Ausführung doppelschaliger Fassaden bietet gute Möglichkeiten für die Gewährleistung vieler Teilfunktionen klimaaktiver Fassaden. Im Fassadenzwischenraum können Sonnenschutzelemente und Tageslichtlenksysteme angeordnet werden. Vorteilhaft sind insbesondere für hohe Gebäude der Schutz gegen Windeffekte (Zug), der Schallschutz und der winterliche Wärmeschutz. Nachteilig sind die hohen Investitions- und Wartungsaufwendungen. Es sind besondere Maßnahmen, die den Brandschutz gewährleisten und eine sommerliche Überhitzung des Fassadenzwischenraums verhindern, erforderlich.

Bei doppelschaligen Fassaden sind die Fassadenbauteile mit entsprechenden Teilfunktionen auf kleinstem Raum zusammengefasst.

Klimaaktive Raumbeleuchtung

Um eine uneingeschränkte Nutzung von Aufenthaltsräumen zu garantieren, ist eine koordinierte Raumbeleuchtung mit Tages- und Kunstlicht notwendig. Dem Tageslicht wird dabei eine höhere Priorität eingeräumt. Eine Beleuchtung, die sich aus Tages- und Kunstlicht zusammensetzt, muss in einem ausgewogenen Verhältnis zueinander stehen. Veränderungen der Außenbedingungen erfordern dynamische Reaktionsmöglichkeiten. Der Einsatz von Lichtlenkungssystemen erfolgt meist bei Verwaltungsgebäuden, die mitunter über komplett verglaste Oberflächen verfügen.

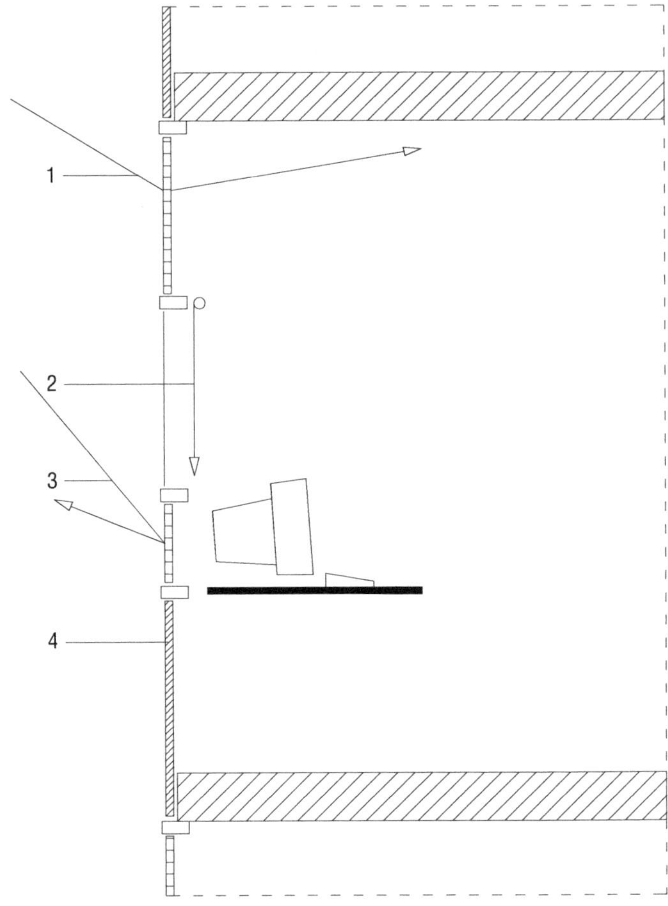

1 Lichtlenkung zur Raumausleuchtung
2 Sonnenschutz innenliegend (Rollo im Handbetrieb)
3 Lichtlenkung zur Entblendung (Reflexion)
4 opake Brüstungsverglasung, bedruckt

Bild 6: Ausführungsprinzip der Tageslichtlenkung

Eine maximale Ausnutzung des Tageslichts erfordert eine möglichst gute Raumbeleuchtung auch bei ungünstigen Außenbedingungen, eine individuell steuerbare Blendungsbegrenzung, die Ausführung eines thermischen Sonnenschutzes bei Aufrechterhaltung der Mindestbeleuchtungsstärke sowie die Gewährleistung der Aussicht bei Einsatz von Blend- und Sonnenschutzsystemen. Dynamisches künstliches Licht muss mit automatischen Beleuchtungssteuerungen (Abhängigkeit von Lichtverhältnissen, Nutzung) versehen sein. Der Nutzer muss in der Lage sein, die Lichtregelung durch Stufung zu beeinflussen. Sinnvoll sind räumliche Zonierungen der Lichtverteilung im Raum.

Gebäudeentwurf und Fensterdimensionierung sind maßgeblich für die Nutzung des Tageslichts. Dachfenster (horizontal angeordnet) sind am effektivsten für die Ausleuchtung. Durch sturzfreie Wandfenster lassen sich gute Raumausleuchtungen erzielen. Die Brüstungshöhe spielt dabei eine untergeordnete Rolle. Zurückgesetzte Fenster sind ungünstig für die Raumausleuchtung. Deshalb empfiehlt sich bei Doppelfassaden eine Ausführung der Abschottungen aus transparenten Materialien. Sonnenschutzgläser, starre Sonnenschutzvorrichtungen sowie über Fensteröffnungen auskragende Bauteile vermindern den Tageslichteinfall.

Tab. 3: Möglichkeiten der Ausführung klimaaktiver Raumbeleuchtung

System	Ausführungsmöglichkeiten
Diffuslichtlenkung	▶ holografisch-optische Elemente (HOE) ▶ anidolische Systeme
richtungsselektive Verschattung mit Diffuslichtdurchlass	▶ Prismenplatten ▶ Sonnenschutzspiegelraster ▶ Konzentration mit holografisch-optischen Elementen ▶ Totalreflexion mit holografisch-optischen Elementen
Sonnenlichtlenkung	▶ Laser Cut Panels (LCP) ▶ Lichtlenkglas mit Acrylprofilen ▶ Lichtschwert ▶ drehbare Spiegellamellen ▶ Jalousien mit Lichtlenkung ▶ Lichtlenkglas mit Weißlichthologrammen ▶ Heliostat
Lichttransport	▶ Lichtrohr, Lichtdecke ▶ Lichtwellenleiter, Glasfaser
sonnenstandsabhängige Sonnenschutz-/Lichtlenkungssysteme	Verglasung mit Spiegelprofilen
lichtstreuende Systeme	▶ Verglasung mit Spiegelprofilen ▶ lichtstreuendes Glas ▶ transparente Wärmedämmung

Sonnenlichtlenkung durch Laser Cut Panels

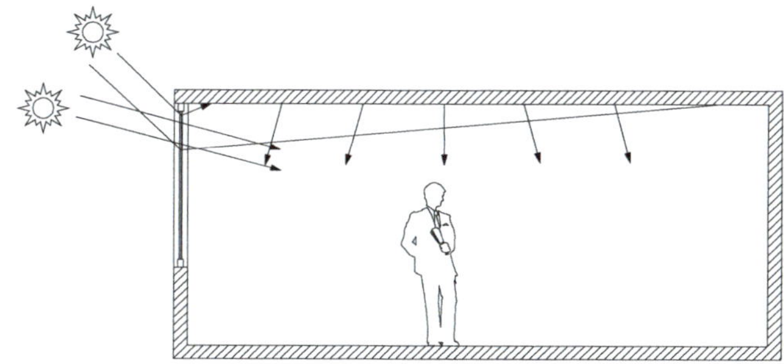

Jalousie mit Lichtlenkung

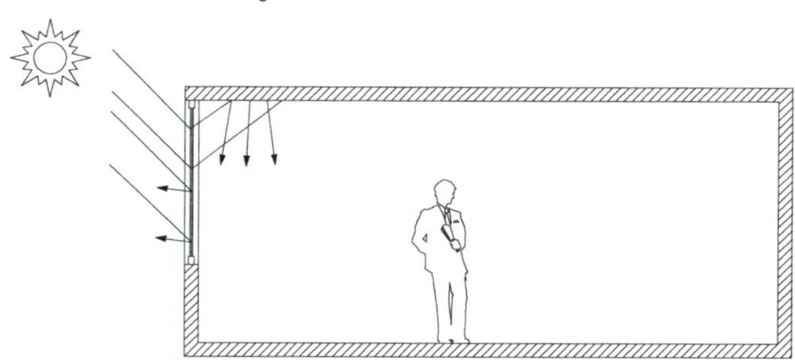

Lichtlenkung durch horizontales Lichtschwert

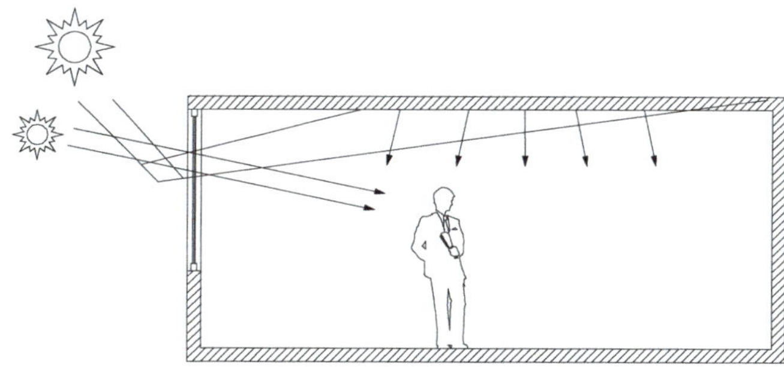

Bild 7: Ausführungsbeispiele dynamischer Raumbeleuchtung durch Tageslicht

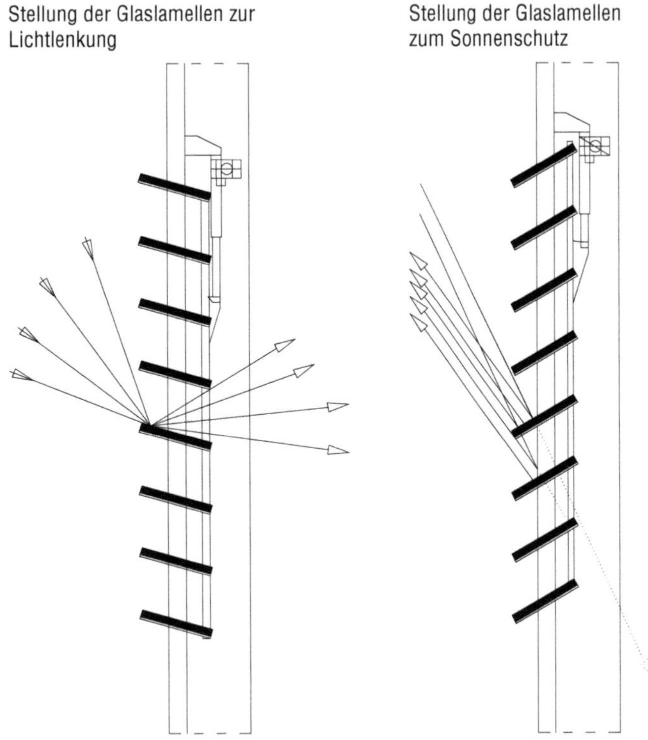

Bild 8: Nutzung des Tageslichts durch steuerbare Lamellen

Systeme zur Lenkung des Tageslichts dienen in der Regel dazu, den Strahlungseintritt (g-Werte) zu verringern und dabei gleichzeitig die Durchsicht und die diffuse Lichttransmission zu verbessern. Für Tageslichtsysteme gelten die DIN 5034 sowie die Richtlinie ASR 7/1 „Sichtverbindung nach außen“.

An Lichtlenkungssysteme und Sonnenschutzsysteme im Fensterbereich werden Anforderungen hinsichtlich der Durchsicht gestellt. Eine Durchsicht nach außen ist gewährleistet, wenn der freie Querschnitt zwischen Lamellen bei horizontaler Blickrichtung 70 % überschreitet. Bei zwischen den Glasscheiben eingesetzten Spiegellamellen ist diese Durchsicht nicht immer gewährleistet. Dadurch ist der Einsatz von Verglasungselementen mit einfachen Spiegellamellen im Durchsichtbereich nicht möglich. Diese Elemente können für Oberlichter oder Dachverglasungen verwendet werden. Für den Einsatz im Durchsichtbereich sind Retrolamellen geeigneter.

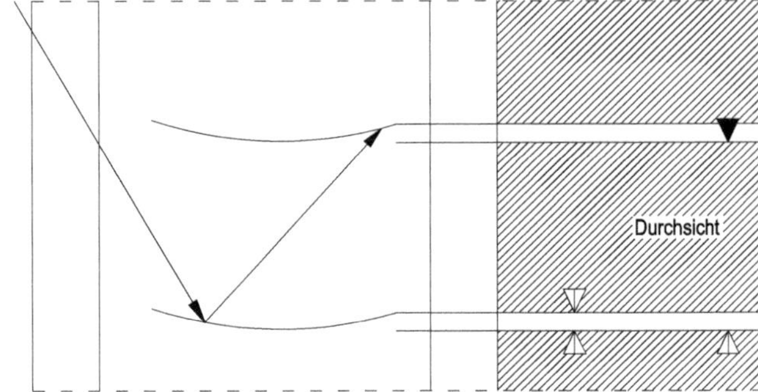

konventionelle Spiegellamelle mit senkrechter Stellung

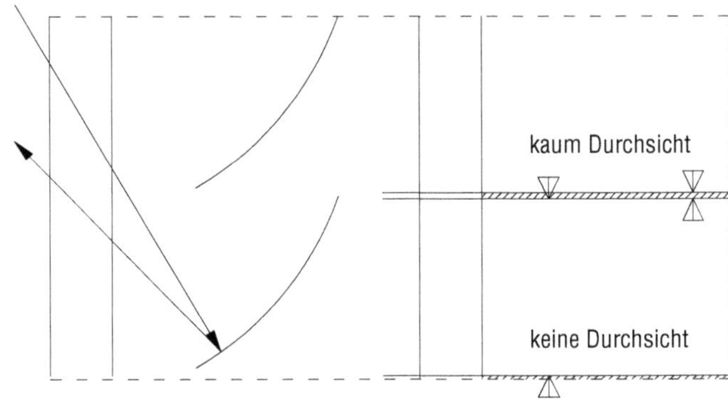

Spiegellamellen mit Sonderform
(Neigung zur Aufheizung im Scheibenzwischenraum)

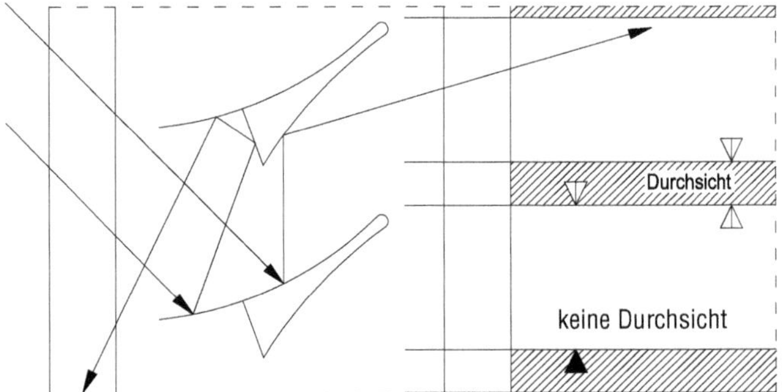

Retrolamelle

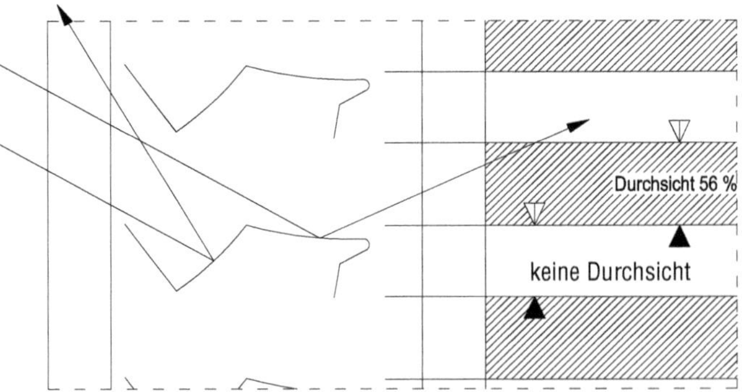

Bild 9: Durchsichtbereiche von Lamellen unterschiedlicher Ausführung

Um die Systeme der Tageslichtlenkung auch für die künstliche Beleuchtung optimal auszunutzen, empfiehlt sich die Anordnung der künstlichen Lichtquellen in den Bereichen, wo auch das natürliche Licht anfällt. Daraus resultiert eine vorzugsweise Anordnung der künstlichen Beleuchtung im Fassadenbereich. Die Beleuchtung kann in die Fassadenkonstruktion integriert werden.

Wartungs- und Reinigungstechnik

Fassaden mit großflächigen Verglasungen bedürfen einer Reinigung bzw. Wartung in relativ kurzen Abständen. Dazu können die Fassaden mit Befahranlagen versehen werden. Diese erlauben eine schnelle und sichere (Arbeitsschutz) Reinigung. Durch Fassadenbefahranlagen wird der Unterhalt der Fassade optimiert.

Die Befahranlagen können als fahrbare Leitern oder Leitertürme (meist aus Aluminium) mit Schiebeplattformen mit oder ohne mechanischen/elektrischen Antrieb ausgeführt werden. Die Konstruktion für die Befahranlage wird mit der Gebäudekonstruktion verbunden. In der Regel benötigen Befahranlagen Führungsschienen und Abstandshalter, die im Bereich der Attika und/oder der Pfosten und Riegel verankert werden. Befahranlagen werden leicht zum Störfaktor im Erscheinungsbild der Fassaden. Darum ist eine architektonische Integration der Konstruktionselemente und insbesondere der Leiterkonstruktion in Dauerparkstellung erforderlich.

Alternativ kommen Fassadenaufzüge zum Einsatz, die aus Arbeitsbühnen mit Seilaufhängung mit einem auf dem Dach (Flachdach) verlegten Schienensystem bestehen. Fassadenaufzüge stören das Erscheinungsbild der Fassade nicht, da die gesamten Konstruktionselemente im nicht sichtbaren Dachbereich verschwinden.

Mediale Fassaden

Mediale Fassaden sind wandelbare Fassaden. Sie geben den Fassaden von Gebäuden neuen Ausdruck und neue Funktionen. Sie sind Informationsträger. Medienfassaden können beeindruckende Wirkungen erzielen, die jedoch ihre Umgebung auch negativ beeinflussen können. Die Fassaden werden zunehmend nicht nur temporär ausgeführt, es erfolgt verstärkt ein dauerhafter Einsatz. Für die Realisierung von Medienfassaden empfiehlt sich die Kooperation mit einem Mediengestalter. Die mediale Lösung sollte dabei schon im Entwurfs- und Planungsansatz verankert sein, um rein additive Lösungen zu verhindern.

Medienfassaden können in autoaktivem, reaktivem und interaktivem Zustand sein. Sie können über eine partizipative Gestaltung verfügen. Bei autoaktiven Fassaden werden bewegte Bilder auf einer dynamischen Fassade abgespielt. Bei reaktiven Fassaden reagiert diese auf Veränderungen in ihrer Umwelt. Bei interaktiven Fassaden kann der Mensch in einen wechselseitigen Dialog mit der Fassade treten (z.B. durch Mobiltelefone). Partizipative Fassaden können durch eine interessierte Öffentlichkeit bespielt werden (z.B. Zusendung von Animationen).

Die Gestaltung medialer Fassaden setzt die Anwendung der richtigen Technologie voraus. Hierbei ist zu beachten, dass die Technik schneller altert als die Architektur. Die Kosten-Nutzen-Relation ist zu berücksichtigen.

Die Ausführung der Fassaden kann als

- Projektionsfassade,
- Rückprojektionsfassade,
- Leuchtmittelfassade,
- Displayfassade,
- Fensterrasteranimation,
- passive mediale Fassade,
- interaktive Fassade und
- mechanische Fassade

erfolgen.

Projektionsfassaden werden durch die Installation eines oder mehrerer Projektoren in entsprechender Entfernung hergestellt. Die Installation ist einfach und relativ kostengünstig und erzeugt beeindruckende Ergebnisse. Die Fassade selbst muss eine reflektierende Oberfläche besitzen, wobei Fensteröffnungen mitunter Abdeckungen erfordern. Eine Projektion ist nur bei Dunkelheit realisierbar, für Tageslichtprojektionen sind die Projektoren nicht hell genug. Projektionsfassaden sind insbesondere für kurzfristige Projekte geeignet.

Rückprojektionsfassaden werden von innen bespielt. Die Fassade muss transluzent sein. Großbilder werden aus zusammengesetzten Teilprojektionen erzeugt. Jede Teilprojektion wird von einem Projektor erzeugt, der einer regelmäßigen Wartung bedarf. Dadurch ist das Verfahren relativ teuer. Günstiger ist die Ausführung von Rückprojektionsfassaden in mehreren kleineren Fensterflächen, wobei die Glasscheiben aus Spezialgläsern bestehen. Die Spezialgläser bestehen aus Glasscheiben im Verbund mit einer Füllung aus Flüssigkristallen (Priva-Lite-Glas), die tagsüber milchig weiß aussehen. Bei Inbetriebnahme der Projektoren werden die Kristalle transparent.

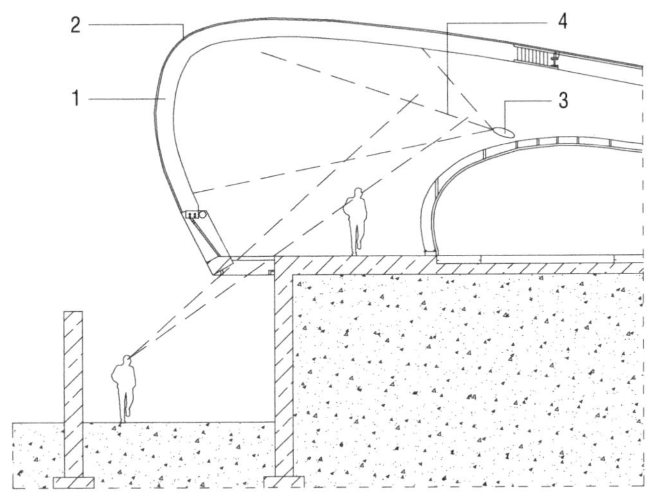

1 tragende Konstruktion
2 transluzente Haut der Fassade
3 Projektor
4 Projektion

Bild 10: Rückprojektionsfassade – Ausführungsprinzip

Leuchtmittelfassaden sind elektrotechnisch anspruchsvoll. Die Leuchtmittel (LEDs) sind in die Fassadengestaltung integriert. Meist erfolgt die Ausführung als Doppelfassade. Die Außenschale besteht aus lichtdurchlässigem Material. Die Leucht- und Reflexionsmittel sind im Fassadenzwischenraum integriert. Diese sind durch Steuerungen veränderbar. Eine Kombination mit einem Internetportal ist möglich („digitale Haut"). Leuchtmittelfassaden können auf äußere Einflüsse (Licht, Wind, Geräusche) reagieren.

Displayfassaden bestehen aus aneinandergereihten Bildschirmen. Diese haben einfache Formen und können in Modulen zusammengefasst werden. Auch tagsüber verfügen sie über eine ausreichende Leuchtkraft. Der Einsatz erfolgt bewusst zur Aufhellung dunkler Straßenschluchten.

Fensterrasteranimationen werden durch die Steuerung der Innenbeleuchtung realisiert. Die Fensteröffnungen bilden dabei das Rasterdisplay der Fassade. Die Nutzung von Internetmöglichkeiten in Verbindung mit einer schnellen elektronischen Übertragung machen eindrucksvolle, auch von außen interaktive Nutzungen möglich.

Passive mediale Fassaden werden durch Auswahl und Anordnung von Materialien und Strukturen hergestellt. Diese lösen beim Betrachter unterschiedliche Gedanken und Assoziationen aus. Die Veränderlichkeit der Fassade passiert dabei im Kopf des Betrachters, nicht innerhalb der Fassade selbst.

Interaktive Fassaden verändern sich auf Eingaben (Sprache, Berührung) des Betrachters. Die Realisierung erfolgt in Kombination mit Glasfassaden, die mit Schwingungssensoren versehen worden sind. Der Einsatz erfolgt jedoch meist nur in kleinflächigen Bereichen.

Mechanische Fassaden bestehen aus beweglichen Fassadenelementen, die das Erscheinungsbild der Fassade erheblich verändern können. Die Steuerung erfolgt in der Regel durch Elektromotoren. Fassadenelemente und Steuerung erfordern einen hohen Wartungsaufwand. Mechanische Fassaden sind aufwendig.

Mediale Fassaden bewirken lebendige Lichtspiele. Sie werden oft mit Lichtlenkungssystemen kombiniert, sodass die Lichtquellen selbst nicht mehr wahrnehmbar sind.

Großflächige LED-Fassaden unterliegen meist keinem günstigen Kosten-Nutzen-Verhältnis. Gesteuerte Leuchtstoffröhren sind für große Fassadenflächen sinnvoller (kostengünstiger). Die Technologie der Leuchtstoffröhren ist ausgereift. Die Innovation besteht beim Einsatz von Leuchtstoffröhren im Fassadenbereich in deren autoaktivem, reaktivem, interaktivem und partizipativem Einsatz.

LED-Fassaden

LEDs (Licht emittierende Dioden) sind Beleuchtungsmittel mit einer geringen Größe und einer langen Lebensdauer. Sie erzeugen blendfreies rotes, grünes, gelbes, blaues und weißes Licht mit hoher Leistung bei einem geringen Energiebedarf. Unter Verwendung von LEDs in der Fassade kann diese zu einer Plattform für Licht- und Videoeffekte werden.

Der Einbau von LEDs kann im Lüftungszwischenraum hinter der Fassadenbekleidung erfolgen. Die Fassadenbekleidung muss dazu aus einem transparenten oder transluzenten Material bestehen. Realisiert wurden LEDs hinter einer Bekleidung aus Glas oder Kunststoff. Bekleidungen aus Glas haben den Nachteil, dass sie ein hohes Gewicht haben und eine entsprechend dimensionierte Unterkonstruktion erfordern.

Neuentwicklungen kombinieren die Glas- und die LED-Technologie. Unter Verwendung von transparenter Spannungszuführung zu den einzelnen Leuchtdioden werden diese zwischen den Glasscheiben positioniert. Die Glasscheibe selbst ist das leuchtende Element. Der Standardeinsatz von LED-Verglasungen sind gläserne Trennwände für Büroräume oder Treppenhäuser.

LEDs können, in Hülsen eingegossen, in Metallgewebe eingewebt werden. Das Metallgewebe ist in individuellen Breiten und Längen erhältlich. Der Einbau in der Fassade erfolgt analog dem herkömmlichen Metallgewebe. Die für die LEDs erforderlichen Steuereinheiten können in den Geschossdecken positioniert werden. Steuereinheiten und LED-Hülsen können einfach gewartet und ausgetauscht werden. Die Steuerung der Fassade erfolgt über einen zentralen Server im Gebäude. LED-Fassaden erfordern den Einsatz von spezieller Software und eine nachhaltige Betreuung. LED-Metallgewebe kann für die Darstellung einfacher Grafiken bis zur Videoauflösung hergestellt werden. Jedes Pixel besteht aus drei LEDs (rot, grün, blau). Der Abstand zwischen den Pixeln bestimmt die Bildauflösung. Die Kosten für die LED-Fassade steigen mit der Auflösung. Bestehende Metallgewebefassaden können mit LEDs aufgerüstet werden.

Bei transparenten Medienfassaden lassen sich die LEDs in Lamellen integrieren, die vor die Fassade montiert werden. Lamellenkonstruktionen erlauben die Anordnung von Fenstern ohne Unterbrechung der Medienfassade. Dadurch werden Medienfassaden bis 5000 m^2 realisierbar, die dem städtebaulichen Umfeld entsprechen, ohne die Funktion des Gebäudes einzuschränken.

Besonders große Gebäudefassaden können mit der Single-Dot-Technologie medialisiert werden. Dabei werden die LEDs auf separaten Trägern (bis zu acht LEDs je Bildpunkt) aufgebracht und auf der Fassadenfläche verteilt. Der Abstand der LEDs untereinander ist relativ groß, wodurch diese Technologie nur für Großflächen mit ausreichendem Betrachtungsabstand geeignet ist. Da jeder Bildpunkt mit einer eigenen Energie- und Softwareversorgung versehen ist, ist eine hochflexible und autonome Integration in der Fassade möglich. Die Single-Dot-Technologie erlaubt vielfältige Darstellungsmöglichkeiten.

3/9 Konstruktionsdetails

Die aufgelisteten Konstruktionsdetails sind nachfolgend abgedruckt. Diese und über 200 weitere Details finden Sie auch in Ihrer Anwendung.

Nicht hinterlüftete Außenwandbekleidungen

Fenstereinbau – Mauerwerk ohne Anschlag

Fenstersturz einer Außenwand mit Vormauerschale und Kerndämmung

Sockeldetails einer Außenwand mit Vormauerschale und Kerndämmung

Hinterlüftete Außenwandbekleidungen

Ausbildung der oberen Laibung mit Außenwandbekleidungen aus Faserzementtafeln

Ausbildung der seitlichen Laibung mit Außenwandbekleidungen aus Faserzementtafeln

Sockeldetails einer Außenwand mit hinterlüfteter Vormauerschale

Vorhangfassaden

Fassaden – Glas – Pfosten-Riegel-Konstruktion, Detail Wandanschluss, Wand in Stahlskelettbauweise

Fassaden – Glas – Pfosten-Riegel-Konstruktion, Detail Wandanschluss, Wand und PRK in einer Ebene

Fassaden – Glas – Pfosten-Riegel-Konstruktion, Detail Wandanschluss, Wand und PRK lotrecht zueinander

Fassaden – Glas – Pfosten-Riegel-Konstruktion, Details Deckenanschluss

Fassaden – Glas – Pfosten-Riegel-Konstruktion, oberer Anschluss mit Sonnenschutz

Fassaden – Glas – Pfosten-Riegel-Konstruktion, oberer Fassadenabschluss

Fassaden – Glas – Pfosten-Riegel-Konstruktion, oberer Fassadenanschluss

Fassaden – Glas – Pfosten-Riegel-Konstruktion, seitlicher Anschluss mit Sonnenschutz

Fassaden – Glas – Pfosten-Riegel-Konstruktion, unterer Anschluss mit Sonnenschutz

Glasfassaden

Elementfassade, Ganzglasfassade, Dachrandanschluss

Elementfassade, Ganzglasfassade, Geschossdeckenanschluss

Elementfassade, Ganzglasfassade, unterer Anschlusspunkt auf Bodenplatte

Elementierte Vorhangfassade, Dachrandanschluss

Elementierte Vorhangfassade, Deckenrandanschluss

Elementierte Vorhangfassade, unterer Anschlusspunkt auf Bodenplatte

Structural-Glazing-Fassade, Attikaanschluss

Structural-Glazing-Fassade, Deckenrandanschluss

Structural-Glazing-Fassade, unterer Anschlusspunkt vor der Bodenplatte

Holz und Holzwerkstoffe

Attikaausbildung einer Holztafelwand mit Holzlamellenbekleidung

Bewegliche Lamellenkonstruktion aus Holz

Deckenanschluss einer Holztafelwand mit Lamellenfassade

Sockelanschluss einer Holztafelwand mit Lamellenfassade

Massivholzbau – Deckenanschluss und Fußpunkt, Wandelemente geschossübergreifend

Anschluss innenliegende Traufrinne vor hinterlüfteter Holzständerwand – Vertikalschnitt

Oberer Anschluss Tür an hinterlüfteter Holzständerwand – Vertikalschnitt

Seitlicher Anschluss Tür an hinterlüfteter Holzständerwand – Horizontalschnitt, Teilansicht

Außenwandöffnungen

Oberer Fensteranschluss mit PUR-Aufsatzrollladenkasten, Pfette verkleidet

Oberer Fensteranschluss mit PUR-Aufsatzrollladenkasten, Pfette sichtbar

Barrierefreie Außenfenstertür mit Magnetdichtung

Barrierefreie Außenfenstertür mit flachem Schwellprofil und vorgelagerter Entwässerungsrinne

Unterer Fenstertüranschluss – 15 cm Anschlusshöhe

Unterer Fenstertüranschluss – barrierefrei

Außentür – seitlicher Anschluss, nach außen öffnend

Außentür – seitlicher Anschluss, nach innen öffnend

Fenster Alu mit Vorbaurollladen, stumpfer Anschlag, 1:10, Detail A12, B12, C12, D12

Fenster Alu mit Vorbaurollladen, stumpfer Anschlag, 1:2, Detail A12, B12, C12, D12

Fenster Alu mit Vorbaurollladen, stumpfer Anschlag, 1:5

Fenstereinbau – Mauerwerk ohne Anschlag 1:10

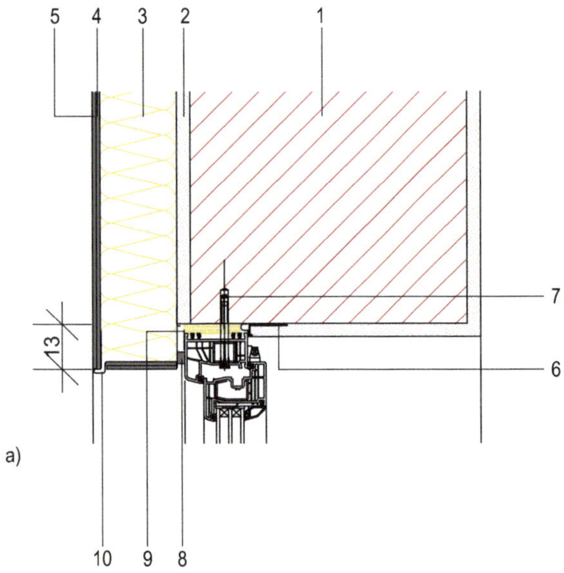

a) Vertikalschnitt – oberer Anschluss
b) Vertikalschnitt – unterer Anschluss mit Fensterbank
c) Horizontalschnitt – seitlicherAnschluss

1 tragendes Mauerwerk
2 vorhandener und tragfester Außenputz oder Ausgleichsputz bei Bestandsgebäuden
3 Steinlamellen-Dämmplatten, d = 12 cm, WLG 040
4 WDVS-Armierungsschicht
5 WDVS-Schlussbeschichtung im Systemaufbau
6 Dampfsperrfolie
7 Fugenfüllstoff, 10 mm Dämmstoff
8 Anputzleiste
9 Dichtfolie, Winddichtung
10 Tropfkantenprofil
11 Aluminium-Außenfensterbank mit Tragkonsolen
12 Gewebewinkel/Kantenschutz
13 Überdämmung min. 30 mm

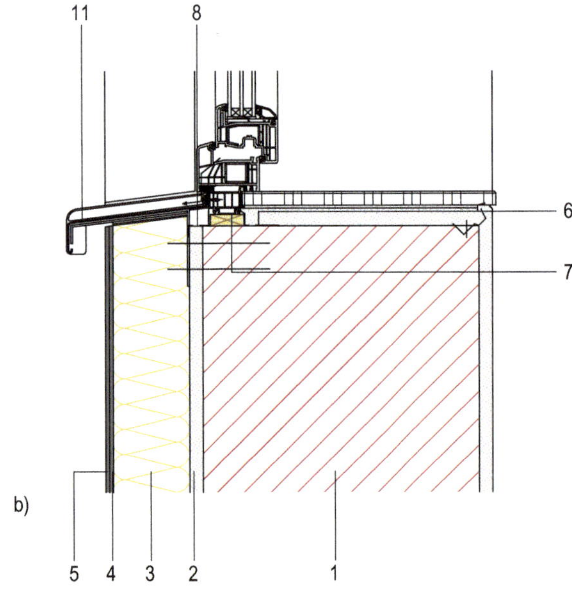

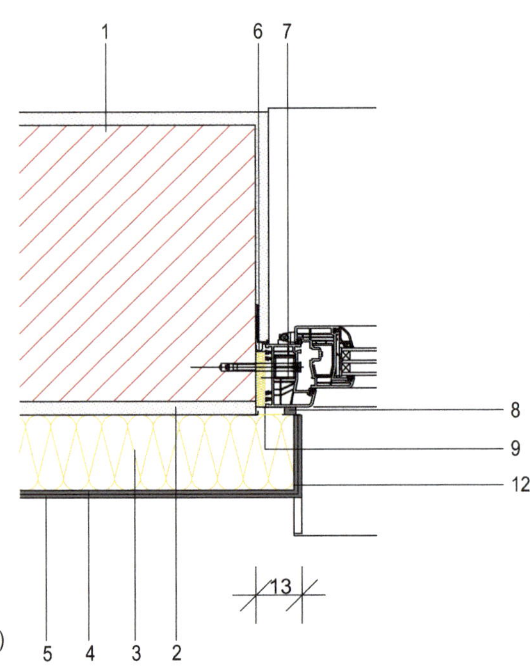

Fenstersturz einer Außenwand mit Vormauerschale und Kerndämmung 1:5

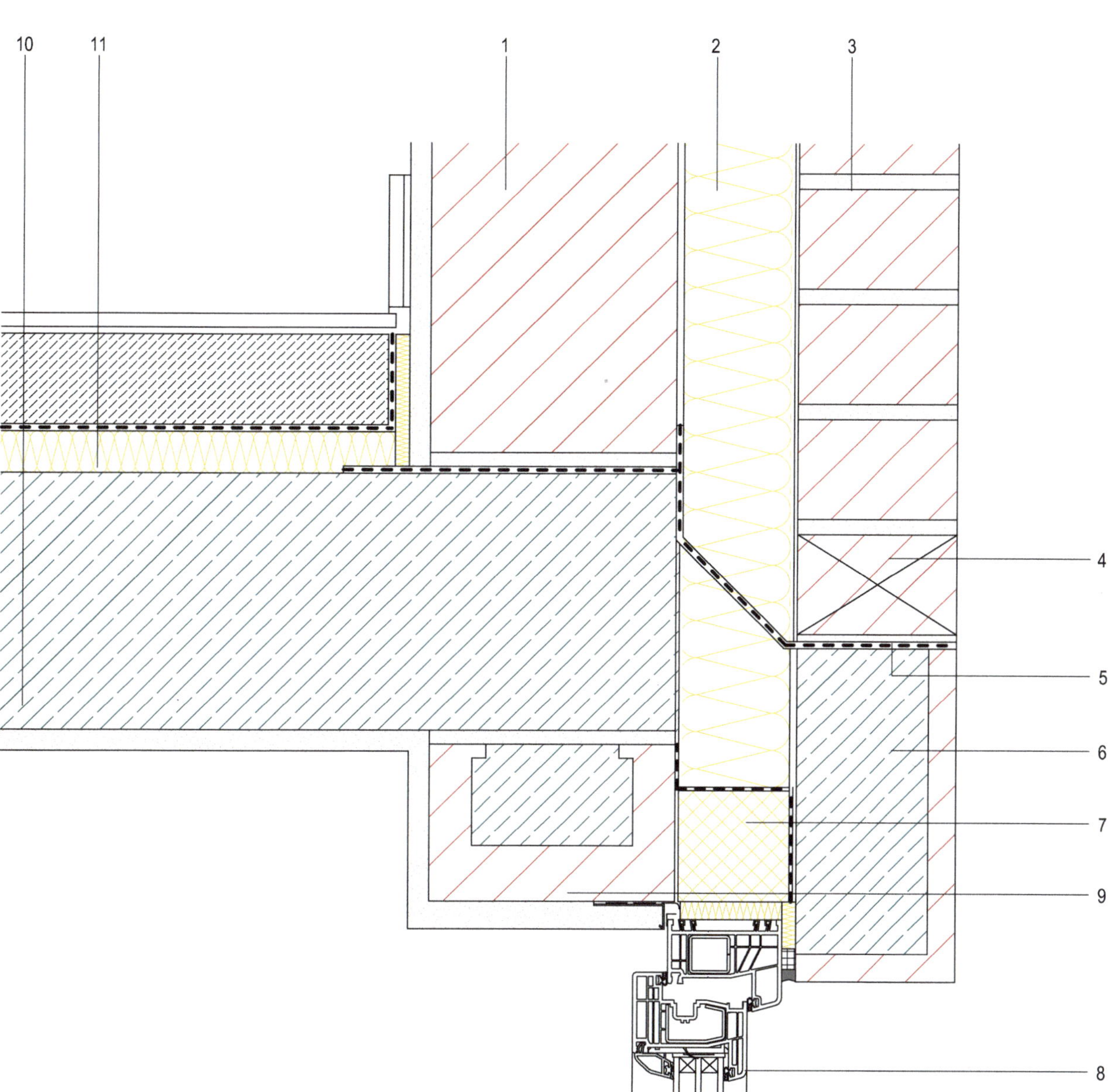

1 Wand, tragendes Mauerwerk
2 Kerndämmung
3 Vormauerziegel, vollfugig vermauert
4 offene Stoßfugen als Notentwässerung
5 Z-Folie
6 Fertigteilsturz für Vormauerziegel
7 Wärmedämmformteil (Perimeterdämmung, XPS)
8 Fenster, in Dämmebene eingebaut
9 Ziegelsturz
10 Stahlbetondecke, Geschossdecke
11 weiterer Fußbodenaufbau mit Trittschalldämmung, Trennlage, Zementestrich und Fliesenbelag

Sockeldetails einer Außenwand mit Vormauerschale und Kerndämmung 1:10

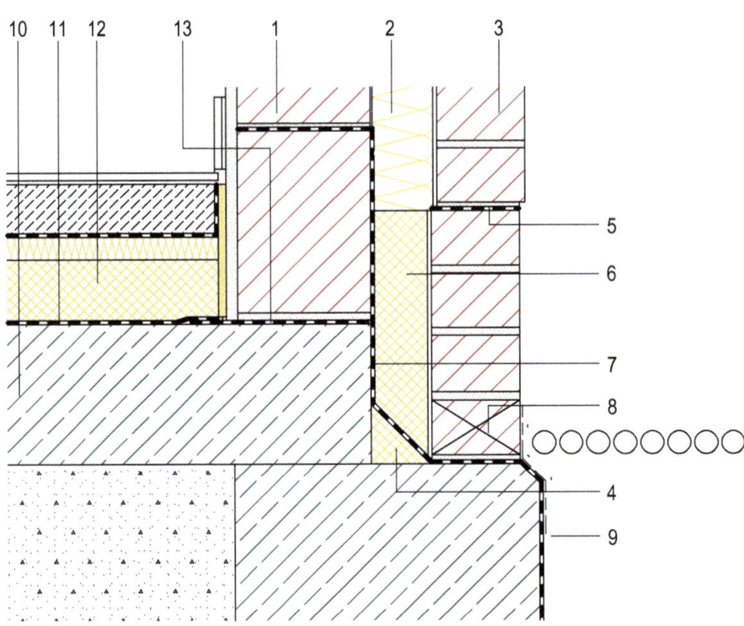

1 Wand, tragendes Mauerwerk
2 Kerndämmung
3 Vormauerziegel, vollfugig vermauert
4 Wärmedämmkeil/Kehle
5 horizontale Abdichtungslage
6 Sockeldämmung/Perimeterdämmung, WLG 035
7 Bauwerksabdichtung, 30 cm über Gelände geführt
8 offene Stoßfuge als Notentwässerung
9 Schutzvlies
10 Bodenplatte aus Stahlbeton
11 Abdichtung auf der Bodenplatte
12 weiterer Fußbodenaufbau mit Wärmedämmung, Trittschalldämmung, Trennlage, Zementestrich und Fliesenbelag
13 waagerechte Abdichtung

Ausbildung der oberen Laibung mit Außenwandbekleidungen aus Faserzementtafeln

1:10

a)
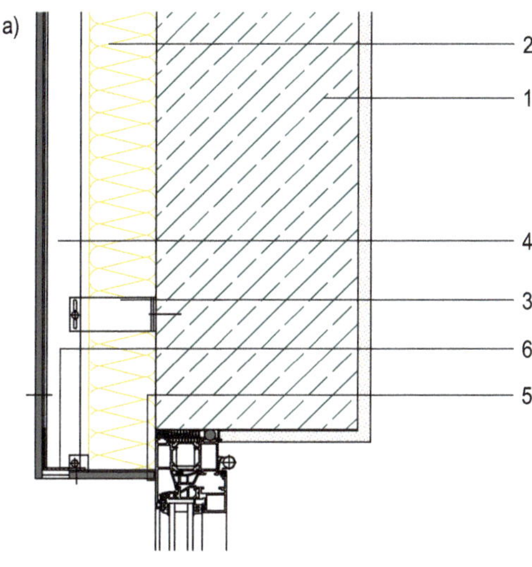

b)
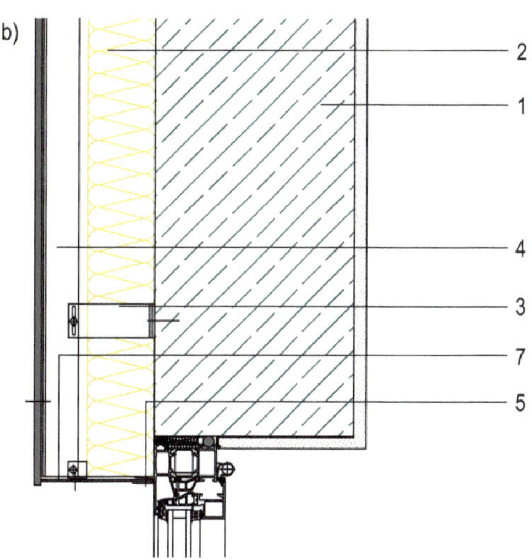

a) obere Laibung mit Faserzementtafeln
b) Laibung mit Aluminiumblech

1 Tragende Wand
2 Wärmedämmung
3 Wandhalter aus Aluminium mit Thermostop
4 vertikales Tragprofil aus Aluminium
5 U-Anschlussprofil
6 Winkel, gelocht
7 Lochblech aus beschichtetem Aluminium

Ausbildung der seitlichen Laibung mit Außenwandbekleidungen aus Faserzementtafeln 1:10

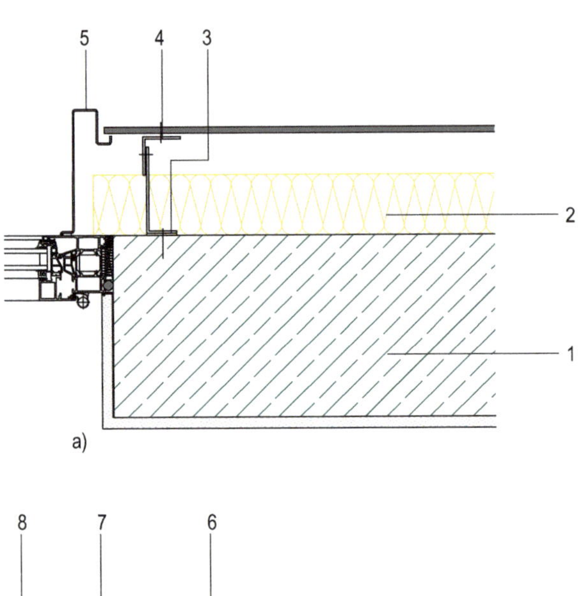

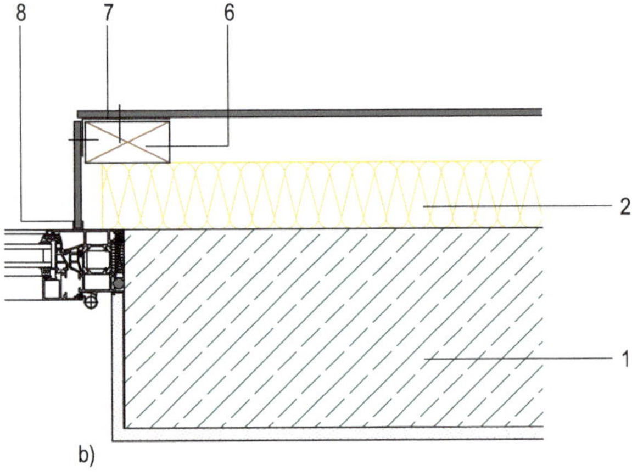

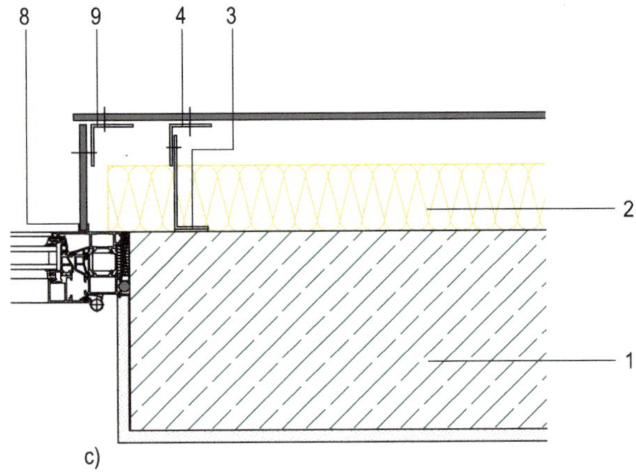

a) Laibung mit Systemzarge
b) und c) Laibung mit Faserzementtafeln

1 Tragende Wand
2 Wärmedämmung
3 Wandhalter aus Aluminium mit Thermostop
4 vertikales Tragprofil aus Aluminium
5 Laibungsblech, Systemzarge
6 Traglattung, vertikal
7 Aluminium-Fugenband
8 U-Anschlussprofil
9 Aluminiumwinkel

Sockeldetails einer Außenwand mit hinterlüfteter Vormauerschale 1:20

a)

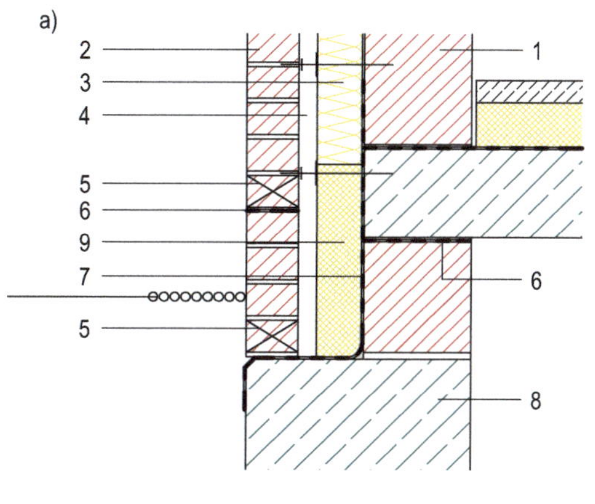

b)

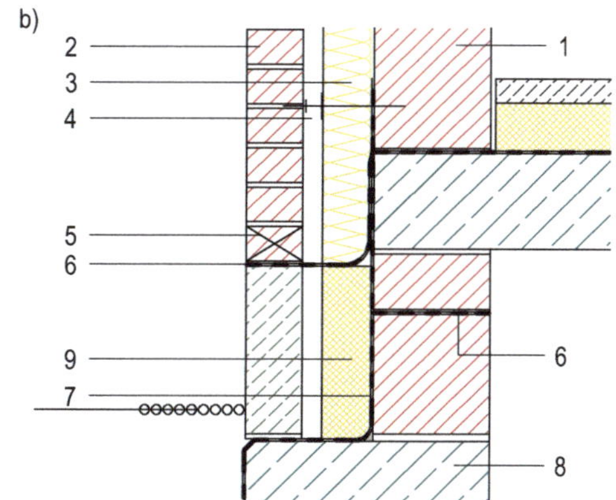

c)

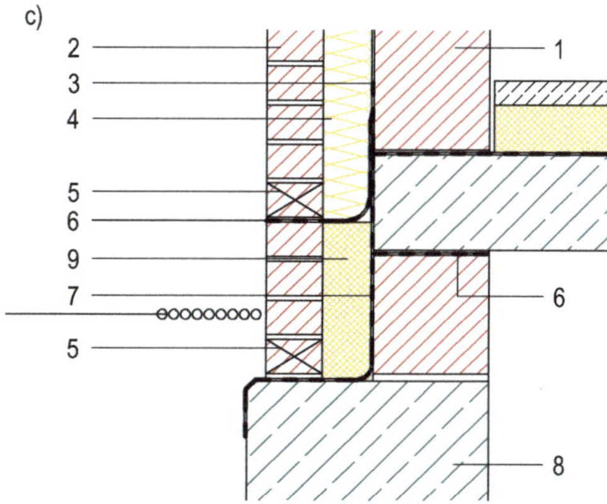

a) und b) Sockelausbildung bei einem zweischaligen Wandaufbau mit Luftschicht und Wärmedämmung
c) Sockelausbildung bei einem zweischaligen Wandaufbau mit Kerndämmung

1 tragendes Mauerwerk
2 Vormauerschale
3 Wärmedämmung
4 Luftschicht
5 offene Stoßfuge
6 Sperrschicht
7 Bauwerksabdichtung nach DIN 18533
8 Fundament/Gründung
9 Perimeter-/Sockeldämmung

Fassaden – Glas – Pfosten-Riegel-Konstruktion, Detail Wandanschluss, Wand in Stahlskelettbauweise 1:5

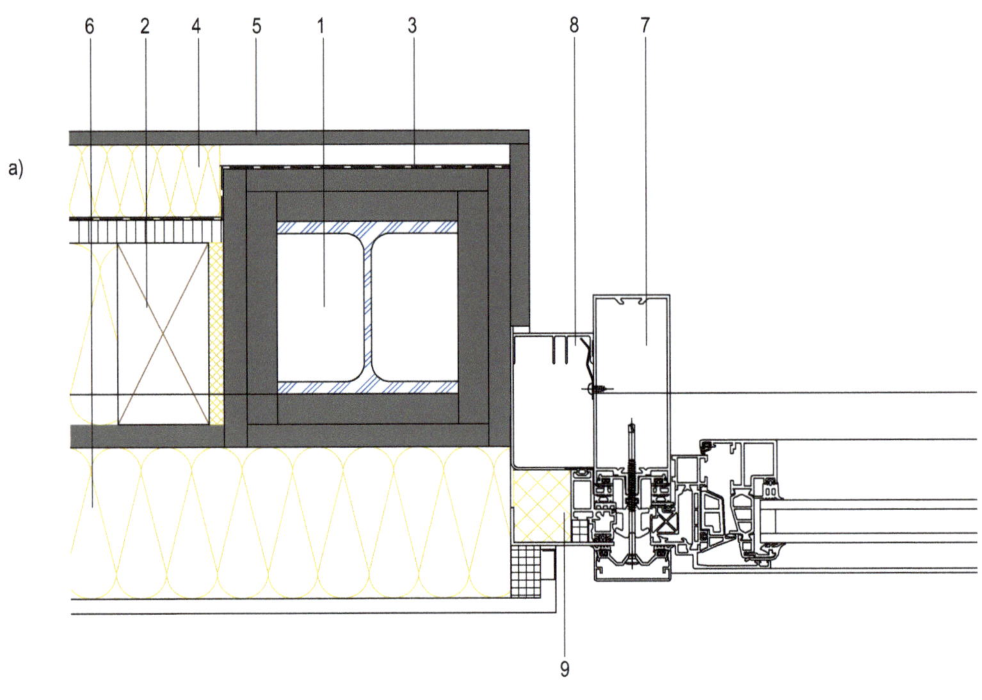

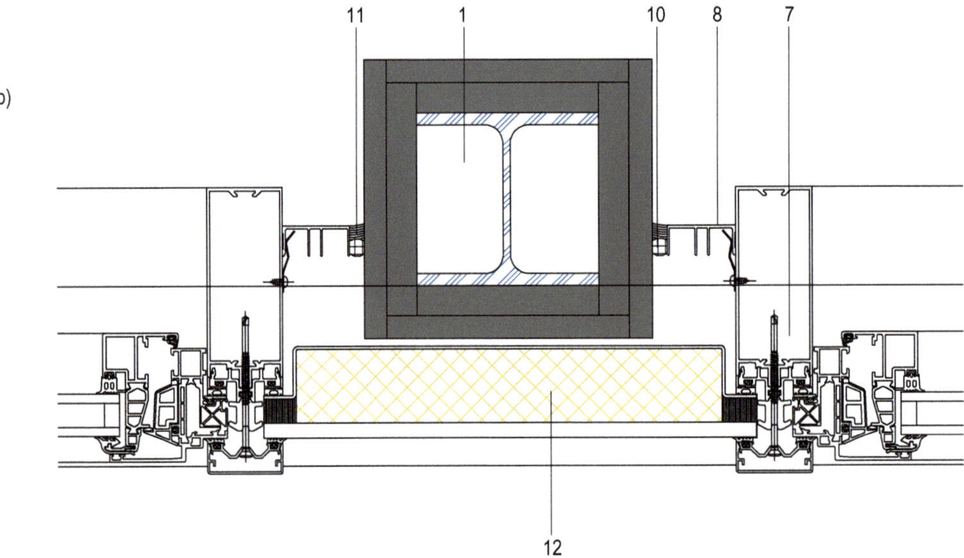

a) Wandanschluss
b) Paneelfeld im Bereich der Stütze

1 tragende Stahlskelettkonstruktion mit Brandschutzverkleidung
2 Füllelement, Holztafelbauweise mit Wärmedämmung, äußerer und innerer aussteifender Bekleidung
3 Dampfsperre
4 Installationsebene mit Wärmedämmung zwischen Unterkonstruktion, d = 40 mm, WLG 040
5 Innenwandbekleidung, einlagig aus 12,5 mm Gipsfaserplatten
6 Wärmedämmverbundsystem mit Außenputz/Schlussbeschichtung
7 Pfosten-Riegel-Konstruktion mit Festverglasung
8 Blechkantteil mit rückseitiger Antidröhnschicht
9 Bauanschlusspaneel, wärmegedämmtes Blechpaneel
10 Kompriband
11 dauerelastische Fugenversiegelung
12 Glaspaneel mit ESG-HF mit rückseitiger Emaillierung

Fassaden – Glas – Pfosten-Riegel-Konstruktion, Detail Wandanschluss, Wand und PRK in einer Ebene

1:5

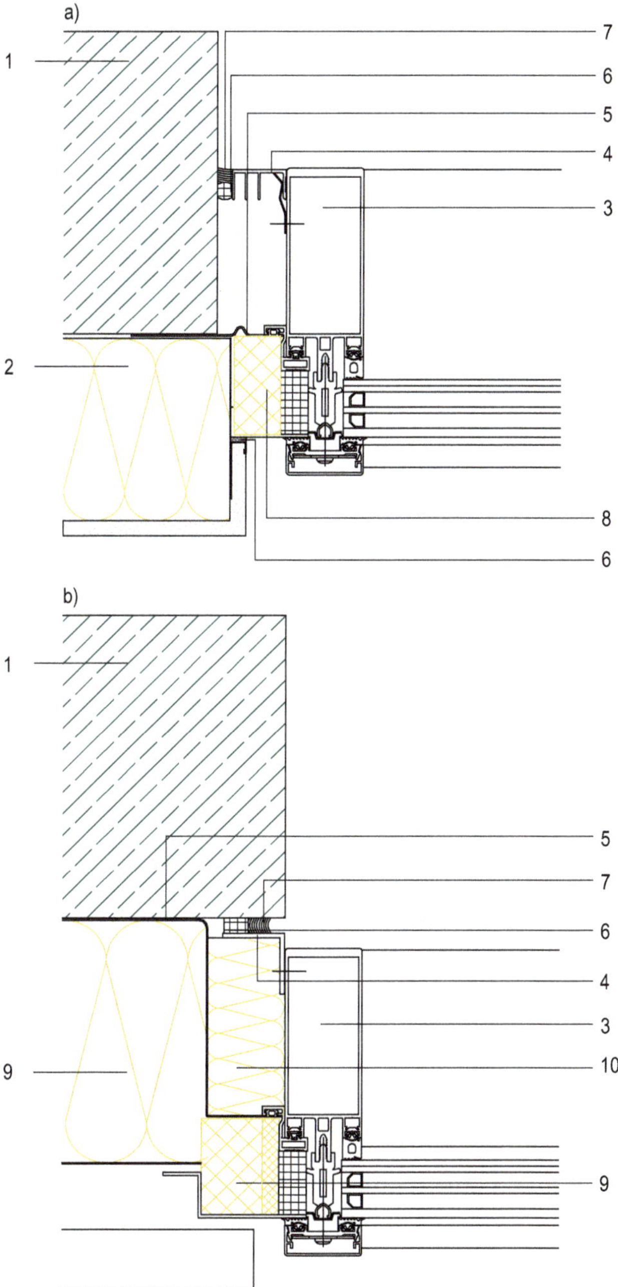

a) Außenwand mit WDVS
b) Außenwand mit hinterlüfteter Außenwandbekleidung

1 massive Wand aus Stahlbeton, Sichtbeton
2 Wärmedämmverbundsystem mit Außenputz/Schlussbeschichtung
3 Pfosten-Riegel-Konstruktion mit Festverglasung
4 Blechkantteil mit rückseitiger Antidröhnschicht
5 Dampfsperre
6 Kompriband
7 dauerelastische Fugenversiegelung
8 Bauanschlusspaneel, wärmegedämmtes Blechpaneel
9 hinterlüftete Fassadenbekleidung
10 Hohlraumdämmung

Fassaden – Glas – Pfosten-Riegel-Konstruktion, Detail Wandanschluss, Wand und PRK lotrecht zueinander 1:5

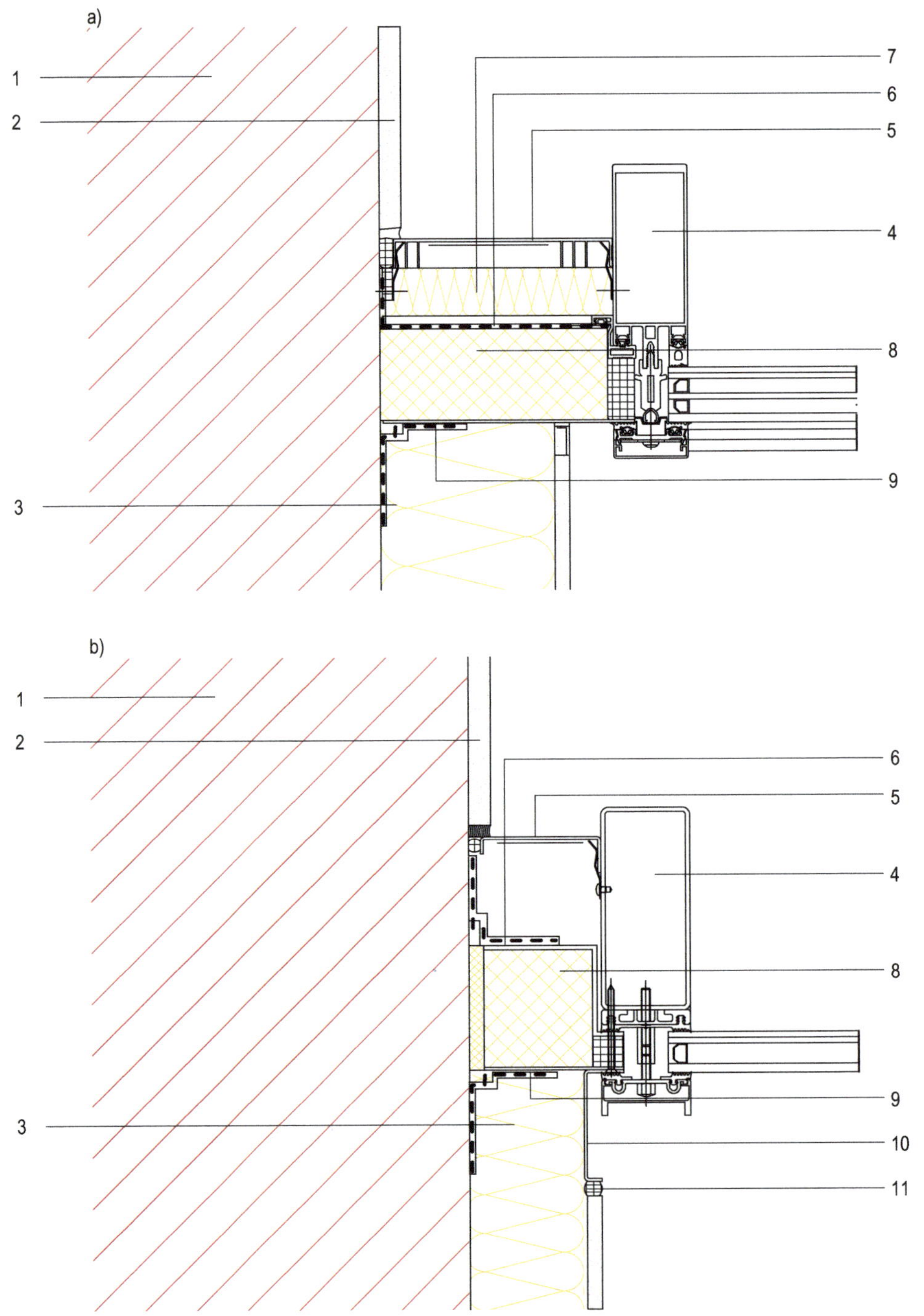

a) Wandabstand 15 cm, WDVS 130 mm
b) Wandabstand 7,5 cm, WDVS 90 mm

1 massive Wand aus Mauerwerk
2 Innenputz, d = 15 mm
3 Wärmedämmverbundsystem mit Außenputz/Schlussbeschichtung
4 Pfosten-Riegel-Konstruktion mit Festverglasung
5 Blechkantteil mit rückseitiger Antidröhnschicht
6 Dampfsperre
7 Hohlräumdämmung
8 Bauanschlusspaneel, wärmegedämmtes Blechpaneel
9 winddichter Bauwerksanschluss
10 Blechkantteil, 2-fach gekantet
11 Kompriband

Fassaden – Glas – Pfosten-Riegel-Konstruktion, Details Deckenanschluss 1:10

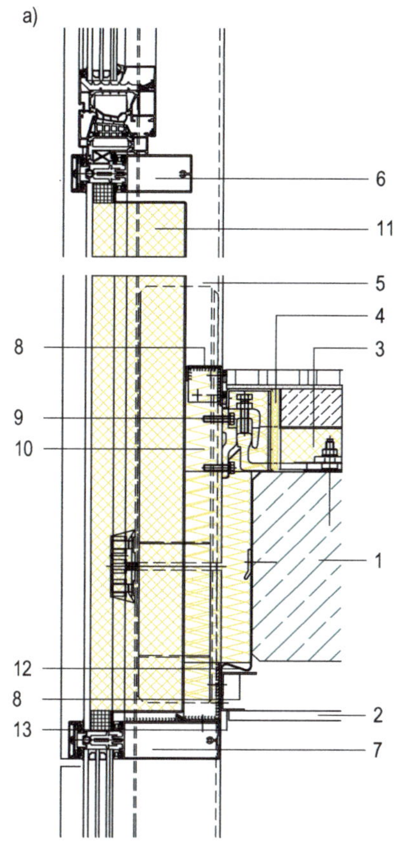

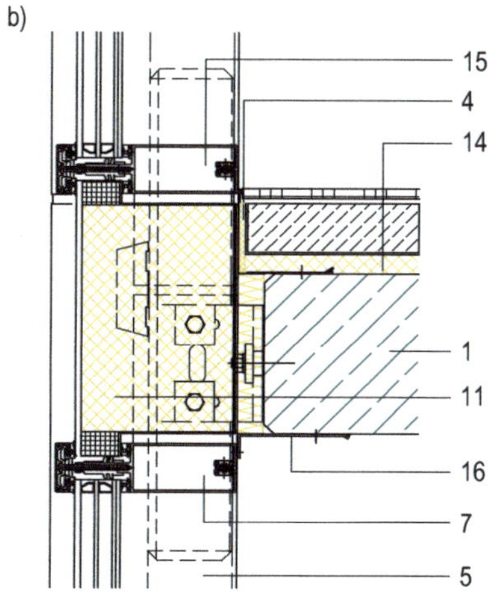

a) mit Brüstungspaneel
b) mit bodengebundener Verglasung

1 Geschossdecke aus Stahlbeton
2 Unterhangdecke
3 Fußbodenaufbau:
 – Trittschalldämmung
 – Zementestrich, schwimmend verlegt, mit Trennlage
 – Betonwerksteinbelag, d = 20 mm
4 Randdämmstreifen
5 Pfosten der Pfosten-Riegel-Fassade aus Aluminium
6 Brüstungsriegel
7 Kopfriegel
8 Winkelblech, Anschlussblech
9 Verankerung, Befestigung und Dimensionierung der Konsole gemäß den statischen Anforderungen
10 Hohlraumdämmung
11 Brüstungspaneel, wärmegedämmtes Glaspaneel, ESG-HF
12 Dampfsperre
13 Schattenfuge
14 Fußbodenaufbau
 – Trittschalldämmung
 – schwimmender Estrich mit Trennlage-Feinsteinzeugbelag
15 Fußriegel
16 Fugenabdeckblech

Fassaden – Glas – Pfosten-Riegel-Konstruktion, oberer Anschluss mit Sonnenschutz

1:5

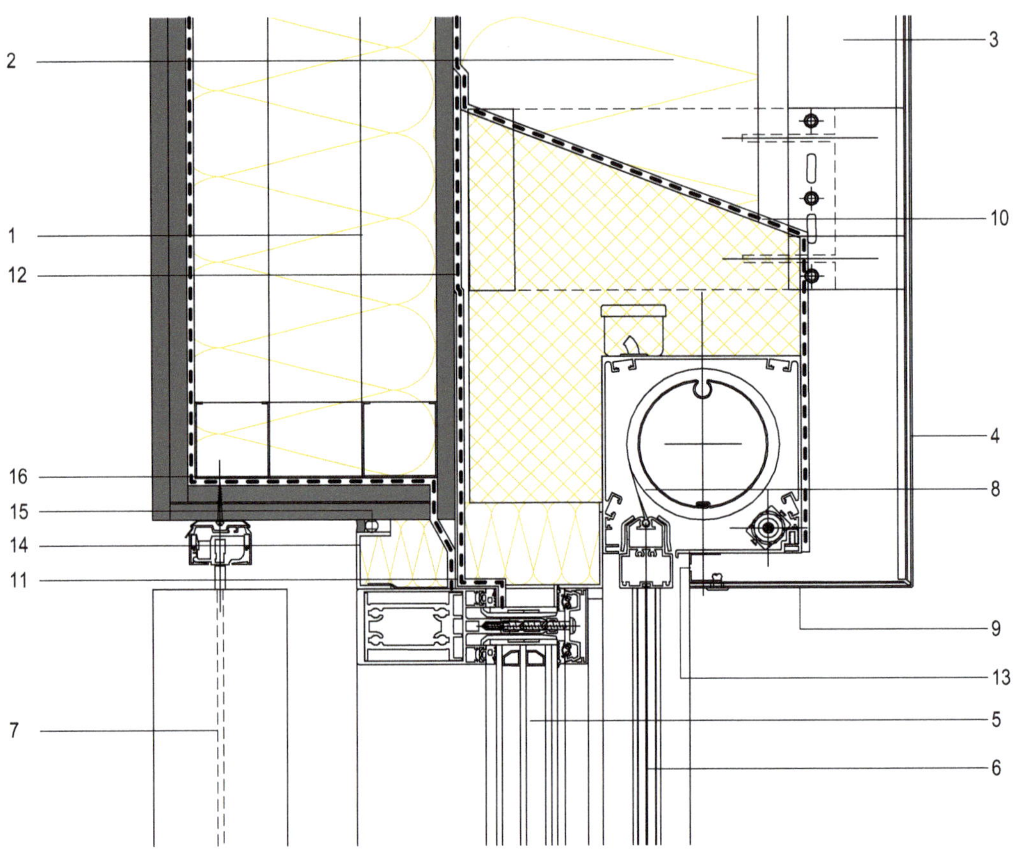

1 Außenwandkonstruktion in Trockenbau, Mineralwolledämmung, Bekleidung aus Gipskartonplatten innen, außen zementgebunden Sandwichplatten
2 Außenwanddämmung, Mineralwolle, WLG 035, d = 200 mm
3 Hinterlüftungsebene
4 Außenwandbekleidung aus Aluminium-Verbundplatten, genietet auf Metallunterkonstruktion
5 Pfosten-Riegel-Konstruktion mit MIG (3-fach)
6 Sonnenschutzsystem, Markise, mit Zip-Führung
7 innenliegender Blendschutz, Vertikallamellen
8 Sonnenschutzkasten
9 Fenstersturzverkleidung, Aluminiumverbundblech, gekantet
10 Abdichtungsbahn
11 Anschlusspaneelblech
12 Dichtfolienanschluss
13 Insektenschutzgitter
14 Hohlraum, ausgedämmt
15 Anschlussblech
16 Kompriband und elastische Fugenabdichtung

Fassaden – Glas – Pfosten-Riegel-Konstruktion, oberer Fassadenabschluss 1:10

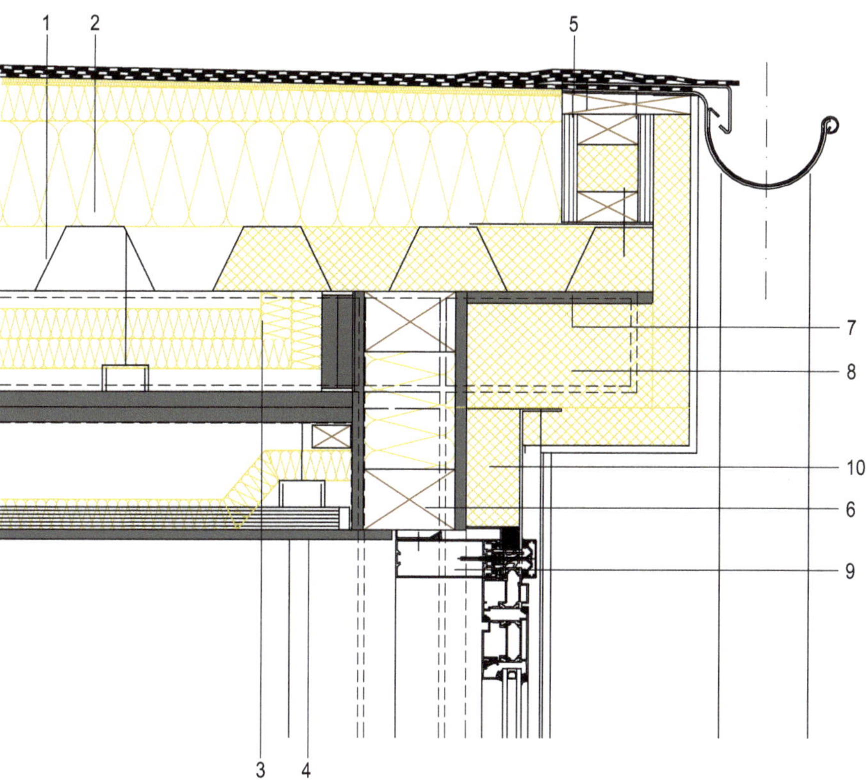

1 Trapezblech, 80/280, t = 0,75
2 Dachaufbau:
  - 140 mm Steinwolledämmplatten, WLG 040
  - Gefälledämmung, 2 %, WLG 040
  - 2-lagige Abdichtung aus Polymerbitumenbahnen
3 Unterhangdecke, F 90 mit Dämmstoffeinlage, 2 × 40 mm Mineralwolle, WLG 040
4 Unterhangdecke/Akustikdecke mit Dämmauflage
5 Traufbohle, konisch
6 Füllelement zwischen Tragkonstruktion aus Stahl, Holztafelbauweise mit Wärmedämmung, äußerer und innerer aussteifender Bekleidung
7 unterseitige Verkleidung der Trapezblechkonstruktion mit 1 Lage zementgebundener Gipsfaserplatte
8 Mineralwolledämmung, WLG 040
9 Pfosten-Riegel-Konstruktion aus Aluminium
10 Bauanschlusspaneel, wärmegedämmtes Blechpaneel

Fassaden – Glas – Pfosten-Riegel-Konstruktion, oberer Fassadenanschluss 1:10

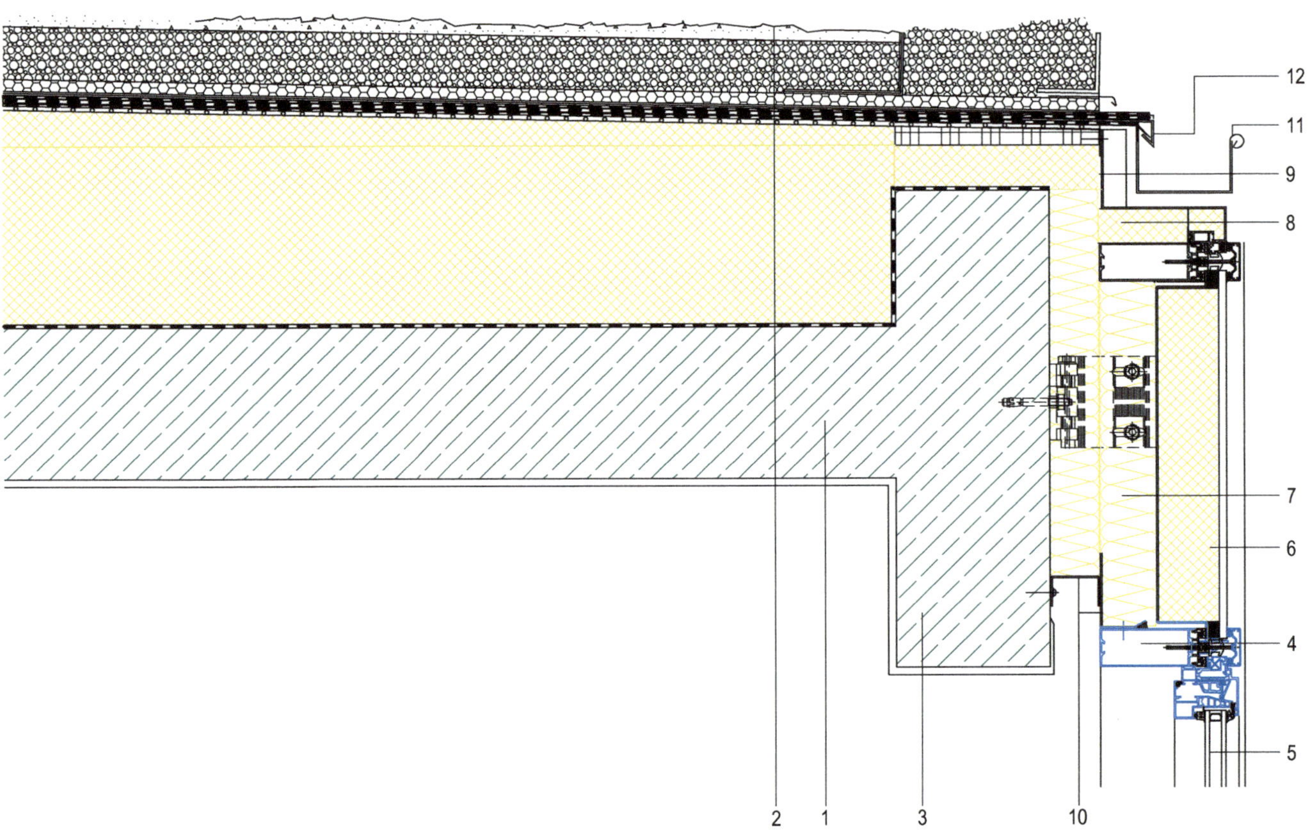

1 Stahlbetondecke, d = 200 mm
2 Dachaufbau:
- Dampfsperre
- mineralische Wärmedämmung als Gefälledämmung 2 %, WLG 040, Dämmstärke i.M. 280 mm
- Abdichtung und Wurzelschutzbahn
- Dränagematte/Flächendränage, 18 mm
- extensive Dachbegrünung, ca. 80 mm

3 Stahlbetonunterzug
4 Pfosten-Riegel-Fassade
5 Einsatzfenster aus Aluminium mit 2-fach-Verglasung
6 wärmegedämmtes Glaspaneel, ESG-HF
7 Hohlraumdämmung aus Mineralfaserdämmstoff
8 Bauanschlusspaneel, wärmegedämmt
9 Abdichtung
10 Blechkantteile
11 Rechteckrinne
12 Rinneneinhangblech

Fassaden – Glas – Pfosten-Riegel-Konstruktion, seitlicher Anschluss mit Sonnenschutz

1:5

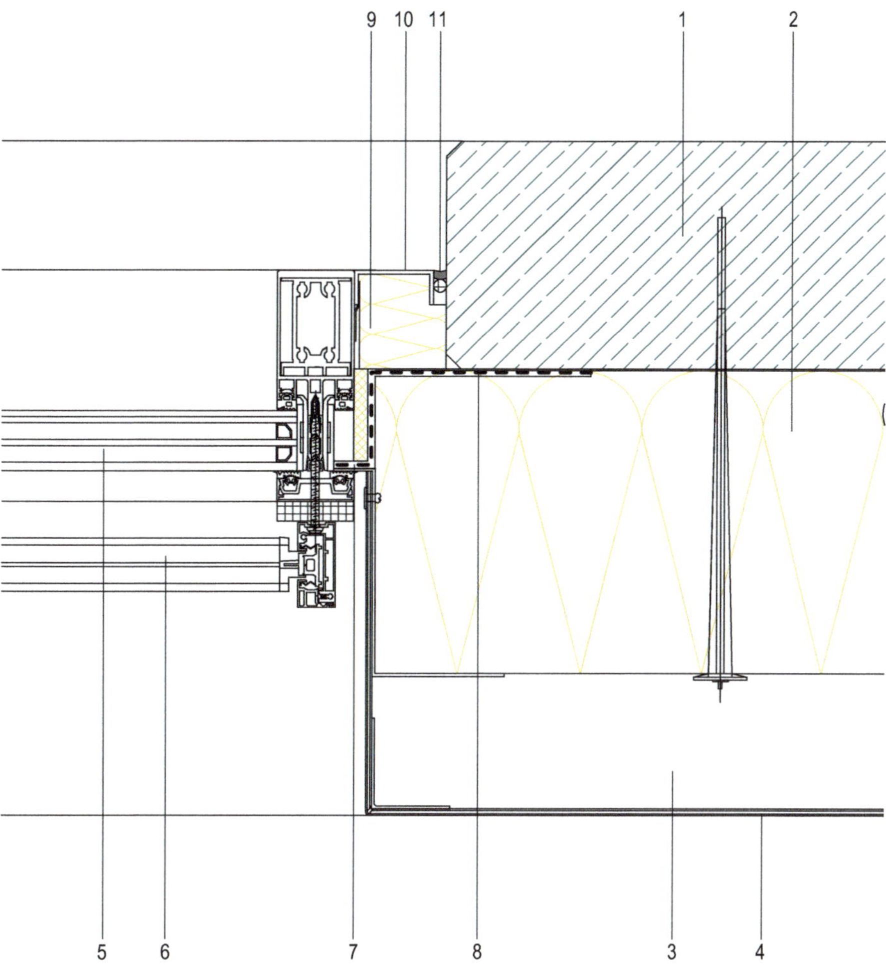

1 Außenwandkonstruktion aus Stahlbeton, d = 150 mm
2 Außenwanddämmung, Mineralwolle, WLG 035, d = 200 mm
3 Hinterlüftungsebene
4 Außenwandbekleidung aus Aluminium-Verbundplatten, genietet auf Metallunterkonstruktion
5 Pfosten-Riegel-Konstruktion mit MIG (3-fach)
6 Sonnenschutzsystem, Markise, mit Zip-Führung
7 Anschlusspaneelblech
8 Dichtfolienanschluss
9 Hohlraum, ausgedämmt
10 Anschlussblech
11 Kompriband und elastische Fugenabdichtung

Fassaden – Glas – Pfosten-Riegel-Konstruktion, unterer Anschluss mit Sonnenschutz

1:5

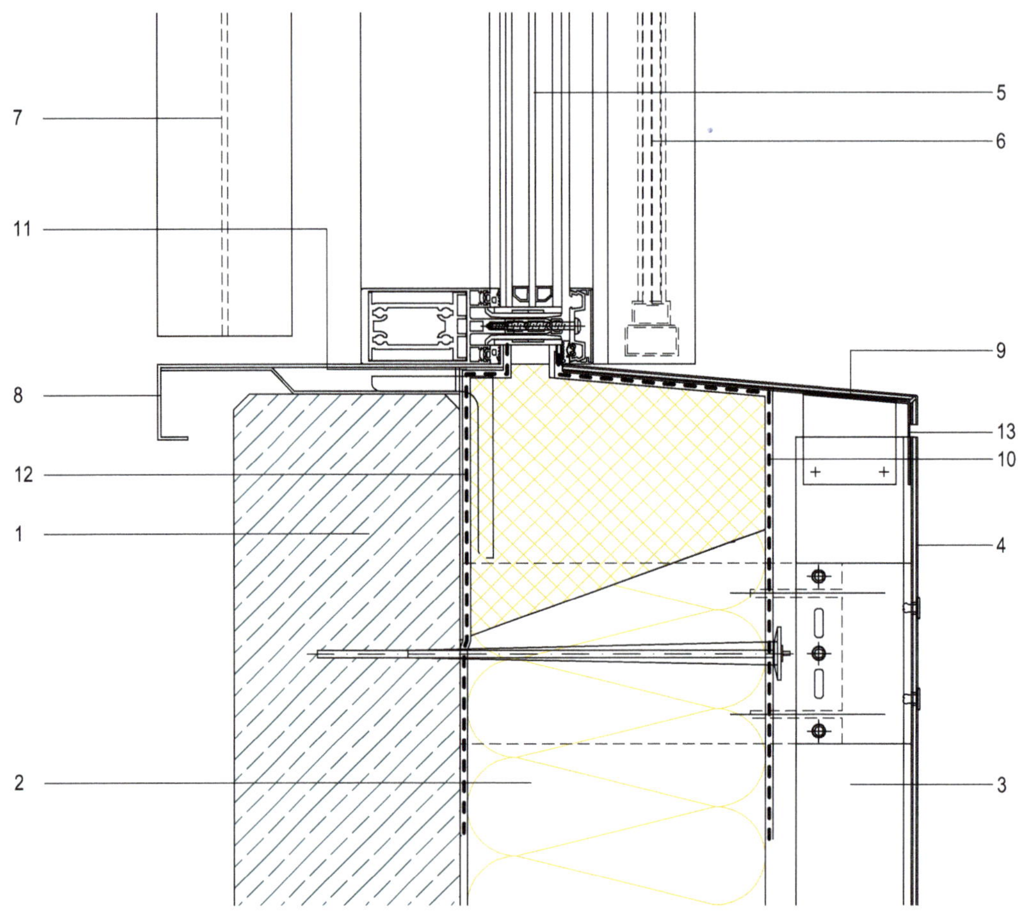

1 Außenwandkonstruktion aus Stahlbeton, d = 150 mm
2 Außenwanddämmung, Mineralwolle, WLG 035, d = 200 mm
3 Hinterlüftungsebene
4 Außenwandbekleidung aus Aluminium-Verbundplatten, genietet auf Metallunterkonstruktion
5 Pfosten-Riegel-Konstruktion mit MIG (3-fach)
6 Sonnenschutzsystem, Markise, mit Zip-Führung
7 innenliegender Blendschutz, Vertikallamellen
8 Aluminiumblechfensterbank
9 Fensterbankverkleidung, Aluminium-Verbundblech, gekantet
10 Abdichtungsbahn
11 Anschlusspaneelblech
12 Dichtfolienanschluss
13 Insektenschutzgitter

Elementfassade, Ganzglasfassade, Dachrandanschluss 1:5

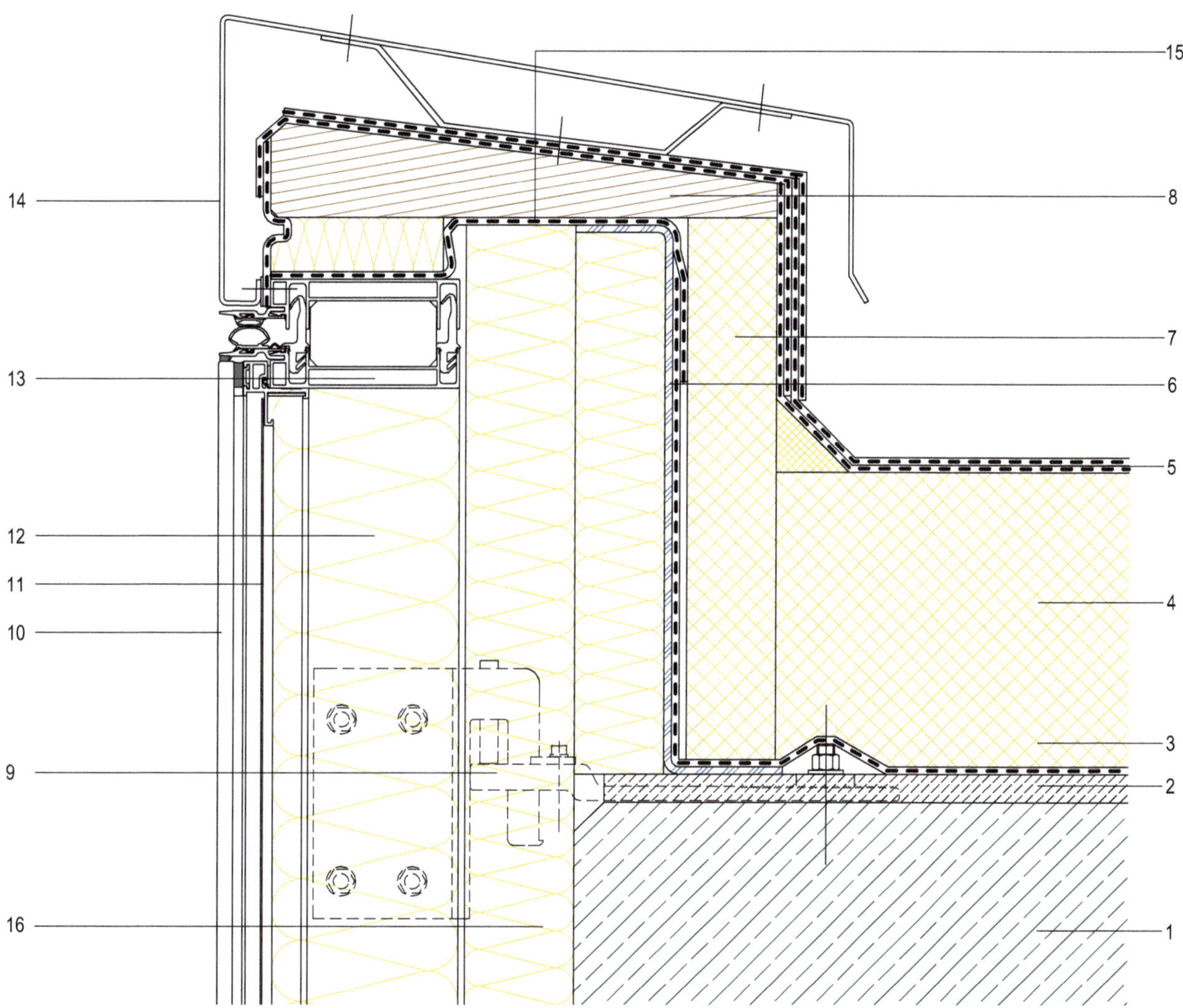

1 Stahlbetondachdecke
2 Ausgleichsestrich
3 Dampfsperrbahn
4 Flachdachdämmung, Gefälledämmung
5 Flachdachabdichtung nach DIN 18531, 2-lagig
6 Stützkonstruktion, gekantetes Stahlblech
7 Dachranddämmung, d = 60 mm
8 Keilbohle
9 oberer Haltepunkt der Fassade als Lospunkt
10 Verglasung des Paneelfeldes, ESG-HF mit rückseitiger farbiger Emaillierung
11 Aluminiumblech
12 Dämmkern des Paneelfeldes, Mineralwolle
13 Riegel der Elementfassade
14 Attikaabdeckung
15 dampfdichter Anschluss
16 Hohlraumdämmung, Mineralwolle

Hinweis: Ab 8 m Einbauhöhe ist ein mechanisches Rückhaltesystem für den Fall des mechanischen Versagens der Verklebung erforderlich.

Elementfassade, Ganzglasfassade, Geschossdeckenanschluss 1:5

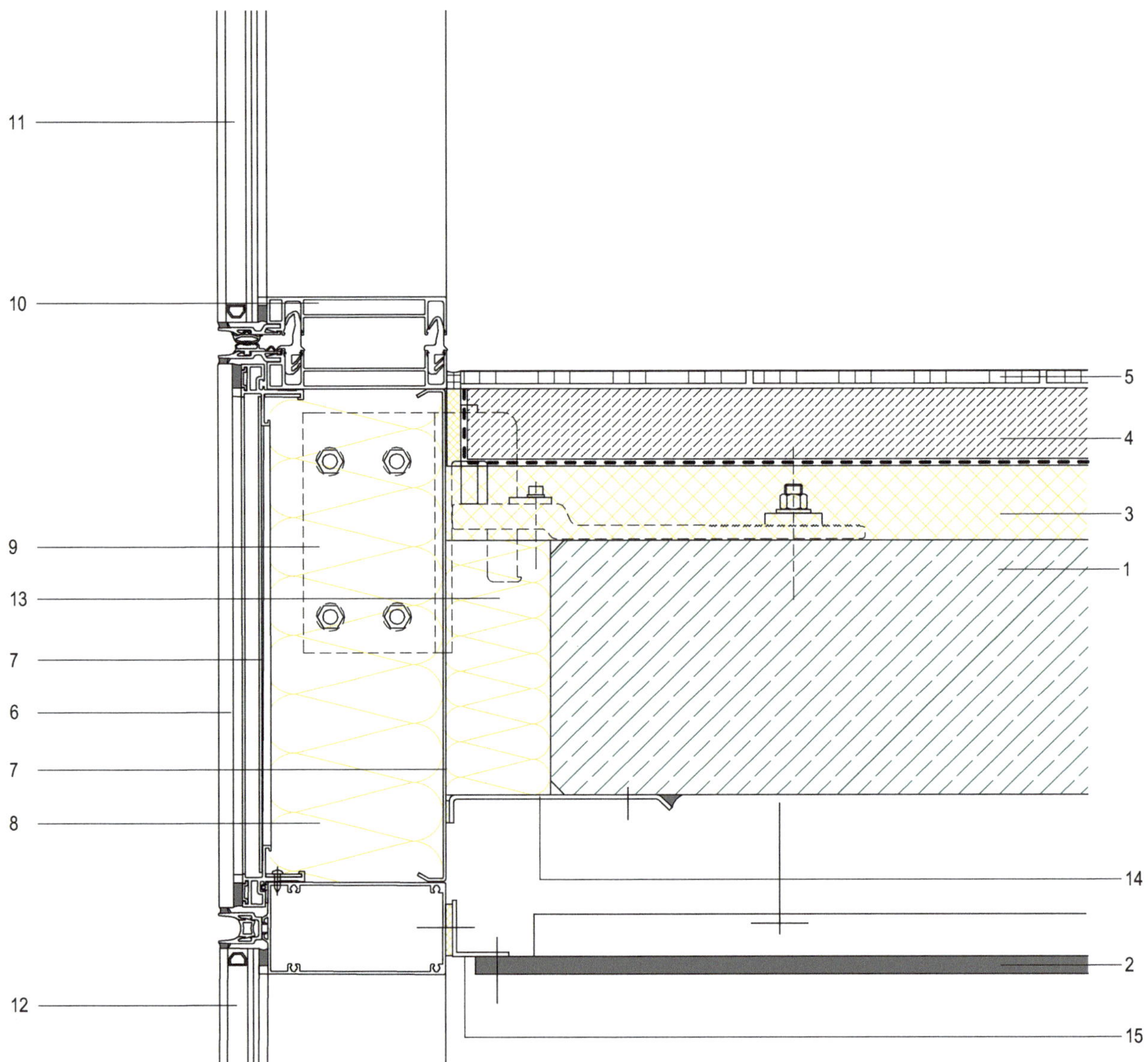

1 Stahlbetongeschossdecke
2 Unterhangdecke
3 Trittschalldämmung
4 Zementestrich, schwimmend verlegt, auf Trennlage
5 Fliesenbelag
6 Verglasung des Paneelfeldes, ESG mit rückseitiger farbiger Emaillierung
7 Aluminiumblech
8 Dämmkern des Paneelfeldes, Mineralwolle
9 Haltepunkt auf der Geschossdecke
10 Riegel der Elementfassade
11 MIG (2-fach), bodengebunden, absturzsichernd
12 MIG (2-fach)
13 Hohlraumdämmung, Mineralwolle
14 Fugenabdeckblech
15 Anschlussprofil, L-Winkel

Hinweis: Ab 8 m Einbauhöhe ist ein mechanisches Rückhaltesystem für den Fall des mechanischen Versagens der Verklebung erforderlich.

Elementfassade, Ganzglasfassade, unterer Anschlusspunkt auf Bodenplatte 1:5

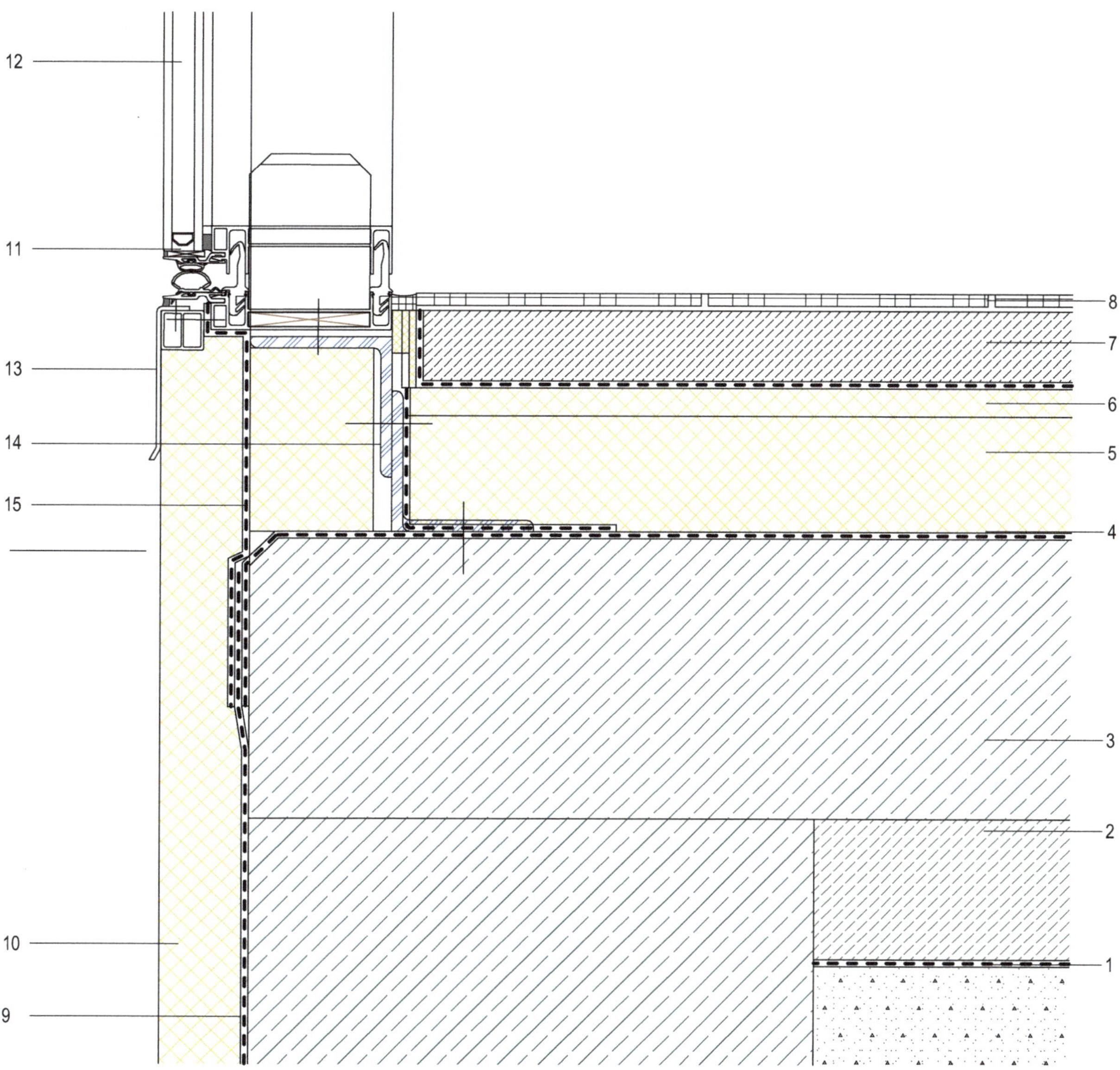

1 Trennlage, PE-Folie
2 Sauberkeitsschicht
3 Bodenplatte aus Stahlbeton
4 Abdichtung auf der Bodenplatte nach DIN 18533
5 Fußbodendämmung, WLG 035, d = 80 mm
6 Trittschalldämmung, WLG 040, d = 20 mm
7 Zementestrich, schwimmend verlegt, auf Trennlage
8 Fliesenbelag
9 vertikale Abdichtung nach DIN 18533
10 Perimeterdämmung, WLG 035, d = 60 mm
11 unterer Riegel der elementierten Vorhangfassade
12 MIG 2-fach, bodengebunden, ESG/VSG innen und außen
13 Tropfblech, Abdeckblech
14 Stahlwinkel, unterer Fußpunkt
15 Abdichtungsanschluss

Hinweis: Ab 8 m Einbauhöhe ist ein mechanisches Rückhaltesystem für den Fall des mechanischen Versagens der Verklebung erforderlich.

Elementierte Vorhangfassade, Dachrandanschluss 1:5

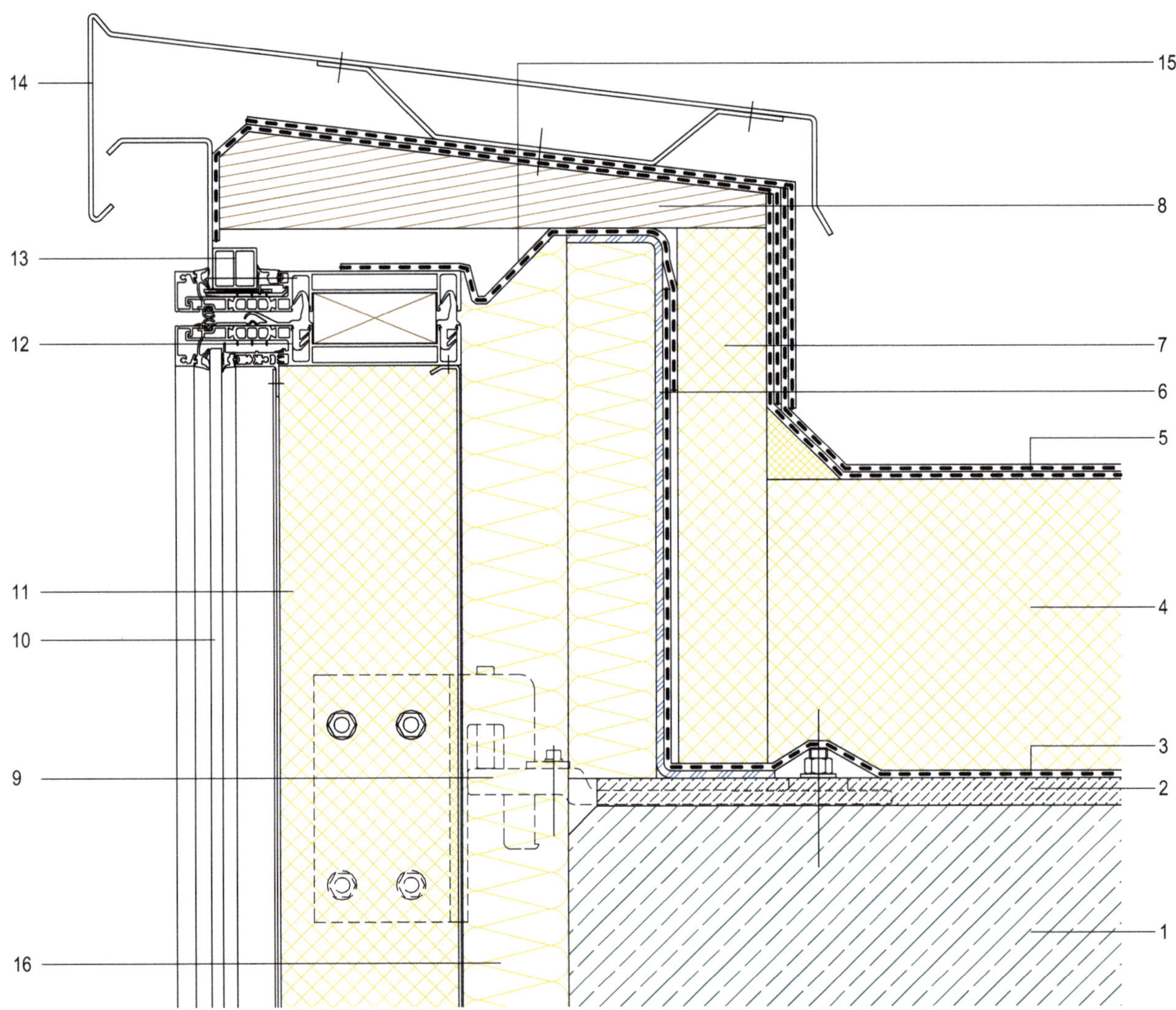

1 Stahlbetondachdecke
2 Ausgleichsestrich
3 Dampfsperrbahn
4 Flachdachdämmung, Gefälledämmung
5 Flachdachabdichtung nach DIN 18531, 2-lagig
6 Stützkonstruktion, gekantetes Stahlblech
7 Dachranddämmung, d = 60 mm
8 Keilbohle
9 oberer Haltepunkt der Fassade als Lospunkt
10 Verglasung des Paneelfeldes, ESG-HF mit rückseitiger farbiger Emaillierung
11 Dämmkern des Paneelfeldes, Außen- und Innenschale aus Aluminiumblech
12 Riegel der elementierten Vorhangfassade
13 Anschlussblech, gekantet
14 Attikaabdeckung
15 dampfdichter Anschluss
16 Hohlraumdämmung, Mineralwolle

Elementierte Vorhangfassade, Deckenrandanschluss 1:5

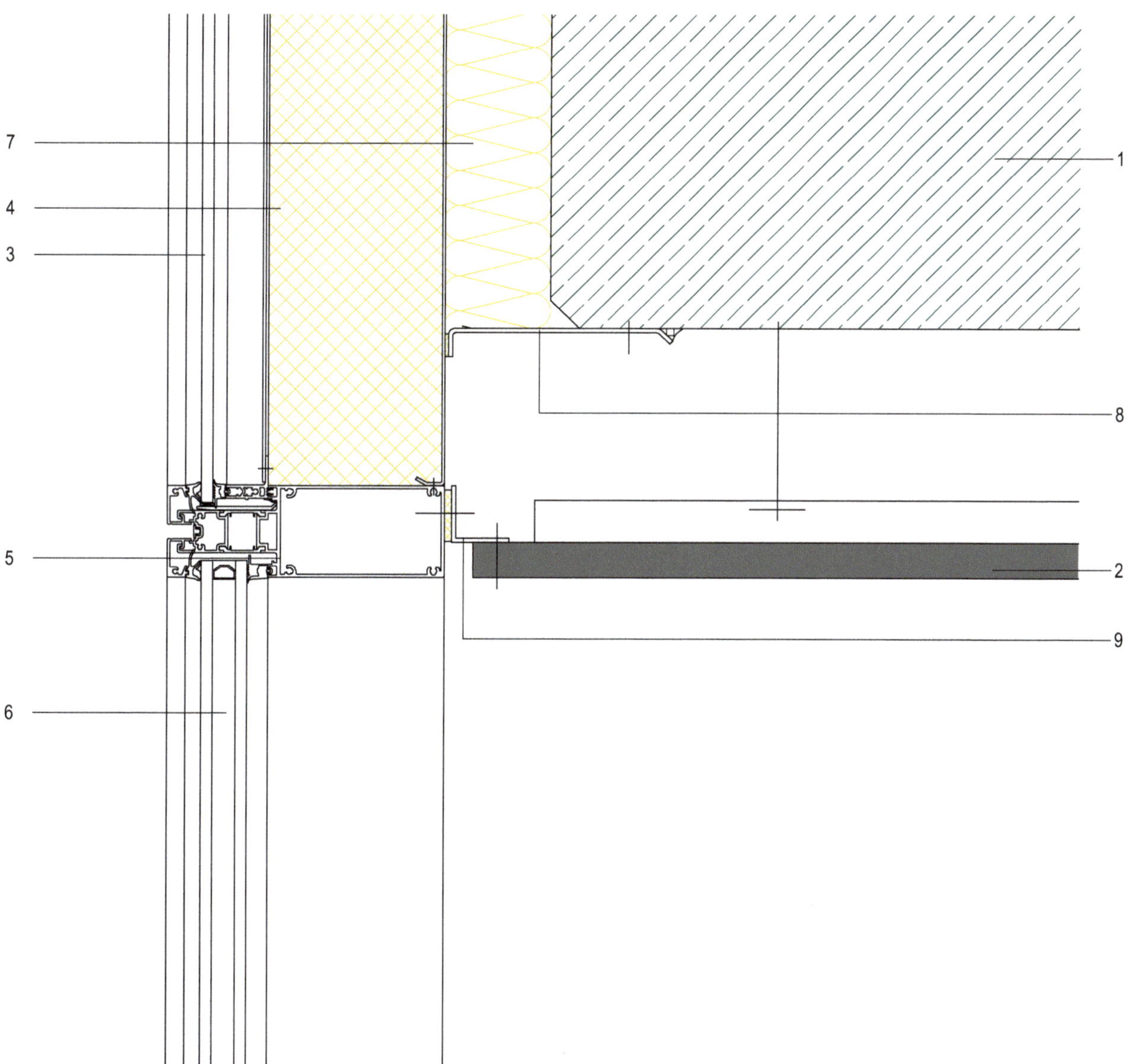

1 Stahlbetongeschossdecke
2 Unterhangdecke
3 Verglasung des Paneelfeldes, ESG-HF mit rückseitiger farbiger Emaillierung
4 Dämmkern des Paneelfeldes, Außen- und Innenschale aus Aluminiumblech
5 Riegel der elementierten Vorhangfassade
6 MIG (2-fach)
7 Hohlraumdämmung, Mineralwolle
8 Fugenabdeckblech
9 Anschlussprofil, L-Winkel

Elementierte Vorhangfassade, unterer Anschlusspunkt auf Bodenplatte

1:5

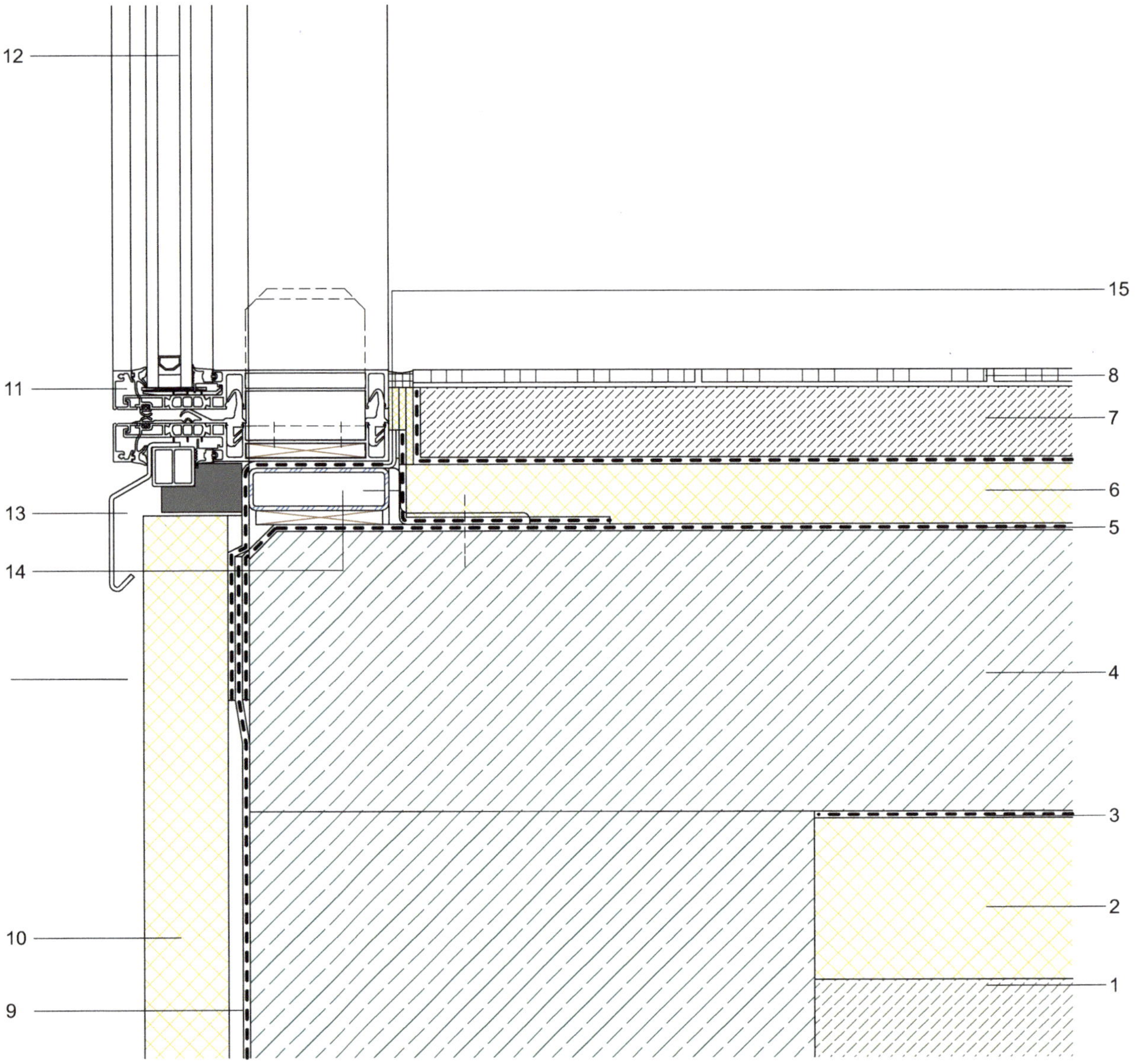

1 Sauberkeitsschicht
2 druckfeste Dämmung unter der Bodenplatte, WLG 035, d = 120 mm
3 Trennlage
4 Bodenplatte aus Stahlbeton
5 Abdichtung auf der Bodenplatte nach DIN 18533
6 Fußbodendämmung, Trittschalldämmung
7 Zementestrich, schwimmend verlegt, auf Trennlage
8 Fliesenbelag
9 vertikale Abdichtung nach DIN 18533
10 Perimeterdämmung, WLG 035, d = 60 mm
11 unterer Riegel der elementierten Vorhangfassade
12 MIG (2-fach), bodengebunden, ESG/VSG innen und außen
13 Tropfblech
14 Hohlprofil
15 Abdichtungsanschluss

Structural-Glazing-Fassade, Attikaanschluss 1:5

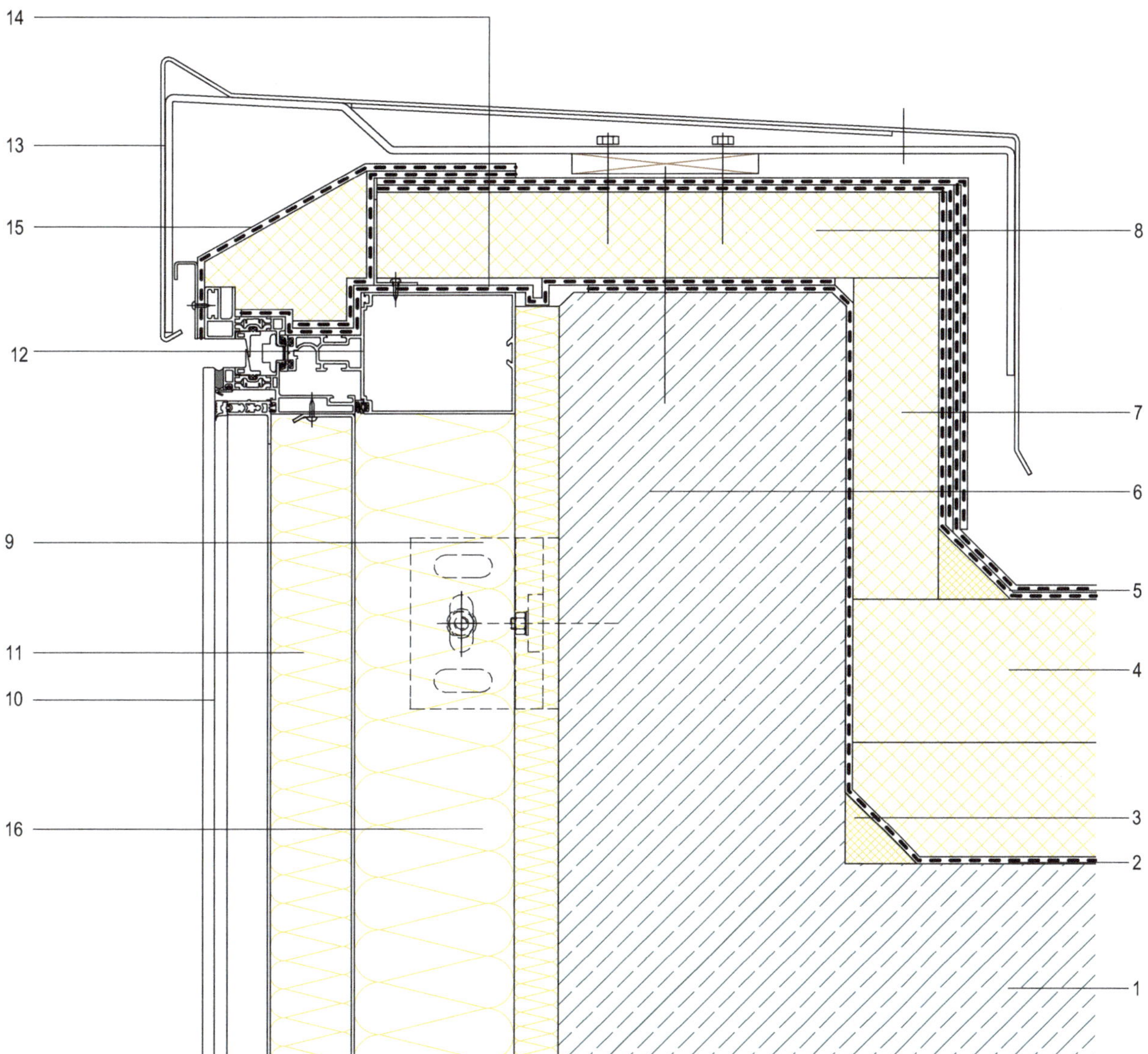

1 Stahlbetondachdecke
2 Dämmstoffkeil
3 Dampfsperrbahn
4 Flachdachdämmung, Gefälledämmung
5 Flachdachabdichtung nach DIN 18531, 2-lagig
6 massive Attikakonstruktion aus Stahlbeton
7 Dachranddämmung, d = 60 mm
8 obere Dämmung der Attika, d = 60 mm
9 oberer Haltepunkt der Fassade
10 Verglasung des Paneelfeldes, ESG-HF mit rückseitiger farbiger Emaillierung
11 Verbundpaneel mit Dämmschicht
12 Riegel der Structural-Glazing-Fassade
13 Attikaabdeckung
14 dampfdichter Anschluss
15 Abdichtungsanschluss
16 Hohlraumdämmung, Mineralwolle

Hinweis: Ab 8 m Einbauhöhe ist ein mechanisches Rückhaltesystem für den Fall des mechanischen Versagens der Verklebung erforderlich.

Structural-Glazing-Fassade, Deckenrandanschluss 1:5

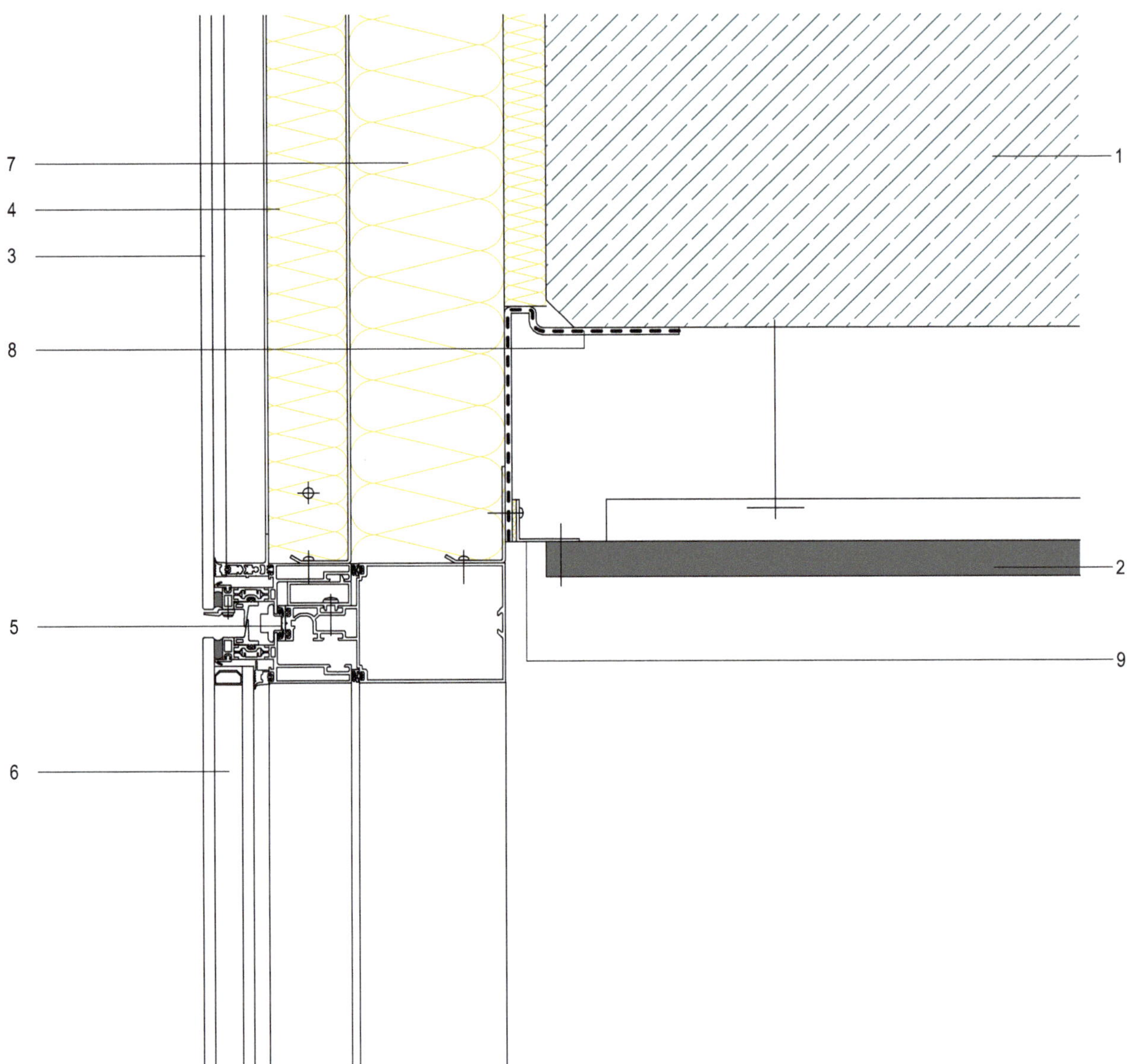

1 Stahlbetongeschossdecke, Dachdecke
2 Unterhangdecke
3 Verglasung des Paneelfeldes, ESG-HF mit rückseitiger farbiger Emaillierung
4 Verbundpaneel mit Dämmschicht
5 Riegel der Structural-Glazing-Fassade
6 MIG (2-fach)
7 Hohlraumdämmung, Mineralwolle
8 Dampfsperre
9 Anschlussprofil, L-Winkel

Hinweis: Ab 8 m Einbauhöhe ist ein mechanisches Rückhaltesystem für den Fall des mechanischen Versagens der Verklebung erforderlich.

Structural-Glazing-Fassade, unterer Anschlusspunkt vor der Bodenplatte 1:5

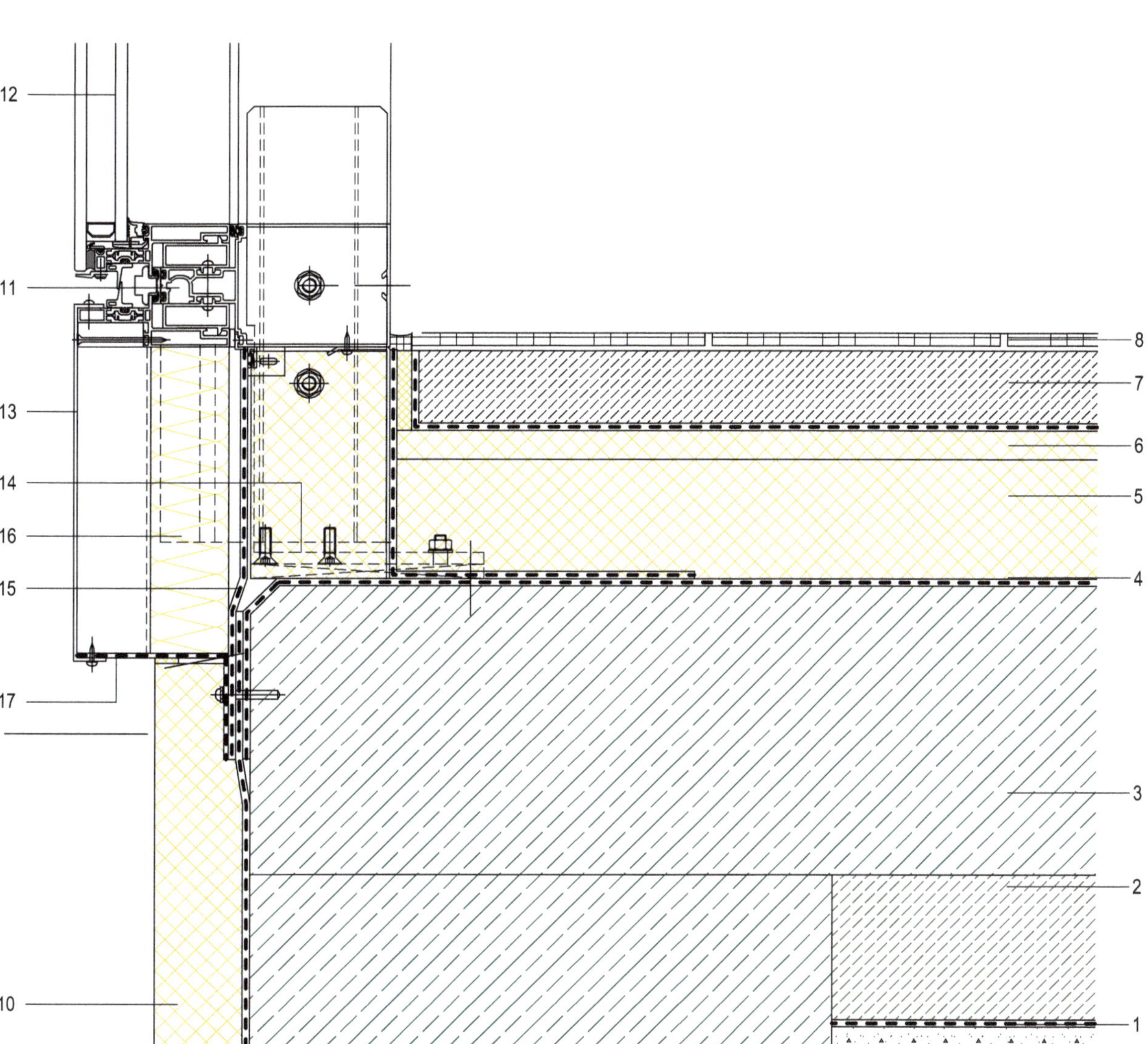

1 Trennlage, PE-Folie
2 Sauberkeitsschicht
3 Bodenplatte aus Stahlbeton
4 Abdichtung auf der Bodenplatte nach DIN 18533
5 Fußbodendämmung, WLG 035, d = 80 mm
6 Trittschalldämmung, WLG 040, d = 20 mm
7 Zementestrich, schwimmend verlegt, auf Trennlage
8 Fliesenbelag
9 vertikale Abdichtung nach DIN 18533
10 Perimeterdämmung, WLG 035, d = 60 mm
11 unterer Riegel der elementierten Vorhangfassade
12 MIG, bodengebunden, ESG/VSG innen und außen
13 Tropfblech, Abdeckblech
14 unterer Fußpunkt, Anschlusspunkt
15 Abdichtungsanschluss
16 Mineralfaserdämmung mit Dämmschutzbahn
17 Lochblech, gekantet

Hinweis: Ab 8 m Einbauhöhe ist ein mechanisches Rückhaltesystem für den Fall des mechanischen Versagens der Verklebung erforderlich.

Attikaausbildung einer Holztafelwand mit Holzlamellenbekleidung 1:10

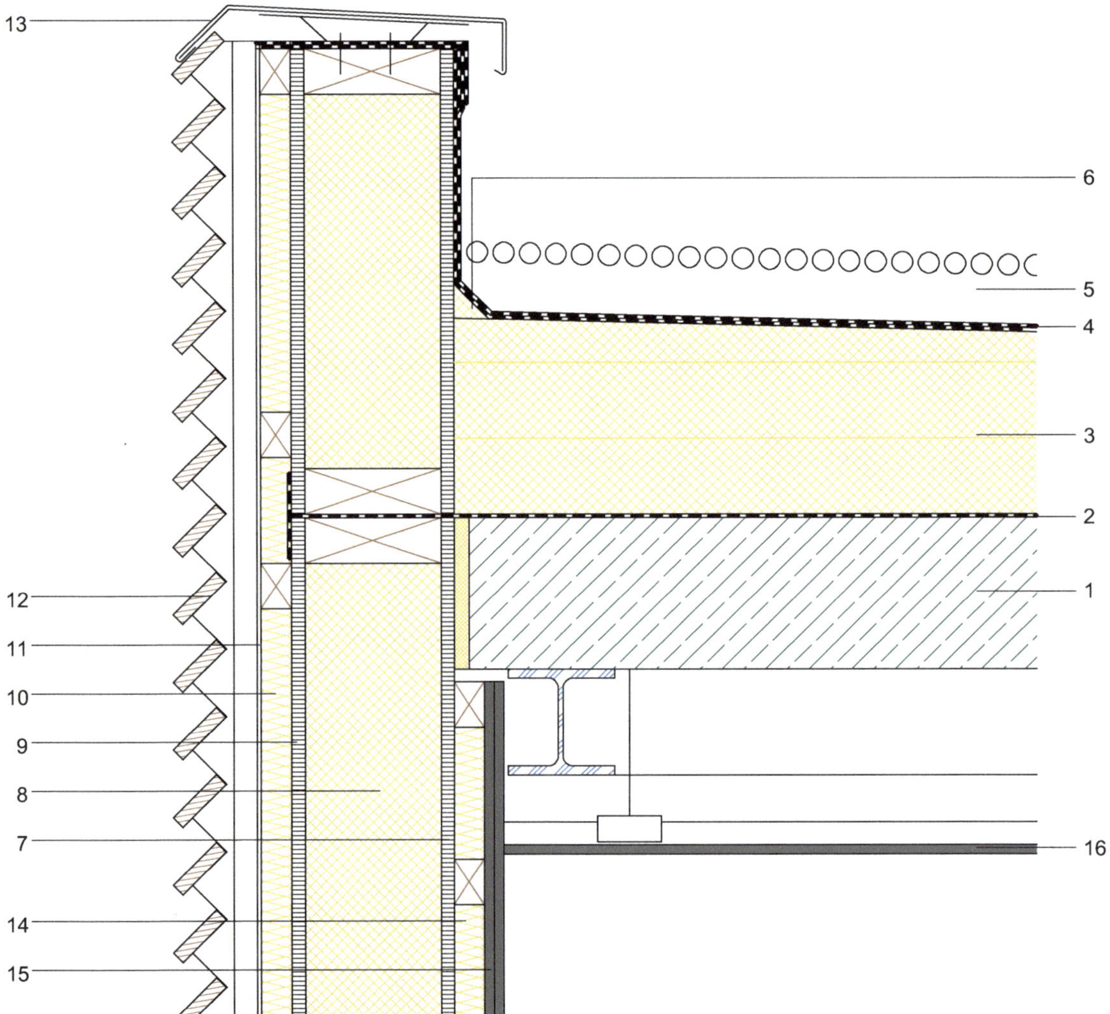

1 Dachdecke aus Stahlbeton
2 Dampfsperre
3 Flachdachdämmung mit Grunddämmung und Gefälledämmung
4 Flachdachabdichtung aus Elastomerbitumenbahnen, 2-lagig
5 Bekiesung
6 Wärmedämmkeil
7 Beplankung der Holztafelwand aus Holzwerkstoffplatten als luftdichte Ebene, Stöße luftdicht verklebt, d = 18 mm
8 Dämmstoff zwischen Holzkonstruktion aus Vierkanthölzern, d = 180 mm
9 Beplankung aus Holzweichfaserplatte, d = 18 mm
10 Mineralwolledämmung zwischen Holzunterkonstruktion, WLG 040, d = 40 mm
11 Dämmschutzbahn, farbige Fassadenbahn
12 Lamellenfassade
13 Attikablechabdeckung
14 Mineralwolledämmung zwischen Holzunterkonstruktion, Installationsebene
15 Bekleidung aus Gipskartonplatte, d = 2 × 12,5 mm
16 Unterhangdecke

Bewegliche Lamellenkonstruktion aus Holz **1:25**

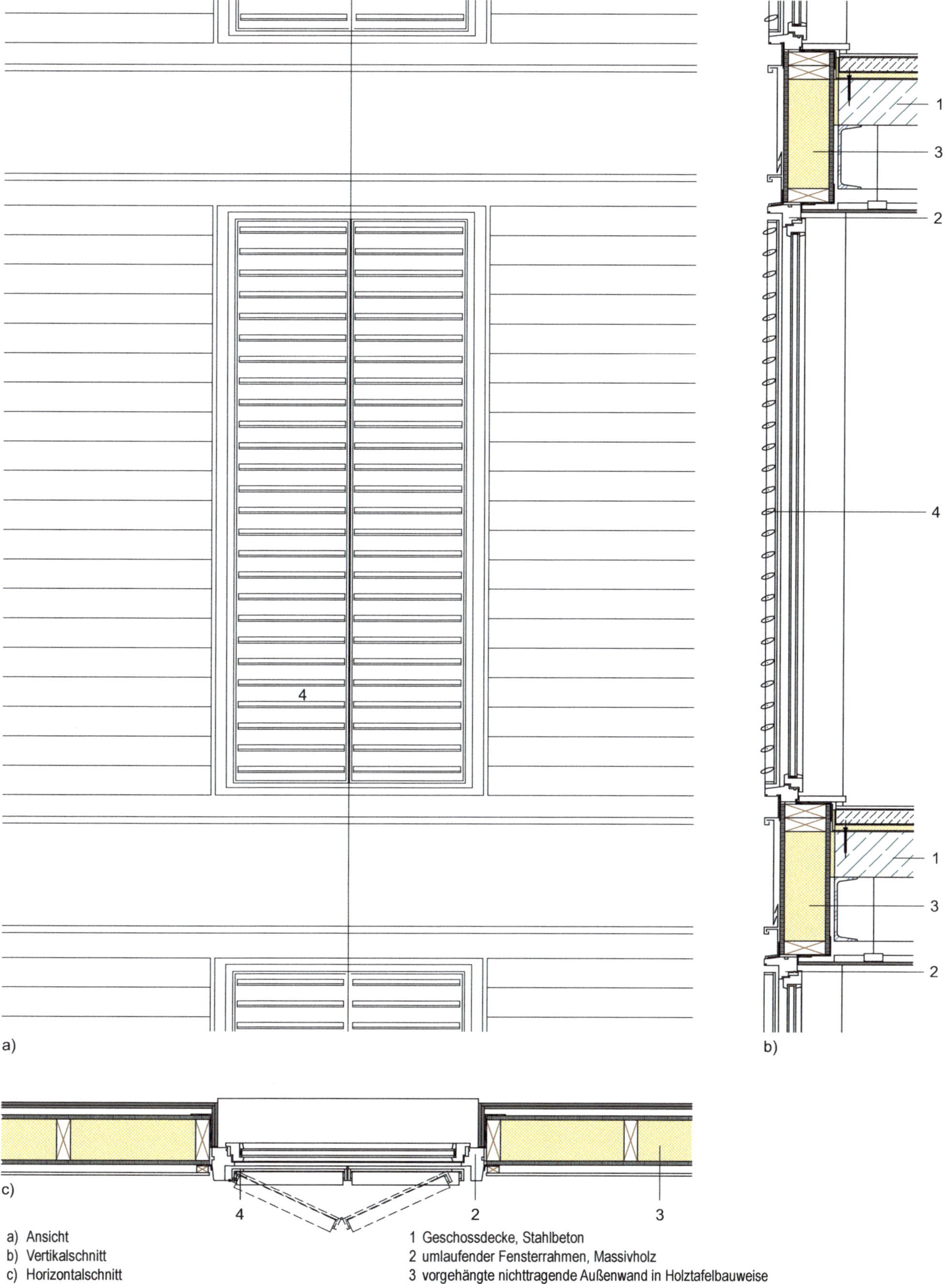

a) Ansicht
b) Vertikalschnitt
c) Horizontalschnitt

1 Geschossdecke, Stahlbeton
2 umlaufender Fensterrahmen, Massivholz
3 vorgehängte nichttragende Außenwand in Holztafelbauweise
4 Lamellenflügel, öffenbar, Lamellen in umlaufendem Stahlrahmen

Deckenanschluss einer Holztafelwand mit Lamellenfassade 1:10

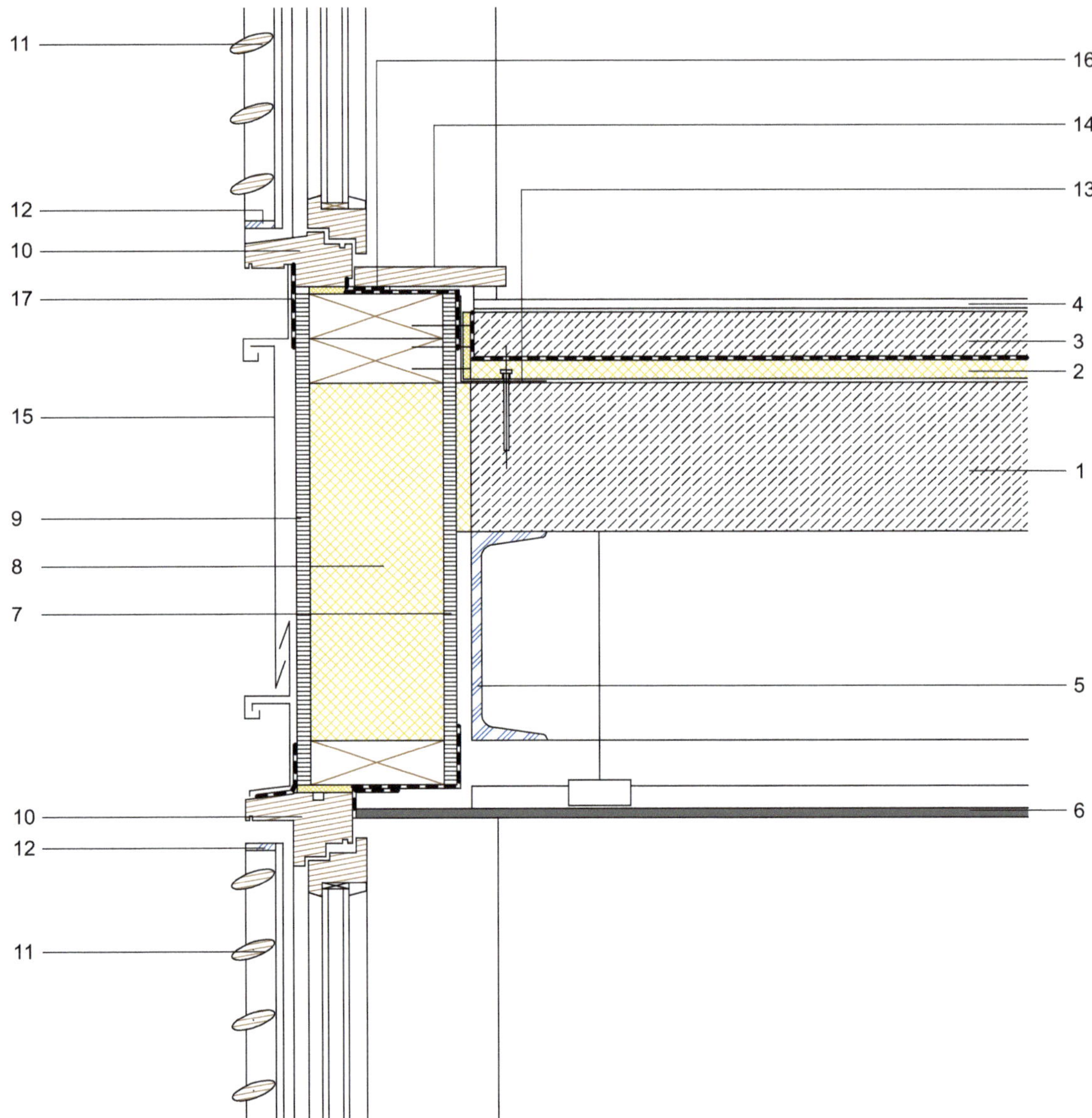

1 Geschossdecke aus Stahlbeton
2 Trittschalldämmung
3 Zementestrich auf Trennlage
4 Bodenbelag
5 Stahltragwerk, Riegel
6 Unterhangdecke mit Gipskartonbekleidung
7 Beplankung der Holztafelwand aus Holzwerkstoffplatten als luftdichte Ebene, Stöße luftdicht verklebt, d = 18 mm
8 Dämmstoff zwischen Holzkonstruktion aus Vierkanthölzern, d = 180 mm
9 Beplankung aus Holzweichfaserplatte, d = 18 mm
10 umlaufender Fensterrahmen aus Massivholz mit Tropfkante
11 Holzlamellen, feststehend
12 Rahmen aus Flachstahl, klappbar
13 Rückverankerung der nichttragenden Außenwand in Geschossdeckenebene
14 Innenfensterbank
15 Verkleidung aus Titanzinkblech
16 dampfdichter Anschluss, innen
17 winddichter Anschluss, außen

Sockelanschluss einer Holztafelwand mit Lamellenfassade 1:10

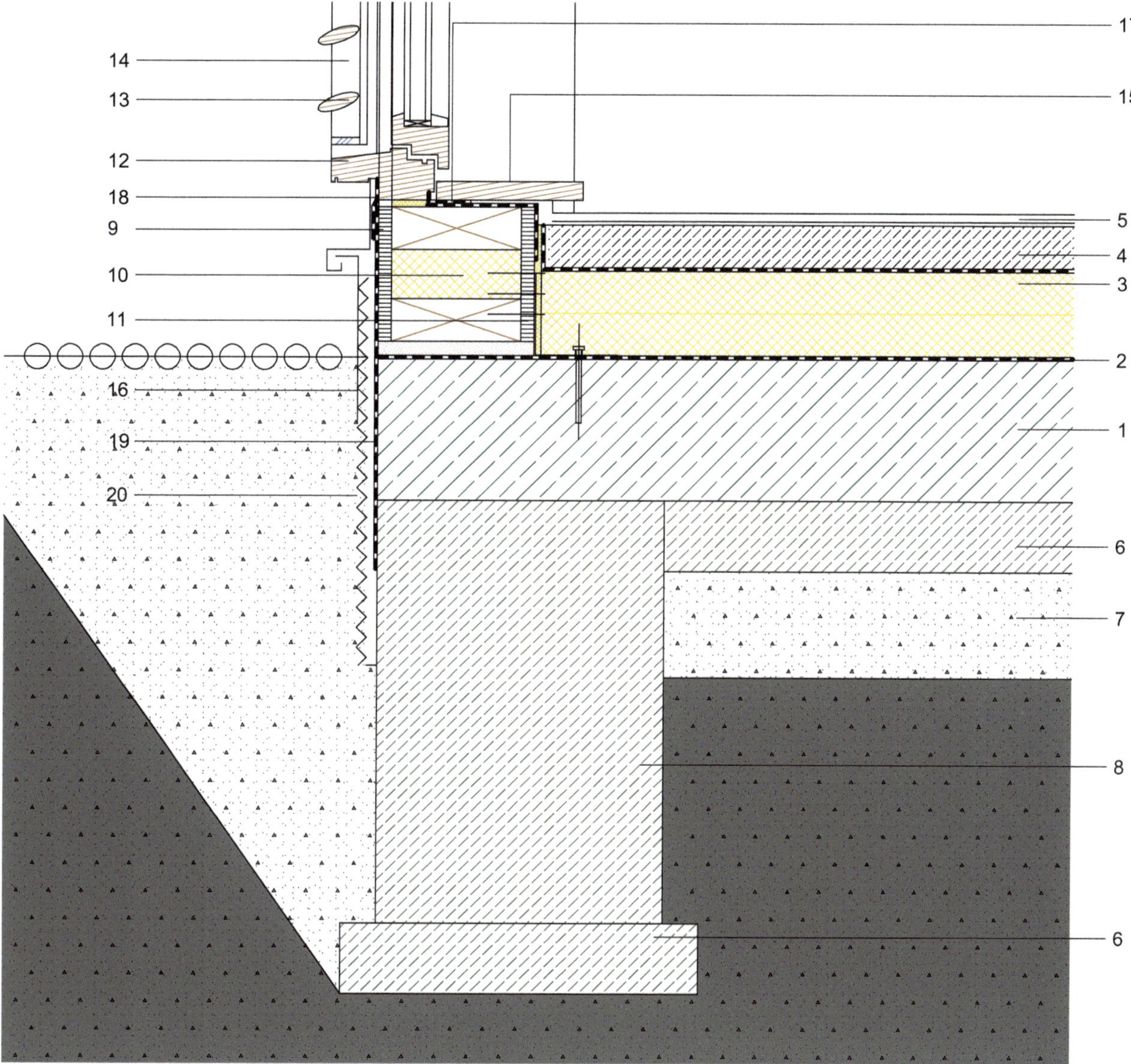

1 Bodenplatte aus Stahlbeton
2 Abdichtung der Bodenplatte
3 Fußbodendämmung
4 Zementestrich auf Trennlage
5 Bodenbelag
6 Sauberkeitsschicht aus Magerbeton
7 Kiesfilterschicht
8 Frostschürze aus Beton
9 Beplankung aus Holzweichfaserplatte, d = 18 mm
10 Dämmstoff zwischen Holzkonstruktion aus Vierkanthölzern, d = 180 mm
11 Beplankung der Holztafelwand aus Holzwerkstoffplatten als luftdichte Ebene, Stöße luftdicht verklebt, d = 18 mm
12 umlaufender Fensterrahmen aus Massivholz mit Tropfkante
13 Holzlamellen, feststehend
14 Rahmen aus Flachstahl, klappbar
15 Innenfensterbank
16 Verkleidung aus Titanzinkblech
17 dampfdichter Anschluss, innen
18 winddichter Anschluss, außen
19 vertikale Abdichtung nach DIN 18533
20 Schutz

Massivholzbau – Deckenanschluss und Fußpunkt, Wandelemente geschossübergreifend

1:20

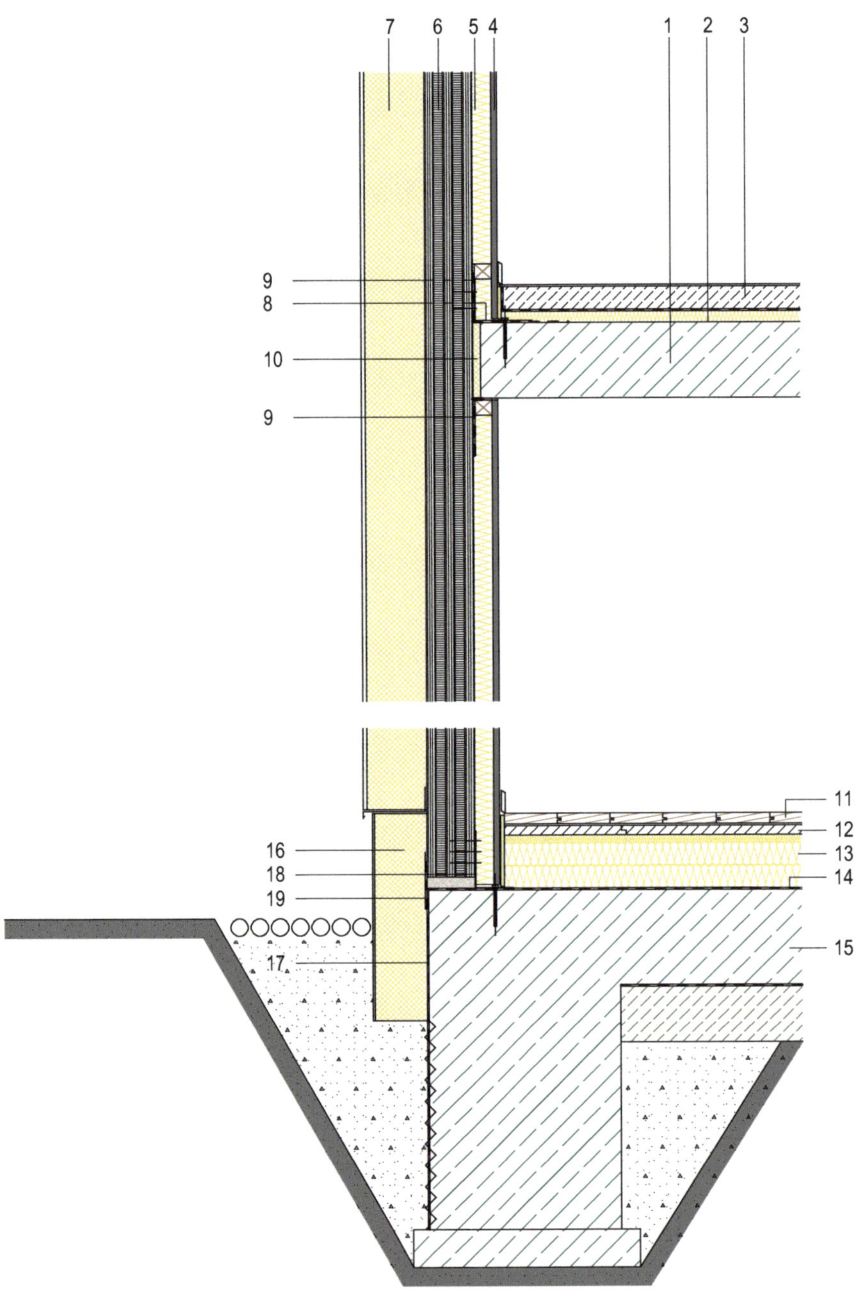

1 Geschossdecke aus Stahlbeton
2 Trittschalldämmung
3 Zementestrich auf Trennlage
4 Innenwandbekleidung, 12,5 mm Gipsfaserplatten
5 Installationsebene, 50 mm mit Hohlraumdämmung zwischen Holzunterkonstruktion
6 Tragkonstruktion aus Brettsperrholz
7 WDVS mit Schlussbeschichtung, WLG 040, d = 160 mm
8 Rückverankerung der Außenwandkonstruktion auf der Stahlbetondeckenkonstruktion
9 Dichtband
10 Fugenfüllstoff aus Mineralfaserdämmung
11 Dielenbelag
12 Trockenestrichverbundelement
13 Fußbodendämmung
14 Abdichtung auf Bodenplatte
15 Bodenplatte und Fundament aus Stahlbeton
16 Perimeterdämmung, WLG 035, d = 140 mm
17 Bauwerksabdichtung/Sockelabdichtung
18 Verankerung auf der Bodenplatte
19 Bauteilfuge luftdicht abgeklebt

Anschluss innenliegende Traufrinne vor hinterlüfteter Holzständerwand – Vertikalschnitt **1:10**

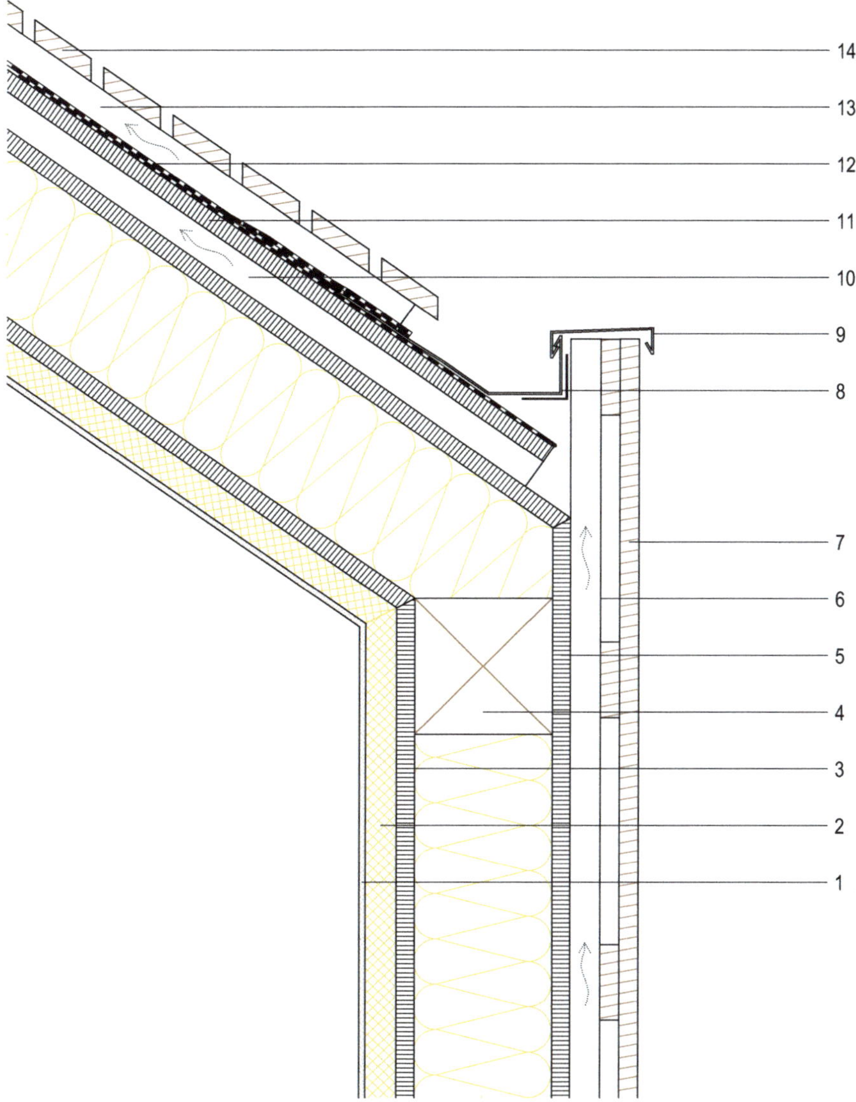

1 Innenputz mit Armierungslage und Anstrich, Kalkputz, Silicatanstrich, d = 8 mm
2 Innendämmung und Putzträger als Holzfaser-Dämmplatte, WLG 050, d = 40 mm
3 OSB-Plattenbekleidung, diffusionsdicht, d = 24 mm
4 Holzständerwerk, dazwischen flexible Holzfaserdämmung, WLG 038, d = 180 mm
5 Holzfaserplatte, diffusionsoffen, hydrophobiert, d = 24 mm
6 Unterkonstruktion mit Hinterlüftung (Konterlattung, Traglattung), d = 65 mm
7 Fassadenbekleidung als vertikale Holzlamellen, d = 25 mm
8 Aufgesetzte Rinne (verdeckt liegend), Zinkblech
9 Traufblech zur oberen Abdeckung der Fassadenbekleidung, Zinkblech
10 Unterkonstruktion mit Hinterlüftung, d = 40 mm
11 OSB-Platte als Trägerplatte, d = 24 mm
12 Bituminöse Dachabdichtung, 2-lagig
13 Unterkonstruktion auf Dränstreifen (Befestigung eingedichtet) und Luftschicht, d = 40 mm
14 Dachbekleidung als offene Rhombusschalung, d = 25 mm

Oberer Anschluss Tür an hinterlüfteter Holzständerwand – Vertikalschnitt 1:10

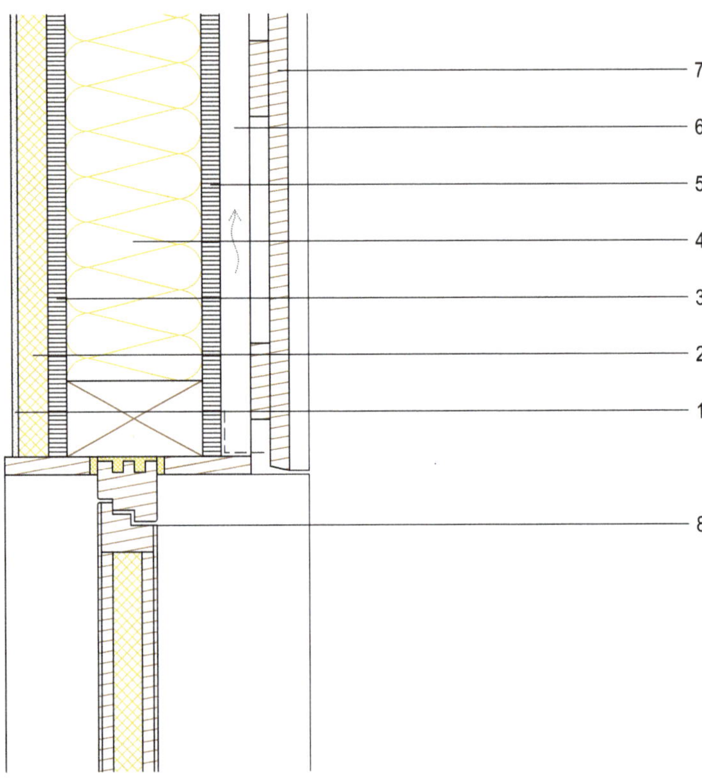

1 Innenputz mit Armierungslage und Anstrich, Kalkputz, Silicatanstrich, d = 8 mm
2 Innendämmung und Putzträger als Holzfaser-Dämmplatte, WLG 050, d = 40 mm
3 OSB-Plattenbekleidung, diffusionsdicht, d = 24 mm
4 Holzständerwerk, dazwischen flexible Holzfaserdämmung, WLG 038, d = 180 mm
5 Holzfaserplatte, diffusionsoffen, hydrophobiert, d = 24 mm
6 Unterkonstruktion mit Hinterlüftung (Konterlattung, Traglattung), d = 65 mm
7 Fassadenbekleidung als vertikale Holzlamellen, d = 25 mm
8 Außentür Holzwerkstoff, flügelüberdeckend

Seitlicher Anschluss Tür an hinterlüfteter Holzständerwand – Horizontalschnitt, Teilansicht

1:10

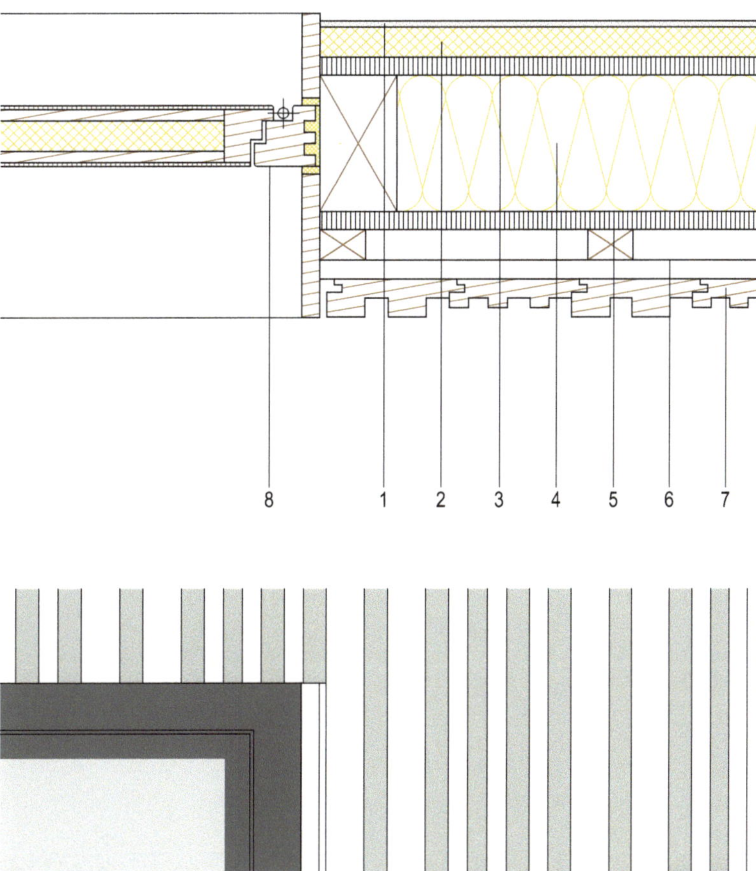

1 Innenputz mit Armierungslage und Anstrich, Kalkputz, Silicatanstrich, d = 8 mm
2 Innendämmung und Putzträger als Holzfaser-Dämmplatte, WLG 050, d = 40 mm
3 OSB-Plattenbekleidung, diffusionsdicht, d = 24 mm
4 Holzständerwerk, dazwischen flexible Holzfaserdämmung, WLG 038, d = 180 mm
5 Holzfaserplatte, diffusionsoffen, hydrophobiert, d = 24 mm
6 Unterkonstruktion mit Hinterlüftung (Konterlattung, Traglattung), d = 65 mm
7 Fassadenbekleidung als vertikale Holzlamellen, d = 25 mm
8 Außentür Holzwerkstoff, flügelüberdeckend

Oberer Fensteranschluss mit PUR-Aufsatzrollladenkasten, Pfette verkleidet

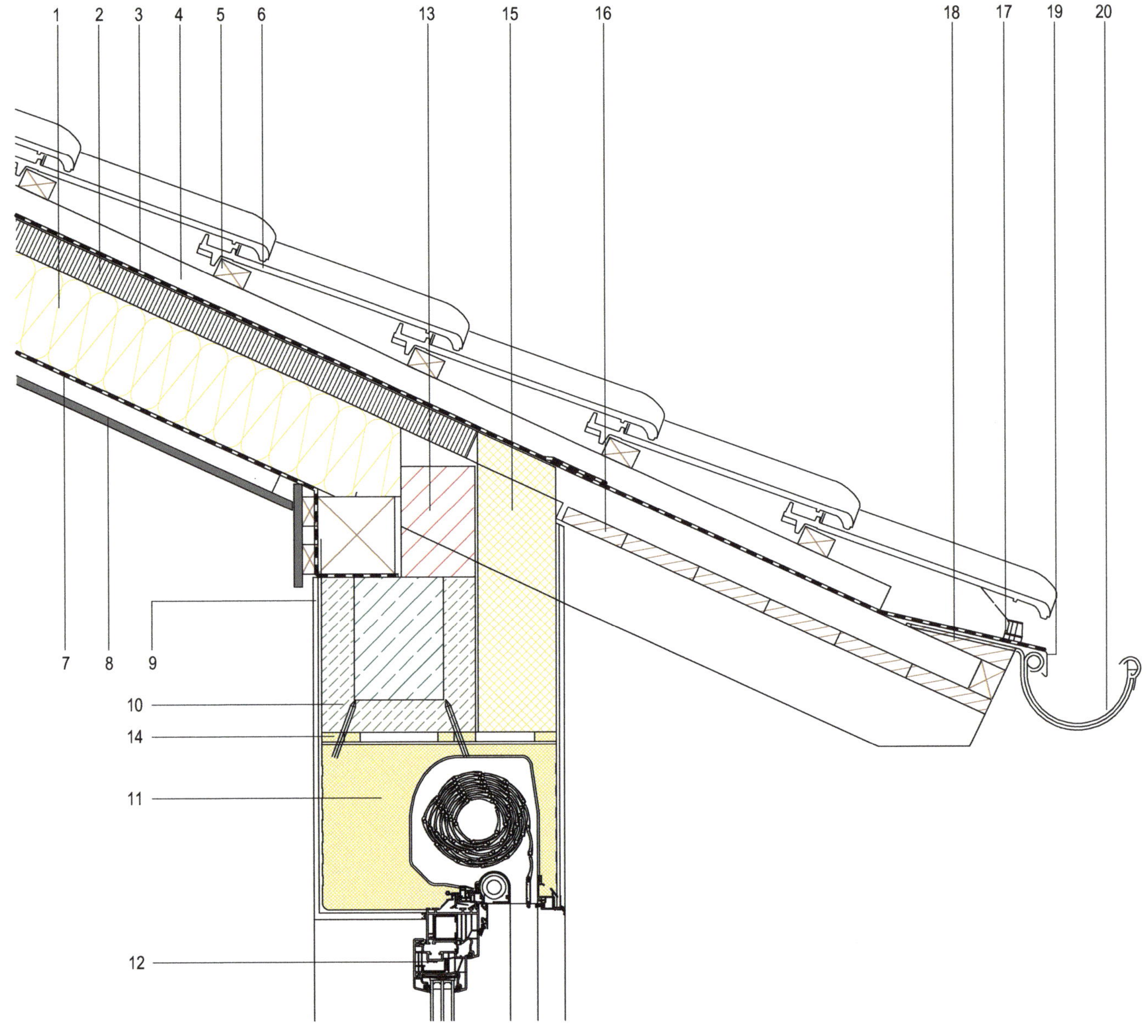

1 Sparren, mit Zwischensparrendämmung, WLG 035, d = 140 mm
2 Holzfaser-Unterdeckplatte, WLG 045, d = 45 mm
3 Unterdeckbahn
4 Konterlattung 30/50 mm
5 Traglattung 30/50 mm
6 Dachstein- oder Dachziegeldeckung, Verschiebeziegel
7 Dampfsperre
8 Dachschrägenbekleidung, Gipskarton auf Holzunterkonstruktion
9 Putz mit Armierung
10 Sturz der Außenwand, U-Schale, b = 240 mm
11 Aufsatzrolladenkasten, aus PUR, b = 360 mm
12 Kunststofffenster
13 Ausmauerung zwischen den Sparren
14 dampfdichter Anschluss, innen
15 WDVS, WLG 035, d = 120 mm
16 Traufschalung, Sparren ausgeklinkt
17 Trauf-Lüftungselement
18 Traufbohle, konisch
19 Rinneneinhangblech
20 Hängerinne, halbrund

Oberer Fensteranschluss mit PUR-Aufsatzrollladenkasten, Pfette sichtbar 1:10

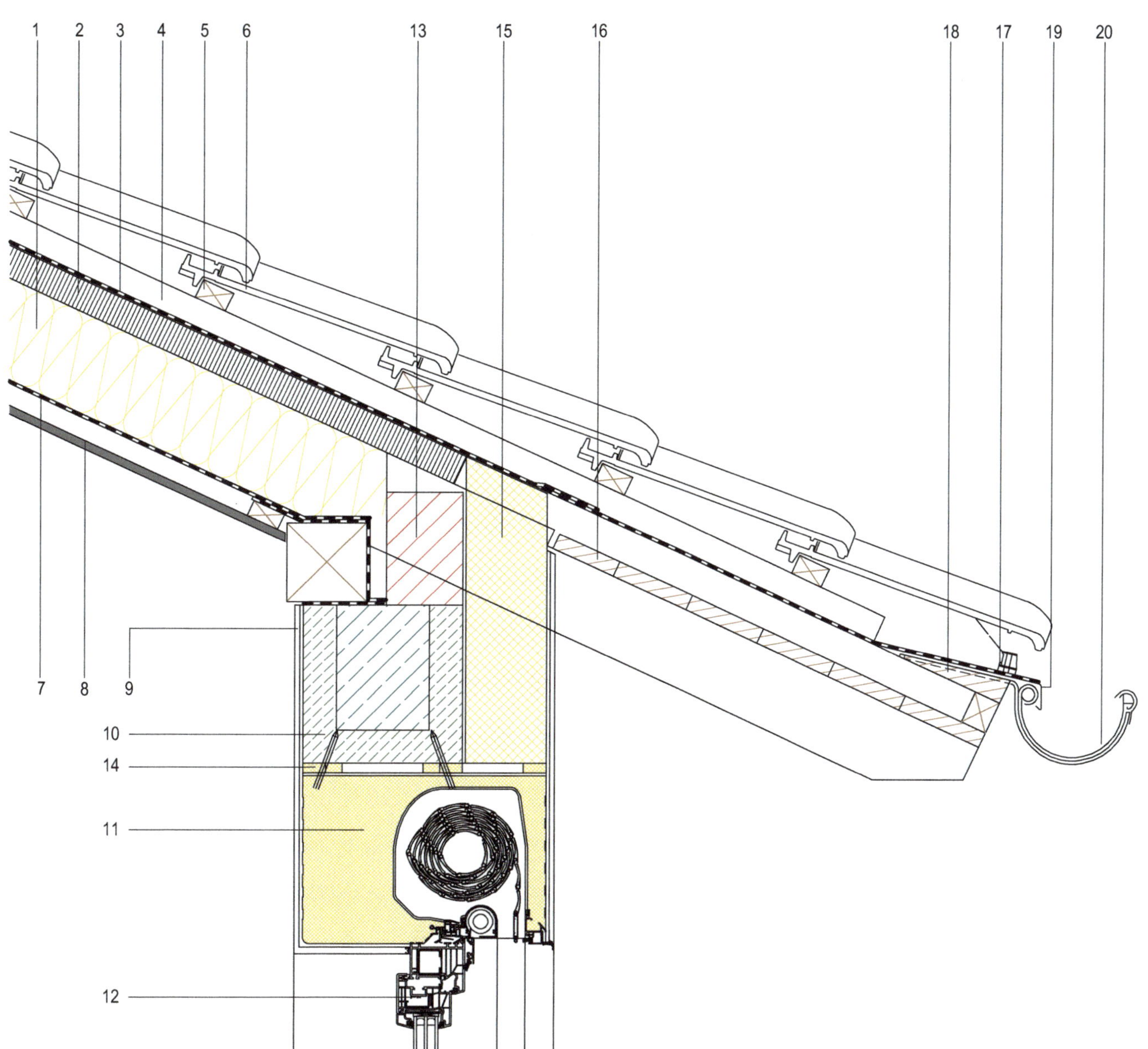

1 Sparren, mit Zwischensparrendämmung, WLG 035, d = 140 mm
2 Holzfaser-Unterdeckplatte, WLG 045, d = 45 mm
3 Unterdeckbahn
4 Konterlattung 30/50 mm
5 Traglattung 30/50 mm
6 Dachstein- oder Dachziegeldeckung, Verschiebeziegel
7 Dampfsperre
8 Dachschrägenbekleidung, Gipskarton auf Holzunterkonstruktion
9 Putz mit Armierung
10 Sturz der Außenwand, U-Schale, b = 240 mm
11 Aufsatzrollladenkasten, aus PUR, b = 360 mm
12 Kunststofffenster
13 Ausmauerung zwischen den Sparren
14 dampfdichter Anschluss, innen
15 Wärmedämmverbundsystem, WLG 035, d = 120 mm
16 Traufschalung, Sparren ausgeklinkt
17 Trauf-Lüftungselement
18 Traufbohle, konisch
19 Rinneneinhangblech
20 Hängerinne, halbrund

Barrierefreie Außenfenstertür mit Magnetdichtung 1:5

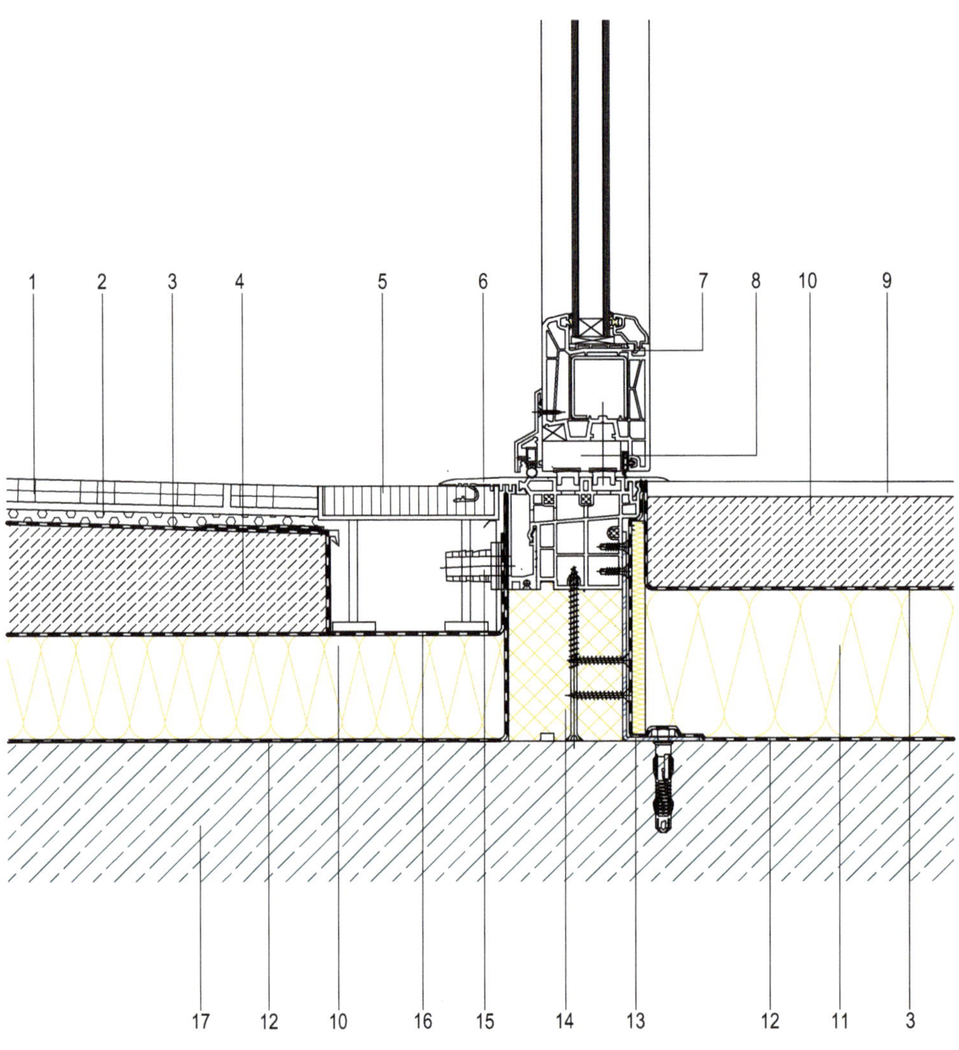

1 Feinsteinzeugbelag, punktweise fixiert
2 Dränagematte mit oberseitigem Flies, Stärke ca. 8–16 mm
3 Abdichtung
4 Gefälleestrich
5 Dränrost, höhenverstellbar, auf Lastverteilerplatte
6 Hochwärmegedämmte Nullschwelle
7 Türprofil mit Wasserkammer
8 Magnetdichtung
9 Bodenbelag
10 Estrich
11 Dämmung
12 Trennlage
13 UK-Türeinbau
14 Lastabtragende Wärmedämmung
15 Wasserablaufstutzen
16 Entwässerungsrinne
17 Stahlbetondecke

Barrierefreie Außenfenstertür mit flachem Schwellprofil und vorgelagerter Entwässerungsrinne 1:5

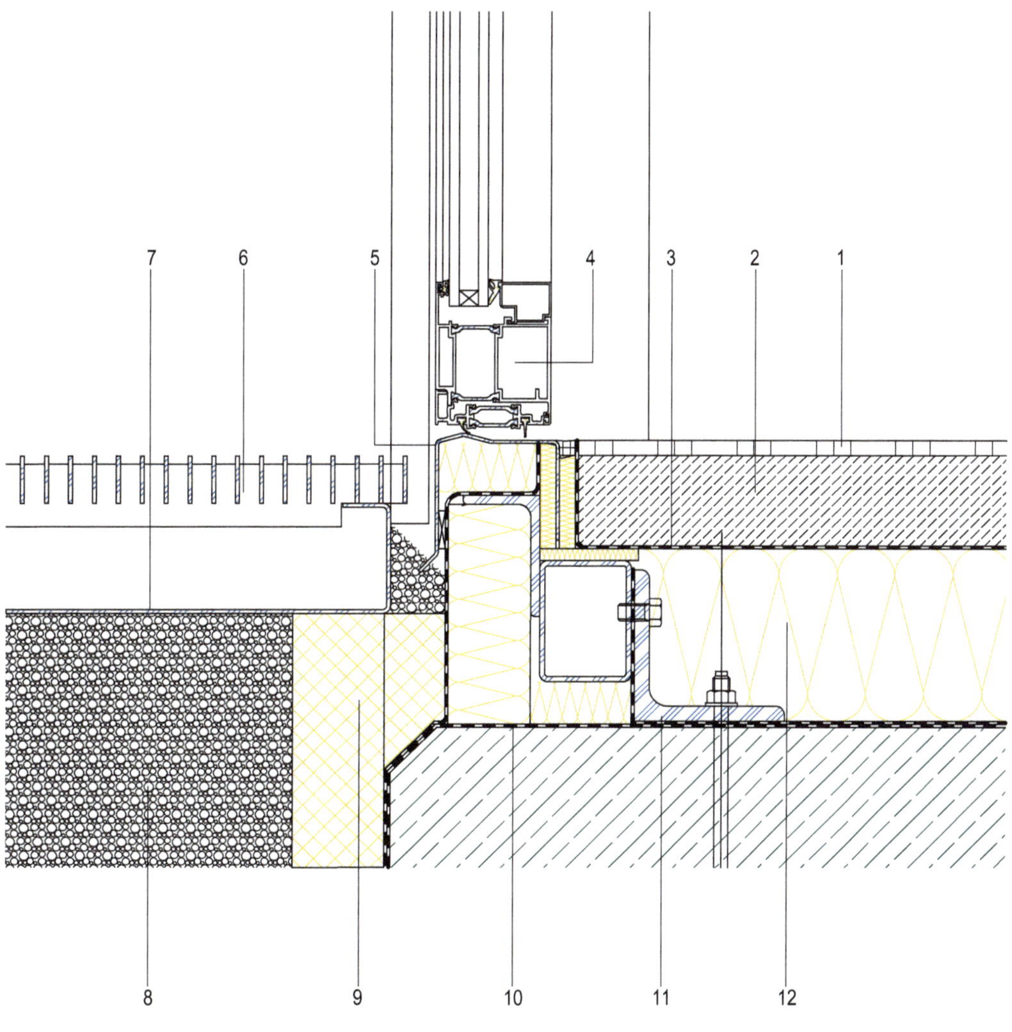

1 Bodenbelag
2 Estrich
3 Trennlage
4 Türblatt
5 Metallprofil, Schwelle
6 Gitterrost
7 Entwässerungsrinne
8 Kiesschüttung
9 Perimeterdämmung
10 Abdichtung
11 Unterkonstruktion
12 Fußbodendämmung

Unterer Fenstertüranschluss – 15 cm Anschlusshöhe 1:5

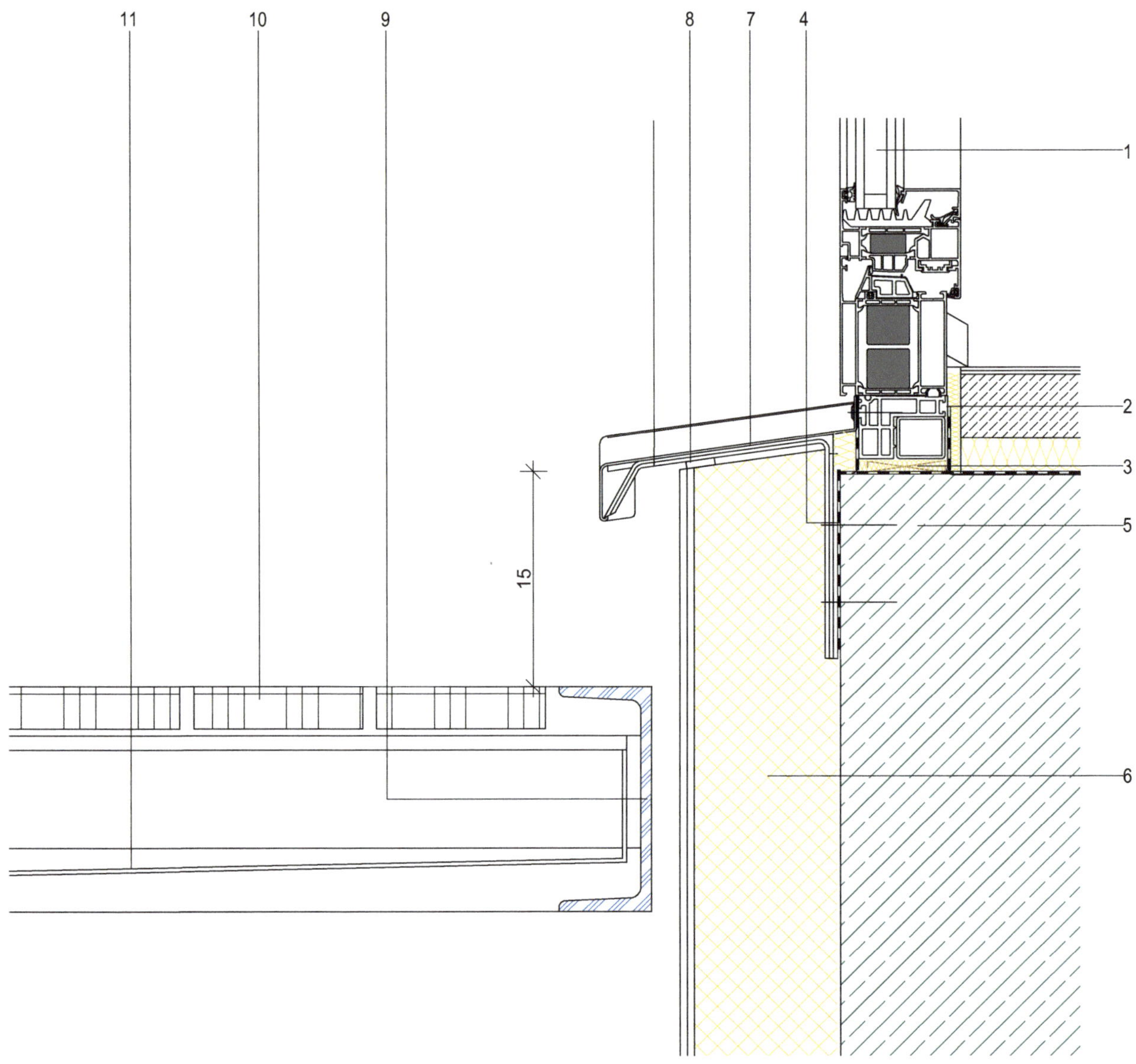

1 Fenstertür
2 Dichtfolie, dampfdicht
3 Dämmstoff
4 Dichtfolie, diffusionsoffen,
5 Außenwand
6 Wärmedämmverbundsystem, 120 mm, WLG 035
7 Fensterbank aus Aluminiumnoppenblech, trittsicher mit Unterkonstruktion
8 vorkomprimiertes Dichtband, Abschluss WDVS
9 vorgestellter Balkon aus Stahlkonstruktion
10 Balkonbelag aus Holzbohlen
11 Entwässerungswanne, Stahlblech

Unterer Fenstertüranschluss – barrierefrei 1:10

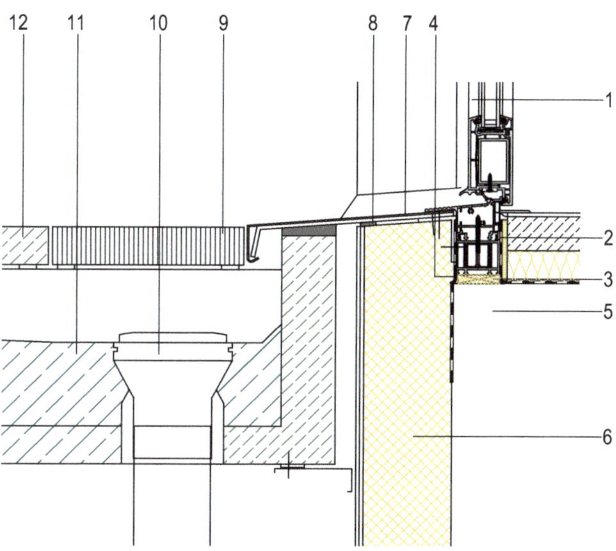

1 Fenstertür
2 Dichtfolie, dampfdicht
3 Dämmstoff
4 Dichtfolie, diffusionsoffen
5 Außenwand
6 Wärmedämmverbundsystem, 120 mm, WLG 035
7 Fensterbank aus Aluminiumnoppenblech, trittsicher mit Unterkonstruktion
8 vorkomprimiertes Dichtband, Abschluss WDVS
9 Gitterrost
10 Balkonentwässerung, Einlauftopf
11 Balkonkonstruktion aus WU-Beton
12 Betonwerksteinbelag auf Quertraversen

Außentür – seitlicher Anschluss, nach außen öffnend 1:5

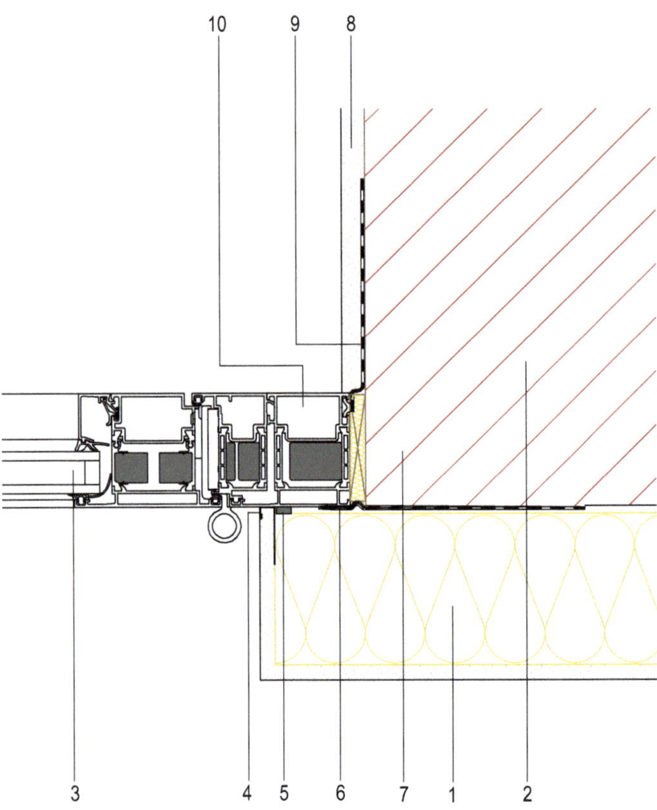

1 Wärmedämmverbundsystem, WLG 035, d = 10 cm, mit mineralischem Außenputz
2 massive Außenwand
3 Außentür, Metallrahmentür wärmegedämmt, nach außen öffnend
4 Anputzleiste, WDVS
5 Fugendichtband, WDVS
6 Dichtfolie außen, diffusionsoffen
7 Fugenfüllstoff, Wärmedämmmaterial
8 Innenputz der Laibung
9 überputzbare Dichtfolie, dampfdicht
10 Rahmenverbreiterung

Außentür – seitlicher Anschluss, nach innen öffnend 1:5

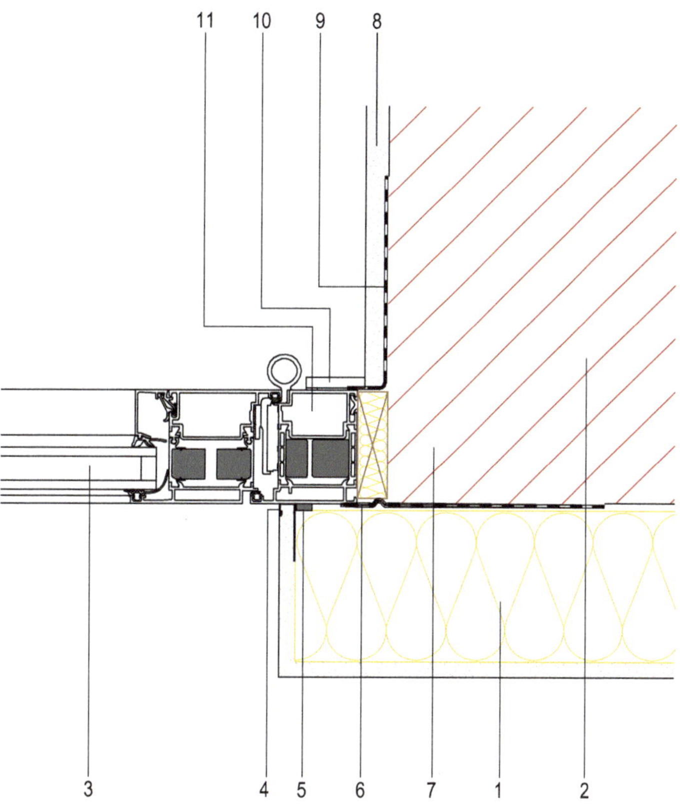

1 Wärmedämmverbundsystem, WLG 035, d = 10 cm, mit mineralischem Außenputz
2 massive Außenwand
3 Außentür, Metallrahmentür wärmegedämmt, nach innen öffnend
4 Anputzleiste, WDVS
5 Fugendichtband, WDVS
6 Dichtfolie außen, diffusionsoffen
7 Fugenfüllstoff, Wärmedämmmaterial
8 Innenputz der Laibung
9 überputzbare Dichtfolie, dampfdicht
10 Abdeckleiste
11 Rahmenverbreiterung

Fenster Alu mit Vorbaurollladen, stumpfer Anschlag, Detail A12, B12, C12, D12

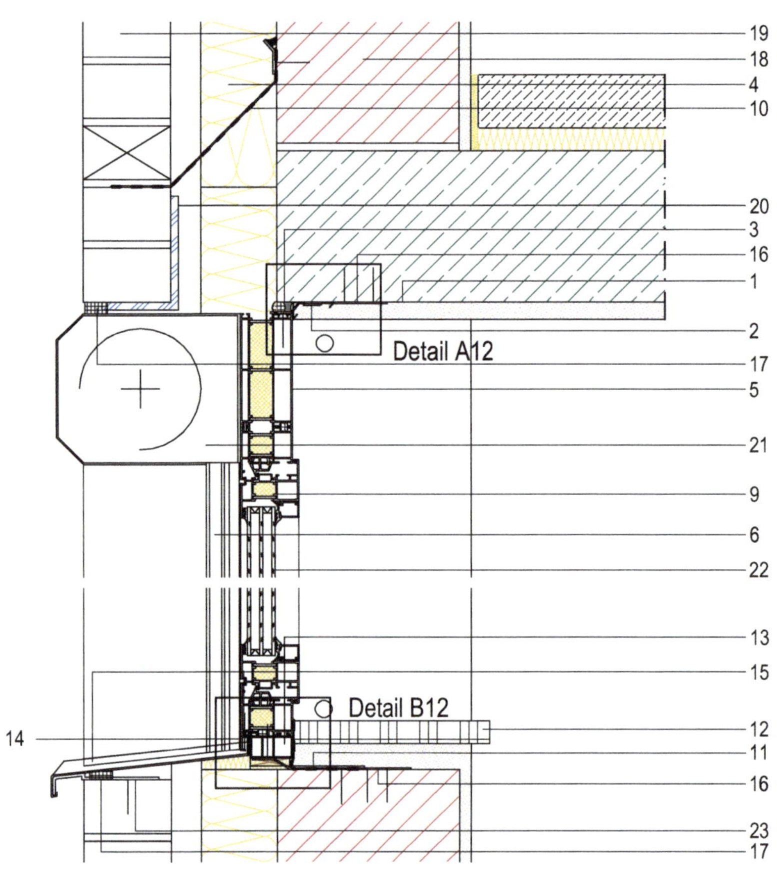

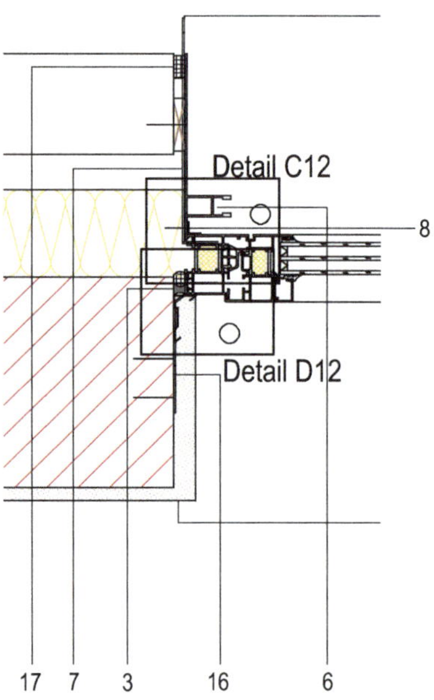

1 Innenputz
2 Anputzprofil
3 dauerelastischer Dichtstoff mit Hinterfüllprofil
4 Kerndämmung, 100 mm
5 Alu-Aufdopplungsprofil, statisch verstärkt
6 Rollladenführung
7 Aluprofil als Anschluss Sichtmauerwerk
8 Aluprofil zur Befestigung
9 Aluminiumfenster, thermisch getrennt
10 Fugendichtfolie
11 überputzbare Fugendichtungsfolie
12 Fensterbank aus Granit
13 Schwellenprofil, thermisch optimiert
14 Dichtprofil
15 Alu-Fensterbank seitlich aufgekantet
16 biegesteife Stahllasche mit Dübelbefestigung
17 vorkomprimiertes Fugendichtungsband
18 Außenwand aus Kalksandstein
19 Sichtmauerwerk aus Klinker
20 Stahlwinkel als Sturz für Sichtmauerwerk
21 Vorbaurollladen
22 2-fach-Isolierglas
23 Stützprofil unter Fensterbank

Gütegemeinschaft Fenster, Fassaden und Haustüren e.V.
Anschlussbeispiel aus:
Leitfaden zur Planung und Ausführung der Montage von Fenstern und Haustüren für Neubau und Renovierung
Hinweis: Randbedingungen an Statik, Bauphysik und Geometrie sind zu prüfen.

Fenster Alu mit Vorbaurollladen, stumpfer Anschlag, Detail A12, B12, C12, D12

1:2

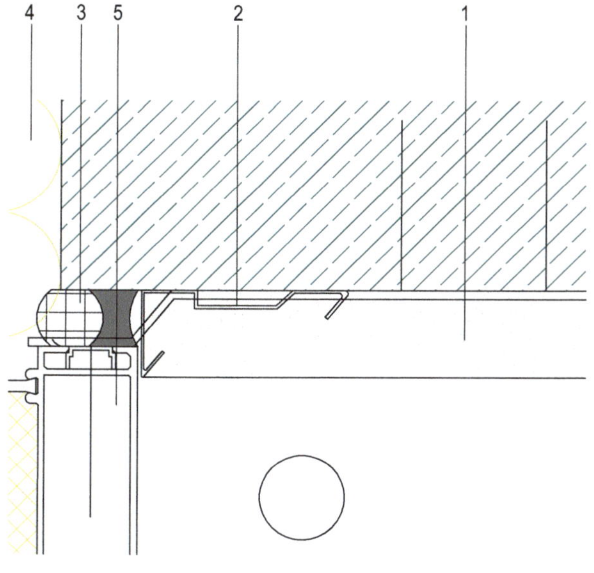

Detail A12

4 15 6 14 17 16 9 13 11 10 12

Detail B12

7 8 6 9

Detail C12

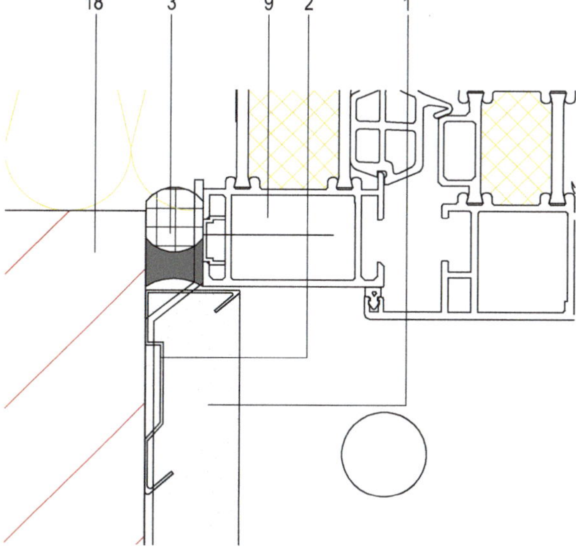

Detail D12

1 Innenputz
2 Anputzprofil
3 dauerelastischer Dichtstoff mit Hinterfüllprofil
4 Kerndämmung, 100 mm
5 Alu-Aufdopplungsprofil, statisch verstärkt
6 Rollladenführung
7 Aluprofil als Anschluss Sichtmauerwerk
8 Aluprofil zur Befestigung
9 Aluminiumfenster, thermisch getrennt
10 Fugendichtfolie
11 überputzbare Fugendichtungsfolie
12 Fensterbank aus Granit
13 Schwellenprofil, thermisch optimiert
14 Dichtprofil
15 Alu-Fensterbank, seitlich aufgekantet
16 biegesteife Stahllasche mit Dübelbefestigung
17 vorkomprimiertes Fugendichtungsband
18 Außenwand aus Kalksandstein

Gütegemeinschaft Fenster, Fassaden und Haustüren e.V.
Anschlussbeispiel aus:
Leitfaden zur Planung und Ausführung der Montage von Fenstern und Haustüren für Neubau und Renovierung
Hinweis: Randbedingungen an Statik, Bauphysik und Geometrie sind zu prüfen.

Fenster Alu mit Vorbaurollladen, stumpfer Anschlag 1:5

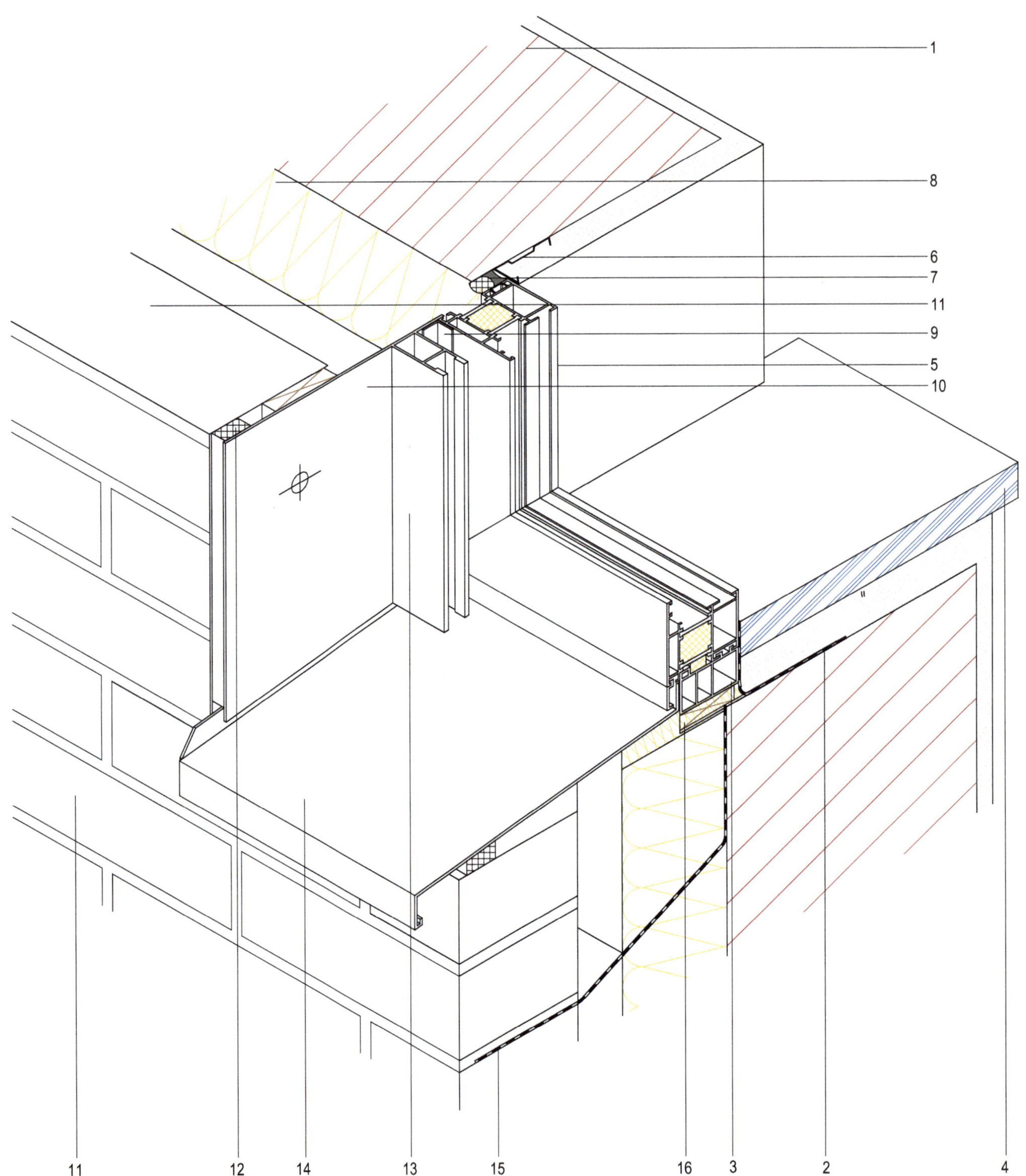

1 Außenwand aus Kalksandstein
2 überputzbare Fugendichtungsfolie
3 Schwellenprofil, thermisch optimiert
4 Fensterbank aus Granit
5 Aluminiumfenster, thermisch getrennt
6 Anputzprofil
7 dauerelastischer Dichtstoff mit Hinterfüllprofil
8 Kerndämmung, 100 mm
9 Aluprofil zur Befestigung
10 Aluprofil als Anschluss Sichtmauerwerk
11 Sichtmauerwerk aus Klinker
12 vorkomprimiertes Fugendichtungsband
13 Rollladenführung
14 Alu-Fensterbank, seitlich aufgekantet
15 Fugendichtfolie
16 Fugendämmung

Gütegemeinschaft Fenster, Fassaden und Haustüren e.V.
Anschlussbeispiel aus:
Leitfaden zur Planung und Ausführung der Montage von Fenstern und Haustüren für Neubau und Renovierung
Hinweis: Randbedingungen an Statik, Bauphysik und Geometrie sind zu prüfen.

Kapitel 4
Instandhaltung – Sanierung – Schäden

4/1 Instandhaltung und Fassadenprüfung

Allgemeines zu Instandhaltung und Wartung

Um eine lückenlose Instandhaltung und Fassadenprüfung zu ermöglichen, ist schon bei der Planung und Konstruktion die Zugänglichkeit aller Fassadenteile zu berücksichtigen. Dies gilt sowohl für die Planung neuer Fassaden als auch bei der Erstellung von Renovierungskonzepten für Gebäude im Bestand.

Es gibt keine wartungsfreien Fassaden. Dies gilt für alle Fassadentypen, beginnend von einem Wärmedämmverbundsystem bis hin zu einer komplexen Elementfassade oder Doppelfassade.

Im Rahmen der Instandhaltung müssen alle Bauteile des Fassadenelements auf Beschädigungen bzw. Einschränkungen der Gebrauchstauglichkeit geprüft werden. Hierzu gehören nicht nur die beweglichen Teile (Beschläge, Antriebe, Sonnenschutz, Öffnungsbegrenzer, Rauch- und Wärmeabzugsanlagen), sondern auch die Beschichtungen, Anschlussfugen etc. Die beweglichen Teile sind nach Nutzungsart in unterschiedlichen Intervallen auf Verschleiß zu inspizieren:

- halbjährlich bei sicherheitsrelevanten Bauteilen oder bei besonders hoher Beanspruchung
- bis zu einem Zeitraum von zwei Jahren bei geringer Beanspruchung im Wohnungsbau

Die Vorschriften und Pflegehinweise der Beschlags- und Systemhersteller sind ebenfalls zu beachten.

Zur Erhaltung der Gebrauchstauglichkeit ist weiterhin eine regelmäßige Reinigung der Fassadenelemente notwendig. Reinigungs- und Pflegemittel müssen auf das Material und die Oberflächenbeschichtung der Fassadenelemente abgestimmt sein.

In welchen Zeitabständen Wartung und Instandsetzung erfolgen sollten, ist von diversen Punkten abhängig, z.B.:

- Fassadentyp (Putzfassade, WDVS, hinterlüftete Fassade, Elementfassade ...)
- Materialien der Oberflächen
- Lage des Gebäudes und Ausrichtung der Fassade
- Witterungseinflüsse, denen die Fassade ausgesetzt ist (UV, Salzsprühnebel)
- vorhandener konstruktiver, d.h. baulicher Schutz

Generell kann jedoch gesagt werden, dass nach spätestens zwei Jahren an jedem Gebäude eine erste Inspektion durchgeführt werden sollte, bei der die weiteren Wartungsintervalle festgelegt werden.

Aufgrund der starken Beanspruchungen durch die Witterung unterliegen Fassaden einem natürlichen Alterungs- und Abbauprozess. Wind, Wetter und Sonnenstrahlung können zu Farbtonveränderungen, „Patina", Kreiden/Absanden oder Rissbildungen führen. In Fugen kann es aufgrund materialbedingter Alterung des Fugendichtstoffs ebenfalls zu Rissen kommen. Und nutzungsbedingt kann es zu Schädigungen der Fassadenoberfläche kommen, etwa durch angestellte Fahrräder oder weil durch Spritzwasser dauerhaft feuchte Bereiche entstehen.

Wetterlagen wie Hagelschlag und Sturm können ebenfalls zu Schäden an der Fassadenoberfläche führen. Weitere umweltbedingte Einflüsse sind Staub, Bewuchs durch Algen, Pilze und Flechten verursachen weitere Schäden.

Merkblatt 2-13 der WTA für Wärmedämmverbundsysteme

Informationen zur Wartung, Instandsetzung und Verbesserung von Wärmedämmverbundsystemen finden sich im Merkblatt 2-13 der WTA (Wissenschaftlich-Technische Arbeitsgemeinschaft für Bauwerkserhaltung und Denkmalpflege e.V.). Darin werden nachfolgende Punkte behandelt:

- Definitionen
- bauaufsichtliche Regelungen
- Inspektion
- Wartung und Instandsetzung
- technische und energetische Verbesserung

Es wird beispielsweise der Umfang einer Inspektion beschrieben, die zunächst visuell stattfinden bzw. sich auf einfache Prüfungen beschränken soll. Es wird aber auch erläutert, wie mögliche Bauteilöffnungen geplant werden sollten.

Es wird auf typische Feststellungen am Putzsystem, an der keramischen Bekleidung und am WDV-Gesamtsystem eingegangen, und es werden mögliche Ursachen sowie Wartungs- und Instandsetzungsmaßnahmen erläutert.

Wiederkehrende Bauwerksprüfung nach VDI-Richtlinie 6200

Als Folge des tragischen Einsturzes der Eissporthalle in Bad Reichenhall wurde die VDI-Richtlinie 6200 „Standsicherheit von Bauwerken – Regelmäßige Überprüfung – (2006)" erarbeitet.

Hier werden in Abhängigkeit von der Schadensfolgeklasse Zeitintervalle für Begehung durch den Eigentümer, Inspektion durch eine fachkundige Person bzw. eingehende Überprüfung durch eine besonders fachkundige Person vorgegeben.

Das im konkreten Fall gewählte Überwachungsintervall hängt von vielen Randbedingungen ab wie beispielsweise Fassadentyp, Redundanz der Konstruktion, Alter und Erhaltungszustand, Nutzungs- und Umweltbedingungen.

Nach Umnutzungen, Umbauten und technischen Modernisierungen sollte immer eine Inspektion durch eine fachkundige Person durchgeführt werden, soweit keine Standsicherheitsprüfung durchgeführt wurde. Dies wird ebenfalls nach außergewöhnlichen Einwirkungen (z.B. Hochwasser, Brand) empfohlen.

Vorgehängte Fassaden sind ähnlich wie Bürogebäude, Museen, Krankenhäuser, Hallenbäder oder Sporthallen in Schadensfolgeklasse 2 einzuordnen.

Basis für die wiederkehrende Bauwerksprüfung sollte ein Bauwerksbuch sein, welches in kompakter Form einen Überblick über das Bauwerk, die Basisdaten der statischen Berechnung und die Genehmigungsunterlagen geben soll. Ein Gliederungsentwurf ist im Anhang B der VDI-Richtlinie 6200 enthalten:

1. Titelblatt
2. Inhaltsverzeichnis
3. Übersichtszeichnungen
4. Dokumente zur statischen Berechnung
5. Bauaufsichtliche Genehmigungsunterlagen
6. Bauliche Veränderungen
7. Regelmäßige Überprüfung der Standsicherheit
8. Inhaltsverzeichnis der Bestandsdokumentation

Es gibt auch Anforderungen an den Überprüfenden, gemäß VDI-Richtlinie 6200 „erfordert dies besondere statische, konstruktive, materialtechnologische und bauphysikalische Kenntnisse und Erfahrungen". Man unterscheidet zwischen fachkundigen und besonders fachkundigen Personen, in beiden Fällen Bauingenieure und Architekten, die mindestens fünf Jahre bzw. zehn Jahre Berufserfahrung nachweisen können: im Detail mit der Aufstellung von Standsicherheitsnachweisen, mit technischer Bauleitung und mit vergleichbaren Tätigkeiten. Die Ingenieurkammern einiger Länder führen Listen von fachkundigen und besonders fachkundigen Personen, leider nur für die klassischen Fachgebiete Massivbau, Stahlbau und Holzbau und nicht für das Fachgebiet Fassadenbau. Somit sollten hier beispielsweise öffentlich bestellte und vereidigte Sachverständige (Fachgebiet „Fenster und Fassade" bzw. „Glasbau") oder Fassadenfachplaner mit dieser Aufgabe betraut werden.

Tab. 1: Zeitintervalle in Abhängigkeit von der Schadensfolgeklasse

Schadens-folge-klasse	Begehung durch Eigentümer [Jahre]	Inspektion durch fachkundige Person [Jahre]	Eingehende Überprüfung durch besonders fachkundige Person [Jahre]
CC3	1 bis 2	2 bis 3	6 bis 9
CC2	2 bis 3	4 bis 5	12 bis 15
CC1	3 bis 5	nach Erfordernis	nach Erfordernis

Basis für die wiederkehrende Bauwerksprüfung ist neben dem Bauwerksbuch die sog. Checkliste und Dokumentation der Begehung durch den Eigentümer/Verfügungsberechtigten, in der die Feststellungen der Überprüfung dokumentiert werden. Für Fassaden gibt es nur wenige spezifische Vorgaben, aus diesem Grund gibt es hier Aktivitäten in einigen Verbänden, an denen die Autorin beteiligt ist. Somit ist hier in Zukunft eine bessere Grundlage zu erwarten. Daher wird an dieser Stelle nur auf einige wenige exemplarische Punkte eingegangen:

- Kontrolle von geöffneten Glasfalzen hinsichtlich ungehinderten Wasserablaufs
- Verhinderung Kontakt Glas/Metall bzw. Glas mit harten Materialien
- Überprüfung hinsichtlich Delamination bei VSG (Verbundsicherheitsglas) und Unverträglichkeiten
- visuelle Prüfung der Montagequalität von Dämmstoffbekleidungen
- visuelle Überprüfung von Unterkonstruktionen und Verankerungen
- Überprüfung hinsichtlich Auffälligkeiten bzw. erkennbarer Schäden wie z.B. Abplatzungen und Risse insbesondere an Verankerungspunkten bei Natursteinfassaden
- und vieles mehr …

Es können stichprobenartige Materialentnahmen mit Feststellung der Restfestigkeiten und Reststeifigkeiten erforderlich werden. Dies bedeutet, dass auch die Untersuchung von nicht unmittelbar bzw. schwer zugänglichen Bereichen wie Verankerungen oder Konsolen erforderlich werden kann. Dies kann einen bereichsweisen aufwendigen Rückbau von Fassadenkonstruktionen bedeuten.

Als Beispiel kann hier die erforderliche Demontage von Sonnenschutzeinrichtungen genannt werden, um Pressleisten einer Pfosten-Riegel-Fassade demontieren zu können.

In diesem Zusammenhang ist wichtig, dass die bei Pfosten-Riegel-Fassaden üblichen Verschraubungen der Pressleisten im Schraubkanal bei einer Wiedermontage nicht an der gleichen Stelle erfolgen dürfen, da der Schraubkanal hier quasi vorgeschädigt ist. Es ist nur eine einmalige Verschraubung zulässig. Gleichzeitig stellen Schrauben eine Durchdringung der Dichtebene dar. Eine Lösung ist ein zweiter, zusätzlicher Schraubensatz und damit doppelt so viele Verschraubungen, alternativ neue Dichtprofile und eine versetzt angeordnete Verschraubung.

Die Ergebnisse der wiederkehrenden Bauwerksprüfung sind entsprechend zu dokumentieren.

4/2 Typische Schadensbilder und Sanierung

Allgemeine Grundlagen Sanierung

Bei der Sanierung von Altbauten sollte eine Kombination aus alten, naturnahen Baustoffen möglichst beibehalten und nur durch gleichartige Materialien ergänzt werden. Baumaterialien wie beispielsweise Holz, Lehm, Ziegel, Klinker, Naturstein und Glas gelten bis heute als baubiologisch einwandfrei und unbedenklich für die Umwelt. Deren physikalischen und chemischen Baustoffeigenschaften sind in historischen Konstruktionen so aufeinander abzustimmen, dass sie sich schadensfrei zusammenfügen lassen. Die Nachfrage nach dem Einsatz originaler Baustoffe und -teile bei der Sanierung ist mit zunehmendem Bewusstsein für die Qualität alter Bausubstanz gestiegen.

Verbundbaustoffe, die synthetisch sind und sich kaum recyceln lassen, sind in jedem Fall zu vermeiden. Darüber hinaus ist die Materialvielfalt in der Konstruktion weitgehend zu reduzieren, da mit ihr auch die Wahrscheinlichkeit von Bauschäden wächst.

Dies lässt sich aus Gründen der Tragsicherheit und Verkehrssicherheit nicht immer einhalten.

Der erste Schritt bei der Fassadensanierung ist es, den Zustand zu prüfen und Schäden einzuschätzen. Ist eine Putzfassade in die Jahre gekommen und unansehnlich geworden, ist es höchste Zeit für eine Fassadensanierung. Erster und wichtigster Schritt bei der Fassadensanierung ist die Untergrundprüfung. Sind Risse und Spalten oder feuchte Stellen vorhanden, müssen solche Schäden zuerst beseitigt werden.

Bei Glasfassaden sollte auf die Ergebnisse der wiederkehrenden Bauwerksprüfung zurückgegriffen werden:

- Gibt es Auffälligkeiten an der Mehrscheibenisolierverglasung wie Eintrübungen, Feuchtigkeit im Scheibenzwischenraum oder Verfärbungen der Beschichtungen?
- Ist der Glaseinstand gleichmäßig?
- Gibt es Auffälligkeiten bei Verklebungen von SSG-Fassaden (Structural-Sealant-Glazing-Fassaden)?

Zur Beurteilung des Zustands beispielsweise einer auffälligen Pfosten-Riegel-Fassade sollte immer der Glasfalz geöffnet und der Zustand des Randverbunds kontrolliert werden sowie die Funktionsfähigkeit der inneren Entwässerungsebene. Hierzu sollte immer ein Fachmann/Gutachter für Fassaden eingeschaltet werden, die „Tücke steckt hier im Detail“: Selbst vermeintlich einfache Pfosten-Riegel-Fassaden können aufgrund eines kleinen fehlerhaften Details nicht funktionieren, Undichtigkeiten der Fassade können die Folge sein. Verwiesen wird hier beispielsweise auf die bei der IHK geführte Liste der öffentlich bestellten und vereidigten Sachverständigen (Fachgebiet „Fenster und Fassade“ bzw. „Glasbau“) sowie auf Verbände der Fassadenplaner, beispielsweise UBF.

Bei einer Erneuerung der Fassade – egal, ob es sich um eine verputzte Fassade handelt oder eine vorgehängte, hinterlüftete Fassadenkonstruktion mit Bekleidung –, ist es der beste Zeitpunkt, auch den Wärmeschutz des Hauses zu betrachten. Sollen Putz und Farbe aufgefrischt oder soll die Fassadenbekleidung erneuert werden, sollte die Gelegenheit gleichzeitig für eine Fassadendämmung genutzt werden. Hier legt das GEG fest: Wenn mehr als 10 % der Fassade verändert werden oder der Putz erneuert wird, muss gleichzeitig der Wärmeschutz überprüft und unter Umständen eine Fassadendämmung angebracht werden.

Bei Mehrscheibenisolierverglasungen lässt sich der Wärmeschutz durch eine neue Verglasung verbessern. Lagen vor 20 Jahren die U-Werte für Standard-Zweifachisolierglas bei über 1,0 W/(m^{2}K), haben sich die Werte bei Dreifachisolierverglasungen mit Edelgasfüllung und Low-E-Coating nahezu halbiert.

Zu beachten ist auch, dass Mehrscheibenisolierverglasungen keine unbegrenzte Lebensdauer haben.

Das Kompetenzzentrum „kostengünstig qualitätsbewusst Bauen" im IEMB, Institut für Erhaltung und Modernisierung, geht in seinem Merkblatt von einer Lebenserwartung von 20 bis 30 Jahren bei Mehrscheibenisolierglas aus. Dies liegt daran, dass das Trocknungsmittel im Randverbund nach etwa 25 bis 30 Jahren gesättigt ist. Für Beschläge wird eine mittlere Lebenserwartung von 40 Jahren angegeben, für einen außenliegenden Sonnenschutz von 25 Jahren.

4/2.1 Schäden bei Putzfassaden und Wärmedämmverbundfassaden

Risse

Schadensbild

Die Ursachen, die zur Bildung von Rissen in Wänden und Fassaden führen, sind sehr komplex. Oft sind Risse in gebräuchlichen Baustoffen nicht völlig vermeidbar. Ein sichtbarer Riss in einem Bauteil muss nicht grundsätzlich ein Mangel oder ein Schaden sein. Völlig rissefreie Oberflächen sind nicht bzw. nur bedingt herstellbar. Dies gilt insbesondere für mineralische Außenputze. Entscheidendes Kriterium zur Frage, ob Risse im Putz hinnehmbar sind, ist nicht das bloße Vorhandensein von Rissen, sondern die Folgen der Risse für die geforderte optische und technische Funktion des Putzes. In der Norm für Putze DIN 18550-2 ist festgelegt, dass vereinzelte Haarrisse, Rissweite < 0,2 mm, nicht zu bemängeln sind, da sie den technischen Wert des Putzes nicht beeinträchtigen.

Grundsätzlich muss nach WTA-Merkblatt 2-4-91/D unterschieden werden zwischen Rissen, die primär im verputzten Bauteil entstehen und erst sekundär auf der Putzoberfläche sichtbar werden (konstruktionsbedingte Risse), und Rissen, die ausschließlich im Putz auftreten (putzbedingte Risse).

Konstruktionsbedingte Risse entstehen aufgrund von Lage-, Form- oder Volumenänderungen der Konstruktion.

Putzbedingte Risse haben ihre Ursachen in der Verarbeitung und/oder im Putzmörtel.

Bild 1: Beispiel für konstruktionsbedingte Risse einer Putzfassade

Für die beiden Gruppen ist es im Hinblick auf die erforderlichen Instandsetzungsmaßnahmen wesentlich, festzustellen, ob es sich um abgeschlossene, einmalige oder um wiederkehrende bzw. noch andauernde Verformungen handelt.

Bild 2: Putzbedingte Schäden einer Fassade

Sanierung

Risssanierung allgemein

Vor der Sanierung muss die Ursache der Rissbildung untersucht werden. Wenn die Ursache für die Rissbildung richtig erkannt wird, kann bei der Sanierung das gewünschte Ergebnis erzielt werden.

Anstrichtechnische Risssanierung
Die anstrichtechnische Risssanierung ist der einfachste Sanierungsfall. Sie kommt für putzbedingte, nicht dynamische Risse an der Putzoberfläche infrage. Dabei werden die Risse – sofern sie eine festgelegte Maximalbreite nicht überschreiten – mit einer Grundierung und einer oder mehreren Anstrichschichten aufgefüllt. Bei einer Breite von mehr als 0,2 mm werden die Risse zusätzlich mit einem Streich- oder Gewebevlies überbrückt.

Bild 3: Netzartige Risse einer verputzten Außenwand

Putztechnische Risssanierung
Bei größeren und tiefergehenden Rissen, die durch die gesamte Putzschicht gehen, ist eine putztechnische Sanierung erforderlich. Vor der Sanierung sind dynamische Bewegungen auszuschließen, damit ein nachhaltiges Ergebnis erreicht werden kann. Voraussetzung für diese Technik ist außerdem ein tragfähiger Altputz. Nachdem der Riss freigelegt wurde, wird eine Trennlage aufgelegt und ein Putzträger an der Fassade befestigt. Dann kann der neue Unterputz aufgetragen werden. Die Deckschicht bilden Armierungsschicht und Oberputz.

Bild 4: Stark beschädigte Putzschicht einer Giebelwand

Rissverpressung
Risse im Putz können auch in Rissen im darunterliegenden Mauerwerk oder Beton begründet sein. Hier hilft eine Rissverpressung, bei der ein Verfüllmörtel mit einer Spezialvorrichtung in den Riss injiziert wird, um den Hohlraum zu füllen und die Außenwand zu stabilisieren. Diese Sanierungsmaßnahme kann nur ausgeführt werden, wenn die Ursachen für die Risse beseitigt wurden.

Bild 5: Risse im Putz durch konstruktionsbedingte Risse des darunterliegenden Mauerwerks

Algen, Moose und Pilze an der Fassade

Schadensbild

Auf den Bildern 6 und 7 sind typische Schadensbilder zu sehen.

Bild 6: Durch Algenbewuchs in Mitleidenschaft gezogene Optik einer Fassade

Bild 7: Mit Moosen bewachsener Sockelbereich

Erläuterung

Algen sind ebenso wie Pilze, Bakterien, Hefen, Moose und Flechten biologische Kleinstlebewesen, die in der belebten Natur weit verbreitet vorkommen. Als natürlicher Bestandteil unserer Umwelt sind die Mikroorganismen mit verantwortlich für ein Funktionieren des ökologischen Gleichgewichts. Sie sind Nützlinge und Schädlinge gleichermaßen. Nützlinge, da sie eine unverzichtbare Rolle beim Abbau und der Umwandlung organischer Substanzen spielen. Als Schädlinge können sie sich beispielsweise in der Landwirtschaft, im Lebensmittelbereich oder im tierischen Sektor sowie an Fassaden erweisen.

Algen und Pilze an der Fassade ziehen die Optik stark in Mitleidenschaft. Ein Grund für das verstärkte Auftreten der Mikroorganismen ist unter anderem die Klimaerwärmung.

Niedrige Oberflächentemperaturen durch besser gedämmte Fassaden bedeuten auch mehr Tauwasseranfall.

Die Lage eines Objekts in der Nähe von Gewässern und Feuchtbiotopen begünstigt den Algen- und Pilzbefall zusätzlich. Was trocken ist, bleibt algen- und pilzfrei.

Der Architekt ist verantwortlich für eine werkstoffgerechte Detailplanung, abgestimmt auf die klimatischen, baulichen und umweltbedingten Einflüsse. Bei der Planung sind z.B. wasserabführende Maßnahmen, ausreichende Dachüberstände, funktionstüchtige Horizontalabdeckungen sowie entsprechende Tropfkanten zu berücksichtigen. Zur Erhöhung des Schutzes gegen Algen- und Pilzbefall können Fassadenputze/-beschichtungen mit bioziden Wirkstoffen ausgerüstet werden. Es muss aber berücksichtigt werden, dass das Wirkungsspektrum der Biozidformulierung eingeschränkt und die Beständigkeit einer bioziden Ausrüstung zeitlich begrenzt sind. Eine biozide Ausrüstung ist nicht in allen Fällen erforderlich. Der Fachhandwerker ist für die objektspezifische Beratung bei der Auswahl der Werkstoffe sowie für deren fachgerechte Verarbeitung verantwortlich.

In diesem Zusammenhang wird eindringlich auf die MVV TB Anhang 8 (Anforderungen an bauliche Anlagen bezüglich des Gesundheitsschutzes (ABG)) sowie Anhang 10 (Anforderungen an bauliche Anlagen bezüglich der Auswirkungen auf Boden und Gewässer (ABuG) verwiesen.

In Anhang 10 wird beispielsweise erläutert: *„Zur Erfüllung der in der MBO[1] formulierten Anforderungen ist bei baulichen Anlagen oder Teilen von baulichen Anlagen, die in Boden oder Grundwasser eingebaut bzw. durch Niederschlag beaufschlagt werden, sicherzustellen, dass die verwendeten Bauteile weder eine schädliche Bodenveränderung noch eine Grundwasserverunreinigung hervorrufen können."*

Somit erscheint der Autorin eine biozide Ausrüstung aus Gründen des Umweltschutzes fragwürdig zu sein.

Es stellt sich hier die Frage ob bei gefährdeten Gebäuden nicht alternative Fassadensysteme Anwendung finden sollten.

Sanierung

Bereits befallene Flächen sind vor der Überarbeitung einer systematischen Bestandsaufnahme zu unterziehen. In jedem Fall sind konstruktionsbedingte Mängel vor Beginn der Oberflächensanierung zu beheben.

Bei der Überarbeitung befallener Flächen müssen in jedem Fall die Herstellerhinweise beachtet werden, da die erforderlichen Arbeitsschritte unterschiedlich sein können. In der Regel wird in folgender Reihenfolge vorgegangen:

- Reinigung der befallenen Flächen
- anschließend ausreichende Trocknungszeit einhalten
- Behandlung mit einem geeigneten Biozid
- 2-fache Beschichtung mit einem mit Biozid ausgerüsteten System

Wenn die Ursachen für den Bewuchs dauerhaft beseitigt werden konnten, kann möglicherweise auf eine besondere biozide Ausrüstung verzichtet werden.

[1] Musterbauordnung nach Landesrecht

Insbesondere gilt es auch, auf die umweltrelevanten Aspekte bei der Verarbeitung zu achten. Dies gilt vor allem für die zu treffenden Schutzmaßnahmen beim Auffangen und Entsorgen des Reinigungswassers, denn es dürfen keine bioziden Wirkstoffe oder umweltgefährdenden Verschmutzungen in das Erdreich gelangen. Die geltenden regionalen Bestimmungen müssen eingehalten werden.

Um das putz- bzw. beschichtungstechnische Befallsrisiko zu minimieren, müssen Materialien/ Systeme gezielt ausgewählt werden und zum Einsatz kommen, die den erhöhten Anforderungen an die Pilz- und Algenresistenz gerecht werden. Alle marktüblichen Putzsysteme bringen „von Haus aus" eine zeitlich begrenzte Schutzwirkung gegen den Algen- und Pilzbefall mit. Bei Kunstharz- bzw. Dispersionsputzen und Siliconharzputzen wird sie durch eine standardmäßige Schutzausrüstung gegen die am häufigsten auftretenden Algen und Pilzen und bei mineralischen Putzen durch die Alkalität der Bindemittel (Kalk, Zement) erreicht. Weitere Maßnahmen, z.B. zusätzlicher Anstrich oder zusätzlicher Anstrich mit besonderer biozider Ausrüstung, sind möglich.

Dort, wo aufgrund der Umgebungsbedingungen im Hinblick auf einen Algen- und Pilzbefall mit einer erhöhten Gefährdung zu rechnen ist, sollten Systeme mit einem möglichst hohen Schutz eingesetzt werden. Wichtig ist, dass mit materialspezifischen Kriterien allein ein dauerhafter Schutz gegen Algen- und Pilzbefall nicht erreicht werden kann, sondern nur in Verbindung mit einer entsprechenden baulichen Detailplanung.

Man unterscheidet dabei generell zwei Gruppen von Wirkstoffen. Um Pilzbewuchs vorzubeugen, kommen fungizide Wirkstoffe zum Einsatz. Die Funktion der Wirkung gegenüber Algen übernehmen speziell algizid wirksame Zusätze. Um das erforderliche Wirkungsspektrum gegen Algen und Pilze in der Praxis ausreichend abzudecken, ist die Anwesenheit von Substanzen beider Wirkstoffgruppen in einer Beschichtung erforderlich. Dabei werden Algizide und Fungizide eingesetzt, die gegen die am häufigsten auftretenden Algen und Pilze wirken. Die Anforderungen an zeitgemäße und zukunftsorientierte Wirkstoffe sind sehr hoch und teilweise widersprüchlich.

Eine Erneuerung des Schutzes z.B. durch einen Neuauftrag einer biozid ausgerüsteten Beschichtung kann deshalb je nach Umgebungsbedingungen nach einiger Zeit notwendig werden.

Feuchteschäden an der Fassade

Schadensbild

Das typische Schadensbild bei Feuchteschäden sind Ausblühungen oder Abplatzungen des Putzes, vgl. Bilder 8 und 9.

Bild 8: Witterungsbedingte Schäden an Putz und Mauerwerk

Erläuterung

Feuchtigkeit ist Gift für die Bausubstanz. Von Salzausblühungen bis Schimmel reicht das Spektrum der Folgen von übermäßigen Feuchtigkeitseintrag. Bei vielen älteren Gebäuden fehlt eine Abdichtung erdberührter Bauteile gegen Bodenfeuchtigkeit. Die Feuchtigkeit kann ungehindert in Bauteile eindringen und Schäden hervorrufen. Betroffen sind:

- Fassade
- Sockelmauerwerk
- Kelleraußenwände
- Kellersohle

Bild 9: Sanierungsbedürftiges Mauerwerk

Sanierung

Da Feuchtigkeitsschäden einen massiven Einfluss auf den Zustand des Hauses haben, müssen die betroffenen Bauteile schnell saniert werden. Das Schadensbild ist vielfältig: Dringt Wasser in die Bauteile ein, werden oft lösliche Substanzen wie schädliche Salze an die Oberfläche geschwemmt. Im Extremfall hat das Wasser die ganze Wandstruktur zerstört. Doch in der Regel lassen sich Feuchtigkeitsschäden an der Fassade und an den Innenwänden mit einer fachmännischen Sanierung beheben.

Sanierung von Feuchteschäden allgemein

Grundsätzlich ist die Trockenlegung des Mauerwerks sowohl vertikal wie auch horizontal vorzunehmen. Nach Austrocknung der Wände kann die Sanierung der Fassade durchgeführt werden. Wichtig ist vor allem, dass die verwendeten Putze und Farben diffusionsoffen sind und so ein weiteres Austrocknen der Wände ermöglichen.

Fester, intakter Putz an der Fassade kann nach der Trocknungszeit mit einem neuen Anstrich behandelt werden. Anders ist es bei starken Verunreinigungen oder losen Putzen. Hat der Putz durch die Feuchtigkeit an Stabilität verloren, muss eine Sanierung des Putzes vorgenommen werden. Sanierputzsysteme schaffen hier systematische Abhilfe: Der Sanierputz lässt Feuchtigkeit auf kapillarem Weg in das Material einwandern, gelöste Salze kristallisieren aus und werden vom Mauerwerk in die Putzschicht verlagert. Sobald das Mauerwerk ausgetrocknet wird, kann die Fassade mit dem Putzsystem Schicht für Schicht neu aufgebaut werden. Im ersten Schritt wird ein netzartiger Spritzbewurf aufgetragen, der für die nötige Untergrundhaftung sorgt. Unebenheiten können mit Porengrundputz ausgeglichen werden. Danach folgen eine Schicht aus Sanierputz sowie die abschließende Beschichtung mit wasserdampfdiffusionsoffenen Silicatfarben, Siliconharzfarben oder mineralischen Edelputzen.

Besonderheiten bei Wärmedämmverbundsystemen (WDVS)

Schadensbild

Bei Wärmedämmverbundsystemen gibt es eine Vielzahl von Schadensbildern bzw. Auffälligkeiten.

Beginnend von dem oft sichtbaren Abzeichnen der Dübelteller an der Fassade, bis hin zu Fehlern bei der Verarbeitung (z.B. Verwendung von nicht systemkonformen Klebern, ungenügende Vorbehandlung des Untergrunds, zu dünner Kleberauftrag) oder Fehler in der Detailausbildung wie offene Gewerkelöcher oder mangelhaften Fugen, die zu einer Hinterläufigkeit führen können.

Bild 10: Abzeichnen von Dübeltellern an einem WDVS

Bild 11: Geöffnetes WDVS mit feuchter Dämmung

Erläuterung

Auch ein Wärmedämmverbundsystem muss geplant und beispielsweise die Dübelteller statisch nachgewiesen werden.

In der Regel haben Wärmedämmverbundsysteme eine Allgemeine bauaufsichtliche Zulassung/Allgemeine Bauartgenehmigung, in der entsprechende Angaben über:

- Regelungsgegenstand und Verwendungs- bzw. Anwendungsbereich,
- Bestimmungen für das Bauprodukt, also beispielsweise Klebemörtel, Grundierungen, Dämmstoffe, Bewehrungen, Dübel, Putze, Bekleidungen und Fugenmörtel,
- Bestimmungen für Planung, Bemessung und Ausführung, also beispielsweise Ermittlung der Abstände der Dübelteller in Abhängigkeit der Windlasten, Abstände von Feldbegrenzungsfugen, Schallschutz und Dicken von Bekleidungen,
- Bestimmungen für Nutzung, Unterhalt und Wartung (z.B. Sichtkontrolle, Reparaturen von örtlich begrenzten Schädigungen),

enthalten sind.

Insbesondere die Detailplanung sollte im Vorfeld sehr sorgfältig durchgeführt werden. Ein WDVS darf nicht hinterläufig werden, Spritzwasserzonen bei verputzen Oberflächen müssen geschützt, jedes Anschlussdetail muss geplant werden.

Einer besonderen Bedeutung kommt der Brandschutz zu. Da hier oft Polysterol-Hartschaumplatten zur Anwendung kommen, sind in definierten Abständen Brandriegel anzuordnen.

Sanierung

Die Sanierung eines Wärmedämmverbundsystems kann vielfältig sein: beginnend von Wartungsarbeiten wie Erneuern von Fugen bis hin zu einem Komplettaustauch der Fassade.

4/2.2
Schäden bei Glasfassaden

Glasbruch infolge Klimalasten im Scheibenzwischenraum

Schadensbild

Die äußere Scheibe der Isolierverglasung weist einen parallel zur längeren Kante bogenförmigen Glasbruch auf. Es ist kein Bruchzentrum erkennbar, der Einlaufwinkel ist nicht rechtwinklig.

Bild 1: Scheibe mit Klimalastbruch

Erläuterung

Es handelt sich hier um einen sog. Flächendruckbruch, hervorgerufen z.B. durch eine zu hohe Belastung im SZR infolge Temperatur, Luftdruck und/oder Höhenunterschied zwischen Produktions- und Einbauort. Durch das eingeschlossene Gasvolumen bei Isolierglasscheiben entstehen neben Beanspruchungen infolge äußerer Einwirkungen wie beispielsweise Wind zusätzliche Beanspruchungen der einzelnen Glasscheiben durch Druckunterschiede zwischen SZR und Umgebung. Beanspruchungen der Scheiben (Biegung und Belastung des Randverbunds) ergeben sich somit aus Temperatur- und Luftdruckunterschieden zwischen Scheibenzwischenraum und Umgebung sowie aus den bei anderen Konstruktionen auch anzusetzenden bekannten äußeren Einwirkungen Schaden am Glas eines Fensterflügels: Auf Basis der DIN 18008 ist unmittelbar festzustellen, dass insbesondere bei kleinen Scheiben und bei Formaten mit ungünstigen Seitenverhältnissen die Klimalasten im Scheibeninneren sehr groß werden. Bei ungünstigen Randbedingungen, d.h. z.B. hohe Temperatur bei gleichzeitig niedrigem Luftdruck, kann es zum Glasbruch führen, wenn ohne weitere Überlegungen „Standardglasaufbauten" für alle Formate angewandt und damit die Scheiben unterdimensioniert sind.

Bild 2: Klimalastbruch großer Intensität

Aus dem Unterschied der Druckverhältnisse von Scheibenzwischenraum und Umgebung entstehen zusätzliche Beanspruchungen („Klimalast").

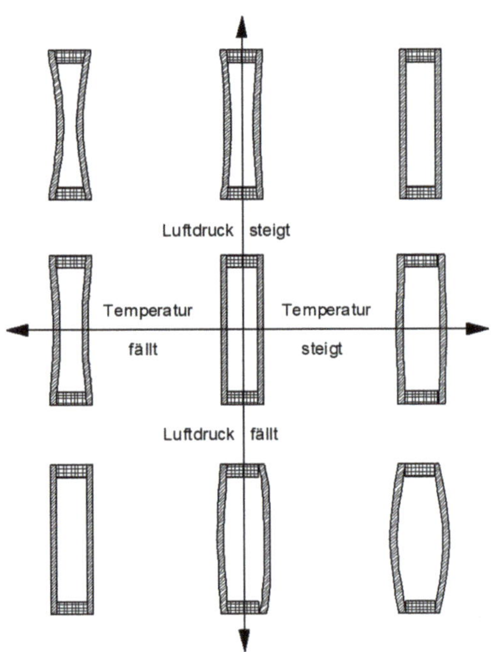

Bild 3: Zusammenhang Klimalast – Temperatur – Luftdruck

Sanierung

Die Verglasung muss ausgetauscht werden.

Durch eine statische Berechnung kann eine ausreichende Tragfähigkeit der modifizierten Glasaufbauten nachgewiesen werden. Glasdickenempfehlungen sind – wie der Name schon sagt – unverbindliche Empfehlungen, sie ersetzen keine statische Berechnung. Durch die Verwendung von thermisch vorgespanntem Glas (Einscheibensicherheitsglas ESG oder teilvorgespanntes Glas TVG) wird die Situation verbessert, da vorgespanntes Glas eine deutlich größere Biegezugfestigkeit als Floatglas hat. Eine Vergrößerung der Glasdicken ist hier oft kontraproduktiv, da das System dann noch steifer wird – mit der Folge noch größerer Klimalasten. Weitere Ansätze wären eine werksmäßige Einstellung des Drucks im Scheibenzwischenraum, abgestimmt auf den jeweiligen Einbauort, oder auch der Einbau von „Ventilen".

Mangelhafte Klotzung

Schadensbild

Beobachtung des „Rutschens" von Scheiben: Es handelt sich hier oft um Klotzungsfehler.

Bild 4: Fehlerhafte Klotzung, Fall 1

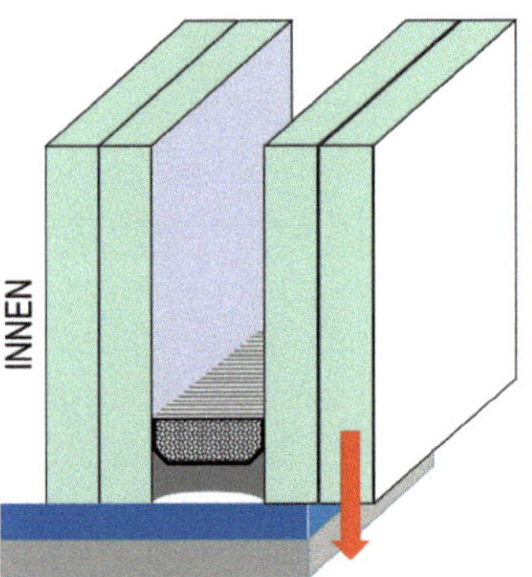

Bei diesem Beispiel ist der Klotz zu klein, sodass die Gefahr besteht, dass die äußere Scheibe bei Kriechen der weichen PVB-Folie nach unten rutscht.

Bild 5: Klotzungsdetail Fall 1

Bild 6: Fehlerhafte Klotzung Fall 2

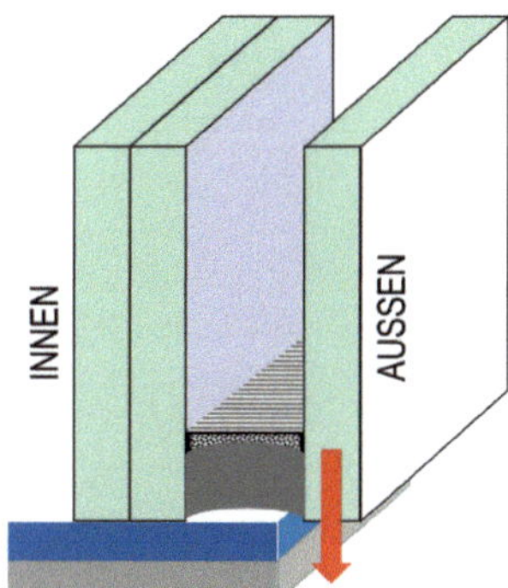

Bei diesem Beispiel ist der Glasträger zu kurz, hier ist die äußere, nur durch den Randverbund gehaltene Scheibe bereits um bis zu 10 mm nach unten gerutscht.

Bild 7: Klotzungsdetail Fall 2

Bei diesem Beispiel ist es direkt im Klotzungsbereich einer Verglasung zum Glasbruch gekommen – genau im Übergangsbereich der zwei Klötze. Es handelt sich um eine Scheibe in Übergröße mit ca. 1 t Glasgewicht. Es wurden ungeeignete Klötze verwendet.

Bild 8: Glasbruch bei Klotzung Fall 3

Erläuterung

Mit Glasklötzen werden Kunststoffplättchen, i.d.R. der Breite 100 mm, unterschiedlicher Dicke und Tiefe bezeichnet. Die Glasklötze dienen als direktes Glasauflager der Glasscheibe. Durch die Klötze werden die Lasten aus Eigengewicht des Glases in die Glasauflager weitergeleitet, durch die Klötze wird ein direkter Kontakt von Glas und Metall vermieden und ein eindeutiger Lastpfad vorgegeben. Klötze gibt es in unterschiedlichen Dicken (jede Dicke hat eine andere Farbe) zum Ausgleich von Toleranzen.

Entscheidend sind sowohl die Lage des Klotzes als auch die Aufstandsfläche.

Der Klotz ist i.d.R. um Klotzbreite eingerückt von der Glasecke anzuordnen. Bei sehr breiten, feststehenden Verglasungen kann der Abstand auf bis zu 250 mm vergrößert werden. Nach Klotzungsregeln für Fenster soll der Klotz immer um 2 mm breiter sein als die Glasscheibe. Dies ist bei Fassaden i.d.R. nicht einhaltbar, da der Klotz sonst beispielsweise in Konflikt mit Deckleisten kommen würde.

Hierbei ist „verwirrenderweise" mit Breite die Abmessung senkrecht zur Fassadenebene gemeint.

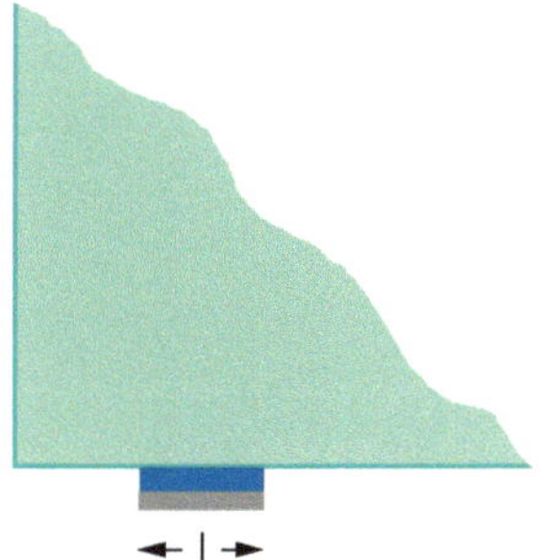

Bild 9: Anordnung Tragklotz an Glasecke

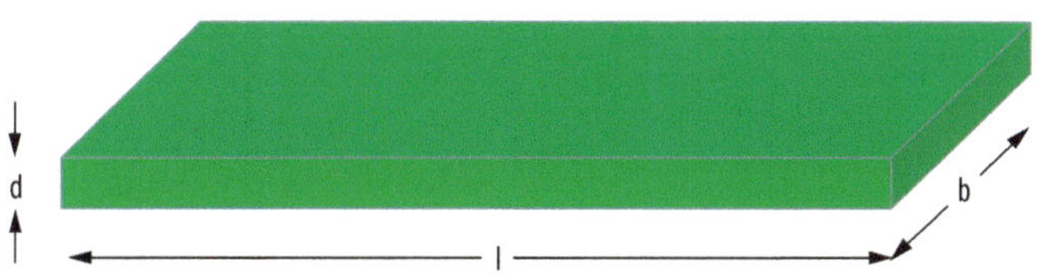

Bild 10: Bezeichnungen Klotz

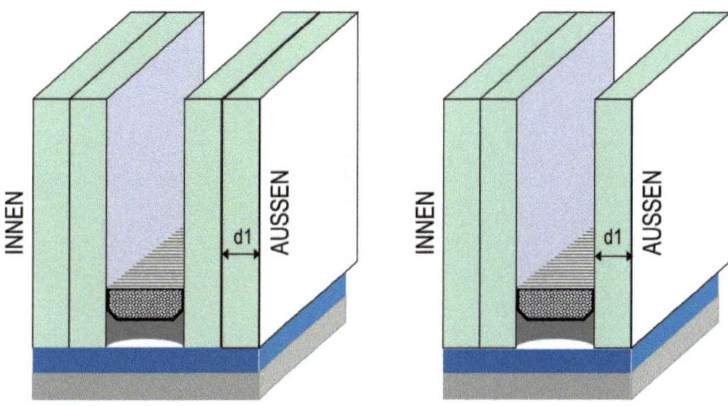

Der Klotz sollte bestenfalls mit der Außenkante der Glasscheibe bündig abschließen.

Bild 11: Klotzungsregeln, Prinzipskizze (1)

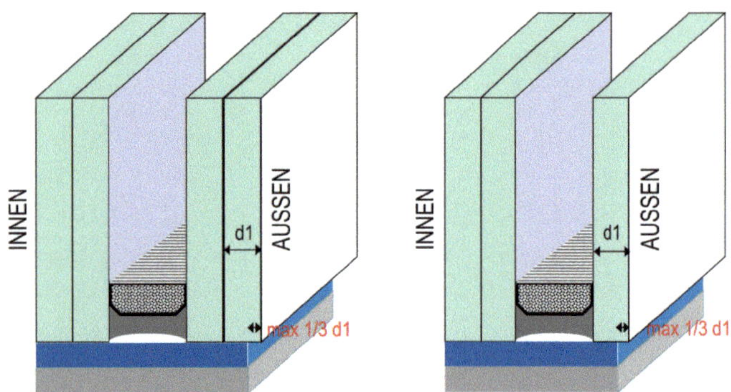

Als Minimum sollten 2/3 der Dicke der Glasscheibe geklotzt sein.

Bild 12: Klotzungsregeln, Prinzipskizze (2)

Sanierung

Die Klötze müssen ausgetauscht werden. Hierzu kann ein Rückbau der Scheiben erforderlich werden. Es ist zu überprüfen, ob der Randverbund bereits Schaden genommen hat.

Spontanversagen

Schadensbild

Glasbruch einer ESG-Scheibe ohne äußere Einwirkung. Wenn es gelingt, den Bruchausgang zu lokalisieren und zu fixieren, ist der typische „Schmetterling" am Bruchausgang ersichtlich.

Bild 13: Detail Bruchausgang mit „Schmetterling"

Bruchausgang mit „Schmetterling" bei einer Mehrscheibenisolierverglasung.

Bild 14: Detail Schmetterling

Bild 15: Brechende ESG-Scheibe

Erläuterung

Es handelt sich hier um ein Spontanversagen infolge Nickelsulfideinschlüssen. Das Nickelsulfid in der Glasmasse ist als Verunreinigung enthalten und nimmt während des Aufheizens im Zuge der ESG-Herstellung Energie auf. Damit verbunden ist eine geometrisch kleinere Struktur, die beim Abschrecken eingefroren wird. Die langsam ablaufende Umwandlung in die energieärmere Struktur ist mit einer Volumenvergrößerung verbunden. Zu den Spannungen aus thermischer Vorspannung entstehen dadurch im Inneren des Glasvolumens zusätzliche Zugspannungen, die auch nach Jahren bei normalen Umgebungsbedingungen einen Spontanbruch auslösen können. Charakteristisch ist ein sog. Schmetterling am Ort des Bruchausgangs. Eine verbindliche Aussage, dass es sich um ein Spontanversagen infolge von Nickelsulfideinschlüssen handelt, kann erst nach einer materialidentifizierenden Untersuchung getroffen werden.

Üblicherweise klingt die Gefahr mit den Jahren ab, es wurden aber auch schon Brüche infolge Nickelsulfids an deutlich über zehn Jahre alten Scheiben beobachtet.

ESG (Einscheibensicherheitsglas) brich nicht sicher, da im Bruchfall die Splitter nicht zerfallen, sondern sich gegenseitig „verzahnen". Die bis zur Größe einer DIN-A4-Seite großen „Bruchstückfladen" zerfallen erst beim Aufprall – hoffentlich auf dem Boden oder auf einem Vordach.

Übersicht über gebrochene Scheibe mit Resten der Fenstermalfarbe. Bruchausgang ist an der unteren Glaskante.

Bild 16: Scheibe mit Glasbruch

Sanierung

Die Verglasung muss ausgetauscht werden. Es sollte heißgelagertes ESG verwendet werden, um die Wahrscheinlichkeit von Spontanversagen zu reduzieren. Heißgelagerte ESG-Gläser werden im Heat-Soak-Ofen gelagert, um den Bruch bei entsprechend höheren Temperaturen schneller zu „provozieren". Fehlerhafte Scheiben brechen bereits im Ofen. ESG mit erfolgreichem Heißlagerungstest nach nationalem deutschem Standard der Bauregelliste wurde mit ESG-H bezeichnet. Für einige Anwendungen (z.B. monolithische, punktgehaltene Fassadenscheiben über 4 m Einbauhöhe) sind die Anforderungen höher, eine mögliche baupraktische Umsetzung ist durch die Verwendung von ESG-Gläsern mit dem RAL-Gütezeichen 525 ESG-HF gegeben.

Bild 17: Riss an Glaskante

Thermischer Bruch

Schadensbild

Ein Rissverlauf senkrecht von der Glaskante ausgehend, mit mehreren Richtungswechseln, oft palmenförmig auffächernd.

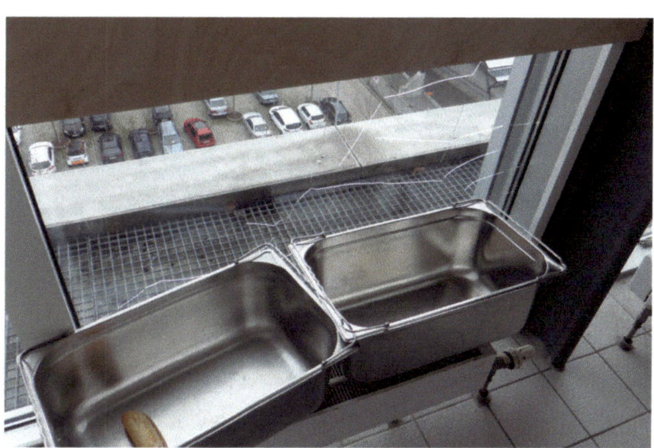

Bild 18: Glasbruch Kantine durch hinter der Verglasung stehende Kochuntensilien

Erläuterung

Floatglas ist – im Vergleich zu vorgespannten Gläsern – empfindlicher gegenüber Temperaturdifferenzen. Dies bedeutet, dass Bruchgefahr infolge von thermisch induzierten Spannungen (hohe Temperaturunterschiede innerhalb einer Scheibe) besteht. Bereits bei einer lokalen Temperaturdifferenz von 40 K kann es zum Glasbruch kommen (z.B. verschatteter Glasfalz zu erwärmter Glasfläche). Beispielsweise durch die Bemalung der Scheibe mit dunkler Fenstermalfarbe oder Anbringen von Aufklebern kann durch höhere Absorption diese kritische Temperaturdifferenz von 40 K schnell erreicht werden. Oft bruchursächlich sind hinter den Scheiben stehende Gegenstände und Möbel (z.B. Sofas, Rollcontainer, Kochutensilien) infolge Temperaturstrahlung/Hitzestau.

Typisch ist der senkrechte „Einlauf" des Risses von der Glaskante ausgehend. Zur eindeutigen Einstufung als „thermischen Bruch" ist noch der „Durchlauf" an der Glaskante zu beurteilen. Auch dieser muss senkrecht sein. Hierzu muss die Verglasung ausgebaut werden.

Je größer die Bruchspannung ist, desto mehr Verzweigungen sind im Bruchverlauf. Durch die Erwärmung der Glasfläche bleibt die Glaskante zunächst kälter, die dadurch entstehenden Zugspannungen an der Glaskante führen zum Glasbruch.

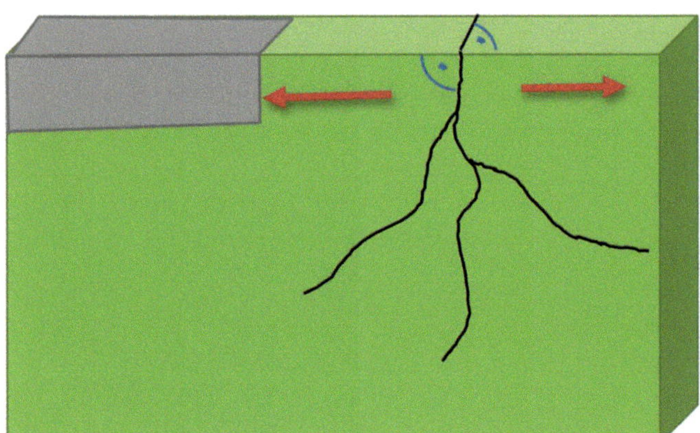

Bild 19: Typischer thermischer Bruch mit senkrechtem Verlauf an Glaskante

Sanierung

Die Scheibe muss ausgetauscht werden. Es ist auf Vermeiden von Temperaturunterschieden durch teilweise Verschattung oder höhere Temperaturen in der Fläche der Scheiben zu achten. Dies kann begünstigt werden z.B. durch:

- Teilverschattung durch Bäume, Dachüberstand etc.
- Bekleben und Bemalen von Scheiben (Aufkleber, Poster, Fenstermalfarbe)
- innenliegenden Sonnenschutz mit geringem Abstand zur Verglasung
- Gegenstände, Möbel oder Heizkörper direkt hinter den Scheiben (Kochtöpfe, Kisten ...)
- lokale Erwärmung (Heizung, Einbau Gussasphaltestrich ...)

4/2.3
Weitere Schäden bei Fassaden

Mangelhafte innere Entwässerungsebene bei Pfosten-Riegel-Fassaden

Schadensbild

Undichtigkeit des Randverbunds und damit Eintrübung der Scheiben, Auffälligkeiten an der Beschichtung (sog. Glaskorrosion).

Bild 1: geöffneter Kreuzungspunkt mit durch Schraubkanäle behinderter Abflussmöglichkeit

Detail mit geschädigtem Randverbund des Mehrscheibenisolierglases

Bild 2: geöffneter Kreuzungspunkt mit durch Schraubkanäle behinderter Abflussmöglichkeit

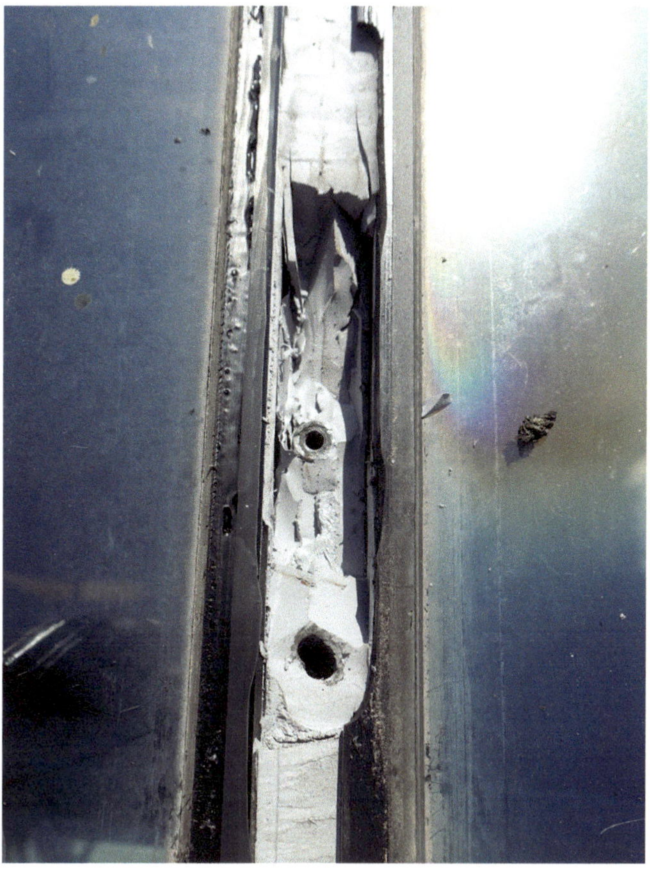

Glasfalz komplett verfüllt, unbelüftet mit Schäden an der innenliegenden Beschichtung des Mehrscheibenisolierglases

Bild 3: geöffneter Glasfalz einer geneigten Pfosten-Riegel-Fassade

Glasklotz behindert Wasserablauf

Bild 4: geöffneter Glasfalz einer Pfosten-Riegel-Fassade

Bild 5: Ablauföffnungen unten durch Abdichtung verschlossen

Erläuterung

Fassaden und Dächer haben den Anspruch, „dicht zu sein" im Sinne von „kein Wasser dringt/tropft in den Innenraum". Dies wird heutzutage konstruktionsbedingt erzielt durch zwei Dichtungsebenen und mehrere (meistens zwei) Entwässerungsebenen: Gegebenenfalls eindringendes Wasser entwässert kaskadierend innerhalb der Kanäle und dringt somit nicht in das Gebäudeinnere ein.

Die äußere Dichtungsebene bei klassischen Pfosten-Riegel-Konstruktionen besteht in der Regel luftseitig aus dem Dichtprofil zwischen Klemmleiste und Glas (in der Regel EPDM-Profile = synthetischer Kautschuk), die innere Dichtungsebene aus dem Dichtprofil zwischen Glasscheibe und Pfosten bzw. Glasscheibe und Riegel (in der Regel ebenfalls EPDM-Profile).

Gelangt beispielsweise bei Starkregenereignissen oder Kondensation Wasser in den Falzraum, so wird dieses gezielt in den Entwässerungsebenen abgeführt. So sind die „Entwässerungskanäle" der Riegel i.d.R. auf einem höheren Niveau als diejenigen in den Pfosten. So kann das Wasser gezielt nach unten abgeführt werden. Der Falzraum wird belüftet, sodass Wasser auch gezielt abtrocknen kann (bei Dächern immer oben (First) und unten (Traufe)).

Kritische Punkte sind hier die Kreuzungspunkte, bei denen es bei unsachgemäßer Ausführung zu Undichtigkeiten kommen kann. Ebenfalls die sog. Klötze und Vorklötze, auf denen die Glasscheiben aufgelagert werden, sind potenzielle Fehlerquellen, da es hier zu Wasserstau kommen kann.

Zu lange Riegel führen zu einer Wassersackbildung im Kanal, das Wasser kann nicht in die Pfosten ablaufen.

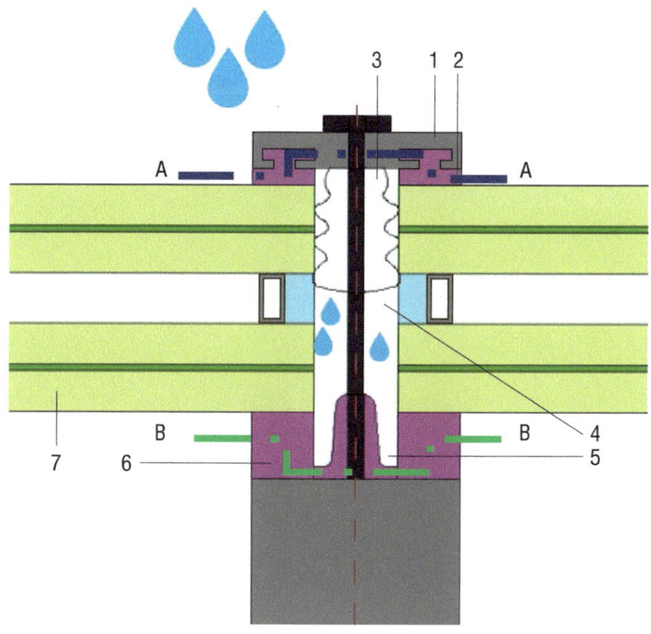

1 Pressleiste bzw. Andruckprofil
2 äußere Dichtebene bzw. Glasangedichtung/Dichtprofil A–A
3 Isolator
4 Falzraum
5 Entwässerungskanal/Drainagenutzkanal auf unterschiedlichen Höhen (kaskadierende Riegel in Pfosten)
6 innere Dichtebene, Dichtprofil B–B
7 MIG

Bild 6: Prinzipskizze

Sanierung

Sobald die Mehrscheibenisolierverglasungen bereits angegriffen sind (Randverbund geschädigt, Feuchtigkeit im Scheibenzwischenraum), müssen diese ausgetauscht werden. Erforderlich ist ebenfalls ein Sanieren der Dicht- und Entwässerungsebenen sowie der Belüftung des Dampfdruckausgleichs. Hierzu ist sehr oft ein Rückbau bis zur tragenden Unterkonstruktion erforderlich. Anschließend muss ein neues Aufsatzsystem adaptiert werden.

Schäden bei hinterlüfteten Fassaden

Schadensbild

Auch bei hinterlüfteten Fassaden gibt es vielfältige Schadensbilder, sehr oft bei der Unterkonstruktion (vgl. nachfolgende Bilder). Häufige Fehler sind zu finden bei der Fix-Lospunkt-Befestigung der Konsolen am Gebäude oder bei der Befestigung der Fassadenbekleidung an den Konsolen, beispielsweise mittels Bohrschrauben.

Bild 7: unzulässige Ausnehmung eines Fassadenprofils im Bereich eines Gerüstankers

Bild 8: mangelhafte Befestigung von Konsolen

Bild 9: mangelhafter Lospunkt

Bild 10: Beispiel 1 für eine mangelhafte Befestigung mittels Bohrschrauben

Bild 11: Beispiel 2 für eine mangelhafte Befestigung mittels Bohrschrauben

Erläuterung

Fehler passieren hier sehr oft im Zuge der Planung: unzureichende oder fehlende statische Berechnung, nicht erfolgte Bauüberwachung.

Sanierung

Je nach Schadensbild kann der Aufwand für die Sanierung sehr unterschiedlich sein, sobald der Mangel die Unterkonstruktion bzw. die Konsolen betrifft, ist ein kompletter Rückbau erforderlich.

Unverträglichkeiten

Schadensbild

Verfärbungen, Delaminationen, „Auflösen" von Dichtstoffen und Verklebungen

Bild 12: Beispiel 1 für Unverträglichkeiten

Bild 13: Beispiel 2 für Unverträglichkeiten

Erläuterung

Von Verträglichkeiten spricht man dann, wenn die in einem System enthaltenen Materialien keine schädlichen Wechselwirkungen zeigen. Dies gilt für beide „Richtungen", also von Material 1 nach Material 2 und umgekehrt.

Unter Unverträglichkeit versteht man beispielsweise:

- Strukturveränderungen
- Konsistenzveränderungen
- optische Veränderungen, z.B. Verfärbungen
- Blasenbildung
- Veränderungen der mechanischen Eigenschaften

Es kann bei direktem Kontakt zweier Materialien zu Wechselwirkungen kommen. Dies kann gewünscht sein (z.B. bei Zwei-Komponenten-Klebstoffen), aber auch schädlich, wenn Stoffe ihre Eigenschaften durch Migrationsvorgänge verändern, d.h., Bestandteile des einen Stoffs wandern in den anderen Stoff ab.

Dazu zählt auch die sog. Weichmacherwanderung: In den meisten Kunststoffen, Dichtstoffen und Klebern sind Weichmacher enthalten, um bestimmte Eigenschaften zu erreichen (z.B. Elastizität). Wenn diese Weichmacher „migrieren", verändern sich die Eigenschaften der beteiligten Materialien. Somit ist bei Kontakt von in Verbindung stehenden (Kunststoff-)Materialien eine Verträglichkeitsprüfung durchzuführen.

Sanierung

Die Verglasungen müssen ausgetauscht werden. Bei der Sanierung muss darauf geachtet werden, dass die verwendeten Materialien miteinander verträglich sind.

Schäden infolge mangelhafter Statik

Viele Schadensfälle resultieren auf einer mangelhaften oder sogar fehlenden Statik.

Eine Fassadenstatik kann sehr anspruchsvoll sein und sollte immer von einem spezialisierten Ingenieurbüro durchgeführt werden.

4/3 Fassadenschäden: Schnellüberblick

Tab. 1: Tabellarische Übersicht von Schäden an Fassaden

Schadensart/Schadensbilder	Vorkommen	Ursachen	Maßnahmen und Sanierung
Oberflächen Allgemein			
Farbtonveränderungen von Fassaden	▶ Fassadenfarbe ▶ eingefärbter Putz ▶ Fassadenmaterialien	▶ Umwelteinflüsse (UV-Strahlung, saurer Regen) Pigmentzerstörung durch chemische Veränderung einer oder mehrerer Komponenten (Ausbleichen oder Farbtonverschiebung) ▶ schlechte Untergrundverhältnisse (unterschiedliche Putzstrukturen, Salze, Alkalität) ▶ ungenügende und unterschiedliche Beschichtungsstärken lassen den Untergrund durchscheinen ▶ glänzende Oberflächen bewirken einen tieferen und satteren Farbton als matte Oberflächen	▶ sachgemäße und gewissenhafte Verarbeitung von Fassadenbeschichtungen ▶ Licht- und Wetterechtheit der einzelnen Komponenten ▶ Verwendung anorganischer Putze und Anstriche
Glanzläufe glänzende, farblose bis schwach gelbliche Tropfen	neu verputzte oder gestrichene Fassaden	Verwendung wasserverdünnbarer Beschichtungsstoffe, wie Dispersions- und Organosilicatfarben, sowie aller Kunststoffputze bei feuchtkalter Witterung Durch Verzögerung der Trocknung gelangen wasserlösliche Bestandteile an die Oberfläche, werden von Regen, Kondenswasser oder Nebel gelöst und laufen als Lösung über die Fassade. Das Wasser verdunstet, und der Rest bleibt als Läufe zurück.	Nach einigen Monaten verschwinden die Glanzläufe von selbst.
Kreidung weiße Läufe oder weißes, abwischbares Pulver	Fassadenbeschichtung	▶ Freilegung der Pigmente durch Bindemittelabbau ▶ zur Kreidung neigen besonders Chlorkautschuk, Epoxysysteme und Öl- bzw. Alkydharzlacke	▶ Verwendung von Acryllack sowie mit aliphatischen Isocyanaten ausgehärteter Polyurethanlack *Sanierung* ▶ Oberflächennachbehandlung (z.B. mit Silicium oder Zirkon)
Flecken	▶ Beschichtung ▶ Anstrich	▶ Untergrund ▶ Beschichtungsmaterial ▶ Umwelteinflüsse	
Wasserflecken	Fassadenbeschichtung	Im Wasser gelöste Salze	

Tab. 1: Tabellarische Übersicht von Schäden an Fassaden *(Fortsetzung)*

Schadensart/Schadensbilder	Vorkommen	Ursachen	Maßnahmen und Sanierung
Oberflächen Allgemein			
Weiße Flecken häufig ausgehend von einer Fehlstelle im Beton (Kiesnest, Braue, Gerüstbefestigung), solange der Carbonatisierungsprozess oberflächlich noch nicht abgeschlossen ist	▶ Sichtbeton ▶ mit Anstrich versehener Beton	▶ Bei der Reaktion von Zement mit Wasser bildet sich wasserlösliches Calciumhydroxid. ▶ Regenwasser kann das Calciumhydroxid aus dem Beton herauslösen, welches dann über die Fassade läuft und sich durch Aufnahme von Kohlendioxid aus der Luft in unlösliches Calciumcarbonat umwandelt. ▶ Wird die Fassade zu früh überstrichen, so diffundiert die Calciumhydroxidlösung durch den Anstrich.	▶ Eine Entfernung ist sehr schwierig, da die Flecken nicht wasserlöslich sind. *Sanierung* ▶ Entfernung mit verdünnter Essigsäure, kann aber zur Aktivierung neuer Flecken führen und greift den Beton an.
Rostflecken (gelbe bis braunrote Färbung)	▶ Fassadenbeschichtung ▶ mineralischer Untergrund ▶ Beton	▶ Rosten von Nägeln, Drähten oder Armierungsstählen, aufgrund ungenügender Betonüberdeckung ▶ Verfärbung stark eisenhaltiger Bau- oder Beschichtungsstoffe	*Sanierung* ▶ Beseitigung der Verfärbungsursache ▶ Nachbessern der Schadstelle ▶ Freilegung und Behandlung mit Korrosionsschutz
Kupferflecken (grüne Patina)	alle Fassaden	▶ Abgase, saurer Regen, Frost und Tausalze ▶ Bauteile aus Kupfer: Basisches Kupfersulfat ist teilweise wasserlöslich. Läuft die Lösung über die gestrichene Fassade, zeichnen sich grüne Flecken ab.	*Sanierung* Entfernung mit verdünnter Essigsäure, jedoch werden dabei Kalk und carbonatische Füllstoffe der Beschichtung angegriffen.
Verschmutzungen dunkle, graue bis schwarze Schmutzbahnen		▶ Witterungseinflüsse ▶ Umweltbelastungen (Staubablagerung, Abgase): Besonders wo Regenwasser die Fassade hinabläuft, sammeln sich Schmutzpartikel aus der Luft auf der Fassade.	▶ konstruktive Maßnahmen (z.B. Dachüberstände) Verwendung unempfindlicher anorganischer Putze und Anstriche *Sanierung* ▶ substanzschonende Reinigung

Tab. 1: Tabellarische Übersicht von Schäden an Fassaden *(Fortsetzung)*

<table>
<tr><th>Schadensart/Schadensbilder</th><th>Vorkommen</th><th>Ursachen</th><th>Maßnahmen und Sanierung</th></tr>
<tr><th colspan="4">Oberflächen Allgemein</th></tr>
<tr><td>Graffiti</td><td>alle Fassaden</td><td colspan="2">Sanierung
▶ Überstreichen mit Dispersionsanstrichen, Kunstharzlacken, Silicat-, Silicon- und Acrylfarben.
Bevor die eigentliche Farbe auf die Fassade gestrichen wird, muss eine Sperrschicht aufgebracht werden, damit das darunterliegende Graffiti nicht durchschlagen kann.
▶ Sandstrahlen
▶ substanzschonende und umweltgerechte Reinigung
▶ Graffitientferner (sollte pastös oder gelig sein, flüssige Mittel lösen die Farbe an und transportieren sie u.U. noch tiefer in den Stein)
Oft verbleibt zunächst ein leichter Farbschatten in Stein bzw. Fuge. Behandlung mit Farbschattenentferner.
Unter Umständen können besonders hartnäckige Schatten mit Schattenbleiche gebleicht werden, bedarf aber i.d.R. mehrerer Anwendungen und ist nicht für jeden Untergrund geeignet.</td></tr>
<tr><td rowspan="2">Graffiti auf glatten, nicht saugfähigen Untergründen</td><td>▶ Glas
▶ Kunststoff</td><td colspan="2">Reinigung mit chemischem Graffitientferner, Verträglichkeit prüfen</td></tr>
<tr><td>▶ lackierte Flächen
▶ beschichtetes und unbeschichtetes Metall</td><td colspan="2">Verwendung einer Schutzbeschichtung, wobei die Schutzschicht beim Entfernen der Sprühfarbe erhalten bleiben soll und nicht erneuert werden muss. Meist handelt es sich um 2-komponentige Lacksysteme.</td></tr>
<tr><td>Graffiti auf saugfähigen Untergründen</td><td>▶ Putz
▶ Naturstein
▶ Klinker
▶ Beton
▶ Wärmedämmverbundsystem (WDVS)</td><td colspan="2">▶ vorbeugendes Aufbringen einer temporären Trennschicht aus wasserlöslichen Wachsen (hält mindestens zwei Jahre) oder einer Schutzimprägnierung (hält ca. fünf Jahre)
▶ Heißwasser-Hochdruck-Reinigung in Verbindung mit chemischem Graffitientferner
▶ Reinigung mittels Sandstrahltechnik</td></tr>
</table>

Tab. 1: Tabellarische Übersicht von Schäden an Fassaden *(Fortsetzung)*

Schadensart/Schadensbilder	Vorkommen	Ursachen	Maßnahmen und Sanierung
Putz und WDVS			
mikrobiologischer Befall grünlich braune Flächen  Moosbewuchs 	▶ verputztes WDVS ▶ dampfdichte Beschichtung ▶ Mauerwerk ▶ Naturstein ▶ Fachwerk	Langanhaltende Feuchtigkeit bildet einen guten Nährboden für Algen, Pilze, Moose und Flechten durch: ▶ Tauwasserbildung auf der äußeren Oberfläche ▶ konstruktive Schwachstellen, an denen Wasser ungehindert an der Fassade hinunterlaufen kann ▶ schattenreiche, feuchte Standorte (Pilze) ▶ zeitweise belichtete, feuchte Standorte (Algen)	▶ wärmespeicherndes Dickputzsystem zur Temperaturerhöhung der Oberfläche ▶ hydrophile Beschichtungen ▶ Dachüberstände *Sanierung* ▶ Hochdruckreinigung der befallenen Flächen ▶ Trocknungszeit einhalten ▶ Behandlung mit geeignetem Biozid 2-fache Beschichtung mit einem mit Biozid ausgerüsteten System Erfolgen keine konstruktiven Änderungen, dauert es etwa drei Jahre, bevor sich ein neuer Belag bildet.
helle Punkte durch Dübelköpfe helle, regelmäßig verteilte Flecken mit Durchmessern von ca. 5 cm 	WDVS	Metalldübel wirken als punktuelle Wärmebrücken. Verstärkte Verschmutzung und Algenbefall der feuchteren Bereiche außerhalb der Dübelflächen	Verwendung von versenkten und zusätzlich gedämmten Dübeln

Tab. 1: Tabellarische Übersicht von Schäden an Fassaden *(Fortsetzung)*

Schadensart/Schadensbilder	Vorkommen	Ursachen	Maßnahmen und Sanierung
Putz und WDVS			
abblätternder Anstrich Ablösen von Teilen der Farbschicht	Fassaden-beschichtung	▶ Witterungseinflüsse ▶ Behinderung der Dampfdiffusion von innen nach außen durch zu dicken Anstrich Es entstehen kleine Risse, wodurch Regenwasser unter die Farbschicht dringt. Mit der Zeit bilden sich Blasen, die zum Abblättern des Anstrichs führen.	*Sanierung* Der alte Anstrich muss entfernt und durch eine neue, dampfdurchlässige Farbe ersetzt werden.
Putzschäden Abplatzungen, Blasen- und Rissbildungen, Ausblühungen, Verfärbungen, Verschmutzungen und andere Zerstörungen der Putzoberfläche	Putz	▶ Witterungseinflüsse ▶ chemische Reaktionen ▶ fehlende Überdeckung des Armierungsgewebes (Diagonalbewehrung) ▶ Falten im Armierungsgewebe ▶ fehlender Voranstrich ▶ mangelnde Haftung des Oberputzes ▶ aufsteigende Feuchte infolge fehlender Horizontalsperre ▶ ungeeignete Putzträger ▶ bauwerksbedingte Risse durch Setzung, Erschütterung oder fehlende Dehnungsfugen	▶ Nahezu alle putzbedingten Risse und Schäden sind vermeidbar, wenn sorgfältige Planung und sachgemäße Verarbeitung erfolgen. *Sanierung* einschalige Fassaden: ▶ anstrichtechnische Risssanierung ▶ putztechnische Risssanierung ▶ Rissverpressung
Fettrisse oberflächennahe Haarrisse	Putzoberfläche	Bindemittelanreicherungen an der Putzoberfläche	kein technischer Mangel
Sackrisse horizontal durchgehende Risse mit 10–20 cm Länge und ca. 3 mm Breite	Putz	▶ zu plastische Konsistenz des Frischmörtels ▶ zu dicker Putzauftrag ▶ infolge seines Eigengewichts „sackt“ der Putz ab	leichte Putze neigen im Allgemeinen weniger zu Sackrissen

Tab. 1: Tabellarische Übersicht von Schäden an Fassaden *(Fortsetzung)*

Schadensart/Schadensbilder	Vorkommen	Ursachen	Maßnahmen und Sanierung
Putz und WDVS			
Schrumpfrisse netzförmige Risse mit ca. 0,5 mm Breite, die in den ersten 1 bis 2 Stunden nach dem Auftragen eintreten	Putzoberfläche	▶ nicht aufeinander abgestimmte Systeme zwischen den Putzen bzw. zwischen Putz und Untergrund (Festigkeitsunterschied, zu hohe Putzdicke) ▶ ungenügende Standzeiten zwischen Putzlagen	*Sanierung* Schrumpfrisse lassen sich durch geeignete Nachbehandlungen des Putzes vermindern und auf ca. 0,1 mm Breite beschränken.
Schwindrisse netzförmige Risse zwischen ca. 0,1 und 0,3 mm, die bis zum Putzgrund reichen können	ca. 1 bis 2 Monate nach Auftragen des Putzes im erhärteten Mörtel		*Sanierung* ▶ Häufig ist zur Bearbeitung eines Putzschadens ein hydrophober Sanierputz zu empfehlen. ▶ Zunächst muss schadhafter Putz vollständig entfernt und ein geeigneter Untergrund aufgetragen werden. ▶ Es kann je nach Beschaffenheit eine Vorbehandlung des Putzuntergrunds, (z.B. Spritzbewurf), erforderlich sein. ▶ Auch das Einlegen einer Putzbewehrung kann hilfreich sein.
Querschubrisse und **thermische Risse** einheitliche, geradlinige horizontale Risse entlang der Lagerfugen	Putz	▶ nicht abgestimmte Systeme zwischen Mauerwerk, Mauermörtel und Putzmörtel ▶ Druckbelastungen (Querschubspannung) ▶ wärmedämmendes Mauerwerk kann thermische Spannungen verursachen	
Kerbrisse von der Ecke bei Fassadenöffnungen ausgehende, diagonal verlaufende Risse		unterschiedliche Belastungsverhältnisse. (z.B. bei Maueröffnungen wie Fensterbereichen)	

Tab. 1: Tabellarische Übersicht von Schäden an Fassaden *(Fortsetzung)*

Schadensart/Schadensbilder	Vorkommen	Ursachen	Maßnahmen und Sanierung
Putz und WDVS			
Fugenrisse gerichtetes Rissbild, wobei sich Fugen des Mauerwerks abzeichnen 	Putz	Putzuntergrund (Mauerwerk)	
Risse durch Materialwechsel gerichtete Risse an Nahtstellen unterschiedlicher Wandkonstruktionen	Mischmauerwerk	unterschiedliche Baustoffeigenschaften (Saugfähigkeit, Festigkeit und Oberfläche)	Materialwechsel im Untergrund müssen entsprechend behandelt werden.
Risse zwischen Dämmplatten vertikale und horizontale Risse, seltener auch durch diagonal verlaufende Risse verbunden	verputztes WDVS	▶ unzureichendes Verkleben auf dem Untergrund, meist nur mit einzelnen Kleberbatzen ▶ Verwölben oder Aufschüsseln von Dämmplatten ▶ falscher Einbau des Armierungsgewebes (Schubspannungen)	*Sanierung* ▶ Ausfüllen von Fugen zwischen den Dämmplatten mit starrem Mörtel ▶ ggf. können Hohlräume unter den Dämmplatten mittels Schauminjektion verfüllt werden ▶ vollständiger Rückbau
Risse durch Dübelköpfe regelmäßig verteilte, rund verlaufende Risse, meist mit Durchmesser von ca. 6 cm		▶ Tellerdübel der Verankerung sind nicht ausreichend eingebettet und liegen oberhalb der Armierungsschicht. ▶ zu dünne Armierungsschicht	*Sanierung* ▶ ggf. muss das WDVS ganz ausgetauscht werden ▶ mind. ist eine zusätzliche Verdübelung und vollflächiger Überzug mit neuem Armierungssystem nötig
Flächige Ablösungen der Armierungsschicht Ausgehend von unregelmäßig verlaufenden Rissen löst sich die Armierungsschicht ab.		▶ zu dünne Armierungsschicht ▶ kein ausreichender Widerstand gegen Winddruck und sog ▶ unzureichende Befestigung mit Kleber ▶ Bewegungen innerhalb des Systems durch punktuelles Auftragen von Kleberbatzen ▶ nicht ausreichende Anzahl von Dübeln ▶ keine ausreichende Steifigkeit des Systems ▶ zu starke Überlappung an den Stößen des Gewebes ▶ zu viele einzelne Gewebelagen	▶ vollflächiges Verkleben Kleben in der Punkt-Wulst-Methode *Sanierung* ▶ Austauschen der Armierungsschicht und des Oberputzes

Tab. 1: Tabellarische Übersicht von Schäden an Fassaden *(Fortsetzung)*

Schadensart/Schadensbilder	Vorkommen	Ursachen	Maßnahmen und Sanierung
Putz und WDVS			
Flächige Ablösungen und Blasenbildung unterhalb von Fenstern ausgehend von den Fensterecken, oft im Zusammenhang mit Rissen, Blasen und Beulenbildung	verputztes WDVS	mangelhafte Ausbildung der Randanschlüsse zwischen WDVS und Fensterbänken bzw. Fensterrahmen	▶ Vorbeugend muss im Bereich der Fensterumrandung größte Sorgfalt in der Verarbeitung aufgewendet werden. ▶ Die durch Hersteller ausgearbeiteten Detaillösungen müssen handwerklich richtig umgesetzt werden.
Hohlstellen Hohlstellen an Putzfassaden, begleitet von Putzabplatzungen  	Putz und Putzgrund	▶ äußere Einflüsse ▶ fehlende Haftfestigkeit von Putzlagen und Putzschichten (z.B. aufgrund von Sinterschichten) ▶ fehlende Haftfestigkeit zum Untergrund durch fehlende Grundierung oder falsche Anpassung von Putz und Untergrund ▶ Unverträglichkeiten der verwendeten Baustoffe (z.B. aufgrund unterschiedlicher Bindemittelarten)	*Sanierung* ▶ Abschlagen und Erneuern fehlerhafter Putzstellen oder der gesamten Putzfläche ▶ Dabei sind die Anforderungen des Gebäudeenergiegesetzes (GEG) zu beachten.
Sanden e Absanden durch den gesamten Querschnitt der Putzschicht bzw. Putzlage 	Putz und Putzgrund	▶ saugender Untergrund ▶ Witterungseinflüsse (starker Wind, Sonneneinstrahlung) ▶ fehlende Festigkeit des Putzes	*Sanierung* Entfernen aller losen Putzteile durch Reinigen mit Luft oder einem Stahlbesen. Anschließend kann der Putz erneuert werden.
Schäden am Mauerwerk	▶ verputztes Mauerwerk ▶ Naturstein ▶ Backstein	▶ Witterung ▶ Umweltverschmutzung ▶ Bewuchs ▶ nicht sachgemäße Verarbeitung ▶ drückendes Wasser ▶ Kondensat	Abstimmung (Verträglichkeit) von Mauerwerk und Fugenmörtel

Tab. 1: Tabellarische Übersicht von Schäden an Fassaden *(Fortsetzung)*

Schadensart/Schadensbilder	Vorkommen	Ursachen	Maßnahmen und Sanierung
Putz und WDVS			
Fugenschäden	Fugen	▶ Die Fuge ist der empfindlichste Teil des Sichtmauerwerks. ▶ witterungsbedingte Durchfeuchtung ▶ mangelnde Festigkeit des Mörtels	*Sanierung* Entfernen und Ersetzen schadhafter Verfugungen unter Verwendung besonderer historischer bzw. auf den Stein abgestimmter Mörtel bei entsprechender Auflage des Denkmalschutzes
Ausblühungen	▶ verputztes Mauerwerk ▶ Naturstein ▶ Backstein	▶ witterungsbedingte Durchfeuchtung ▶ Absaugen der Feuchtigkeit aus Mörtel und Beton ▶ hohe Salzbelastung	▶ Verhinderung von Ausblühungen durch Hydrophobierung (Sanierputzsysteme) *Sanierung* ▶ Ausmauerung auf Versalzung prüfen und ggf. erneuern ▶ Beseitigung versalzter Rückstände ▶ trocken abbürsten und ggf. Putz erneuern ▶ vorsichtiges Sandstrahlen, ▶ Verhinderung von Ausblühungen durch Hydrophobierung (Sanierputzsysteme)
wasserlösliche Ausblühung (z.B. Kalium- und Natriumsulfat)		▶ Durchfeuchtung ▶ hohe Salzbelastung	*Sanierung* ▶ Beseitigung der Durchfeuchtungsursachen ▶ Trocknung des Mauerwerks ▶ trocken abbürsten
schwer- und unlösliche Kalkauslaugung und Kalkaussinterung (z.B. Calciumcarbonat)		▶ Durchfeuchtung ▶ hohe Salzbelastung	▶ keine Beeinträchtigung des Putzgrunds *Sanierung* ▶ Entfernung durch Absäuern bei Sichtmauerwerk
farbige, wasserunlösliche Vanadinausblühung		▶ Durchfeuchtung ▶ hohe Salzbelastung	*Sanierung* Beseitigung bei Sichtmauerwerk mit Spezialmitteln
Spechtschäden (Löcher)	alle Fassaden (insbesondere WDVS)	Insektenansammlung	*Sanierung* ▶ sofortiges Verschließen der Löcher ▶ tierschutzgerechte Vertreibung der Vögel mit Lärm und Reflexionen

Tab. 1: Tabellarische Übersicht von Schäden an Fassaden *(Fortsetzung)*

Schadensart/Schadensbilder	Vorkommen	Ursachen	Maßnahmen und Sanierung
Putz und WDVS			
Absandung	▶ Naturstein ▶ Backstein	▶ mangelnde Festigkeit ▶ Witterung ▶ Umwelteinflüsse	*Sanierung* Entfernen und Ersetzen der geschädigten Bereiche
Aufblähungen			
Krustenbildung Backstein Naturstein		▶ Witterung ▶ Umwelteinflüsse	*Sanierung* substanzschonende Reinigung mit trockenem oder nassem Sandstrahlverfahren
Absprengung		▶ Durchfeuchtung ▶ Frost ▶ Umwelteinflüsse	▶ Dehnungsfugen konstruktive Bewehrungen *Sanierung* ▶ Ausbesserung von Hohlräumen mit Verfüllmörtel ▶ Entfernung loser Teile ▶ Ersetzen beschädigter Steine ▶ möglichst schonende Reinigung der Fassade ▶ Entfernen und Ersetzen schadhafter Verfugungen ▶ als abschließende Konservierungsmaßnahme kann die Fassade zur Reduzierung der Wasseraufnahme hydrophobiert werden
Mauerwerksrisse	▶ verputztes Mauerwerk ▶ Naturstein ▶ Backstein	▶ Umwelteinflüsse ▶ Witterung ▶ Formveränderungen des Mauerwerks (Schwinden, Quellen, Temperaturverformung, Kriechen) ▶ Bewegung durch unsachgemäße Verbindung von Bauteilen (Zug-, Scher- und Schubspannungen)	

Tab. 1: Tabellarische Übersicht von Schäden an Fassaden *(Fortsetzung)*

Schadensart/Schadensbilder	Vorkommen	Ursachen	Maßnahmen und Sanierung
Putz und WDVS			
Betonschäden ▶ Betonkorrosion ▶ Stahlkorrosion ▶ Absprengung des Betons	▶ Beton ▶ Bewehrung	▶ Umwelteinflüsse ▶ Herstellungsmängel ▶ Frost ▶ Taumittel ▶ chemischer Angriff ▶ Verschleißbeanspruchung ▶ Absenkung des pH-Werts durch Carbonatisierung infolge CO_2-Aufnahme auf Werte unter 10 ▶ Anstieg des Chloridgehalts bei gleichzeitiger Feuchtigkeit als Elektrolyt und Sauerstoff (fast immer vorhanden) (Stahlkorrosion, Absprengung)	*Sanierung* siehe Tab. 2: Instandsetzungsprinzipien bei Schäden am Beton
Glasfassaden			
Klimalastbrüche 	▶ Glas ▶ MIG	Fehler in Statik	▶ Glasaustausch ▶ Verwendung von thermisch vorgespannten Gläsern ▶ Entsprechende Planung (Statik)
Klotzungsfehler 	▶ Pfosten-Riegel-fassaden ▶ Elementfassaden	Montagefehler	▶ Rücken der Klötze an richtige Position ▶ ggf. Austausch der Klötze ▶ ggf. Glasaustausch bei Schädigung MIG
Spontanversagen infolge Nickelsulfid 	▶ Glas ▶ MIG	Nickelsulfideinschlüsse	▶ Glasaustausch ▶ Verwendung von ESG-HF

Tab. 1: Tabellarische Übersicht von Schäden an Fassaden *(Fortsetzung)*

Schadensart/Schadensbilder	Vorkommen	Ursachen	Maßnahmen und Sanierung
Glasfassaden			
Thermische Brüche 	▶ Glas ▶ MIG	Lokale Temperaturdifferenz von mehr als ca. 40 K bei Verwendung von Floatglas	▶ Glasaustausch ▶ Verwendung von thermisch vorgespannten Gläsern
Mangelhafte untere Entwässerungsebene 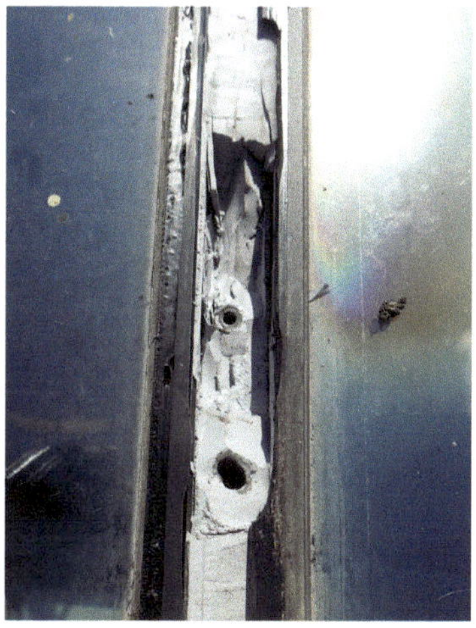	Pfosten-Riegelfassaden	Mangelhafte Dichtungs- und Entwässerungsebenen	▶ ggf. Glasaustausch ▶ Sanierung der Dicht- und Entwässerungsebenen
Unverträglichkeiten 	▶ MIG ▶ Geklebte Konstruktionen ▶ Ganzglasecken ▶ Fugen, Versiegelungen	Unverträglichkeiten	▶ Glasaustausch ▶ Verwendung von untereinander verträglichen Kleb- und Dichtstoffen ▶ Verwendung von mit der Zwischenlage im Glas (z.B. PVB) verträglichen Kleb- und Dichtstoffen
Hinterlüftete Fassaden			
unzulässige Ausnehmung eines Fassadenprofils 	Unterkonstruktion	Montagefehler	Ertüchtigung der Profile

Tab. 1: Tabellarische Übersicht von Schäden an Fassaden *(Fortsetzung)*

Schadensart/Schadensbilder	Vorkommen	Ursachen	Maßnahmen und Sanierung
Hinterlüftete Fassaden			
mangelhafte Befestigung von Konsolen	Befestigung der Konsolen	Montagefehler	Ertüchtigung des Anschlusses
Fixpunkt – Lospunkt	Konsolen	▶ Montagefehler ▶ Planungsfehler	▶ Ertüchtigung des Anschlusses ▶ Entsprechende Planung (Statik) ▶ ggf. Austausch der Konsolen mit längeren Langlöchern
Wärmebrücken			
Wärmebrücken, Schimmelbildung und Risse	alle Fassaden	▶ Schwachstellen im Bereich der Gebäudehülle, an denen während der Heizperiode ein Wärmestrom von innen nach außen auftritt ▶ Bauteilfugen ▶ aneinandergrenzende Bauteile unterschiedlicher Dämmeigenschaften	▶ lückenlose Dämmschicht ▶ einfache Gebäudeform ▶ Vermeidung von Bauteildurchdringungen
geometrische Wärmebrücken	▶ Erker ▶ Gauben	Geometrische Wärmebrücken treten überall dort auf, wo eine kleine wärmeaufnehmende Fläche der Gebäudeinnenseite auf eine größere wärmeabgebende Gebäudeaußenseite trifft (z.B. an Außenkanten, Erkern oder Gauben)	

Tab. 1: Tabellarische Übersicht von Schäden an Fassaden *(Fortsetzung)*

Schadensart/Schadensbilder	Vorkommen	Ursachen	Maßnahmen und Sanierung
Wärmebrücken			
konstruktive Wärmebrücken	▶ Balkone ▶ Loggien ▶ Treppenpodeste, bei denen die Kellerdecke ohne thermische Trennung von innen nach außen geführt wird ▶ Heizkörpernischen ▶ ungedämmte Rollladenkästen ▶ Attikakonstruktionen bei Flachdächern ▶ Regenfallrohre in Außenwänden	▶ Durchdringungen von Bauteilen von innen nach außen ▶ Unterbrechungen der Dämmebene ▶ Reduzierung von Regelquerschnitten einer Wand (z.B. bei Heizkörpernischen) ▶ statische Durchdringung der Wärmedämmung ▶ Kälteeinleitung durch Stützen ▶ ungenügend gedämmter Stockanschluss beim Fenstereinbau ▶ Dämmung der Fensterlaibungen ▶ Sockelanschluss (unbeheizter Keller) ▶ ungenügende Wärmedämmung im Übergang von Sockel und Kellerdecke	

Tab. 2: Instandsetzungsprinzipien bei Schäden am Beton

Prinzip Nr. nach DIN EN 1504-9	Prinzip und seine Definition	Anzuwendende Verfahren für dieses Prinzip	Prinzip nach DAfStb-Richtlinie
Prinzip 1 [IP]	Schutz gegen das Eindringen von Stoffen Verhinderung des Eindringens von korrosionsfördernden Stoffen (z.B. Wasser, sonstige Flüssigkeiten, Dampf, Gas, Chemikalien) und biologischen Lebensformen	1.1 Imprägnierung (versiegelnd oder hydrophobierend) 1.2 Oberflächenbeschichtung mit und ohne rissüberbrückenden Eigenschaften 1.3 örtlich abgedeckte Risse[1)] 1.4 Rissversiegelung 1.5 Umwandlung von Rissen in Dehnungsfugen 1.6 Montage von Vorsatzplatten[1), 2)] 1.7 Aufbringen von Membranen[1)]	–
Prinzip 2 [MC]	Regulierung des Wasserhaushalts des Betons Einstellen und Aufrechterhalten der Betonfeuchte innerhalb eines festgelegten Wertebereichs	2.1 Hydrophobierende Imprägnierung 2.2 Oberflächenbeschichtung 2.3 Schutzdächer oder Verkleidung[1), 2)] 2.4 elektrochemische Behandlung[1), 2)]	–
Prinzip 3 [CR]	Betonersatz Wiederherstellung eines Betontragwerks hinsichtlich seiner vorgesehenen geometrischen Form und Funktion; Wiederherstellen der Eigenschaften des Betontragwerks durch teilweisen Betonersatz	3.1 Mörtelauftrag von Hand 3.2 Querschnittsergänzung durch Betonieren 3.3 Beton- oder Mörtelauftrag durch Spritzverarbeitung 3.4 Auswechseln von Bauteilen	–

Tab. 2: Instandsetzungsprinzipien bei Schäden am Beton *(Fortsetzung)*

Prinzip Nr. nach DIN EN 1504-9	Prinzip und seine Definition	Anzuwendende Verfahren für dieses Prinzip	Prinzip nach DAfStb-Richtlinie
Prinzip 4 [SS]	Verstärkung Erhöhung oder Wiederherstellung der Tragfähigkeit eines Bauteils des Betontragwerks	4.1 Zufügen oder Auswechseln von Bewehrungsstahl 4.2 Einbau von Verbindungs- und Bewehrungsstäben in den Beton in Nuten oder gebohrte Löcher 4.3 Verstärkung durch Laschen 4.4 Querschnittsergänzung mit Mörtel oder Beton 4.5 Injizieren in Risse, Hohlräume oder Fehlstellen 4.6 Verfüllen von Rissen, Hohlräumen oder Fehlstellen 4.7 Vorspannen mit externen Spanngliedern[1)]	–
Prinzip 5 [PR]	physikalische Widerstandsfähigkeit Erhöhen des Widerstands gegen physikalischen oder mechanischen Angriff	5.1 Überzüge oder Beschichtungen 5.2 Imprägnierung (versiegelnd oder hydrophobierend)	–
Prinzip 6 [RC]	Widerstandsfähigkeit gegen Chemikalien Erhöhung der Beständigkeit der Betonoberfläche gegen Zerstörungen durch chemische Substanzen	6.1 Überzüge oder Beschichtungen 6.2 Imprägnierung (versiegelnd oder hydrophobierend)	–
Prinzip 7 [RP]	Erhalt oder Wiederherstellung der Passivität Schaffen von chemischen Bedingungen, bei denen die Oberfläche der Bewehrung ihren passiven Zustand beibehält oder wieder in einen passiven Zustand versetzt wird	7.1 Erhöhung der Bewehrungsüberdeckung mit zusätzlichem zementgebundenem Mörtel oder Beton 7.2 Ersatz von schadstoffhaltigem oder carbonatisiertem Beton 7.3 elektrochemische Realkalisierung des carbonatisierten Betons[1)] 7.4 Realkalisierung von carbonatisiertem Beton durch Diffusion 7.5 elektrochemische Chlorid-Extraktion[1)]	Prinzip R Korrosionsschutz durch Wiederherstellung des alkalischen Milieus
Prinzip 8 [IR]	Erhöhung des elektrischen Widerstands Erhöhung der elektrischen Widerstandsfähigkeit des Betons durch Absenken des Feuchtegehalts	8.1 Begrenzung des Feuchtegehalts durch Imprägnierungen 8.2 Begrenzung des Feuchtegehalts durch Beschichtungen oder durch Schutzdächer[1)]	Prinzip W Korrosionsschutz durch Begrenzung des Wassergehalts im Beton
Prinzip 9 [CC]	Kontrolle kathodischer Bereiche Schaffung von Bedingungen, unter denen potenziell kathodische Bereiche der Bewehrung keine anodische Reaktion herbeiführen können	9.1 Begrenzung des Sauerstoffgehalts (an der Kathode) durch versiegelnde Imprägnierung oder Oberflächenbeschichtung[2)]	–
Prinzip 10 [CP]	kathodischer Schutz	10.1 Anlegen eines elektrischen Potenzials	Prinzip K kathodischer Korrosionsschutz

Tab. 2: Instandsetzungsprinzipien bei Schäden am Beton *(Fortsetzung)*

Prinzip Nr. nach DIN EN 1504-9	Prinzip und seine Definition	Anzuwendende Verfahren für dieses Prinzip	Prinzip nach DAfStb-Richtlinie
Prinzip 11 [CA]	Kontrolle anodischer Bereiche Schaffung von Bedingungen, unter denen potenziell anodische Bereiche der Bewehrung daran gehindert werden, an der Korrosionsreaktion teilzunehmen	11.1 Anstrich der Bewehrung durch aktiv pigmentierte Beschichtungen	–
		11.2 Anstrich der Bewehrung mit Beschichtungen nach dem Barriere-Prinzip	Prinzip C Korrosionsschutz durch Beschichtung der Bewehrung
		11.3 Aufbringen von Inhibitoren auf dem Beton und Transport auf die Stahloberfläche durch Imprägnierung oder Diffusion[1), 2)]	–

1) Bei diesem Verfahren dürfen Produkte und Systeme verwendet werden, die in der Normreihe EN 1504 nicht erfasst werden.
2) Die Einbeziehung von Verfahren in diese Vornorm bedeutet nicht deren bauaufsichtliche Zulassung.

Kapitel 5
Projekte

5/1
Forum der Zukunft, das FUTURIUM in Berlin (2017)

(Foto: Richter Musikowski)

Steckbrief	
Bauherr	Bundesanstalt für Immobilienaufgaben, BImA
Entwurf und Projektleitung	RICHTER MUSIKOWSKI Architekten PartGmbB
Tragwerksplanung	Schüßler-Plan Ingenieursgesellschaft mbH, Berlin
Grundstücksfläche	k.A.
Hauptnutzfläche	8.154 m²
Bruttogrundfläche	14.007 m²
Gesamtbaukosten (brutto)	58 Mio. € (KG 100–700)
Bauzeit	06/2015 bis 09/2017

Projektbeschreibung

Das FUTURIUM ist mit einer Gesamtnutzfläche von ca. 8.150 m² Ausstellungsraum, Bühne, Museum, Labor und Forum der Zukunft zugleich.

Gelegen im Herzen Berlins, zwischen Bundesministerium für Bildung und Forschung, Spreebogen und Humboldthafen, Hauptbahnhof und Gelände der Charité, bereichert es als eigenständige skulpturale Form die Architektur des Regierungsviertels.

Bild 1: Lageplan des FUTURIUMs

Die Hauptzuwegungen befinden sich am Alexandra-Ufer und am Kapelle-Ufer. Durch Zurücksetzen der Bauflucht entstehen hier zwei neue Plätze, die in das Forum einladen. Durch die außergewöhnliche Gestalt mit einer schmetterlingsförmigen Auffaltung des Baukörpers zu den städtebaulichen Hochpunkten bestimmt das FUTURIUM als skulpturaler Bau den Stadtraum.

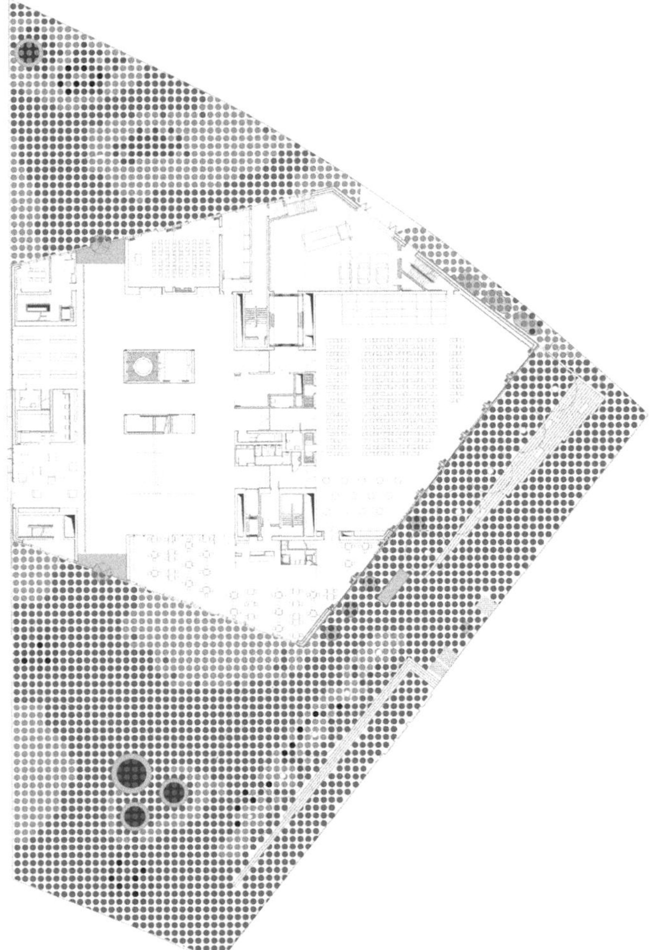

Bild 2: Grundriss Erdgeschoss

Die Haupteingänge, die von bis zu 18 m großen Auskragungen des oberen Geschosses wie Vordächer überspannt werden, befinden sich an den Vorplätzen. Die innere Skulptur gliedert sich in drei große Sphären. Im Souterrain ist das FUTURIUM Lab mit ca. 600 m² Fläche untergebracht. Im Erdgeschoss befinden sich Foyer und Veranstaltungsbereiche mit einer Fläche von etwa 1.000 m². Dieser Bereich ist ein offener, lichtdurchfluteter Raum der Kommunikation und steht damit im Gegensatz zu dem unterirdisch gelagerten FUTURIUM Lab, das eher mit dunklen Farben und Materialien wie z.B. Beton und schwarzem Asphalt gestaltet ist. Im Obergeschoss ist die Dauerausstellung etabliert. Sie hat eine Fläche von etwa 3.200 m². Der Skywalk ist daran anschließend ein öffentlicher Rundgang über das Dach mit seinen großen Fotovoltaikflächen.

Das FUTURIUM stellt einen Ort für Präsentation dar. Geichzeitig werden Räume zur Förderung des Dialogs zwischen Forschung und Entwicklung zur Verfügung gestellt. Mit vielfältigen Ausstellungen und Veranstaltungen sollen zukunftsorientierte Entwicklungen von nationaler als auch internationaler Bedeutung hier sichtbar gemacht werden.

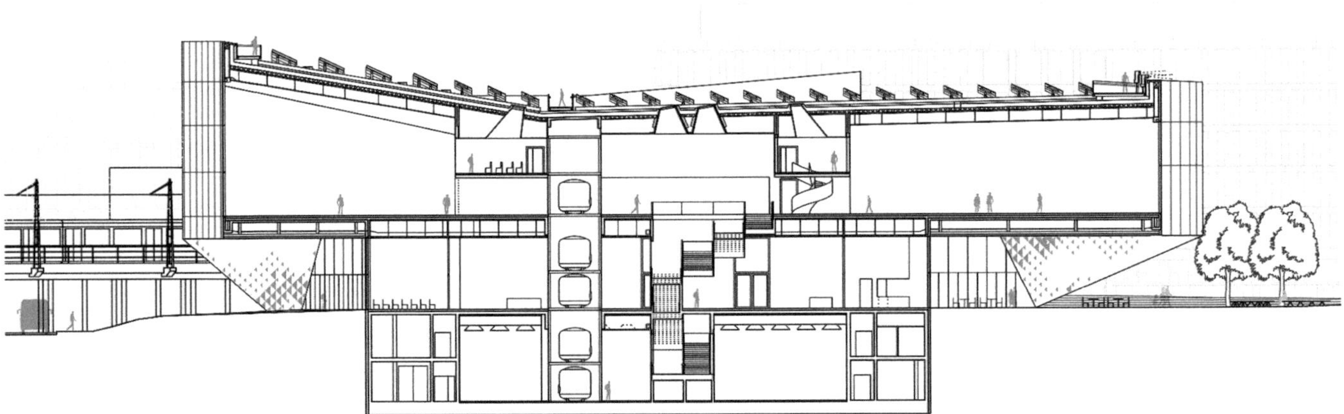

Bild 3: Längsschnitt

Bild 4: Ostansicht

Konstruktion

Bemerkenswert ist die Fassade des FUTURIUMs, die unverwechselbar und einzigartig ist.

Für den Entwurf der hinterlüfteten Fassade gab es zwei Leitbilder. Einerseits wirkt die Gebäudeskulptur durch seine Hülle wie eine Wolke, deren Lichtspiel sich stetig verändert, gleichzeitig gibt die Hülle dem Gebäude ähnlich einer Raumfähre ein robustes Außenkleid aus Keramikkacheln, vergleichbar mit einem Hitzeschild.

Die hinterlüftete Vorhangfassade besteht aus etwa 8.000 rautenförmigen Kassettenelementen, die jeweils 70 × 70 cm groß sind. Diese Gussglas-Metallkassetten überziehen netzartig den Baukörper. Die Kassetten sind mehrschichtig aufgebaut. Die vordere Glasebene ist zusätzlich mit einem weißen Punktraster in unterschiedlicher Dichte keramisch bedruckt. Die gekanteten Edelstahlbleche verleihen der Fassade in Verbindung mit dem lichtstreuenden Gussglas optische Tiefe. Je nach Sonneneinstrahlung und Position des Betrachters wandelt sich das Fassadenkleid stetig.

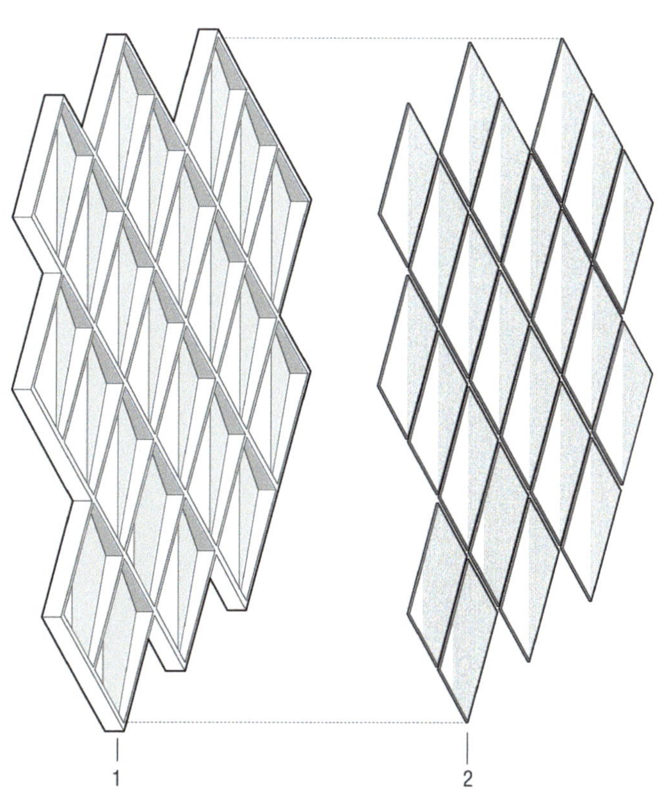

Bild 5 : Isometrie der Fassade

Mit Edelstahl und Gussglas wurden zwei sehr langlebige Materialien mit industriellem Charakter miteinander kombiniert. Die Wahl des Gussglases wurde in einem aufwendigen Entscheidungsprozess getroffen. Es erwies sich als einziges Glas, das die Vorstellungen der Architekten nach Transluzenz, Lichtstreuung und Diffusion erfüllen konnte. Die Kassetten konnten in verschiedenen Varianten in der Werkstatt des Metallbauers vorgefertigt werden und wurden dann als einzelne Module auf eine durchlaufende Stahlunterkonstruktion montiert. Durch die Variation von fünf verschiedenen Kassettentypen (siehe Bild 7) entsteht auf den großen Fassadenflächen ein changierendes und lebendiges Spiel aus Lichtmodulation und Reflexion. Dadurch bleibt das Fassadenbild zeitlos, abwechslungsreich und spannend.

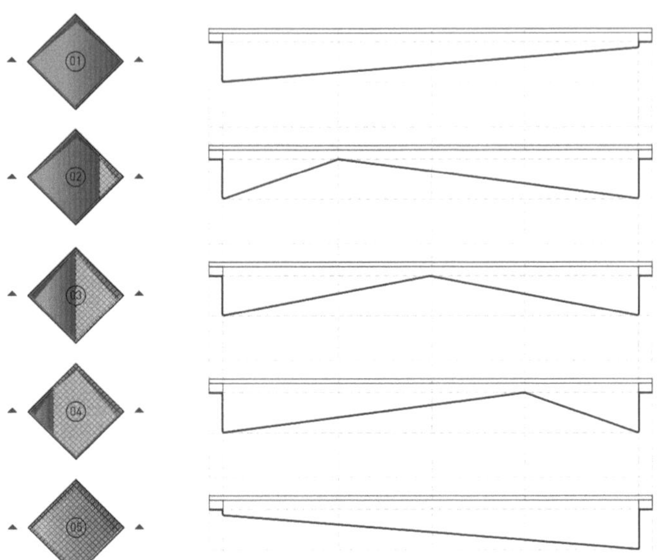

Bild 7: Ausführungsvarianten der Kassetten

Bild 6: Musterstück der Gussglasfassade (Foto: Richter Musikowski)

Bild 8: Fassadenausschnitt mit Ausführungsvarianten

Zwischen der Wärmedämmung und der Kachelrückseite entsteht eine Hinterlüftungsebene, die Hinterlüftung erfolgt durch vlieskaschierte Öffnungen im Fugenstoß zwischen den einzelnen Kassetten.

Hier konnte zum ersten Mal in Deutschland eine strukturell verklebte Glasvorhangfassade ohne zusätzliche Sicherung in dieser Größenordnung realisiert werden. Der Übergang zwischen den durchlässig verglasten Fassadenteilen des Veranstaltungsbereichs und den restlichen opaken Bereichen erfolgt bündig in einer Ebene. Im hier entstehenden Fugenstoß zwischen Warm- und Kaltfassade liegen auch die Öffnungen für die Hinterlüftung.

Bild 10: Blick auf den Vorplatz und Screenfassade (Foto: Schnepp Renou)

Bild 9: Fassadenausschnitt mit Beleuchtung (Foto: Richter Musikowski)

Die Panoramafassaden auf der Nord- und Südseite, die wie große Schaufenster wirken, sind außerdem sog. Screenfassaden des Ausstellungsbereichs im Obergeschoss mit Abmessungen von ca. 28 × 8 m nach Süden und 28 × 12 m nach Norden. In diesen Fassaden vereinigen sich gleichzeitig Aufgaben des Schall-, Wärme- und Sonnenschutzes sowie der Verdunklung. Gleichzeitig galt es, bei minimaler Tragstruktur die Absturzsicherheit zu gewährleisten.

Bauphysikalische Situation

Das ohnehin optimierte und besonders energie- und klimafreundliche Energiekonzept des FUTURIUMs legt seinen Fokus nahezu vollkommen auf die regenerative Energie der Sonne. Dadurch soll ein hoher Anteil des Eigenenergiebedarfs unter individueller Abstimmung aktiver und passiver Maßnahmen abgedeckt werden.

Grundvoraussetzung dafür ist eine hochgedämmte Gebäudeaußenhülle. Die massiven Wände sind hochgedämmt, transparente Wandbereiche mit Structural-Glazing-Fassade haben eine Dreischeibenisolierverglasung erhalten.

Tab. 1: Kenndaten

Gebäudekennwerte		
Baujahr		2017
Berechnungsgrößen		
Jahres-Primärenergiebedarf, vorhanden	Q''_P	▸ 8 kWh/(m²a) nach Effizienzhaus Plus (Plusenergiehaus) ▸ 16,8 kWh/(m²a) nach EnEV (Niedrigstenergiegebäude)
Jahres-Endenergiebedarf	Q_h	51 kWh/(m²a)
weitere Energiedaten		
Freie Kühlung über Kondensator/Rückkühler		120 kW
Absorptionskältemaschine	Q	200 kW
Kältemaschine	K	110 kW
Blockheizkraftwerk (BHKW)	Q P	186 kW 123 kW

Tab. 2: Bauphysikalische Kennwerte Einzelbauteile

Bauteilbezeichnung	Bauphysikalische Kennwerte nach DIN EN ISO 6946 U [W/(m²K)]	Skizze	
Außenwand mit hinterlüfteter Fassade	0,11	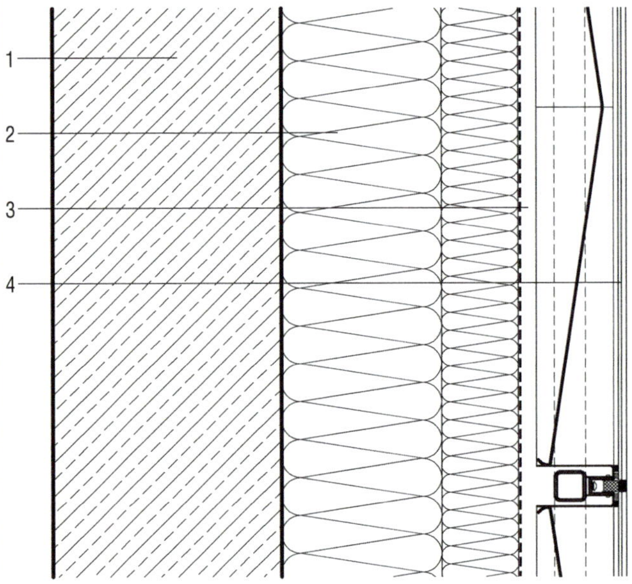 1 2 3 4	1 Stahlbetonwand, d = 300 mm 2 mineralische Wärmedämmung, 2-lagig, WLG 035, d = 300 mm 3 Hinterlüftungsebene, d = 20 mm 4 Vorhangfassade

Gebäudetechnik

Das Energiekonzept des FUTURIUMs ist auf die enge Verknüpfung zwischen Energiegewinnung, Energiespeicherung, Regenwassernutzung und einer hocheffizienten und kompakten Gebäudehülle abgestimmt.

Als Grundlasterzeuger fungiert ein Blockheizkraftwerk. Ergänzt wird es durch eine große Solarthermieanlage mit Vakuumröhren auf dem Dach. Deren Temperaturniveau ist ebenfalls ausreichend zur Kälteerzeugung über Absorptionskälte.

Tab. 3: Übersicht über die haustechnischen Anlagen

Heizsystem	Kombination: ▸ Grundlasterzeuger als BHKW (Erdgas mit 90,7 % Nutzungsgrad und 212 kW Wärmeleistung) ▸ 180 m² Solarthermieanlage mit Vakuumröhren ▸ Wärmespeicherung über 5 Latentwärmespeicher mit je 10.000 l, Befüllung mit Speicherlinsen
System der Trinkwassererwärmung	▸ Solarthermie, 180 m² Röhrenkollektoren ▸ 5 Latentwärmespeicher, je 10.000 l
System der Stromgewinnung	▸ Fotovoltaik, 643 Module, Gesamtleistung 214 kWp, Leistung 214.000 kWh/a ▸ Stromspeicher über Lithium-Ionen-Batterie, 50 kWh
System der Regenwassernutzung	vorhanden
System der Gebäudeautomation	Bussystem, KNX

Die gewonnene Energie wird im Herzen des Gebäudes in einem Massespeicher bestehend aus fünf übereinander angeordneten Paraffin-Latentwärmespeichern gespeichert. Jeder dieser fünf Speicher hat ein Fassungsvermögen von 10.000 l. In jedem Speichertank befinden sich 9.000 Stück Speicherlinsen (heatSels®). Der Speicherturm erstreckt sich über alle drei Sphären und ist für den Besucher sichtbar.

Es ist angestrebt, die Kühlung über eine „freie Kühlung" in Form eines Rückkühlwerks auf dem Dach so lange wie möglich sicherzustellen. Dies ist durch die Systemtemperaturen bis zu einer Außentemperatur von 14 °C auch möglich und deckt damit etwa 30 % des Gesamtkühlbedarfs. Der Latentspeicher mit einer Tropftemperatur von 10 °C überbrückt dabei wärmere Tagestemperaturen in der Übergangszeit, solange eine Nachtabkühlung gegeben ist.

Fazit

Mit dem FUTURIUM wurde ein futuristisches Baukonzept umgesetzt, das in allen Bereichen als wegweisend gelten kann. Die klare skulpturale Form, umhüllt von einer unverwechselbaren Fassade aus Gussglas, lässt das Haus der Zukünfte zu einem außergewöhnlichen Ort werden. Durch seine Gestalt und das Spiel mit dem Licht steht es außerdem für eine neue Offenheit und Aufgeschlossenheit. Die städtebauliche Positionierung der Gebäudeskulptur schafft im urbanen Raum zwei neue öffentliche Plätze und eine verbindende Passage zwischen Charité-Campus – Spreebogen und Europacity.

Durch das fein abgestimmte Zusammenspiel der Planungsbeteiligten, Architekten, Tragwerksplaner, Fassadenplaner und Bauphysik und die Bereitschaft der Beteiligten, konstruktiv zusammenzuarbeiten und auch voneinander zu lernen, konnte dieses ambitionierte Projekt umgesetzt werden.

Bild 11: Vorplatz mit Blick auf die Gussglasfassade (Foto: Richter Musikowski)

Preise

Gold-Zertifikat 2018 im Bewertungssystem Nachhaltiges Bauen für Bundesgebäude (BNB)

Projektbeteiligte

Planung	RICHTER MUSIKOWSKI Architekten PartGmbB Ritterstraße 2 10969 Berlin Tel.: 030 20237874 Fax: 030 23927287 E-Mail: info@richtermusikowski.com Internet: www.richtermusikowski.com
Bauherr	Bundesanstalt für Immobilienaufgaben Fasanenstraße 87 10623 Berlin
Planung und Bauleitung, Leistungsphasen 5 bis 8	Generalübernehmer: BAM Deutschland AG Stuttgart
Projektmanagement	PD – Partnerschaften Deutschland AG
Energetischer Nachweis	WSGreen Technologies GmbH, Stuttgart Müller BBM GmbH, Berlin
Planung TGA	Prinzing Elektrotechnik GmbH, Frankfurt a.M. Ingenieurgesellschaft Grabe, Hannover
Tragwerksplanung	Schüßler-Plan Ingenieursgesellschaft mbH, Berlin
Statik	IB BauArt, Berlin
Bauphysik	WSGreen Technologies GmbH, Stuttgart Müller BBM GmbH, Berlin
Planung und Bauleitung ELT	BAUR & GUT GmbH für Prinzing Schulstraße 3 88427 Bad Schussenried Tel.: 07583 9429050 E-Mail: info@baur-gut.de Internet: www.baur-gut.de
Planung und Bauleitung HLS	erfolgte durch Bam Deutschland AG
Brandschutz	HPP Berlin
Blower-Door	WSGreen Technologies GmbH, Stuttgart
Wärmeschutz	WSGreen Technologies GmbH, Stuttgart
Fassadendämmung	AL-Prompt, Rumänien
Freianlagenplanung	JUCA architektur + landschaftsarchitektur, Berlin
Fotografie	Schnepp Renou Dacian Groza Richter Musikowski

Forum der Zukunft, das FUTURIUM in Berlin (2017) – Konstruktionsdetails

Alle aufgelisteten Konstruktionsdetails finden Sie auch in Ihrer Anwendung.

Fassadenschnitt

Fassadenschnitt – Ansicht

Horizontalschnitt

Vertikalschnitt

Übergang zwischen Kalt- und Warmfassade, Vertikalschnitt

Fassadenschnitt

1:100

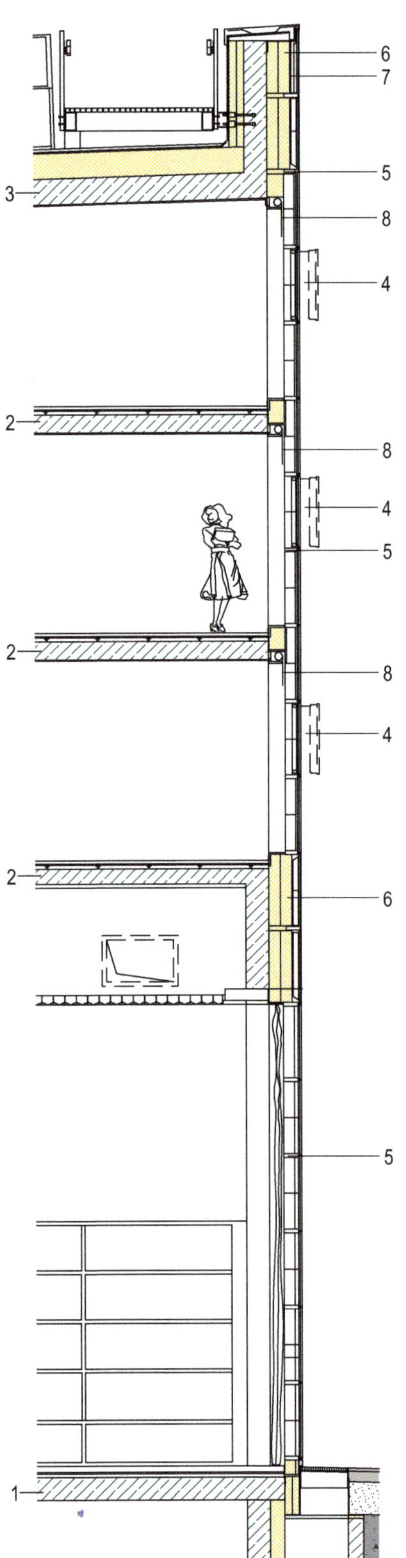

1 Stahlbetondecke über Untergeschoss, d = 300 mm
2 Geschossdecke aus Stahlbeton, d = 200 mm
3 Dachdecke aus Stahlbeton, d = 340 mm
4 Öffnungselement
5 Rechteckhohlprofil aus Aluminium, ca. 50 × 150 mm, diagonal
6 mineralische Wärmedämmung, 2-lagig, WLG 035, d = 300 mm
7 Kassetten:
- Verbundsicherheitsglas aus Gussglas TVG, SGG Listral, keramischer Siebdruck als Punktraster und Hinterdruckung im Kleberandbereich
- Reflektor aus Edelstahlblech gekantet, d = 1 mm, poliert, verschraubt mit Adapterprofil, vlieskaschierte Entlüftungsöffnungen im Kassettenrand

8 Sonnenschutz, Blendschutz

Fassadenschnitt – Ansicht 1:100

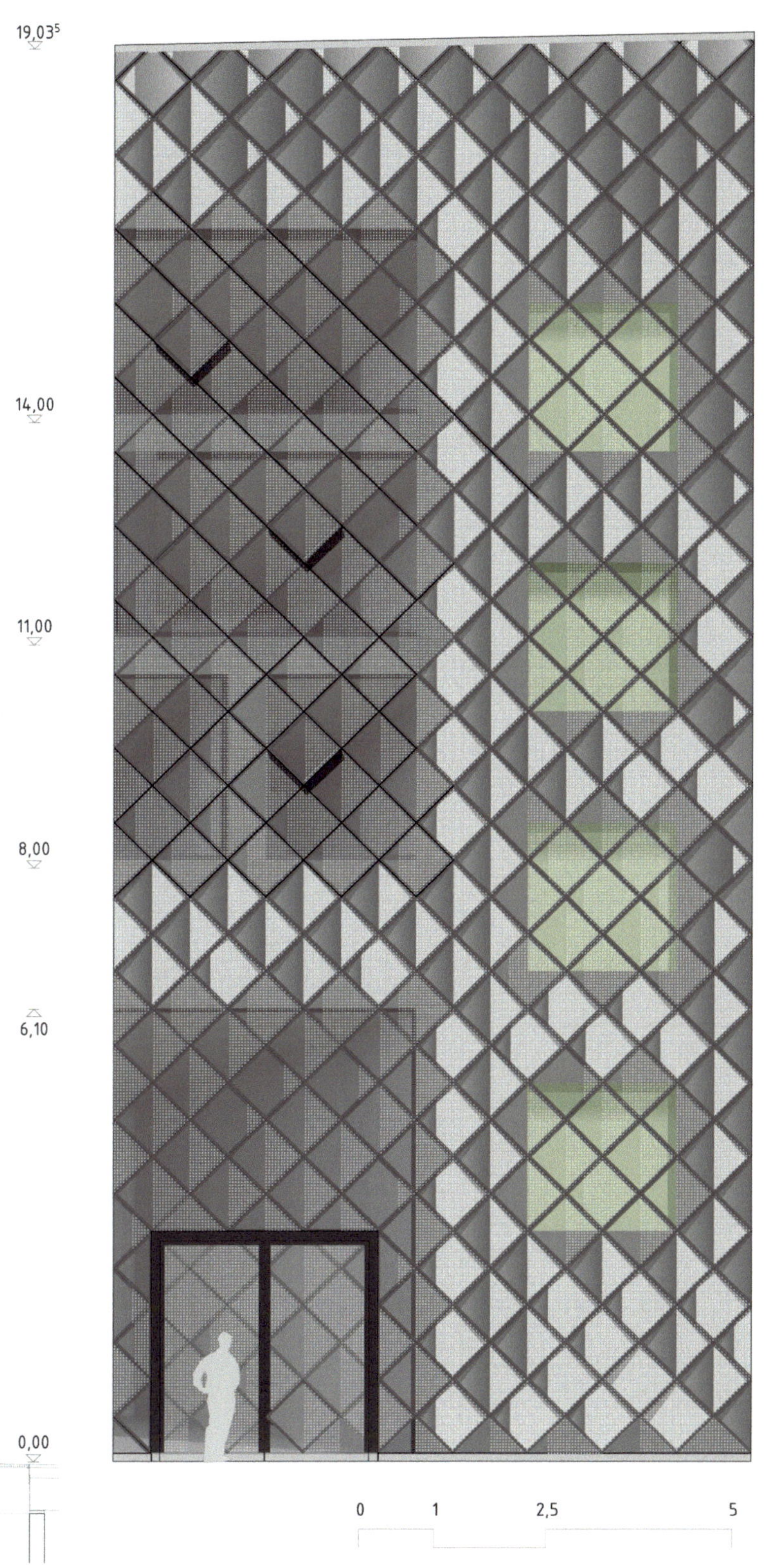

Horizontalschnitt 1:10

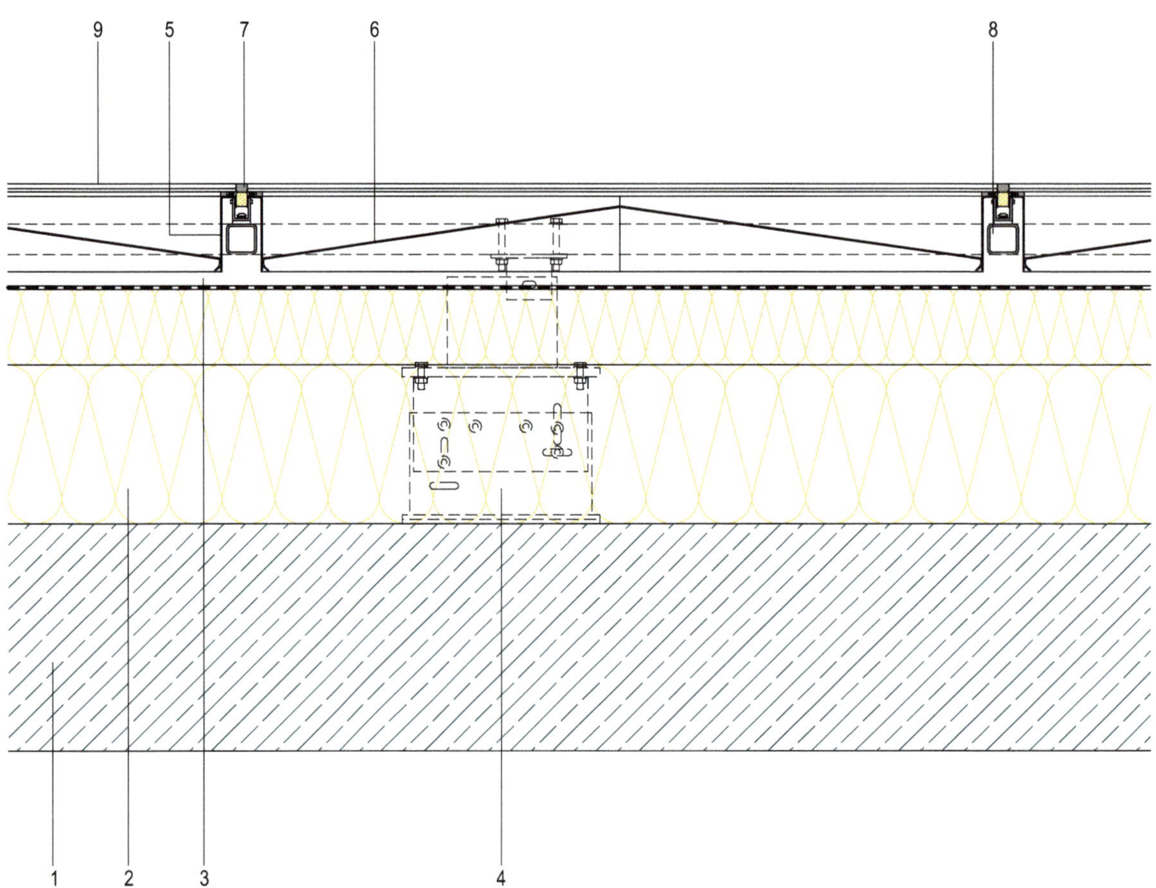

1 Stahlbetonwand, d = 300 mm
2 mineralische Wärmedämmung, 2-lagig, WLG 035, d = 300 mm
3 Hinterlüftungsebene, d = 20 mm
4 Haltepunkt, Konsole verzinkt, für diagonale Unterkonstruktion mit thermischer Trennung
5 Kassette
6 Reflektor aus Edelstahlblech, gekantet, d = 1 mm, poliert, mit Adapterprofil verschraubt
7 dauerelastische Verfugung, vlieskaschierte Entlüftungsöffnungen im Kassettenrand
8 Unterkonstruktion mit dauerelastischem Dichtprofil, Aufsatzprofil mit Schraubkanal und Rechteckhohlprofilen für die diagonale Unterkonstruktion
9 Verbundsicherheitsglas VSG aus Gussglas, TVG, SGG Listral mit keramischem Siebdruck als Punktraster und Hinterdruckung im Kleberandbereich

Vertikalschnitt 1:10

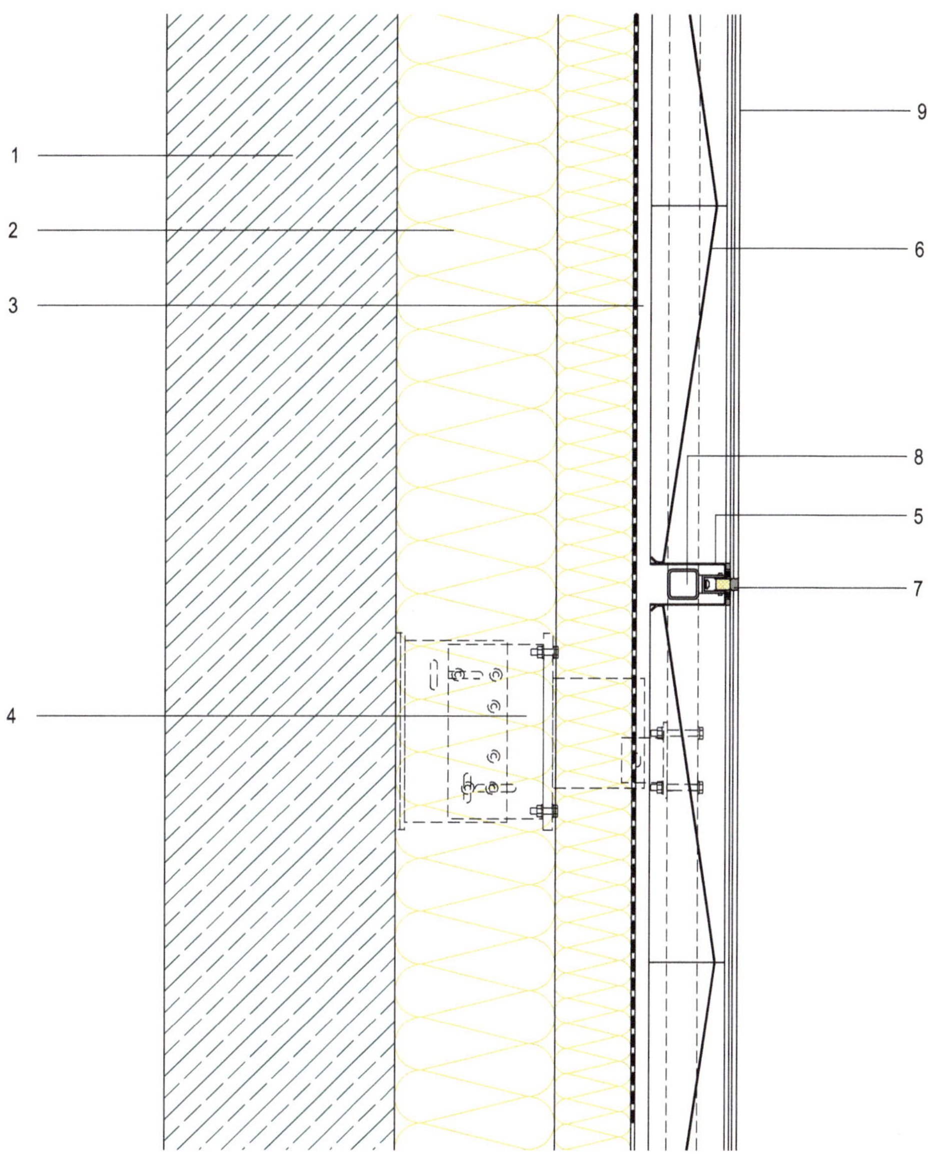

1 Stahlbetonwand, d = 300 mm
2 mineralische Wärmedämmung, 2-lagig, WLG 035, d = 300 mm
3 Hinterlüftungsebene, d = 20 mm
4 Haltepunkt, Konsole verzinkt, für diagonale Unterkonstruktion mit thermischer Trennung
5 Kassette
6 Reflektor aus Edelstahlblech, gekantet, d = 1 mm, poliert, mit Adapterprofil verschraubt
7 dauerelastische Verfugung, vlieskaschierte Entlüftungsöffnungen im Kassettenrand
8 Unterkonstruktion mit dauerelastischem Dichtprofil, Aufsatzprofil mit Schraubkanal und Rechteckhohlprofilen für die diagonale Unterkonstruktion
9 Verbundsicherheitsglas VSG aus Gussglas, TVG, SGG Listral mit keramischem Siebdruck als Punktraster und Hinterdruckung im Kleberandbereich

Übergang zwischen Kalt- und Warmfassade, Vertikalschnitt 1:10

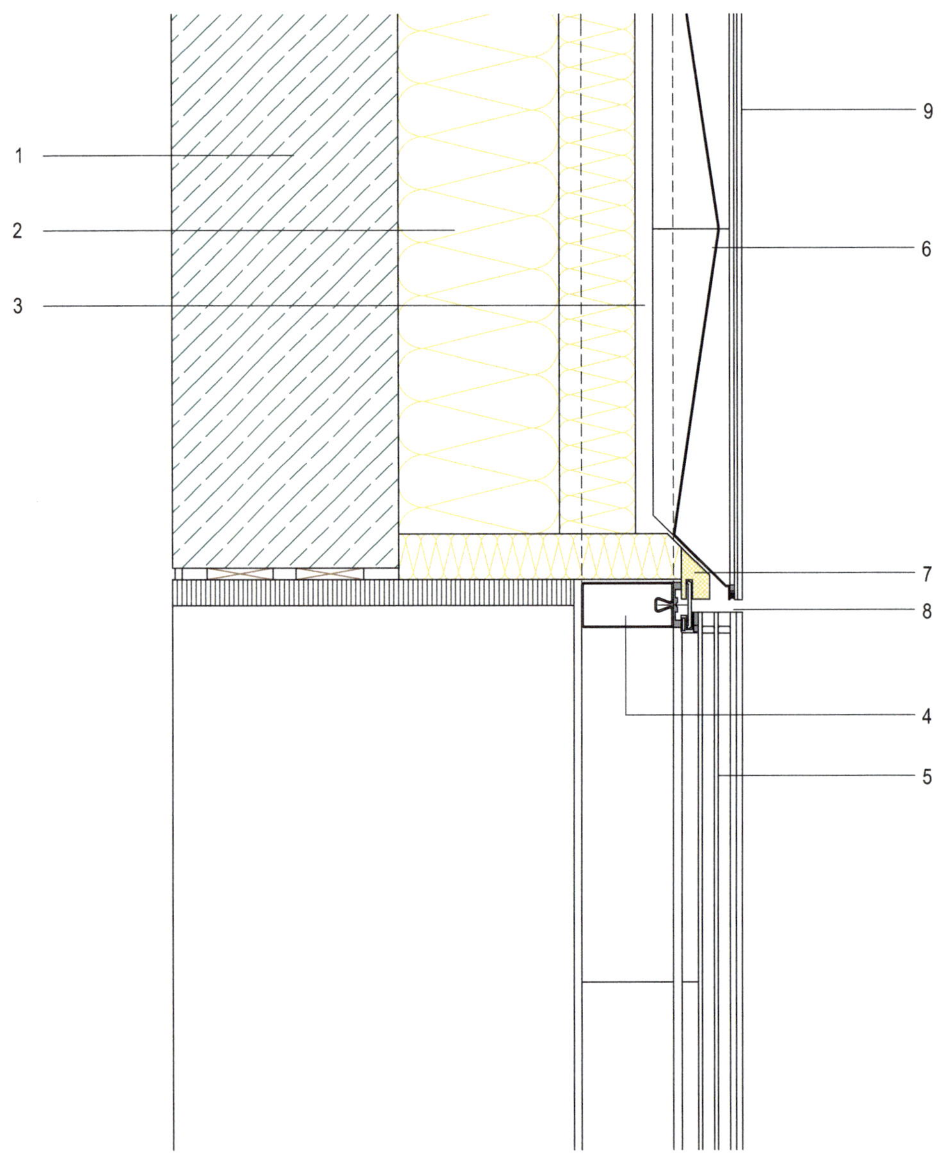

1 Stahlbetonwand, d = 300 mm
2 mineralische Wärmedämmung, 2-lagig, WLG 035, d = 300 mm
3 Hinterlüftungsebene, d = 20 mm
4 Fassadensystem Stabalux 50/120/2 mm
5 Sonnenschutz-Isolierglas mit keramischem Siebdruck als Punktraster und Hinterdruckung im Kleberandbereich
6 Reflektor aus Edelstahlblech, gekantet, d = 1 mm, poliert, mit Adapterprofil verschraubt
7 Phonothermblock, Auflageblech, Alu, d = 1 mm
8 vlieskaschierte Entlüftungsöffnungen im Kassettenrand
9 Verbundsicherheitsglas VSG aus Gussglas, TVG, SGG Listral mit keramischem Siebdruck als Punktraster und Hinterdruckung im Kleberandbereich

5/2
Sanierung und Erweiterung des Landratsamtes Dillingen (1967)

vorher
(Foto: DBW Architekten Partnerschaft mbB)

nachher
(Foto: Z-Studio GmbH)

Steckbrief	
Bauherr	Landkreis Dillingen a.d. Donau
Entwurf und Projektleitung	DBW Architekten, Haunsheim
Fachplanung TES-Fassade	Vallentin + Reichmann Architekten GbR, München
Holzbau	Gumpp & Maier GmbH, Binswangen
Bruttogeschoss-fläche	6.347,31 m²
Gesamtbaukosten (brutto)	6.000.000 € (KG 200–700)
Bauzeit	04/2019 bis 11/2019

Projektbeschreibung

Die Große Kreisstadt Dillingen a.d. Donau ist Verwaltungssitz des Landkreises Dillingen. Im Jahr 1967 wurde hier das Landratsamt als fünfgeschossiger Stahlbetonskelettbau errichtet. Die 1960er-Jahre waren durch eine enorme Bauaktivität geprägt. Neben den klassischen Baumaterialien wie Kalksand- und Ziegelstein gewann der Stahlbetonskelettbau an Bedeutung.

Der Bestandsbau hat eine Ausdehnung von etwa 65,50 m Länge und 15,50 m Breite. Er besteht aus dem Hautgebäude in Form eines Längsbaus mit vier oberirdischen Geschossen und einem davor angeordneten Querbau, der etwas niedriger ist. Ein großzügiges Foyer fungiert als Bindeglied zwischen Längs- und Querbau.

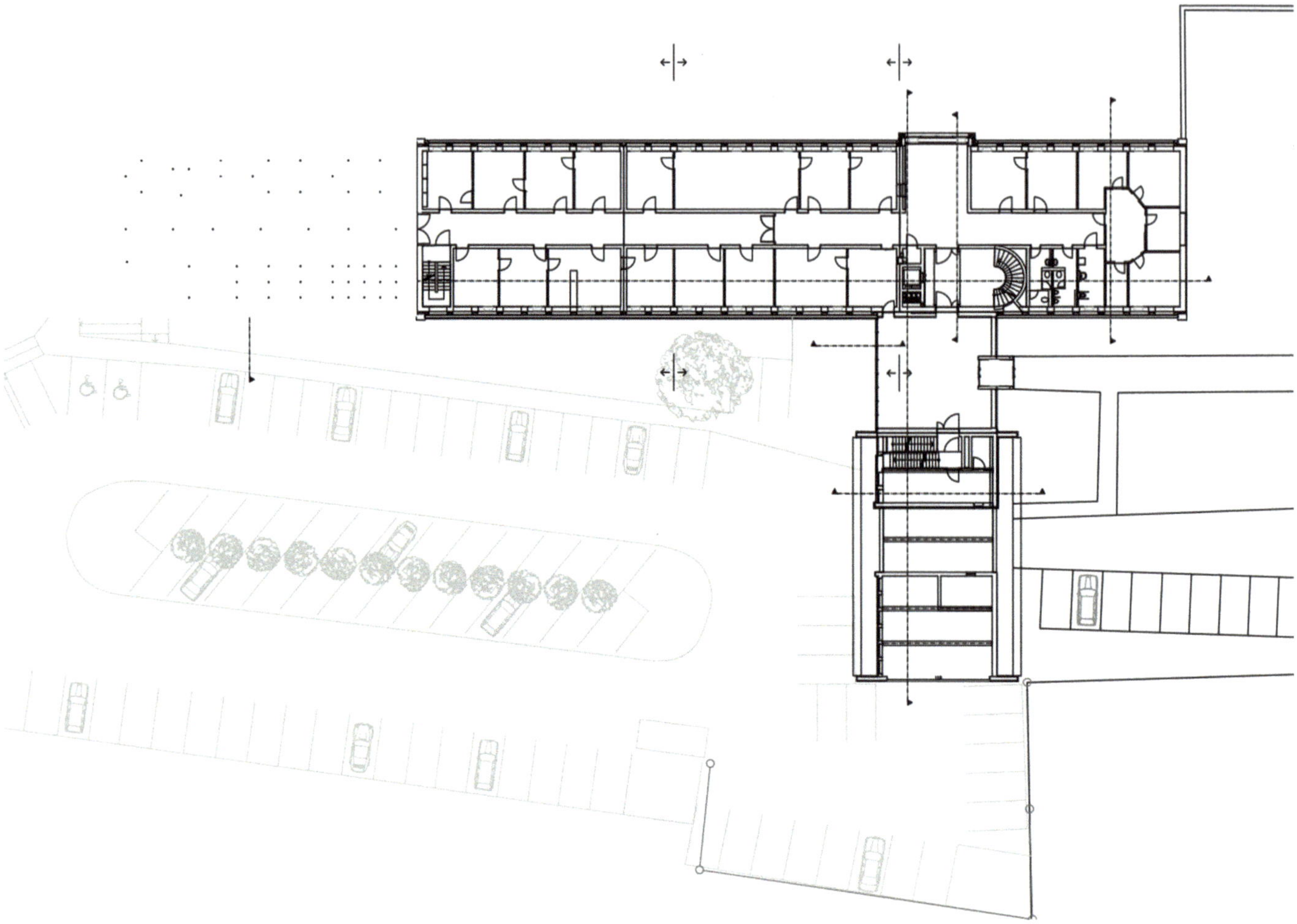

Bild 1: Grundriss Erdgeschoss

Bild 2: Blick auf den Längstrakt mit Foyer (Foto: Z-Studio GmbH)

Die Bausubstanz des Landratsamts Dillingen zeigte sich nach 50 Jahren Nutzungszeit noch weitgehend funktionsfähig. Es traten Mängel an den Fenstern und Fassadenblechen auf, was allerdings erwartbar war. Die Flachdachkonstruktion, ein Holzsatteldach mit Brettschalung und Dachpappenabdichtung, wies Undichtigkeiten auf. Vor allem die Regenwasserfallrohre, die als Innenentwässerung ausgeführt waren, zeigten Leckagen, sodass in einigen Amtsräumen auch Feuchteschäden offensichtlich zutage traten.

Die Qualität der Gebäudehülle hinsichtlich des Wärmeschutzes ließ ebenfalls zu wünschen übrig. Eine vollständige Dämmung des Kellers und des Flachdachs fehlte. Nachträglich hatte man den Hohlraum zwischen dem flach geneigten Holzdachstuhl und der Stahlbetondecke mit einer PU-Spritzdämmung mit 120 mm Stärke ausgefüllt.

Der Ursprung des Projekts war das Streben nach einer energetischen Sanierung im Hinblick auf die Einsparung von Heizenergie und Verringerung der Unterhaltskosten für das Gebäude. Im Zuge der Grundlagenermittlung wurde zusätzlich erkannt, dass das Gebäude Probleme mit der Überhitzung in den Sommermonaten hat. In den Räumen konnte es bis 32 °C warm werden.

Im Bauwesen sollte nach dem Grundsatz gehandelt werden, die Bausubstanz so lange zu erhalten, wie sie funktionstüchtig und wirtschaftlich genutzt und erhalten werden kann. In jedem Bauwerk steckt sog. graue Energie. Das ist Energie, die bei der Herstellung des Gebäudes und der Baumaterialien entstanden ist und nun in der Substanz „gespeichert" ist. Mit einem Abriss würde diese freigesetzt werden bzw. entsteht bei einem Neubau erneut. Daher ist eine Sanierung nachhaltiger als die Errichtung eines Neubaus, wenn der Zustand der Substanz dies zulässt. Um dies zu beurteilen, sind eine ausführliche Grundlagenermittlung und Bestandsanalyse notwendig, wobei Tragwerk, Bausubstanz, technische Ausstattung, Schadstoffbelastung etc. untersucht werden.

Bei den Voruntersuchungen am Objekt wurde eine Schadensanalyse durchgeführt, die zwei Gefahrstoffe auswies.

Im Bereich der rückgebauten Dämmungen wurden künstliche Mineralfasern (KMF) gefunden. Diese sind potenziell krebserregend, da sie aufgrund ihrer Größe (Verhältnis Faserbreite zu Faserlänge) tief in die Lunge eindringen können. Diese Stoffe sind als gefährlicher Abfall eingestuft und dürfen nur von speziellen Unternehmen entsorgt werden. Die Kosten hierfür sind mit denen der Asbestsanierung vergleichbar.

In den alten Dachabdichtungen wurden ebenfalls gesundheitsschädliche Stoffe gefunden. Polyzyklische aromatische Kohlenwasserstoffe – kurz PAK – gelten ebenfalls als gefährlicher Abfall und waren fachgerecht zu entsorgen. Die Dachabdichtungen wurden mehrlagig aufgebracht und mit heißem Teer miteinander verklebt. So waren auch die Brettschalung und der mineralische Unterbau aufgrund des eingedrungenen Teers mit PAK belastet.

Bild 3: Feuchte- und schadstoffbelastete Dachkonstruktion (Foto: DBW Architekten Partnerschaft mbB)

Die Ertüchtigung der Gebäudehülle sollte im laufenden Betrieb erfolgen. Dazu wurde im ersten Schritt ein ohnehin geplanter Erweiterungsbau errichtet, der in Verlängerung des Längstrakts an den Bestand angebunden wurde. So wurden für die Sanierung Ausweichräume geschaffen, damit der Amtsbetrieb ohne Ausfallzeiten fortgeführt werden konnte.

Bild 4: Neue Fassade des Erdgeschosses (Foto: DBW Architekten Partnerschaft mbB)

Bild 5: Bauzustand
(Foto: DBW Architekten Partnerschaft mbB)

Konstruktions- und Maßnahmenbeschreibung

Das Stahlbetonskelett des Landratsamts war mit 40 mm dünnen Sandwichelementen gedämmt und mit einer Metallfassade bekleidet. Bevor die Gebäudehülle erneuert werden konnte, mussten die alten Fassadenbekleidungen abgebrochen und das Stahlbetonskelett freigelegt werden. Es wurden im Vorfeld verschiedene Sanierungsvarianten untersucht. Um eine kurze Bauzeit zu erreichen, wurde ein Holzfassadensystem gewählt, das dies durch seinen hohen Vorfertigungsgrad ermöglichte und gleichzeitig über besondere energetische und ökologische Eigenschaften verfügt.

Die Wahl fiel auf das sog. TES-Energie-Fassadensystem. Dieses System hat sich besonders bei der Sanierung von Bestandsgebäuden bewährt. Es besteht aus werkseitig vorgefertigten Holztafelbauelementen. Diese geschoss- oder auch gebäudehohen Holzrahmenelemente können mit Komponenten wie Fenster, Türen, Gebäudetechnik oder Solarmodulen bestückt werden. Der hohe Grad der Vorfertigung bietet ein hohes Maß an Präzision und Bauqualität. Zu Beginn aller Arbeiten ist ein exaktes Aufmaß des Altbestands erforderlich. Hierzu wurden geodätische Messtechniken wie z.B. 3-D-Laserscan, Tachymetrie oder Mehrbildauswertung, angewendet. Die Datensätze bilden die Grundlage für die weiter folgende digitale Planungsmethodik.

Nach Rückbau der Altfassaden wurde das Skelett für die Montage der Holztafelbauelemente vorbereitet. Um auf Unebenheiten reagieren zu können, wurde ein planmäßiger Toleranzbereich eingefügt. In diesen wurde die Installationsebene für die Lüftungsanlage, Elektroinstallation und die Verschattungstechnik integriert. Danach wurden die vorgefertigten TES-Fassadenelemente von außen montiert. Die integrierten Fenster sind automatisierte Aluminiumfenster, die über einen Nachtlüftungsflügel und Sturzlüftungsgeräte verfügen.

Bild 6: Montage der TES-Fassadenelemente
(Foto: DBW Architekten Partnerschaft mbB)

Die verwendeten TES-Fassadenelemente bestehen aus einem 260 mm starken Konstruktionsvollholzrahmen, der in entsprechender Stärke voll gedämmt ist. Die innenseitige Bekleidung erfolgte mit 15 mm starken OSB-Platten. Diese sind an den Stößen miteinander verklebt und fungieren als Dampfbremse. Außenseitig erhält der Rahmen eine ebenfalls gedämmte 100 mm starke Holzaufdopplung. Diese ist mit 15 mm starken Gipsfaserplatten und einer zusätzlichen diffusionsoffenen Unterspannbahn bekleidet. Die eigentliche Außenwandbekleidung ist eine Blechpaneelfassade aus Titanzinkblech auf einer Aluminiumunterkonstruktion bestehend aus Aluminiumabstandhaltern von 120 mm und 30 mm Vertikalprofilen aus Aluminium. Die vorgefertigten Fassadenelemente hatten mit einer Maximalabmessung von 10,7 m Länge, 3,1 m Elementhöhe und 29 cm Stärke ein Gewicht von knapp 4 t.

Das ebenerdige Untergeschoss erhielt ein konventionelles Wärmedämmverbundsystem als Bekleidung der Stahlbetonwände.

Bild 7: Fassade des Längsbaus nach der Sanierung (Foto: Z-Studio GmbH)

Bild 8: Fensterband (Foto: Z-Studio GmbH)

Bauphysikalische Situation

Mit der Sanierung der Gebäudehülle sollte in erster Linie die thermische Qualität deutlich verbessert und der Energiebedarf gesenkt werden. Mit dem hochwärmegedämmten Gebäudekörper erreicht das Landratsamt den Energiestandard eines KfW-Effizienzhauses 55. Die Qualität der Fassade entspricht dabei nahezu dem Passivhausstandard.

Zur langfristigen Beurteilung der Sommertauglichkeit wurde das Gebäude in ein bundesweites Forschungsprojekt aufgenommen. Gemeinsam mit den Projektpartnern des KIT Karlsruhe, BUW Wuppertal und den Industriepartnern Ecophone und EBM Pabst wird das Gebäude drei Jahre wissenschaftlich untersucht.

Tab. 1: Kenndaten energetischer Nachweis

Gebäudekennwerte	
Baujahr	2019
wärmeübertragende Umfassungsfläche	4.154 m^2
beheiztes Bauwerksvolumen	13.424 m^3
A/V	0,31 m^{-1}
Gebäudenutzfläche A_N	3.900 m^2
Berechnungsgrößen	
Jahres-Primärenergiebedarf, zulässig	119,18 kWh/(m^2a)
Jahres-Primärenergiebedarf, vorhanden	45,50 kWh/(m^2a)

Tab. 2: Bauphysikalische Kennwerte Einzelbauteile

Bauteil-bezeichnung	**Bauphysikalische Kennwerte nach DIN EN ISO 6946 U [W/(m^2K)]**	**Skizze**
Außenwand Untergeschoss	0,18	1 Außenwand aus Stahlbeton, Bestand, d = 400 mm 2 Bestandsaußenputz, d = 20 mm 3 mineralisches WDVS, WLG 040, d = 200 mm

Tab. 2: Bauphysikalische Kennwerte Einzelbauteile *(Fortsetzung)*

Bauteil-bezeichnung	Bauphysikalische Kennwerte nach DIN EN ISO 6946 U [W/(m²K)]	Skizze
Außenwand, obere Geschosse	0,10	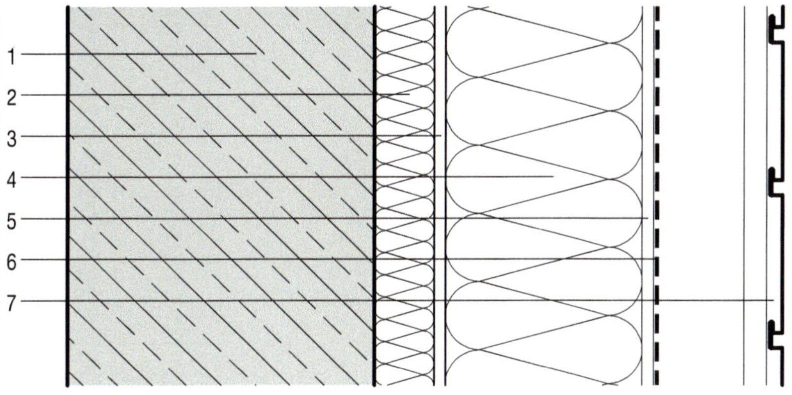 1 Außenwand aus Stahlbeton, Bestand, d = 400 mm 2 Spalt ausgedämmt, mineralischer Dämmstoff, WLG 035, d = 80 mm 3 OSB-Platte, d = 15 mm 4 mineralischer Dämmstoff, WLG 035, d = 160 mm 5 Gipsfaserplatte, d = 15 mm 6 Unterspannbahn, diffusionsoffen 7 Fassadenbekleidung aus Titanzinkblech
Dach des Hauptgebäudes	0,13	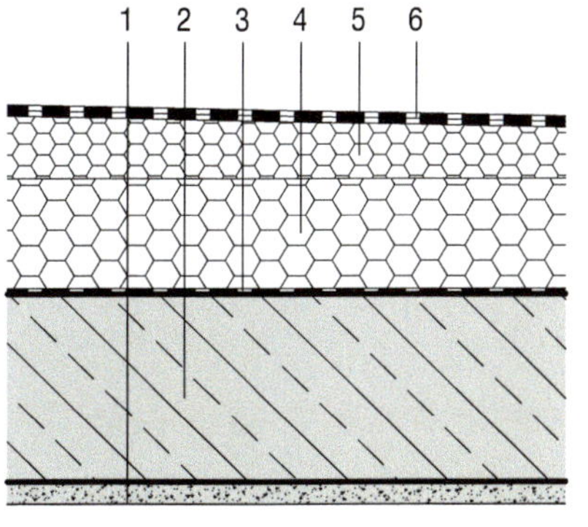 1 Deckenputz 2 Dachdecke, Stahlbeon, Bestand, d = 160 mm 3 Dampfsperre 4 Flachdachdämmung aus PUR/PIR, Grunddämmung, WLG 035, d = 100 mm 5 Gefälledämmung, PUR/PIR, WLG 035, d = im Mittel 120 mm 6 Flachdachabdichtung

Maßnahmen der Gebäudetechnik

Tab. 3: Übersicht über die haustechnischen Anlagen

Heizsystem	▶ Versorgung über das Fenrwärmenetz (mit regionalen Hackschnitzeln betrieben) ▶ Erhalt der Heizkörper und des Leitungsnetzes
System der Trinkwassererwärmung	Versorgung über das Fernwärmenetz
System der Stromgewinnung	Stromentnahme aus dem öffentlichen Netz
System der Regenwassernutzung	–
System der Gebäudelüftung	dezentrale Lüftungsgeräte, fassadenintegriert
System der Gebäudeautomation	–

Fazit

Der moderne Holzbau verhilft in diesem Beispiel einem in die Jahre gekommenen Bestandsgebäude zu einer neuen, modernen und energieeffizienten Gebäudehülle. Jedoch ist hier ein zufriedenstellendes Ergebnis von einem alle Arbeits- und Planungsbereiche übergreifenden Teamwork abhängig. Das Resümee der Architekten Johann Weißbecker und Elmar Bäuml: „Der Erfolg einer solchen Fassadensanierung steht und fällt mit dem Teamwork. Bei der Baumaßnahme hat es sich erneut gezeigt, dass präventives und kommunikatives Denken bzw. Handeln der Schlüssel zum Erfolg ist. Aufgrund des sehr hohen Vorfertigungsgrades war es notwendig, die vorbereitenden Gespräche mit den ausführenden Firmen, der Bauherrenschaft und allen Planungsbeteiligten sehr intensiv zu führen und jede Schnittstelle im Vorfeld zu klären."

Projektbeteiligte

Planung	DBW Architekten Partnerschaft mbB Dipl.-Ing. (FH) MAS MSC Elmar Bäuml Hauptstraße 29a 89437 Haunsheim Tel.: 09072 96591-0 Fax: 09072 96591-29 E-Mail: info@dbw-architekten.de Internet: www.dbw-architekten.de
Bauherr	Landkreis Dillingen a.d. Donau Große Allee 24 89407 Dillingen a.d. Donau
Projektleitung	DBW Architekten, Haunsheim
Planung HSE	Ingenieurgesellschaft Stark GmbH & Co. KG Josef-Krätz-Straße 5 89407 Dillingen a.d. Donau Tel.: 09071 5828489 Internet: www.stark-ing.com
Tragwerksplanung	ASCO-Team GmbH Schultheißstr. 33 89407 Dillingen a.d. Donau Tel.: 09071 79000 Internet: www.asco-team.de
Fachplanung TES-Fassade	Vallentin + Reichmann Architekten GbR Frei-Otto-Str. 10 (ehemals Infanteriestr. 19/Haus 5) 80797 München Tel.: 089 24405876-0 Fax: 089 24405876-29 E-Mail: info@vraie.de Internet: vallentin-reichmann.de
Holzbau, Fassade und Fenster	Gumpp & Maier GmbH Hauptstraße 65 86637 Binswangen Tel.: 08272 9985-0 Fax: 08272 998525 Internet: www.gumpp-maier.de
Fotografie	Z-Studio GmbH, Wertingen

Sanierung und Erweiterung des Landratsamtes Dillingen (1967) – Konstruktionsdetails

Alle aufgelisteten Konstruktionsdetails finden Sie auch in Ihrer Anwendung.

Fassadenschnitt, Vertikalschnitt durch Stahlbetonstütze im Fensterbereich

Fassadenschnitt, Vertikalschnitt durch Fensterband

Fassadenschnitt, Horizontalschnitt durch Fensterband

Fassadenschnitt, Horizontalschnitt durch Brüstungsbereich

Attikaausbildung

Übergang UG zum EG, WDVS zur Vorhangfassade

Übergang UG zum EG, Fenstereinbau ins WDVS

Fassadenschnitt, Vertikalschnitt durch Stahlbetonstütze im Fensterbereich 1:20

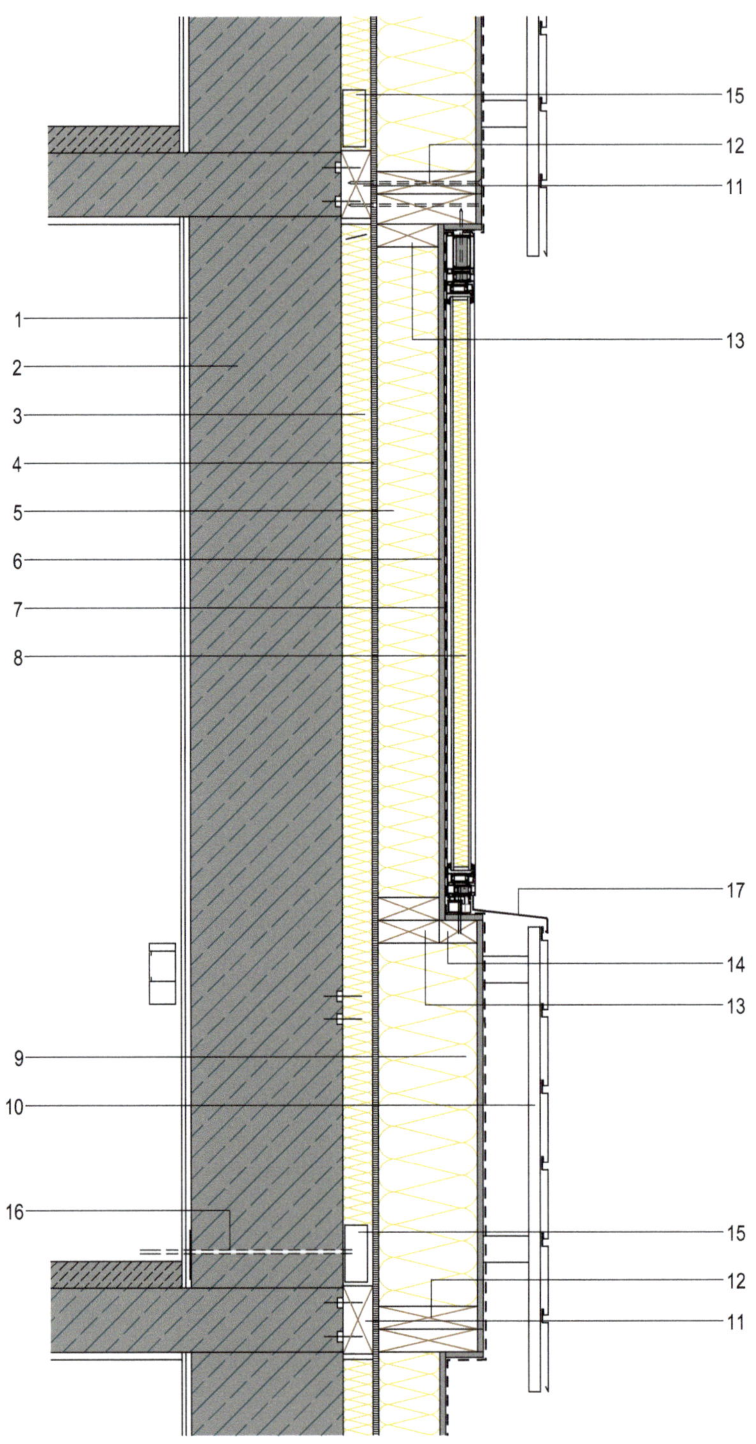

1 Innenwandbekleidung
2 Außenwand aus Stahlbeton, Bestand, d = 400 mm
3 Spalt ausgedämmt, mineralischer Dämmstoff, WLG 035, d = 80 mm
4 OSB-Platte, d = 15 mm
5 mineralischer Dämmstoff, WLG 035, d = 160 mm
6 Gipsfaserplatte, d = 15 mm
7 Unterspannbahn, diffusionsoffen
8 Fensterelement
9 mineralischer Faserdämmstoff, WLG 035, d = 260 mm
10 Fassadenbekleidung aus Titanzinkblech
11 Binde, 80/180 mm
12 Konstruktionsvollholz, Rahmen, 60/260 mm
13 Konstruktionsvollholz, Rahmen, 60/160 mm
14 KVH 60/100 mm
15 Kabelkanal, horizontal, 60/150 mm
16 Anbindung Kabel, luftdichte Durchführung
17 Blechabdeckung, Fensterbankabdeckung

Fassadenschnitt, Vertikalschnitt durch Fensterband 1:20

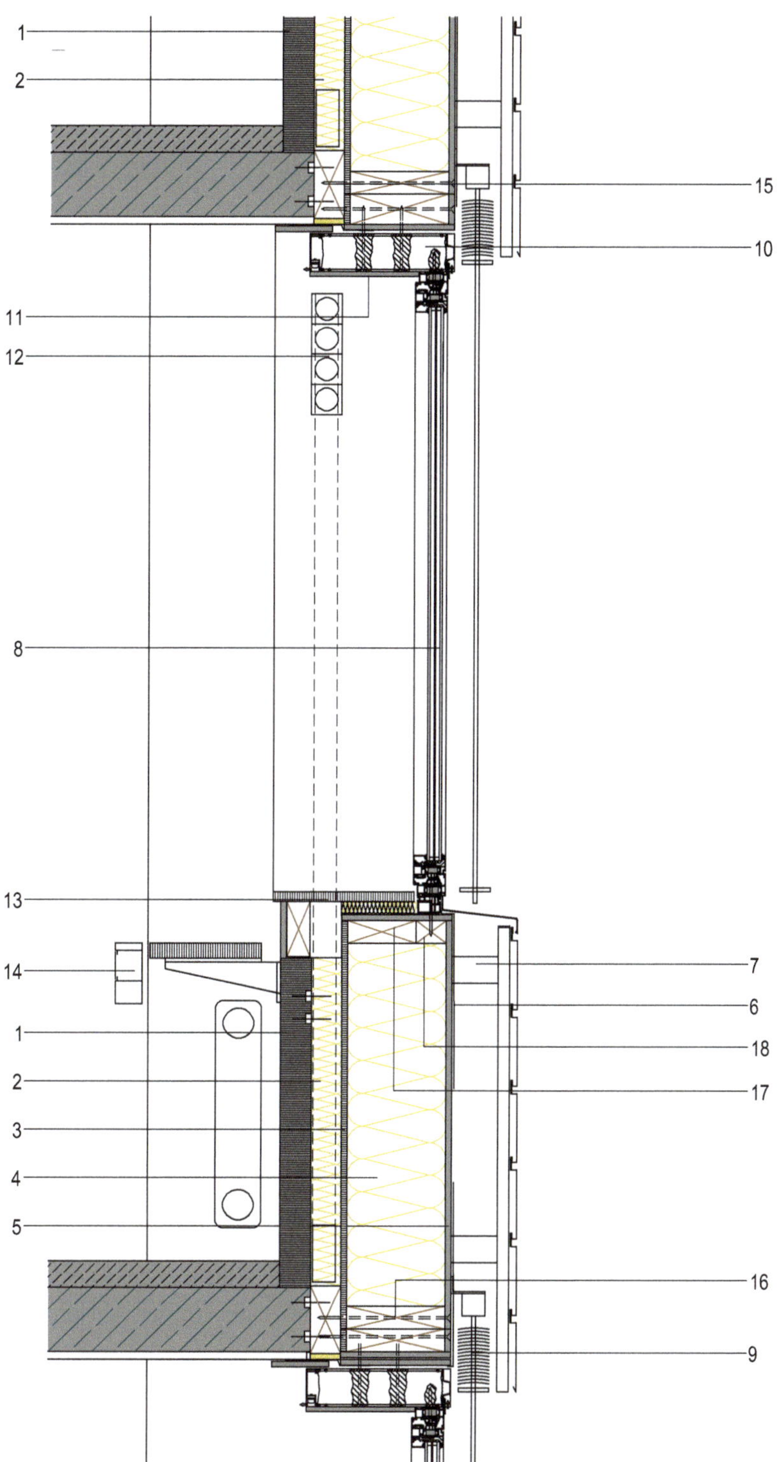

1 Brüstungselement, Sandwichplatte, Bestand
2 Spalt ausgedämmt, mineralischer Dämmstoff, WLG 035, d = 80 mm
3 OSB-Platte, d = 15 mm
4 mineralischer Dämmstoff, WLG 035, d = 260 mm
5 Gipsfaserplatte, d = 15 mm
6 Unterspannbahn, diffusionsoffen
7 Fassadenbekleidung aus Titanzinkblech
8 Fensterelement
9 Sonnenschutz, Raffstoreanlage
10 Lüftungsgerät
11 Untersicht Gipskartonplatte
12 Klemmdosen, luftdicht eingebaut
13 Fensterbank aus Multiplex, d = 25 mm
14 Kabelkanal
15 Binde, 80/180 mm, befestigt über Halfenschienen und Halfenschrauben
16 Konstruktionsvollholz, Rahmen, 60/260 mm
17 Konstruktionsvollholz, Rahmen, 60/160 mm
18 KVH 60/100 mm

Fassadenschnitt, Horizontalschnitt durch Fensterband

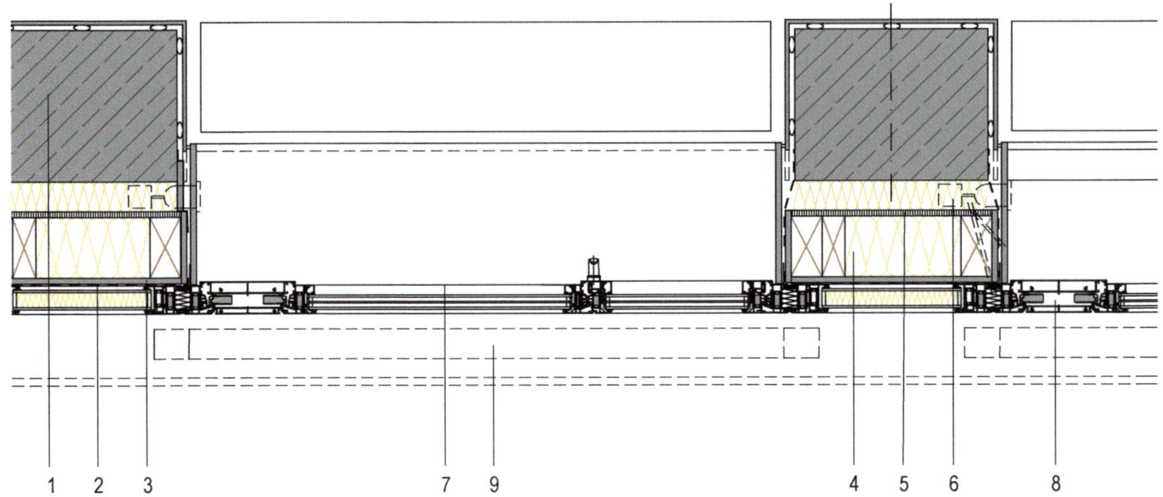

1 Stahlbetonstütze, Bestand
2 Unterspannbahn, diffusionsoffen
3 Gipsfaserplatte, d = 15 mm
4 mineralischer Dämmstoff, WLG 035, d = 260 mm
5 OSB-Platte, d = 15 mm
6 Spalt ausgedämmt, mineralischer Dämmstoff, WLG 035, d = 80 mm
7 Fensterelement
8 Lüftungsflügel
9 Position Sonnenschutz

Fassadenschnitt, Horizontalschnitt durch Brüstungsbereich 1:20

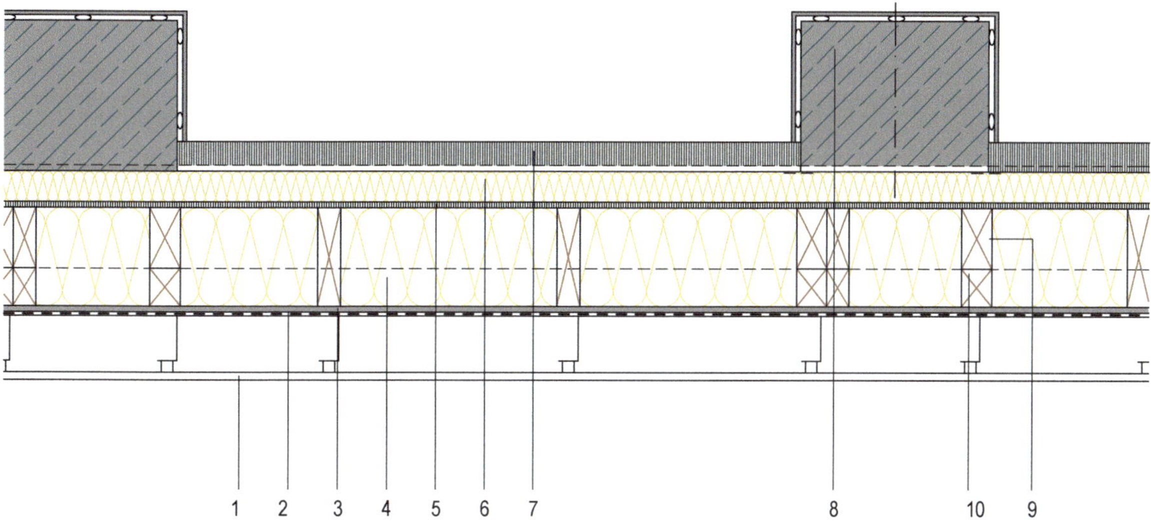

1 Fassadenbekleidung aus Titanzinkblech
2 Unterspannbahn, diffusionsoffen
3 Gipsfaserplatte, d = 15 mm
4 mineralischer Dämmstoff, WLG 035, d = 260 mm
5 OSB-Platte, d = 15 mm
6 Spalt ausgedämmt, mineralischer Dämmstoff, WLG 035, d = 80 mm
7 Brüstungselement, Sandwichplatte, Bestand
8 Stahlbetonstütze, Bestand
9 Konstruktionsvollholz, Rahmen, 80/160 mm
10 KVH 80/100 mm

Attikaausbildung

1:10

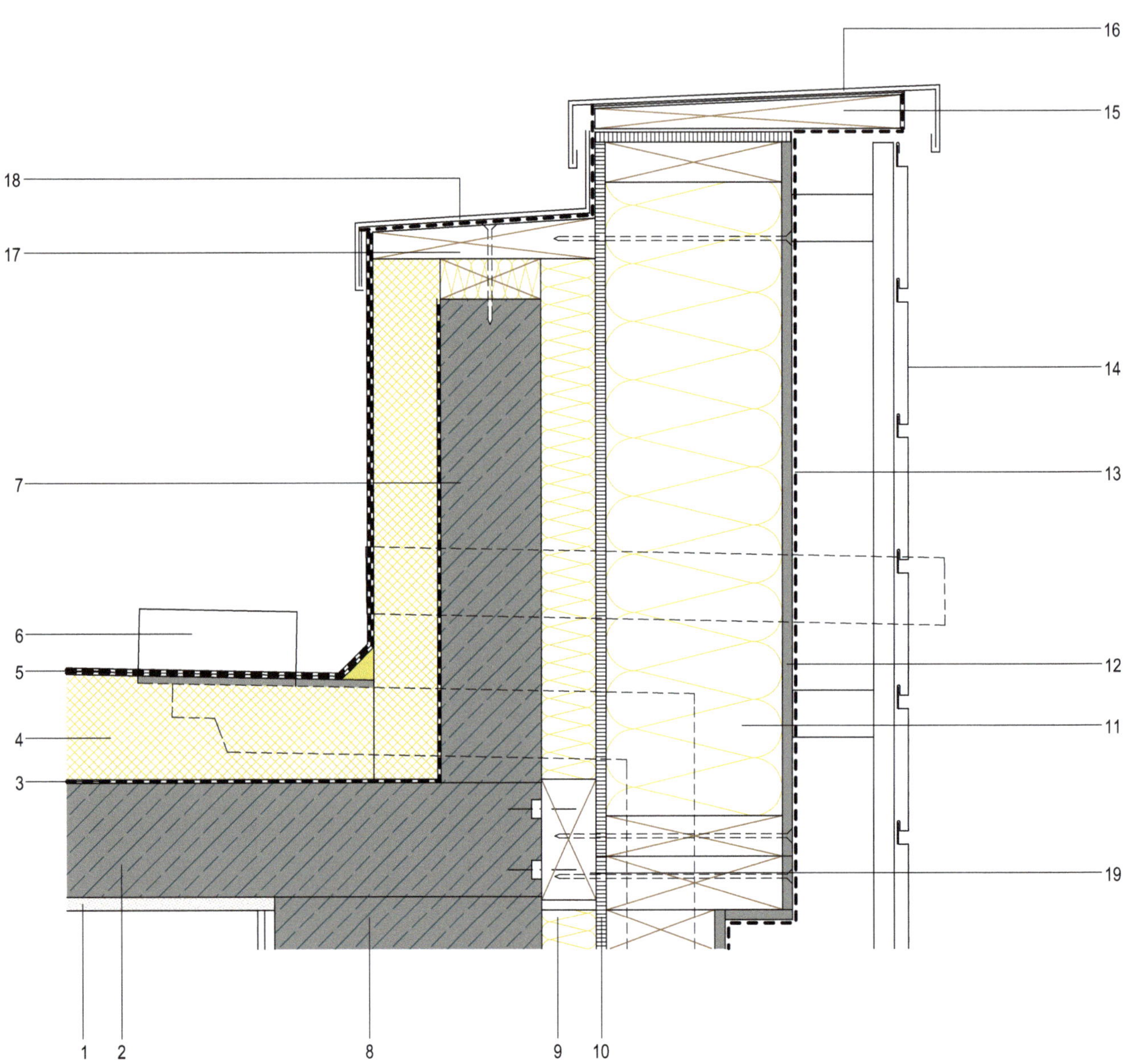

1 Deckenputz
2 Dachdecke, Stahlbeton, Bestand
3 Dampfsperre
4 Flachdachdämmung aus PUR/PIR mit Grund- und Gefälledämmung, WLG 035, d = 100 mm (Grunddämmung)
5 Flachdachabdichtung
6 Dacheinlauf
7 Notentwässerung, Notüberlauf
8 Außenwand aus Stahlbeton, Bestand, d = 400 mm
9 Spalt ausgedämmt, mineralischer Dämmstoff, WLG 035, d = 80 mm
10 OSB-Platte, d = 15 mm
11 mineralischer Dämmstoff, WLG 035, d = 260 mm
12 Gipsfaserplatte, d = 15 mm
13 Unterspannbahn, diffusionsoffen
14 Fensterelement
15 Keilbohle, Attika
16 Attikaabdeckung
17 Auflagerbohle auf Distanzhölzern mit Zwischendämmung
18 Blechabdeckung
19 Konstruktionsvollholz, 80/180 mm

Übergang UG zum EG, WDVS zur Vorhangfassade 1:10

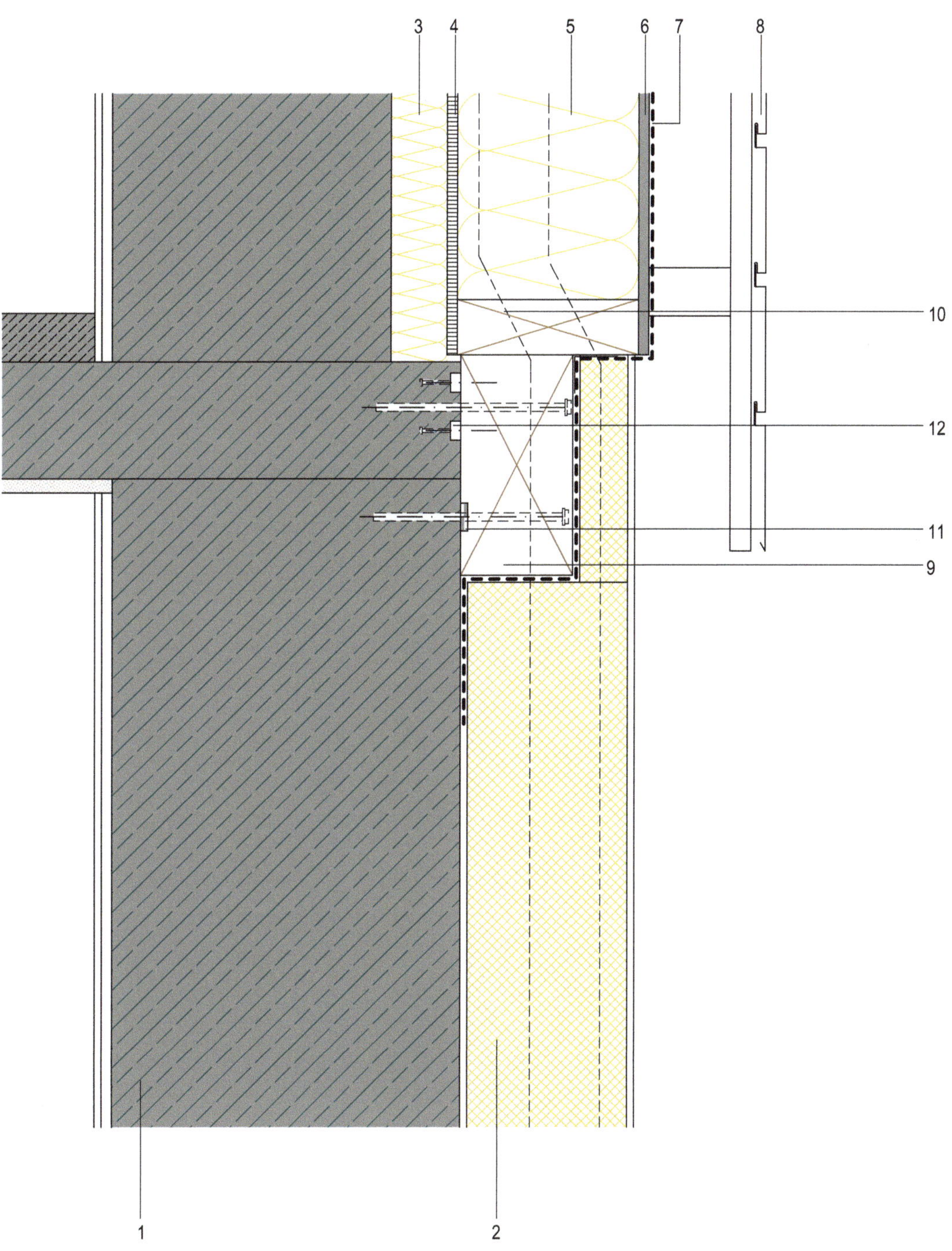

1 Außenwand aus Stahlbeton, Bestand, d = 400 mm
2 mineralisches Wärmedämmverbundsystem, WLG 035, d = 240 mm
3 Spalt ausgedämmt, mineralischer Dämmstoff, WLG 035, d = 80 mm
4 OSB-Platte, d = 15 mm
5 mineralischer Dämmstoff, WLG 035, d = 160 mm
6 Gipsfaserplatte, d = 15 mm
7 Unterspannbahn, diffusionsoffen
8 Fassadenbekleidung aus Titanzinkblech
9 Schwelle, Streichbalken, aus Brettschichtholz BSH 160/280
10 Konstruktionsvollholz, Rahmen, 80/260 mm
11 GeKa-Dübel, 1-seitig, d = 50 mm
12 Halfenschienen, 2 × 40/22

Übergang UG zum EG, Fenstereinbau ins WDVS **1:10**

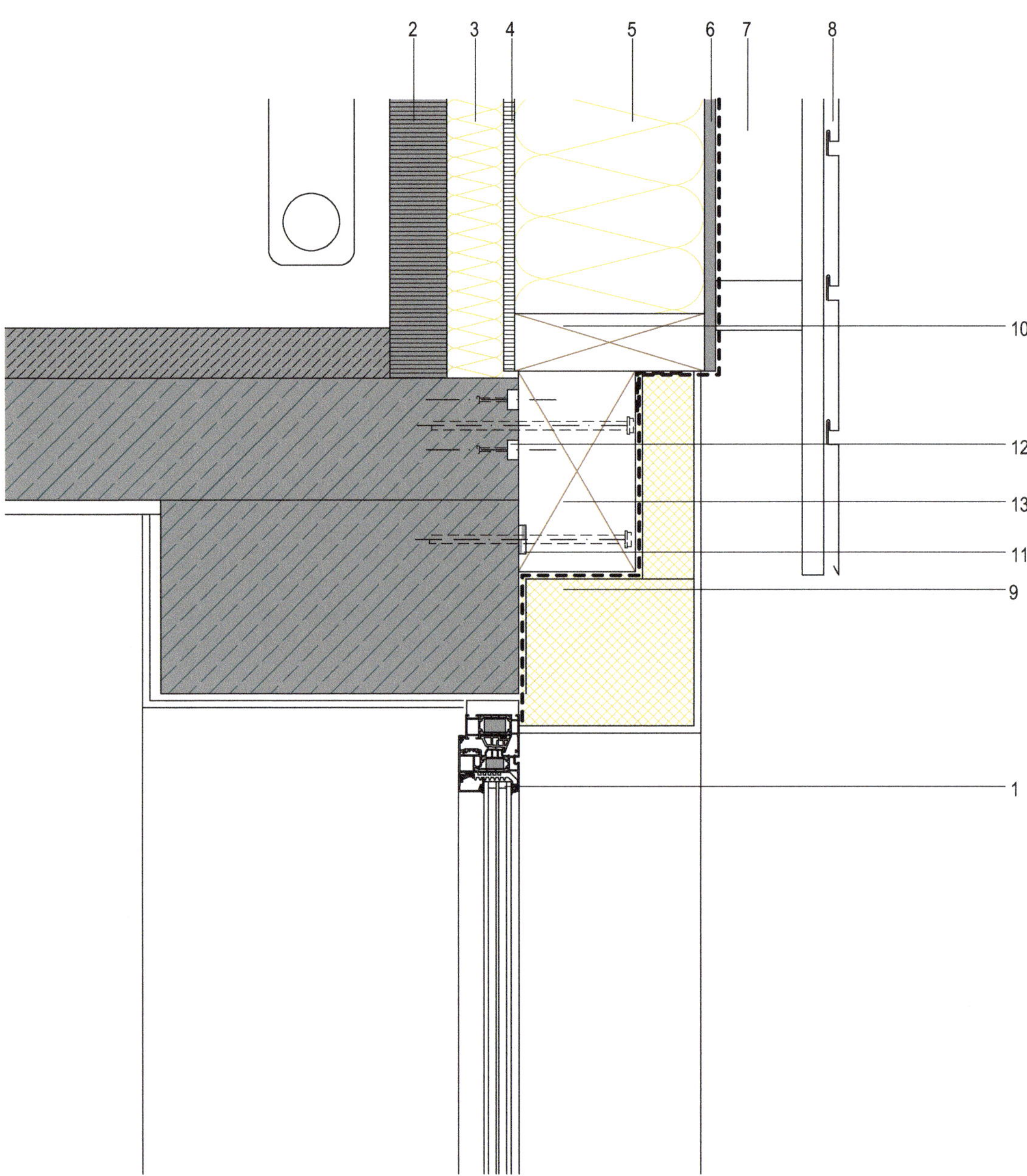

1 Fensterelement
2 Brüstungselement, Sandwichplatte, Bestand
3 Spalt ausgedämmt, mineralischer Dämmstoff, WLG 035, d = 80 mm
4 OSB-Platte, d = 15 mm
5 mineralischer Dämmstoff, WLG 035, d = 260 mm
6 Gipsfaserplatte, d = 15 mm
7 Unterspannbahn, diffusionsoffen
8 Fassadenbekleidung aus Titanzinkblech
9 mineralisches WDVS, WLG 035, d = 240 mm
10 Konstruktionsvollholz, Rahmen, 80/260 mm
11 GeKa-Dübel, 1-seitig, d = 50 mm
12 Halfenschienen, 2 × 40/22
13 Schwelle, Streichbalken aus Brettschichtholz BSH 160/280

Stichwortverzeichnis

A

B